教育部全国职业教育与成人教育行业**规划教材**
“十二五”全国高校动漫游戏专业骨干课程教材

中文版 Photoshop CS6 包装设计

徐春红　尹小港　马　洁　编著

海洋出版社
2013年·北京

内 容 简 介

本书全面、系统、准确、详细地介绍了在 Photoshop CS6 中进行包装设计与制作的技巧和方法。

全书共分为 10 章，首先介绍了软件基本操作，包括在 Photoshop CS6 中进行包装设计时常用编辑工具和功能面板的使用方法。然后介绍了包装基础知识，包括包装的概念、分类、功能、包装设计流程与要素，以及包装的制作和印刷工艺等。接着介绍了不同包装材料的特性和在包装中的应用范围，并通过实例讲解的方式，按纸质、塑料、复合、金属、玻璃、陶瓷、木制等包装材料分类，详细介绍了各种材质包装的设计范例制作与表现手法。最后通过范例介绍了书籍装帧设计的技巧。

本书内容丰富、案例经典、技术实用，富有启迪性与参考性，以包装材质的分类作为总体框架，通过一些经典作品为范例，引导读者在掌握 Photoshop 软件技巧的同时，快速提高对包装设计与制作的认识，从而提高自身的专业设计水准。

超值 1DVD 内容：39 个综合实例的完整视频文件、素材文件及范例源文件。

适用范围：适用于高等院校平面设计、包装设计专业课教材；用 Photoshop 进行包装设计等从业人员实用的自学指导书。

图书在版编目(CIP)数据

中文版 Photoshop CS6 包装设计/徐春红，尹小港，马洁编著. -- 北京 ：海洋出版社，2013.11
ISBN 978-7-5027-8683-0

Ⅰ.①中… Ⅱ.①徐…②尹…③马… Ⅲ.①包装设计－图象处理软件 Ⅳ.①TP391.41

中国版本图书馆 CIP 数据核字(2013)第 242288 号

总 策 划：刘斌
责任编辑：刘斌
责任校对：肖新民
责任印制：赵麟苏
排　　版：海洋计算机图书输出中心　申彪
出版发行：海洋出版社
地　　址：北京市海淀区大慧寺路 8 号（707 房间）
100081
经　　销：新华书店
技术支持：010-62100059

发 行 部：（010）62174379（传真）（010）62132549
（010）62100075（邮购）（010）62173651
网　　址：http://www.oceanpress.com.cn/
承　　印：北京旺都印务有限公司印刷
版　　次：2013 年 11 月第 1 版
2013 年 11 月第 1 次印刷
开　　本：787mm×1092mm　1/16
印　　张：24.5
字　　数：588 千字
印　　数：1~4000 册
定　　价：68.00 元（1DVD）

前言

Preface

Photoshop 软件是目前设计界公认的最好的通用美术设计软件，它的功能完善、性能稳定、使用方便，在几乎所有的广告、出版、软件公司中，Photoshop 都是首选的平面工具。在包装设计中应用 Photoshop，通过 Photoshop 完善的绘图功能和强大的图像特效创造性，将设计师根据商品特点与各项要求所形成的包装设计构思，以高品质影像的方式完美地展现出来，提高商品的附加值，增强对消费者的吸引力，是商品的整体营销流程中重要的工作环节。

本书首先介绍了 Photoshop 在包装设计中的功能应用，并针对包装设计中常用的 Photoshop 绘图工具和功能面板进行简要的讲解，然后介绍包装在概念、分类、功能、制作流程和印刷工艺方面的理论性知识；本书的主体内容根据包装的不同材质类型，以纸质、塑料类、复合类、金属类、玻璃类、陶瓷类、木制类产品包装设计以及书籍装帧设计进行分类讲解，在每一章都安排典型案例来诠释不同产品、不同材质包装的整个设计制作全过程。本书内容详细而全面，书中介绍的案例实用，参考性强，为读者展示了多种新颖的设计风格，突出了作品创作中构思的重要性。

在本书中加入了丰富的包装设计专业知识，使读者能够从中了解包装设计的要领和精髓，并吸收优秀的包装设计思路，从而激发读者自身的创造思维，设计出优秀、完善的包装作品。希望读者在学习本书的同时，自己动手设计一些不同产品、不同风格的包装；在参看优秀包装设计作品的过程中，学习有价值、有创新的表现手法，开阔视野并提高艺术修养，使自己快速成为一名具有出色创造技能的包装设计师。

本书中所有设计实例均由专业的包装设计师设计制作，在此向多位提供优秀案例并参与编写工作指导的设计师表示衷心的感谢。本书由徐春红、尹小港、马洁编著，其中马洁编写了第 1 ～ 4 章，其他章节由徐春红和尹小港共同完成。在本书编写过程中，还得到了严严、覃明揆、高山泉、周婷婷、唐倩、黄莉、张颖、贺江、刘小容、黄萍、周敏、张婉、曾全、李静、黄琳、曾祥辉、穆香、诸臻、付杰、翁丹的帮助。对于本书中的疏漏之处，敬请读者批评指正。

部分实例效果图赏析

3.2.2 实例："香语"月饼包装盒

包装盒平面展开图

月饼包装效果

3.3.2 实例："xy!"儿童服饰手提袋

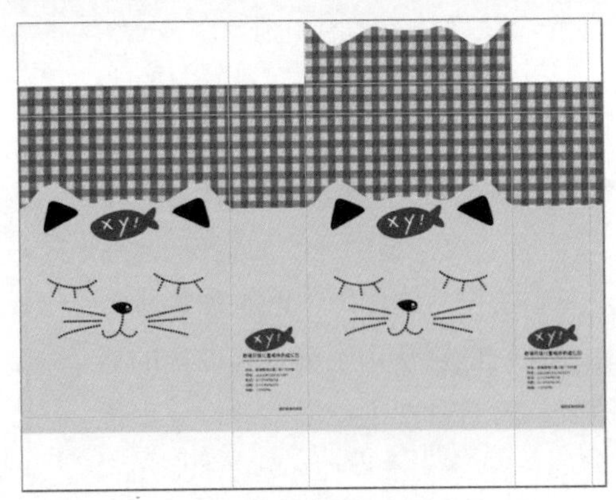

4手提袋平面展开图

手提袋的立体效果

3.4.2 实例："清凉消炎喉片"包装盒

药品包装平面展开图

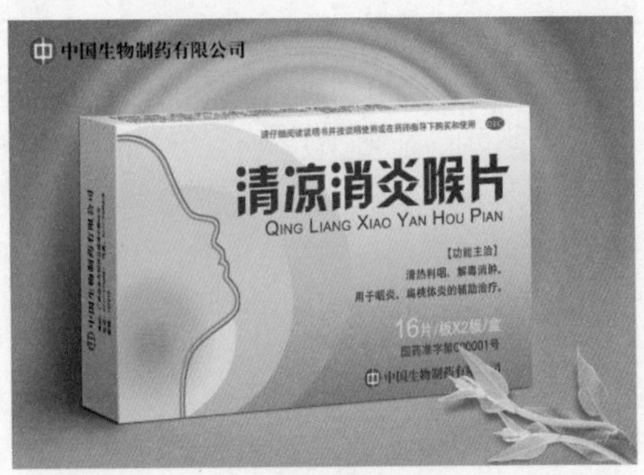

药品盒立体效果

3.5.2 实例："MEILING"智能手机包装盒

包装盒平面展开图

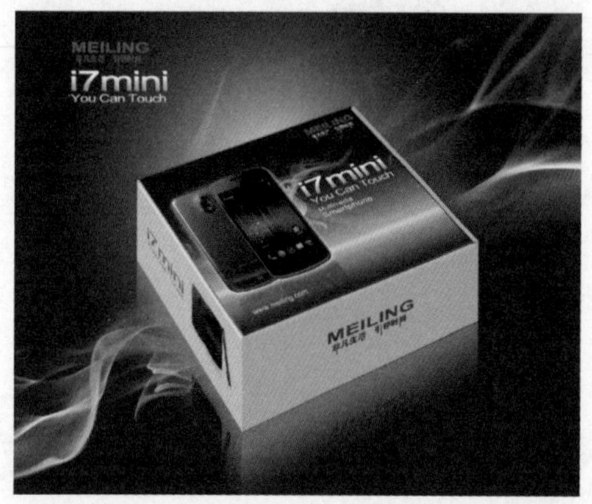

手机包装盒立体效果

4.2.2 实例："明溪"小溪鱼干

塑料包装袋正面展开图

塑料包装袋背面展开图

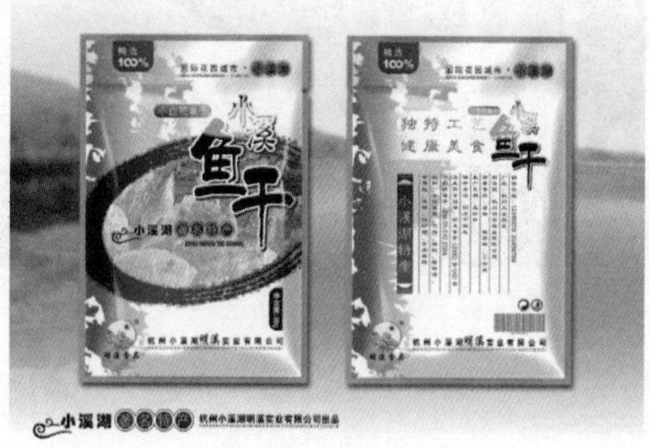

图4-13 塑料包装袋的立体效果

4.3.2 实例："Pleasant Smell"护手霜

产品容器造型设计

护手霜整体成型效果

5.2.2 实例："特依苏"牛奶

包装盒平面展开图

"特依苏"牛奶包装效果

6.2.2 实例："非达"易拉罐饮料

易拉罐包装展开图

易拉罐包装立体效果

6.3.2 实例："佳宝丽"空气清新剂

7.2.2 实例："SR"女士香水

空气清新剂包装图像设计图

"佳宝丽"空气清新剂包装效果

图7-8 "SR"香水包装效果

7.3.2 实例："丰收"白酒

玻璃酒瓶造型效果

包装盒平面展开图

图7-107 白酒整体包装效果

8.2.2 实例："御品玉液"白酒包装

陶瓷酒瓶造型效果

包装盒正面和侧面图像

图8-7 "御品玉液"白酒包装

9.2.1 实例："奥斯卡酒庄"红酒包装盒

木盒酒盒外观效果

"奥斯卡酒庄"红酒包装

10.2.1 实例："视觉"杂志封面设计

杂志封面图像设计效果

"视觉"杂志封面设计立体效果

10.2.2 实例："心路"散文封面设计

书籍封面正面图

书籍封面反面图

"散文诗集"装帧设计效果

10.2.3 实例："那一段青春叫80后"小说封面设计

小说封面展开图

小说封面设计立体效果

本书配套光盘包括以下内容：

1．范例源文件

2．练习素材、素材库及其他

3．教学视频演示

1. 打开光盘进入内容界面。

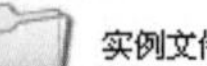

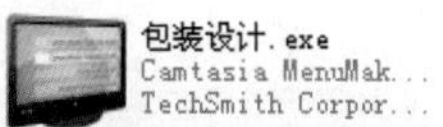

2. 单击 实例文件 进入实例文件夹，其中包括各章节范例以及课后练习素材。

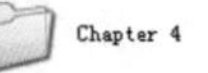

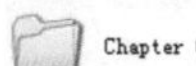
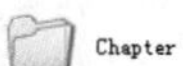

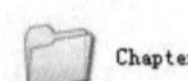

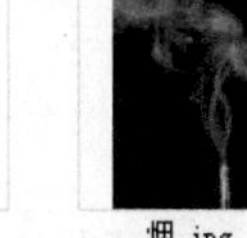

3. 单击 包装设计.exe 可以打开视频教学文件。

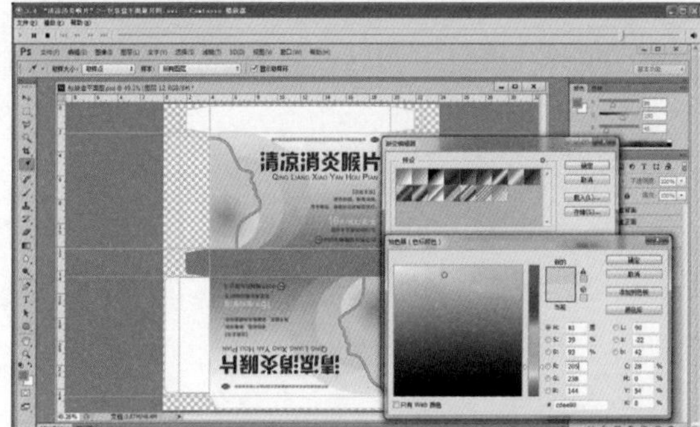

目录
Contents

第 4 章 塑料类产品包装设计

第 5 章 复合类产品包装设计

第 6 章 金属类产品包装设计

第 7 章 玻璃类产品包装设计

第 8 章 陶瓷类产品包装设计

第 9 章 木制类产品包装设计

第10章 书籍装帧设计

课后习题答案

第 1 章　Photoshop 与产品包装设计

学习要点

- 认识Photoshop的包装设计应用优势，其中包括Photoshop在图像处理、产品造型、文字编排、图像变换、滤镜特效等方面的功能优势。
- 熟悉 Photoshop CS6 的工作界面。
- 熟练掌握包装设计中常用编辑工具的基本用法，这些编辑工具包括选取工具、颜色填充工具、绘图工具、图像处理工具和文字工具。
- 掌握包装设计中常用功能面板的功能和使用方法，这些功能面板包括图层面板、路径面板、颜色和色板面板、画笔面板、字符和段落面板以及历史记录面板。

1.1 Photoshop包装设计应用优势

Photoshop 软件是目前设计界公认的最好的通用美术设计软件，其功能完善、性能稳定、使用方便，在几乎所有的广告、出版、软件公司，Photoshop 都是首选的平面设计工具。

1. 专业强大的图像处理技术

在包装设计中，常常需要对产品元素或用于修饰的图像进行必要的处理，这时使用 Photoshop 中的图像编辑工具或相应的处理命令，就可以轻松达到设计者的要求。

例如，当需要将产品图片在包装中展现出来时，就需要使用 Photoshop 的抠取功能，将产品图像从背景中提取出来，或者为其更换更适合的背景，然后通过 Photoshop 对产品进行润饰处理（如调整颜色、提高清晰度等），使产品达到最理想的效果，如图 1-1 所示。

图1-1　包装中的产品图片

在 Photoshop 中抠取图像时，可以使用的选取工具很多，包括各种选框工具、套索工具以及对图像进行精确选取的钢笔工具等，另外还可以通过蒙版进行选取。具体使用哪种选取工具，将依据具体工作而定。在进行包装设计时，钢笔工具的使用是必不可少的，它可以帮助用户完成各种不规则图像的精确选取，或者用于产品的最初造型，便于设计者进行下一步处理。

如果需要通过图像修饰来美化包装效果，或者需要通过图像来体现一种产品意境，Photoshop强大的图像处理功能就足以完成设计目标。通过 Photoshop 的图像处理功能，可以完成多张图像的合成效果、夸张虚拟化特效制作、图像优化、图像场景的转变等处理，如图 1-2 所示。

图1-2　应用到包装设计中的图像处理效果

2. 独特的产品造型功能

Photoshop 兼备矢量造型、绘画和图形化处理功能，例如，使用钢笔工具可以帮助设计师完成各种产品容器的外形绘制（如香水瓶、白酒瓶以及各种洗液容器等），然后可以通过填色工具、绘图工具、图像修饰工具和图层处理功能来完成产品的造型，以及在材料质感上的表现（如玻璃质感、塑料质感、金属质感等）。这种功能优势最大限度地体现在包装设计和工业造型设计中，如图 1-3 所示。

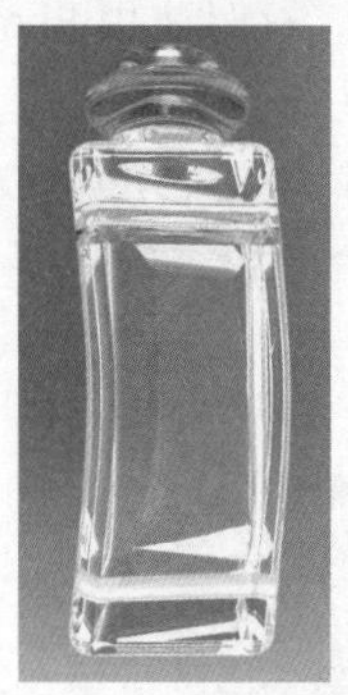

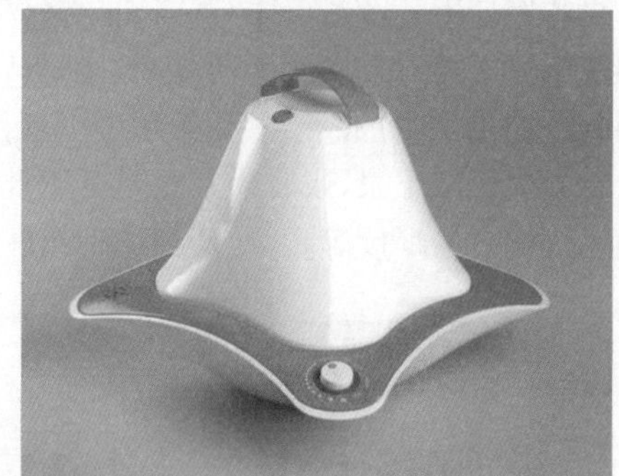

图1-3　产品容器和工业造型设计

在进行包装设计时，在平面软件中虽然也可以进行产品造型的设计工作，但从材质的质感表现上来说，如果能很好地结合使用 Photoshop 的矢量编辑和位图处理功能，将会使设计者能更轻松地得到期望的产品造型效果。

3. 完善的文字编排效果

在 Photoshop 中，除了可以使用文字工具进行基本的文字输入外，还可以方便地完成对文字的字形修改、段落编排，以及对文字进行具有立体感的 3D 效果制作等。另外，通过变形功能，还可以对文字进行各种变形处理，以增强画面的动感。如果觉得输入的文字太过平板，还可以通过滤镜命令为文字添加各种特效，以增强包装的视觉效果。如图 1-4 所示为产品包装中文字处理效果。

图1-4 包装中的文字处理效果

4. 专业的图像变换处理

当完成对包装画面（如瓶贴、纸盒展开图等）的设计制作后，为了能更直观地观看设计图应用到包装上的效果，以便能更好地对包装画面作进一步的完善和修改时，就需要使用 Photoshop 的变换功能。

如果设计的是应用于包装容器上的瓶贴时，要查看瓶贴的应用效果，可以使用 Photoshop 的变形功能，然后根据容器形状对瓶贴进行相应的变形，使瓶贴自然地贴合到包装容器上，产生逼真的效果，如图 1-5 所示。

图1-5 瓶贴效果

如果要欣赏设计后的纸盒效果，可以使用 Photoshop 的变换功能，将纸盒展开图制作为立体的纸盒效果，如图 1-6 所示。

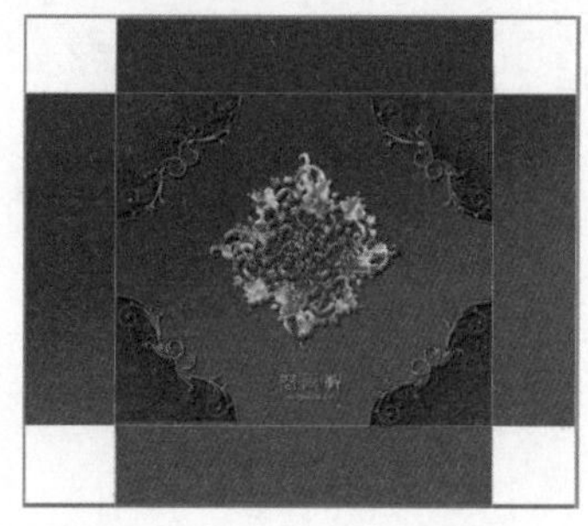

图1-6 纸盒效果

5. 丰富的滤镜特效

Photoshop 提供了 100 多种不同类型和效果的滤镜特效，通过这些滤镜特效，可以为摄影作品制造超现实的夸张效果，或者在画面中添加各种自然场景，如雨景、闪电或烟雾等，也可以将这些画面制作成油画、水彩画、版画等艺术作品，从而应用到包装中，如图 1-7 所示。

使用滤镜特效可以大大丰富设计师的素材，从而使包装更能体现产品的特性，增强视觉效果。

图1-7　应用滤镜特效制作的包装效果

6. 人性化的辅助功能

Photoshop 软件中的网格、标尺、辅助线功能，能帮助设计师在设计过程中，精确、快捷地进行尺寸的设定，尤其是在进行包装设计时，各个包装面的大小、文字的缩放比例都可以精确地定位，减少出错的几率。

另外，使用文件的复制功能，可以将文件窗口复制出一个内容、名称完全相同的窗口副本。在进行包装或其他的平面设计工作时，可以利用文件复制功能，将当前文件复制出相同的副本文件后，在副本文件的基础上作相应的调整和修改，以便对不同的设计方案进行直观的对比，从而选择出一个最佳的设计方案。

7. 方便的图层管理功能

Photoshop 软件的图层管理功能，不仅可以进行多图层的操作，而且可以创建图像的透明效果和蒙版效果，从而丰富了设计师的创作手法，有利于创造出更加丰富的画面内容。

如果文件中的图层太多时，通过对图层进行分组管理，可以方便快捷地查找到所要编辑的图像和图层，如图 1-8 所示。另外，新增的图层搜索功能，也可以帮助用户提高工作效率，如图 1-9 所示。

图1-8　图层的分组管理

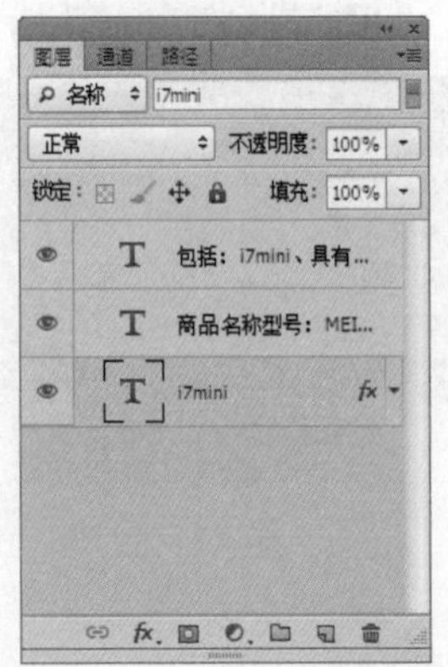

图1-9　图层的搜索功能

1.2 快速熟悉Photoshop CS6

双击桌面上的快捷方式图标，或者执行“开始→所有程序→ Adobe Photoshop CS6”命令，可以启动 Photoshop CS6，Photoshop CS6 的操作界面，如图 1-10 所示。

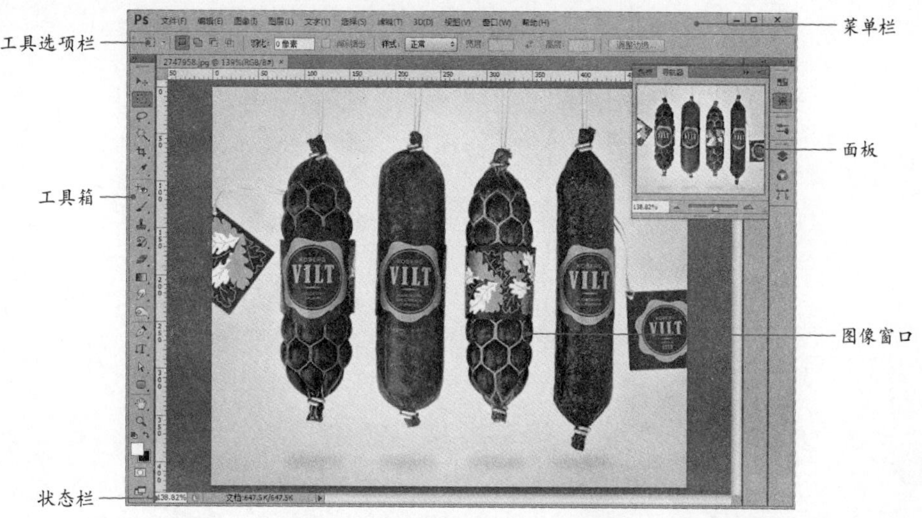

图1-10　Photoshop CS6的工作界面

1.2.1　菜单栏

在菜单栏的 11 个菜单中，整合了 Photoshop CS6 中的所有命令选项，通过这些菜单命令，可以完成如文件的创建和保存、图像大小修改、图像颜色调整、选区处理、滤镜的运用和工作界面设置等操作。

在每一个菜单中都包括有下一级子菜单。执行菜单命令的方法非常简单，只要单击主菜单命令，然后从弹出的菜单中选择所需的命令选项即可。

1.2.2　工具选项栏

工具选项栏用于对当前所使用工具的相应参数和选项进行设置，方便用户自由定义工具的工作状态和参数设置。如图 1-11 所示为分别选择画笔工具和钢笔工具后的工具选项栏设置。

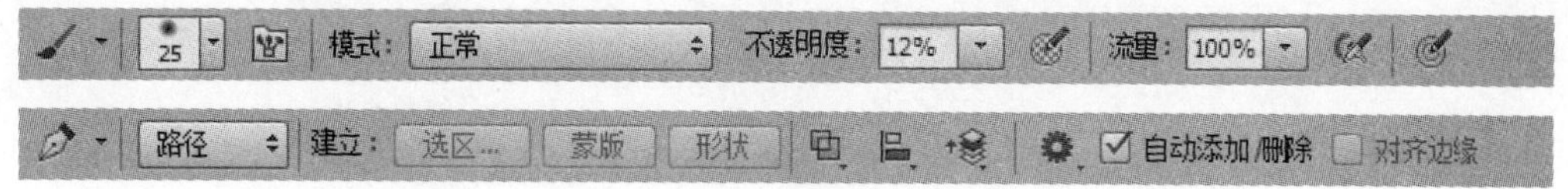

图1-11　画笔工具和钢笔工具选项栏设置

1.2.3　工具箱

工具箱是进行包装设计时必须要使用到的重要的功能面板，可以通过选取所需的工具来进行必要的编辑操作。

默认状态下，工具箱停靠在程序窗口的左边并呈单栏排列。单击工具箱顶端的按钮，可以将工具箱释放为双栏。再单击按钮，又可以将其收缩为单栏。如图1-12所示为双栏排列的工具箱。

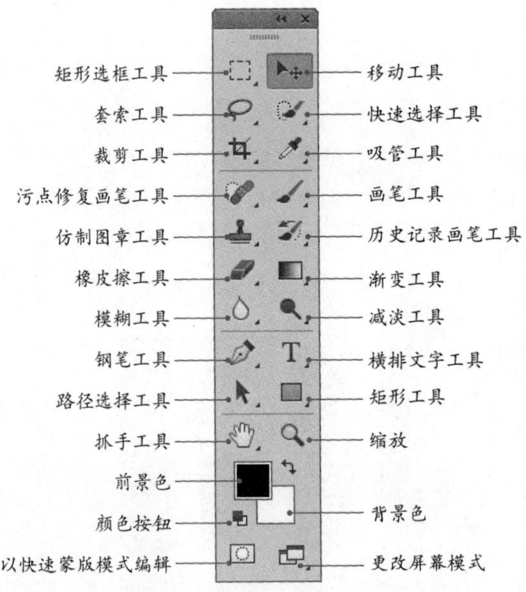

图1-12　双栏排列的工具箱

通过工具箱可以完成图像处理、文字添加、产品造型、选择颜色以及添加注释等操作，同时还可以进行前景色与背景色的设置、快速蒙版与标准模式的切换等。

以下是使用工具箱的一些基本操作。如图1-13所示为展开后的所有隐藏的工具。

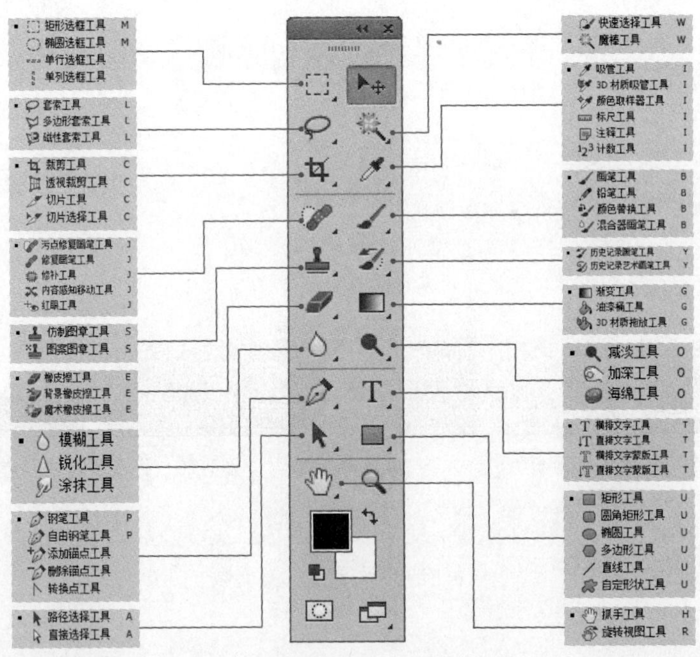

图1-13　Photoshop CS6中的工具

将光标移动到工具按钮上停留片刻，将会出现该工具的名称和操作快捷键。在工具按钮左下方显示有三角符号的，表示该工具还有隐藏的工具。

在显示有三角符号的工具按钮上，按住鼠标左键不放或单击鼠标右键，可以弹出隐藏的工具。

将光标移动到弹出的工具按钮上，即可选择相应的工具，如图 1-14 所示。

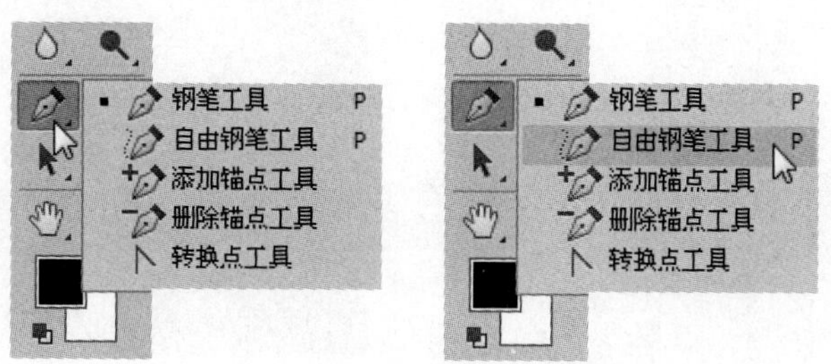

图1-14　选择隐藏的工具

> **提示**
> 在工具箱中选择带有隐藏工具的工具后，按住“Shift”键再按下所选工具的快捷键，可以依次选择隐藏的工具。

1.2.4　面板

在默认状态下，面板显示在 Photoshop CS6 的右侧，其主要功能是帮助用户查看或修改图像。用户可以根据操作需要，选择性地打开必要的面板，在绘图工作中对图像进行预览和处理。

可以将几个面板放置在同一个控制窗口中，也可以将各个面板单独放置或将不同的面板进行重新组合，还可以隐藏面板中的参数设置区域或者将面板隐藏。

如果要单独放置各个面板，可以在组合的面板名称上按鼠标左键，将需要单独停放的面板拖离原控制窗口即可，如图 1-15 所示。将单独停放后的面板再拖入需要进行组合的面板控制窗口，即可将它们重写组合。

单击面板顶部的名称选项卡，可以隐藏面板中的参数设置区域，如图 1-16 所示。再次单击名称选项卡，又可以展开参数设置区域。

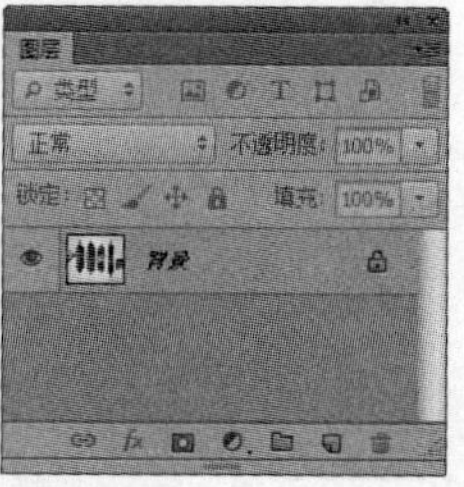

图1-15　显示单个面板

图1-16　隐藏面板中的参数设置区域

可以将面板收缩为精美的图标。单击面板放置区域顶端的“折叠为图标”按钮，可以将所有面板折叠为图标，如图 1-17 所示。再次单击该区域，又可将其扩展停放。

单击面板对应的图标，可以打开相应的面板，如图 1-18 所示。

> **提示**
> 在改变工作界面的布局后，如果要将工作界面恢复为默认状态，可以执行“窗口→工作区→复位基本功能”命令即可。

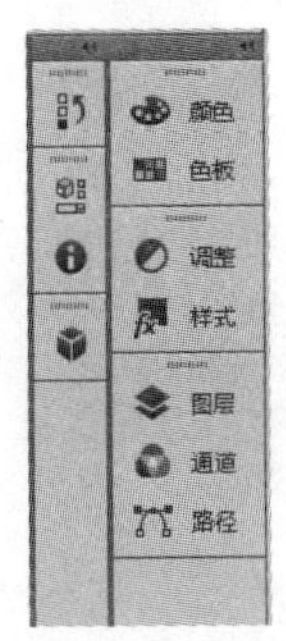

图1-17　收缩为图标的面板

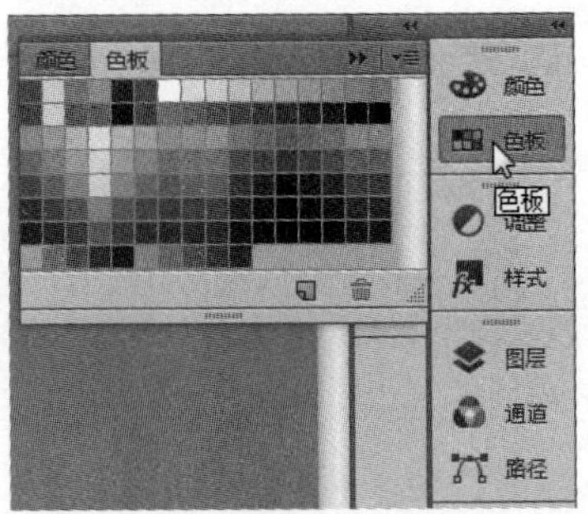

图1-18　展开的面板控制区

1.2.5　图像窗口

图像窗口用于显示当前正在编辑的图像文件，以便对文件进行浏览和处理等。在图像窗口的标题栏上，可以查看该图像文件的名称、缩放级别和色彩模式等，如图 1-19 所示。

图1-19　图像窗口

1.2.6　状态栏

状态栏位于图像窗口的底部，左边部分用于显示和修改当前图像在图像窗口中的缩放级别。中间部分显示为图像的像素大小，在此处按住鼠标左键不放，可以显示当前图像的宽度、高度、通道和分辨率信息，如图 1-20 所示。

图1-20　图像窗口与状态栏

1.3 包装设计中常用的编辑工具

包装设计，主要是指包装外观设计，简单地讲就是将图形图像和文字，通过适当的色彩设计进行艺术化组合和处理，使其能贴切地传达商品信息及具备相应美感的一种形式。因此，在 Photoshop 中进行包装设计时，需要用到 Photoshop 中的图像选取工具、颜色填充工具、绘图工具、图像处理工具和文字工具等。

1.3.1 选取工具

在 Photoshop 中对图像进行的编辑操作，大多需要建立在选区的基础上。在 Photoshop CS6 中提供了多种创建选区的方法，包括创建规则形状选区和不规则形状选区。

1. 创建规则形状选区

规则选取工具是图像处理中最基本和最常用的工具，可以用于选取特定的图像区域。规则选取工具包括矩形选框工具、椭圆选框工具、单行选框工具和单列选框工具。

使用矩形选框工具或椭圆选框工具在图像上按下鼠标左键并拖动，释放鼠标后，即可创建出矩形或椭圆形选区。在创建选区时按住“Shift”键，可以创建正方形或圆形选区，如图 1-21 所示。

在“矩形选框工具”上按下鼠标左键不放，在弹出的工具组中选择“单行选框工具”或“单列选框工具”，在图像窗口中单击可以创建水平或垂直的直线型选区，绘制的每个选区占据一个像素的高度或宽度，如图 1-22 所示。

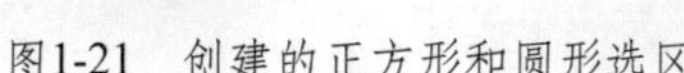

图1-21 创建的正方形和圆形选区

图1-22 绘制的水平和垂直的直线型选区

2. 创建不规则形状选区

在进行包装设计时，通常要处理的图像或产品都具有不规则的边缘，因此在选取这类图像时，就需要使用不规则选区创建工具，在 Photoshop CS6 中提供了 5 种不规则选区创建工具。

（1）套索工具

“套索工具”主要用于创建不规则形状的选区，它以徒手绘制的方式创建选取范围。

在工具箱中选择“套索工具”，在需要选择的图像边缘按下鼠标左键不放，并沿图像边缘拖动鼠标，框选需要选取的图像后，释放鼠标，即可在起点与终点之间形成一个闭合的选区，如图 1-23 所示。

图1-23 绘制自由形状的选区

(2) 多边形套索工具

“多边形套索工具”用于选取具有直边外形的图像。选择该工具，然后在图像边缘依次单击，这时鼠标前后单击的位置会创建选区连线。创建选区连线后，在任意位置双击鼠标，即可创建多边形选区，如图 1-24 所示。

(3) 钢笔工具

钢笔工具是最基本和最常用的路径绘制工具，使用该工具可以绘制任意形状的直线或曲线路径，因此该工具常用于包装容器外形的设计。另外，在需要选取具有复杂外形的图像时，可以使用该工具沿图像外形创建路径，然后通过将路径转换为选区，精确选取任何具有复杂外形的图像。

下面通过选取一个异形香水瓶来介绍钢笔工具的使用方法。

上机实战 使用钢笔工具选取异形香水瓶

STEP 01 打开本书配套光盘中的“Reader\Chapter 1\Media\ 香水 .jpg”文件，如图 1-25 所示。下面使用钢笔工具沿香水瓶外形绘制路径。

图1-24 绘制的多边形选区

图1-25 香水瓶图像

STEP 02 选择钢笔工具，在工具选项栏中的“选择工具模式”下拉列表中选择“路径”选项，并选中钢笔选项中的“橡皮带”复选框，如图 1-26 所示。

图1-26 钢笔工具选项栏设置

STEP 03 在香水瓶边缘上的适当位置单击，确定路径的起始锚点，如图 1-27 所示。

STEP 04 移动光标到瓶边缘的另一处位置，按下鼠标左键并拖动，创建第 2 个锚点，同时在两个锚点之间将出现一条曲线路径，如图 1-28 所示。

STEP 05 释放按键，在下一个位置按下鼠标左键并拖动，创建第 3 个锚点，同时出现第二条曲线路径，如图 1-29 所示。

图1-27　创建第一个锚点

图1-28　绘制第一段曲线路径

图1-29　绘制第二段曲线路径

STEP 06 按照同样的绘制方法，绘制下一段曲线路径，如图 1-30 所示。

STEP 07 按住“Alt”键单击上一步中创建的锚点，将该平滑锚点转换为折角型锚点，如图 1-31 所示。

图1-30　绘制的第三段曲线路径

图1-31　转换锚点属性

STEP 08 移动光标到下一处位置按下鼠标左键并拖动，创建下一条曲线路径，如图 1-32 所示。

STEP 09 按住“Alt”键单击上一步中创建的锚点，将该平滑锚点转换为折角型锚点，如图 1-33 所示。

STEP 10 移动光标到下一处位置单击，这时将创建一条直线路径，如图 1-34 所示。

图1-32　绘制的曲线路径

图1-33　转换锚点属性

图1-34　绘制的直线路径

STEP 11 将光标移动到下一处位置按下鼠标左键并拖动，创建下一条曲线路径，如图 1-35 所示。

STEP 12 按住“Alt”键单击上一步中创建的锚点，将该平滑锚点转换为折角型锚点，然后绘制下一段曲线路径，如图 1-36 所示。

STEP 13 将光标移动到下一处位置按下鼠标左键并拖动，创建下一条曲线路径，如图 1-37 所示。

STEP 14 按住“Alt”键单击上一步中创建的锚点，将该平滑锚点转换为折角型锚点，如图 1-38 所示。

图1-35 绘制的曲线路径

图1-36 绘制的曲线路径

图1-37 绘制的曲线路径

图1-38 转换锚点属性

STEP 15 按照前面介绍的绘制方法，沿整个蝴蝶图像的外形绘制路径，当光标回到起始锚点时，按下鼠标左键并拖动，创建最后一段曲线路径，即可完成封闭路径的绘制，如图 1-39 所示。

图1-39 创建最后一段封闭路径

STEP 16 单击工具选项栏中的“选区”按钮，在弹出的“建立选区”对话框中单击“确定”按钮，将当前路径创建为选区，如图 1-40 所示。

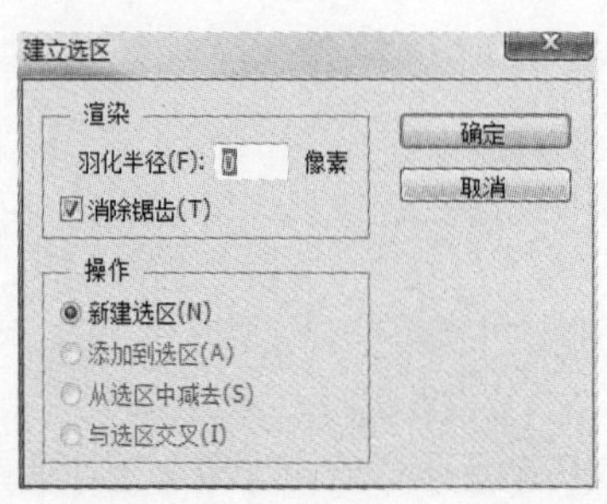

图1-40 将路径转换为选区

STEP 17 按下“Ctrl+J”快捷键，将选区内的图像单独拷贝到新的图层，以方便单独对其进行编辑，如图 1-41 所示。在进行产品造型时，通常会先使用钢笔工具绘制出产品的外形，并为其填充一种相应的底色，如图 1-42 所示，然后在该底色的基础上进行质感的描绘。

图1-41　拷贝图像到新的图层

图1-42　为选区填充底色的效果

(4) 磁性套索工具

磁性套索工具是根据图像边缘颜色的亮度差异设置选区，因此常用于选取颜色对比度强且边缘清晰的图像。

选择“磁性套索工具”后，在需要选取的图像边缘单击，然后沿图像边缘拖动鼠标，系统将自动生成连接线，此时也可以通过单击鼠标左键来添加锚点，使绘制的连接线更加准确地紧贴图像边缘，如图 1-43 所示。如果要完成连接线的绘制，可以将光标移动到起始点处单击，即可根据绘制的连接线自动生成选区，如图 1-44 所示。

图1-43　绘制的连接线

图1-44　生成的选区

(5) 魔棒工具

魔棒工具是在图像中相近的色彩范围内创建选区，使用该工具可以选取图像中颜色相同或相近的区域。

使用“魔棒工具”在需要创建为选区的图像上单击，即可自动选取与单击点颜色相近的色彩范围。

在魔棒工具选项栏中，设置的“容差”值越大，选取的色彩范围就越大，如图 1-45 所示。

在使用魔棒工具创建选区时，选中魔棒工具选项栏中的“连续”复选框，只对当前图层中的连续像素取样，反之则对当前图层中所有与单击点颜色相近的像素进行取样，如图 1-46 所示。

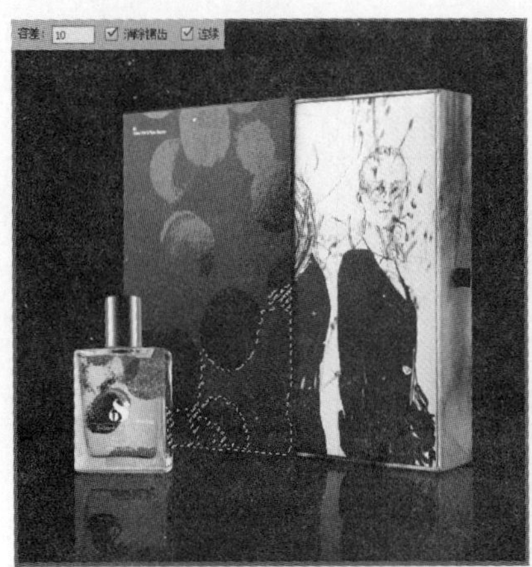

图1-45　设置不同容差值后的选区效果

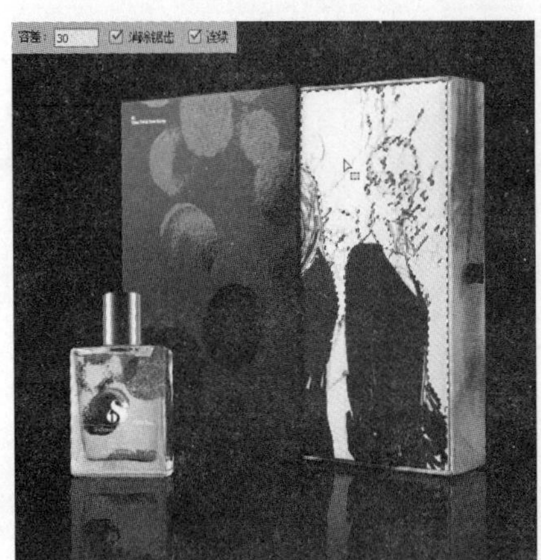
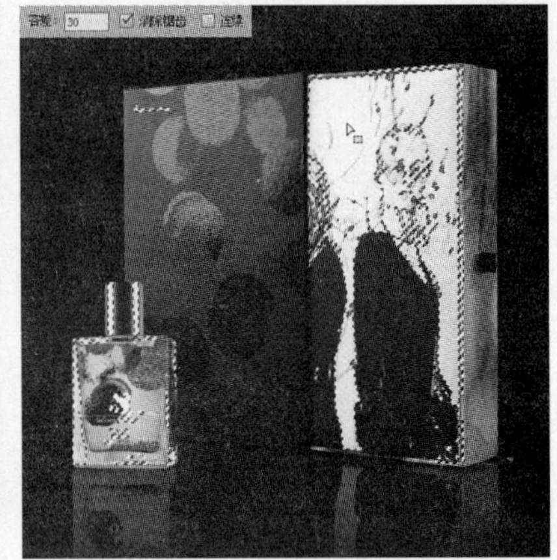

图1-46　连续像素取样和不连续像素取样

1.3.2　颜色填充工具

在包装设计中，要判断一件包装作品是否成功，色彩起着决定性的作用。设计师在经过细致且巧妙的构思后，通过电脑设计将构思好的色彩展现在包装中，此时需要对颜色进行正确的选择和应用。下面介绍在 Photoshop 中选择颜色和填充颜色的方法。

1. 设置前景色和背景色

在 Photoshop CS6 的工具箱中，前景色与背景色图标如图 1-47 所示。默认状态下，前景色是使用画笔工具绘画、油漆桶工具填色时所使用的颜色。背景色是当前图像所使用的画布的背景颜色。

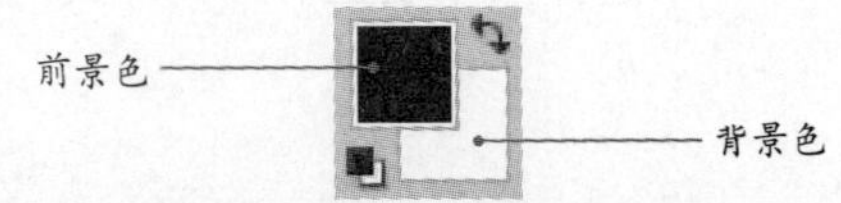

图1-47　前景色和背景色

单击前景色与背景色处的图标，或者按下“X”键，可以切换前景色和背景色。单击图标，或者按下“D”键，可以将前景色和背景色恢复为系统默认的黑色和白色。

单击工具箱中的前景色或背景色图标，在打开的“拾色器”对话框中，可以对前景色或背景色进行自定义设置，如图 1-48 所示。

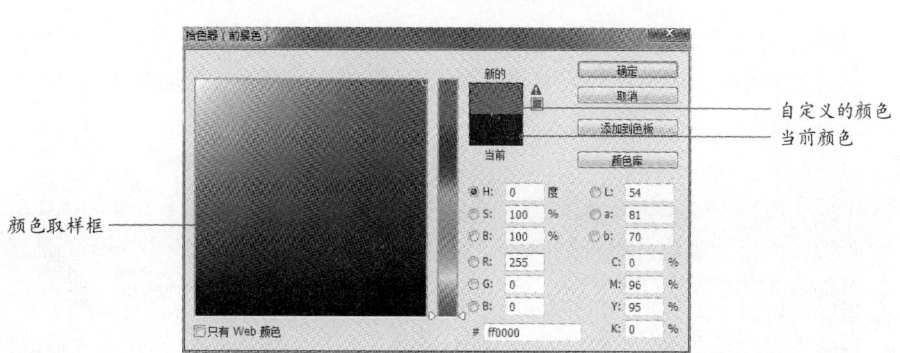

图1-48 “拾色器”对话框

在“拾色器”对话框中的颜色模式数值框中输入颜色值，可以精确设置颜色参数。在颜色取样框中单击，可以选择单击处的颜色，此时在颜色参数控制区中，会以不同的模式显示所选择颜色的具体参数值，同时新设置的颜色将显示在“新的”颜色框中。

2. 油漆桶工具

“油漆桶工具”可以为图像填充纯色或图案效果。使用该工具在图像上单击，即可按指定的填充方式填充图像或选区中位于容差范围内颜色相近的图像区域，如图 1-49 所示。

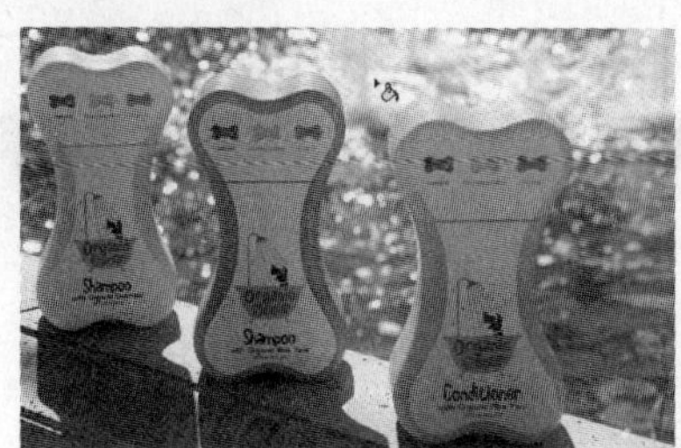

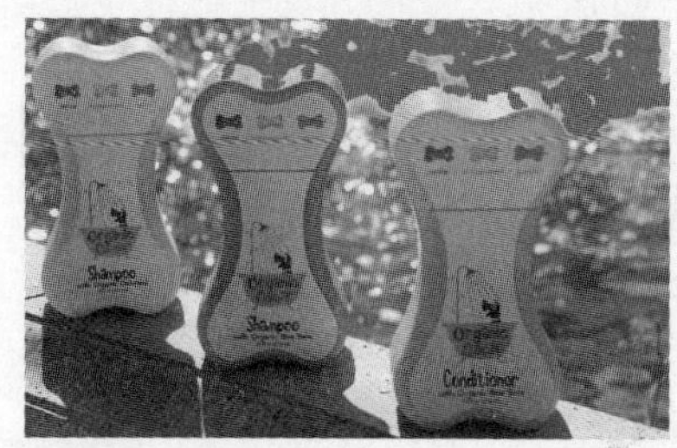

图1-49 油漆桶工具的填充效果

在工具箱中选择“油漆桶工具”，其工具选项栏设置如图 1-50 所示。

前景 模式：正常 不透明度：100% 容差：32 消除锯齿 连续的 所有图层

图1-50 油漆桶工具选项栏设置

- 前景 设置填充区域的源：在其下拉列表中可以选择填充的方式。选择“前景”选项，将以前景色进行填充。选择“图案”选项，后面的“图案”下拉列表框将被激活，可以在其中选择用于填充的图案样式，如图 1-51 所示。如图 1-52 所示是为图像应用图案填充后的效果。

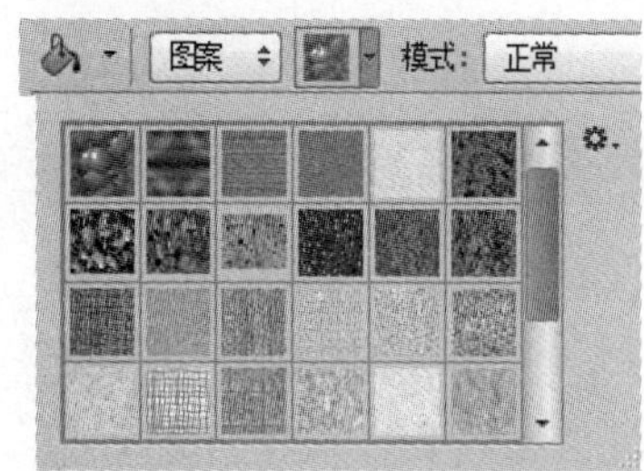

图1-51 图案下拉列表框

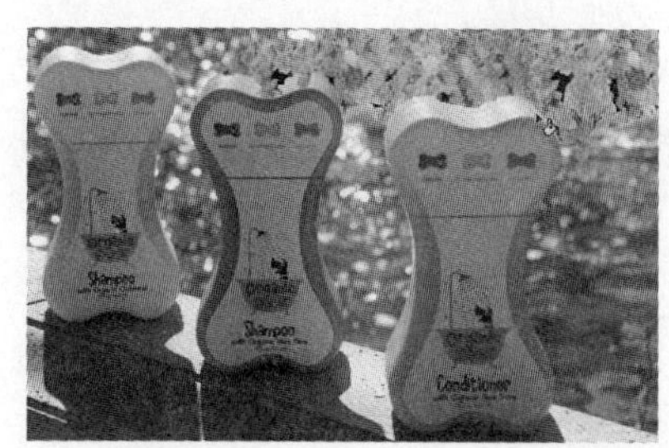

图1-52 图案填充效果

- 不透明度：用于设置填充时颜色的不透明程度。
- 容差：用于设置填充颜色近似范围的程度，通常以单击处填充点的颜色为基础。容差值越大，填充的范围越大，反之则越小。
- 消除锯齿：选中此复选框后，可以消除填充颜色或图案后的边缘锯齿。
- 连续的：选中此复选框后，油漆桶工具只填充相邻的区域，反之不相邻的区域也会被填充。
- 所有图层：选中此复选框后，油漆桶工具将作用于所有图层，反之只作用于当前选择的图层。

3. 渐变工具

渐变工具可以为图像填充两种或两种以上颜色的渐变混合色。在进行产品造型设计时，巧妙应用渐变色，可以使图像产生较为逼真的质感。当然，同时结合绘图工具对形状细节进行刻画，将会使造型设计更加富有质感。

选择“渐变工具”后，其工具选项栏如图 1-53 所示。

图1-53 渐变工具选项栏设置

- ：单击渐变条右边的下拉按钮，在弹出的渐变样式下拉列表框中，可以选择预设的渐变色样，如图 1-54 所示。
- 渐变工具选项栏：其中提供了 5 种渐变方式，分别是线性渐变、径向渐变、角度渐变、对称渐变和菱形渐变，效果分别如图 1-55 所示。

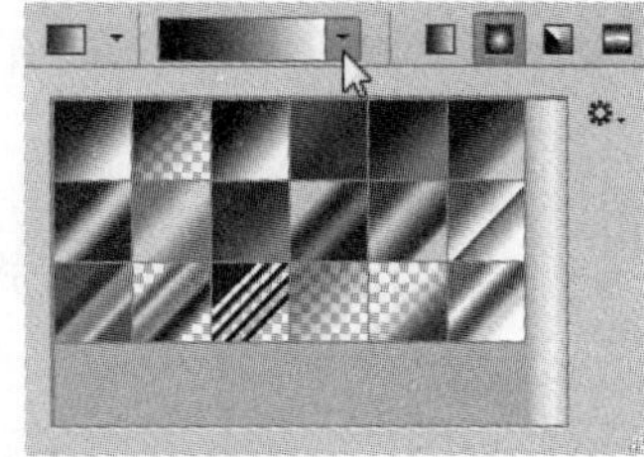

图1-54 预设的渐变色样

线性渐变

径向渐变

角度渐变

对称渐变

菱形渐变

图1-55 5种不同的渐变方式

- 模式：用于设置渐变时的混合模式。
- 不透明度：用于设置渐变时填充颜色的不透明度。
- 反向：选中该复选框后，填充的渐变颜色方向将与所设置的色彩方向相反。
- 仿色：在进行渐变颜色填充时，选择该选项，将增加渐变色的中间色调，使渐变效果更加平缓。
- 透明区域：用于关闭或打开渐变的透明度设置，如图 1-56 所示。

在填充渐变色时，Photoshop CS6 提供的渐变色样不可能完全达到设计师的设计目标，这时可以对渐变参数进行自定义设置。

单击渐变工具选项栏中的渐变条，打开“渐变编辑器”对话框，如图 1-57 所示。

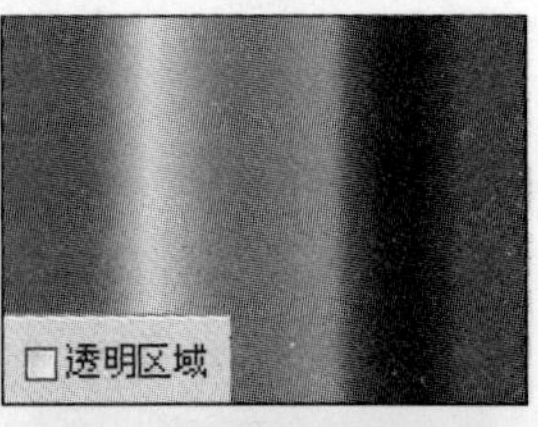

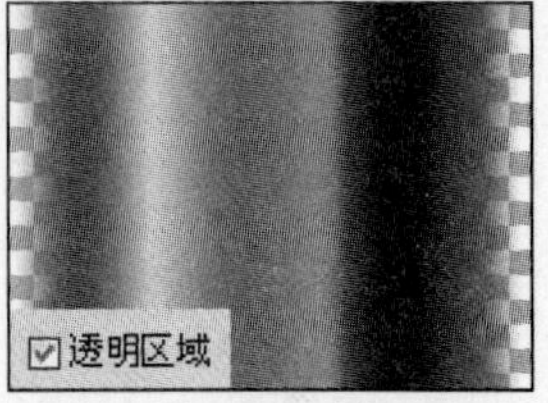

图1-56 透明区域设置效果

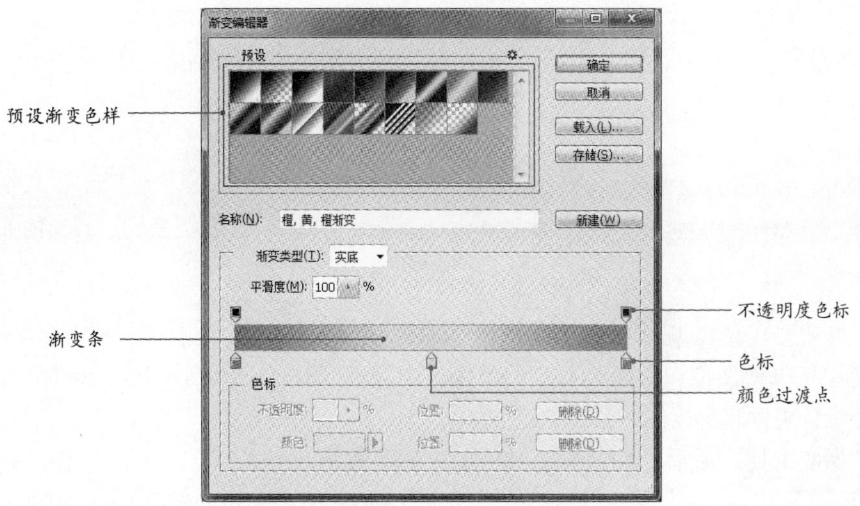

图1-57 “渐变编辑器”对话框的组成

- 预设：其中显示了 Photoshop CS6 提供的一些预设渐变色样，单击其中一个色样，即可将其设置为当前渐变色，同时该颜色会显示在下方的渐变条中，可以将其作为自定义渐变颜色的基础样式。
- 名称：在“名称”文本框中，可以查看或输入渐变样式的名称。单击“新建”按钮，可以将当前设置的渐变样式保存为新的渐变色样，如图 1-58 所示。
- 渐变类型：在其下拉列表中可以选择渐变填充的颜色效果，在其中可以选择由多个单色组成渐变颜色段的“实底”项或应用杂色渐变的“杂色”项，如图 1-59 所示。

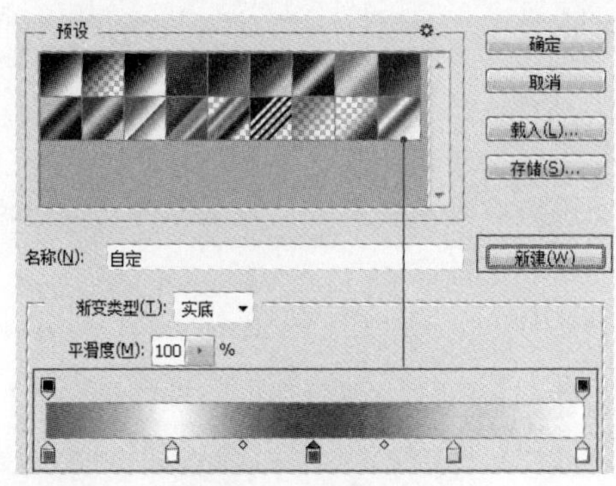

图1-58 新建渐变色样

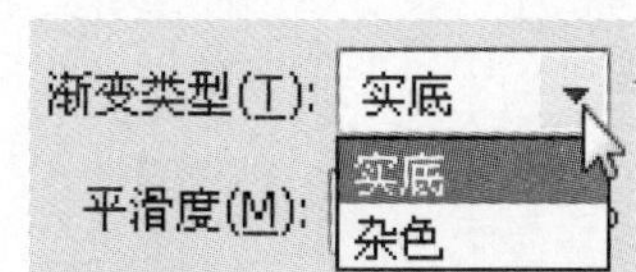

图1-59 渐变类型选项

- 平滑度：在“平滑度”数值框中输入数值，可以设置渐变填充色的平滑度。当数值为 100 时，颜色过渡可以很自然。

(1) 填充实底渐变色

在填充“实底”渐变类型时，可以在渐变条中通过添加并调整色标颜色和位置的方式自定义所需的渐变颜色。

- 添加色标：在“渐变编辑器”对话框中选择预设的渐变色样后，将光标移动到渐变条下方，当光标变为形状时单击，可以在单击处添加一个新的色标，如图 1-60 所示。双击该色标或在下方的“颜色”色块上单击，在弹出的“拾色器（色标颜色）”对话框中，可以重新设置色标颜色，如图 1-61 所示。

图1-60 添加色标

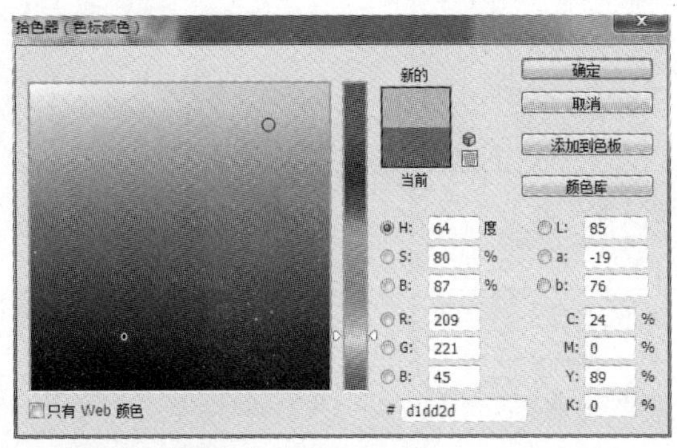

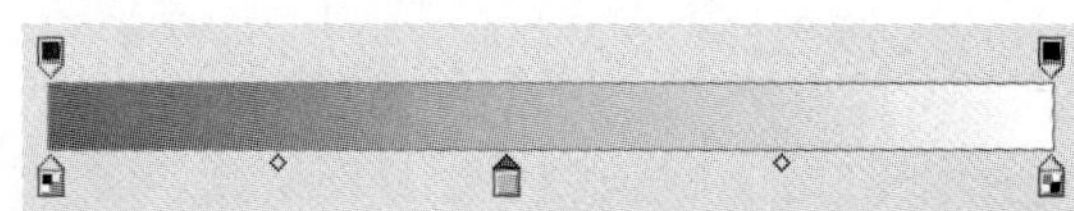

图1-61 自定义色标的颜色

- 删除色标：在渐变条中，对于不需要的色标，可以将其删除，只需选择需要删除的色标，然后将其拖离渐变条或单击下方的“删除”按钮即可，如图 1-62 所示。

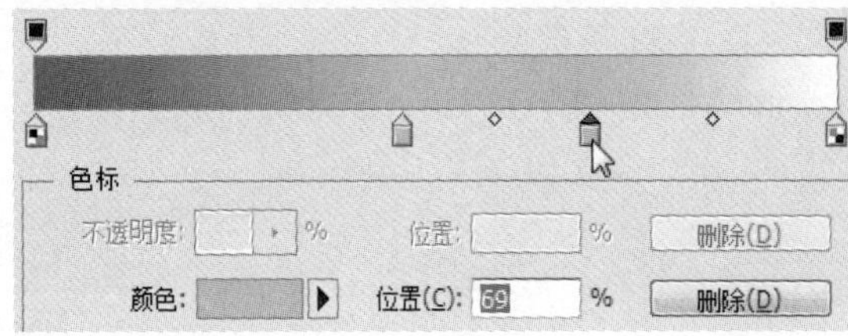

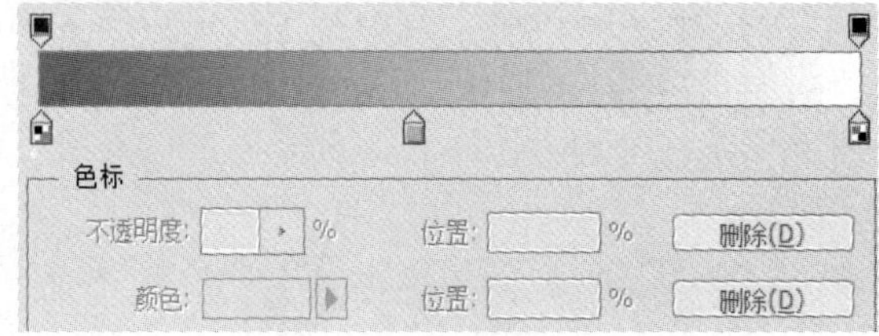

图1-62 删除色标

- 调整色标的位置：选择一个色标，然后拖动色标或者在下方的“位置”数值框中输入百分比值，即可设置该色标在渐变条中的位置。
- 改变颜色中点的位置：当渐变条中有多个色标时，单击其中一个色标，可以显示该色标处的颜色中点。拖动颜色中点或在下方的“位置”数值框中输入精确的位置百分数，可以调整对应两个色标颜色之间的对比距离，从而调整渐变颜色，如图 1-63 所示。

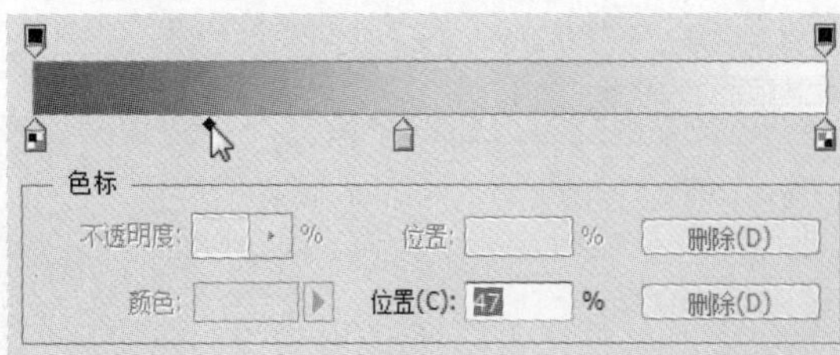

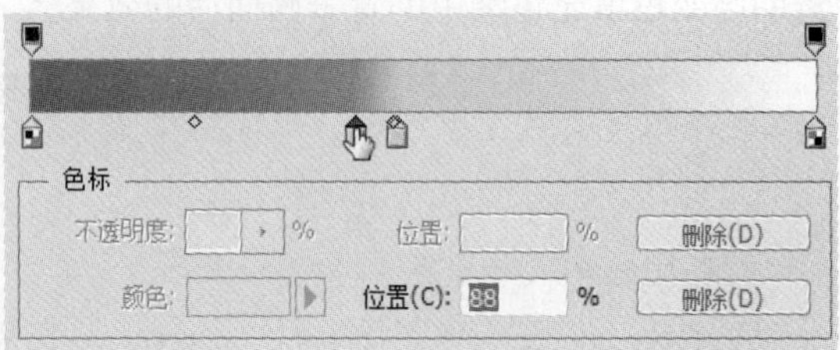

图1-63 调整颜色中点后的效果

设置好需要的渐变颜色后，单击“渐变编辑器”对话框中的“确定”按钮，可以回到当前图像窗口。在渐变工具选项栏中选择好需要的渐变方式，然后在图像窗口中按住鼠标左键并拖动，释放鼠标后，即可按设置好的渐变色进行填充，如图 1-64 所示。

图1-64　图像的渐变填充效果

提示

在使用渐变工具对图像进行渐变填充时，按下鼠标后的拖动方向和距离都会影响到填充效果。在以径向、角度、菱形渐变方式进行填充时，按下鼠标的位置将是渐变色的中心点，不管鼠标拖动到任何方向，填充后的中心点都会保持不变。径向、角度和菱形渐变色的半径范围由鼠标的拖动距离决定。

(2) 设置透明渐变色

在"渐变编辑器"对话框中，单击渐变条左右两边的不透明度色标，可以在下方的"不透明度"和对应的"位置"选项处，设置不透明度色标所在的位置和不透明度，如图 1-65 所示。

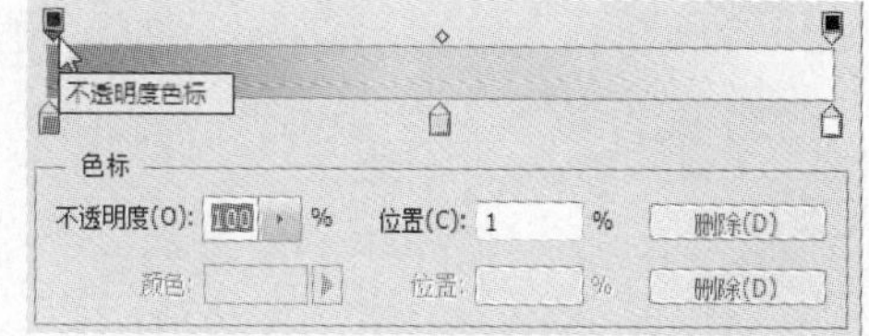

图1-65　不透明度色标参数设置

设置不透明度色标与设置色标的操作方法基本相同。

① 如果要添加一个不透明度色标，可以在渐变条上方靠近渐变的位置处单击。

② 在"不透明度"选项中，可以设置所选不透明度色标的不透明度。

③ 拖动不透明度色标，可以改变其位置以及改变渐变色中的透明区域。

④ 如果要删除多余的不透明度色标，将该不透明度色标拖离渐变条即可。渐变条中至少应存在 2 个不透明度色标。

如图 1-66 所示为原包装效果，如图 1-67 所示为设置的透明渐变色，如图 1-68 所示为使用该透明渐变色填充包装中的背景画面后的效果。

图1-66　原包装效果

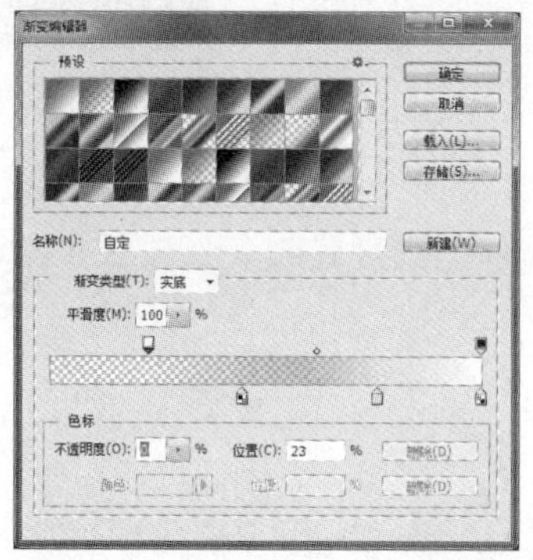

图1-67　透明度渐变色设置

图1-68　渐变色填充效果

> **提示**
> 如果要为图像填充透明渐变色，需要在渐变工具选项栏中选中“透明区域”选项☑透明区域。

(3) 填充杂色渐变色

在“渐变编辑器”对话框的“渐变类型”下拉列表中选择“杂色”选项，其对话框设置如图 1-69 所示。

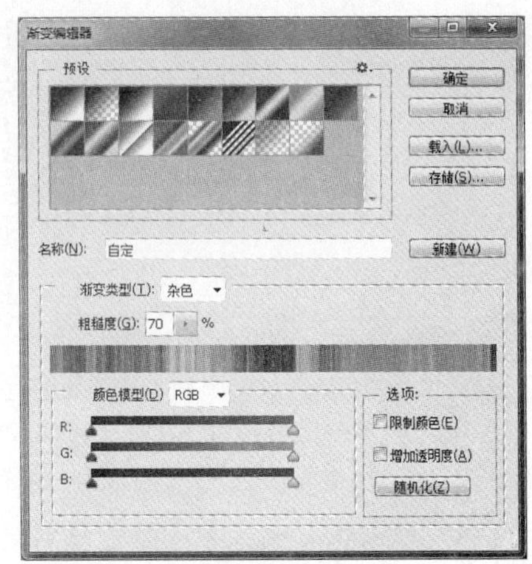

图1-69 “杂色”渐变类型

- 粗糙度：用于设置渐变颜色的杂乱程度。如图 1-70 所示是将“粗糙度”分别设置为 50% 和 100% 后的填充效果。
- 颜色模型：在该选项下拉列表中选择所需的颜色模式后，可以通过拖动下面对应的颜色条的方式，限制杂色渐变的颜色取值范围，如图 1-71 所示。
- 限制颜色：选中该复选框后，可以在杂色渐变产生时，使两个颜色之间出现更多的过渡颜色，得到比较平滑的渐变颜色。
- 增加透明度：选中该复选框后，可以在产生杂色渐变时，将色彩的灰度成分显示为透明，如图 1-72 所示。

图1-70 不同粗糙度的杂色渐变色效果

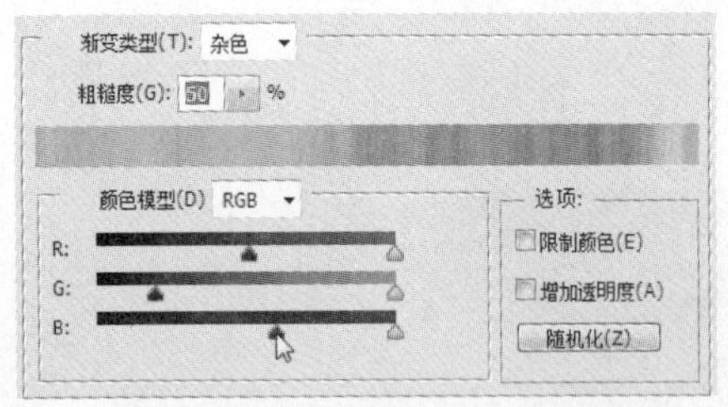

图1-71 设置颜色取值范围

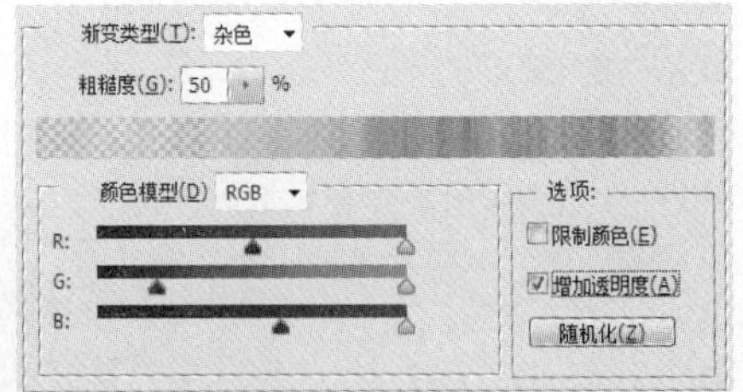

图1-72 增加透明度效果

- 随机化：单击该按钮，可以将当前设置的渐变颜色替换为随机生成的新的渐变颜色。每单击一次，就会替换一次。

1.3.3 绘图工具

“画笔工具”🖌是最基本的绘图工具，常用于创建较丰富的线条，使用该工具是绘制和处理图像的基础。

在使用图层蒙版对图像进行处理时，通过画笔工具对蒙版进行编辑，可以屏蔽或显示图像的局部范围，满足包装设计的需要。在设计包装容器或产品造型时，使用画笔工具可以模拟在画纸上绘画的效果，通过设置画笔的颜色、大小、硬度和不透明度，然后使用画笔对容器或产品进行细节上的刻画，以体现出不同材质的质感效果。

在使用画笔工具（或者铅笔工具）绘画之前，需要设置好所需的前景色，然后通过工具选项栏，对画笔的大小、硬度和不透明度等参数进行设置，如图1-73所示。

图1-73　画笔工具选项栏

上机实战　使用画笔工具设计产品容器造型

STEP 01 新建一个空白文档，然后使用钢笔工具绘制一个包装容器的基本外形，将路径转换为选区，并使用渐变工具为其填充相应的渐变色，以体现该容器的基本色泽，如图1-74所示。

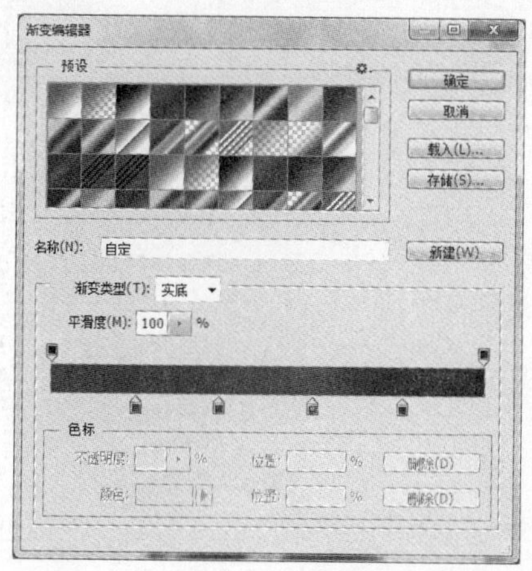

图1-74　绘制包装容器的基本外形

STEP 02 使用套索工具框选形状的顶部区域，然后按“Ctrl+J”快捷键，将选区内的图像复制到新的图层，如图1-75所示。

图1-75　将选区内的图像拷贝到新图层

STEP 03 将前景色设置为白色，然后使用油漆桶工具在瓶顶图像上单击，将其填充为白色，如图1-76所示。

STEP 04 单击“图层”面板下方的“创建新图层”按钮，新建一个图层为图层 3，如图 1-77 所示。为方便查看绘画结果，这里将背景图层填充为黑色，如图 1-78 所示。

图1-76 填充图像

图1-77 新建图层

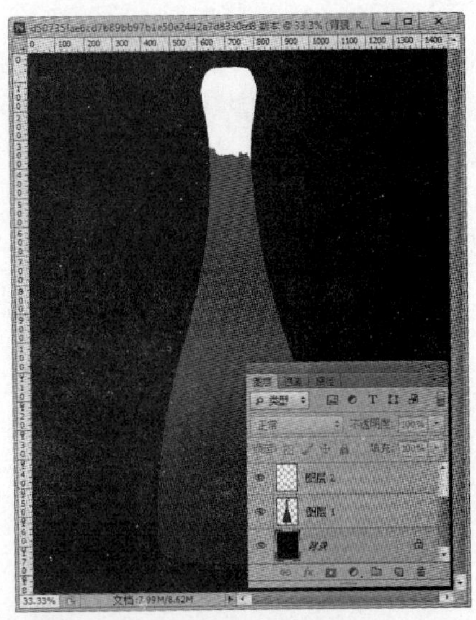

图1-78 填充背景图层

STEP 05 选择画笔工具，在工具选项栏中单击“画笔”右侧的按钮，弹出“画笔预设”选取器，然后为画笔选择圆形笔尖形状，并设置画笔的大小、硬度和不透明度值，如图 1-79 所示。

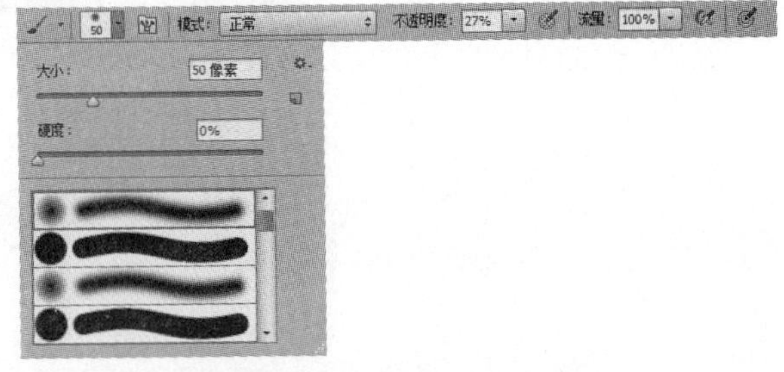

图1-79 “画笔预设”选取器

STEP 06 将前景色设置为浅灰色，然后在瓶顶部分的相应位置进行涂抹，绘制此部分的明暗效果，如图 1-80 所示。在绘制的过程中，可以适当改变画笔的大小和不透明度值，以表现不同的明暗色调。

STEP 07 将前景色设置为深一些的灰色，并调整画笔的大小和不透明度，然后在瓶顶部分进行涂抹，加深此部分中的部分色调，如图 1-81 所示。

STEP 08 新建一个图层为图层 4，将前景色设置为更深一些的灰色。设置画笔为小号，并将画笔不透明度设置为 100%，然后在瓶顶上进行涂抹，如图 1-82 所示。

图1-80 绘制明暗色调

图1-81 加深阴影色调

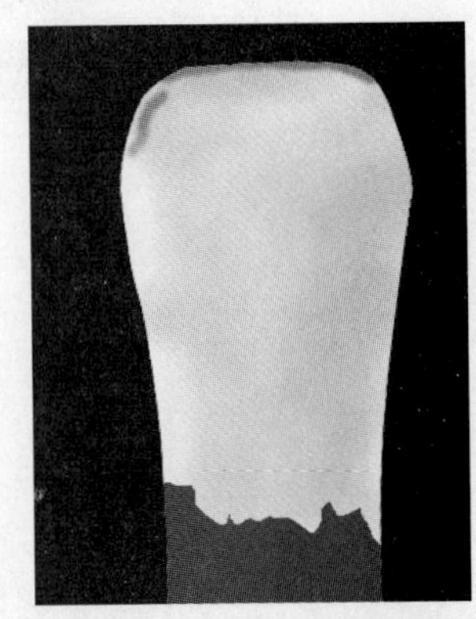

图1-82 删除多余的图像

STEP 09 在“图层”面板中，按住“Ctrl”键单击图层 2 的图层缩览图，载入选区，然后执行“选择→反向”命令，将选区反选。分别选择图层 3 和图层 4，将位于瓶形以外的图像删除，最后取消选择。

STEP 10 选择橡皮擦工具，按照设置画笔工具的方法，设置该工具的大小和不透明度。选择图层 4，然后在顶部较深的阴影边缘进行涂抹，使阴影看起来更自然，完成效果如图 1-83 所示。

STEP 11 重新将背景图层填充为白色，如图 1-84 所示。

STEP 12 选择图层 3，将前景色设置为浅灰色，然后使用画笔工具对阴影部分作进一步的调整，完成效果如图 1-85 所示。

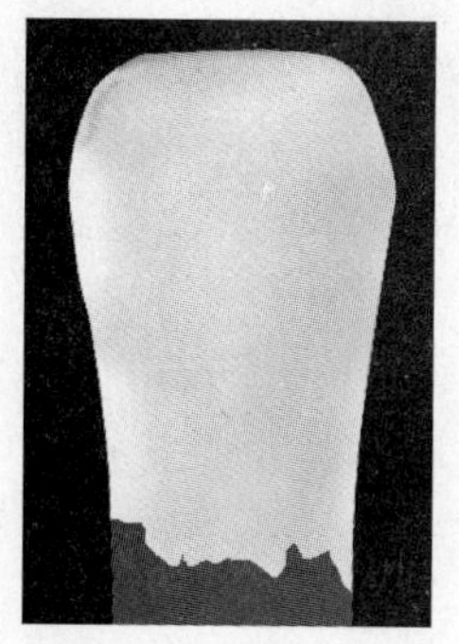

图1-83　对阴影图像的处理

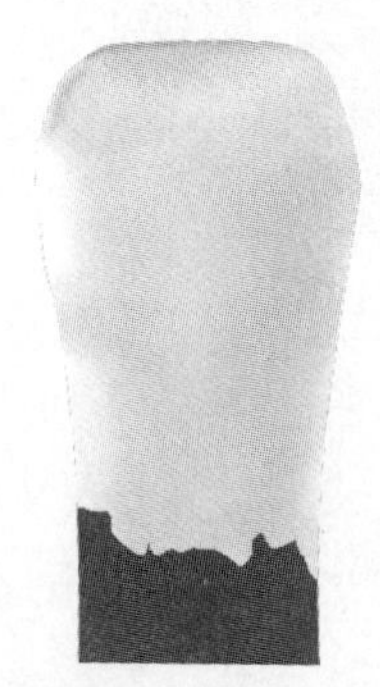

图1-84　修改背景色

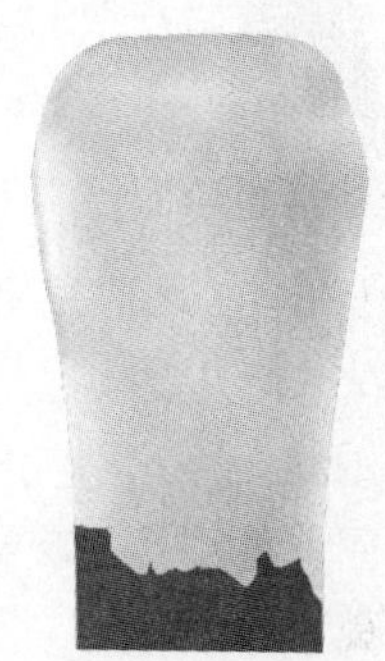

图1-85　调整后的明暗效果

STEP 13 新建图层 5，将前景色设置为白色，并设置适当的画笔大小和不透明度，如图 1-86 所示。

STEP 14 使用画笔工具在瓶形两端的边缘拖动鼠标进行涂抹，为其添加反光效果，如图 1-87 所示。

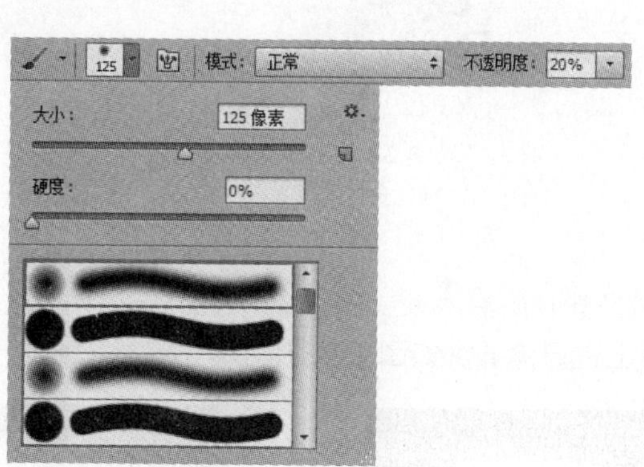

图1-86　画笔参数设置

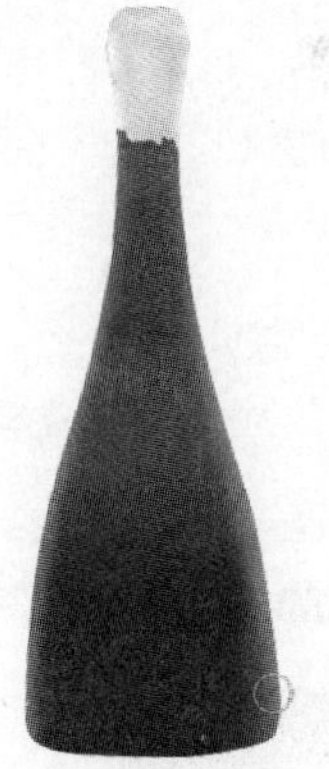

图1-87　绘制两端的反光效果

提示

在绘制反光效果时，可以根据绘图需要，灵活调整画笔工具的大小和不透明度，以达到满意的效果。在绘制好后，可以使用橡皮擦工具擦除反光图像边缘不自然的部分，使效果更加自然。

STEP 15 下面绘制酒瓶中的高光效果。新建图层 6，保持前景色为白色不变，并为画笔工具设置适当的画笔大小，然后将画笔不透明度设置为 100%，如图 1-88 所示。

STEP 16 使用画笔工具在瓶形的左边位置按下鼠标左键并拖动，绘制酒瓶中的高光效果，如图 1-89 所示。

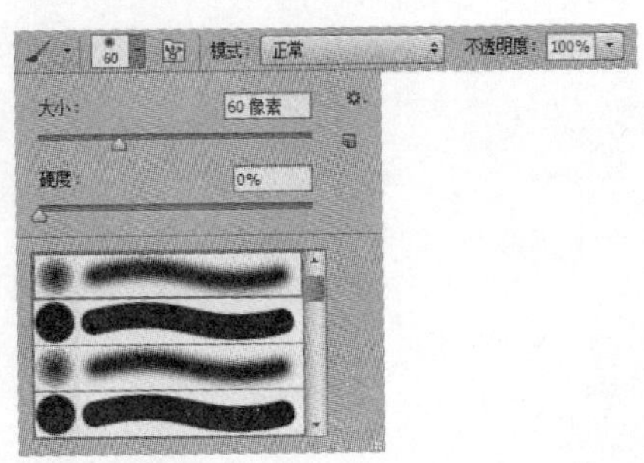

图1-88 画笔参数设置

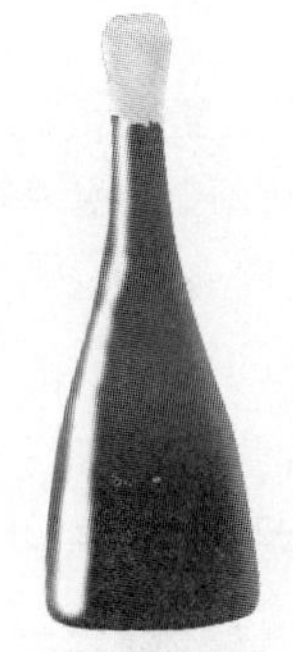

图1-89 绘制高光效果

STEP 17 选择橡皮擦工具，并设置如图 1-90 所示的画笔参数，然后在高光边缘不自然的图像上进行涂抹，将这部分擦除，完成效果如图 1-91 所示。

STEP 18 为橡皮擦工具设置较低的不透明度，然后在高光图像上的适当位置进行涂抹，使高光效果更加自然，完成效果如图 1-92 所示。

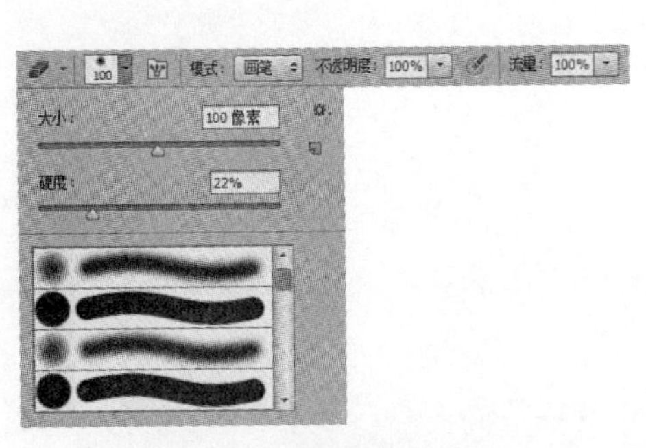

图1-90 橡皮擦工具设置

图1-91 擦除多余部分后的图像

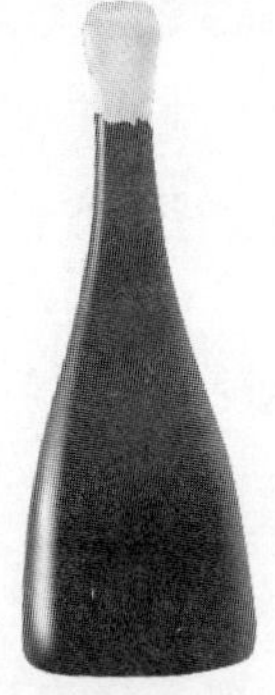

图1-92 处理后的高光效果

STEP 19 将图层 1 拖动到“创建新图层”按钮上，将其复制，如图 1-93 所示。

STEP 20 执行“图像→调整→曲线”命令，在弹出的“曲线”对话框中，设置如图 1-94 所示的参数，然后单击“确定”按钮，加深当前图像的色调，如图 1-95 所示。

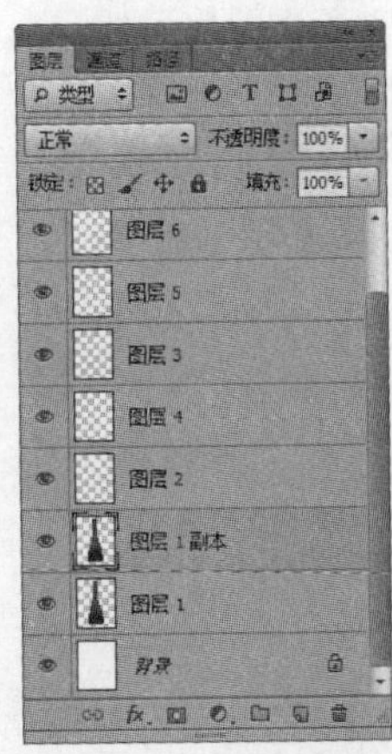

图1-93 复制图层

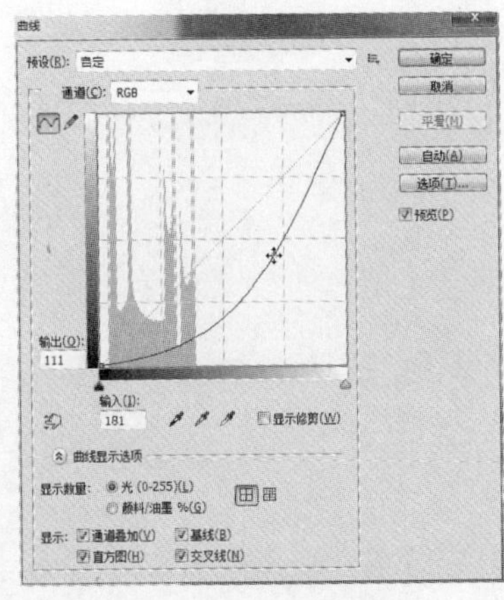

图1-94 曲线调整参数

图1-95 加深后的图像色调

STEP 21 选择橡皮擦工具，为其设置大号的画笔，并将画笔不透明度设置为 100%，然后擦除瓶形左边缘以外的图像，如图 1-96 所示。

STEP 22 使用钢笔工具在瓶形左边绘制如图 1-97 所示的一个封闭路径，然后按“Ctrl+Enter”键，将路径转换为选区，如图 1-98 所示。

图1-96 擦除不需要的图像

图1-97 创建的路径

图1-98 转化后的选区

STEP 23 选择图层 5，按“Delete”键将选区内的图像删除，并按“Ctrl+D”快捷键取消选择，如图 1-99 所示。

STEP 24 新建图层 7。将前景色设置为黑色，选择画笔工具并为画笔设置相应的大小和不透明度，然后在瓶形右边的反光图像左边处进行涂抹，加深此部分色调，如图 1-100 所示。

STEP 25 完成酒瓶造型的绘制后，为酒瓶添加瓶贴，如图 1-101 所示。

图1-99 删除图像后的效果

图1-100 加深部分色调

图1-101 添加瓶贴后的效果

1.3.4 常用的图像处理工具

Photoshop 具有极强的图像处理功能。在进行包装设计时，利用这些功能，可以快速修复图像中的瑕疵、模糊或锐化图像、调整图像中的局部色调、复制或擦除部分图像等。下面介绍在包装设计中经常会使用到的一些图像处理工具。

1. 模糊、锐化和涂抹工具

“模糊工具”用于柔化当前图层中的局部图像，以缩小与图像像素间的反差，达到协调图像的效果，其工具选项栏设置如图 1-102 所示。

13 模式： 正常 强度： 50% 对所有图层取样

图1-102　模糊工具选项栏设置

模糊工具选项栏中的“强度”选项，用于控制模糊工具在操作时笔划的压力大小程度。其百分值越高，一次操作后图像被模糊的程度越大，被操作区域的模糊效果也越明显。如图 1-103 所示为使用模糊工具模糊局部图像的效果。

图1-103　模糊局部图像前后的效果

“锐化工具”的功能与“模糊工具”相反，该工具能够加大像素间的反差，使模糊的图像变得清晰，如图 1-104 所示。

图1-104　锐化局部图像前后的效果

使用“涂抹工具”可以移动图像的像素，使图像产生被涂抹的效果，其工具选项栏设置如图 1-105 所示。选中工具选项栏中“手指绘画”选项，涂抹工具将使用前景色对图像进行涂抹处理，以便逐渐与图像中的颜色相融合。如图 1-106 所示为使用涂抹工具涂抹图像的效果。

图1-105　涂抹工具选项栏设置

图1-106　涂抹图像前后的效果

2. 减淡、加深和海绵工具

减淡工具用于对局部区域内的图像进行提亮加光处理。在进行包装容器或产品造型设计时，可以使用减淡工具对容器或造型中的局部区域进行色调调整。

减淡工具选项栏设置如图 1-107 所示，如图 1-108 所示为使用减淡工具提亮局部图像的效果。

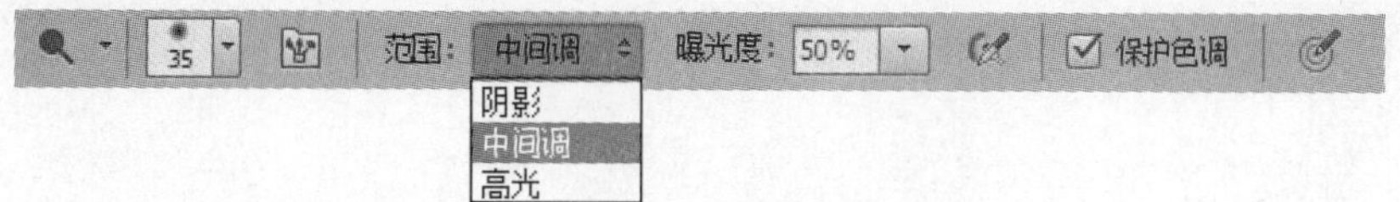

图1-107　减淡工具选项栏设置

- 范围：用于选择作用于操作区域的色调范围。选择“阴影”选项，可以提高暗部及阴影的区域性亮度。选择“中间调”选项，可以提高灰度区域的亮度。选择“高光”选项，可以提高亮部区域的亮度。
- 曝光度：用于控制减淡工具在操作时的亮化程度。该百分值越大时，一次操作亮化的效果越明显。

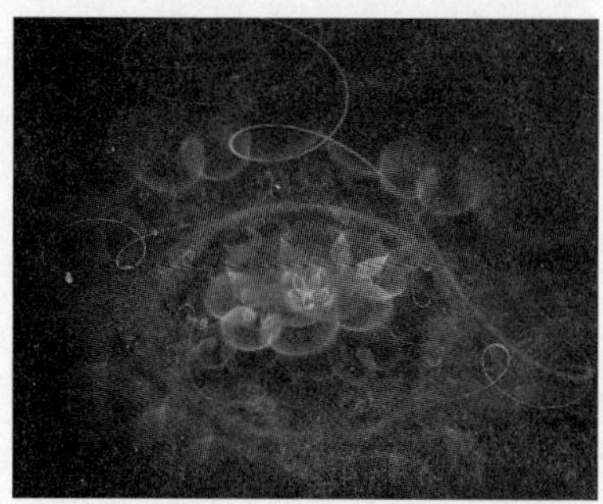
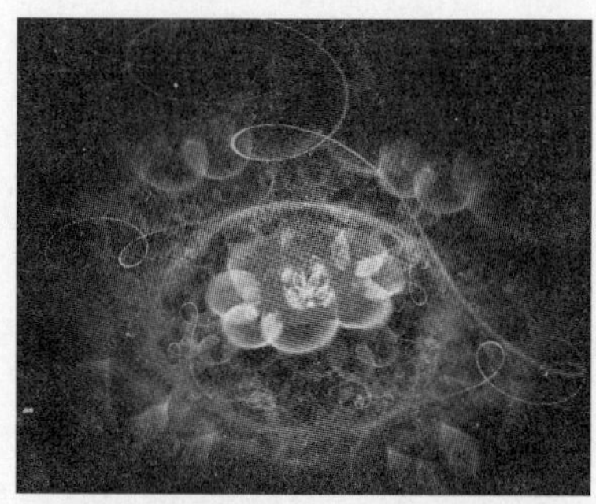

图1-108　提亮局部图像前后的效果

“加深工具”与减淡工具的作用相反，该工具用于降低图像的曝光度，并加深图像的局部色调。如图 1-109 所示为使用加深工具加深图像局部色调前后的效果。

图1-109　加深图像局部色调前后的效果

“海绵工具”用于调整图像色彩的饱和度，其工具选项栏设置如图 1-110 所示。

图1-110　海绵工具选项栏

- 模式：在其下拉列表中选择“降低饱和度”选项，可以降低图像色彩的饱和度。选择“饱和”选项，可以增加图像色彩的饱和度。

如图 1-111 所示为原图像，如图 1-112、图 1-113 所示分别为增加和降低图像色彩饱和度后的效果。

图1-111　原图像

图1-112　增加色彩饱和度后的图像

图1-113　降低色彩饱和度后的图像

3. 仿制图章和橡皮擦工具

“仿制图章工具”用于复制当前文件中的局部图像或全部图像，它可以在同一个文件或不同的文件之间进行复制。仿制图章工具选项栏设置如图 1-114 所示，同画笔工具一样，用户可以在工具选项栏中设置画笔的样式、不透明度和流量大小等参数。

20　模式：正常　不透明度：100%　流量：100%　对齐　样本：当前图层

图1-114　仿制图章工具选项栏

- 对齐：选中该复选框后，复制的图像会随着光标拖动的位置进行相同间隔的复制。不选择该选项时，不管复制图像到任何位置，复制的图像将始终是最初设置基准点的部分。
- 样本：用于选择修复画笔工具的取样范围，在该选项下拉列表中提供了 3 个选项。选择“当前图层”选项，只对当前图层中的图像进行取样。选择“当前与下方图层”选项，可以同时对当前与下方图层中的图像进行取样。选择“所有图层”选项，则对所有图层中的图像进行取样。

上机实战　使用仿制图章工具复制图像

STEP 01 打开本书配套光盘中的“Reader\Chapter 1\Media\ 植物 .jpg”文件。

STEP 02 选择仿制图章工具，在工具选项栏中设置适当的画笔大小，并将“模式”设置为“正常”、“不透明度”设置为 100%，如图 1-115 所示。

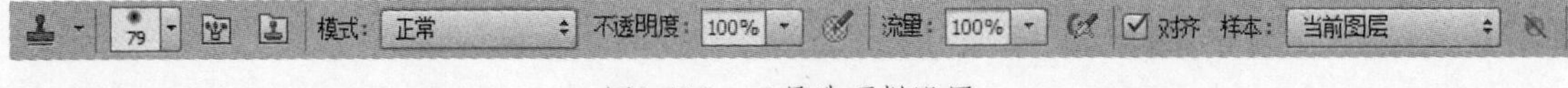

图1-115　工具选项栏设置

STEP 03 在需要复制的图像上按住“Alt”键单击鼠标左键，设置要复制图像的基准点，如图 1-116 所示。

STEP 04 按下“F7”键打开“图层”面板，单击该面板底部的“创建新图层”按钮，新建一个图层为“图层 1”，如图 1-117 所示。

图1-116　设置复制的基准点

图1-117　新建一个图层

STEP 05 在图像中对应的位置按住鼠标左键并拖动，即可将设置基准点处的图像复制到指定的位置，如图 1-118 所示。

图1-118　复制图像的效果

STEP 06 在“图层”面板中，将图层 1 的图层混合模式设置为“正片叠底”，这样可以使复制的图像与下层图像之间衔接得更加自然，如图 1-119 所示。

图1-119　设置图层混合模式后的效果

橡皮擦工具主要用于擦除图像中的颜色信息。在对图像进行合成处理时，可以使用橡皮擦工具擦除图像不需要的部分，使其与下层图像产生自然的合成效果。

在使用橡皮擦工具擦除背景图层中的图像时，被擦除的部分显示为背景色。擦除背景图层以外的其他图层时，被擦除的图像区域变为透明。

选择“橡皮擦工具”，其工具选项栏设置如图 1-120 所示。

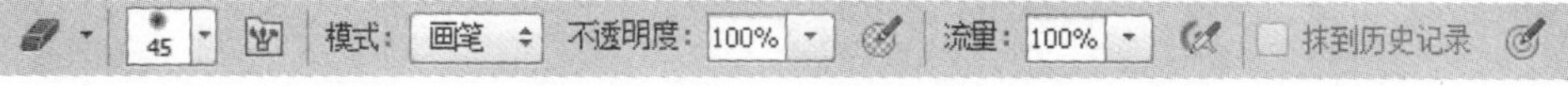

图1-120　橡皮擦工具选项栏设置

- 画笔：用于设置画笔的大小、硬度和画笔形状。画笔越大，使用橡皮擦工具一次性擦除的图像区域就越大，反之则越小。

> **提示**
> 可以根据需要处理的图像大小调整画笔的大小，如果画笔设置得太大，容易擦除需要保留的图像区域，如果设置得太小，则会降低工作效率。

- 模式：在该选项下拉列表中，可以选择橡皮擦的使用工具，以决定擦除图像时的笔触形状。其中包括“画笔”、“铅笔”和“块”选项，如图 1-121 所示。

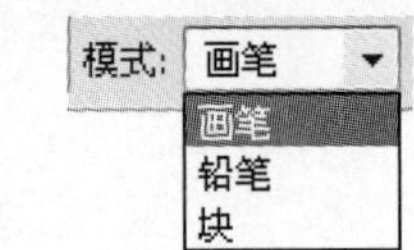

图1-121 “模式”下拉列表

- 不透明度：在“不透明度”数值框中，可以设置被删除区域的不透明度。
- 抹到历史记录：选中该复选框后，使用橡皮擦工具可以将被擦除的图像恢复为原来的效果，如图 1-122 所示。按住“Alt”键，可以在“橡皮擦工具”与“抹到历史记录”选项之间进行切换。

图1-122 使用抹到历史记录功能还原后的图像

1.3.5 文字工具

文字是包装设计中必不可少的要素之一，它可以直观地传达商品信息，直接影响包装的艺术性和美感。独特的文字设计，可以增强包装的视觉效果，从而快速地吸引消费者的注意力，达到促进销售的目的。

在 Photoshop CS6 中，可以对文字进行输入和各种编排，同时对文字进行艺术化处理等。

1. 输入文字并设置文字属性

上机实战 在 Photoshop CS6 中输入点文字

STEP 01 在工具箱中选择横排文字工具 或直排文字工具 ，在图像窗口中单击后出现一个文字光标。

STEP 02 在工具选项栏中的“设置文字大小” 12点 选项中设置文字的大小，并在“设置字体系列” 宋体 下拉列表中选择所需的字体，如图 1-123 所示。

图1-123 设置字体大小和字体

- （切换文本取向）按钮：单击该按钮，可以使文字在横排与直排之间进行转换。
- Bold （设置字体样式）：在为英文设置英文字体后，设置字体样式选项将被激活，在其中可以显示该字体对应的字体样式。

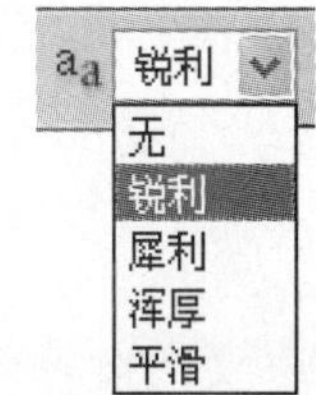

图1-124 消除锯齿的方法

- （设置消除锯齿的方法）：单击其下拉按钮，从弹出的下拉列表中可以选择消除文本锯齿的方法，如图 1-124 所示。选择“无”选项，不消除文本边缘的锯齿。选择“锐利”选项，文字以最锐利的形式出现。选择“犀利”选项，文字显示为较锐利。选择“浑厚”选项，文字显示为较粗。选择“平滑”选项，文字显示为较平滑。
- （对齐功能）按钮：用于设置文本段落对齐的方式。在选择文字图层后，分别单击所需的对齐按钮，可以使文本按指定的方式对齐。当文字为横向排列时，对齐按钮分别为“左对齐文本”、“居中对齐文本”和“右对齐文本”。当文字为竖式排列时，对齐按钮分别为“顶对齐文本”、“居中对齐文本”和“底对齐文本”。
- （创建文本变形）按钮：用于为文字创建变形效果。

STEP 03 单击工具选项栏中的“设置文本颜色”颜色框，从弹出的“拾色器（文本颜色）”对话框中设置文字的颜色，然后单击“确定”按钮，如图 1-125 所示。

提示
在使用文字工具输入文本时，文本颜色默认为前景色。

STEP 04 选择适当的文字输入法，然后输入所需的文字。如图 1-126 所示为输入的横排文字。

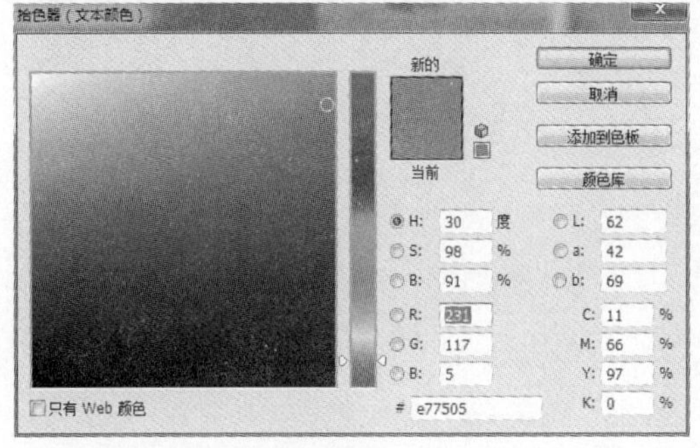

图1-125 设置文本颜色

图1-126 输入文字内容

STEP 05 在输入所需的文字后，单击工具选项栏中的✓按钮或按下数字键盘中的“Enter”键，即可完成操作，如图 1-127 所示。在输入文字后，“图层”面板中将自动创建一个以文字内容命名的文字图层，如图 1-128 所示。

图1-127 输入的文字

图1-128 生成的文字图层

STEP 06 完成文字的输入后，保持文本工具的选择不变，在工具选项栏中也可以更改文字的字体、大小和文本颜色等基本属性。

> **提示**
> 选择文字图层后，执行“编辑→自由变换”命令，在出现自由变换控制框后，拖动当中的控制点，可以任意调整文字的大小。

上机实战　输入段落文本

STEP 01 选择“横排文字工具”T或“直排文字工具”IT，然后在图像窗口中按下鼠标左键并拖移，创建一个段落文本框，如图 1-129 所示。

STEP 02 释放鼠标按键，在段落文本框中将出现一个文字光标。

STEP 03 在工具选项栏中设置文字的字体、字体大小和文本颜色等基本属性，然后在闪动的文字光标处输入所需的文字，如图 1-130 所示。

图1-129　创建段落文本框

图1-130　输入段落文字

> **提示**
> 当输入的文本不能完全显示在段落文本框中时，在文本框右下角将出现⊞控制点，这时可以调整文本框的大小或者设置小一号的文字，使所有文字都完全显示在文本框中。

STEP 04 拖动段落文本框四周的控制点，可以调整文本框的大小而不会改变文字的大小，如图 1-131 所示。

STEP 05 如果要在输入段落文字时手动调整文字的大小，可以按住“Ctrl”键，这时在段落文字周围将出现如图 1-132 所示的自由变换控制框。

图1-131　调整段落文本框的大小

图1-132　出现的自由变换控制框

STEP 06 按住“Ctrl”键不放，将光标移动到控制框内拖动鼠标，可以移动文字的位置。释放“Ctrl”键，将光标移动到文本框外一定的距离，当光标变为↖状态时按下鼠标左键并拖动，也可移动文本的位置，如图 1-133 所示。

图1-133 移动文本的位置

STEP 07 按住“Ctrl”键不放，将光标移动到控制框四角处的控制点上，拖动控制点可以同时调整段落文本框和文字的大小，如图 1-134 所示。

STEP 08 将光标移动到段落文本框外一定的距离，当光标变为双箭头形状↻时，拖动鼠标，可以旋转文字，如图 1-135 所示。

图1-134 缩放段落文本和文本框

图1-135 旋转文字

STEP 09 分别单击工具选项栏中的“左对齐文本”按钮、“居中对齐文本”按钮和“右对齐文本”按钮，将文本按不同的方式对齐，如图 1-136 所示。

图1-136 居中对齐和右对齐文本

STEP 10 设置好文字属性后，按小键盘中的“Enter”键，完成段落文本的输入。

> **提示**
> 如果要修改文本颜色，可以在选择文字图层后，将前景色或背景色设置为所需的文字颜色，然后按“Alt+Delete”键，即可使用前景色填充文字图层。按“Ctrl+Delete”键，可以使用背景色填充文字图层。

2. 创建变形文字

在 Photoshop 中输入文字后，可以为文本创建多种不同样式的变形效果。

选择要编辑的文字图层，然后单击文本工具选项栏中的“创建文字变形”按钮，弹出“变形文字”对话框，在“样式”下拉列表中可以选择文字变形的样式，如图 1-137 所示。

- 样式：在该下拉列表中提供了 15 种不同的变形样式，选择不同的样式后，可以使文字产生相应的变形效果，如图 1-138 所示。
- “水平”和“垂直”：选中“水平”或“垂直”单选项，可以设置文字变形的方向，系统默认为水平方向。如图 1-139 所示为扇形样式下的水平变形效果，如图 1-140 所示为垂直变形效果。
- 弯曲：拖动该选项滑块或者在数值框中输入数值，可以设置文字弯曲变形的程度。数值越大，文字弯曲度越大。

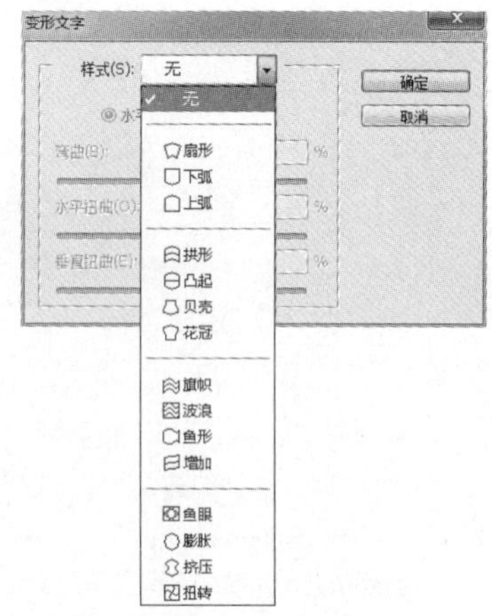

图1-137 文字的变形样式

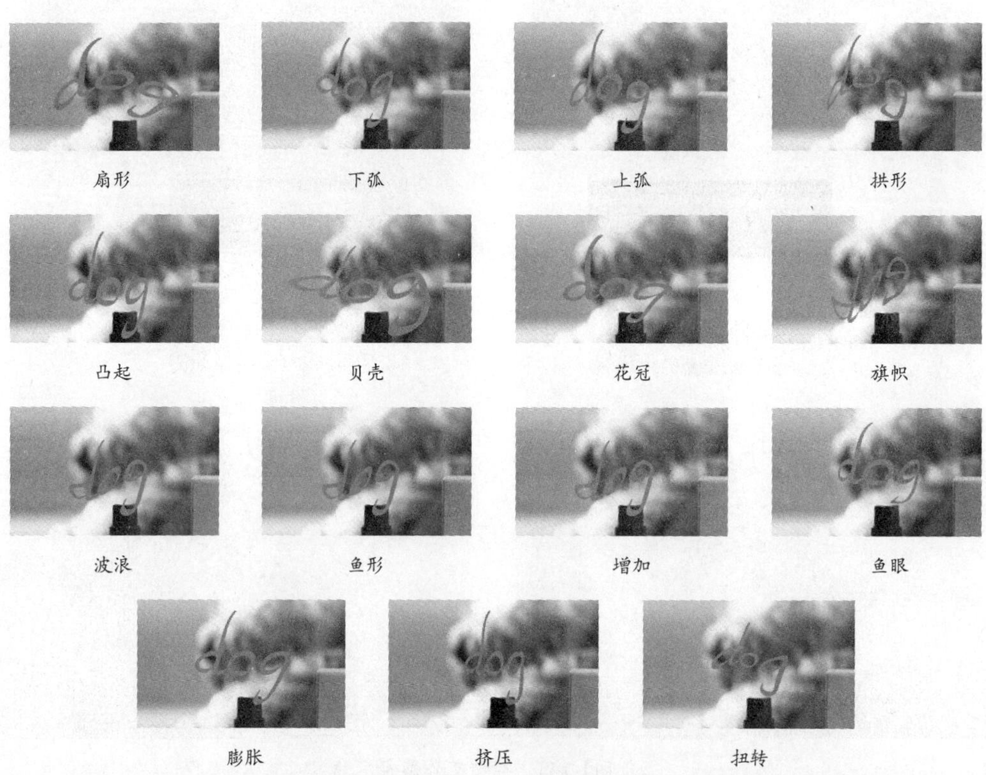

图1-138 不同样式的变形效果

图1-139 水平变形效果

图1-140 垂直变形效果

- 水平扭曲：用于设置水平方向的透视扭曲变形程度。
- 垂直扭曲：用于设置垂直方向的透视扭曲变形程度。

3. 沿路径编排文字

直线形的文字排列方式过于呆板，有时为了活跃包装作品中的版面效果，可以根据整个版面设计的需要，设计一些流动性的文字。在设计此类文字之前，需要先绘制一条用于编排文字的路径。

沿路径编排文字

STEP 01 打开本书配套光盘中的“Reader\Chapter 1\Media\烟.jpg”文件，如图1-141所示。

STEP 02 选择钢笔工具，在工具选项栏中的“选择工具模式”下拉列表中选择“路径”选项，然后绘制如图1-142所示的一条曲线路径。

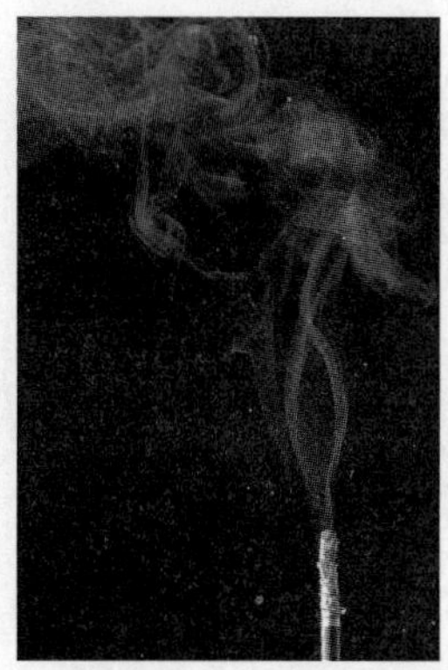
图1-141 素材图片

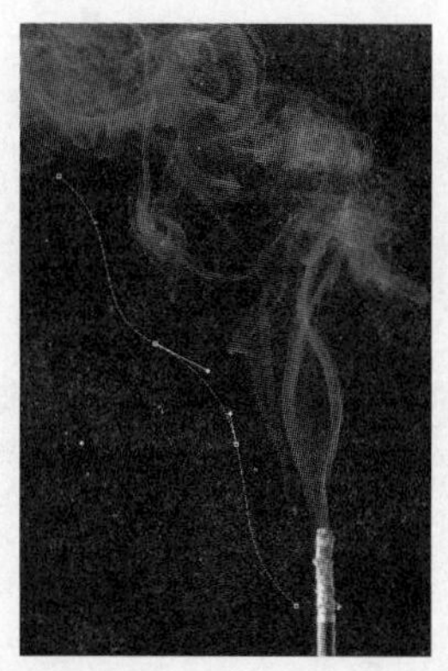
图1-142 绘制的曲线路径

STEP 03 在“路径”面板中双击工作路径栏，在弹出的“存储路径”对话框中单击“确定”按钮，将工作路径存储，如图1-143所示。

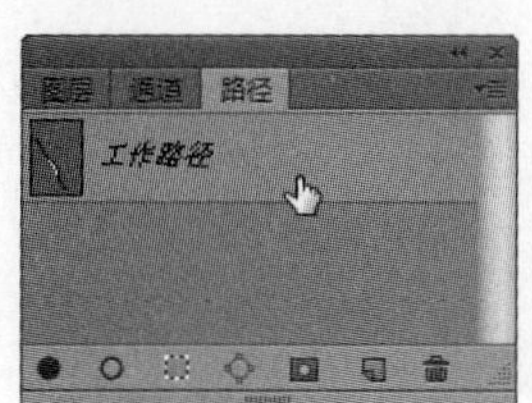

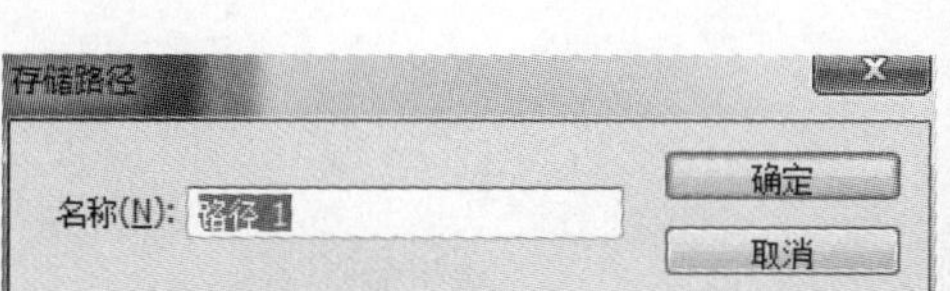

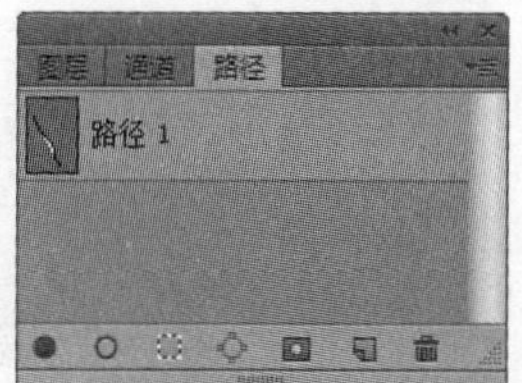

图1-143 存储工作路径

STEP 04 选择“横排文字工具”，将文字颜色设置为白色，然后将光标移动到路径的顶端上单击，在出现文字光标后输入所需的文字，此时文字将沿路径排列，如图1-144所示。

STEP 05 按“Ctrl+A”快捷键全选文字，然后单击工具选项栏中的“切换字符和段落面板”按钮，打开“字符”面板，在该面板中设置文字的字体、字体大小和间距等基本属性，如图1-145所示。

STEP 06 按住“Ctrl”键，将光标移动到路径文字上，当光标变为形状时，按住鼠标左键在路径上拖动鼠标，可以移动文字在路径上的位置，如图1-146所示。

STEP 07 按住“Ctrl”键，向路径的另一边拖动鼠标，可以调整文字在路径上的排列方向，如图1-147所示。

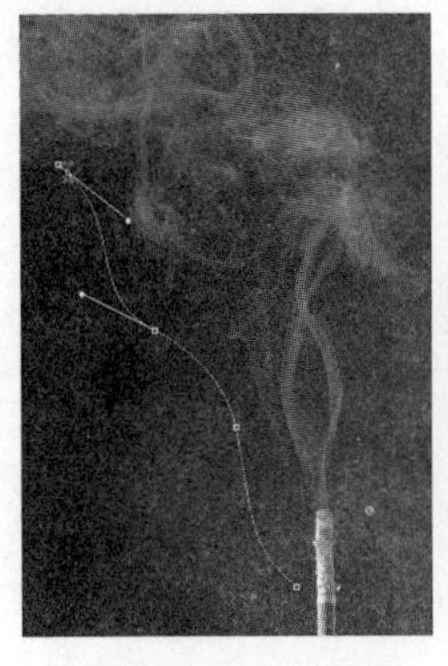
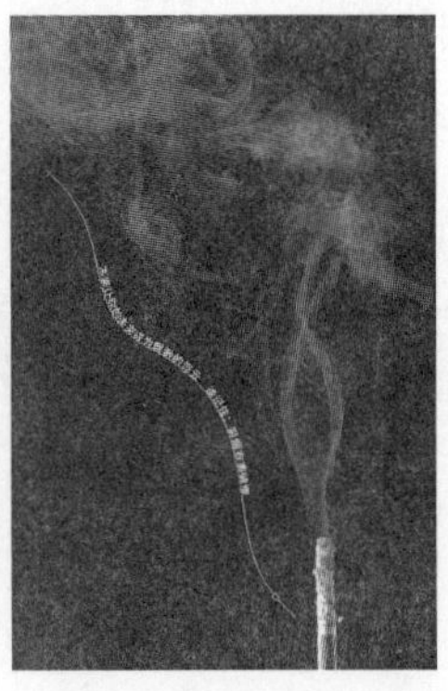
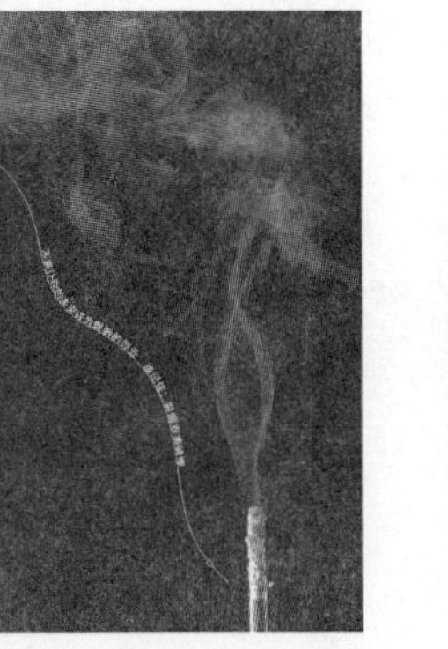

图1-144 输入的文字

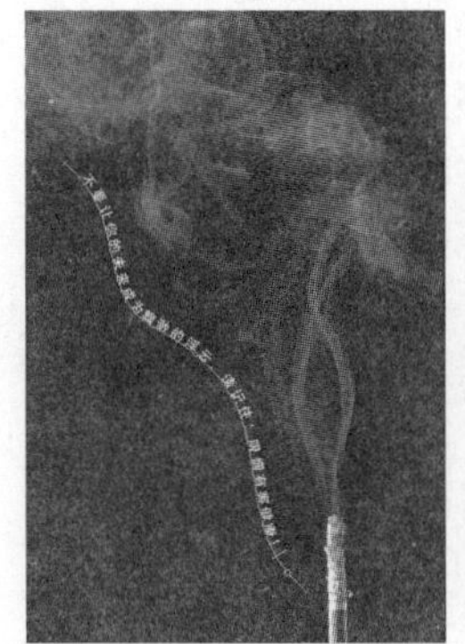
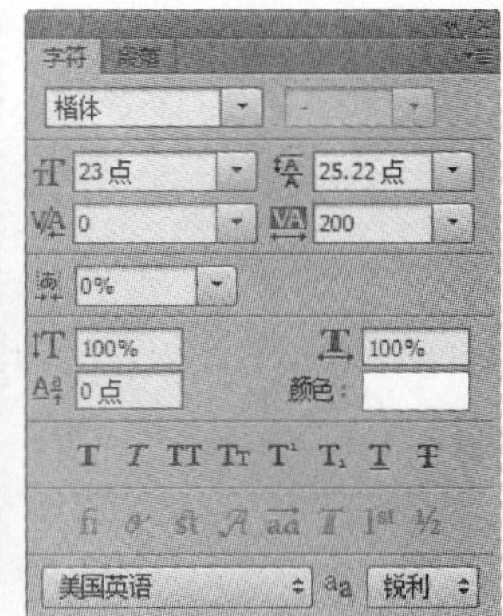

图1-145 设置文字属性

STEP 08 如果输入的文字在路径上未完全显示出来，可以按住“Ctrl”键拖动文字末端处的小圆圈，直到将文字完全显示为止，如图 1-148 所示。

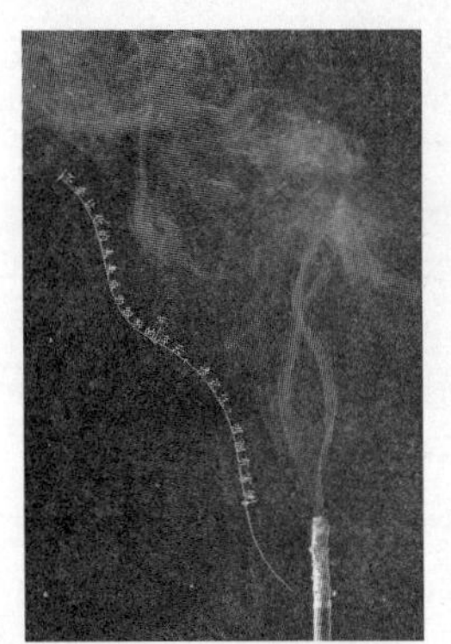

图1-146 移动文字在路径上的位置

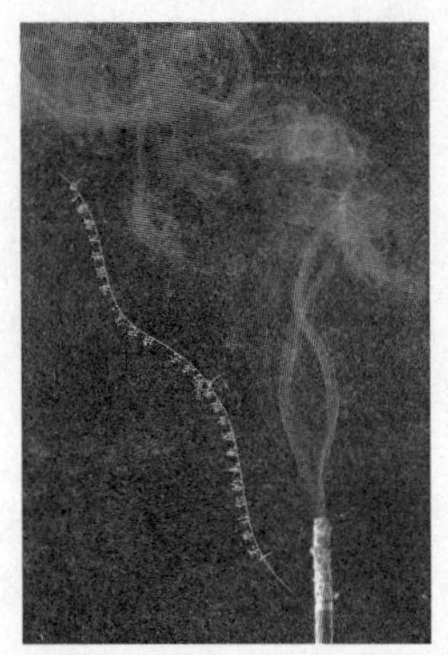

图1-147 调整文字的排列方向

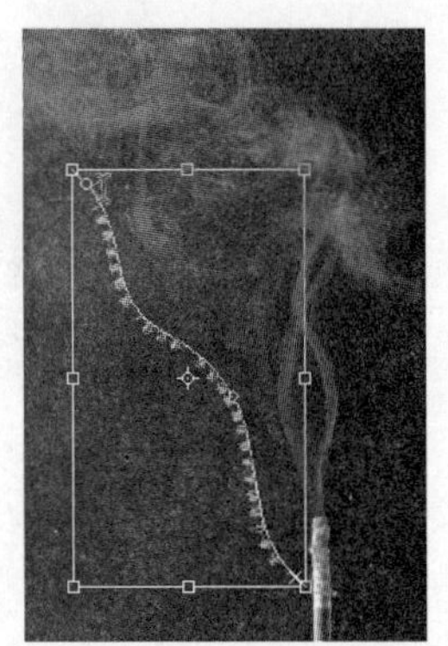

图1-148 调整文字的排列方向

STEP 09 调整好文字的位置和方向后，单击文字工具选项栏中的✓按钮，确认输入的文字，如图 1-149 所示。

STEP 10 输入路径文字后，在“路径”面板中将增加一个文字绕排暂存路径，如图 1-150 所示。在“路径”面板中单击文字绕排暂存路径，可在图像窗口中显示该路径。

STEP 11 如果要调整文字的排列形状，只需要调整路径形状即可。使用“直接选择工具” 在路径上单击，显示路径中的锚点，然后移动锚点，或者拖动曲线型锚点两端的控制手柄，即可调整路径的形状，这时文字将按新的路径形状进行相应的排列，如图 1-151 所示。

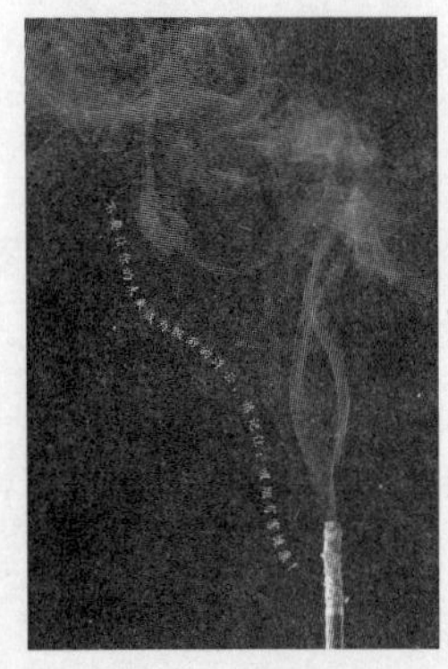

图1-149 完成后的文字

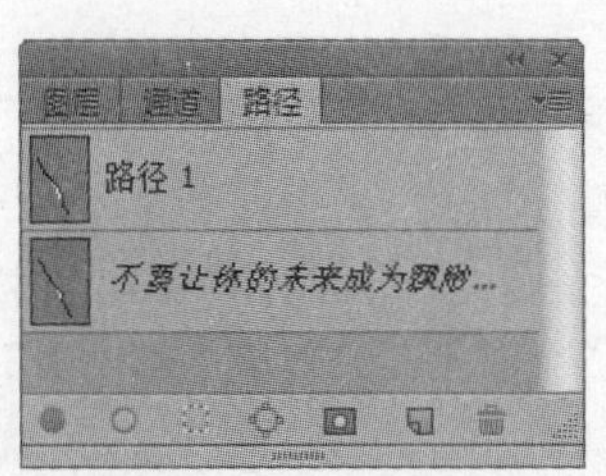

图1-150 生成的文字绕排路径

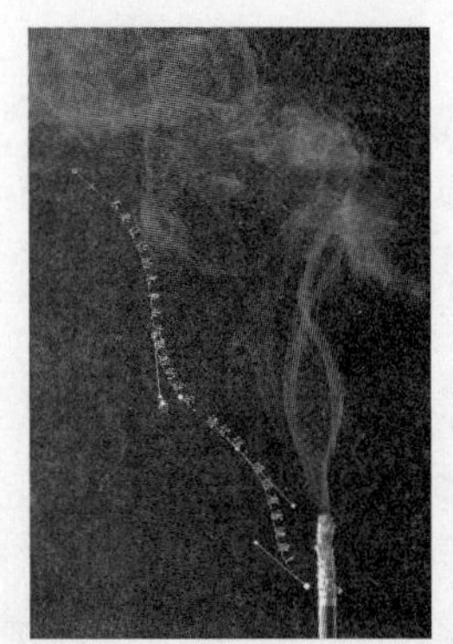

图1-151 改变形状后的路径和文字

STEP 12 如果要隐藏路径文字中的路径，在“路径”面板中的空白位置上单击，取消对路径的选择即可。

4. 创建异形轮廓段落文本

一般情况下，使用文本工具创建的段落文本框都是方形，而段落文本也只具有方形的外观，这在进行设计时是非常具有局限性的。在Photoshop中，可以使用钢笔工具、路径等工具创建异形轮廓段落文本。

上机实战 创建异形轮廓段落文本

STEP 01 打开本书配套光盘中的“Reader\Chapter 1\Media\玻璃瓶.jpg”文件，如图1-152所示。

STEP 02 选择“钢笔工具”，在工具选项栏中的“选择工具模式”下拉列表中选择“路径”选项，然后绘制如图1-153所示的路径。

STEP 03 选择“横排文字工具”，将光标移动到路径内，当光标变为形状时单击鼠标左键，在出现文字光标后输入所需的文字，如图1-154所示。

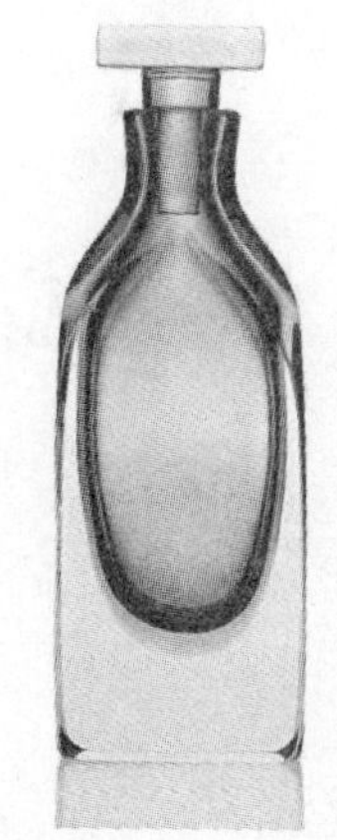

图1-152 素材图像　　图1-153 绘制路径

STEP 04 按“Ctrl+A”快捷键全选文字。单击文字工具选项栏中的“切换字符和段落”面板，在打开的“字符”面板中设置文字的字体、大小和间距，如图1-155所示。

STEP 05 切换到“段落”面板，单击其中的“最后一行左对齐”按钮，将文字强制性左对齐，如图1-156所示。

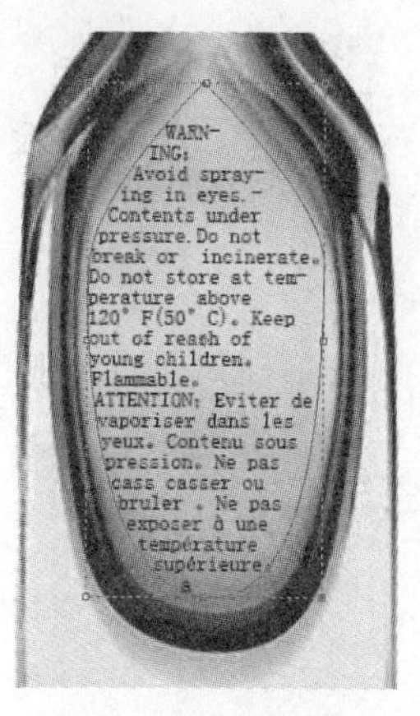

图1-154 输入的文字

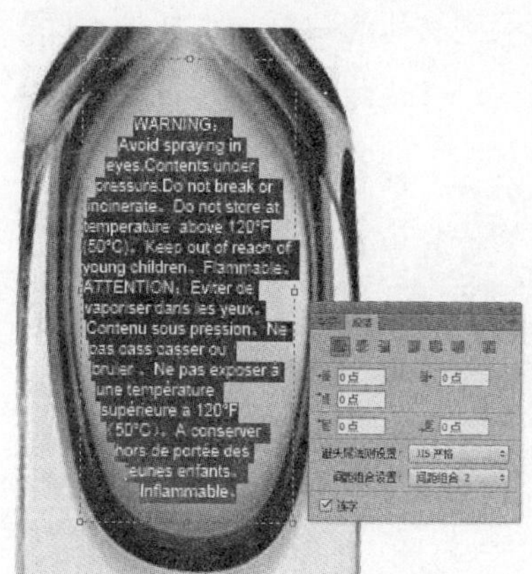

图1-155 设置文字基本属性

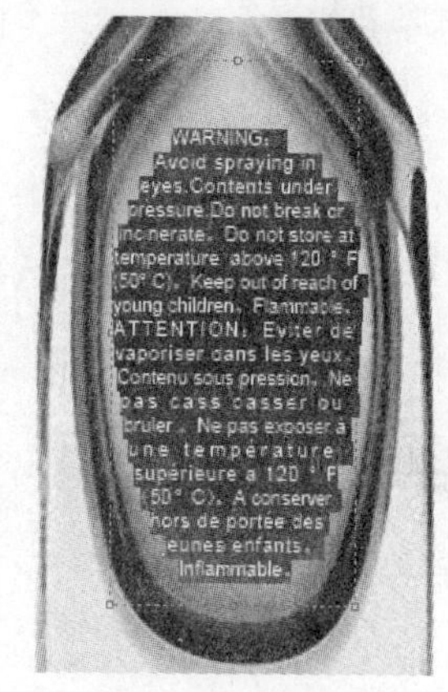

图1-156 设置段落属性

STEP 06 按小键盘中的“Enter”键，完成文字的输入，如图1-157所示。

STEP 07 在“路径”面板，取消选取文字绕排暂存路径，以隐藏图像窗口中的路径，如图1-158所示。

STEP 08 如果要调整异形轮廓段落文本的外观，可以使用直接选择工具对路径形状进行调整，这样文字将按新的外观进行编排。如图1-159所示为调整路径形状后的文字编排效果。

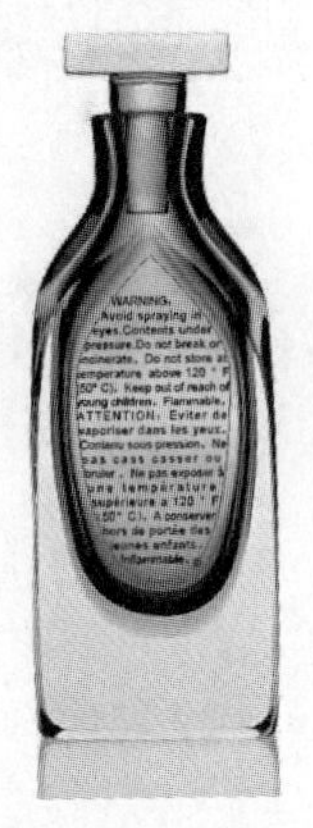

图1-157　完成后的文字效果

图1-158　隐藏路径

图1-159　修改段落文本的外观

1.4 包装设计中常用的功能面板

Photoshop 中很多的功能命令都集合在对应的面板中。在进行包装设计时，可以通过面板对绘图工具或图像处理工具进行更为细致的设置，也可以通过面板进行图层操作、颜色选取、路径应用、字符和段落设置以及操作步骤的恢复等。

1.4.1 图层与图层面板

Photoshop 中的图层类似于一张透明胶片，将绘制有不同图像的胶片按照一定的上下排列顺序叠加在一起，就形成了一幅完整的作品。在替换了胶片中的图像或将图像移动到新的位置后，就会使作品呈现不同的效果。因此，图层操作类似于对不同胶片进行的调整或改变。

在由多个图层组成的 Photoshop 文件中，每一个图层都是相对独立的，在对其中一个图层中的图像进行操作处理时，不会影响到其他的图层。如图 1-160 所示为一个由多个图层组成的包装文件。

图1-160　多图层组成的包装文件

图层的大部分操作都是在“图层”面板中进行。在“图层”面板中，可以对图层进行新建、复制、合并、删除和应用图层样式等操作。

如果要打开或关闭“图层”面板，可以执行“窗口→图层”命令，或者按“F7”键即可。在“图层”面板中会显示组成图像的所有图层，同时会显示每个图层的图层缩览图，如图1-161所示。“图层”面板中位于上方的图层，所对应的图像位置也会处于上层。

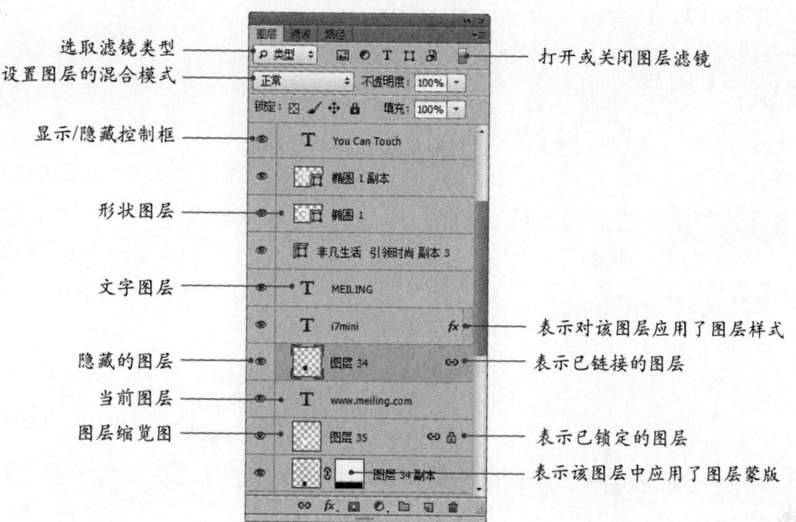

图1-161 “图层”面板

- 当前图层：指当前正在编辑的图层。在操作中只能有一个当前图层，在“图层”面板中单击需要编辑的图层，即可使该图层成为当前图层。
- 显示/隐藏控制框：用于显示或隐藏图层。单击控制框中显示的眼睛图标时，对应的图层将被隐藏。再次单击该控制框，又可以显示对应的图层。
- 图层缩览图：显示图层中对应的图像缩览图，以方便对图像进行预览和查找。单击“图层”面板右上角的按钮，在弹出式菜单中选择“面板选项”命令，打开如图1-162所示的“图层面板选项”对话框，在其中可以设置图层缩览图的大小。

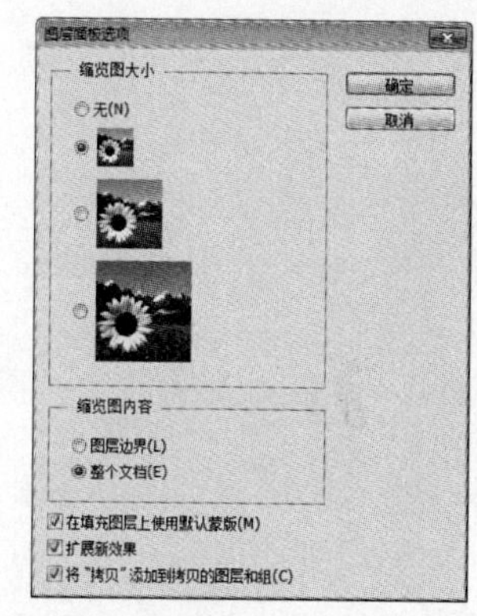

图1-162 “图层面板选项”对话框

- 背景图层：位于图层列表的最下方，该图层比较特殊，不能为其设置图层效果。
- 文字图层：输入文字时，在“图层”面板中会自动增加新的文字图层，文字图层的左侧显示有T图标，双击该图层可以进入文本的编辑状态。
- 形状图层：使用形状工具绘制形状时，在工具选项栏的“选择工具模式”下拉列表中选择“形状”选项，在绘制形状后就可以在“图层”面板中自动生成形状图层。
- （链接图层）按钮：用于控制图层之间的链接关系。当图层名称右边显示有链接图标时，表示图层被链接，在对其中一个链接图层进行旋转、移动等操作时，其他被链接的图层也会同时发生相应的变化。
- fx（添加图层样式）按钮：在“图层”面板中单击该按钮，在弹出式菜单中可以为当前图层选择并应用相应的图层样式。
- （添加图层蒙版）按钮：单击该按钮，可以为当前图层或组添加一个图层蒙版。
- （添加新的填充或调整图层）按钮：单击该按钮，在弹出式菜单中选择所需的填充或调整图层类型，在弹出的相应对话框中进行设置并确认后，即可创建一个填充或调整图层。填充与调整图层用于对图像进行色调与色彩的调节，它只改变图像的显示效果，并不改变图像本身。

- （创建新组）按钮：单击该按钮，可以新建一个组，方便对图层进行管理。
- （创建新图层）按钮：单击该按钮，可以新建一个图层。将图层拖至该按钮上，可以复制该图层。
- （删除图层）按钮：用于删除图层、组、图层样式以及图层蒙版等。
- 设置图层的混合模式：在其下拉列表中可以选择当前图层与下面图层中的像素混合的模式。
- （打开或关闭图层滤镜）按钮：用于打开或关闭图层滤镜。打开图层滤镜后，左边对应的按钮将被激活。此时，在“选取滤镜类型”下拉列表中，可以选择查找图层的方式。分别单击按钮，可以在“图层”面板中只显示对应的图层。

1.4.2 路径与路径面板

由路径组成的图形可以无限制地放大或缩小，而不会影响其品质，因此属于矢量图形。路径由锚点和路径线组成，具有点、线和方向的属性，如图 1-163 所示。

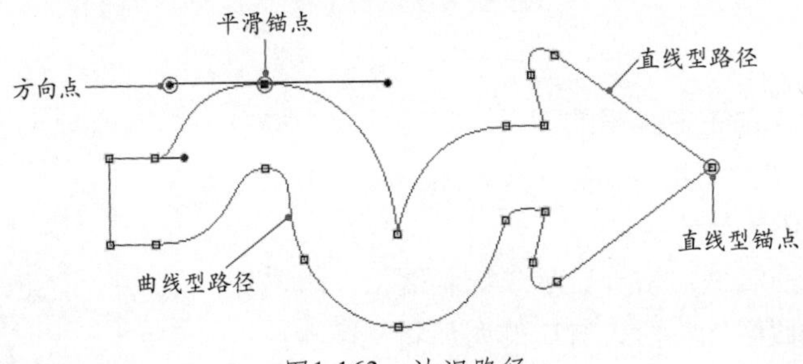

图1-163 认识路径

直线型路径用于连接直线段，当中的锚点没有控制手柄。曲线型路径用于连接曲线段，其中的锚点都具有控制手柄，这些锚点又可分为平滑锚点和折角锚点。

(1) 平滑锚点的两端有两个处于同一直线上的控制手柄，这两个控制手柄之间是相关联的。当拖动其中一个手柄时，另一个手柄会向相反的方向移动，此时路径线也会随之发生相应的改变，如图 1-164 所示。

(2) 折角锚点也有两个控制手柄，但它们之间是不相连的。当拖动其中一个手柄时，另一个手柄不会发生改变，如图 1-165 所示。

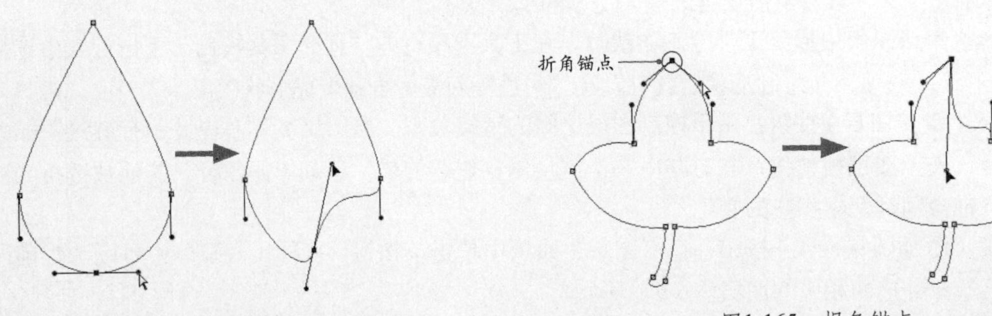

图1-164 平滑锚点

图1-165 拐角锚点

路径可以分为闭合路径和开放路径，闭合路径没有起始点和终点，而开放路径具有明显的起始点和终点，如图 1-166 所示。一个图形不完全是由一条封闭路径组成，它可以包含多个相互独立的路径组件，如图 1-167 所示。

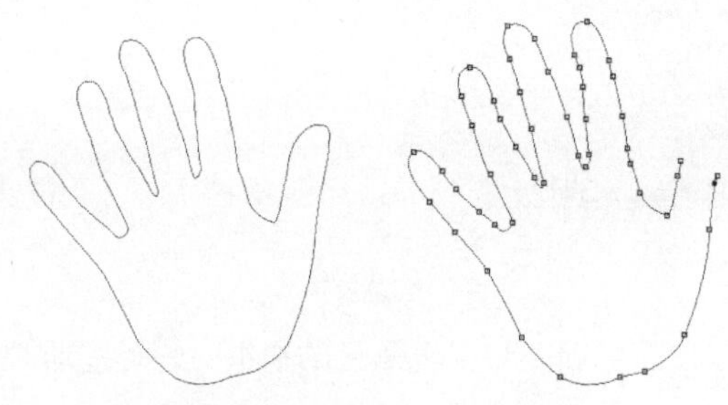

图1-166　封闭路径和开放路径

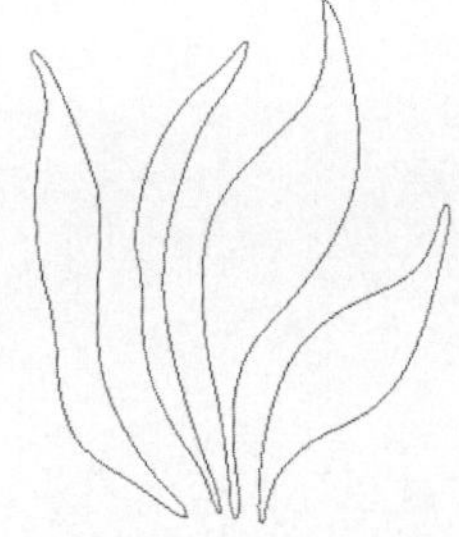

图1-167　由多个路径组件组成的形状

执行“窗口→路径”命令，可以打开或关闭“路径”面板。“路径”面板中显示了当前文件中已经保存或者正在创建的路径，正在创建而未保存的路径称为工作路径，可以通过路径缩览图查看路径的形状。

在“路径”面板中，可以对路径进行保存、填充、描边以及路径与选区相互转换等操作。单击“路径”面板右上角的按钮，可以弹出如图 1-168 所示的命令菜单。

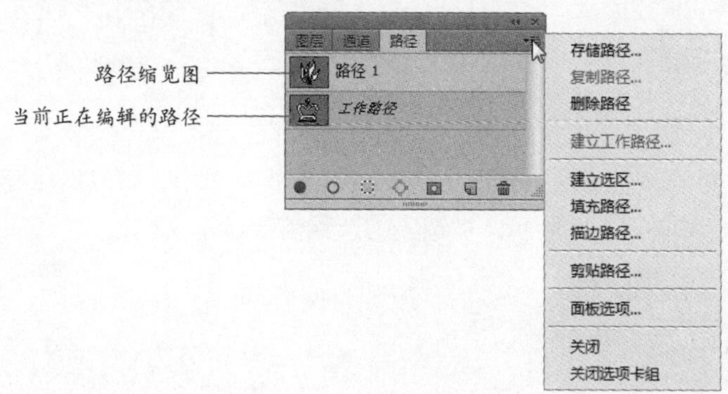

图1-168 “路径”面板

- （用前景色填充路径）按钮：单击该按钮，可以使用前景色填充当前路径。
- （用画笔描边路径）按钮：单击该按钮，可以使用画笔工具和前景色为当前路径描边。
- （将路径作为选区载入）按钮：单击该按钮，可以将当前路径转换为选区。
- （从选区生成工作路径）按钮：单击该按钮，可以将当前选区转换为路径。
- （添加图层蒙版）按钮：单击该按钮，可以为当前图层添加图层蒙版。添加图层蒙版后，再次单击该按钮，可以根据当前选择的路径为当前图层添加矢量蒙版。
- （创建新路径）按钮：单击该按钮，将创建一个新的路径。
- （删除当前路径）按钮：单击该按钮，将删除当前选取的路径栏以及该路径栏中所有的路径。

1.4.3　颜色与色板面板

“颜色”面板用于显示当前前景色和背景色的颜色值，在其中可以对前景色和背景色进行设置。拖动“颜色”面板中的滑块，或者在面板底部的四色曲线图色谱中进行选取，可以设置新的前景色或背景色。

执行“窗口→颜色”命令，可以打开或关闭“颜色”面板，“颜色”面板如图 1-169 所示。

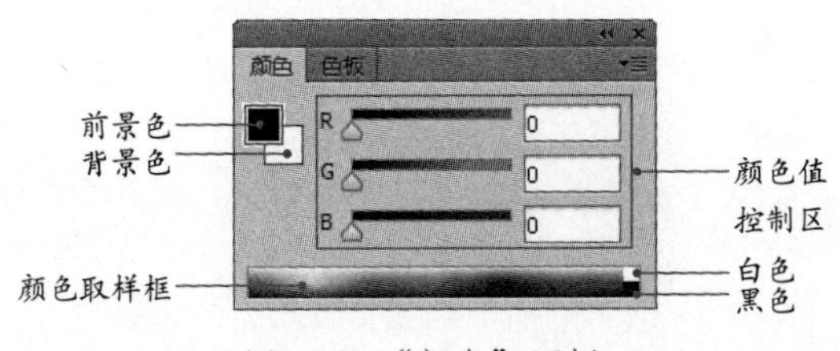

图1-169 “颜色”面板

① 单击“颜色”面板中的前景色或背景色图标，在图标周围将出现黑色的边框，此时拖动 R、G、B 滑块，即可设置前景色或背景色。

② 直接在“颜色”面板下方的颜色取样框中单击，可以获取需要的颜色。当选取了不能使用 CMYK 油墨打印的颜色时，“颜色”面板左侧将出现一个有惊叹号的三角形标记，如图 1-170 所示。在 Web 颜色模式下，当选取的颜色不是 Web 安全色时，将出现一个立方体标记，如图 1-171 所示。

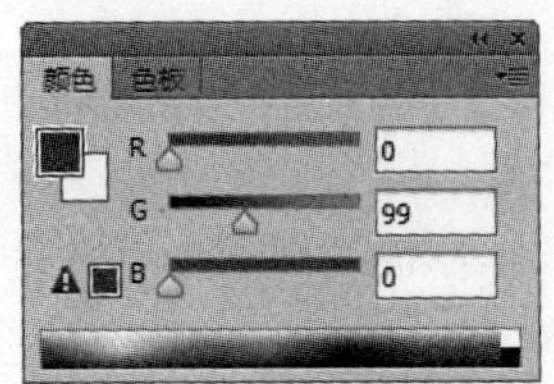

图1-170 不能使用CMYK油墨打印的颜色

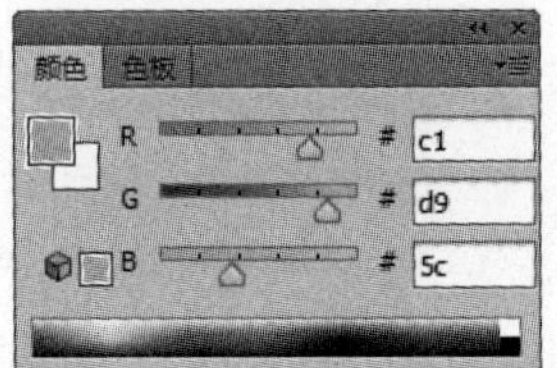

图1-171 不是Web安全色

③ 单击“颜色”面板右上角的弹出式按钮，在弹出的弹出式菜单中，可以选择要使用的颜色模式，或者更改显示的色谱，如图 1-172 所示。被选中的选项前会显示✔标记。

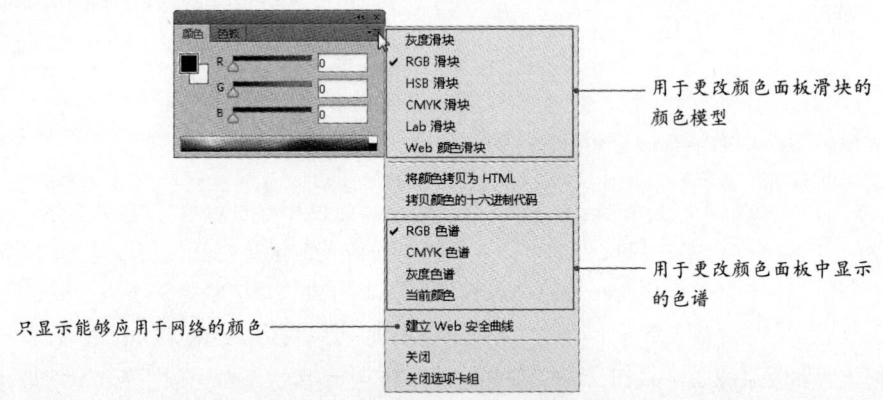

图1-172 “颜色”面板的弹出式菜单

“色板”面板用于存储用户经常使用的颜色，对于不需要使用的颜色，可以在面板中将其删除。执行“窗口→色板”命令，即可打开或关闭“色板”面板，如图 1-173 所示。

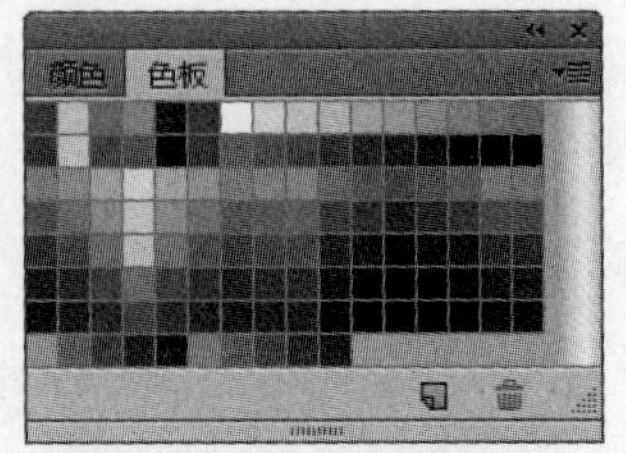

图1-173 “色板”面板

① 单击该面板中的其中一个色样，即可改变前景色或背景色，同时选择的颜色会直接显示在“颜色”面板中。

② 如果要将前景色保存到“色板”面板中，可以直接单击“色板”面板下方的“创建前景色的新色样”按钮。或者使用光标在“色板”

面板中的空白处单击，在弹出“色板名称”对话框中为色样命名，然后单击“确定”按钮即可，如图 1-174 所示。

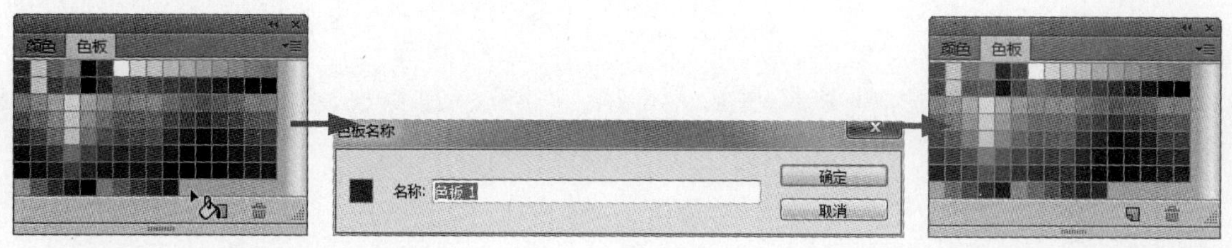

图1-174　存储色样

③ 如果要删除不需要的色样，可以在“色板”面板中将需要删除的色样拖到下方的删除按钮上，如图 1-175 所示。

提示

在“色板”面板中的其中一个色样上单击鼠标右键，将弹出如图 1-176 所示的右键快捷菜单，通过这些命令可以进行新建色样、重命名色样或删除色样的操作。

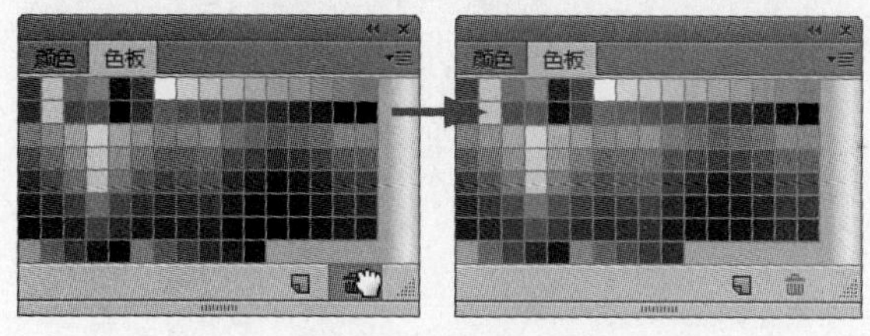

图1-175　删除色样

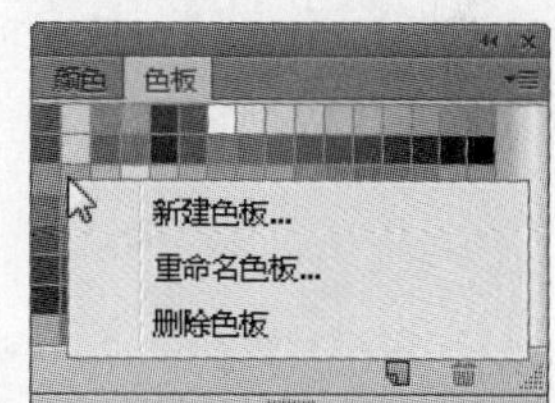

图1-176　“色板”面板中的右键快捷菜单

1.4.4　画笔面板

单击画笔工具选项栏中的“切换画笔面板”按钮，或执行“窗口→画笔”命令，即可打开或关闭“画笔”面板，如图 1-177 所示。

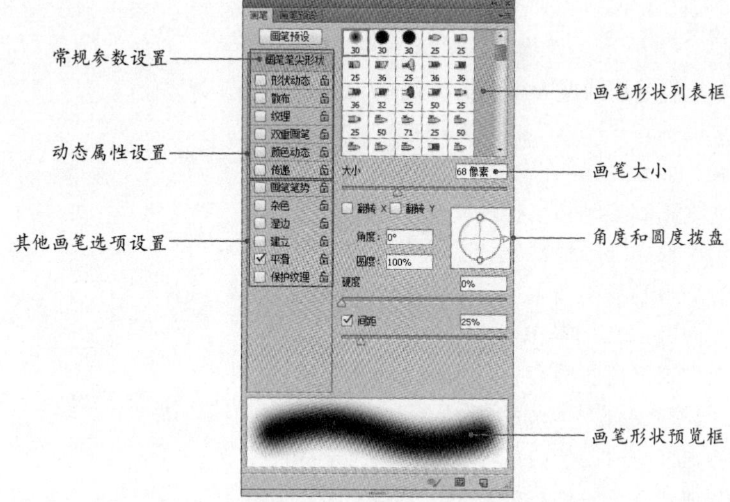

图1-177　“画笔”面板

在“画笔”面板中不仅可以设置画笔的形状、大小、硬度和间距等基本参数，而且还可以为画笔设置动态属性、纹理和散布方式等。

① 单击“画笔”面板左上角的“画笔预设”选项组，然后在该面板中可以显示当前保存的所有画笔，在其中可以选择所需的画笔形状。单击该面板右上角的弹出式按钮，在弹出式菜单中可以选择所要载入到面板中的预设画笔库，如图 1-178 所示。通过“大小”选项，可以对画笔的大小进行设置。

② 单击“画笔”面板左侧的各个选项组，在对应的选项区域中可以设置画笔的动态属性和附加参数。

③ 在设置画笔属性的同时，新的画笔形状会显示在画笔形状预览框中，如图 1-179 所示。

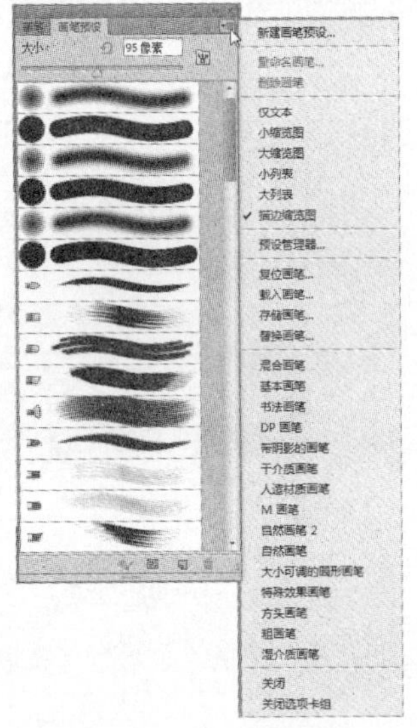

图1-178　预览画笔形状

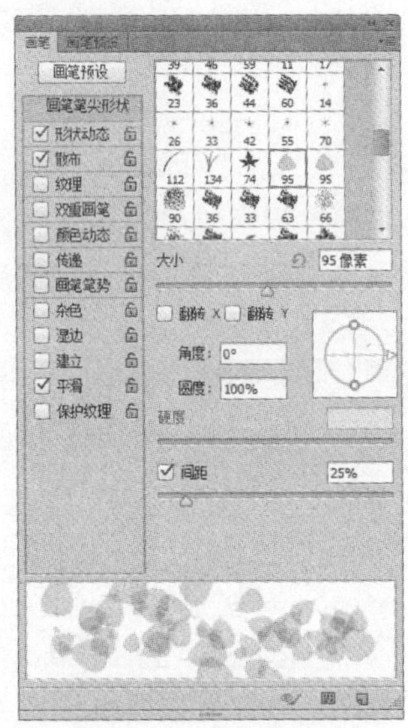

图1-179　画笔形状预览

④ 单击“创建新画笔”按钮，可以将当前设置好的画笔按指定的名称保存为新的画笔预设。

1. 画笔笔尖形状

在“画笔”面板左侧单击“画笔笔尖形状”选项组，“画笔”面板如图 1-180 所示。在此可以对画笔的形状、大小、硬度、间距、角度和圆度等属性进行设置。

- 大小：用于设置画笔的大小。数值越大，画笔的直径也越大。如果设置的大小值大于定义笔刷时的大小，则绘制的笔触将会出现模糊状态。
- 角度：用于设置非圆形画笔旋转的角度。拖动角度和圆度拨盘中的箭头控制杆，可以手动设置画笔的角度，如图 1-181 所示。
- 圆度：用于设置画笔的圆度。百分比值越大，画笔越趋向于圆形或画笔在定义时所具有的比例。拖动角度和圆度拨盘中的圆形控制杆，可以手动调整画笔的圆度，如图 1-182 所示。

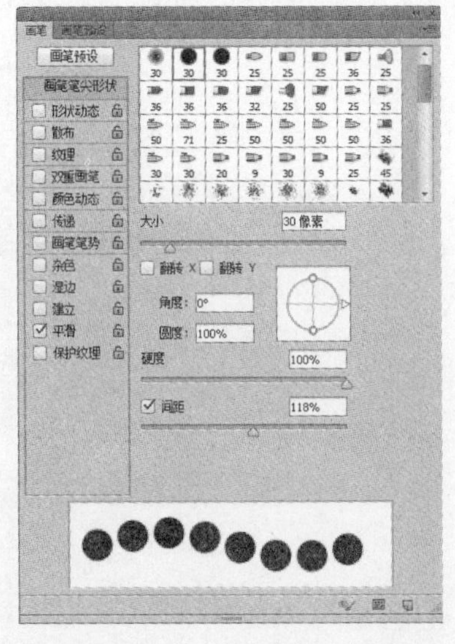

图1-180 “画笔笔尖形状”选项设置

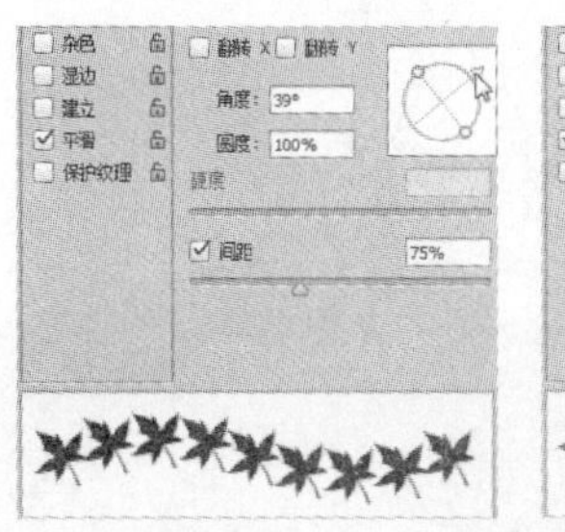

图1-181 手动调整画笔的角度

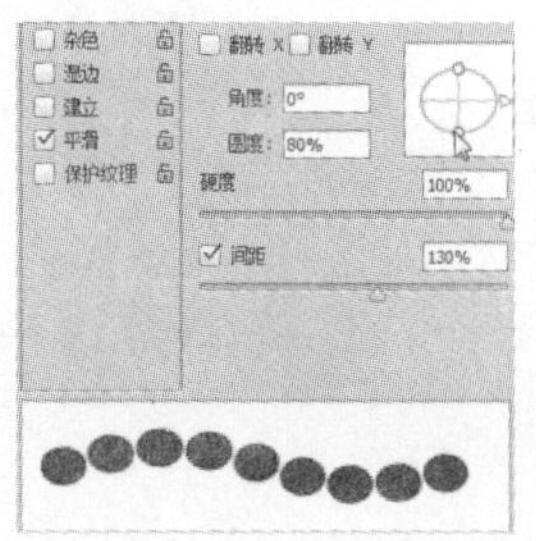

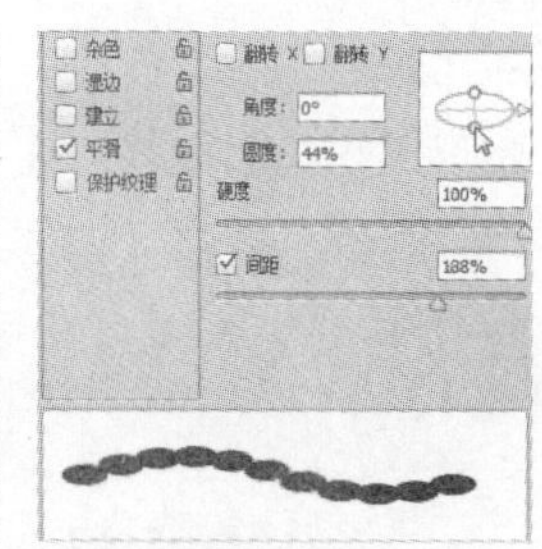

图1-182 手动调整画笔的圆度

- 硬度：用于设置画笔边缘的硬度，只有在选择圆形或椭圆形画笔时该选项才可用。该百分比值越大，画笔的边缘越清晰，反之越柔和，如图 1-183 所示。

图1-183 画笔边缘的硬度大小对比

- 间距：用于设置画笔笔触的间隔距离。百分比值越大，间距越大，如图 1-184 所示。

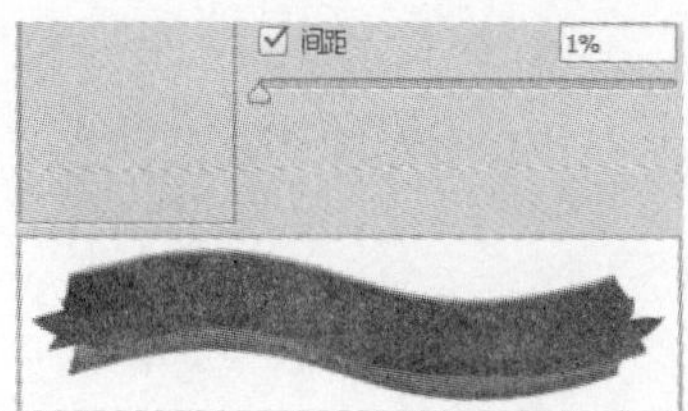

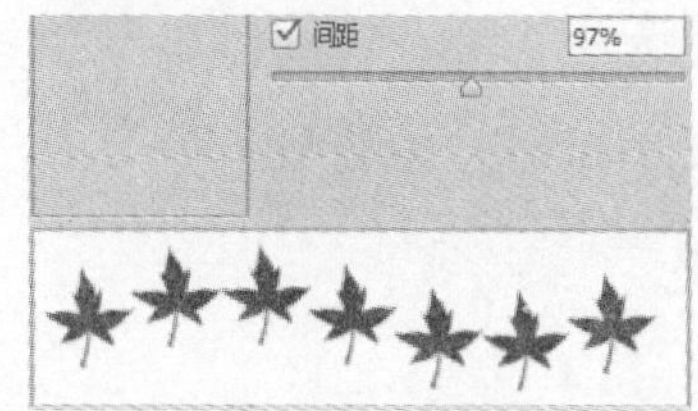

图1-184 不同间距的画笔

2. 形状动态

“形状动态”用于设置画笔笔迹的变化。单击“画笔”面板左上角的“形状动态”选项组，其设置如图 1-185 所示。

- 大小抖动：用于设置画笔在绘制过程中尺寸的波动幅度。百分比值越大，波动的幅度越大，如图 1-186 所示。
- 控制：用于选择画笔波动的方式。选择“渐隐”选项，右侧会激活一个数值框，在其中输入数值，可以设置渐隐的步长，该值越大，绘制时画笔消失的距离越长，反之则越短。图 1-187 所示为设置渐隐参数后的画笔效果。选择“关”选项，在绘图过程中画笔尺寸始终波动，如图 1-188 所示。
- 最小直径：在设置“大小抖动”选项参数后，拖动“最小直径”选项滑块，可以设置画笔发生波动时画笔的最小尺寸。百分比值越大，发生波动的范围越小，波动的幅度也会相应变小。
- 角度抖动：用于控制画笔在角度上的波动幅度。百分比值越大，波动的幅度也越大，画笔显得越紊乱。

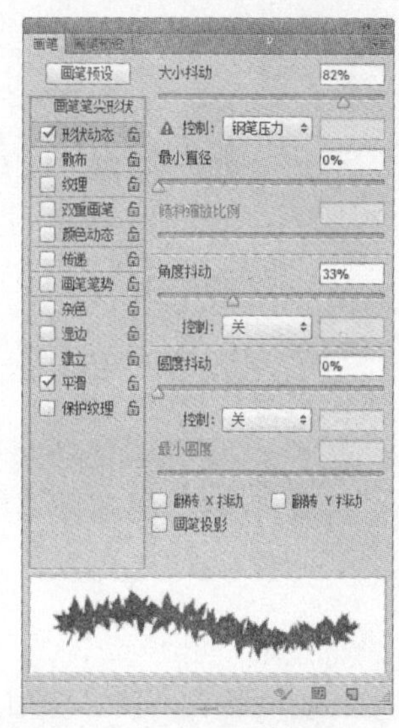

图1-185 形状动态选项设置

图1-186　大小抖动值分别为10%和70%时的画笔效果

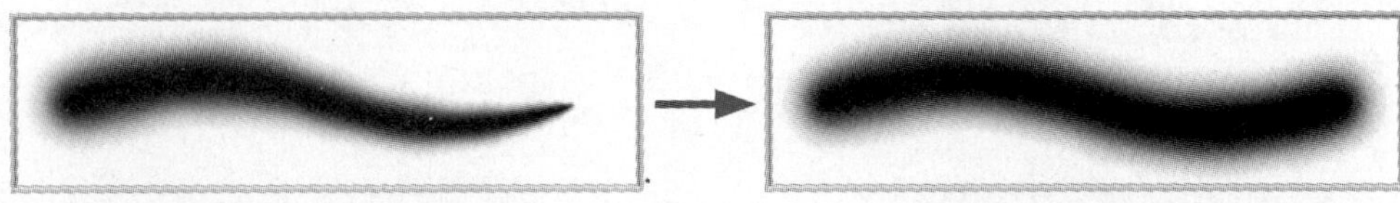

图1-187　渐隐画笔效果　　图1-188　未渐隐的画笔效果

- 圆度抖动：用于设置画笔在圆度上的波动幅度。百分比值越大，波动的幅度也越大。
- 最小圆度：用于设置画笔在圆度发生波动时画笔的最小圆度尺寸值。百分比值越大，发生波动的范围越小，波动的幅度也会相应变小。

3. 散布

“散布”选项组用于设置描边中笔迹的数量和位置，其选项设置如图 1-189 所示。

- 散布：拖动“散布”滑块，可以设置画笔偏离所绘制笔划的程度。百分比值越大，偏离的程度越大，如图 1-190 所示。

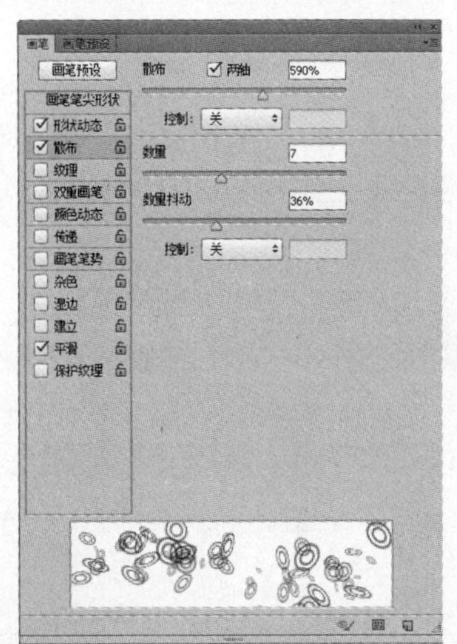

图1-189 “散布”选项设置

图1-190　散布值分别为10%和500%时的画笔

- 两轴：选中该复选框，画笔点将在 X 和 Y 两个轴向上发生分散。取消选中该复选框，只在 X 轴上发生分散。
- 数量：用于设置笔划上画笔点的数量。数值越大，构成画笔笔划的点越多。
- 数量抖动：用于控制笔触中画笔点数量的波动幅度。百分比值越大，得到的笔划中画笔数量的波动幅度就越大。

4. 纹理

使用纹理画笔描边时，就像在带有纹理的画布上绘画一样。“纹理”选项设置如图 1-191 所示。

- ▦：单击图案下拉按钮，在弹出的下拉列表框中可以选择所需的纹理样式，如图 1-192 所示。

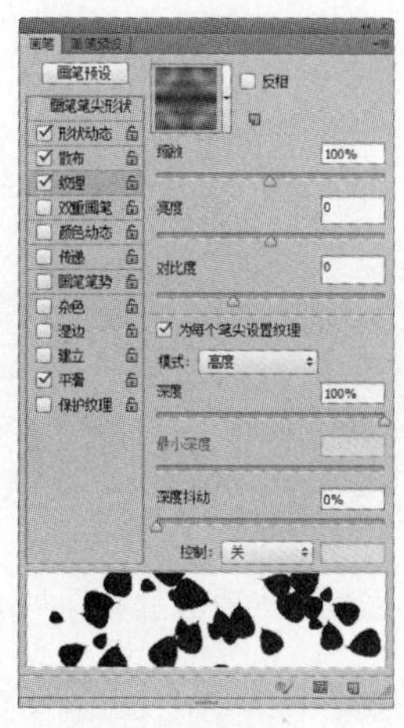

图1-191 “纹理”选项设置

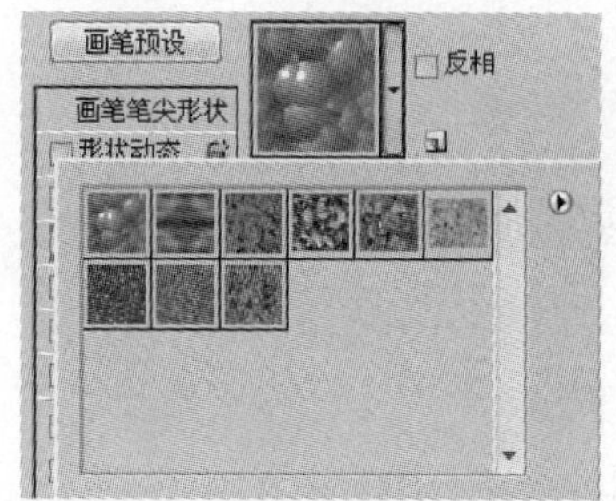

图1-192 图案下拉列表框

- 缩放：用于设置纹理的缩放比例，如图 1-193 所示为设置不同缩放值后的画笔效果。

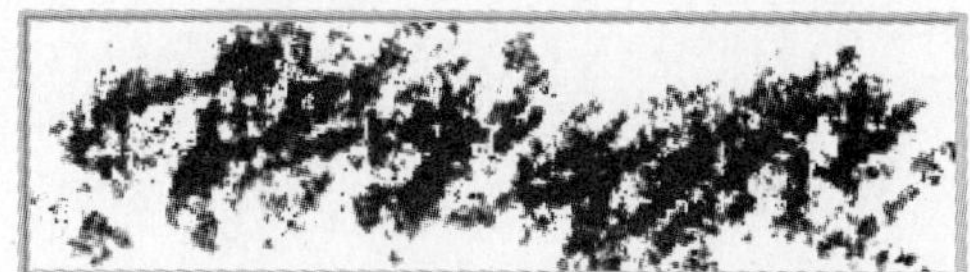

图1-193 设置不同缩放值后的画笔纹理效果

- 模式：在其下拉列表框中，可以选择一种纹理与画笔叠加的模式。
- 深度：用于设置所使用的纹理显示时的最浅浓度。百分比值越大，纹理显示效果的波动幅度越小。如图 1-194 所示为设置不同深度值后的画笔纹理效果。

图1-194 设置不同深度值后的画笔纹理效果

- 为每个笔尖设置纹理：用于设置纹理显示时的最浅浓度。百分比值越大，纹理显示效果的波动幅度越小。
- 深度抖动：用于设置纹理显示浓淡度的波动程度。百分比值越大，波动的幅度也越大。

5. 双重画笔

利用“双重画笔”选项，可以使用两个笔尖形状创建画笔，从而产生两种画笔混合绘画的效果，如图 1-195 所示。可以在“画笔笔尖形状”选项组中设置主画笔属性，然后在“双重画笔”选项组中设置次画笔属性。

6. 颜色动态

“颜色动态”选项用于设置描边路线中油彩颜色的变化方式，其选项设置如图 1-196 所示。

- 前景 / 背景抖动：用于设置在应用画笔时控制画笔的颜色变化情况。百分比值越大，画笔颜色发生随机变化时越接近于背景色。百分比值越小，画笔颜色发生随机变化时越接近于前景色。

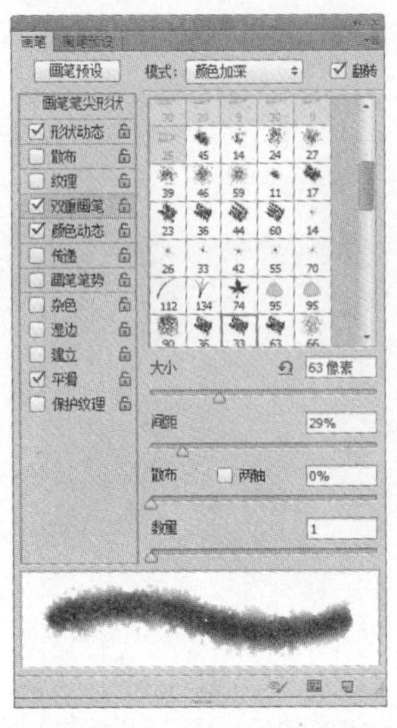

图1-195 “双重画笔”选项设置

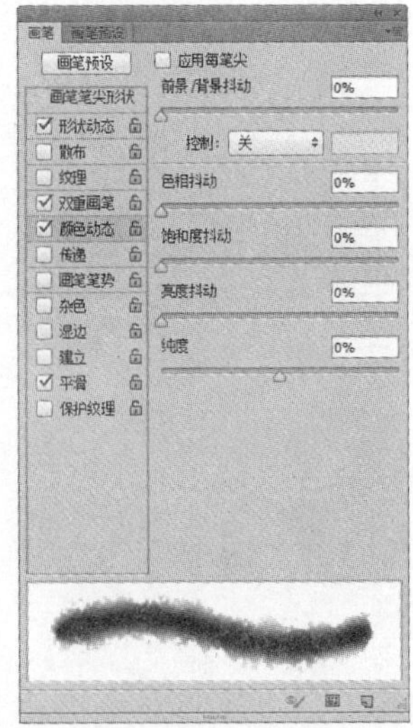

图1-196 “颜色动态”选项设置

- 色相抖动：用于控制画笔色相的随机效果。百分比值越大，画笔的色相发生随机变化时越接近于背景色。百分比值越小，画笔的色相发生随机变化时越接近于前景色。
- 饱和度抖动：用于控制画笔饱和度的随机效果。百分比值越大，画笔的饱和度发生随机变化时越接近于背景色的饱和度。百分比值越小，画笔的饱和度发生随机变化时越接近于前景色的饱和度。
- 亮度抖动：用于控制画笔亮度的随机效果。百分比值越大，画笔的亮度发生随机变化时越接近于背景色的亮度。百分比值越小，画笔的亮度发生随机变化时越接近于前景色的亮度。
- 纯度：用于控制笔划的纯度。

7. 其他画笔选项

在其他画笔选项中，还包括“传递”、“杂点”、“湿边”、“喷枪”、“平滑”和“保护纹理”选项组，在这些选项中可以为画笔添加相应的效果。

- 传递：用于设置油彩在描边路线中的改变方式，如图 1-197 所示。

图1-197 设置传递选项后的画笔效果

- 杂色：可以为当前使用的画笔增加额外的随机性杂点效果，如图 1-198 所示。当应用于柔画笔笔尖（包含灰度值的画笔笔尖）时，此选项最有效。

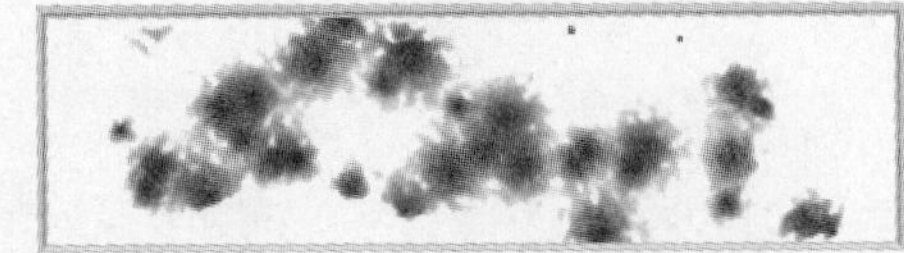 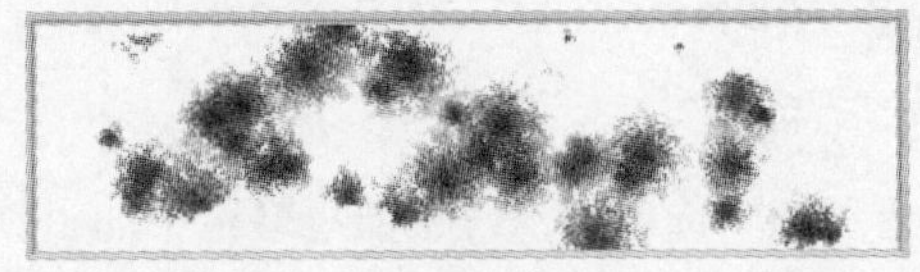

图1-198 添加杂点的效果

- 湿边：可以沿画笔描边的边缘增大油彩量，从而创建水彩效果，如图 1-199 所示。

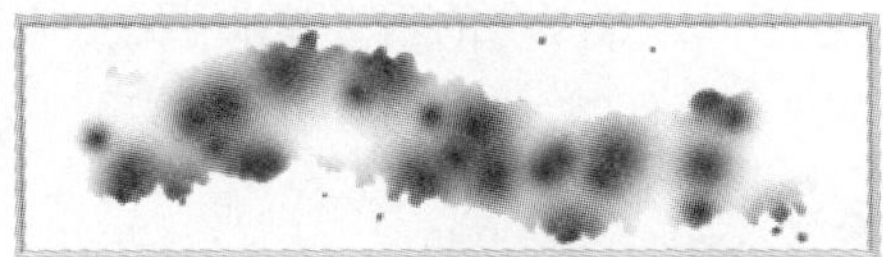

图1-199　设置湿边的效果

- 平滑：在使用较细的画笔快速绘制具有弧度的线条时，使线条的弧度非常平滑。
- 保护纹理：可以使具有纹理效果的画笔保存一致的纹理和缩放比例。

1.4.5　字符和段落面板

1. 字符面板

“字符”面板用于设置字符格式，在其中可以对文字的字体、大小、字距、颜色和字体样式等基本属性进行设置。

执行“窗口→字符”命令，或者单击文字工具选项栏中的按钮，可以打开或关闭“字符”面板。“字符”面板如图1-200所示。

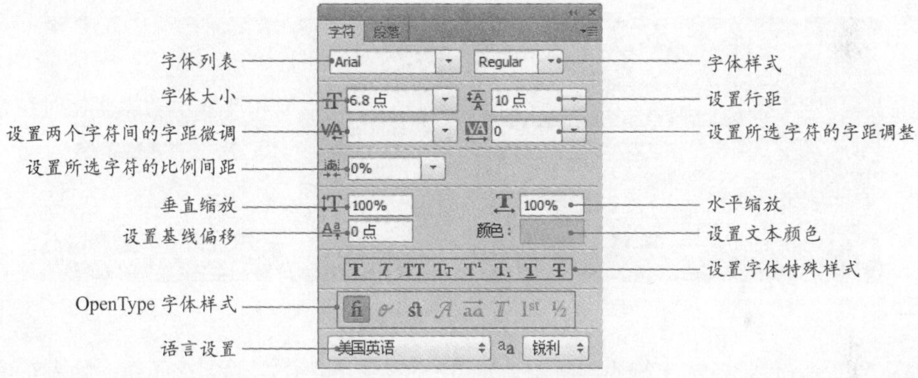

图1-200　“字符”面板

- (自动)（设置行距）：用于设置上一行文字基线与下一行文字基线之间的距离。如图1-201所示为设置不同行距后的文本。

图1-201　设置不同行距后的文本

> **提示**
>
> 如果要单独调整部分文字的行距，需要先使用文字工具将需要调整行距的文字选取，然后再设置适当的行距值即可。

● IT 100% （垂直缩放）和 T 100% （水平缩放）：用于设置文字的垂直或水平缩放比例，以调整文字的高度或宽度。如图 1-202 所示为设置不同水平缩放和垂直缩放比例后的文字。

图1-202　设置文字的缩放比例

● 0% （设置所选字符的比例间距）：按指定的百分比值减少字符周围的空间。因此，字符本身并不会被伸展或挤压。相反，字符的外框和全角字框之间的间距将被压缩。当向字符添加比例间距时，字符两侧的间距按相同的百分比减小。如图 1-203 所示为设置不同的比例间距后的文字。

图1-203　设置不同比例间距的效果

● VA 0 （设置所选字符的字距调整）：用于设置所选文字的字符间距。输入正值时，字距扩大，如图 1-204 所示。输入负值时，字距缩小。

图1-204　设置文字的字符间距

● VA 0 （设置字距微调）：用于设置两个字符之间的字距微调。先将文字光标插入到需要进行字距微调的两个字符之间，然后在该选项数值框或下拉列表中设置所需的字距微调数量即可。输入正值时，字距扩大。输入负值时，字距缩小。
● A 0点 （设置基线偏移）：用于设置文字与文字基线之间的距离。输入正值时，文字上移。输入负值时，文字下移，如图 1-205 所示。
● 颜色： （设置文本颜色）：用于设置文字的颜色。

图1-205　文字的基线偏移效果

- T T TT Tт T¹ T₁ T T 按钮：用于设置文字的效果。从左到右依次为：仿粗体、仿斜体、全部大写字母、小型大写字母、上标、下标、下划线和删除线。
- 美国英语 选项：用于设置文本连字符和拼写的语言。
- aa 锐利 选项：用于选择消除文字边缘锯齿的方式。

2. 段落面板

"段落"面板用于设置段落的编排格式，其中包括段落文本的对齐方式、缩进量和段前添加空格等。执行"窗口→段落"命令，可以打开或关闭"段落"面板，如图 1-206 所示。

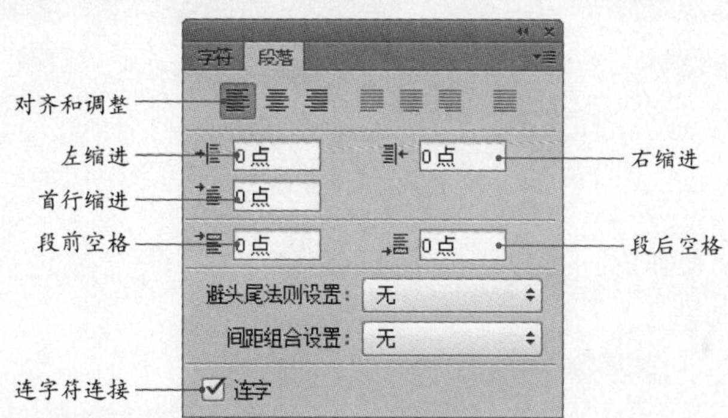

图1-206 "段落"面板

- 按钮：用于将段落文本左对齐、居中对齐和右对齐，如图 1-207 所示。选取段落文字所在的图层，在"段落"面板中单击所需的对齐按钮即可。

图1-207　段落文本的不同对齐效果

- 或 按钮：用于设置段落文本中最后一行文字的对齐方式，各个按钮的功能按从左到右依次是左对齐、居中对齐、右对齐和段落文本全对齐。如图 1-208 所示为分别将段落文本最后一行字居中对齐和全部对齐后的排列效果。
- 0点 （左缩进）：用于设置段落文本向右（横排文字）或者向下（直排文字）的缩进量，如图 1-209 所示。

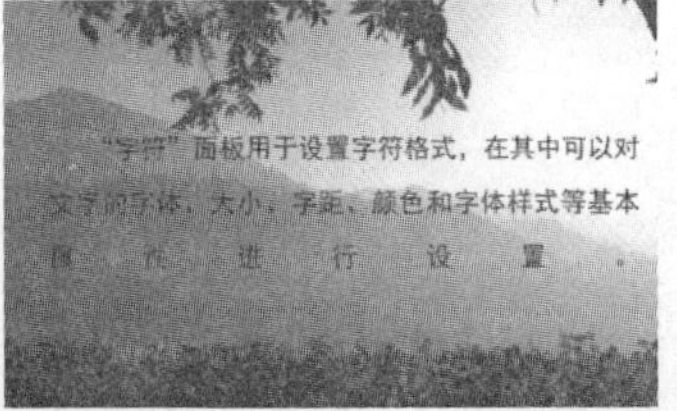

图1-208　居中对齐与全部对齐效果　　图1-209　段落文本左缩进效果

- （右缩进）：用于设置段落文本向左（横排文字）或者向上（直排文字）的缩进量，如图 1-210 所示。
- （首行缩进）：用于设置段落文本中每段文字的第一行向右（横排文字）或者第一列文字向下（直排文字）的缩进量，如图 1-211 所示。

图1-210　段落文本右缩进效果

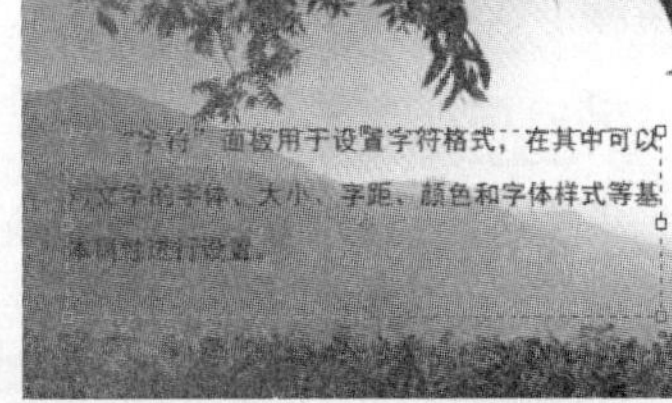

图1-211　设置文字首行缩进前后的效果

- （段前添加空格）：将光标插入到文字中，然后在“段前添加空格”数值框中输入数值，可以设置光标所在段落与前一个段落之间的间隔距离，如图 1-212 所示。

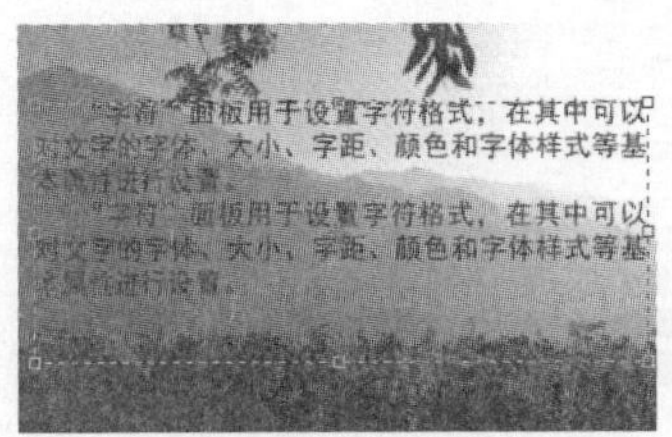

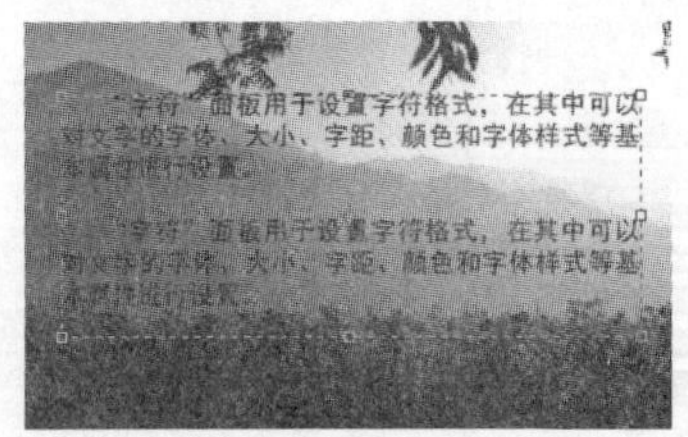

图1-212　设置段前添加空格后的文字

- （段后添加空格）：用于设置当前段落与后一个段落之间的间隔距离。
- 连字：选中该复选框，在输入英文时，如果段落文本框的宽度不够，英文单词将自动换行，并在单词之间用“—”连字符连接。

1.4.6 历史记录面板

在 Photoshop CS6 中对当前文件进行的每一步操作，都会被自动记录到“历史记录”面板中。用户只需要在所记录的操作步骤上单击，即可将文件还原到该操作时的状态。

执行“窗口→历史记录”命令，打开“历史记录”面板。在该面板中，旧的记录位于面板的上方，新的记录则位于下方，如图 1-213 所示。每一个记录都以使用的工具或命令命名，系统设置的恢复操作的默认值为 20 步。

单击“历史记录”面板右上角的按钮，弹出如图 1-214 所示的弹出式菜单，在其中选择相应的命令，可以进行前进、还原、新建快照、清除历史记录和新建文档等操作。

- 前进一步：选择该命令，在当前操作状态下前进一步操作。

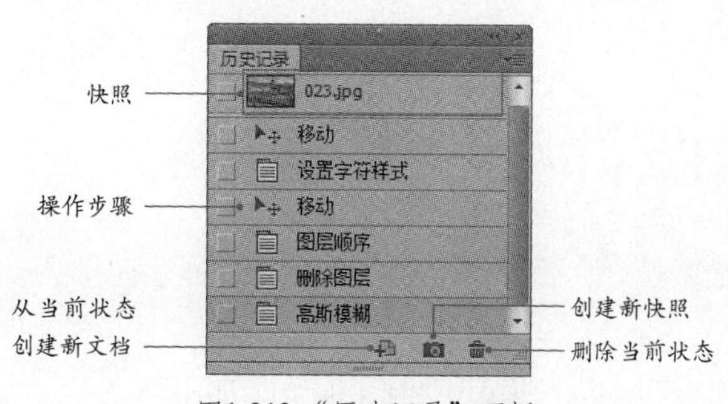

图1-213 “历史记录”面板

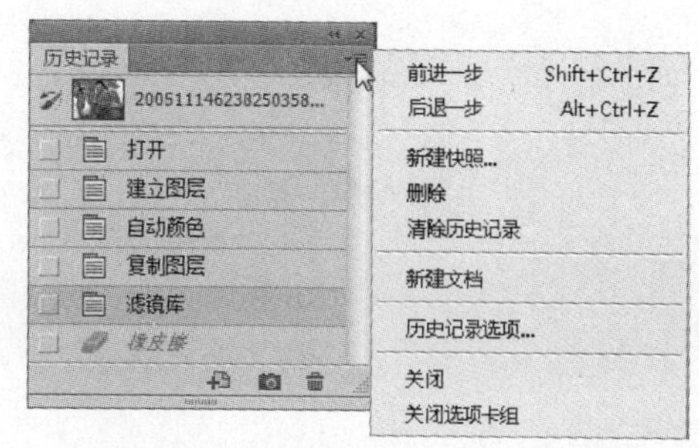

图1-214 “历史记录”面板弹出式菜单

- 后退一步：选择该命令，在当前操作状态下还原一步操作。
- 新建快照：选择该命令，按当前图像状态创建一个快照。
- 删除：选择该命令，删除当前所选记录及下方的所有记录。
- 清除历史记录：选择该命令，清除当前所选记录以外的其他所有记录。
- 新建文档：选择该命令，按当前图像状态新建一个文档。
- 历史记录选项：用于对历史记录中的一些选项进行设置。

1.5 课后习题

一、填空题

1．Photoshop 软件的图层管理功能，不仅可进行多图层的操作，而且可通过图层功能，创建图像的______效果和______效果，从而丰富了设计师的创作手法，有利于创造出更加丰富的画面内容。

2．Photoshop 兼备______、绘画和图形化处理功能，例如，使用______工具可以帮助设计师完成各种产品容器的外形绘制（如香水瓶、白酒瓶以及各种洗液容器等），然后可以通过______工具、______工具、______工具和图层处理功能来完成产品的造型，以及在材料质感上的表现。

3．Photoshop 中的______类似于一张张的透明胶片，将绘制有不同图像的胶片按照一定的上下排列顺序叠加在一起，就形成了一幅完整的作品。

二、上机操作题

参考本章“1.3.3 绘图工具”一节中绘制酒瓶的方法，完成如下纸盒的制作。

操作提示

（1）使用钢笔工具绘制出纸盒的各个面，并使用渐变工具为各个面填充相应的底色。

（2）使用画笔工具绘制出各个面上的阴影，以体现纸盒中的明暗层次。

（3）降低纸盒中镂空部分所在图层的不透明度，以体现镂空部分的透明特性。

（4）使用直线工具在纸盒中对应的折叠处绘制白色的线条，以表现折叠处的反光效果。

（5）使用多边形套索工具、渐变工具绘制纸盒底部的投影，并适当降低投影的不透明度。

图1-215 绘制的纸盒

第 2 章　包装设计与制作基础

学习要点

- 了解产品包装的概念，包括包装设计的基本概念，以及包装设计与平面设计的区别。
- 了解产品包装的分类，包括包装在样式、内容和材料上的分类。
- 认识产品包装的功能，包括介绍产品信息、保护与运输功能、促销功能、使用与回收功能。
- 熟悉产品包装的设计流程与要素，包括包装设计的工作流程，包装设计中需要注意的三大要素内容，以及图文排版、色彩的选择和运用等内容。
- 了解产品包装的设计工艺，包括包装的制作流程和印刷工艺。

2.1 产品包装的概念

包装设计是产品信息和视觉审美传达相结合的设计，包装作为联系人类生产与生活不可缺少的手段，与人类文明同步发展，不同的历史时期，包装的功能含义也不尽相同。但包装却永远离不开采用一定材料和容器包裹、捆扎、容装、保护内装物及传达信息的基本功能，如图 2-1 和图 2-2 所示。

图2-1　巧克力包装

图2-2　化妆品包装

我国现行 1983 年版“包装通用术语”国家标准中对包装的定义是：为在流通过程中保护产品，方便储运，促进销售，按一定的技术方法所采用的容器、材料和辅助物的总体名称，也指在采用容器、材料和辅助物的过程中施加一定技术的操作活动。明确对“包装”一词定义为一类事物的名词，如食品包装、家用电器包装、文化用品包装、日用化工产品包装等。同时，又定义为事物操作活动的一种动词，例如商品生产企业在产品出厂前，通过包装工在包装车间对产品进行灌注装瓶、装袋、装盒、装箱、封口、包裹捆扎等一系列操作活动都称为包装。

所谓现代包装设计，就是以保护产品安全流通，方便储运与消费，促进销售，依据特定产品的性质、形态和流通意图，通过策划定位与构思形成概念，以艺术和技术相结合的方法，采用适当的材料、造型、结构、视觉信息传达和防护技术处理等方式综合创造新型包装实体的活动过程。

综上所述，包装是以解决特定产品在流通消费中的物质保护、实用功能和审美与信息功能优化结合为目标，具有设计上的多元性，如图 2-3 所示。

图2-3 不同类型的食品包装

在商品的包装中，应包含以下几个最基本的内容。

(1) 在介绍产品方面，应包含产品的名称、含量、标识、特点介绍、使用说明、出厂日期以及其他的一些内容，比如产品保质期、批号、商品条形码以及环保等方面的标识。

(2) 在食品、日用品以及化妆品等产品包装中，还应该包含该产品的卫生许可证号。

(3) 必须包含产品的生产厂家名称、地址和电话等详细内容。

对于不同的产品包装，在进行包装设计时都要考虑以下两个方面的问题。

(1) 包装的外观设计，即用艺术的手法，将色彩、图形、文字等元素进行合理地、有机地组成，贴切地传达出商品的信息及具备相应的美感。

(2) 包装的结构设计，在商品进入流通领域最终到达消费者手中的过程中，使其在运输、储存等环节中不受损坏，以及在消费者购买商品后便于开启和使用，如图 2-3 所示。

包装设计主要体现为 4 个环节的综合处理，即图形设计、色彩的选择与应用、文字设计、空间排版设计，如图 2-4 所示。

图2-4 不同材质的包装

平面设计就是将特定的信息内容，通过文字、图形、色彩等视觉要素，以艺术的手段表现在同一平面领域的设计。例如各种招贴、报刊广告、路牌广告、杂志广告、产品样本，以及企业形象手册等的封面与内页图文设计等都是典型的平面设计。

平面设计可以拓展到商品包装等更多事物的视觉传达设计中，应用范围极其广泛。然而，任何事物都有其自身特定的相对局限性，平面设计无论应用到何种领域，都是以视觉传达和审美艺术效果为出发点，以尽可能引人注意的视觉艺术表现手法，传播特定的内容信息为目标。

平面设计研究的主要对象是在特定的应用环境条件下，设计内容的文字、图形、色彩及其构成的表现形式手法。而商品包装包含了销售包装设计、运输包装设计和包装工艺设计，所有的包装设计都需要力求实现包装的自然功能与社会功能尽可能完美的优化结合，是一个整体的设计概念。

平面设计只是包装视觉传达设计中不可缺少的重要构成部分，不可能用平面设计的观念完成商品包装的整体功能设计。

为适应现代包装设计与包装教育，必须树立包装整体系统化设计的观念，进行包装的整体系统化设计。如图 2-5 所示为平面设计作品，如图 2-6 所示为包装设计作品。

图2-5　平面设计作品

图2-6　包装设计作品

2.2 产品包装的分类

产品包装具有多学科多门类构成的综合性质，是一门边缘学科，因而具有多样化、多元化的特点。按照不同的功能角度以及产品的不同特点，包装可以分为多个种类。

2.2.1 产品包装的样式

产品包装根据产品多样化的不同特点，在包装样式上可分为盒、袋、罐、瓶、听、筒等，如图 2-7 所示。在包装形式上又分为外包装、中包装和个包装，如图 2-8 所示。

图2-7　盒装、袋装和听装

图2-8　产品的外包装和个包装

2.2.2　产品包装的内容

产品包装按包装内容的不同，可以分为食品包装、饮品包装、药品包装、化妆品包装、文教体育用品包装、机械电子产品包装、玩具包装等，如图 2-9 所示。

食品包装

饮料包装

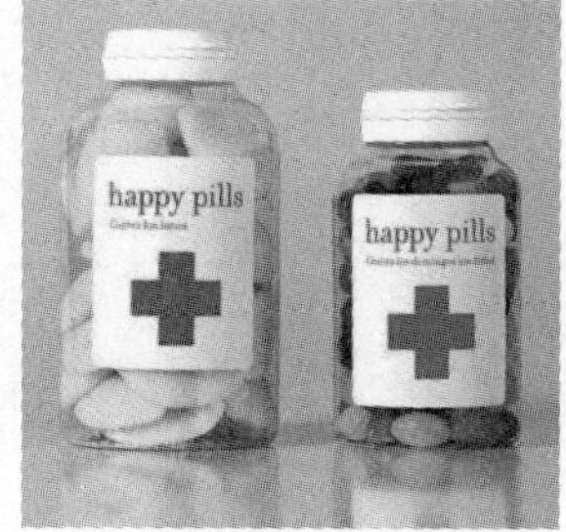

药品包装

化妆品包装

电子产品类包装

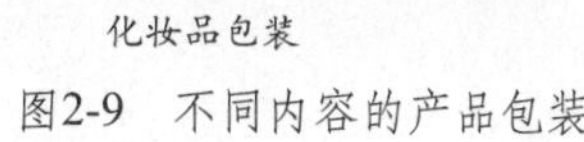

图2-9　不同内容的产品包装

2.2.3　产品包装的材料

在进行包装设计时，应该根据产品的特点，选择合适的包装材料。包装材料可分为纸类、塑料、复合材料、金属、玻璃类、陶瓷和木制包装。

不同的包装材料都有其各自的优缺点，在进行包装设计时，应根据产品的储存和运输需要，选择合适的包装材料，以避免因包装材料选用不当而造成产品的损坏或变质等损失。如图 2-10 所示为纸质、玻璃和金属材料包装。

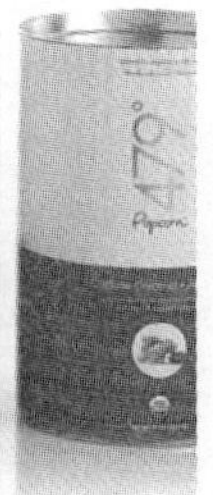

图2-10　不同材料的产品包装

2.3 产品包装的功能

要评价一个产品包装是否优秀，应看其是否具备以下几个方面的功能特性，或者是否能将这些功能以最佳的形式表现出来。

2.3.1 介绍产品信息

产品包装除了最基本的用于盛装产品外，更重要的是通过包装来传达产品信息，使消费者能通过这些文字内容，快速了解商品，并选择更适合自己的商品。

包装中的产品信息应包括牌号品名、商品型号、规格成分、数量批号、用途保养、生产单位、生产日期、使用方法和条形码等内容，如图 2-11 所示。

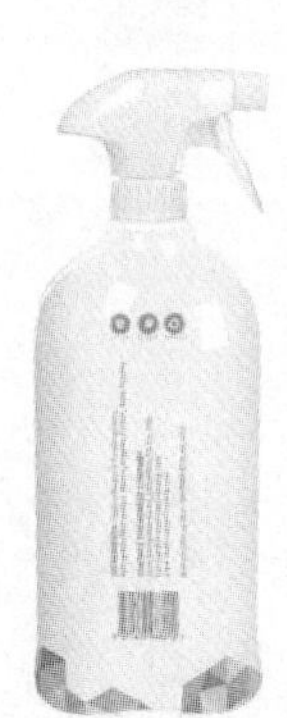

图2-11　包装中的产品信息

2.3.2 产品的保护与运输

包装的保护功能是其最基本的功能。生产企业在产品出厂前，通过工人在包装车间对产品进行灌注装瓶、装袋、装盒、装箱、封口、包裹捆扎等一系列包装活动，其目的是为了保护产品在运输过程中，防止因各种碰撞、挤压、震荡、冷热、干湿、光照，以及可能发生的污染等情况，而对商品造成损伤，或者使商品发生变质等。通过适当的包装，使商品安全流通，方便储运等，如图 2-12 所示。

产品从出厂到销售，再从销售到消费者手中，要经过多个环节的流通。

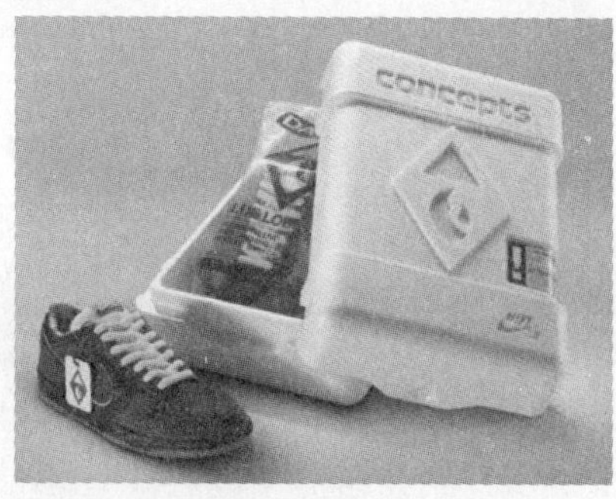

图2-12　突出保护功能的包装设计

商品在流通过程中可能需要多次的转运，因此，在进行包装的外形和结构设计时，需要充分考虑其流通功能，使包装能够充分满足产品的存储、运输和携带等各个环节的要求。如图 2-13 所示为不同内容物在包装结构上的设计。

图2-13　注重流通功能的包装设计

2.3.3　促进产品销售

包装设计的最根本目的是为了传达商品信息，以促进销售，这是商品包装的主要功能。

在产品的销售过程中，无论采用何种方式的产品品牌推广、广告宣传或促销手段，最终代表产品与顾客交流最直观的还是产品的包装。无论是广告语言的感染力，还是图形表达的说服力，与消费者做最后沟通的还是包装，所以包装对于商品经营者来说是至关重要的。

如图 2-14 所示的两款包装，无论从创意造型到图形设计，还是在色彩的应用上，都非常的新颖、独特，通过这些包装可以体现产品的个性，提升产品形象，从而达到吸引消费者的目的。

图2-14　独特设计风格的包装设计

在进行包装设计时，应该意识到包装的目的并不是单纯地美化产品，它更重要的功能是要提升产品的价值。

包装体现的是一种营销策略，只有从动态的不断变化的市场环境和消费者需求的心理动机出发，提炼出包装设计的策略，并通过视觉传达的方式与消费者进行沟通，才能最终打动消费者，这样的包装才能充当促销员的角色。

优秀的包装设计，不仅能够使消费者了解并熟悉商品，而且能使消费者增强对商品的印象、好感和信任感，从而促使消费者购买，达到促进商品销售的目的，如图 2-15 所示。

图2-15　提升产品价值的包装设计

2.3.4　方便使用与回收

在进行商品包装设计时，还需要考虑消费者在携带和开启包装时的方便性，最后还需要考虑包装的环保性。

当消费者打开包装并开始使用产品后，包装便完成了它的历史使命。这时，如何将使用后的包装用品进行回收利用，以减轻包装废弃物对环境造成的污染，便成了一项全球关注的问题。因此，在设计包装时应注意考虑包装的环保问题，如图 2-16 所示为两款环保包装。

图2-16　注重环保的商品包装

2.4　产品包装的设计流程与要素

包装最基本的目的是为了使商品在运输过程中不致破损，利于储存。而现代包装，除了发挥这一最基本的功能外，展示和促销功能更是成为包装设计中必不可少的范畴。

随着商品竞争的加剧和人们对个性化商品的需求与日俱增，包装的作用也日益明显。

对于易消耗消费品来说，包装的促销作用尤为明显。如图 2-17 所示为两款优秀的包装设计。

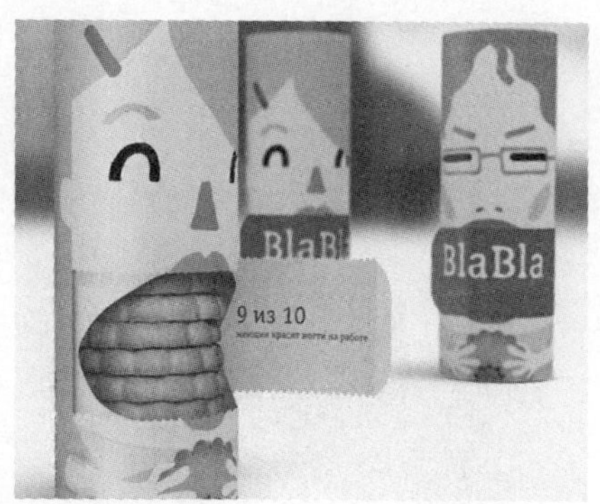

图2-17　富有创意的商品包装

2.4.1　包装设计的工作流程

现代商品的包装设计是企业整体营销策略的一个重要组成部分。优秀的包装设计，可以提高商品的价值，诱发消费者的购买欲，而且随着超级商场流通机制的普及发展，顾客购物靠自己选择，商品包装设计的魅力成为促进消费者购买的重要因素。

设计师在进行包装设计前，应该充分了解该产品的特性，考察该类产品目前的市场经营状况，收集同类型产品在市场销售中的各种相关资料，并了解商家对于该产品的定位和在营销方面的策略，再进行下一步的设计工作。

1. 相关资料收集并进行市场调查

(1) 了解商家对此产品在档次上的定位，以及在包装设计上所期望的风格和效果。

(2) 收集同类型产品的包装，了解这些包装中注重的表现形式，掌握其在设计上的优缺点，从而为即将进行的包装设计找寻自己的优势和亮点，并为下一步的设计做好准备工作。

(3) 调查该产品所针对的市场状况、消费者层次、消费者心理，以及销售价格等，从而对产品包装在包装成本和设计风格上进行定位。

(4) 收集包装设计中需要用到的各种素材和有价值的参考资料。

(5) 拟定包装设计计划以及安排工作进度表。

2. 视觉设计程序

根据第 1 步工作中所了解的产品信息和在包装档次、设计风格上的定位，以及收集到的素材和参考资料，就可以根据头脑中的设计构想，开展包装设计工作了。

(1) 绘制草图。使用铅笔将设计的初步构想，通过草图的形式简单地勾画在纸上。在绘制草图时，对图形和文字在编排方式上的表现形式和构成手法等，进行多方面的设计，以提供多个不同的设计方案，供大家讨论和筛选，直到讨论并修改出最佳的设计方案为止。

(2) 确定草图方案。当筛选出最佳的设计方案后，交给客户并与客户进行交流分析。听取客户的修改意见，以共同确定出统一的、最佳的设计方案。

(3) 正稿的制作。设计方案确定后，就可以将草稿制作成电脑正式稿。在制作正式稿时，还需要合理应用色彩，以达到色彩与图文的完美协调。

（4）正稿的确定。制作好电脑正稿，就可以交给客户确认，如无异议，即可将设计稿最终定型。

2.4.2 包装设计的三大要素

包装设计在视觉表现上除了保持简洁、创新、实用的基本原则外，还必须考虑其他的一些因素，如市场销售状况、产品的陈列方式和大小，以及最现实的成本问题，这些都是左右包装视觉设计的重要因素。

因为包装牵涉到三维空间的问题，所以在包装的形态和结构设计上会存在一定的局限性，但在视觉设计上仍然以文字、色彩和图形三大要素为表现重点，如图 2-18 所示。

图2-18　包装上文字、图形与色彩的表现

1. 文字排版

包装上的文字包括牌号品名、商品型号、规格成分、数量批号、用途保养、使用方法、生产单位的拼音或外文等，这些都是用于介绍商品、宣传商品信息不可缺少的重要部分。创意的文字设计在传达商品信息的同时，还能起到修饰版面、美化包装效果的作用。

在包装设计中，依据图文统一的原则，可以随便变化文字的编排方式，并合理应用字体，同时可以在原有字形的基础上进行艺术化的加工设计，以增强整个包装的艺术效果和展示宣传效果，如图 2-19 所示。

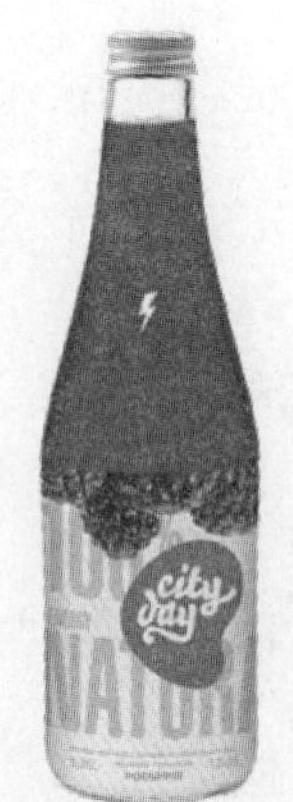

图2-19　产品包装中的文字编排效果

由于文字是每一件包装中不可缺少的视觉元素，在包装设计中占据着重要的位置。文字在包装设计上的运用是否得当，也就成为包装能否达成促销任务的一大关键。

在设计包装中的文字时，首先要熟悉各种字体的特点，才能针对商品特性选择适合的字体。除了使用现有的字体外，还可以发挥自身的艺术修养和想象力，为包装中的主体文字设计出独具魅力的艺术字形，以体现商品的个性形象，提升商品的品牌价值。

2. 图文排版

图形能快速、准确地将包装中的产品信息传递给消费者，而包装设计中常见的图形表现形式为具象或抽象图形。

如果包装中只通过文字和色彩来展示商品，那么很难足够全面、直观地表现产品信息，所以设计师通常会以写实、绘画或情感的表现方法，将一些图形应用到包装中，从而对产品优点进行直观的说明。为了表现产品的真实感，具象图形的表现方式通常会以摄影或插画的方式来表现。

抽象图形能够给消费者一种冷静、理性的强烈视觉印象，并使商品在包装中展现其独特的风格，如图 2-20 所示。在进行图形设计时，设计师应根据商品的市场定位，以及商品自身的特色和商品所针对的消费对象等因素来选择具有代表性的图形。

图2-20　产品包装中的图形设计

3. 色彩的选择与运用

色彩是决定包装设计是否成功的关键要素之一，它可以直接刺激消费者的视觉，使消费者产生情绪上的变化，并间接地影响消费者的判断力。

色调是指画面的一个总的色彩倾向度，它是由画面中若干块占据主要面积的色彩所决定的。色调从色相上分为红、绿、紫等，从明度上分为亮、暗调，从纯度上分为艳、暗调子，从色性上分为暖、冷调子。

包装的色彩设计应以产品类型和特点为出发点，充分考虑其消费层次和消费对象的个性特征，从而根据包装的设计风格有针对性地选择色彩。

色彩的明度是指色彩本身的明暗深浅程度。色彩的纯度又称为色彩的饱和度，是指色彩本身的鲜艳程度。色彩的明度和纯度可以给人以心理暗示和产生联想，比如，针对女性消费者的商品，大多采用亮丽、高明度的或者较柔和的色彩表现；而针对男性消费者的商品，则会适当降低色彩的明度和纯度，而通常采用较暗的色调来表现男性的稳重和低调气质，如图 2-21 所示。

一件好的包装必须具备良好的视觉效果，能捕捉消费者的注意力。如何应用色彩的特性来塑造商品包装的视觉传达力并影响人们的情绪，这是色彩应用的重点所在。

图2-21　针对女性和男性商品的包装设计

设计者必须具备丰富的色彩学知识，了解色彩的基本要素和不同色彩之间的对比关系、象征意义，以及色彩本身所具备的视觉刺激效果等。只有将色彩应用知识融会贯通，才能通过颜色为包装增色增彩，才能设计出最具视觉刺激效果的产品包装。

2.5 产品包装的制作与工艺

在很多的商品包装中，会应用到后期的印刷和制作工艺。包装设计工艺分为印刷工艺类、设计材料类、纸张相关类、纸盒设计类、绿色材料工艺类、新特技术类和容器造型类，其中包含的内容和各方面的知识点非常广泛。如图 2-22 所示为不同包装材料中体现的不同制作工艺。

图2-22　不同包装材料中体现的制作工艺

2.5.1 包装的制作流程

当产品生产厂家确认设计方案，并审核完成最终的设计稿件后，就可以按照以下流程进行包装的后期制作和输出了。

1. 后期完稿制作

后期完稿制作是将客户确认的设计稿制作成可用于印刷或后期制作的完整电子文件，它是包装制作流程中非常重要的一个环节，它能直接影响印刷质量，比如色彩是否达到预期效果、图形是否清晰、文字是否有锯齿等，这些都将影响最终的包装成品效果。

印刷是一门非常复杂的学科，因此，后期完稿制作最好请印刷方面的专业人士进行指导或审核，以保证最佳的印刷输出效果。在后期完稿的制作过程中，通常会犯以下一些错误。

（1）依靠电脑显示器来选择颜色。

（2）用浅色反白。

（3）用 8 point 或以下的字体大小。

（4）在同一个版面内使用的字体超过十种。

（5）忘记预留出血位。

（6）忘了把图片链接到出版文件中。

（7）图片使用 RGB 颜色模式。

（8）图片格式是 WMF 或 GIF，而不是 TIFF 或 EPS。

（9）直接用从网上下载的图片作印刷输出。

（10）认为打样稿的颜色会与显示器上看到的，或是使用喷墨机打印出来的样本颜色一样。

（11）认为打样稿的颜色就是印刷出来后的成品颜色。

如果在制作过程中出现以上任何一个错误，那么此文件将不能用于印刷。

2. 后期输出

后期完稿制作好后，根据实际需要选择适合的输出方式，包括打印输出、印刷输出和喷绘输出等。

（1）打印输出是指直接用打印机打印，其优点是非常方便，但不足之处是成本高、速度慢。打印输出只适合少量制作，而且要受纸张和尺寸的限制。

（2）印刷输出是非常普遍的一种输出方式，其优点是速度快，适合大批量印刷。另外，还可通过后期印刷工艺，在纸品包装上制作出多种特殊效果，如凹凸、烫金、烫银、覆膜等。不过印刷输出对后期完稿制作的要求相当严格，比如色彩模式、图像质量、图像的处理方式和文件格式等等，都有专业上的规定，一旦出错，将会直接影响后期印刷效果，而为企业带来损失。

（3）喷绘输出是现在比较流行的输出方式，它的最大优势是快捷、方便、大小尺寸可以控制，而且后期完稿制作简单，不受文件模式的影响，但输出前必须是 Photoshop 文件格式。例如，我们经常看到的一些户外广告都是采用喷绘输出形式。

2.5.2 包装的印刷工艺

对于包装设计者来说，必须要懂得印刷方面的知识和常用的印刷工艺，因为印刷是把设计意念最终实体化的关键环节。懂得印刷环节上的要求和一些印刷工艺，不仅可以避免无谓的错误，还可以利用这些印刷工艺，为包装设计提供效果处理上的参考。

在现代商品包装中，最常见的印刷材料包括纸品和塑料，其中纸品材料占绝对多数。下面简单介绍一些纸品印刷中常用的印刷工艺。

现代印刷的分类主要是依据印版的结构形式而区分的，主要有凸版、凹版、平版、孔版四种。在印刷过程中，可能还会根据设计效果的需要，用到一些特殊的印刷工艺，比如凹凸压印、浮雕印刷、光泽色烫印、上光压膜等。利用这些特殊的印刷工艺，可以制作出效果更精美的纸品包装。不过，使用这些印刷工艺会相应地增加印刷成本，从而抬高商品的价格。因此，在进行包装设计时，是否采用印刷工艺，应根据实际情况而定。

1. 凸版印刷

凸版印刷是最传统的印刷方式，俗称铅印。此方式费工费时，已基本淘汰。

2. 凹版印刷

凹版印刷原理正好与凸版原理相反，凹版印刷线条精美，不易仿冒，但纸版费用较高，多用来印刷钞票、证券、高档印刷品等。

3. 平版印刷

平版印刷则是利用水和油墨不相融的原理，油墨通过橡皮滚筒转印到纸张上。这是目前最常用的一种印刷方式，其特点是色彩逼真、细腻、准确、速度快，适合大宗印刷品。

4. 孔版印刷

孔版印刷俗称丝网印刷或过滤板印刷，印刷方式为文图透过式。印刷幅面可控制，可大可小，承印材料广泛，除纸张外还可在塑料、棉麻、陶瓷以及金属材料上进行印刷。

5. 专色印刷

专色印刷是指在印刷时不通过 C、M、Y、K 四色合成的方式，而是通过一种特定的油墨进行某种颜色的印刷。专色可以由油墨厂生产，也可根据客户提供的色彩，由印刷厂调配而成。在制版时，必须出一张专色版，而不用四色版。

使用专色印刷可以使印刷品的颜色更为准确。在确定专色色样时，显然通过电脑屏幕无法准确显示该色彩，可通过标准颜色匹配系统的预印色样卡进行比对，这样就可以看到在纸张上显示的准确颜色。

专色印刷通常用于一些高档印刷品，或对色彩要求严格的印刷品。在一般情况下，最好不使用专色，因为对于自定义的专色，很多印刷厂可能无法调配出准确的颜色。

采用专色印刷会提高印刷成本，因此在四色印刷之外出现了高保真五色、六色及七色等分色模型印刷工艺，这样既可提高四色印刷的色域，也可降低印刷成本。

6. 烫金工艺

烫金工艺是印刷工艺中的一种高新工艺，它常用于产品包装的印刷。在纸包装上应用烫金工艺，可以有效提高产品的档次，增强视觉效果，提高产品价值，体现产品包装的个性化，同时也可增强产品的防伪效果。

烫金又称为电化铝烫印，是一种不用油墨的特种印刷工艺。对印刷品进行烫印之前，必须按烫印的图文样式制作出烫印模板，将其安装在烫印机上，再借助一定的压力和温度，使印刷品与烫印箔在短时间内相互受压，将金属箔和颜料箔按烫印模板的图文转印到被烫印品的表面。

在烫金工艺中，烫印机、烫印板和烫印箔是最基本的器材，而温度、压力和速度是决定印刷质量的三大因素。

7. 覆膜工艺

覆膜又称为过塑、裱胶和贴膜等，是在印刷后期加工中常用的一种工艺。覆膜是将一层透明塑料薄膜通过热压覆贴到印刷品表面，主要起到保护印刷品的作用。

覆在印刷品上的薄膜分为亮膜和哑膜，覆亮膜后不仅可以保护印刷品，还起到增加印品光泽的作用，而覆哑膜，可降低印品光泽。所以，在对印品应用覆膜工艺时，应正确选择使用亮膜还是哑膜。

对印品覆膜的工艺流程是通过辊涂装置将粘合剂涂沫在塑料薄膜上，经热压滚筒加热，使薄

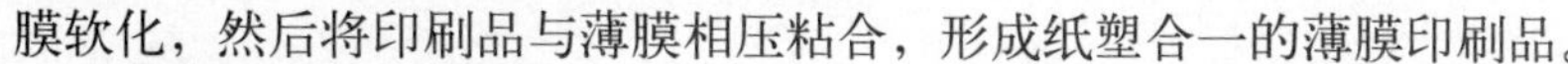

膜软化，然后将印刷品与薄膜相压粘合，形成纸塑合一的薄膜印刷品。

8. 模切和压痕工艺

模切是对印刷成品按一定的模式进行切割，从而使纸张形成一定的切割样式。

压痕是指在纸张上按一定模式加压后，使纸张留下凹凸的痕迹，使图文产生凹凸的浮雕效果。另外，在许多纸盒包装中，通过在纸质材料上压痕后，便于将纸张折叠成型。

模切和压痕工艺常用于DM单、画册和纸品包装中。一般模切和压痕工艺的流程为上版→调整压力→确定规矩→粘塞橡皮→试压模切→正式模切→整理清废→成品检查→点数包装。

在日常生活中看到的纸盒是使用模切和压痕工艺的主要对象。在对纸盒进行模切压痕的过程中，需要经过开料→印刷→表面加工→模切压痕→制盒的过程。

在模切压痕之前要制作模压版，模压版的格位必须与印刷的格位相符，然后在模切机上利用模压版工艺流程对印后纸板进行加工。

9. UV印刷技术

UV是英文Ultraviolet Rays的缩写，即紫外光线。包装行业所启用的特殊UV印刷工艺已经在商业、标签及特种印刷等领域得到了广泛的应用。

UV油墨是近年来迅速发展的一种环保性油墨。UV油墨包括UV磨砂、UV冰花、UV发泡、UV皱纹、UV凸字、UV折光、UV宝石、UV光固色墨、UV上光油等特种油墨，它以瞬间干燥、不含挥发性溶剂、应用简单方便的优点被广泛应用于印刷行业。

在对烟、酒、化妆品、保健品、食品、药品包装进行印刷时，采用丝网印刷工艺将UV油墨印在包装材料的表面上，经紫外线干燥设置光照处理后，可产生一种独特的视觉效果，从而提升产品的档次。

2.5.3 印刷中常用纸张的介绍

在了解印刷中各种常用纸张的用途、品种、特点和规格后，可以使设计者在进行纸质包装设计时，更准确地选择合适的纸质材料。

1. 铜版纸

铜版纸又称涂料纸，它是在原纸的基础上涂上一层白色浆料，经过压光而制成，在纸张上有单面和双面两种。其纸张特点为表面光滑、白度较高、纸质纤维分布均匀、厚薄一致、伸缩性小，而且有较好的弹性和较强的抗水、抗张性能，对油墨的吸收性与接收状态良好。

铜版纸主要用于印刷手提袋、图书封面、画册、明信片、精美的产品样本以及彩色商标等。

铜版纸在印刷时应注意压力不宜过大，要选用胶印树脂型油墨以及亮光油墨。要防止背面粘脏，可采用加防脏剂、喷粉等方法。

重 量：70，80，100，105，115，120，128，150，157，180，200，210，240，250（g/m^2），其中105，115，128，157（g/m^2）进口纸规格较多。

平板纸规格：648×953，787×970，787×1092（目前国内尚无卷筒纸）。889×1194为进口铜版纸规格。

2. 白版纸

白版纸伸缩性小，有韧性，折叠时不易断裂，主要用于印刷包装盒和商品装潢衬纸。在书籍装订中，用于简精装书的里封和精装书籍中的径纸（脊条）等。

白版纸按纸面分有粉面白版与普通白版两大类，按底层分为灰底与白底两种。

重量：220，240，250，280，300，350，400（g/m^2）。

平板纸规格：787×787，787×1092，1092×1092。

3. 牛皮纸

牛皮纸具有很高的拉力，有单光、双光、条纹和无纹之分，主要用于包装纸、纸袋、信封等，也可用于印刷机滚筒包衬等。

平板纸规格：787×1092，850×1168，787×1190，857×1120 。

4. 刚古纸

纸面洁白平滑、组织均匀细致、具有较好的表面强度，且耐水性良好，在印刷过程中不易出现起毛或掉粉等现象。可印刷信封、请柬、贺卡、书刊、广告宣传画以及高级的商用、办公用纸等。

刚古纸通常使用胶印机进行印刷，所以属于胶版印刷用纸。在印刷过程中，为了提高其质量，刚古纸最好进行表面施胶（机内）、压光甚至超级压光，以增加它的耐水性和平滑度。

刚古纸除了白色之外，还有米黄和浅蓝色，在实际的应用中通常以白色纸张为主。

重量：100，120，220（g/m^2）。

5. 凸版纸

凸版纸主要用于凸版印刷的书籍、杂志，适用于重要著作、科技图书、学术刊物、大中专教材等正文用纸。凸版纸按纸张用料成分配比的不同，可分为 1 号、2 号、3 号和 4 号四个级别。纸张的号数代表纸质的好坏程度，号数越大纸质越差。

凸版纸的纤维组织比较均匀，在经过漂白处理后，具有吸墨均匀、抗水耐潮、白度良好的特点，并且不易起毛，略有弹性，并有一定的机械强度，能够很好地适应印刷的需要。

重量：(49 ~ 60) ±2（g/m^2）。

平板纸规格：787×1092，850×1168，880×1230，还有一些特殊尺寸规格的纸张。

卷筒纸规格：宽度 787，1092，1575。

长度约 6000 ~ 8000m。

6. 新闻纸

又叫白报纸，主要用于报纸、期刊、课本和连环画等正文的印刷用纸。它具有多方面的特点，比如吸墨性能好，可保证该纸品用于印刷后，油墨能很好地印刷在纸面上；纸质轻松、弹性较好；有一定的机械强度，经压光后两面平滑，不起毛；不透明性能好。这些特点使该纸品更适合于高速轮转机印刷，而且印刷效果比较清晰而饱满。

新闻纸除了以上介绍的优点外，也有自身材料上的不足。因为该纸品是以机械木浆或其他化学浆为原料生产的，其中含有木质素和其他杂质，所以它抗水性差，不利于书写，在印刷时，必须使用黏度不高的印报油墨或书籍油墨，平版印刷时还要严格控制水分，而且新闻纸不适合长期的保存，否则纸张会发黄变脆。

重量：(49 ~ 52) ±2（g/m^2）。

平板纸规格：787×1092，850×1168，880×1230。

卷筒纸规格：宽度 787，1092，1575。长度约 6000 ~ 8000m。

7. 胶版纸

胶版纸主要供平版（胶印）印刷机或其他印刷机印制较高级彩色印刷品时使用，如彩色画报、画册、宣传画、彩印商标及一些高级书籍封面、插图等。

胶版纸按纸浆料的配比分为特号、1 号和 2 号三种，在纸张上有单面和双面之分，按等级分为超级压光与普通压光两种。

胶版纸具有对油墨的吸收性均匀、平滑度好、质地紧密不透明、伸缩性小、白度好、抗水性能强的特点。在印刷时应根据其特点，选用黏度不宜过高的结膜型胶印油墨和质量较好的铅印油墨，否则会出现脱粉、拉毛的现象，同时还要防止背面粘脏，所以一般采用防脏剂、喷粉或夹衬纸。

重量：50，60，70，80，90，100，120，150，180（g/m^2）。

平板纸规格：787×1092，850×1168，880×1230。

卷筒纸规格：787，1092，850。

8. 画报纸

画报纸的质地细白、平滑，可用于印刷画报、图册和宣传画等。

重量：65，90，120（g/m^2）。

平板纸规格：787×1092。

9. 书面纸

书面纸也叫书皮纸，主要用于印刷书籍的封面。书面纸造纸时加了颜料，有灰、蓝、米黄等颜色。

重量：80，100，120（g/m^2）。

平板纸规格：690×960，787×1092。

10. 压纹纸

压纹纸是专门用于封面的装饰性用纸。纸的表面有浅显的花纹，颜色分灰、绿、米黄和粉红等，一般用于印刷单色封面。

压纹纸性能较脆，装订时书脊容易断裂，印刷时由于纸张弯曲度较大，因此进纸困难，影响了印刷的效率，提高了印刷难度。

重量：120 ~ 40（g/m^2）。

平板纸规格：787×1092。

11. 字典纸

字典纸是一种高级的薄型书刊用纸，纸薄而强韧耐折，纸面洁白细致，质地紧密平滑，稍微透明，有一定的抗水性能。主要用于印刷字典、辞书、手册、经典图书和页码较多、便于携带的书籍。

字典纸对印刷工艺中的压力和墨色有较高的要求，因此印刷时在工艺上必须特别重视。

重量：25 ~ 40（g/m^2）。

平板纸规格：787×1092。

12. 毛边纸

毛边纸呈淡黄色，纸品具有质薄而松软、没有抗水性能和吸墨性较好的特点，因此只适合单面印刷，主要供古装书籍用。

13. 书写纸

书写纸是供墨水书写用的纸张，因此具有抗水性和吸墨性好的特点。书写纸主要用于印刷练习本、日记本、表格和账簿等。书写纸分为特号、1 号、2 号、3 号和 4 号几种。

重量：45，50，60，70，80（g/m^2）。

平板纸规格：427×569，596×834，635×1118，834×1172，787×1092。

卷筒纸规格：787，1092。

14. 打字纸

打字纸是薄页型纸张，纸质薄而富有韧性，用硬笔复写时不会被笔尖划破，打字时不会穿孔。主要用于印刷单据、表格以及多联复写凭证等，在书籍中用作隔页用纸和印刷包装用纸。打字纸有白、黄、红、蓝、绿等色。

重量：24 ~ 30（g/ m^2）。

平板纸规格：787 × 1092，560 × 870，686 × 864，559 × 864。

15. 邮丰纸

邮丰纸在印刷中主要用于印制各种复写本册和印刷包装用纸。

重量：25 ~ 28 (g/ m^2)。

平板纸规格：787 × 1092。

16. 拷贝纸

拷贝纸薄而有韧性，适合印刷多联复写本册，还可应用到书籍装帧中，起保护美术作品和美化书籍的作用。

重量：17 ~ 20 (g/ m^2)。

平板纸规格：787 × 1092。

2.5.4 纸张的开本

通常把一张按国家标准分切好的平板原纸称为全开纸。在不浪费纸张、便于印刷和装订的前提下，把全开纸裁切成面积相等的若干小张，称之为多少开数。将它们装订成册，则称为多少开本。

通常将单页出版物的大小，称为开张。如报纸，挂图等分为全张、对开、四开和八开等规格。

由于国际国内的纸张幅面都有不同的系列，因此将它们分切成相同的开数后，其规格大小可能不同，所以装订成书后，虽然开本相同，但书的尺寸却不同。目前16开本的尺寸有185 × 260(mm)、210 × 285（mm）等。

纸张除了前面所讲的幅度不同外，在实际生产中，纸张还有大度和正度之分。

正度纸是指幅面为787 × 1092（mm）或31 × 43英寸的全张纸，大度纸是指幅面为889 × 1194（mm）或35 × 47英寸的全张纸。由于多方面的原因，目前纸张的裁切规格大度尺寸为大16开本210 × 285（mm）、大32开本148 × 210（mm）和大64开本105 × 148（mm）。正度为16开本185 × 260（mm）、32开本130 × 184（mm）、64开本92 × 126（mm）。

常用印刷原纸一般分为卷筒纸和平板纸两种，根据国家标准GB147—89的规定，卷筒纸的宽度尺寸为1575、1562、1400、1092、1280、1000、1230、900、880、787。平板纸幅面尺寸 为1000M × 1400、880 × 1230M、1000 × 1400M、787 × 1092M、900 × 1280M、880M × 1230、900M × 1280、787M × 1092（单位：mm）。

提示

卷筒纸宽度允许偏差为 ±3mm，平板纸幅面尺寸允许偏差为 ±3mm。通常用户在描述纸张尺寸时，尺寸书写的顺序是先写纸张的短边，再写长边。纸张的纹路（即纸的纵向）用M表示，放置于尺寸之后，例如880 × 1230M（mm）表示长纹，880M × 1230（mm）表示短纹。印刷品特别是书刊在书写尺寸时，应先写水平方向再写垂直方向。

为了书刊装订时易于折叠成册，印刷用纸多数以 2 倍数进行裁切，如图 2-23 所示。

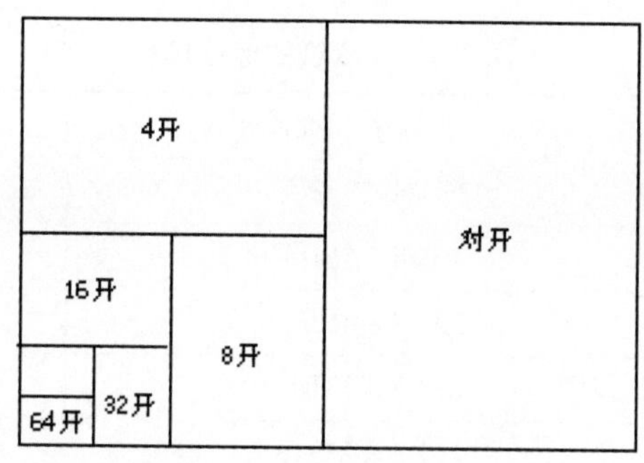

图2-23　全张纸裁切方法示意图

未经裁切的的纸称为全张纸，将全张纸对折裁切后的幅面称为对开或半开，以此类推，分为 4 开、8 开、16 开等。

通常纸张除了按 2 的倍数裁切外，还可按实际需要的尺寸裁切。当纸张不按 2 的倍数裁切时，按各小张横竖方向的开纸法又可分为正切法和叉开法。

正开法是指全张纸按单一的方向进行裁切，即始终保持竖式或横式的开法，如图 2-24 所示。叉开法则是对全张纸进行横竖搭配的开法，如图 2-25 所示。在使用正开法裁纸有困难时可以使用叉开法。

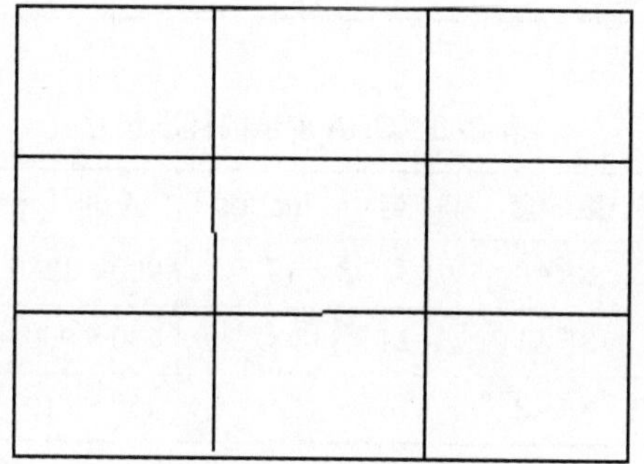

图2-24　正开法示意图

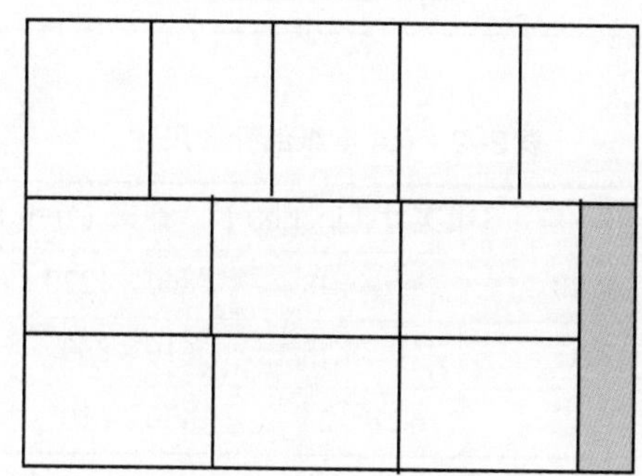

图2-25　叉开法示意图

除以上介绍的正开法和叉开法两种开纸法外，还有套开法和不规则开纸法，其开法是将全张纸裁切成两种以上幅面尺寸的小纸。其开法灵活，能根据用户的需要任意搭配，没有固定的格式，并且能充分利用纸张的幅面，以最大化地利用纸张，如附图 2-26 所示。

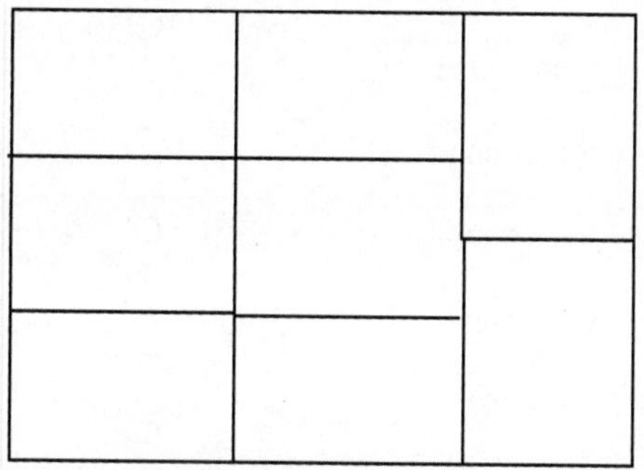

图2-26　混合开纸法示意图

下面向读者详细介绍常用开本的标准尺寸，如表 2-1 ~表 2-5 所示。

表 2-1　A 度纸的标准尺寸

纸度	英寸（inches）	毫米（mm）
4A	661/4 × 933/5	1682 × 2378
2A	463/4 × 661/4	1189 × 1682
A0	331/8 × 463/5	841 × 1189
A1	233/8 × 331/8	594 × 841
A2	161/2 × 23318	420 × 594
A3	113/4 × 161/2	297 × 420
A4	81/4 × 113/4	210 × 297
A5	57/8 × 81/4	148 × 210
A6	41/8 × 57/8	105 × 148
A7	27/8 × 41/8	74 × 105
A8	2 × 27/8	52 × 74
A9	11/2 × 2	37 × 52
A10	1 × 11/2	26 × 37

表 2-2　RA 度纸的标准尺寸

纸　度	英寸（inches）	毫米（mm）
RA0	337/8 × 48	860 × 1220
RA1	24 × 337/8	610 × 860
RA2	167/8 × 24	430 × 610

表 2-3　SRA 度纸的标准尺寸

纸　度	英寸（inches）	毫米（mm）
SRA0	337/8 × 48	900 × 1280
SRA1	24 × 337/8	640 × 900
SRA2	167/8 × 24	450 × 610

表 2-4　B 度纸的标准尺寸

纸　度	英寸（inches）	毫米（mm）
4B	783/4 × 1113/8	2000 × 2828
2B	555/8 × 783/4	1414 × 2000
B0	393/8 × 555/8	1000 × 1414
B1	277/8 × 393/8	707 × 1000
B2	195/8 × 277/8	500 × 707
B3	137/8 × 195/8	353 × 500
B4	97/8 × 137/8	250 × 353
B5	7 × 97/8	176 × 250

表 2-5　C 度纸的标准尺寸

纸　度	英寸（inches）	毫米（mm）
C0	361/8 × 51	917 × 1297
C1	251/2 × 361/8	648 × 917
C2	18 × 251/2	458 × 648
C3	123/4 × 18	324 × 458
C4	9 × 123/4	229 × 324
C5	63/8 × 9	162 × 299
C6	41/2 × 63/8	114 × 162
C7/6	31/4 × 63/8	81 × 162
C7	31/4 × 41/2	81 × 114
DL	43/8 × 85/8	110 × 220

提示

A 度纸是指印刷成品、复印纸和打印纸的尺寸。RA 度纸一般指印刷用纸，将其裁边后，可得 A 度印刷成品尺寸。SRA 度纸用于出血印刷品，其特点是幅面较宽。B 度纸是介于 A 度之间的纸，多用于挂图、海报等较大成品尺寸的印刷品。C 度纸用于封装 A 度文件的信封、档案盒或档案夹等。

下面介绍平面设计中常用的开数和开本尺寸，如表 2-6 和表 2-7 所示。

表 2-6　不同规格的开数 / 开本尺寸

纸张尺寸 / 开数 / 开本	正度：787×1092	大度：850×1168	常见开本尺寸 787×1092	大度开本尺寸：850×1168
全开	781×1086	844×1162		
2 开（对开）	530×760	581×844	736×520	570×840
3 开	362×781	387×844		
4 开	390×543	422×581	368×260	420×570
6 开	362×390	387×422		
8 开	271×390	290×422	368×260	285×420
16 开	195×271		260×184	210×285
32 开			184×130	203×140

表 2-7　大度与正度规格上的尺寸对比

开　数	大　度	正　度	开　数	大　度	正　度
64 开	101×140	92×130	4 开	420×570	370×540
32 开	140×203	130×184	2 开	570×840	540×740
16 开	210×285	184×260	全开	889×1194	787×1092
8 开	285×420	260×370			

2.6 课后习题

填空题

1. 商品包装根据产品多样化的不同特点，在包装样式上可分为 ______、______、______、______、______ 和 ______ 等。

2. 包装材料可分为 ______、______、______、______、______、______ 和木制包装。

3. 一个好的产品包装应具备 ______、______、______ 和 ______ 功能。

4. 包装牵涉到三维空间的问题，所以在包装的形态和结构设计上会存在一定的局限性，但在视觉设计上仍然以 ______、______ 和 ______ 三大要素为表现重点。

第 3 章　纸质产品包装设计

学习要点

- 学习纸质包装的基础知识，包括纸品包装的特点，纸品设计的形体与结构，以及纸品包装设计的工作流程。
- 了解食品包装的特点，掌握“香语”月饼包装盒的制作方法。
- 了解日用品类包装的特点，学习“xy!”儿童服饰手提袋的制作方法。
- 了解药品包装的特点，学习“清凉消炎喉片”包装盒的制作方法。
- 了解科技产品类包装的特点，学习“MEILING”智能手机包装盒的制作方法。

3.1　纸质包装的基础知识

纸质材料是最常用的包装形式，这是因为它具有经济、环保，便于制作、印刷、陈列、运输和库存等特点。纸的种类繁多，常用于包装的有铜版纸、模造纸、卡纸、艺术纸和特殊纸等。

常见的艺术纸有冈古纸、云彩纸、砂点纸、瓦楞纸、铝箔纸、莱妮纸等。现在，一些艺术纸经过不断翻新后，具有特有的色彩、肌理和性能，因此成为产品包装中首选的纸质材料，并且能使包装产生特有的效果。

3.1.1　纸质包装的特点

随着社会的不断发展，人们生活水平的不断提高，审美意识随潮流的变化而不断变化，人们的视觉品位也在不断的提高。

纸品设计中色彩、文字、图形以及立体形态的综合运用，是满足消费者审美情趣需要的基本形式。同时，以纸品设计为载体，通过图文和色彩表现出的时尚潮流和个性，也是一种思维风格的暗示，它带给人们更深层次的思想认识。因此，融入艺术思维在内的纸品设计，是加入了精神、文化、商业运作以及设计理念等多种附加形式在内的产品，它实现了产品在视觉认知上从原有形态到现有形态的跨越，形成了新的风格特色。在这个过程中，包装设计起到了关键性的作用。

如图 3-1 所示为两款不同风格和造型的纸品设计。

图3-1　风格各异的纸质包装设计

3.1.2 纸品设计的形体与结构

设计师在进行包装设计时，为了能完美体现包装的设计主题，并能使消费者对包装过目不忘，通常会在包装的形体和结构设计上运用创新的工艺和表现手法，使包装更加醒目，与众不同。

由于纸质材料具有可折叠和易成形的优点，在包装设计中，具有立体构架的纸质包装便成为了设计的主流。

立体造型的纸质包装是一个集质量、服务、保护和宣传为一体的综合性构架，它不是单纯在形体上的结构造型，而是一种品牌的象征。因此，现代纸质包装在立体构架的基础上还兼具了视觉美感和信息传递的功能。

1. 平面形态的纸质包装

纸品设计的平面造型主要是指单页形态上的造型。以二维平面形式存在的纸张，其造型形态是相对局限的，但由于其方便印刷、携带和传递，且后期制作成本相对较低而被广泛使用。如图 3-2 所示为两款平面形状的纸质包装。

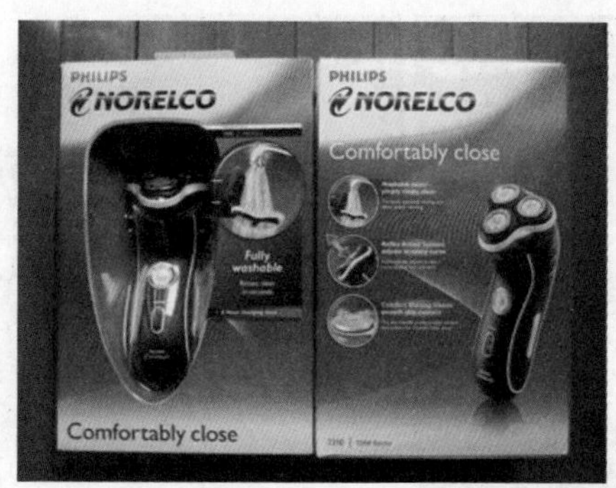

图3-2 精美的纸品设计

随着各类商品的竞争越来越激烈，设计师在设计包装时不仅要考虑图文和色彩的元素设计，还要注意平面纸品在外形上的个性要求，这是一个相辅相成的整体。

2. 从平面到立体形态

通过将一张平面的纸品进行立体或半立体的形态造型，使其从二维空间到三维空间过渡，这就是从平面到立体形态的转变过程。

要使二维空间产生三维的立体感和纵深感，必须要掌握一定的造型方法和制作技巧。设计师需要发挥空间想象力，并依托产品自身的特点和形态，才能创造出适合产品的立体形态包装设计。如图 3-3 所示为两款不同立体形状的纸质包装设计。

图3-3 不同立体形态的纸质设计

（1）压折法

压折法是将纸品由平面向立体过渡的最简单方法，也是常用的一种造型手法，它通过将平面纸张折叠和弯曲，使其产生起伏、凹凸的半立体形态。压折法常用于贺卡、CD包装、折页式DM单、半立体册子、台历和促销卡片等。

压折法折叠的方式通常有对折、W形折、S形折、开门折、观音折、旋风折和十字折等，如图3-4所示为一款CD纸质包装。

图3-4　利用压折法制作的包装

（2）弯曲法

弯曲法常用于表现曲面的立体效果，它利用纸的韧性，通过弯曲或旋转纸来构成立体的曲面。此种方法除了运用到卡片和册子类以外，许多的圆筒式、圆锥或圆台式结构也常常用到，如图3-5所示。

图3-5　利用弯曲法制作的包装

（3）切割法

切割法通过对平面纸张进行切割加工，然后根据产品需要对纸张进行相应的折叠、拉伸或镂空处理，从而产生具有丰富空间层次的立体形态效果，如图3-6所示。

图3-6　利用切割法制作的包装

（4）粘贴装订法

粘贴装订法是使平面纸张形成立体构架的常用方法，它要求在纸品平面结构图中预留出粘贴区或装订区，主要用在纸品装订或包装的后序工艺中，多用于册子、书籍书脊装订或商品大包装，不过粘贴装订效果大多略显粗糙。如图 3-7 所示为两款书籍装帧效果。

图3-7　利用粘贴法制作的书籍装帧

（5）插合法

在对平面纸品进行立体造型时，通常会遇到连接处理的问题，虽然粘贴装订法是常用的方法，但它需要在平面结构图中预留出粘贴区或装订区，因此也存在一定的局限性。而插合法却不需要留出粘贴区或装订区，它只需要对插接口进行变化处理，即可得到好的连接效果。

插合法是将两块连接的平面分别用刀切出插接口，然后利用刀切的相互咬合使之连接为一体，如图 3-8 所示。

（6）锁扣法

与插合法相同，锁扣法是对两块平面分别进行处理，一块切出插接口（母扣），另一块预留扣合凸出区（公扣），利用公扣与母扣的插入扣合，使其相互连接。此种方法多用于食品或小饰品的小包装结构中，以产生精致美观的视觉效果，如图 3-9 所示。

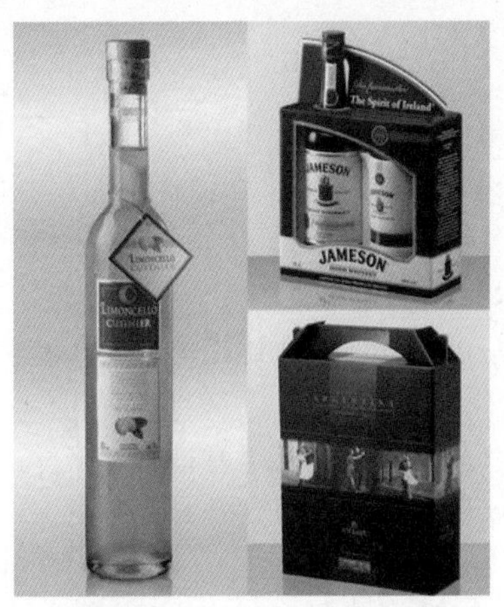

图3-8　包装中的插合法工艺

图3-9　包装中的锁扣法工艺

3. 纸品包装的设计

设计师在设计产品包装时，必须对设计材料和商品特点有足够的了解，除此之外还应考虑物理、化学、力学、美学以及心理因素等方面的影响。

纸品包装的造型设计包含立体形态设计和结构设计两个方面。包装纸盒的外部形态是由面构成的几何形态，带有理性和规则的特征，所以在形态创意设计中，需要充分考虑和运用形式美的法则。

同一立体形态可以由不同的平面形态组成，同时也可采用不同的接合方式，如前面所讲的压折法、弯曲法、切割法、粘贴装订法、插合法和锁扣法等，从而表现出不同的立体形态结构。

包装纸盒从形态上划分，通常分为盘式、方形、管状、多角形和异形纸盒等。从结构上划分，主要分为手提式、开窗式、展示式、组合式和异形式等包装形式，如图 3-10 所示。

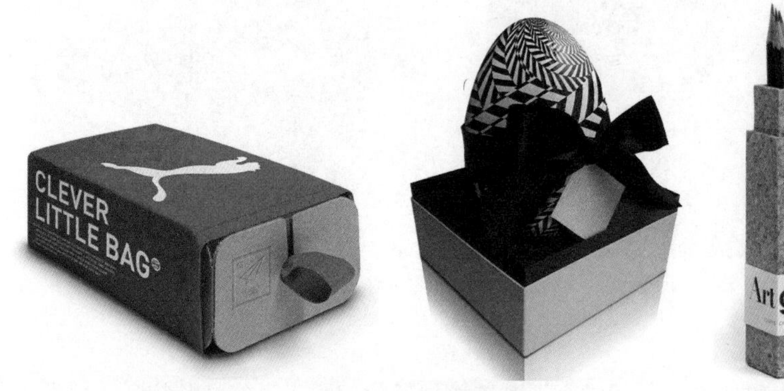

图3-10　造型各异的纸质包装

3.1.3　纸品包装设计的工作流程

在进行纸品包装设计时，关键是要根据产品自身的特点、形态和所用纸质材料的特性来进行立体造型的设计思考。一般情况下，进行纸品包装设计和制作的工作流程大致如下。

（1）测量内容物的尺寸，观察其形状，了解其特性，如是否易碎、易潮，其轻重程度，是否需要展示商品效果等。

（2）根据内容物特点选择纸材，然后进行设计构思，发挥思维想象，设计的同时要综合考虑纸品包装的各种功能。

（3）根据构想，绘制出立体的外观造型草图。

（4）设计多个草图方案，进行效果比较，选择出最佳设计方案。

（5）根据确定的外观草图，研究纸盒的平面展开图并将其绘制出来。在设计平面展开图时，要考虑纸的方向性、最大尺寸、加工方法和成本等。

(6)精确计算平面展开图的尺寸,在平面展开图的外围多加出五厘米来确定完成稿纸张的大小，然后精确地绘制展开图，并使用实线标示切割处，虚线标示折曲处，填色标示镂空处，并标注尺寸及相关文字。

（7）在平面展开图上进行图文的编排和色彩的应用，完成后根据正稿，利用手工或印刷技术切割纸张，最后将切割后的平面纸品折叠或粘合成立体形态。

3.2　食品类纸包装设计

纸质材料除了前面介绍的多种优点外，也具有明显的局限性，由于它不具有防潮、防污染和密封的功能，所有纸质包装大多时候不能直接用于包装食品，而常用于食品的外盒包装，如图 3-11 所示。

图3-11　食品的外包装纸质设计

3.2.1　关于食品包装

在进行食品包装设计时，最重要的是要能勾起消费者的食欲，因此，在包装的色彩应用上，可以根据食品的颜色、类型等特点，采用一些适合的、能增强食欲的色彩，如图 3-12 所示。在图文的编排上，要注意主次之分，最好将有代表性的食品形象放在包装中醒目的位置，如图 3-13 所示。

图3-12　明快色调的食品包装

图3-13　食品包装中的醒目产品

提示

在讲究包装艺术性的同时，还应该注重包装最基本的储藏和运输功能，同时在包装中还需要全面传达消费者所要了解的产品信息，以做到包装功能与艺术性的完美结合。

3.2.2　范例——“香语”月饼包装盒

打开本书配套光盘中的“Chapter 3\Complete\3.2\包装整体效果 .psd”文件，查看该产品包装盒的最终设计效果，如图 3-14 所示。

图3-14　月饼包装效果

1. 设计定位

“香语”月饼定位在中高档价位，其包装精美、设计华贵，常被用作礼品相送，该月饼主要在各大型超市或专卖店销售。

2. 设计说明

中秋佳节是家人团圆的日子，所以大家都希望和和美美、团团圆圆。“香语”月饼包装盒中以圆形图案为主体，通过传统图案和花朵图像进行修饰，正好预示了这种团圆、祥和的气氛，同时也是对购买者的一种吉祥的祝愿。

牡丹花是富贵的象征，“香语”包装盒中采用金色的牡丹花为辅助图像，既增添了画面的美感，又使包装多了一份贵气，更使包装盒呈现出一种“花开富贵”的美好祝愿。

3. 材料工艺

包装盒外层采用纸板成型，并采用纸板装裱上平版四色印刷的刚古纸。牡丹花和圆形图案中的金色部分，采用烫金工艺。整个牡丹花和圆形图案都将采用击凸工艺，使其凸出于纸平面。“香语”标准字采用击凸工艺，标准字中的叶片图像也将采用烫金工艺。

4. 设计重点

在绘制包装盒平面展开图时，主要用到椭圆工具、钢笔工具、描边命令、图层样式效果、图层蒙版和变形功能等。在绘制过程中，应注意以下几个环节。

（1）通过图层混合模式设置，改变背景文字的色调。

（2）在为圆形的主体图案添加边缘处的传统图案时，通过对传统图案进行变形处理，使其与圆形边缘吻合。

（3）为圆形添加图层样式，并通过合并图层和复制功能，制作圆形主体图案中的一圈圆点。

（4）通过为形状添加图层样式，然后使用画笔工具为形状添加色调，并结合使用矩形工具和动感模糊命令，制作花好月圆文字下方的背景。

（5）为矩形图像上的传统图案添加斜面和浮雕图层样式，制作矩形上的浮雕图案效果。

（6）通过为牡丹花图像添加色相 / 饱和度和曲线调整图层，使其产生金黄色调。

（7）“香语”标准字中添加了描边、渐变叠加和投影图层样式，增强文字效果。

在制作包装盒立体效果时，需要注意以下 3 个环节。

（1）对包装盒中不同面的图像进行扭曲变换处理，以制作包装盒成型后的效果。

（2）添加曲线调整图层来调整包装中各个面的明暗层次。

（3）通过使用直线工具、高斯模糊命令和图层混合模式设置，制作包装盒折痕处的反白效果。

5. 设计制作

在设计纸盒包装时，需要将成型后的纸盒展开，然后根据每个面在成型后的具体位置来合理安排设计元素，包括图像和文字等。在设计好包装展开图后，再将各个面制作成包装成型后的效果。

> **提示**
> 在开始学习实例的制作方法前，先将本书配套光盘中 Chapter 2\Media\ 字体目录下的所有字体安装到电脑中，以便于进行同步练习。

（1）绘制包装盒平面展开图

打开本书配套光盘中的“Chapter 3\Complete\3.2\ 包装盒平面展开图 .psd”文件，查看此月饼包装盒的平面展开图，其效果及尺寸规格如图 3-15 所示。

> **提示**
> 要查看包装盒中各个面的具体尺寸，可通过标尺或“信息”面板进行查看。因为包装所用纸板有一定的厚度，所以展开图四周需要预留 15mm 的范围用于包边、内贴和出血。印刷类纸张的出血范围通常为四周 3mm。

图3-15　包装盒平面展开图

STEP 01 启动 Photoshop CS6，按“Ctrl+N”键，在弹出的“新建”对话框中，如图 3-16 所示设置文件的尺寸、分辨率以及色彩模式，按下“确定”按钮后新建一个文件。

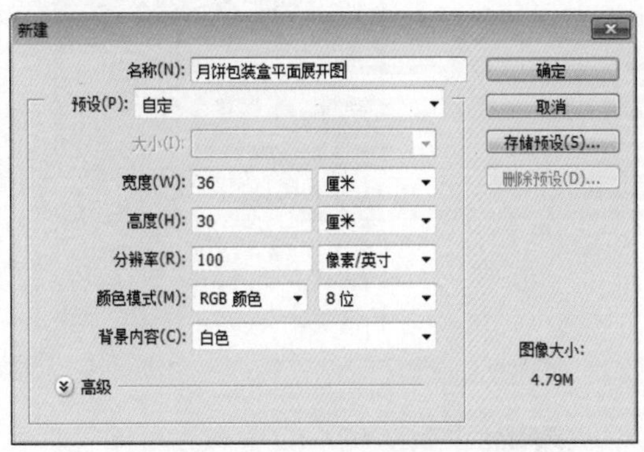

图3-16 “新建”对话框设置

STEP 02 按“Ctrl+R”快捷键，在图像窗口中显示标尺，然后添加水平标尺位置为 0.3cm、5.0cm、5.3cm、31.3cm、31.6cm、36.3cm 的多条垂直辅助线，垂直标尺位置为 0.3cm、5.0cm、5.3cm、25.3cm、25.6cm、30.3cm 的多条水平辅助线，以确定包装盒各个面的大小，如图 3-17 所示。

STEP 03 打开本书配套光盘中的“Chapter 3\Media\3.2\ 背景 .psd”文件，将该图像移动到包装文件中，生成图层 1，然后调整该背景的位置，如图 3-18 所示。

图3-17　添加辅助线

图3-18　添加背景图像

STEP 04 打开本书配套光盘中的“Chapter 3\Media\3.2\ 花纹 1.psd”文件，如图 3-19 所示，将该图像移动到包装文件中的右下角位置，生成图层 2，然后如图 3-20 所示调整其大小。

图3-19　花纹素材

图3-20　花纹在包装文件中的效果

STEP 05 按住“Ctrl”键单击图层 2 的图层缩览图，将该花纹作为选区载入，如图 3-21 所示。

图3-21　将该花纹作为选区载入

STEP 06 按住“Ctrl”键单击“图层”面板中的“创建新图层”按钮，新建图层 3，如图 3-22 所示。

STEP 07 执行“编辑→描边”命令，在弹出的“描边”对话框中设置选项参数，如图 3-23 所示。其中设置描边色为 R160、G123、B84，然后单击“确定”按钮，得到如图 3-24 所示的描边效果。

图3-22　新建的图层

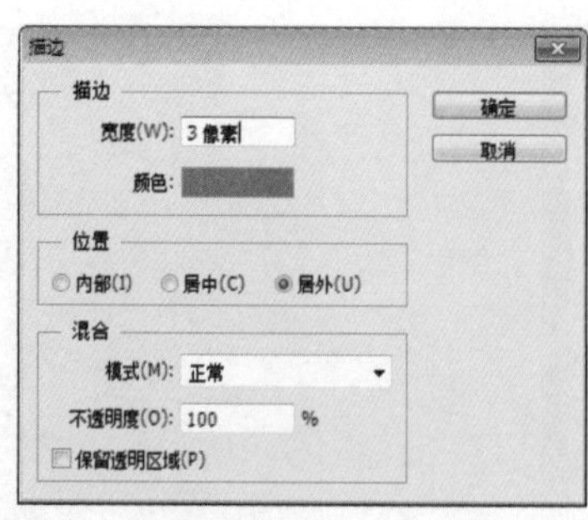

图3-23　描边设置

图3-24　描边效果

STEP 08 选择移动工具，并选择图层 2，然后按“Delete”键，将该图层删除，效果如图 3-25 所示。

STEP 09 选择图层 3，然后选择矩形选框工具，分别框选位于包装顶面以外的花纹图像，并将它们删除，完成效果如图 3-26 所示。

图3-25　删除花纹所在的图层

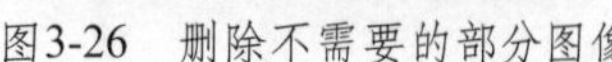

图3-26　删除不需要的部分图像

STEP 10 打开本书配套光盘中的“Chapter 3\Media\3.2\底纹.jpg”文件，然后将其移动到包装文件中，生成图层4，然后调整其大小和位置，如图3-27所示。

STEP 11 选择钢笔工具，在工具选项栏中，将“选择工具模式”选项设置为“路径”，然后绘制一个封闭路径，如图3-28所示

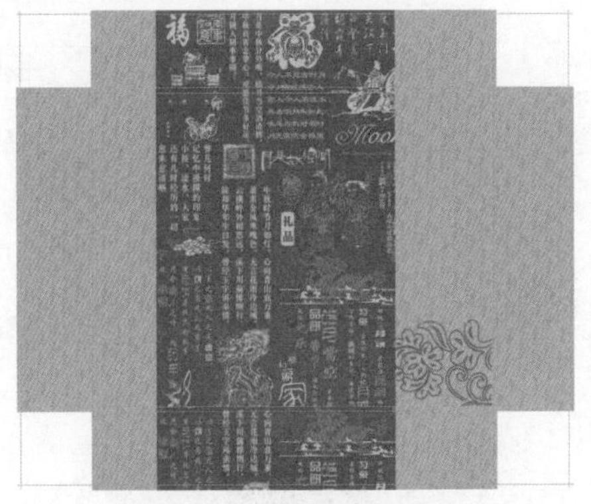

图3-27　添加底纹图像

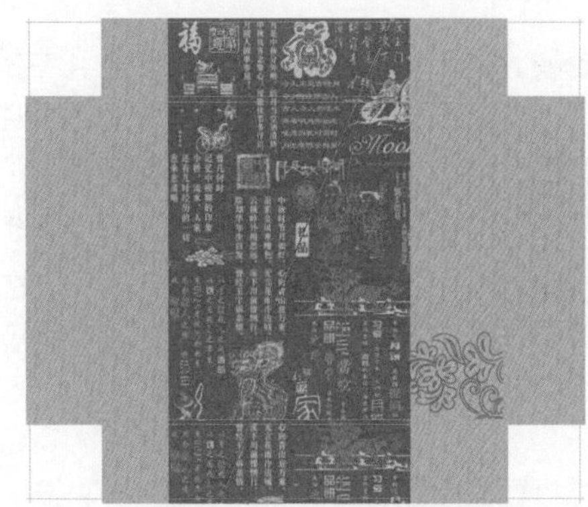

图3-28　绘制路径

STEP 12 在“路径”面板中，将当前工作路径存储为路径1。单击“路径”面板中的“将路径作为选区载入”按钮，将当前路径转换为选区，如图3-29所示。

STEP 13 保持图层4的选取，单击“图层”面板下方的“添加图层蒙版”按钮，根据当前选区为图层4添加图层蒙版，如图3-30所示。

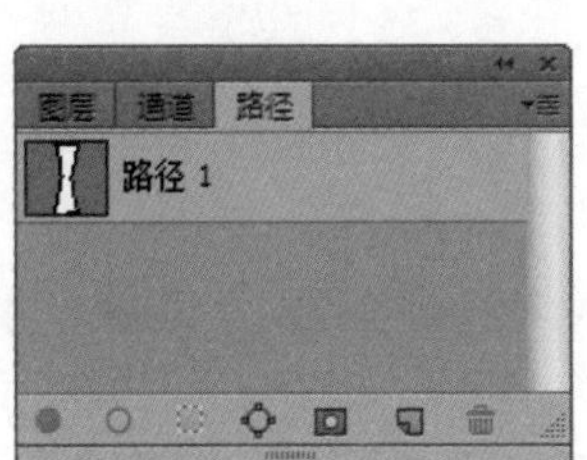

图3-29　存储路径

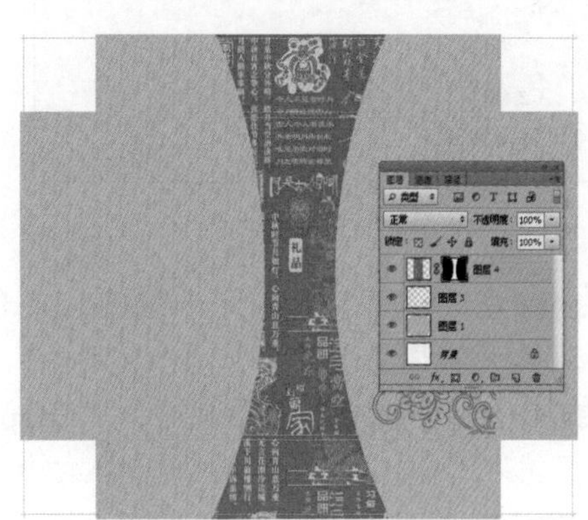

图3-30　添加的图层蒙版

STEP 14 单击图层4中的图层蒙版缩览图，载入其选区，然后单击“图层”面板下方的“创建新的填充或调整图层”按钮，从弹出式列表中选择“可选颜色”选项，并调整可选颜色参

数，如图 3-31 所示。得到如图 3-32 所示的色彩效果。

图3-31　可选颜色设置

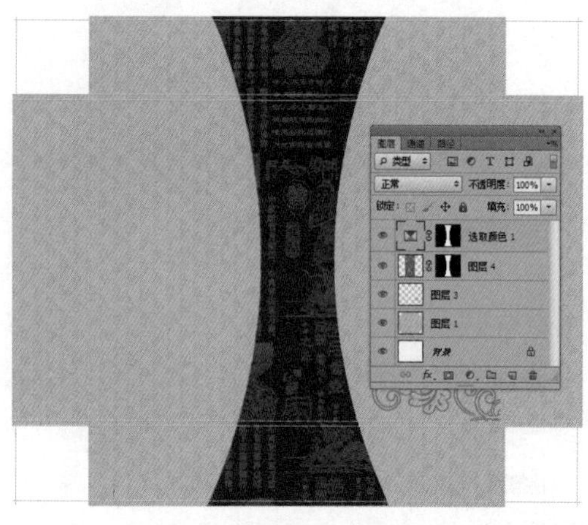

图3-32　调整后的图像颜色

STEP 15 新建图层 5，重新将图层 4 中的图层蒙版缩览图作为选区载入。执行“选区→修改→扩展”命令，在弹出的“扩展选区”对话框中设置适合的扩展量，如图 3-33 所示，然后单击“确定”按钮，将选区扩展。

图3-33　选区的扩展设置

STEP 16 执行“编辑→描边”命令，在弹出的“描边”对话框中设置选项参数，如图 3-34 所示。将描边色设置为 R88、G0、B0，然后单击“确定”按钮，得到如图 3-35 所示的描边效果。

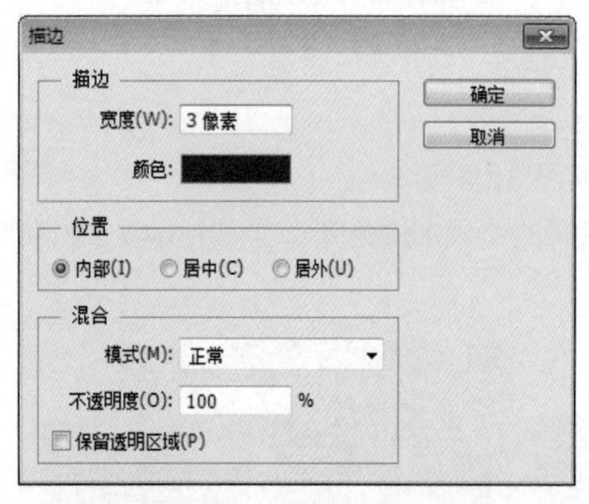

图3-34　描边设置

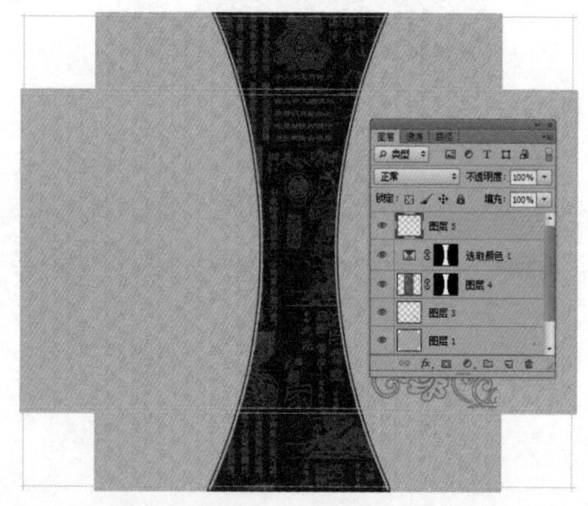

图3-35　描边效果

STEP 17 将前景色设置为“R88、G0、B0”。选择椭圆工具，然后按住“Shift”键绘制如图 3-36 所示的圆形。

STEP 18 打开本书配套光盘中的“Chapter 3\Media\3.2\ 花朵图案 .jpg”文件，然后将其移动到包装文件中，生成图层 6，调整其大小和位置，如图 3-37 所示。

STEP 19 按住“Ctrl”键单击椭圆 1 的图层缩览图，如图 3-38 所示，将该图形作为选区载入，如图 3-39 所示。

STEP 20 单击“图层”面板下方的“添加图层蒙版”按钮，根据当前选区为图层 6 添加图层蒙版，如图 3-40 所示。

图3-36　绘制的圆形

图3-37　添加的花朵图案

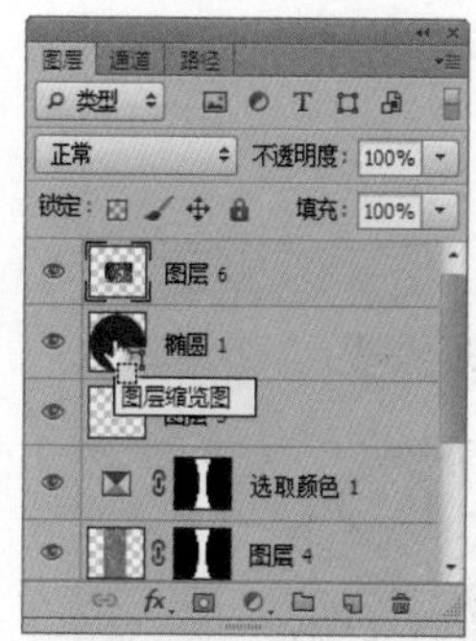

图3-38　载入选区的操作

图3-39　载入的选区

图3-40　添加的图层蒙版

STEP 21 将图层 6 的图层混合模式设置为“滤色”，如图 3-41 所示。

STEP 22 新建图层 7。使用椭圆选框工具绘制如图 3-42 所示的一个圆形选区，并将选区填充为“R255、G255、B192”的颜色。

图3-41　设置图层混合模式后的效果

图3-42　绘制的圆形图像

STEP 23 执行“选择→变换选区”命令，在出现变换控件后，按住“Ctrl+Alt”键拖动四角处的任一个控制点，将选区缩小，如图 3-43 所示。

STEP 24 在变换控件内双击鼠标左键，完成变换操作，然后按“Delete”键删除选区内的图像，如图 3-44 所示。

STEP 25 按下“Ctrl+D”键，取消选区。

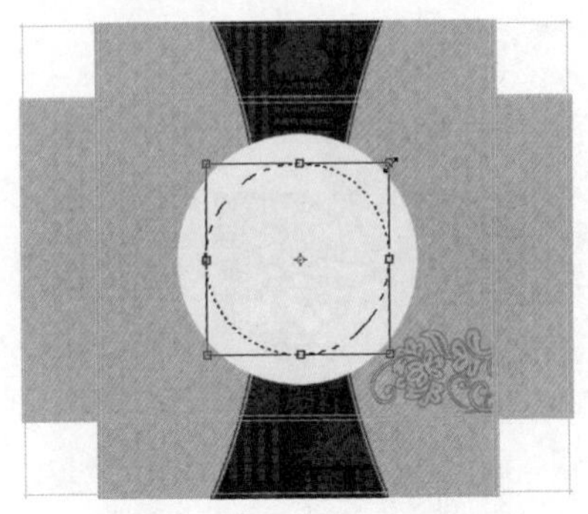

图3-43　按比例缩小圆形选区

图3-44　删除选区内的图像

STEP 26 单击“图层”面板下方的“添加图层样式”按钮 fx，从弹出式列表中选择“外发光”选项，在弹出的“图层样式”对话框中设置选项参数，如图 3-45 所示，其中将发光色设置为“R95、G30、B2”，然后单击“确定”按钮，应用外发光后的效果如图 3-46 所示。

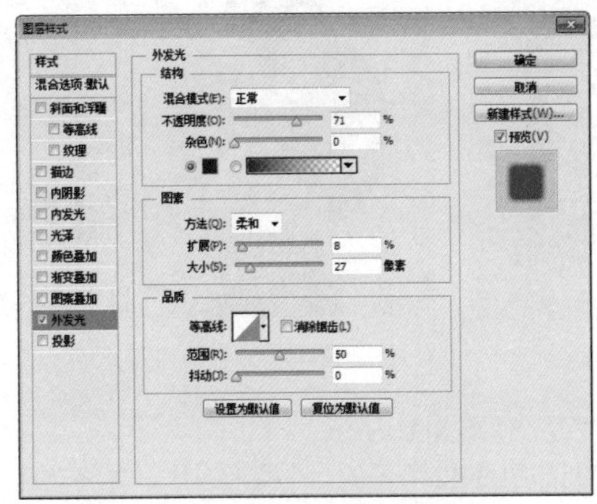

图3-45　外发光选项设置

图3-46　应用外发光后的效果

STEP 27 打开本书配套光盘中的“Chapter 3\Media\3.2\ 圆形图案 .psd”文件，如图 3-47 所示。将该图案移动到包装文件中，生成图层 8，然后调整其大小和位置，如图 3-48 所示。

STEP 28 将圆形图案填充为“R224、G187、B98”的颜色，如图 3-49 所示。

图3-47　圆形图案素材

图3-48　包装文件中的图案效果

图3-49　修改图案颜色

STEP 29 按“Ctrl+T”键，然后在出现的变换控件中单击鼠标右键，从弹出式菜单中选择“变形”命令，出现如图 3-50 所示的变形控件。

STEP 30 在圆形图案中的左上角处，按下鼠标左键并向左上方拖动，将图案变形，如图 3-51

所示。

STEP 31 按照同样的操作方法，分别将不同方向处的图案向相应的方向变形，效果如图 3-52 所示。

图3-50　出现的变形控件

图3-51　变形图案操作

图3-52　变形效果

STEP 32 拖动四角处的控制点或变换手柄，将图案变形为如图 3-53 所示的效果，然后单击工具选项栏中的提交变换按钮，完成变换操作，效果如图 3-54 所示。

STEP 33 按住“Ctrl”键单击图层 6 中的图层蒙版缩览图，载入如图 3-55 所示的选区。执行“选区→变换选区”命令，然后将选区变换到如图 3-56 所示的大小。

图3-53　变形后的效果

图3-54　提交变形后的最终效果

图3-55　创建的选区

STEP 34 新建图层 9。执行“编辑→描边”命令，在弹出的“描边”对话框中设置选项参数，如图 3-57 所示，并将描边色设置为黑色，然后单击“确定”按钮，得到如图 3-58 所示的描边效果。”

STEP 35 选择图层 8，然后单击“图层”面板下方的“添加图层蒙版”按钮，根据当前选区为图层 8 添加如图 3-59 所示的图层蒙版。

图3-56　放大后的选区

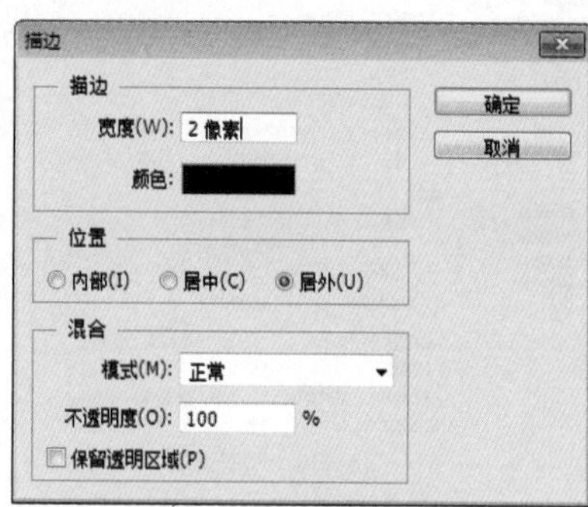

图3-57　描边设置

图3-58　描边效果

STEP 36 将图层 8 中的图层蒙版缩览图作为选区载入，如图 3-60 所示，然后将选区缩小到如图 3-61 所示的大小。

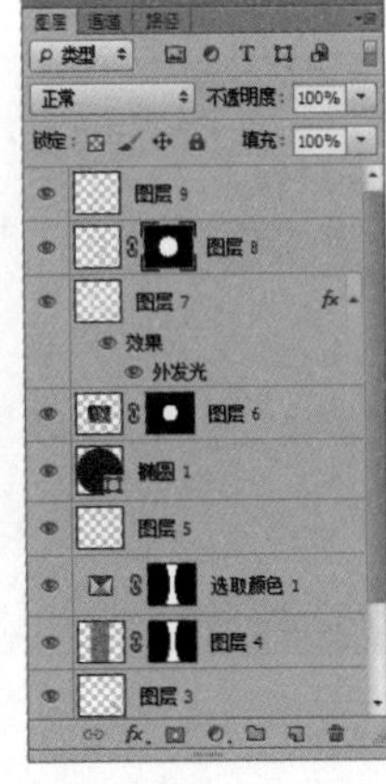

图3-59 创建图层蒙版后的效果

图3-60 载入的选区

STEP 37 为选区添加宽度为 3 像素、位置为居外的黑色描边效果，如图 3-62 所示。

STEP 38 单击图层 8 中的图层蒙版缩览图，以便对该蒙版进行编辑，如图 3-63 所示。将选区填充为黑色，屏蔽选区内的图像，如图 3-64 所示。

图3-61 缩小后的选区

图3-62 选区的描边效果

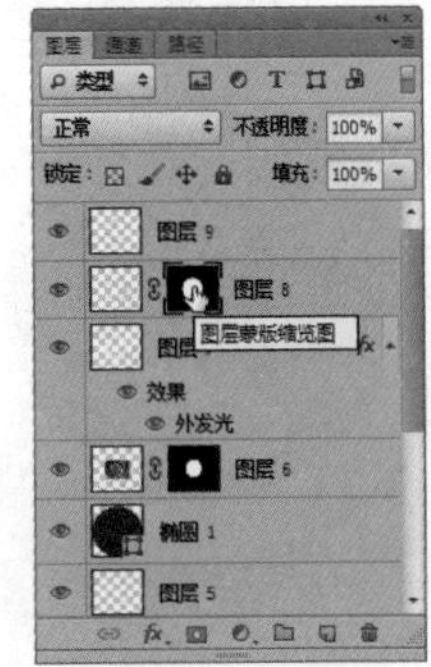

图3-63 选择图层蒙版缩览图

STEP 39 为图层 8 添加“斜面和浮雕”图层样式，“斜面和浮雕”选项设置及应用效果如图 3-65 所示。

图3-64 屏蔽选区内的图像

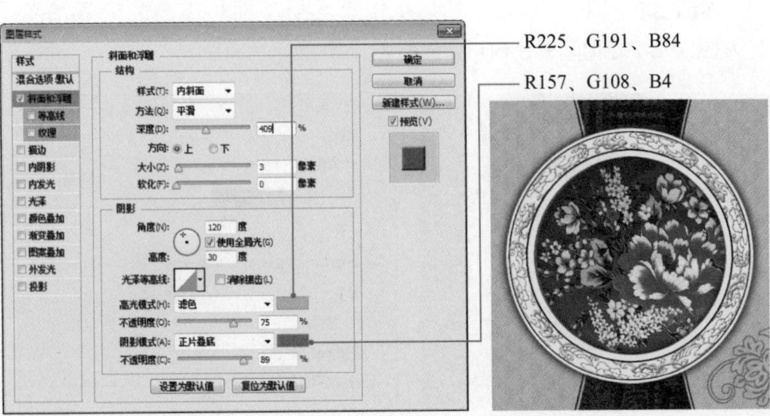

图3-65 斜面和浮雕选项设置及应用效果

STEP 40 新建图层 10，然后使用椭圆选框工具绘制如图 3-66 所示的圆形。

STEP 41 执行“窗口→样式”命令，打开“样式”面板。单击该面板右上角处的弹出式按钮 ，从弹出式菜单中选择“Web 样式”命令，并在弹出的提示对话框中单击“追加”按钮，将 Web 样式库中的样式追加到“样式”面板中。

STEP 42 单击 Web 样式中的“蓝色凝胶”样式，如图 3-67 所示，将该样式载入到图层 10 中，效果如图 3-68 所示。

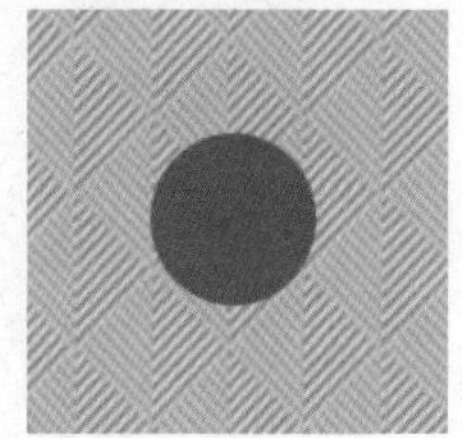
图3-66 绘制的圆形图像

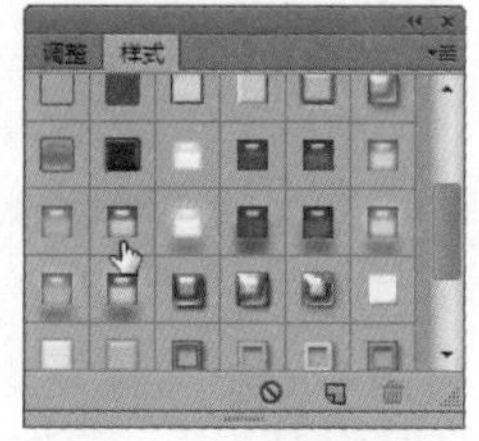
图3-67 载入Web样式

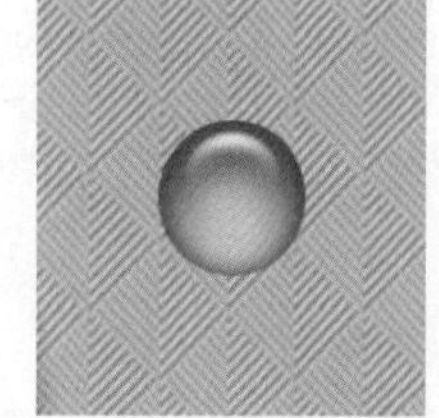
图3-68 应用样式的效果

STEP 43 在图层 10 中的 fx 图标上双击，打开“图层样式”对话框，在其中将“内阴影”和“内发光”的颜色修改为“R132、G100、B50”，将“光泽”和“颜色叠加”的颜色修改为“R200、G175、B135”，设置后的圆形效果如图 3-69 所示。

STEP 44 在“图层”面板中，将图层 10 的“填充”参数设置为 100%，如图 3-70 所示。

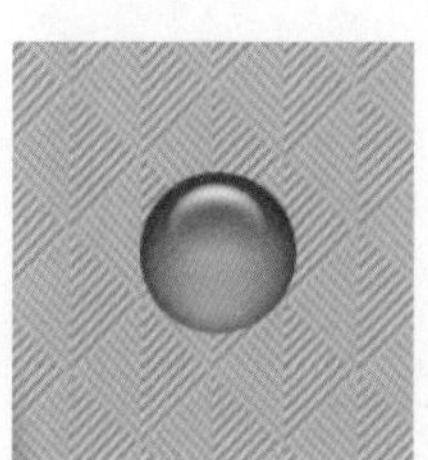
图3-69 修改样式中的颜色后的效果

图3-70 修改填充参数后的效果

STEP 45 在图层 10 的下方新建一个图层，然后使用该图层与图层 10 合并，如图 3-71 所示。

STEP 46 使用自由变换功能将圆形缩小到如图 3-72 所示的大小。框选圆形，并使用移动工具在按住“Alt”键的同时，对圆形进行复制，完成效果如图 3-73 所示。

图3-71 合并图层

图3-72 调整的圆形的大小和位置

图3-73 复制圆形后的效果

STEP 47 打开本书配套光盘中的“Chapter 3\Media\3.2\ 牡丹花 .psd”文件，将该图像移动到包装文件中，生成图层 11，然后调整其大小和位置，如图 3-74 所示。

STEP 48 按住“Ctrl”键单击图层 11 中的图层缩览图，载入选区，然后为该图像添加一个“色相 / 饱和度”调整图层，色相 / 饱和度选项设置及调整后的图像颜色分别如图 3-75 和图 3-76 所示。

图3-74 包装文件中的牡丹图像

图3-75 色相/饱和度设置

图3-76 调整色相后的花朵图像

STEP 49 将图层 11 中的花朵图像作为选区载入，然后为该图层添加一个曲线调整图层，曲线选项设置及调整后的花朵颜色如图 3-77 所示。

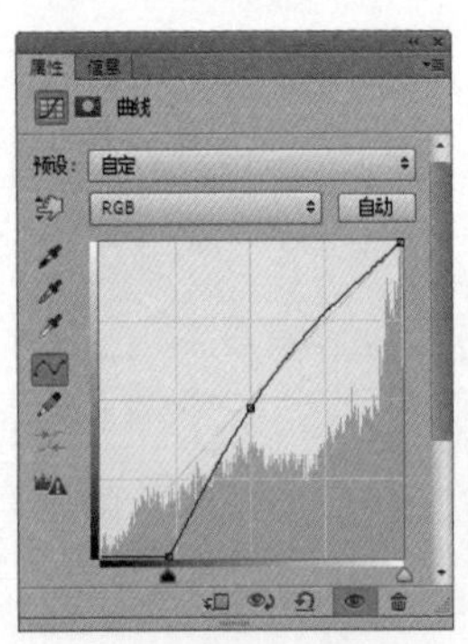

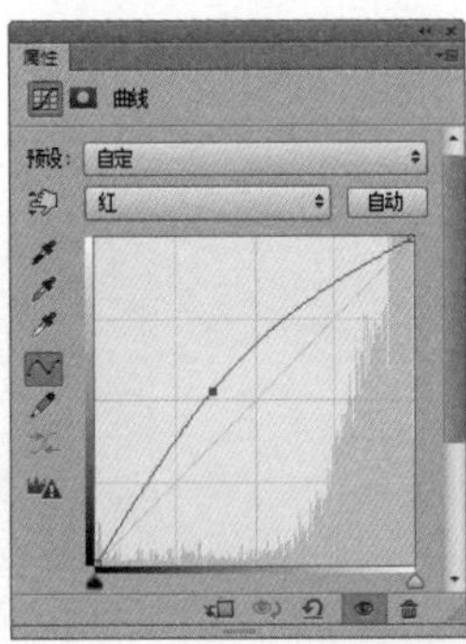

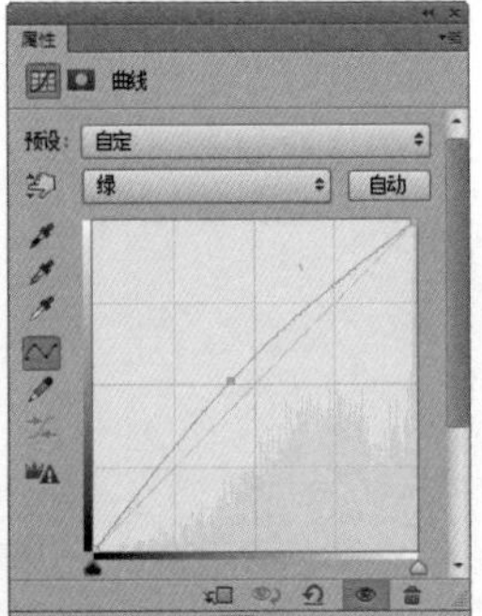

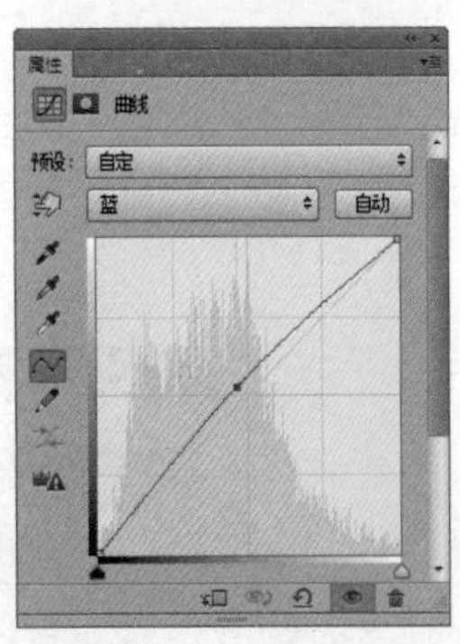

图3-77 曲线参数设置及调整后的花朵效果

STEP 50 为图层 11 添加“投影”图层样式，投影选项设置及应用效果如图 3-78 所示。

STEP 51 打开本书配套光盘中的“Chapter 3\Media\3.2\ 花纹 2.psd”文件，如图 3-79 所示。将其中的花纹分别移动到包装文件中，生成图层 12 和图层 13，然后如图 3-80 所示分别调整花纹的大小和位置。

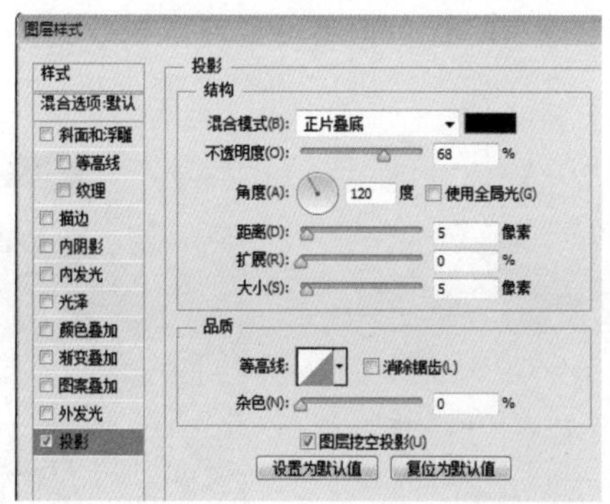

图3-78 投影参数设置及应用效果

STEP 52 将花朵左上角处的花纹图像所在的图层调整到图层 11 的下方，使其位于花朵下，如图 3-81 所示。

图3-79 花纹素材

图3-80 包装文件中的花纹图像

图3-81 调整花纹图像的排列顺序

STEP 53 选择底纹图像上的所有图像所在的图层，如图 3-82 所示，然后按“Ctrl+G”快捷键，将它们编为组 1，如图 3-83 所示。

STEP 54 在组 1 名称上双击鼠标左键，在出现文字编辑框后，将组名称修改为“主体图像1”，然后按“Enter”键，如图 3-84 所示。

图3-82 选择要编组的图层

图3-83 将图层编组

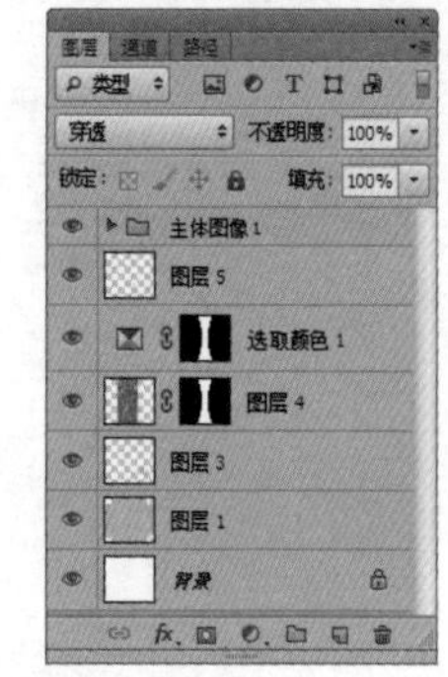

图3-84 修改后的组名称

STEP 55 将前景色设置为“R218、G194、B133”，然后使用椭圆工具在按住“Shift”键的同时，绘制如图 3-85 所示的圆形，生成“椭圆 2”图层。

STEP 56 为上一步绘制的圆形添加“外发光”图层样式，选项设置及应用效果分别如图 3-86 和图 3-87 所示。

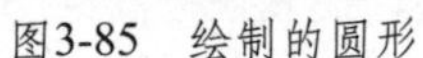
图3-85 绘制的圆形

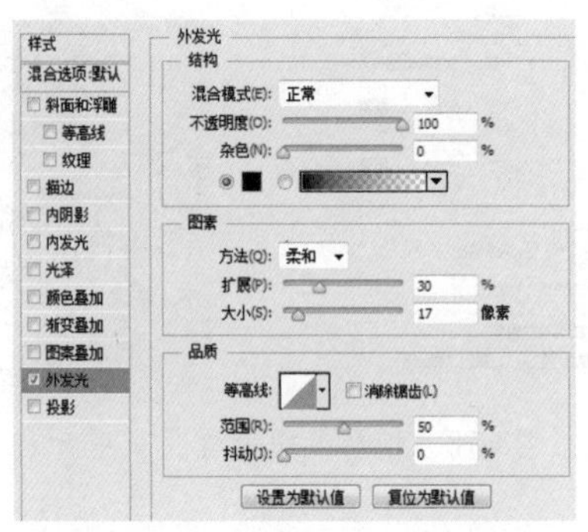

图3-86 外发光选项设置

图3-87 外发光应用效果

STEP 57 将“椭圆 2”中的圆形作为选区载入，然后新建图层 14，并为选区填充“R255、G255、B208”的颜色，如图 3-88 所示。

STEP 58 将选区按比例适当缩小，然后删除选区内的图像，如图 3-89 所示。按“Ctrl+D”快捷键，取消选择。

图3-88 载入的选区

图3-89 缩小选区并删除选区内的图像

STEP 59 执行“滤镜→滤镜库”命令，在弹出的对话框中展开纹理滤镜组，单击其中的“纹理化”滤镜，并设置选项参数，如图 3-90 所示。然后单击“确定”按钮，效果如图 3-91 所示。

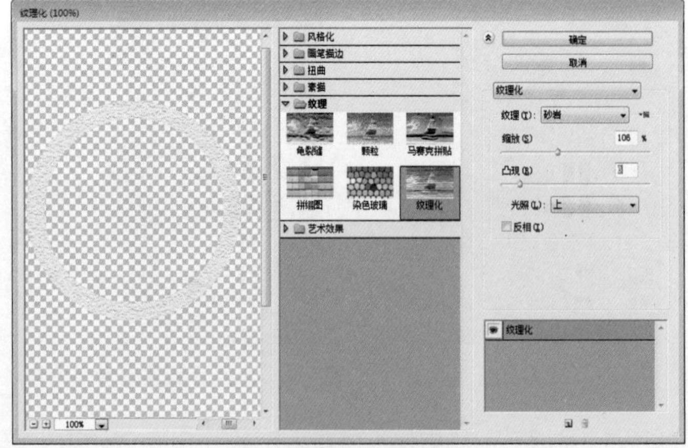

图3-90 纹理化选项设置

图3-91 应用后的效果

STEP 60 为图层 14 添加“斜面和浮雕”、“外发光”图层样式，各选项设置及应用效果如图 3-92 所示。

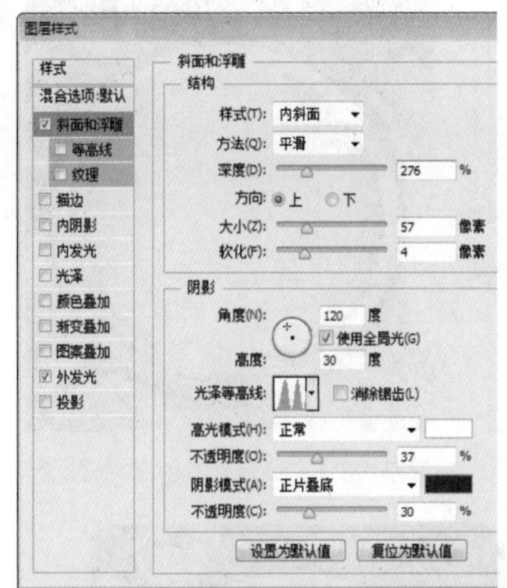

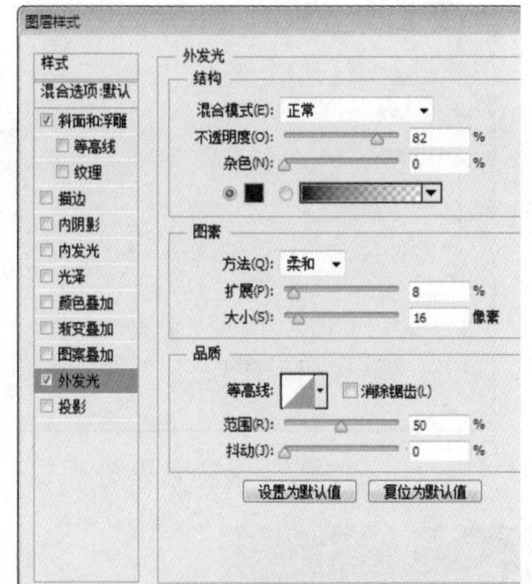

图3-92　图层样式选项设置及应用效果

STEP 61 新建图层 15，然后按照前面介绍的方法绘制如图 3-93 所示的圆环图像，将圆环图像填充为“R36、G0、B0”的颜色。

STEP 62 将图层 10 拖动到“图层”面板中的“创建新图层”按钮上，将其复制，得到“图层 10 副本”，然后将该图层调整到最上层，如图 3-94 所示。

STEP 63 将复制的圆点图像按比例缩小到如图 3-95 所示的大小。

图3-93　绘制的圆环图像

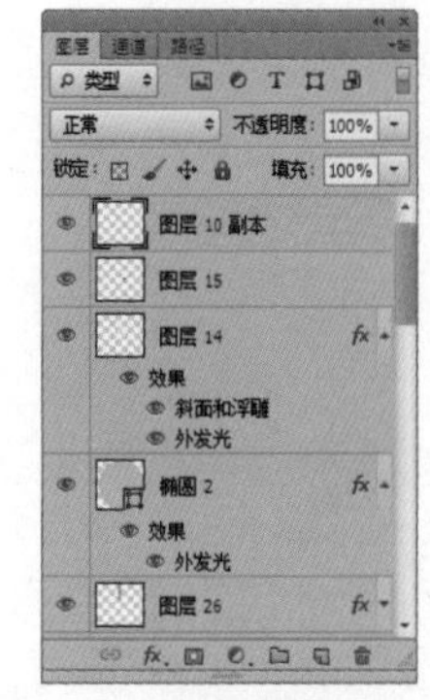

图3-94　复制图层并调整图层顺序

图3-95　圆环上的原点图像

STEP 64 新建图层 16，使用矩形选框工具绘制如图 3-96 所示的矩形选区。

STEP 65 选择渐变工具，单击工具选项栏中的线性渐变按钮，再单击渐变编辑器按钮，在弹出的“渐变编辑器”对话框中设置渐变色，如图 3-97 所示，然后单击“确定”按钮。

STEP 66 按住“Shift”键，在矩形选区内从上往下拖动鼠标，释放鼠标后，得到如图 3-98 所示的填充效果。

STEP 67 按“Ctrl+D”快捷键取消选择，然后将图层 16 调整到图层 14 的下方，如图 3-99 所示。

STEP 68 将前景色设置为“R38、G0、B0”，然后使用钢笔工具绘制如图 3-100 所示的形状，生成“形状 1”图层。

图3-96 绘制的矩形

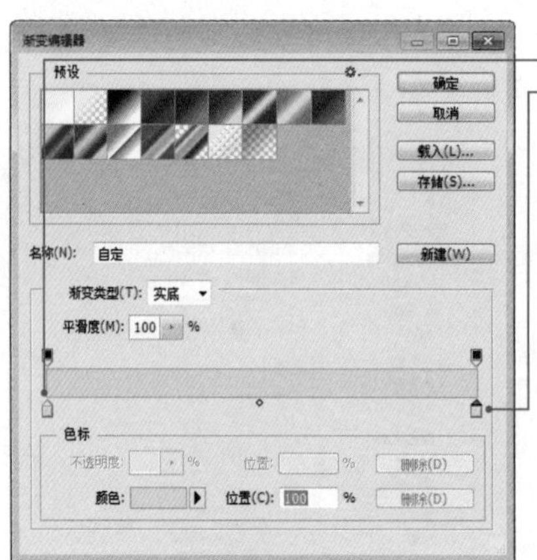

图3-97 渐变色设置

图3-98 矩形选区的填充效果

图3-99 调整图层顺序

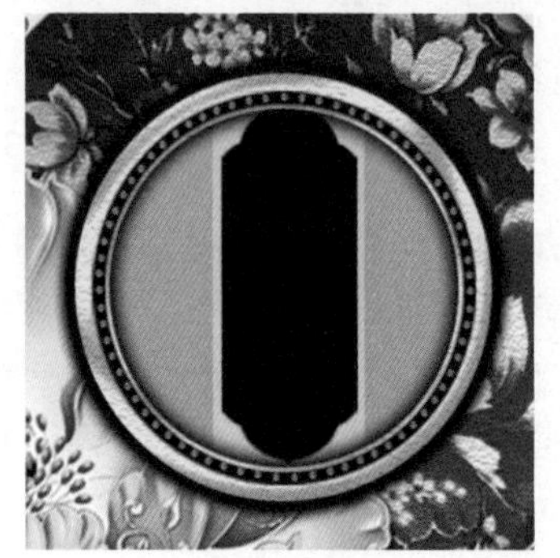
图3-100 绘制的形状

STEP 69 为“形状 1”图层添加“斜面和浮雕”、“描边”图层样式，各选项设置及应用效果如图 3-101 所示。

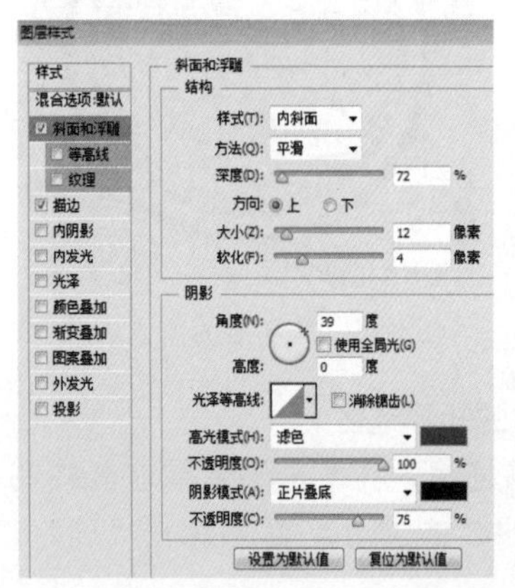

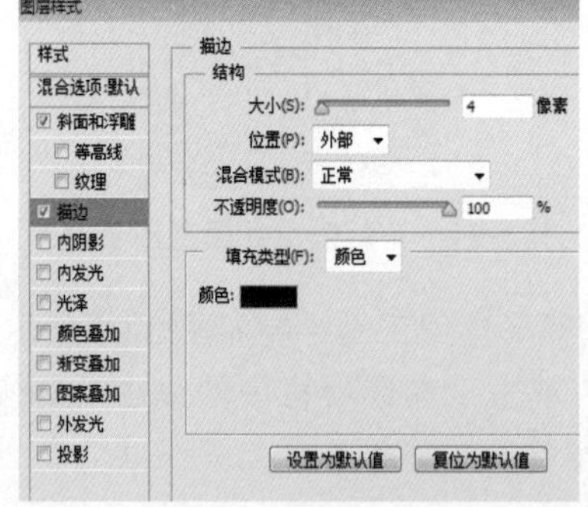

图3-101 图层样式选项设置及应用效果

STEP 70 将形状 1 中的图形作为选区载入，然后新建图层 17。

STEP 71 将前景色设置为红色，选择画笔工具并设置适当的画笔大小、硬度和不透明度参数，然后分别在形状的左下角和右上角处进行涂抹，为该形状添加光泽，完成效果如图 3-102 所示。

STEP 72 新建图层 18。使用矩形选框工具绘制如图 3-103 所示的矩形，将其填充为“R218、G178、B118”的颜色，并取消选择。

STEP 73 执行“滤镜→模糊→动感模糊”命令，在弹出的“动感模糊”对话框中设置选项参数，如图 3-104 所示，然后单击“确定”按钮，效果如图 3-105 所示。

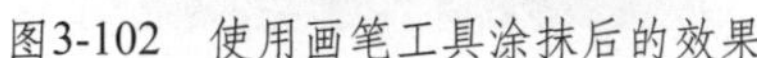

图3-102 使用画笔工具涂抹后的效果

图3-103 绘制的矩形图像

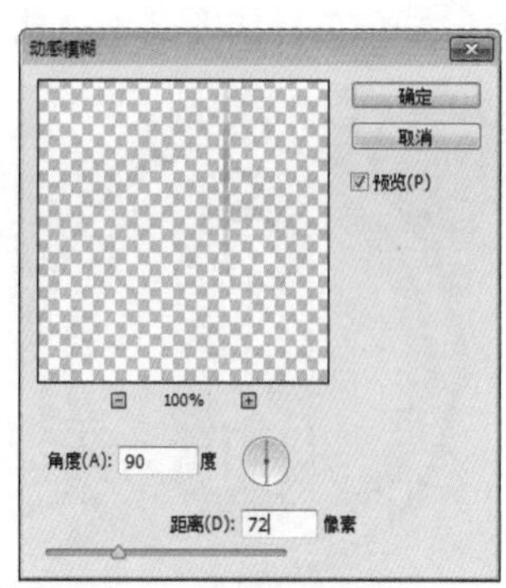

图3-104 动感模糊设置

STEP 74 使用文本工具添加如图 3-106 所示的文字。

STEP 75 新建图层 19，创建如图 3-107 所示的圆形选区，并将选区填充为白色，如图 3-108 所示，完成后取消选择。

图3-105 图像的模糊效果

图3-106 添加的文字

图3-107 创建的选区

STEP 76 单击“图层”面板下方的“添加图层蒙版”按钮，为图层 19 添加一个空白的图层蒙版。

STEP 77 选择渐变工具，打开“渐变编辑器”对话框，并设置白色到黑色再到白色的线性渐变色，如图 3-109 所示。然后拖动鼠标进行填充，如图 3-110 所示。释放鼠标后，得到如图 3-111 所示的图层蒙版效果。

图3-108 填充选区

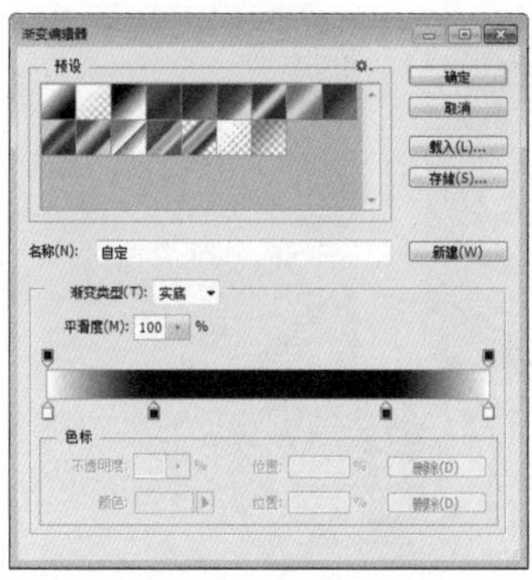

图3-109 渐变色设置

图3-110 编辑图层蒙版操作

STEP 78 打开本书配套光盘中的“Chapter 3\Media\3.2\ 花纹 3.psd”文件，如图 3-112 所示。将其中的花纹分别移动到包装文件中，生成图层 20 和图层 21，然后分别调整花纹的大小、方向和位置，如图 3-113 所示。

图3-111 编辑后的图层蒙版效果

图3-112 花纹素材

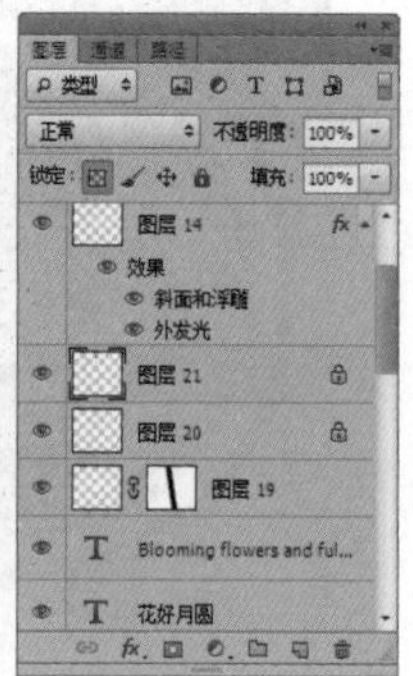
图3-113 包装文件中的花纹图像

STEP 79 打开本书配套光盘中的“Chapter 3\Media\3.2\ 花朵 .psd”文件，如图 3-114 所示。将其中的花朵图像分别移动到包装文件中，生成图层 22 和图层 23，然后如图 3-115 所示分别调整花朵的大小、方向和位置。

STEP 80 添加圆形图像上所需的文字和对应的圆形修饰图像，如图 3-116 所示。

图3-114 花朵图像

图3-115 包装文件中的花朵图像

图3-116 添加所需的文字

STEP 81 将圆形图像中所有的图像和文字所在的图层编组，并修改组名称，如图 3-117 所示。

STEP 82 使用矩形工具绘制如图 3-118 所示的矩形，生成“矩形 1”图层。

STEP 83 为“矩形 1”图层添加“外发光”图层样式，各选项设置及应用效果分别如图 3-119 和图 3-120 所示。

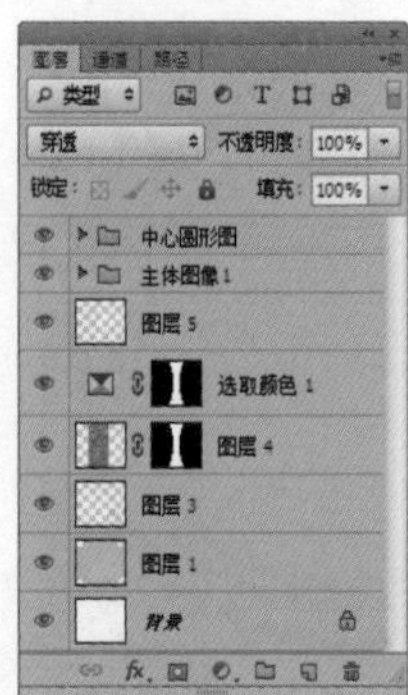
图3-117 图层的编组

图3-118 绘制的矩形

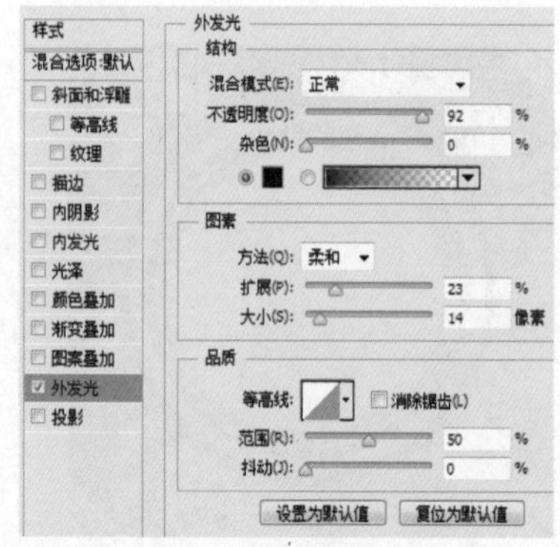
图3-119 外发光选项设置

STEP 84 将矩形 1 作为选区载入，新建图层 25，执行“选择→修改→收缩”命令，在弹出的“收缩选区”对话框中设置适合的收缩量，单击“确定”按钮，如图 3-121 所示。

STEP 85 为选区添加宽度为 3 像素、颜色为“R36、G0、B0”、位置为居外的描边效果，如图 3-122 所示。

STEP 86 打开本书配套光盘中的“Chapter 3\Media\3.2\花纹 4.psd”文件，然后将该图案移动到包装文件中，生成图层 26，并调整图案的大小和位置，如图 3-123 所示。

图3-120 外发光效果

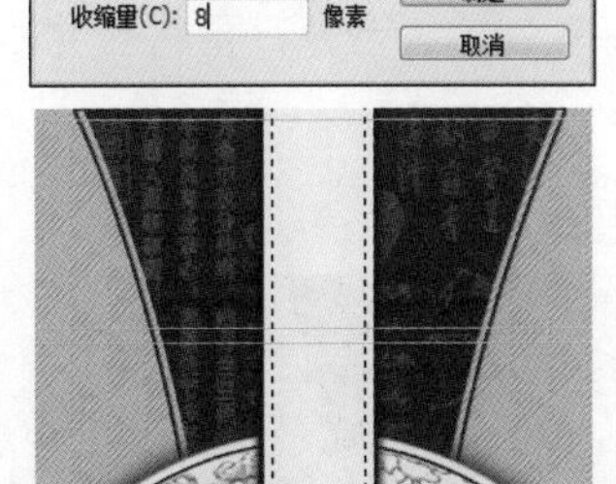

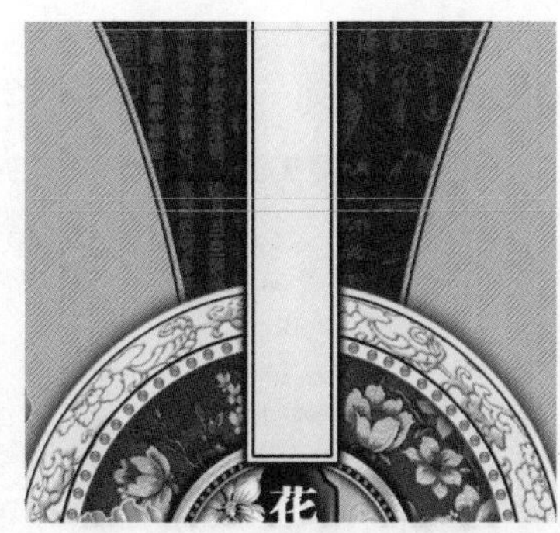

图3-121 收缩选区设置及效果　图3-122 选区的描边效果　图3-123 添加的花纹图像

STEP 87 为图层 24 添加“斜面和浮雕”图层样式，各选项设置及应用效果如图 3-124 所示。

STEP 88 同时选择矩形 1、图层 25 和图层 26，将它们调整到“中心圆形图”组的下方，如图 3-125 所示，调整后的图像如图 3-126 所示。

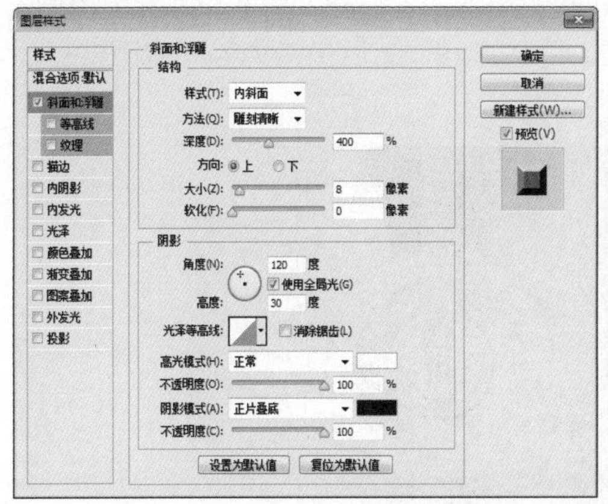

图3-124 斜面和浮雕设置及效果

图3-125 调整图层顺序

STEP 89 将矩形 1、图层 25 和图层 26 复制，并将复制的图层合并。

STEP 90 将合并后的图像调整到如图 3-127 所示的高度和位置，然后将该图层调整到“主体图像 1”的下方，如图 3-128 所示。

图3-126　调整后的图像效果

图3-127　调整后的花纹图像位置和高度

STEP 91 将“中心圆形图”组复制，然后按“Ctrl+E”快捷键将复制的组合并，再将合并后的图层复制，如图 3-129 所示。

STEP 92 将复制的图像分别移动到包装正侧面中，并如图 3-130 所示进行排列。

图3-128　调整图像的排列顺序

图3-129　复制并合并组

图3-130　复制并变换后的圆形图像

STEP 93 打开本书配套光盘中的“Chapter 3\Media\3.2\标准字.psd”文件，如图 3-131 所示。将其中的文字分别移动到包装文件中，生成图层 27 和图层 28，然后调整文字的大小和位置，如图 3-132 所示。

图3-131　标准字效果

图3-132　包装文件中的标准字效果

STEP 94 为文字“香”所在的图层 27 添加“描边”、“渐变叠加”和“投影”图层样式，各选项设置及应用效果如图 3-133 所示。

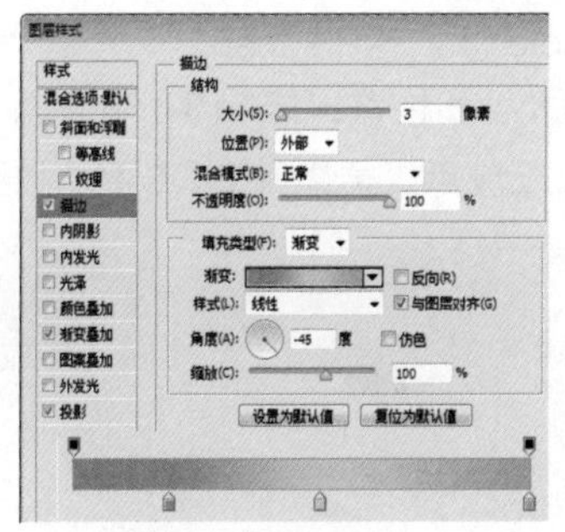
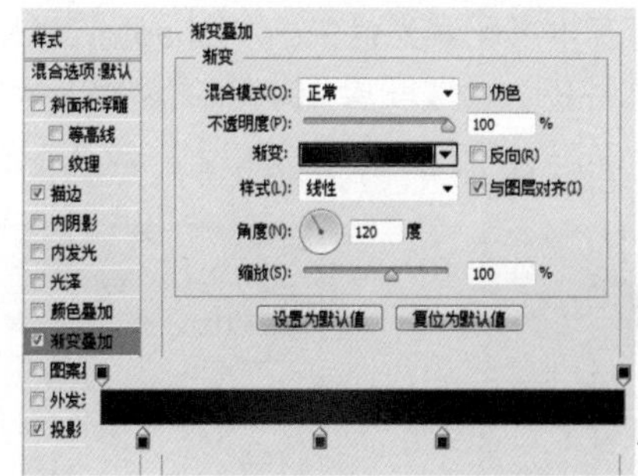
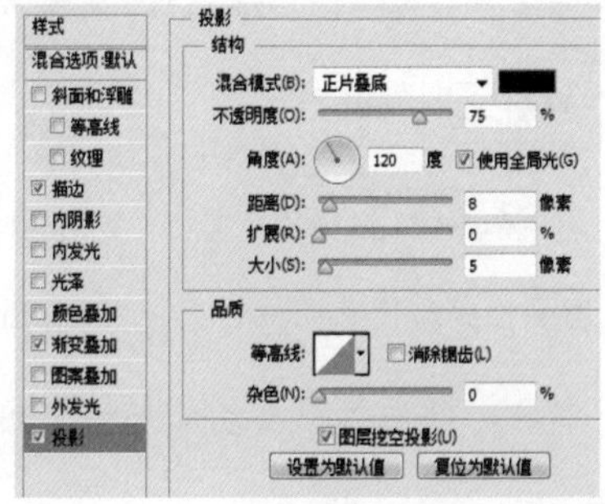

图3-133　图层样式选项设置及应用效果

STEP 95 按住“Alt”键，将图层 27 中的图标拖移到图层 28 中，为文字“语”也应用该图层样式，如图 3-134 所示。

STEP 96 在图层 28 中双击图标，打开“图层样式”对话框中，然后分别修改各选项参数和对应的颜色，完成效果如图 3-135 所示。

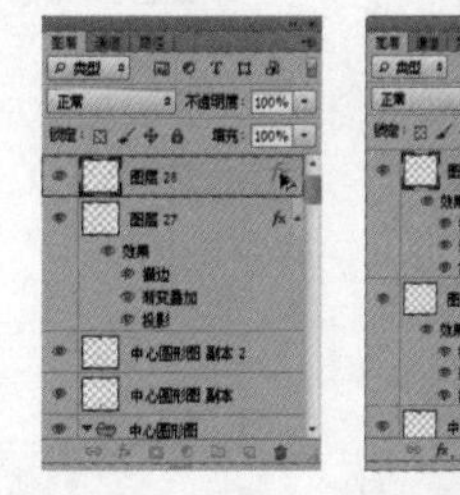

图3-134　拷贝图层样式到指定的图层

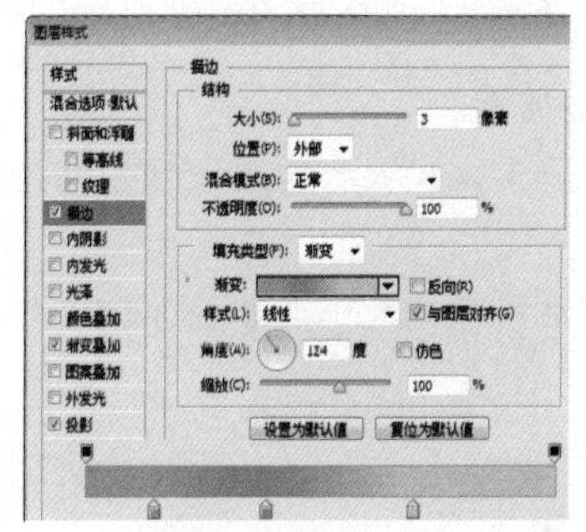
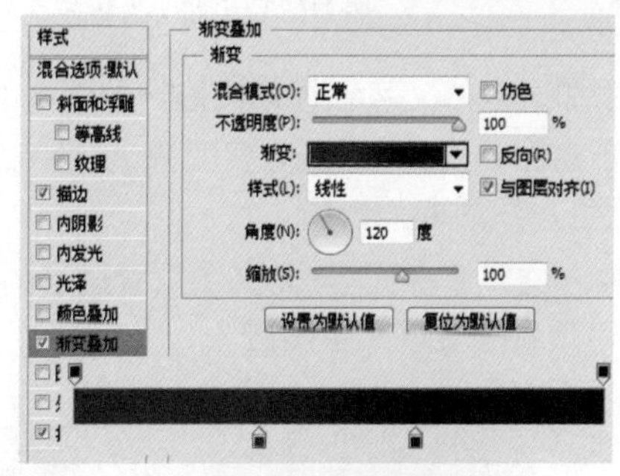
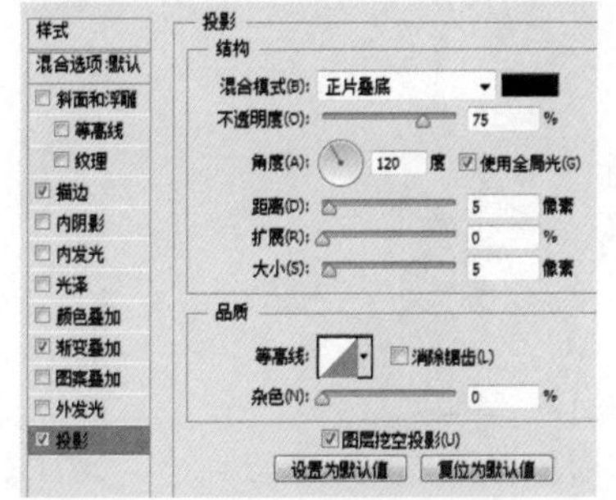

图3-135　图层样式选项设置及应用效果

STEP 97 打开本书配套光盘中的“Chapter 3\Media\3.2\ 叶片 .psd”文件，将其中的叶片图像移动到包装文件中，生成图层 29，然后调整叶片的大小和位置，如图 3-136 所示。

STEP 98 为图层 29 添加投影图层样式，各选项设置及应用效果分别如图 3-137 和图 3-138 所示。

图3-136　添加的叶片图像

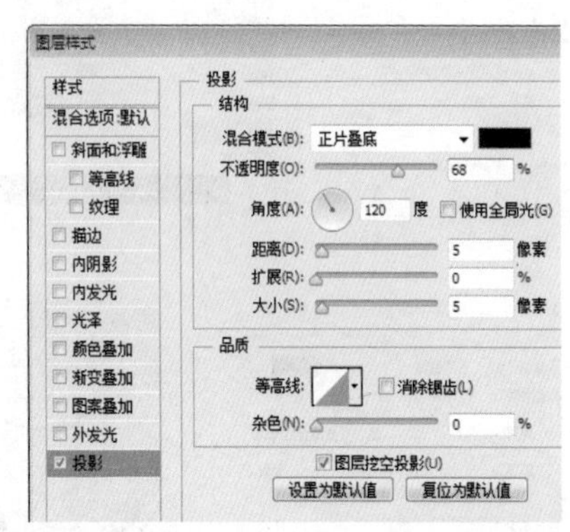

图3-137　图层样式选项设置

图3-138　投影效果

STEP 99 将图层 29 中的叶片图像作为选区载入，然后为该图层添加一个曲线调整图层，曲线选项设置及调整后的叶片效果如图 3-139 所示。

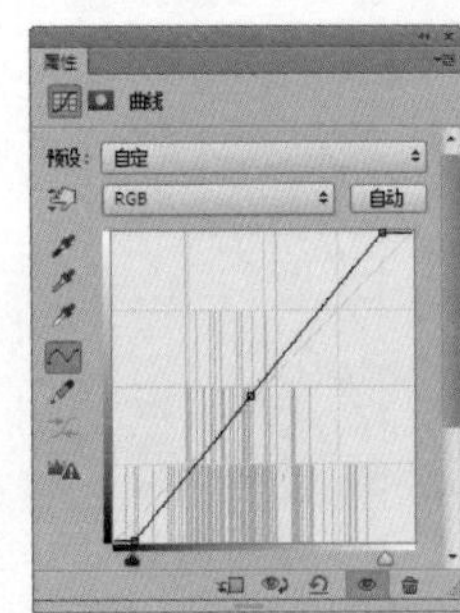

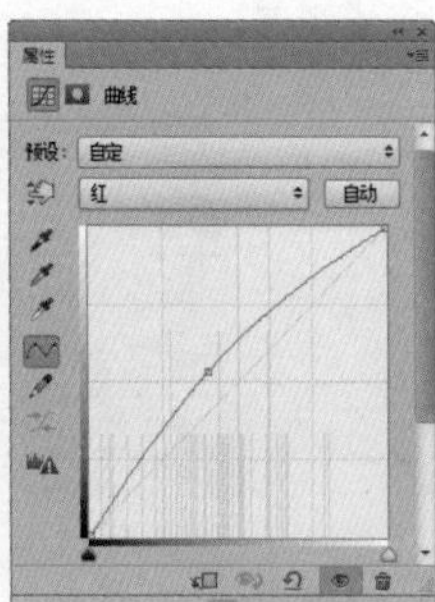

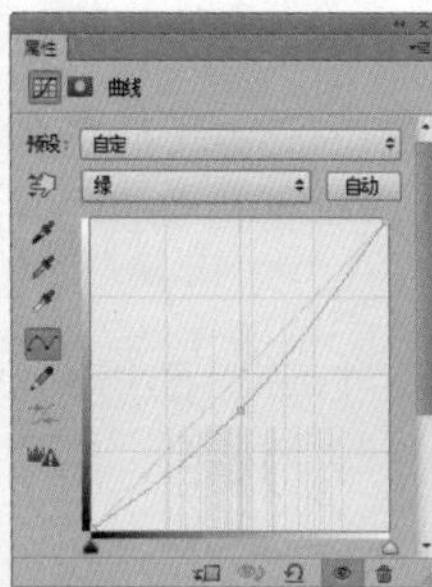

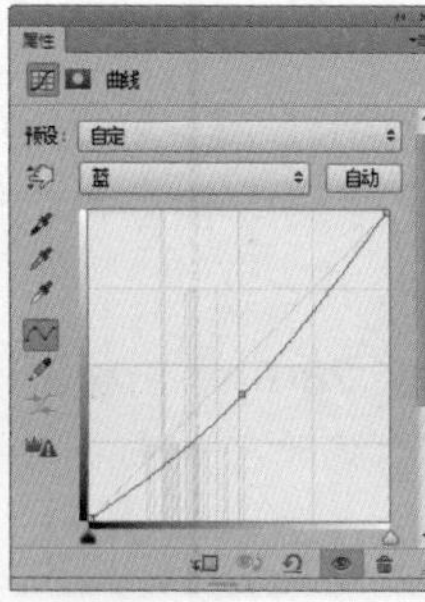

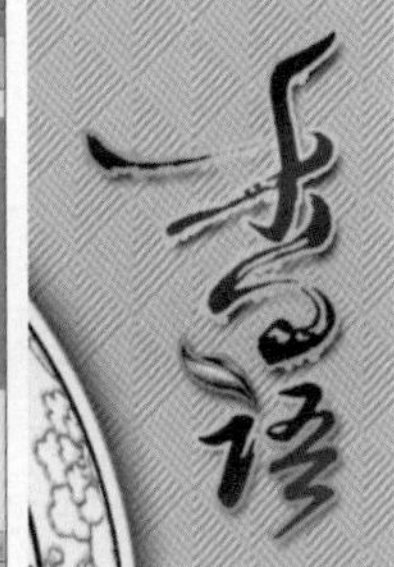

图3-139　曲线参数设置及调整后的叶片颜色

STEP 100 添加对应的文字和修饰图形，如图 3-140 所示。

STEP 101 新建图层 30，使用套索工具绘制如图 3-141 所示的图像，并为其填充“R136、G1、B8”的颜色，然后取消选区。

STEP 102 输入文字“徐氏”，为文字设置适当的字体和字体大小，如图 3-142 所示。将该文字作为选区载入，然后隐藏该文字图层。

图3-140　添加对应的文字和修饰图形

图3-141　绘制自由形状的图像

图3-142　输入的文字

STEP 103 选择图层 30，然后按“Delete”键删除文字型选区内的图像并取消选区，如图 3-143 所示。

STEP 104 将包装右上角处的文字和修饰图形所在的图层编组，并修改组名称，如图 3-144 所示。完成后的包装盒平面展开图文件如图 3-145 所示。

STEP 105 执行“文件→存储”命令，将完成后的月饼盒展开图保存到指定的目录。

图3-143 删除文字型选区中的图像

图3-144 将图层编组并修改组名称

图3-145 完成后的月饼盒平面图

（2）绘制包装盒成型效果

打开本书配套光盘中的“Chapter 3\Complete\3.2\月饼盒立体.psd”文件，查看该包装盒成型后的效果，如图 3-146 所示。

图3-146 包装盒立体效果

STEP 01 新建一个大小为 34.8cm×26.3cm、分辨率为 100 像素/英寸、色彩模式为 RGB 的文件，如图 3-147 所示。

STEP 02 打开本书配套光盘中的“Chapter 3\Media\3.2\背景图像.jpg”文件，将该图像移动到月饼盒立体文件中，生成图层 1，然后调整图像的大小和位置，如图 3-148 所示。

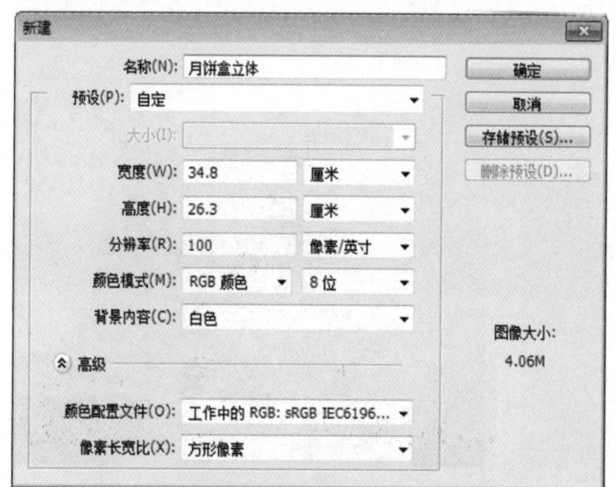

图3-147 新建文档设置

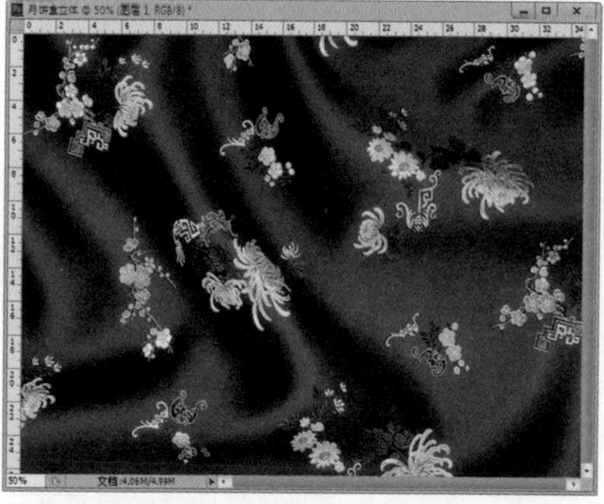

图3-148 添加的背景图像

STEP 03 打开本书配套光盘中的“Chapter 3\Media\3.2\ 背景图像 2.jpg”文件，将该图像移动到月饼盒立体文件中，生成图层 2，然后调整图像的大小和位置，如图 3-149 所示。

STEP 04 将图层 2 的图层混合模式设置为“线性光”，如图 3-150 所示。

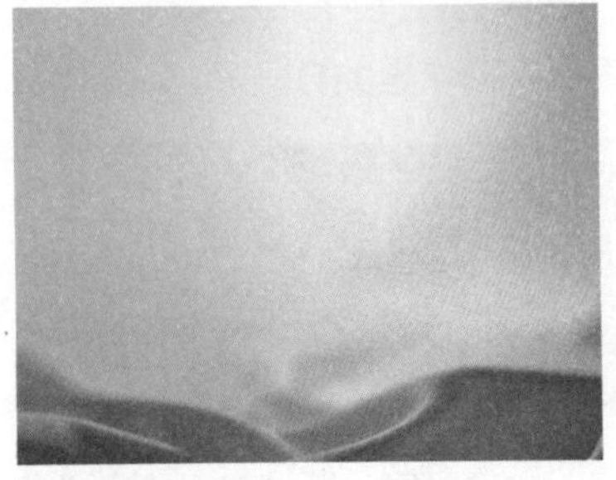

图3-149 添加的另一个背景图像

图3-150 调整图层混合模式

STEP 05 打开前面制作好的“包装盒平面展开图”文件，执行“图像→复制”命令，在弹出的对话框中单击“确定”按钮，创建一个副本文档，如图 3-151 所示。

STEP 06 执行“图层→拼合图像”命令，在弹出的提示对话框中单击“确定”按钮，将副本文档中的所有可见图层合并，并扔掉隐藏的图层，如图 3-152 所示。

STEP 07 使用矩形选框工具框选如图 3-153 所示的顶面图像，然后使用移动工具将选区内的图像拖移到月饼盒立体文件中，生成图层 3，如图 3-154 所示。

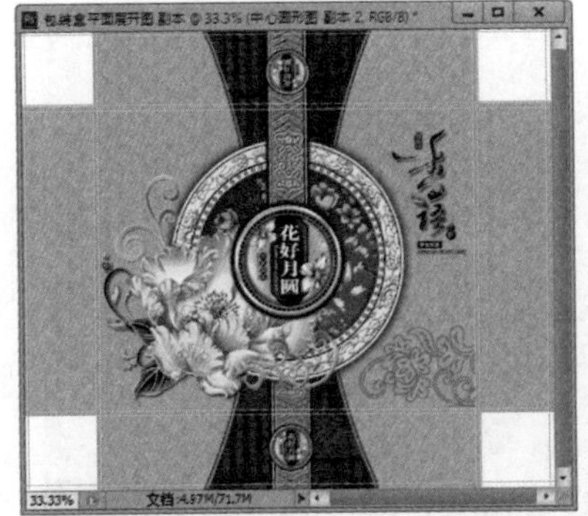

图3-151 创建的副本文档

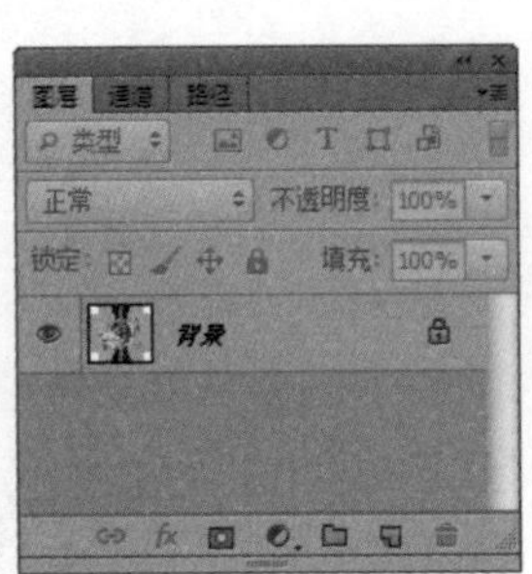

图3-152 拼合所有可见图层

图3-153 框选顶面图像

STEP 08 按“Ctrl+T”快捷键，在出现自由变换控件后，按住“Ctrl”键分别拖动四角处的控制点，对图像进行扭曲处理，如图 3-155 所示。

图3-154 月饼盒立体文档中的顶面图像

图3-155 图像的扭曲处理

STEP 09 变换好后，在控制框内双击鼠标左键提交变换，完成效果如图 3-156 所示。

STEP 10 按照同样的操作方法，将包装中的左侧面和正侧面图像分别复制到月饼盒立体文件中，分别生成图层 4 和图层 5，然后参照如图 3-157 所示效果对它们进行扭曲处理。

图3-156 变换后的图像

图3-157 其他两面图像的扭曲效果

STEP 11 将左侧面图像作为选区载入，如图 3-158 所示，然后为该图像所在的图层 4 添加一个曲线调整图层，曲线调整参数及调整后的色调分别如图 3-159 和图 3-160 所示。

图3-158 载入的选区

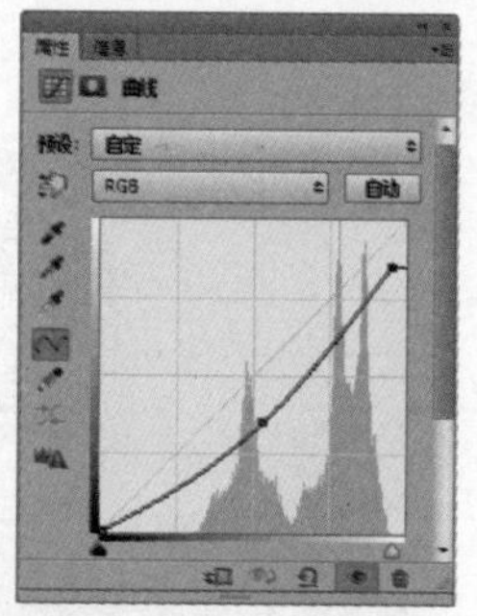

图3-159 曲线参数设置

图3-160 调整后的图像色调

STEP 12 选择正侧面图像所在的图层，并将该图像作为选区载入，如图 3-161 所示，然后为该图像所在的图层 5 添加一个曲线调整图层，曲线调整参数及调整后的色调分别如图 3-162 和图 3-163 所示。

图3-161 载入的选区

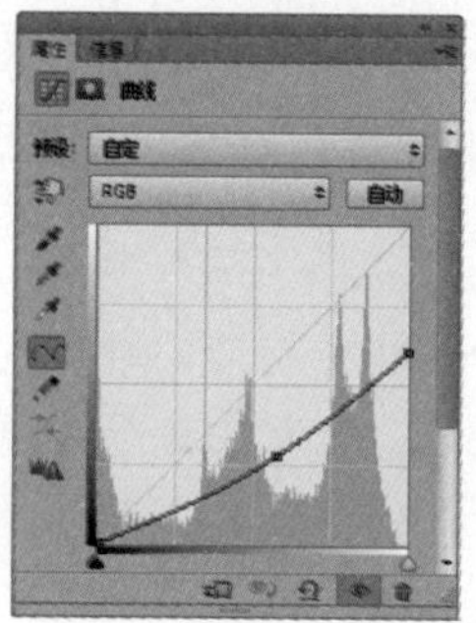

图3-162 曲线参数设置

图3-163 调整后的图像色调

STEP 13 新建图层 6，将该图层调整到图层 3 的下方，如图 3-164 所示，然后将前景色设置为黑色。

STEP 14 选择画笔工具，在工具选项栏中选择柔边圆画笔，并设置适当的大小和不透明度，然后在包装盒的下方进行涂抹，如图 3-165 所示，为包装盒绘制底部投影，完成效果如图 3-166 所示。

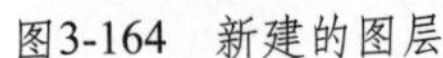

图3-164　新建的图层

图3-165　画笔涂抹操作

图3-166　绘制的底部投影

STEP 15 新建图层 7，然后使用画笔工具在包装盒的左侧进行涂抹，如图 3-167 所示，为包装盒绘制左侧面投影，完成效果如图 3-168 所示。

图3-167　画笔涂抹操作

图3-168　绘制的左侧面投影

STEP 16 在“图层”面板中选择最上面一个图层。选择直线工具，在工具选项栏中将形状的填充色设置为白色，并设置选项参数，如图 3-169 所示，然后绘制如图 3-170 所示的直线，生成形状 1 图层。

图3-169　直线工具选项栏设置

STEP 17 执行“滤镜→模糊→高斯模糊”命令，在弹出如图 3-171 所示的提示对话框中单击“确定”按钮，弹出“高斯模糊”对话框，在其中进行设置，如图 3-172 所示，完成后单击“确定”按钮，将直线模糊，如图 3-173 所示。

STEP 18 将形状 1 图层的图层混合模式设置为“叠加”，表现包装盒在此处折痕处的反白效果，如图 3-174 所示。

STEP 19 按照同样的操作方法，为包装盒绘制左侧面处的折痕效果，如图 3-175 所示，这时将生成形状 2 图层。

STEP 20 将形状 2 图层的不透明度设置为 50%，如图 3-176 所示。

图3-170 绘制的直线

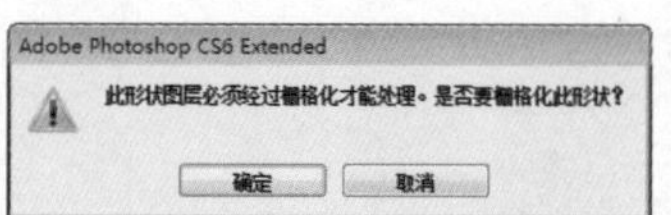

图3-171 提示对话框

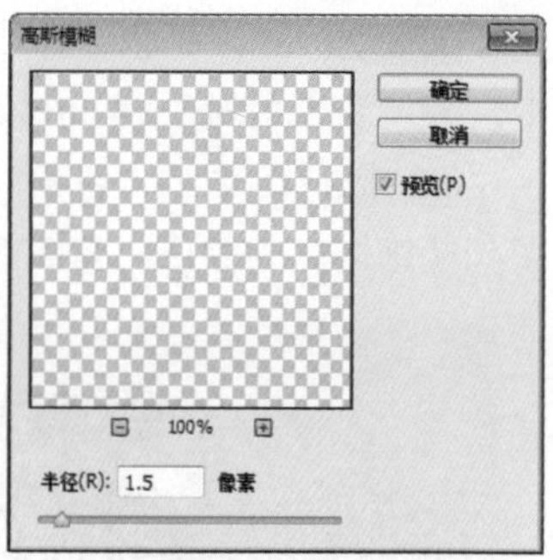

图3-172 高斯模糊设置

图3-173 直线的模糊效果

图3-174 包装盒折痕处的反光效果

图3-175 左侧面处的折痕反光效果

图3-176 降低不透明度后的效果

STEP 21 选择顶面图像所在的图层 3，并将该图像作为选区载入，然后为其添加一个曲线调整图层，调整参数及调整后的包装盒效果如图 3-177 所示。

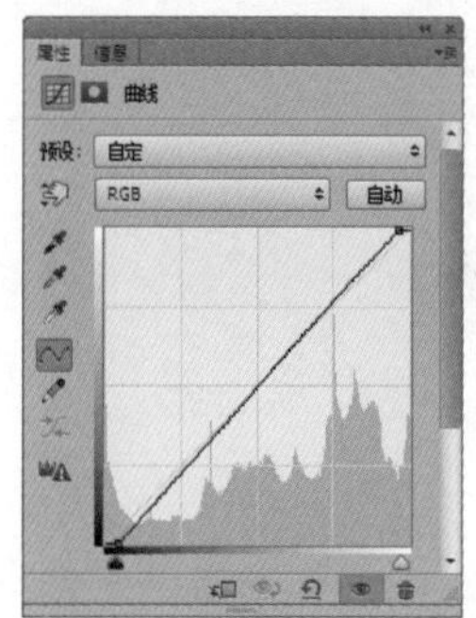

图3-177 曲线参数设置及调整后的包装盒效果

STEP 22 打开“包装盒平面展开图”文件，将其中的“包装文字”组移动到月饼盒立体文件中，并调整该组对象到如图 3-178 所示的大小和位置。

STEP 23 将文字“香语”的填充色修改为白色，并取消对应图层中的图层样式，然后调整文字和修饰图形的颜色，如图 3-179 所示，完成月饼盒立体效果的制作。

图3-178 添加的包装文字

图3-179 修改后的包装文字

STEP 24 执行“文件→存储”命令，将完成后的月饼盒立体图保存到指定的目录。

3.3 日用品类纸包装设计

日用品类商品通常指服装、鞋帽、床上用品、日常洗化、卫生用品等日常生活中的必备品。而纸质包装通常都用于这些产品的外包装，以方便携带和流通，同时可提升产品形象，达到广告宣传效应。

3.3.1 关于日用品类包装

在进行日用品类包装设计时，与其他类型的所有商品包装一样，都离不开对造型、构图、色彩、图案、纹样和文字等视觉要素的设计，如图 3-180 所示。

图3-180 日用品类纸质包装

造型决定了包装的外观结构，构图体现了包装的艺术风格，色彩则为包装赋予了精神内涵，文字可直接传达产品的各项功能和信息。

因此，包装的造型设计、图文编排和色彩应用应该是一个不可分割的整体，只有互为衬托，互相协调，才能达到造型合理化、构图艺术化、色彩理想化、文字形象化的效果，这样才能使包装具有科学实用、美观达意、成本低廉、有竞争力等优点，如图 3-181 所示。

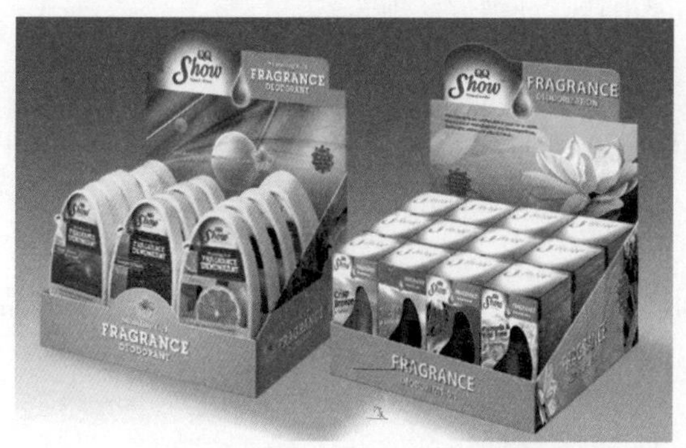

图3-181　日用品类纸质包装

包装设计还应该以市场调查为前提，从商品、商品生产者和消费对象三方面进行定位，并根据产品的特点，选择适合的包装材料，先从包装的立体形态设计入手，然后绘制包装展开图，并在展开图的基础上进行图像、文字和色彩等视觉要素的编排和设计，赋予品牌包装的个性特色。

3.3.2 范例——“xy!”儿童服饰手提袋

打开本书配套光盘中的“Chapter 3\Complete\3.3\ 手提袋立体 .psd”文件，查看该品牌儿童服饰手提袋的最终设计效果，如图 3-182 所示。

图3-182　手提袋的立体效果

1. 设计定位

“xy!”牌儿童服饰是专门针对 0 ~ 6 岁儿童的生长发育特点而精心设计的高档服饰系列，它的产品包括儿童服饰、鞋帽，以及各类儿童用品等。该品牌主要集中在城市的大型商场，或者高档社区设立专卖店销售。

2. 设计说明

“xy!”牌儿童服饰手提袋用色鲜艳、构图简洁、形式活跃、造型乖巧。在形象设计上，以迎合儿童天真浪漫、喜欢一切可爱事物特别是各种小动物的天性，设计出以小猫熟睡为手提袋图案的可爱造型。通过这一可爱造型，深深吸引小朋友们的好奇心。

本品牌在形象设计上的成功之处在于，能够很好地把握孩子的心理，知晓孩子们的喜好，并能呈上孩子们感兴趣的东西来激发孩子的占有欲，从而激励父母为其购买，达到促进销售的目的。

3. 材料工艺

手提袋采用 220 克的铜版纸以平版专色印刷，印刷的后期工艺为压痕和模切，并覆亚膜。

4. 设计重点

该手提袋构图简洁，因此在制作上不会有很大的难度，只需要掌握基本的绘图方法就能轻松地完成绘制。在绘制过程中，需要注意以下几个方面的内容。

(1) 区分清楚手提袋盖面和其他各个面的位置和构成，以便合理安排图案和文字内容。

(2) 掌握使用钢笔工具绘制曲线条的方法，其中包括通过“画笔”面板设置画笔工具属性和使用画笔描边路径的方法。

(3) 在绘制手提袋立体效果时，把握各个面的组成并处理好透视关系。

5. 设计制作

这里将绘制“xy!”牌儿童服饰手提袋的过程分为两个部分，首先绘制手提袋的平面展开图，然后将绘制好的各个面制作成手提袋立体效果，下面一起来完成此手提袋效果的绘制。

(1) 绘制手提袋平面展开图

打开本书配套光盘中的“Chapter 3\Complete\3.3\手提袋平面展开图.psd”文件，查看该品牌手提袋的平面展开图，如图 3-183 所示。

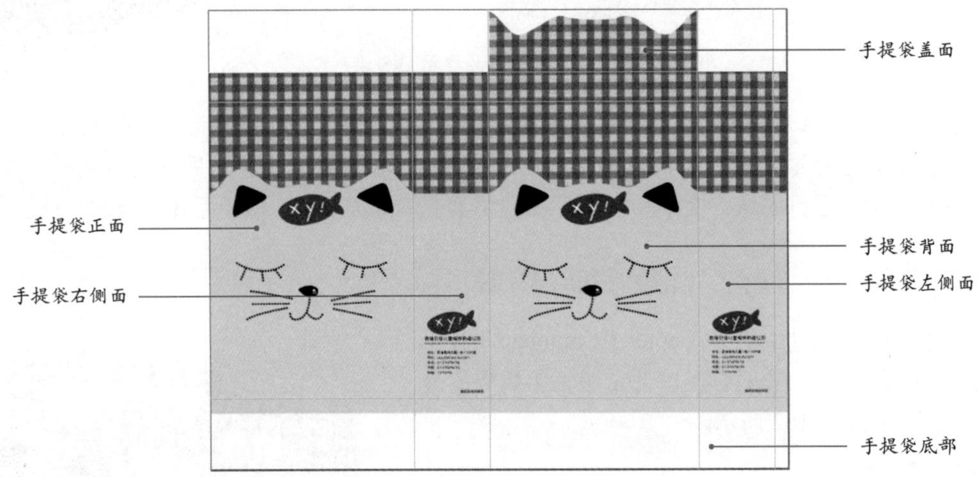

图3-183　平面展开及尺寸图

STEP 01 新建一个大小为 69.5cm×53.5cm、分辨率为 100 像素／英寸、模式为 CMYK 的文件，如图 3-184 所示。

STEP 02 按“Ctrl+R”快捷键，在图像窗口中显示标尺，然后添加水平标尺位置为 24.8cm、33.9cm、58.9 cm、68.0 cm 的四条垂直辅助线，垂直标尺位置为 7.2cm、10.8 cm、45.3 cm 的三条水平辅助线，以确定手提袋各个面的大小，如图 3-185 所示。

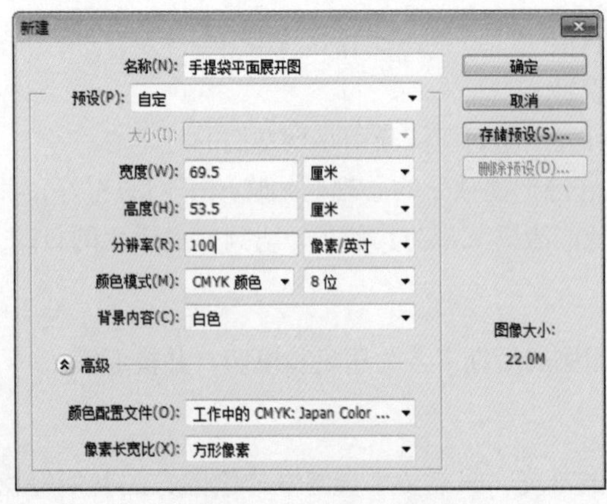

图3-184　新建文件设置

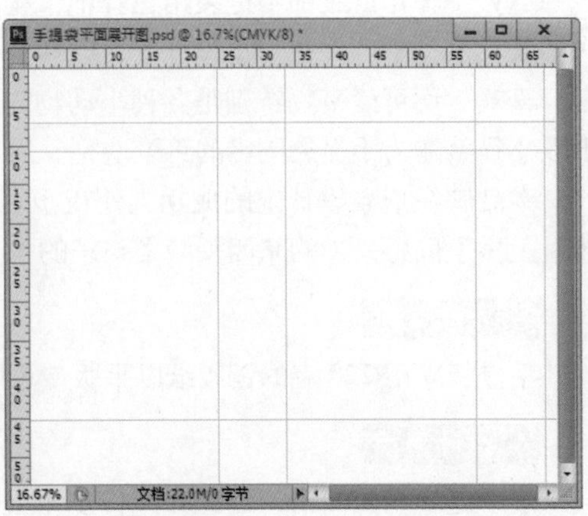

图3-185　添加的辅助线

STEP 03 打开本书配套光盘中的“Chapter 3\Media\3.3\ 格子图像 .jpg”文件，将该图像移动到手提袋平面展开图文件中，生成图层 1，然后如图 3-186 所示调整图像的大小和位置。

STEP 04 使用矩形选框工具绘制如图 3-187 所示的矩形选区，然后按“Delete”键，删除选区内的图像并取消选择，如图 3-188 所示。

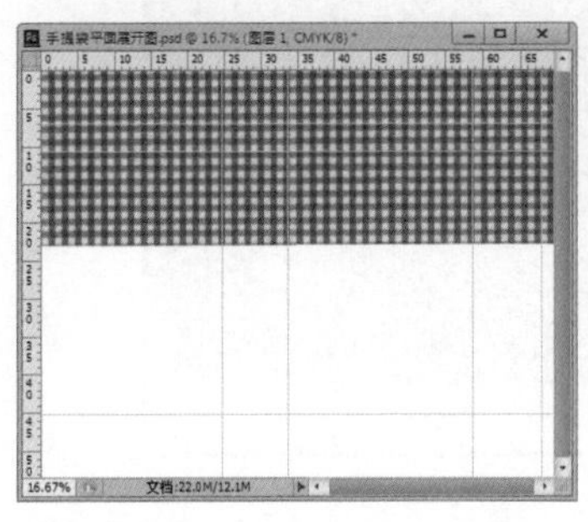

图3-186　添加的格子图像

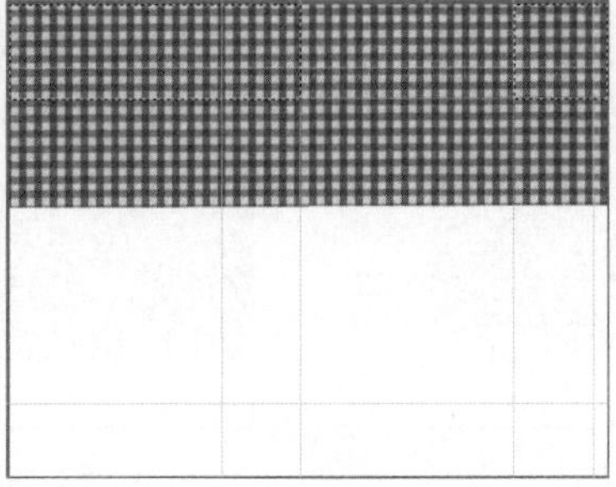

图3-187　绘制的矩形选区

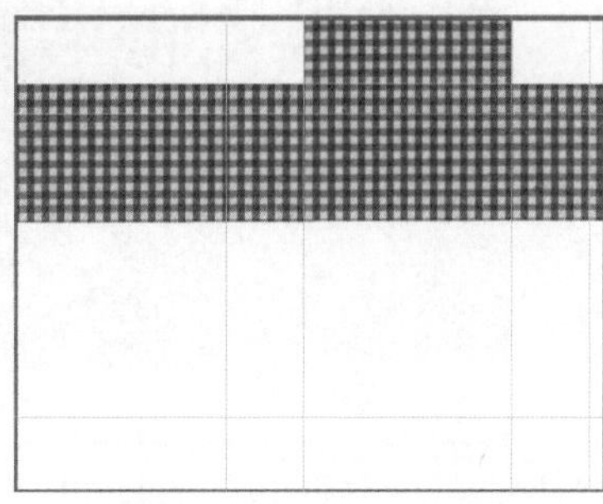

图3-188　删除选区内的图像

STEP 05 新建图层 2。使用钢笔工具绘制如图 3-189 所示的路径，将其转换为选区后，填充为“C17、M0、Y85、K0”的颜色并取消选择，如图 3-190 所示。

STEP 06 使用矩形选框工具创建如图 3-191 所示的矩形选区，然后按住“Ctrl+Alt”键单击图层 2 的图层缩览图，减去部分选区后的效果如图 3-192 所示。

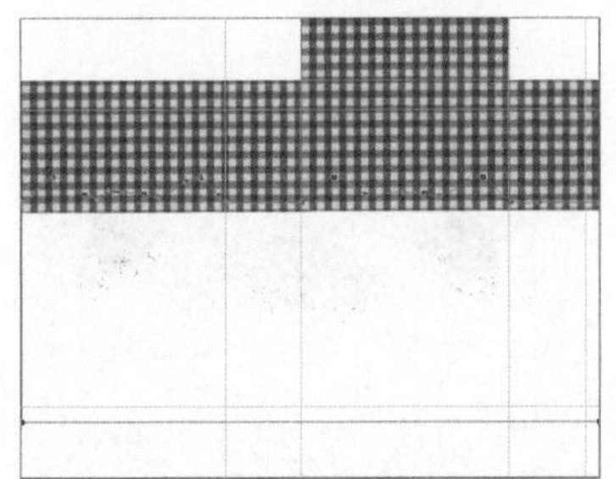

图3-189　添加的格子图像

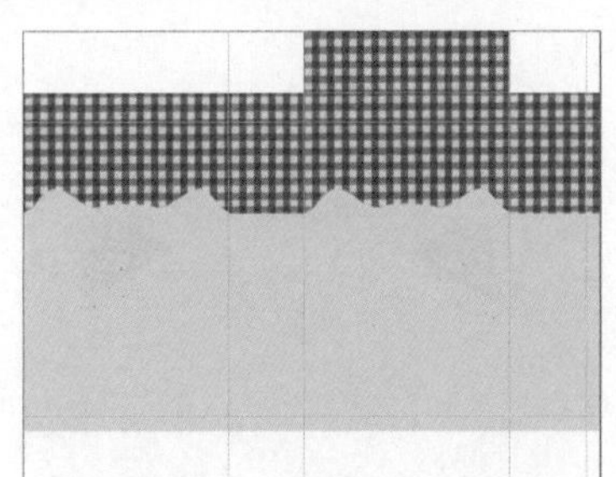

图3-190　绘制的图像效果

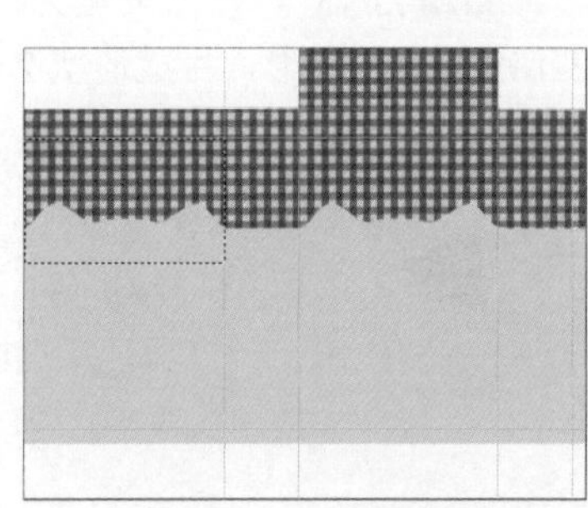

图3-191　绘制的矩形选区

STEP 07 使用矩形选框工具将选区移动到如图 3-193 所示的位置。

STEP 08 执行“选择→变换选区”命令，出现变换控件，然后按住“Shift”键，将选区旋转180°，如图 3-194 所示。在控制框内双击鼠标左键，提交变换操作。

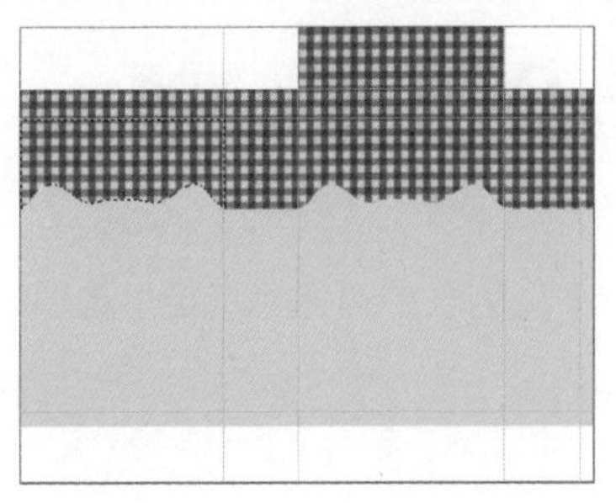

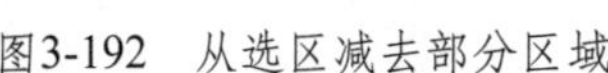

图3-192　从选区减去部分区域

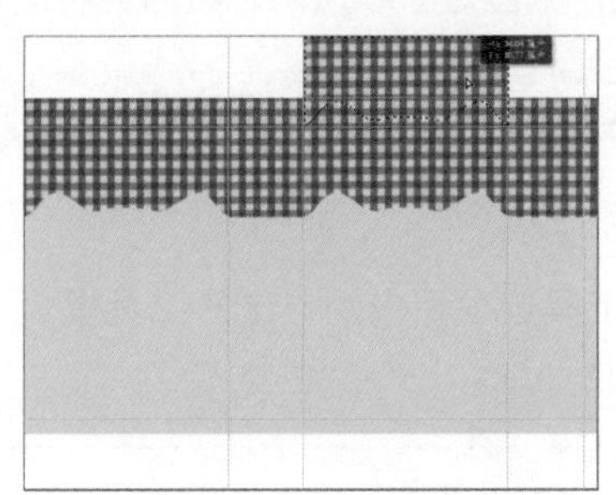

图3-193　移动选区的位置

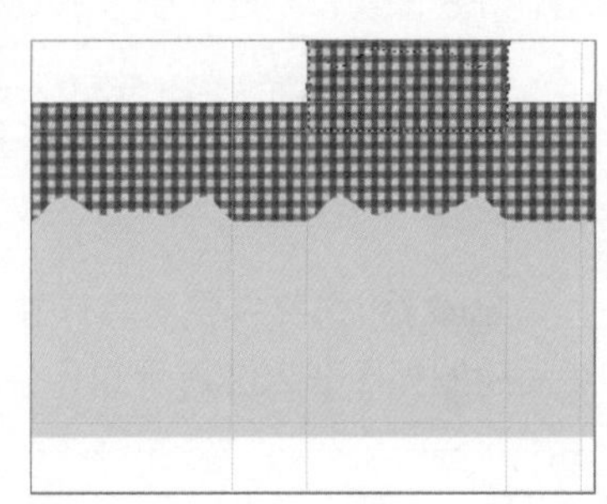

图3-194　旋转选区

STEP 09 按住“Shift”键，使用矩形选框工具框选当前选区外的其他格子图像，增加选区范围，如图 3-195 所示。

STEP 10 执行“选择→反向”命令，将选区反选。选择图层1，然后删除不需要的格子图像，如图3-196所示。

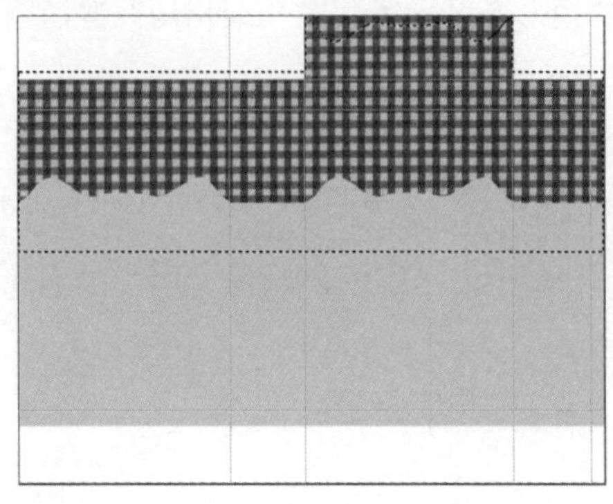

图3-195 添加选择区域

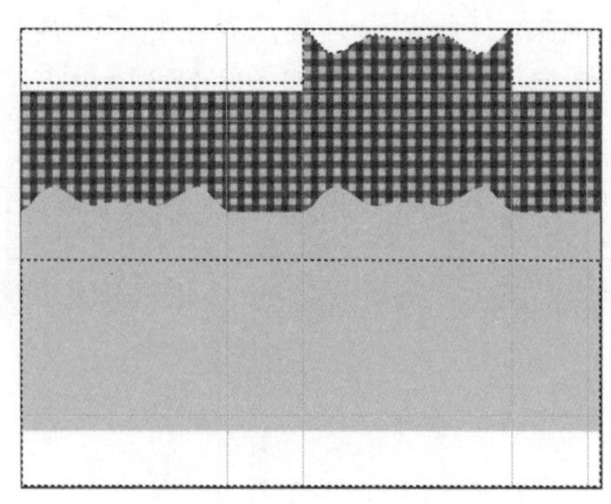

图3-196 删除多余的图像

STEP 11 将前景色设置为黑色，选择钢笔工具，绘制如图3-197所示的猫耳朵图形，生成形状1图层。

STEP 12 将形状1图层复制，然后将复制的图形移动到右边耳朵下方对应的位置，并将其旋转一定的角度，完成后如图3-198所示。

STEP 13 将前景色设置为“C92、M64、Y71、K34”的颜色，然后使用钢笔工具绘制如图3-199所示的鱼形，生成形状2图层。

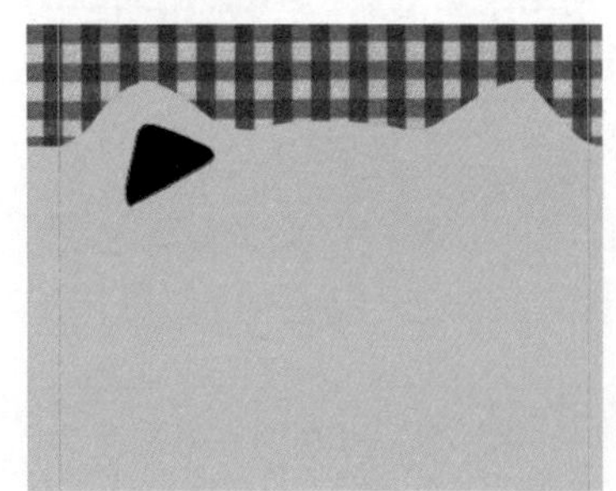

图3-197 绘制耳朵形状

图3-198 复制并旋转形状的角度

图3-199 绘制的鱼形图

STEP 14 将前景色设置为白色。选择画笔工具，在工具选项栏中设置画笔形状为“硬边圆”、大小为8像素、不透明度为100%，如图3-200所示，然后绘制该品牌的标准字，如图3-201所示。

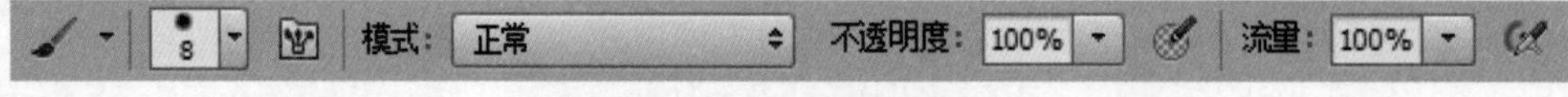

图3-200 画笔工具设置

STEP 15 选择钢笔工具，在工具选项栏中的“选择工具模式”下拉列表中选择“路径”选项，然后绘制如图3-202所示的多条路径线。

提示

在绘制完一条路径线后，按“Esc”键，即可进行另一条路径线的绘制。

STEP 16 将前景色设置为黑色。选择画笔工具，按“F5”键打开“画笔”面板，然后设置画笔基本属性，如图3-203所示。

图3-201　绘制的品牌文字

图3-202　绘制的多段路径

STEP 17 在“路径”面板中，将当前工具路径存储。选择该路径，单击“路径”面板下方的“用画笔描边路径”按钮，如图 3-204 所示，得到如图 3-205 所示的描边效果

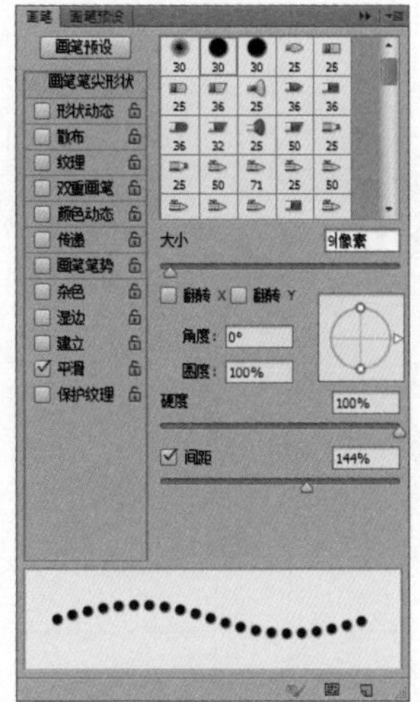

图3-203 “画笔”面板设置

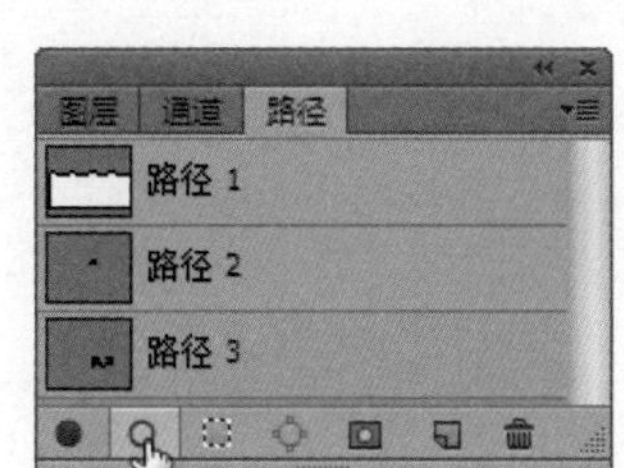

图3-204　描边路径操作

图3-205　用画笔描边路径的效果

STEP 18 使用钢笔工具绘制如图 3-206 所示的鼻子图形，生成形状 3 图层。

STEP 19 将前景色设置为白色，然后使用椭圆工具绘制如图 3-207 所示的椭圆形，以表现鼻子上的高光效果。

STEP 20 选择画笔工具，设置画笔大小为 4 像素、间距为 0，然后在鼻子图形上绘制如图 3-208 所示的反光效果。

图3-206　绘制鼻子图形

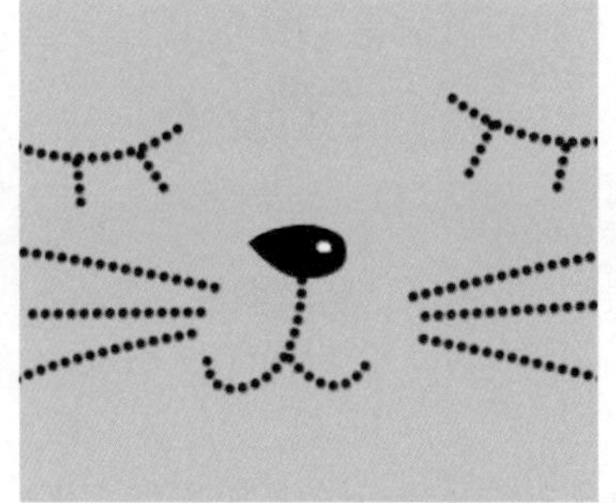

图3-207　绘制椭圆形

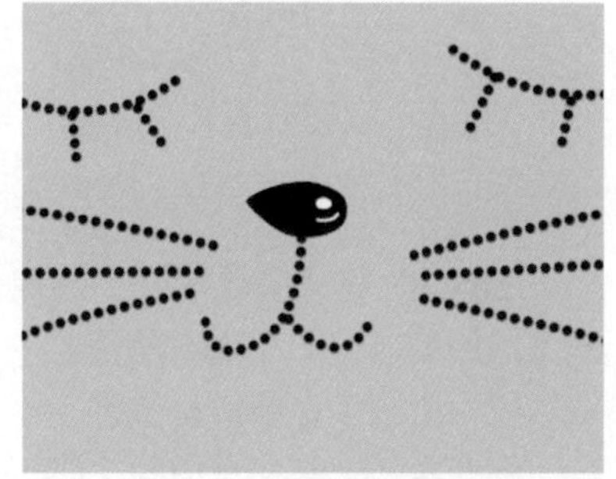

图3-208　绘制鼻子上的反光

STEP 21 选择手提袋正面中的所有图形所在的图层，然后将它们编组并修改组名称，如图 3-209 所示。

STEP 22 将“正面图形”组复制，然后将复制的组移动到左边相应的位置，如图 3-210 所示。

STEP 23 将手提袋正面中的鱼形和标准字所在的图层复制，将复制的图层调整到最上层。将复制的对象移动到手提袋侧面中，然后调整到如图 3-211 所示的大小和位置。

STEP 24 添加手提袋侧面中的文字，如图 3-212 所示。

STEP 25 选择手提袋侧面中的图形和文字所在的图层，如图 3-213 所示，将它们编为一组并修改组名称，如图 3-214 所示。

图3-209　将所选图层编组并修改组名称

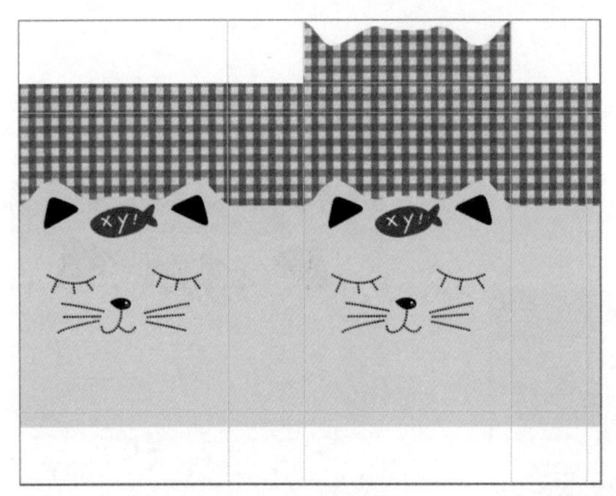

图3-210　复制的图形效果

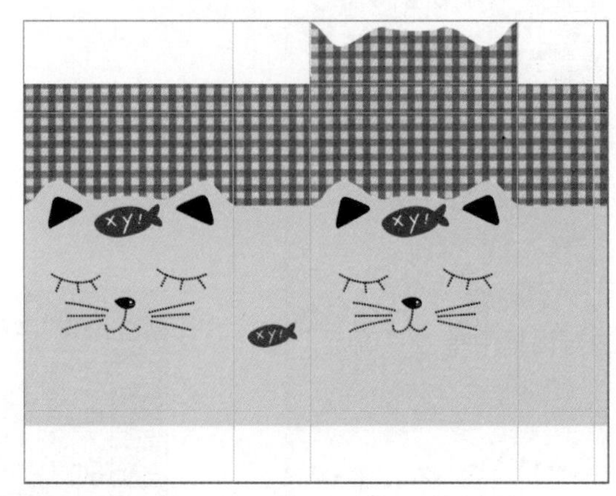

图3-211　侧面中的图形和标准字效果

图3-212　添加的文字

图3-213　选择的图层

图3-214　编组并修改组名称

STEP 26 将“侧面文字”组复制，并将复制的对象移动到另一个侧面中，完成手提袋平面展开图的绘制，如图 3-215 所示。

（2）绘制手提袋成型效果

打开本书配套光盘中的“Chapter 3\Complete\3.3\ 手提袋立体 .psd”文件，查看该手提袋的立体效果，如图 3-216 所示。

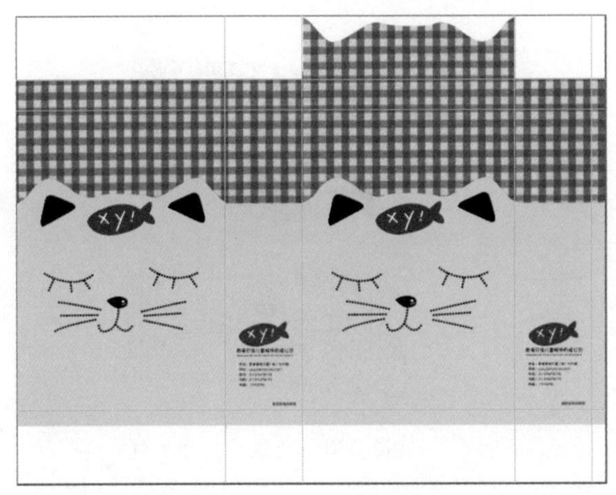
图3-215　手提袋平面展开图效果

图3-216　手提袋的立体效果

提示

此手提袋立体效果与上一节所讲的月饼盒效果在绘制方法上基本相同，只不过构造不同而已。用户只需要把握好手提袋各个面的构造，就可以很轻松地完成立体效果的绘制。

STEP 01 新建一个大小为 15.0cm×13.85mm、分辨率为 300 像素／英寸、模式为 CMYK 的文件，如图 3-217 所示。

STEP 02 打开前面制作好的“手提袋平面展开图”文件，执行“图像→复制”命令，在弹出的对话框中单击“确定”按钮，创建一个副本文档。

STEP 03 选择除“背景”图层以外的所有图层，然后按“Ctrl+E”快捷键，将所选图层合并。使用矩形选框工具框选如图 3-218 所示的手提袋正面图像。

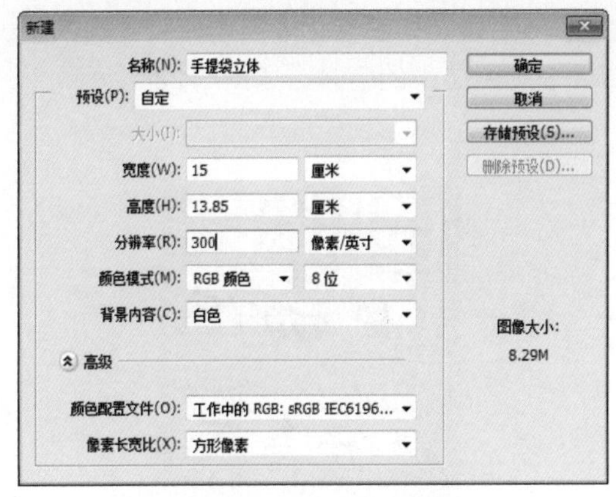

图3-217　新建文件设置

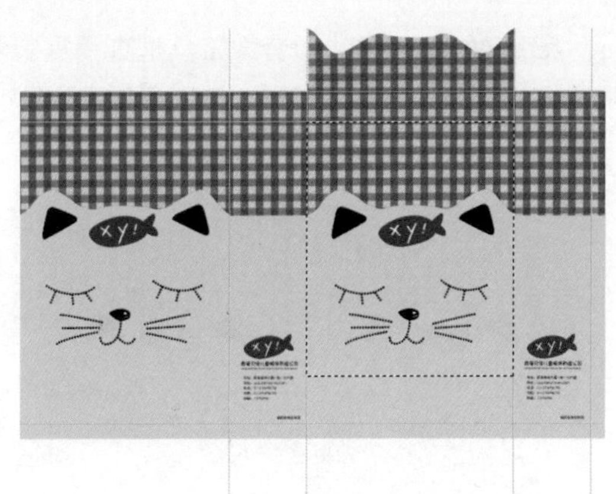
图3-218　框选的图像

STEP 04 使用移动工具将框选的图像移动到手提袋立体文件中，生成图层 1，如图 3-219 所示。

STEP 05 按“Ctrl+T”快捷键，出现自由变换控件，然后按住“Ctrl”键分别拖动四角处的控制点，对图像进行扭曲处理，如图 3-220 所示。变换好后，在控制框内双击鼠标左键，提交变换。

STEP 06 框选剩下的一部分包装正面图形，如图 3-221 所示，然后使用移动工具将其移动到手提袋立体文件中，生成图层 2，如图 3-222 所示。

图3-219　复制到包装立体文件中的图像

图3-220　图像的扭曲处理

STEP 07 按照前面的操作方法，对该图像进行扭曲处理，完成效果如图 3-223 所示。

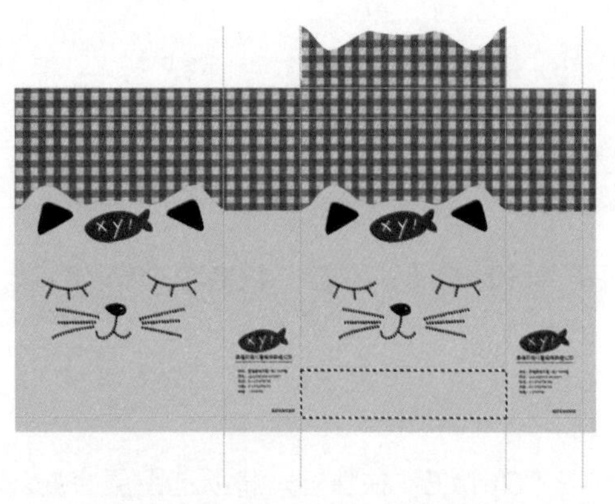
图3-221　框选剩下的正面图像

图3-222　复制的图像

图3-223　扭曲后的图像

STEP 08 使用多边形套索工具框选手提袋侧面中的部分图像，如图 3-224 所示。将框选的图像复制到手提袋立体文件中，生成图层 3，然后调整图层 3 到图层 1 的下方，如图 3-225 所示。

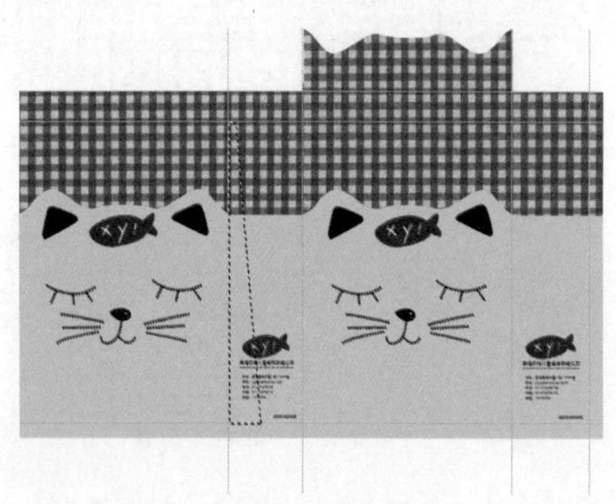
图3-224　框选的图像

图3-225　复制的图像

STEP 09 对侧面图像进行扭曲处理，完成效果如图 3-226 所示。

STEP 10 使用矩形选框工具框选手提袋的顶面图像，如图 3-227 所示。

STEP 11 将顶面图像复制到手提袋立体文件中，如图 3-228 所示，然后将生成的图层 4 调整到最上层。

图3-226　侧面图像的扭曲效果

图3-227　框选的图像

图3-228　复制的图像

STEP 12 对顶面图像进行扭曲处理，完成效果如图 3-229 所示。

STEP 13 选择圆角矩形工具，在工具选项栏中，将“选择工具模式”设置为“路径”，并将“半径”设置为 60 像素，然后绘制如图 3-230 所示的圆角矩形。

STEP 14 使用自由变换功能，将圆角矩形旋转为如图 3-231 所示的角度。

图3-229　顶面图像的扭曲效果

图3-230　绘制的圆角矩形路径

图3-231　旋转后的圆角矩形路径

STEP 15 按“Ctrl+Enter”键，将路径转换为选区，如图 3-232 所示。

STEP 16 分别选择顶面图像和正面图像所在的图层（图层 1 和图层 4），然后按“Delete”键，将选区内的图像删除，如图 3-233 所示。

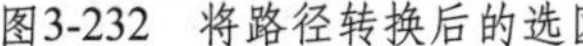

图3-232　将路径转换后的选区

图3-233　删除选区内图像后的效果

STEP 17 按住“Ctrl”键单击图层 4 的图层缩览图，将顶面图像作为选区载入，如图 3-234 所示。

STEP 18 按“Shift+F6”键，在弹出的“羽化半径”对话框中设置羽化半径，如图 3-235 所示，然后单击“确定”按钮。

STEP 19 按住“Ctrl”键单击“图层”面板下方的“创建新图层”按钮，在图层 4 的下方新建图层 5。

STEP 20 将前景色设置为黑色，然后按两次“Alt+Delete”键，将选区填充为黑色，完成后取消选择，如图 3-236 所示。

图3-234 载入的选区

图3-235 选区的羽化设置

图3-236 填充选区后的效果

STEP 21 选择橡皮擦工具，在工具选项栏中设置适当的画笔大小，并将不透明度设置为 100%，如图 3-237 所示，然后擦除下方阴影以外的其他阴影图像，如图 3-238 所示。

图3-237 橡皮擦工具选项栏设置

STEP 22 将图层 5 的不透明度设置为 70%，如图 3-239 所示。

图3-238 擦除多余阴影后的图像

图3-239 调整不透明度后的图像

STEP 23 选择正面图像所在的图层 1，并载入该图像的选区，如图 3-240 所示。

STEP 24 为该图层添加一个曲线调整图层，生成曲线 1 图层，曲线参数设置及调整后的色调效果分别如图 3-241 和图 3-242 所示。

STEP 25 重新载入正面图像的选区，并单击曲线 1 调整图层中的图层蒙版缩览图，如图 3-243 所示。

STEP 26 选择渐变工具，将渐变色设置为黑色到白色，然后为蒙版填充该线性渐变色，如图 3-244 所示，编辑图层蒙版后的色调如图 3-245 所示。

图3-240 载入的选区

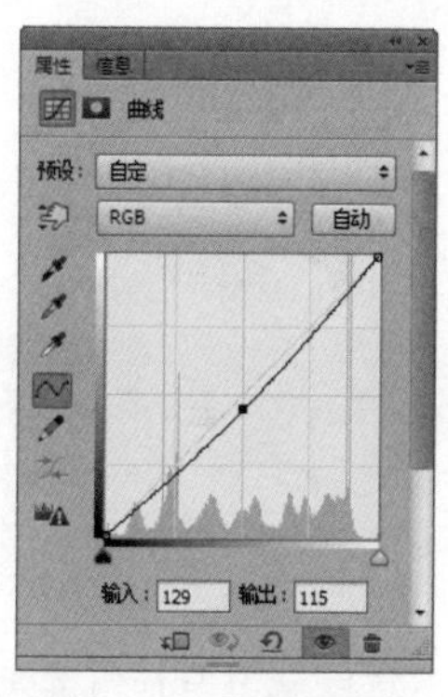
图3-241　曲线参数设置

图3-242　调整后的图像

图3-243　单击图层蒙版缩览图

STEP 27 选择图层 2，并将该图层中的图像作为选区载入，如图 3-246 所示。

图3-244　渐变填充操作

图3-245　调整后的图像色调

图3-246　载入的选区

STEP 28 为该图层添加一个曲线调整图层，生成曲线 2 图层，曲线参数设置及调整后的图像色调分别如图 3-247 和图 3-248 所示。

STEP 29 将前景色设置为黑色，选择画笔工具，为其设置“柔边圆”画笔，并设置适当的画笔大小和不透明度，然后在上一步调整图像的底部进行涂抹，以屏蔽部分调整效果，如图 3-249 所示。

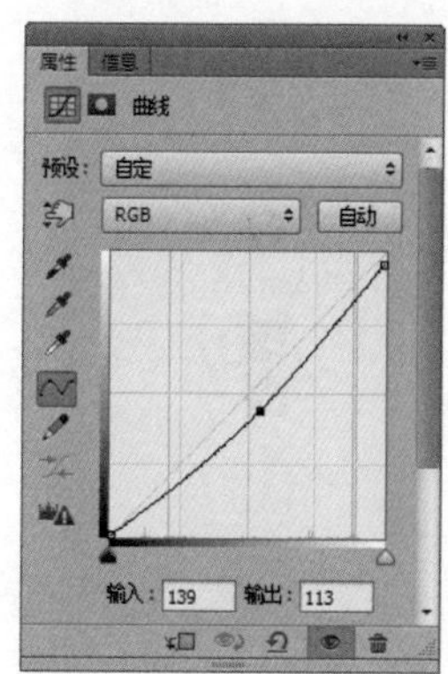
图3-247　曲线参数设置

图3-248　调整后的图像色调

图3-249　编辑后的色调效果

STEP 30 选择图层 3，并将该图层中的图像作为选区载入，如图 3-250 所示。

STEP 31 为该图层添加一个曲线调整图层，生成曲线 3 图层，曲线参数设置及调整后的图像色调分别如图 3-251 和图 3-252 所示。

图3-250　载入的选区

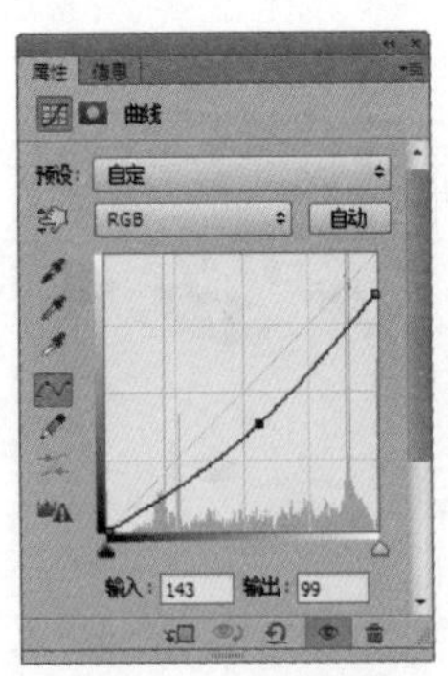

图3-251　曲线参数设置

图3-252　调整后的图像色调

STEP 32 使用钢笔工具绘制如图 3-253 所示的路径，然后按“Ctrl+Enter”键，将路径转换为选区，如图 3-254 所示。

STEP 33 选择图层 3，按“Ctrl+J”键，将选区内的图像拷贝到新的图层，生成图层 6，如图 3-255 所示。

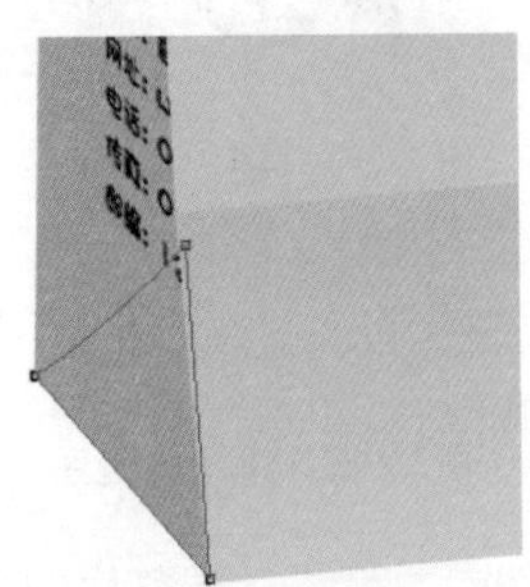

图3-253　绘制的选区

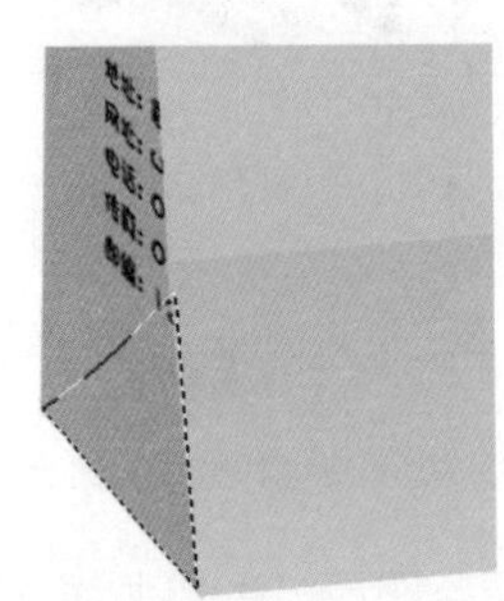

图3-254　转换后的选区

图3-255　拷贝得到的图层

STEP 34 将图层 6 中的图像作为选区载入，然后为其添加一个曲线调整图层，生成曲线 4 图层，曲线调整参数设置及调整后的色调效果分别如图 3-256 和图 3-257 所示。

STEP 35 将该调整图层调整到曲线 3 图层的上方，如图 3-258 所示。

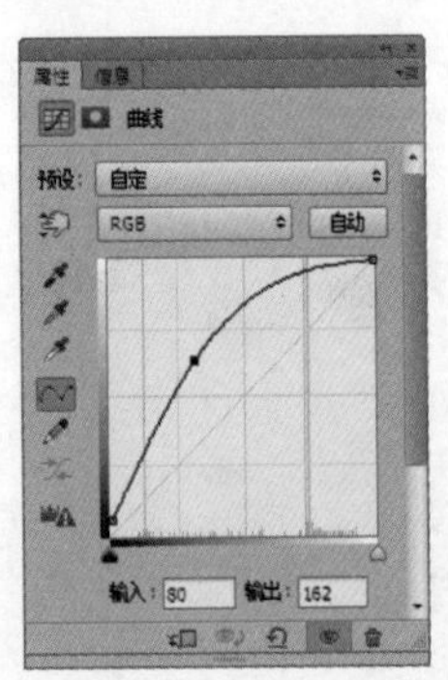

图3-256　曲线参数设置

图3-257　调整后的图像色调

图3-258　调整图层顺序

STEP 36 重新载入图层 6 中的图像选区，然后单击曲线 3 调整图层中的图层蒙版缩览图，如图 3-259 所示。

STEP 37 选择渐变工具，将渐变色设置为浅灰到白色再到浅灰的线性渐变色，然后如图 3-260 所示填充蒙版，编辑图层蒙版后的色调如图 3-261 所示。

图3-259　单击图层蒙版缩览图

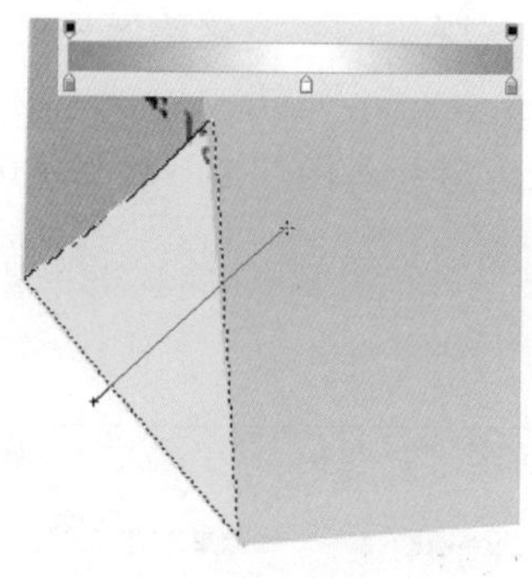
图3-260　填充蒙版的操作

图3-261　编辑蒙版后的色调效果

STEP 38 选择顶面图像所在的图层 4，并将该图层中的图像作为选区载入，如图 3-262 所示。

STEP 39 为该图层添加一个曲线调整图层，生成曲线 5 图层，曲线参数设置及调整后的图像色调分别如图 3-263 和图 3-264 所示。

图3-262　载入的选区

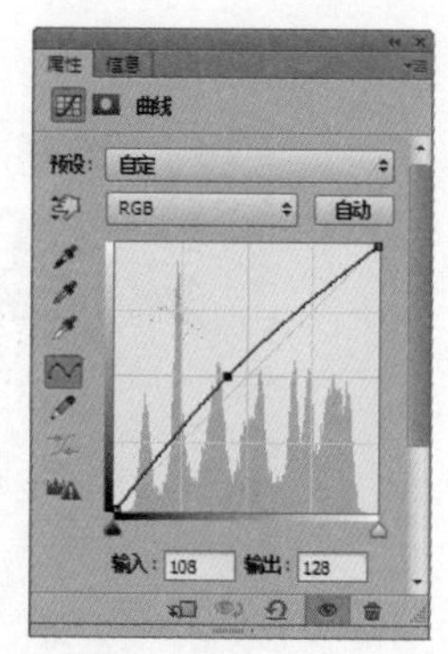
图3-263　曲线参数设置

图3-264　调整后的图像色调

STEP 40 新建图层 7，使用钢笔工具绘制如图 3-265 所示的图像，将其填充为“R151、G151、B151”的灰色，然后将该图层调整到最下方，如图 3-266 所示。

STEP 41 将图层 7 中的图像作为选区载入，新建图层 8。将前景色设置为深灰色，然后参照图 3-267 所示的效果，使用画笔工具绘制此处的阴影。

图3-265　绘制的图像

图3-266　调整图层顺序后的效果

图3-267　绘制的阴影效果及所在的图层

STEP 42 使用钢笔工具绘制如图 3-268 所示的路径，然后将其转换为选区。

STEP 43 按“Shift+F6”键，在弹出的“羽化选区”对话框中，将选区羽化 2 像素，如图 3-269 所示，然后单击“确定”按钮。

STEP 44 在“图层”面板的最上层新建图层 9，然后将选区填充为白色，如图 3-270 所示，并取消选择。

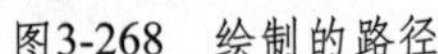

图3-268 绘制的路径

图3-269 羽化选区设置

图3-270 填充选区的效果

STEP 45 使用橡皮擦工具擦除上左边边缘处的图像，如图 3-271 所示，然后将该图层的不透明度设置为 70%，如图 3-272 所示。

图3-271 擦除左边边缘处的图像

图3-272 降低不透明度后的效果

STEP 46 将图层 4 中的顶面图像作为选区载入，如图 3-273 所示。

STEP 47 在“图层”面板的最上层新建图层 10。执行“选择→反向”命令，将选区反选，然后将选区羽化 5 像素，再将选区填充为白色，如图 3-274 所示。

STEP 48 重新将图层 4 中的顶面图像作为选区载入，并将选区反选，然后按“Delete”键删除选区内的填充色，如图 3-275 所示。

图3-273 载入的选区

图3-274 选区的填充效果

图3-275 删除选区内的填充色

STEP 49 取消图像中的选区，然后将图层 10 的不透明度设置为 90%，如图 3-276 所示。

STEP 50 打开本书配套光盘中的“Chapter 3\Media\3.3\ 蝴蝶 .psd”文件，如图 3-277 所示。

图3-276 顶面边缘处的光泽效果

图3-277 蝴蝶素材

STEP 51 将该图像移动到手提袋立体文件中，生成图层 11，然后调整图像的大小和位置，如图 3-278 所示。

STEP 52 为蝴蝶图像所在的图层 11 添加“投影”图层样式，投影选项设置及应用效果如图 3-279 所示。

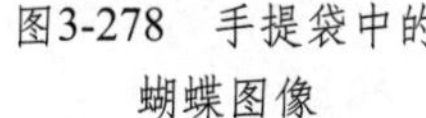

图3-278 手提袋中的蝴蝶图像

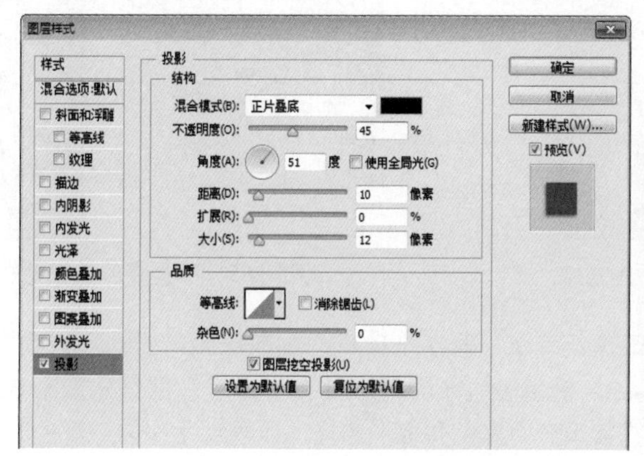

图3-279 投影选项设置及应用效果

STEP 53 选择正面图像所在的图层 1 和图层 2，以及对应的曲线调整图层，如图 3-280 所示。

STEP 54 将所选图层复制，并按“Ctrl+E”键，将复制的图层合并，然后将其调整到最下层，如图 3-281 所示。

STEP 55 执行“编辑→变换→垂直翻转”命令，将当前图像垂直翻转，然后按住“Shift”键，将该图像垂直移动到下方如图 3-282 所示的位置。

STEP 56 按“Ctrl+T”键，出现自由变换控件，然后按住“Ctrl+Shift”键，向上拖动右边居中的控制点，将该图像倾斜，如图 3-283 所示。

图3-280 选择对应的图层

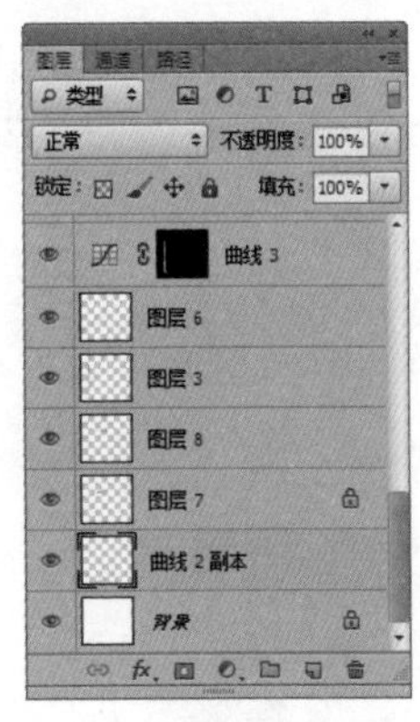

图3-281 合并图层并调整其排列顺序

图3-282 垂直翻转图像并移动其位置

图3-283 倾斜图像的操作

STEP 57 变换好后，在控制框内双击鼠标左键，提交变换，效果如图 3-284 所示。

STEP 58 将当前图层的不透明度设置为 35%，完成后的正面手提袋投影如图 3-285 所示。

图3-284 变换后的图像

图3-285 手提袋的正面投影效果

STEP 59 按照同样的操作方法，制作手提袋的侧面投影，如图 3-286 所示。

STEP 60 新建图层 12。使用多边形套索工具在手提袋底部创建如图 3-287 所示的选区，将选区羽化 3 像素后，然后将其填充为黑色并取消选择，以表现手提袋底部的阴影，如图 3-288 所示。

图3-286 手提袋的侧面投影效果

图3-287 创建的选区

STEP 61 将背景图层上的所有图层编为一组并修改组名称，如图 3-289 所示。

STEP 62 将“手提袋正面”组复制，并将生成的“手提袋正面 副本”组移动到下一层，然后修改组名称为“手提袋背面”，如图 3-290 所示，然后移动该组图像的位置，如图 3-291 所示。

图3-288　手提袋底部的投影效果

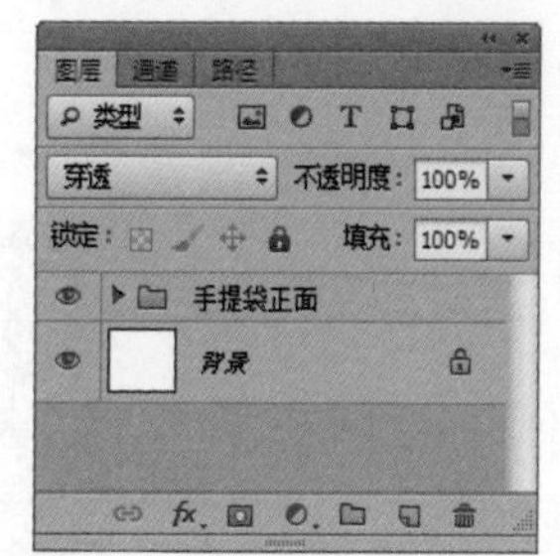

图3-289　图层编组并修改组名称

图3-290　复制组并调整组排列顺序

STEP 63 单击组左边的小三角▶，展开“手提袋背面”组，然后删除蝴蝶结、顶面图像以及对应的投影和调整图层，如图 3-292 所示。

图3-291　移动位置后的手提袋效果

图3-292　删除需要图层后的效果

STEP 64 在“手提袋背面”组的上方新建图层 13，并将前景色设置为黑色。

STEP 65 选择画笔工具，为其选择“柔边圆”画笔，并设置适当的画笔大小和不透明度，然后在两个手提袋之间进行涂抹，以绘制此处的投影，完成效果如图 3-293 所示。

STEP 66 新建图层 14，使用画笔工具在正面手提袋下方的提手处进行涂抹，以绘制此处的投影，如图 3-294 所示。

图3-293　绘制的投影效果

图3-294　提手处的投影效果

STEP 67 在“手提袋背面”组中，将正面图像投影所在的图层不透明度修改为 16%，侧面图像投影所在的图层不透明度修改为 10%，如图 3-295 所示。

STEP 68 打开本书配套光盘中的“Chapter 3\Media\3.3\ 猫 .psd”文件，将该图像移动到手提袋立体文件中，生成图层 15。将该图层调整到最上层，然后调整图像的大小和位置，如图 3-296 所示。

图3-295 完成后的手提袋效果

图3-296 添加的猫图像

STEP 69 复制猫图像所在的图层 15，然后将复制的图像垂直翻转，并移动到原猫图像的下方。将该图层的不透明度设置为 35%，效果如图 3-297 所示。

STEP 70 添加手提袋立体效果中的文字，完成本实例的制作，如图 3-298 所示。

图3-297 制作的猫投影效果

图3-298 完成后的手提袋效果

3.4 药品类包装设计

药品包装是药品不可分割的一个组成成分，它越来越受到大家的重视和关注。药品包含粉针、水针注射剂、片剂、颗粒、口服液以及输液包等，不同类型的药品应该根据其特性选用适合的包装材料，而纸质材料具有易受潮、易腐蚀和易污染等局限性，因此仅作为药品的外包装材料。

3.4.1 关于药品类包装

在设计医药产品类包装时，设计师的艺术修养和个性风格会不同程度地体现在包装设计上，但能否足够好地表现出来，完全取决于设计师的主观努力。

在设计过程中，应注意以下三个因素上。

1. 包装材料的合理选择

药品包装材料主要指药品包装的用纸及相关材料，它与药品包装设计的各要素一起决定药品包装的效果，因此必须合理地进行选择。

设计师在进行药品包装设计时，应当增强包装设计意识，从消费者的利益角度考虑包装成本，合理选用适合产品的包装材料，以增强消费者的信任度，如图 3-299 所示。在设计时既要考虑包装成本，又要注重包装的质量，尽量省去一些不必要的印刷工艺，如纸板上覆膜，这样既增加了成本，又不利于环保。

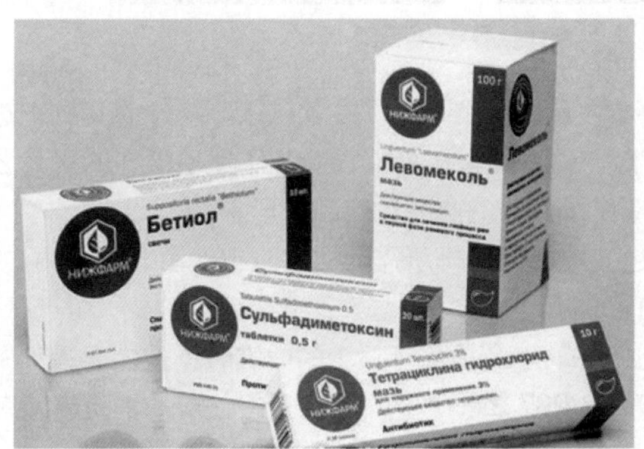

图3-299　药品包装中的材料选择

2. 文字、色彩和图形的合理应用

药品包装和其他产品包装一样，也离不开文字、色彩和图形的协调统一。

药品包装中的文字是药品包装中最主要的组成部分，通过这些文字，可以使消费者了解药品的名称、功能、用法和注意事项等信息。因此，设计师应合理编排文字，以达到简明、醒目、美观的效果，如图 3-300 所示。

图3-300　药品包装中的文字处理

中药是我国的传统药品，因此，为了增强药品的传统色彩或历史性，中成药包装中的主体文字和图纹一般采用传统的书法艺术风格，在文字编排上还可借用中国古代文字的排版形式，如图 3-301 所示。

图3-301　中药包装设计

和中成药包装设计不同，西药包装设计中通常采用现代字体，或者在这些字体的基础上进行变形处理，它们简约现代，排版灵活，不拘一格，同时不失庄重性，充分体现了汉字的现代艺术魅力，再通过色彩和图形的修饰应用，从而塑造出了优秀的商品包装品牌形象。

由于药品包装本身的规格较小，因此要在包装中合理编排所需的文字，包括品名、通用名称、成分、性状、适应症、功能主治、规格、用法用量、不良反应、禁忌、注意事项、贮藏、生产日期、产品批号、有效期、批准文号、生产企业、注册商标等 18 项不可缺少的内容时，就需要设计师分清主次、合理编排，这样既便于消费者识别，又不失视觉秩序上的主次美感，增加消费者对药品的信任度。

药品包装的色彩决定包装的整体视觉形象，它是药品包装设计中最有影响力的因素，不同的色彩可代表不同的药理特点、药用价值，同时具有不同的象征意义。如图 3-302 所示为 3 款不同色彩的药品包装设计。

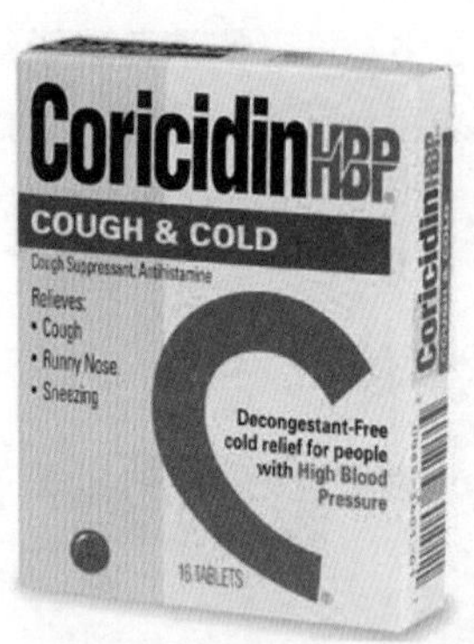

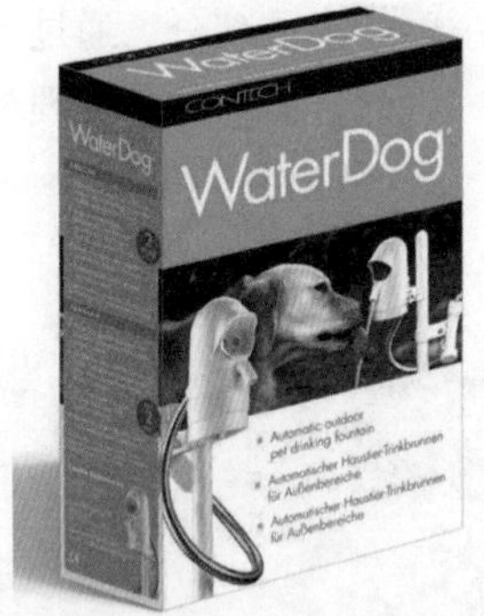

图3-302　不同色彩的药品包装设计

例如，蓝色象征科技与未知的世界，绿色象征和平与生命，红色象征热情与滋补，橙色象征兴奋与收获，黄色象征轻松与安全，白色象征洁净与高雅等。因此，在设计安眠安神类药品时通常用蓝色，止痛镇静类药品用绿色，健胃消食类药品用橙色，保健滋补类药品用红色，轻松排便类药品用黄色。

另外，在药品包装设计中，除了坚持因病制宜、因药效制宜、因消费者心理接受制宜、因时尚审美趣味制宜的原则外，还应追求创意。药品包装中的色彩能把药品的药理属性和温馨的人文关怀紧密结合在一起，有利于赢得消费者的信任与好感，进而促使其购买，从而影响销售效果。

因此，色彩在药品的销售、宣传和品牌形象的建立方面起着关键性的作用。

药品包装中的图形设计主要运用构成的手法，采用具象或抽象的图形来传达药品信息。通常，西药包装中多采用抽象图形，它通过点、线、面的构成手法简要、新颖地展现出一些独具现代美感的药品形象，使人印象深刻，如图 3-303 所示。

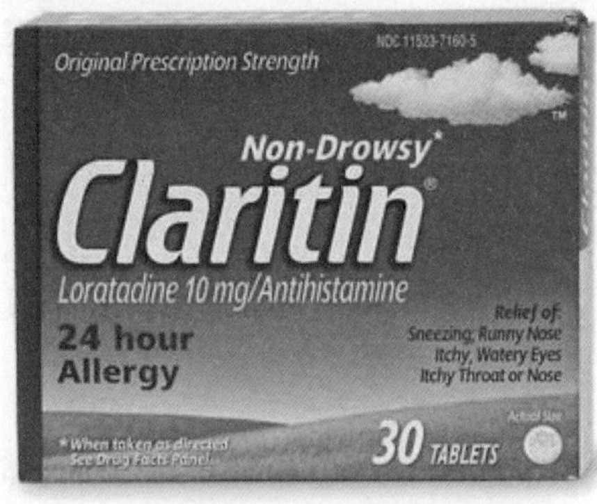

图3-303　药品包装中的图文处理

总的来说，药品包装中图形的设计必须与药品的医药特性、地域文化相关联，同时要注重图形的美感和时尚感，更不可缺少视觉艺术的个性创意。

3. 体现人文关怀

药品是给人免除或减轻病痛的一种特殊商品。因此，在药品包装设计中，还应体现一种温馨的人文关怀。如药品包装中常会出现诸如“将药物放在儿童不能触及的地方”、“老年人慎用”、“孕妇忌用”,以及明确醒目的药品通用名和患者使用类别等的描述,以提醒儿童、老人和孕妇注意安全，这就是最为简单的人文关怀。这样,可缩短药品与患者的距离,给人一种亲切感,增加药品的可信度。

此外，药品包装设计的色彩也是形成消费者生理与心理疗效的重要因素，设计师需要根据药品功效的不同，选择具有不同象征意义的色彩，给消费者以放心、舒服的感觉。

> **提示**
>
> 为了防止商家过于宣传其品牌而忽视对药效的说明，从 2006 年 6 月 1 日起，国家食品药品监督管理局明令“药品商品名称不得与通用名称同行书写，其字体与颜色不得比通用名更突出和显著，其字体以单字面积不得大于通用名称所用字体的二分之一”。

3.4.2　范例——“清凉消炎喉片”包装盒

打开本书配套光盘中的“Chapter 3\Complete\3.4\ 药品盒立体 .psd”文件，查看该药品包装的最终设计效果，如图 3-304 所示。

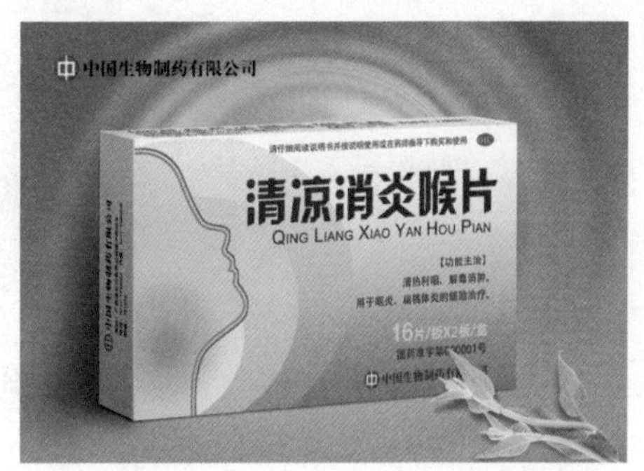

图3-304　清凉消炎喉片包装盒效果

1. 设计定位

清凉消炎喉片是属于西药类型，其主要功能在于清热减毒和消炎利咽，所以在设计上应突出药理特点和药用价值。

2. 设计说明

根据清凉消炎喉片的功能主治特点，整个包装盒采用黄色和绿色为主色调，黄色给人轻松安全感，绿色带给人清凉，而黄色到绿色的过渡，会使人在清凉的感觉中得到一种放松和舒缓，这正好体现了该药品的药理特点，同时增强了病人对该药品的信任感，这正是每一个药品包装最想要期待的。

包装中采用线条的方式描绘了一个抬头的人物侧面图，并通过橘红色团表现该人喉部的红肿症状，而脸部正对的是该药品的名称，通过这一图形和药品名称说明，恰到好处地展现了该药品的药用价值，使病人一看到此包装就能明白该药品是不是自己需要的。

3. 材料工艺

包装盒采用 270 克的白卡纸印刷，印刷工艺为平版四色印刷，后期工艺为压痕和模切。

4. 设计重点

绘制此药品包装盒同样分为两个部分，即绘制包装盒展开图与成型效果。在绘制时，如果能熟练掌握钢笔工具的使用方法，那么绘制此包装图像会非常容易。

在绘制此包装的过程中，需要注意以下几个方面的内容。

(1) 使用椭圆选框工具并结合渐变填充工具，绘制包装盒正面中的背景图像。

(2) 使用钢笔工具并结合用画笔描边路径功能，绘制包装盒正面中的人物侧面线条图。

(3) 通过绘制圆形选区，然后将选区羽化并填充的方法，绘制人物喉部红肿的症状。

5. 设计制作

在绘制此药品包装时，需要使用椭圆选框工具、渐变填充工具、横排文字工具、钢笔工具、“路径”面板、选区的羽化和填充命令，以及自由变换功能等。

(1) 绘制包装盒平面展开图

打开本书配套光盘中的“Chapter 3\Complete\3.4\ 包装盒平面图 .psd”文件，查看该药品包装盒的平面展开图，如图 3-305 所示。

图3-305　平面展开图及尺寸

STEP 01 打开本书配套光盘中的“Chapter 3\Media\3.4\盒平面图.psd”文件，如图3-306所示。执行“文件→存储为”命令，将该文件以“包装盒平面图”的名称保存到电脑中相应的目录。

STEP 02 新建图层2，使用矩形选框工具框选包装盒的正面区域，如图3-307所示。

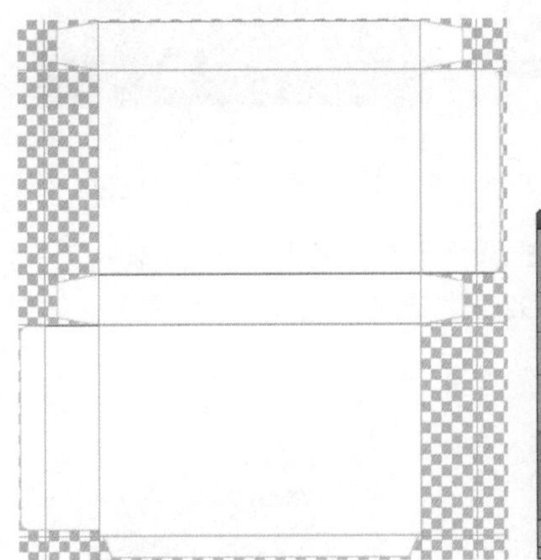

图3-306 盒平面图

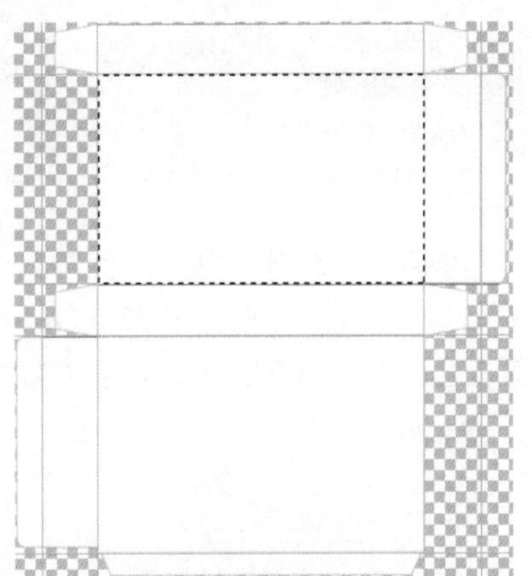

图3-307 框选的区域

STEP 03 选择渐变工具，在工具选项栏中单击线性渐变按钮，然后打开“渐变编辑器”对话框，在其中将渐变色设置为0%“白色”，42%“R251、G230、B44”，100%“R87、G151、B44”，如图3-308所示。

STEP 04 按住“Shift”键在选区内从上到下垂直拖动鼠标，为该矩形选区填充该渐变色，如图3-309所示。取消图像中的选区，如图3-310所示。

STEP 05 新建图层3。使用椭圆选框工具创建如图3-311所示的椭圆形选区，然后为其填充线性渐变色，将渐变色设置为0%“R255、G244、B211”，45%“R244、G219、B16”，100%“R116、G162、B40”，填充效果如图3-312所示。

图3-308 渐变色设置

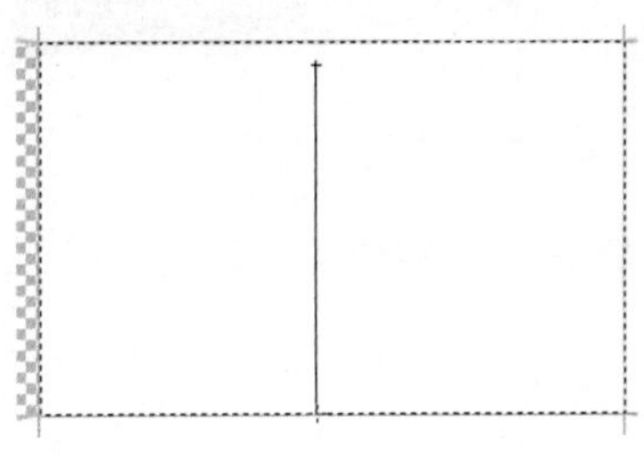
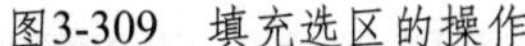

图3-309 填充选区的操作

图3-310 选区的填充效果

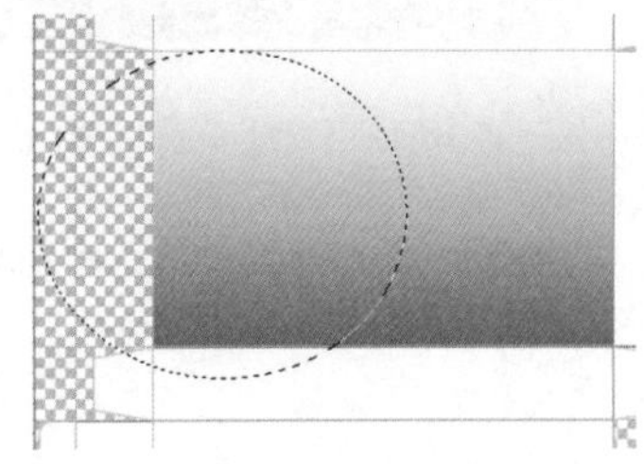

图3-311 绘制的选区

STEP 06 使用矩形选框工具按照加选的方式，框选位于盒正面以外的区域，如图3-313所示。按“Delete”键，删除选区内的图像并取消选择，如图3-314所示。

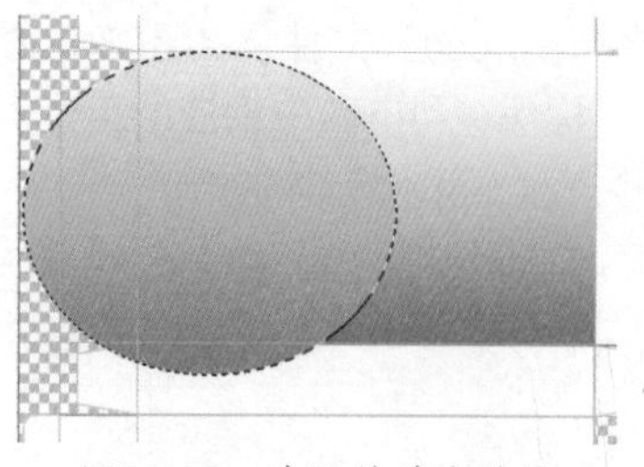

图3-312　选区的填充效果

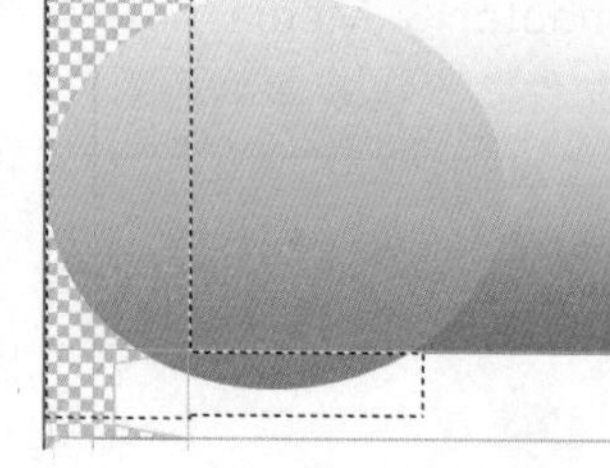

图3-313　框选的范围

图3-314　删除多余图像后的效果

STEP 07 新建图层 4，使用椭圆选框工具创建如图 3-315 所示的圆形选区。选择渐变工具，并设置渐变色为 0%“R255、G229、B30”，100%“R203、G205、B14”，然后为其填充该线性渐变色，如图 3-316 所示，填充效果如图 3-317 所示。

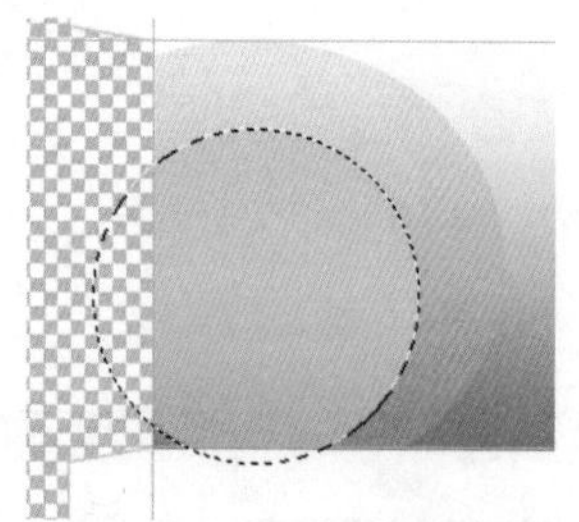

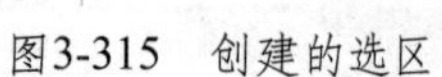

图3-315　创建的选区

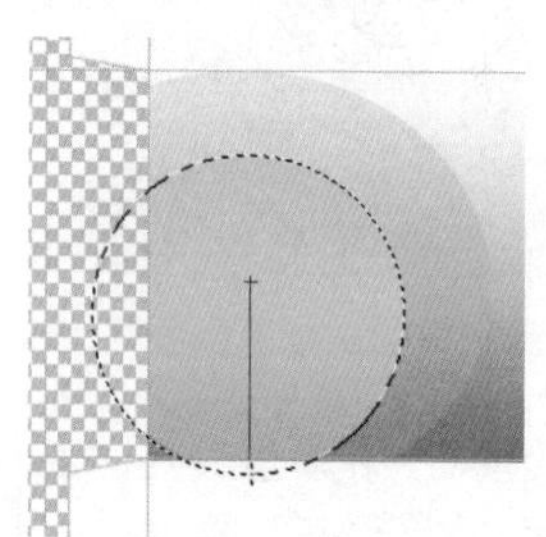

图3-316　填充渐变色的操作

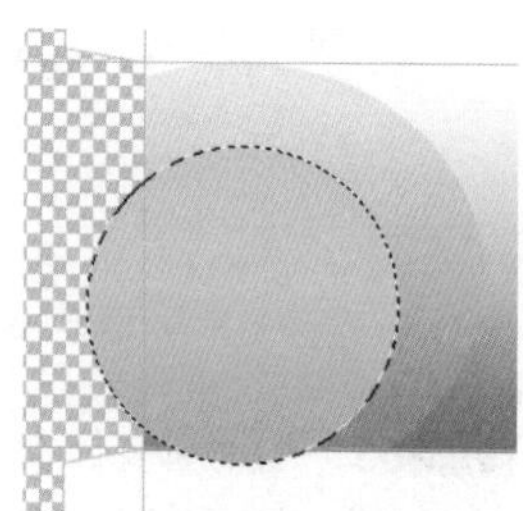

图3-317　填充效果

STEP 08 删除位于包装盒正面区域以外的多余图像，效果如图 3-318 所示。

STEP 09 新建图层 5。使用椭圆选框工具创建如图 3-319 所示的椭圆形选区，并为其填充“R255、G240、B40”的颜色，如图 3-320 所示。删除位于包装盒正面区域以外的多余图像，效果如图 3-321 所示。

图3-318　删除后的图像

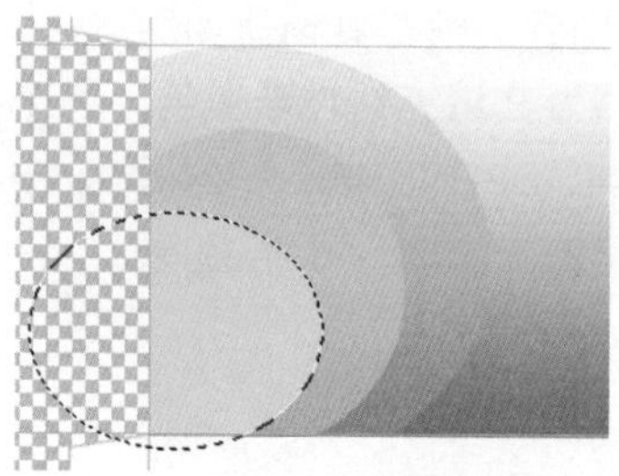

图3-319　创建的选区

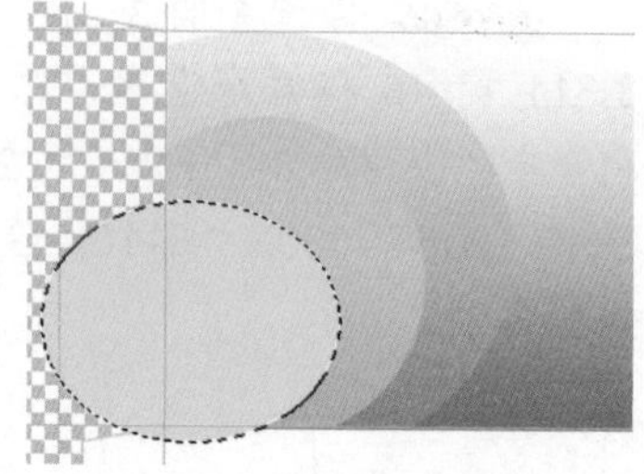

图3-320　填充选区的效果

STEP 10 使用钢笔工具绘制如图 3-322 所示的脸部路径，并将该路径存储为“路径 1”，如图 3-323 所示。

图3-321　删除后的图像

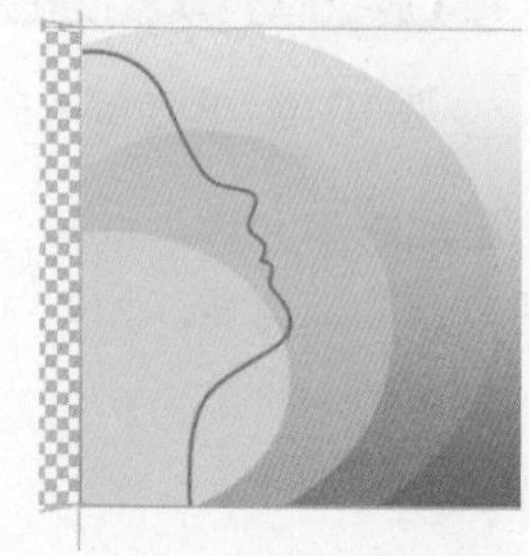

图3-322　绘制的路径

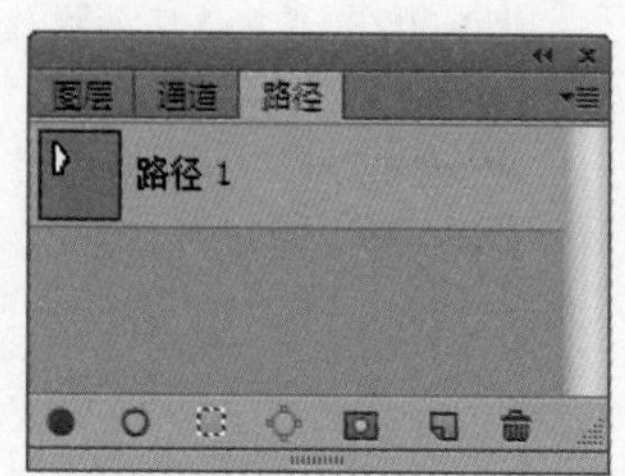

图3-323　存储的路径

STEP 11 新建图层6。将前景色设置为“R103、G152、B30”，选择画笔工具，为其选择“硬边圆”画笔，并将画笔大小设置为3像素、不透明度为100%，如图3-324所示。

图3-324 画笔工具选项栏设置

STEP 12 在“路径”面板中，单击“用画笔描边路径”按钮，得到如图3-325所示的脸部轮廓效果。

STEP 13 删除包装盒正面范围以外的描边图像，效果如图3-326所示。

STEP 14 在“路径”面板中选择路径1，然后单击“将路径作为选区载入”按钮，将路径转换为选区，如图3-327所示。

图3-325 路径的描边效果

图3-326 删除后的描边图像

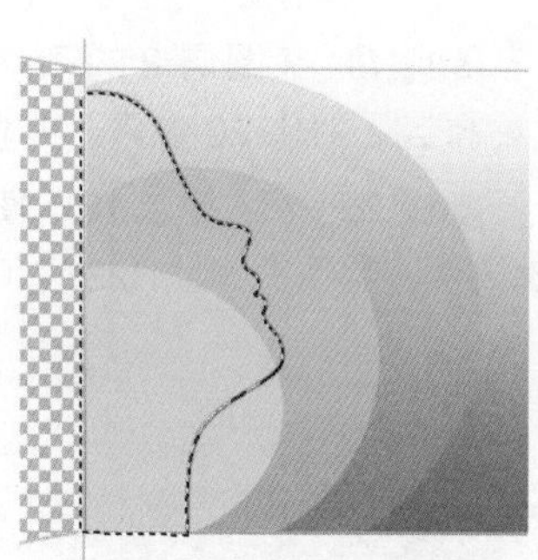

图3-327 载入的选区

STEP 15 执行“选择→修改→扩展”命令，在弹出的“扩展量”对话框中设置选项参数，如图3-328所示，然后单击“确定”按钮，将选区扩展，如图3-329所示。

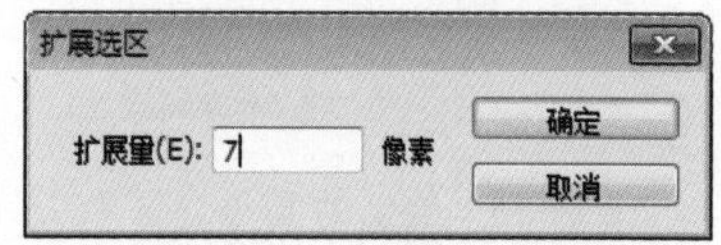

图3-328 扩展选区设置

STEP 16 执行“选择→修改→平滑”命令，在弹出的“取样半径”对话框中设置选项参数，如图3-330所示，然后单击“确定”按钮平滑选区，如图3-331所示。”

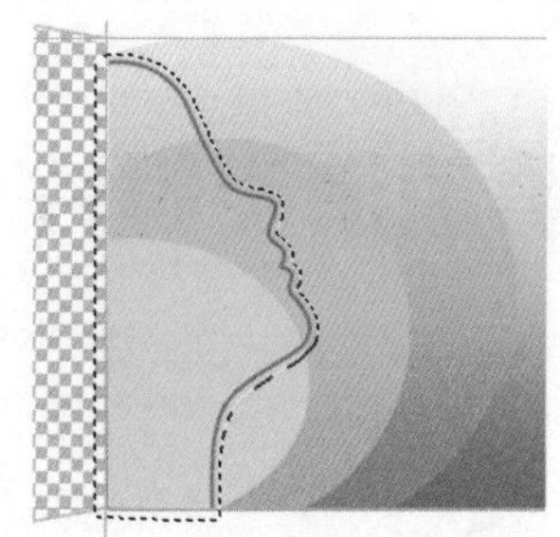

图3-329 选区的扩展效果

图3-330 取样半径设置

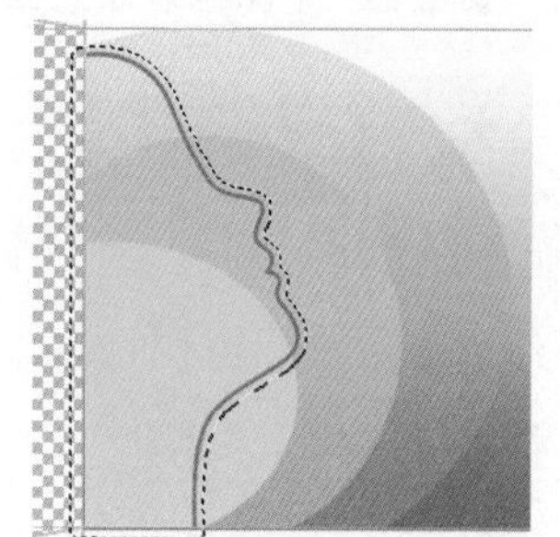

图3-331 选区的平滑效果

STEP 17 新建图层7，并将该图层调整到图层6的下方，如图3-332所示，然后为选区填充从“R253、G238、B144”到“R247、G227、B36”的线性渐变色，如图3-333所示。

STEP 18 新建图层8。将前景色设置为“R90、G116、B0”，执行“编辑→描边”命令，在弹出的“描边”对话框中设置宽度为3像素、位置为居中，然后单击“确定”按钮。删除图层7和图层8中位于包装盒正面范围以外的图像，效果如图3-334所示。

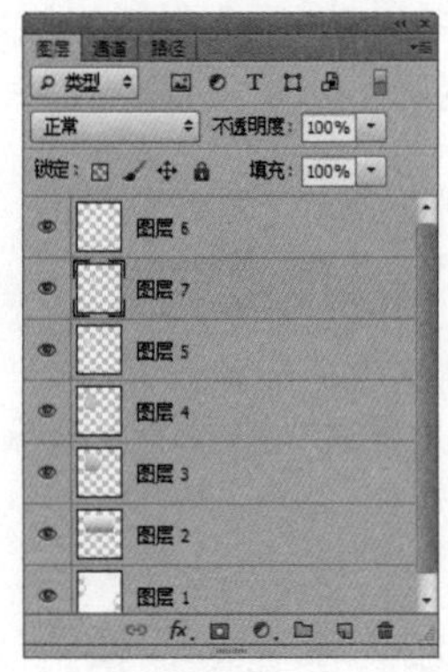

图3-332 图层状态

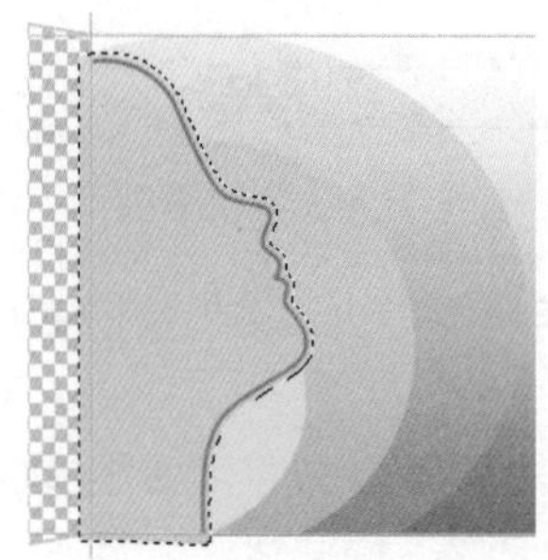

图3-333 选区的填充效果

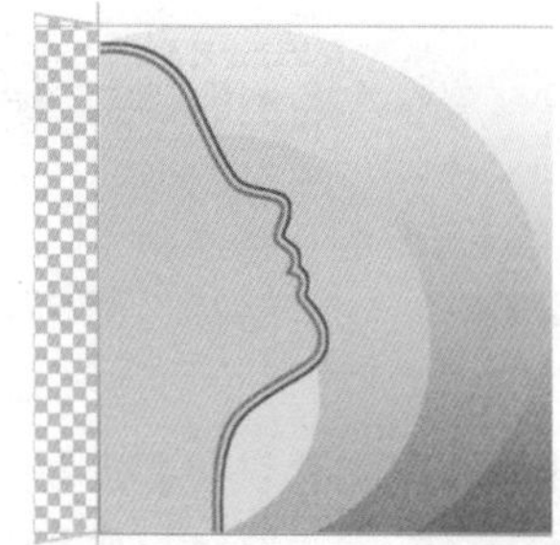

图3-334 删除多余描边图像后的效果

STEP 19 在图层 8 的下方新建图层 9。使用椭圆选框工具绘制如图 3-335 所示的圆形选区，然后将选区羽化 20 像素，并填充为“R243、G194、B11”的颜色，如图 3-336 所示。

STEP 20 新建图层 10。使用椭圆选框工具绘制如图 3-337 所示的圆形选区，然后将选区羽化 15 像素，并填充为“R233、G155、B5”的颜色，如图 3-338 所示。

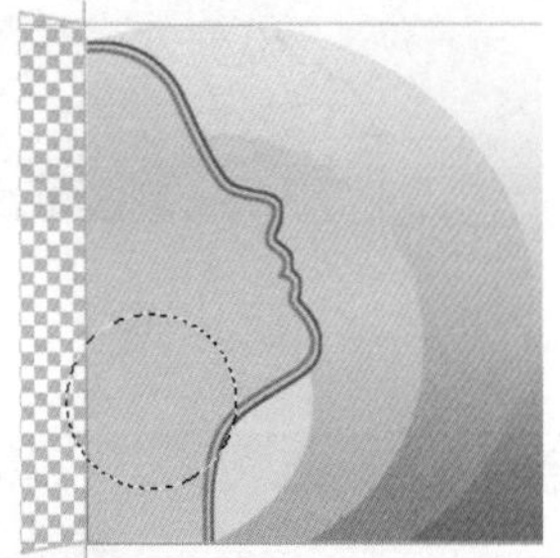

图3-335 绘制的圆形选区

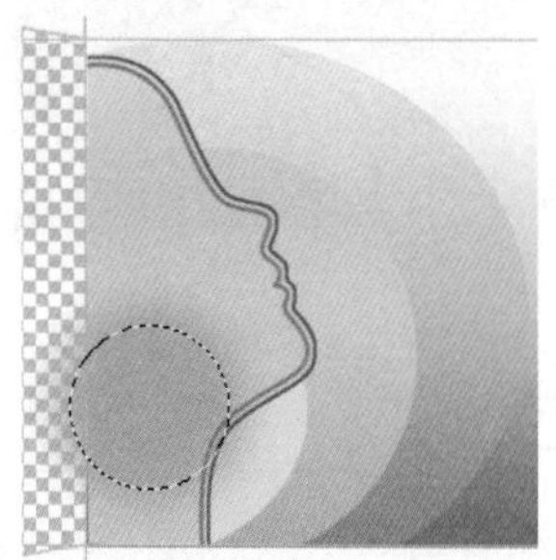

图3-336 选区的填充效果

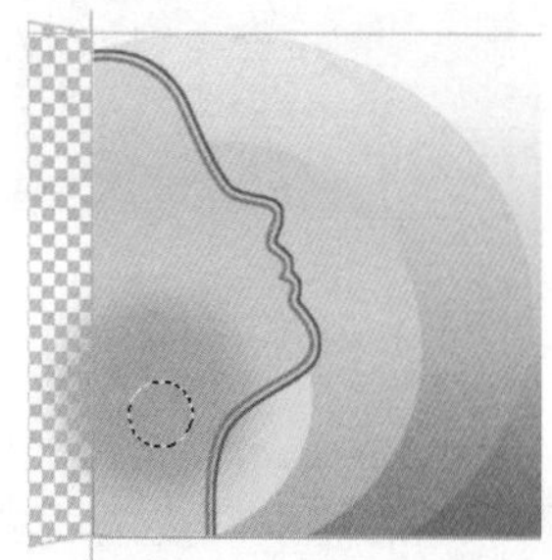

图3-337 创建的选区

STEP 21 取消图像中的选区，然后删除图层 9 和图层 10 中位于包装盒正面范围以外的图像，如图 3-339 所示。

STEP 22 添加包装盒正面中的文字，完成效果如图 3-340 所示。

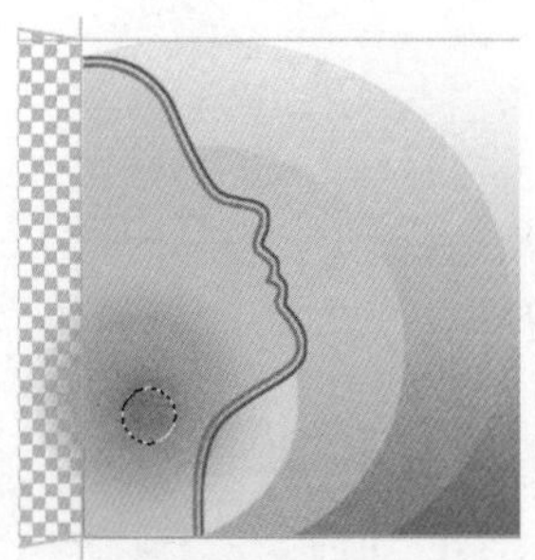

图3-338 选区的填充效果

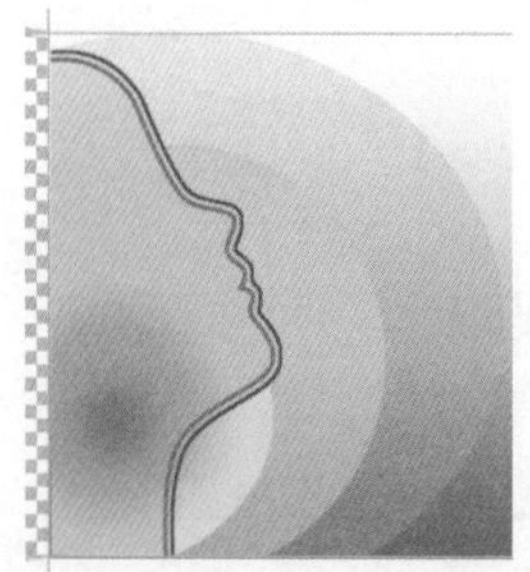

图3-339 删除后的图像

图3-340 完成后的包装盒正面效果

STEP 23 将包装盒正面中的所有图像和文字所在的图层编组，并修改组名称，如图 3-341 所示。

STEP 24 将“包装盒正面”组复制，并将复制的组名称修改为“包装盒背面”，如图 3-342 所示。

STEP 25 执行“编辑→变换→旋转 180°”命令，将复制的图像旋转 180°，作为包装盒的背面图像，如图 3-343 所示。

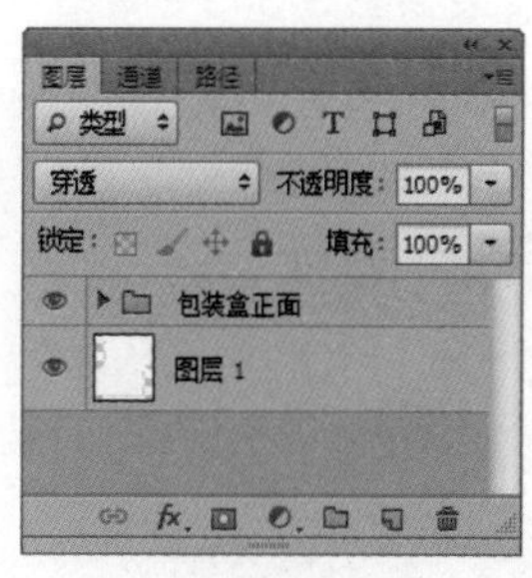

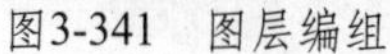

图3-341 图层编组

图3-342 修改后的组名称

图3-343 包装盒的背面图像

STEP 26 使用矩形选框工具框选包装盒的前侧面范围，如图 3-344 所示。

STEP 27 选择盒展开图所在的图层 1，按“Ctrl+J”键，将前侧面范围拷贝到新的图层，生成“图层 11”，然后将该范围填充为“R86、G150、B45”的颜色，如图 3-345 所示。

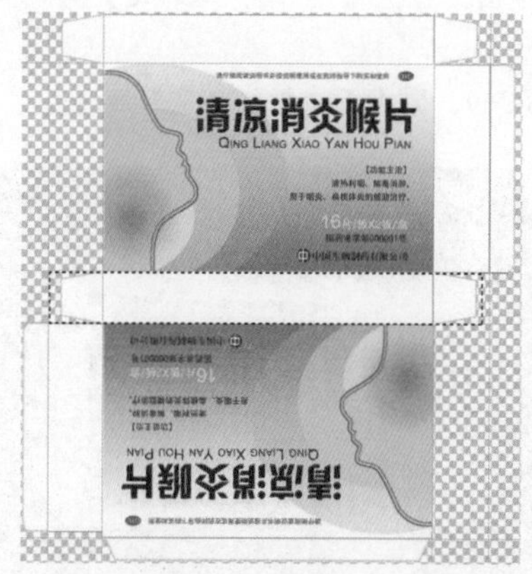

图3-344 框选的侧面范围

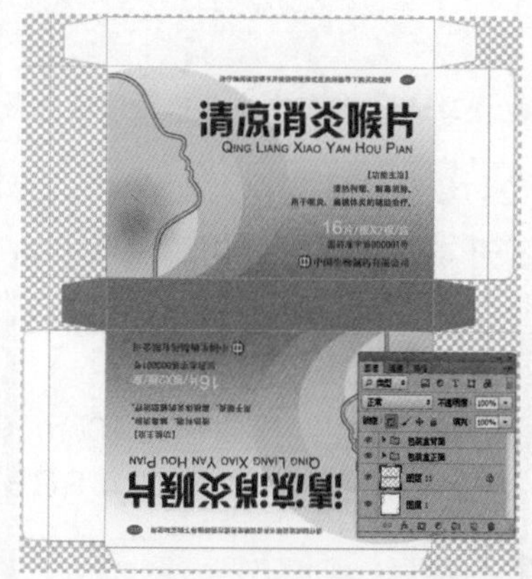

图3-345 对拷贝的图层进行填充的效果

STEP 28 使用矩形选框工具框选包装盒的左侧面范围，如图 3-346 所示。

STEP 29 选择图层 1，按“Ctrl+J”键，将左侧面范围拷贝到新的图层，生成“图层 12”。为该范围填充如图 3-347 所示的线性渐变色，渐变色设置为 0%“R205、G206、B13”，48%“R254、G229、B34”，100%“R255、G244、B211”。

图3-346 框选的左侧面范围

图3-347 左侧面范围的填充效果

STEP 30 将图层 12 复制，并将复制的图像旋转 180°，然后移动到包装盒的右侧面范围内，如图 3-348 所示。

STEP 31 添加包装盒中所需的文字，完成包装盒平面展开图的制作，效果如图 3-349 所示。

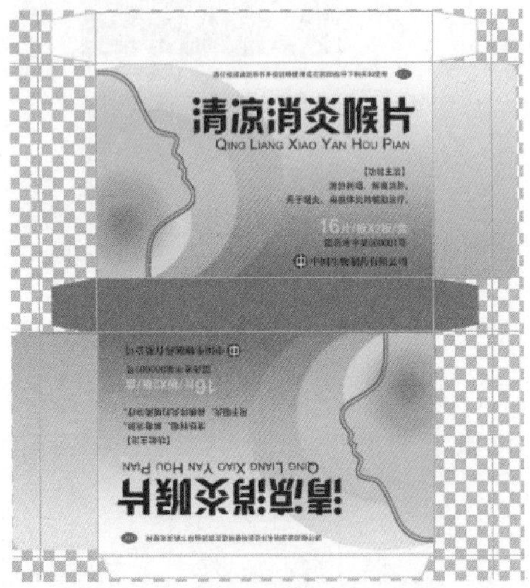

图3-348 包装盒中各个面的底色效果

图3-349 完成后的包装盒平面展开图

(2) 绘制包装盒立体效果

打开本书配套光盘中的“Chapter 3\Complete\3.4\药品盒立体.psd”文件，查看该药品包装盒的成型效果，如图 3-350 所示。

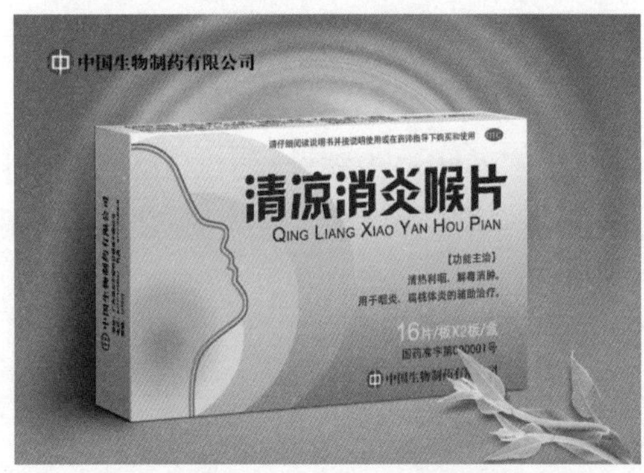

图3-350 药品盒立体效果

STEP 01 新建一个大小为 20cm×14cm、分辨率为 150 像素/英寸、模式为 RGB 的文件，如图 3-351 所示。

STEP 02 打开本书配套光盘中的“Chapter 3\Media\3.4\背景.jpg”文件，将其移动到药品盒立体文件中，生成图层 1，然后将该图像调整到如图 3-352 所示的位置。

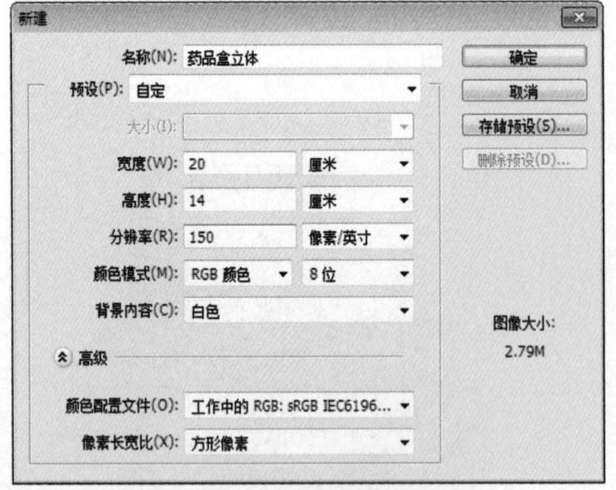

图3-351 新建文档设置

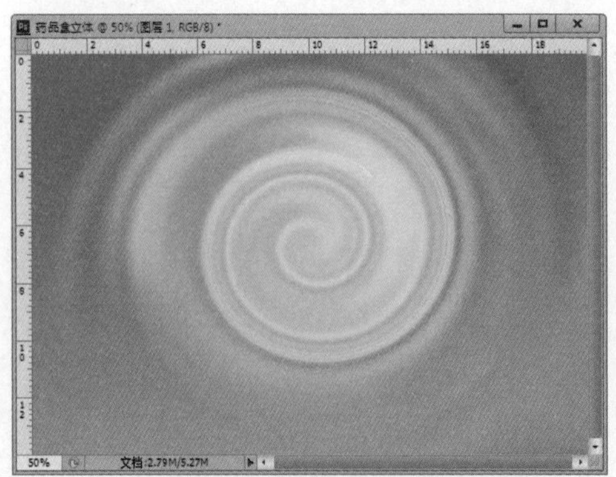

图3-352 添加的背景图像

STEP 03 打开前面制作好的“包装盒平面图”文件，执行“图像→复制”命令，在弹出的对话框中单击“确定”按钮，创建一个副本文档。

STEP 04 选择“图层”面板中的所有图层，然后按“Ctrl+E”快捷键，将所选图层合并。

STEP 05 使用矩形选框工具框选如图 3-353 所示的药品盒正面图像，然后将框选的图像移动到药品盒立体文件中，生成图层 2，如图 3-354 所示。

图3-353 框选的图像

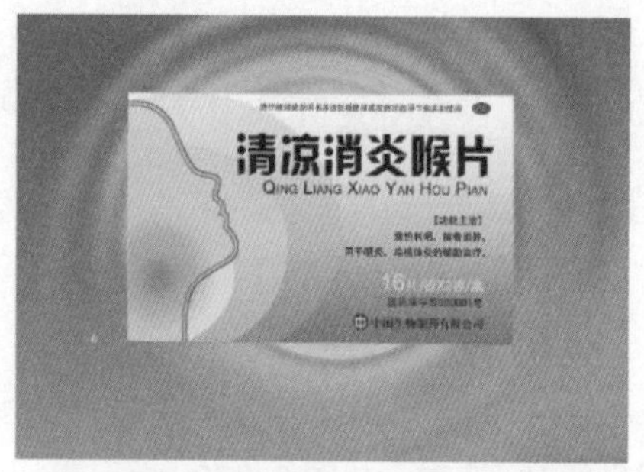

图3-354 立体文件中的正面图像

STEP 06 使用自由变换功能，将图像扭曲到如图 3-355 所示的效果。

STEP 07 分别框选左侧面和后侧面图像，将它们移动到包装盒立体文件中，生成图层 3 和图层 4，然后将它们变换为如图 3-356 所示的效果。

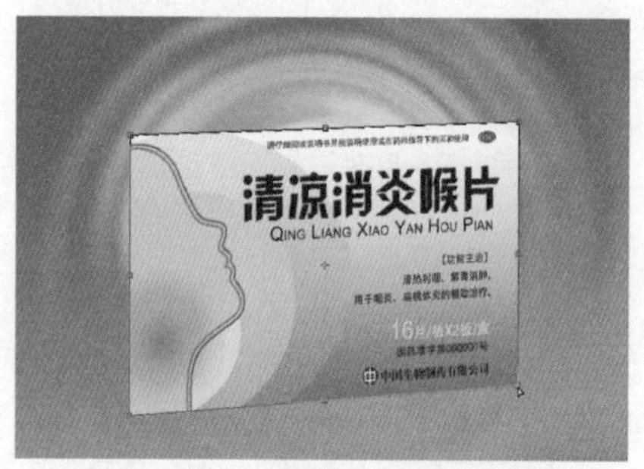

图3-355 图像的扭曲变换处理

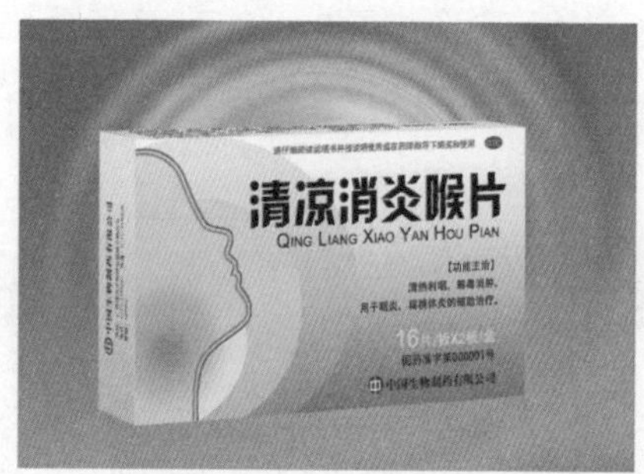

图3-356 药品盒中各个面的组合效果

STEP 08 将包装盒中的左侧面图像作为选区载入，如图 3-357 所示，然后为该图像所在的图层 3 添加一个曲线调整图层，生成曲线 1 图层。曲线参数设置及调整后的色调效果分别如图 3-358 和图 3-359 所示。

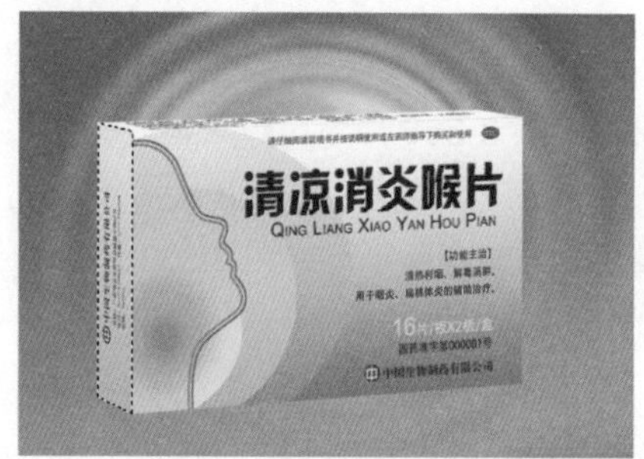

图3-357 框选的左侧面图像

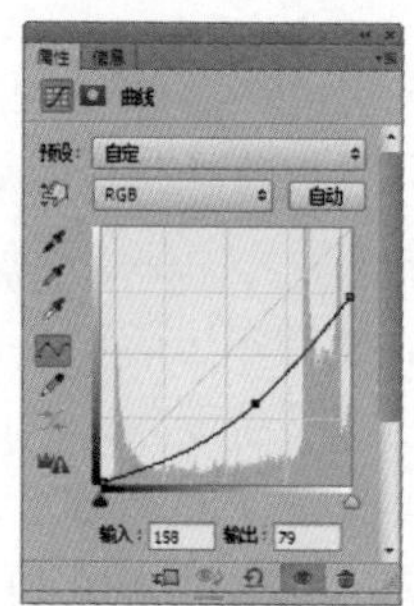

图3-358 曲线调整参数设置

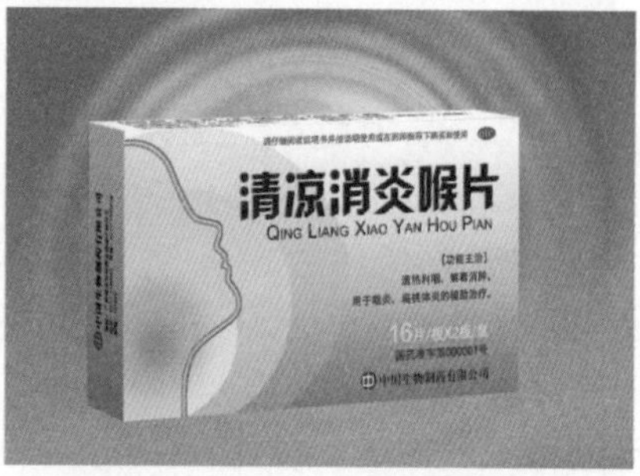

图3-359 调整后的左侧面图像效果

STEP 09 将包装盒中的后侧面图像作为选区载入，如图 3-360 所示，然后为该图像所在的图层 4 添加一个曲线调整图层，生成曲线 2 图层。曲线参数设置及调整后的色调效果分别如图 3-361 和图 3-362 所示。

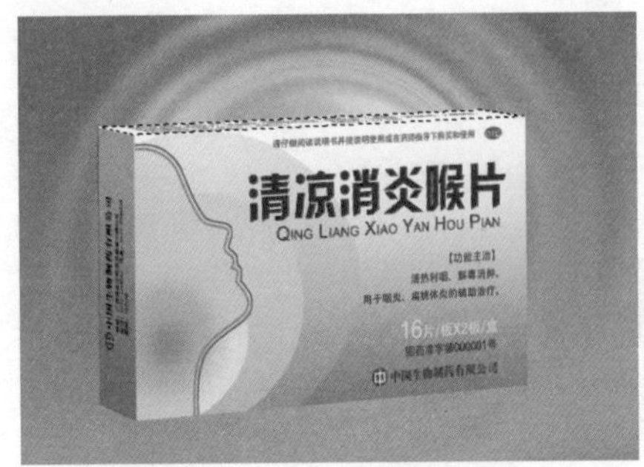

图3-360　载入的图像选区

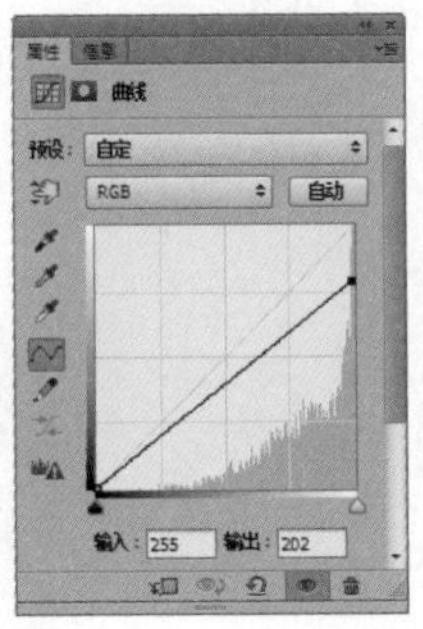

图3-361　曲线调整参数设置

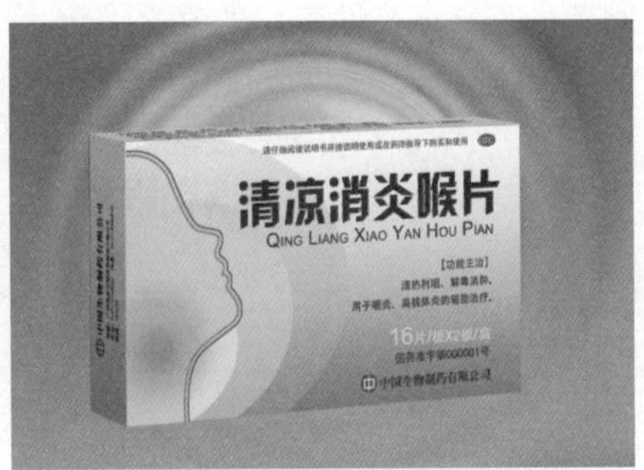

图3-362　调整后的图像色调

STEP 10 单击曲线 2 图层中的图层蒙版缩览图，以便对该蒙版进行编辑，如图 3-363 所示。

STEP 11 将前景色设置为黑色。选择画笔工具，为其选择“柔边圆”画笔，并设置适当的画笔大小和较低的不透明度，然后在后侧面图像的适当位置进行涂抹，以屏蔽部分调整效果，使色调更加自然，如图 3-364 所示。

STEP 12 选择图层 3，使用矩形选框工具框选包装盒左侧面图像的右边边缘部分，如图 3-365 所示，然后将选区羽化 1 像素。

图3-363　单击图层蒙版缩览图

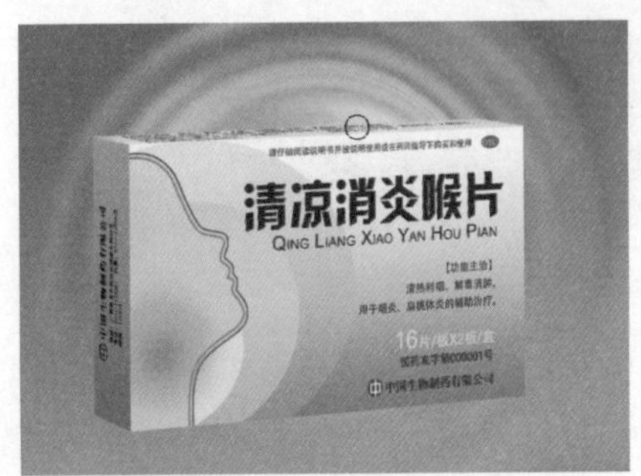

图3-364　调整后的图像色调

图3-365　框选包装盒侧面图像的边缘部分

STEP 13 按“Ctrl+J”键，将框选的部分拷贝到新的图层，生成图层 5，然后按“Ctrl+Shift+]”键，将该图层调整上最上层，以表现包装盒折痕处的反光效果，如图 3-366 所示。

STEP 14 按照同样的操作方法，制作药品盒顶部的折痕效果，生成图层 6，如图 3-367 所示。

STEP 15 在图层 1 的上方新建图层 7。使用多边形套索工具在药品盒底部创建如图 3-368 所示的选区，将选区羽化 3 像素后，为其填充黑色，并取消选择，以表现包装盒底部的阴影，如图 3-369 所示。

STEP 16 新建图层 8。将前景色设置为黑色，选择画笔工具，为其选择“柔边圆”画笔，并设置适当的画笔大小和不透明度，然后在包装盒的左侧面处进行涂抹，以绘制此处的投影，完成效果如图 3-370 所示。

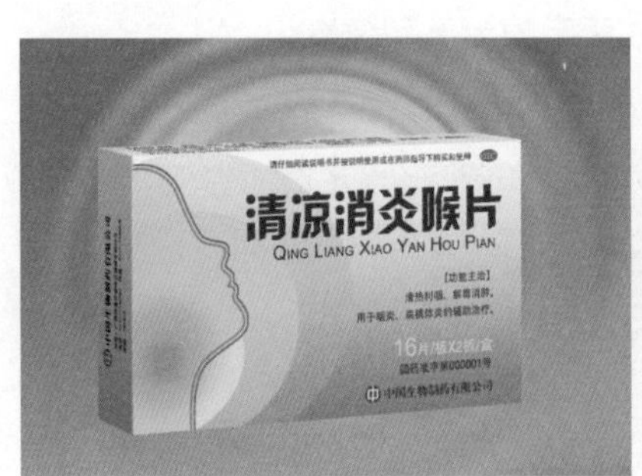

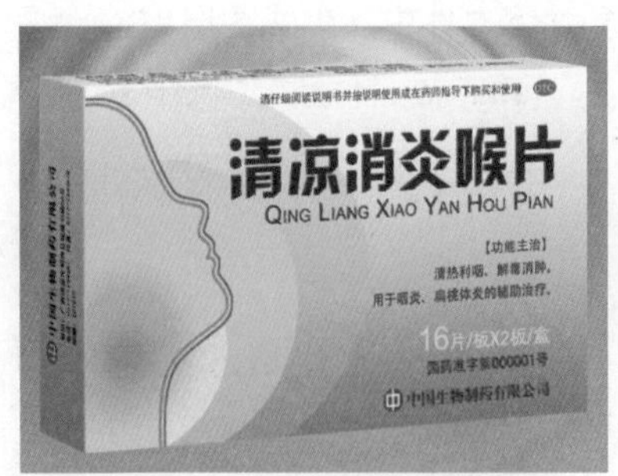

图3-366　包装盒左侧面处的折痕效果　　图3-367　药品盒顶部的折痕效果

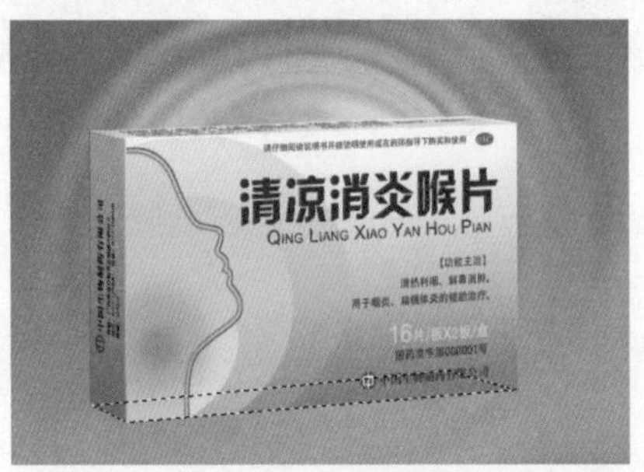

图3-368　创建的选区

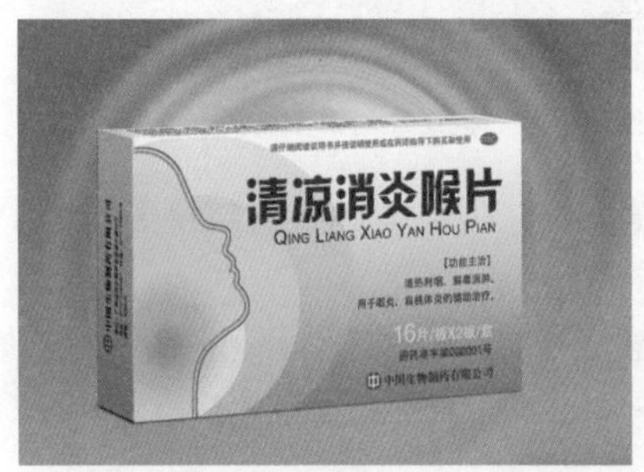

图3-369　药品盒底部的阴影

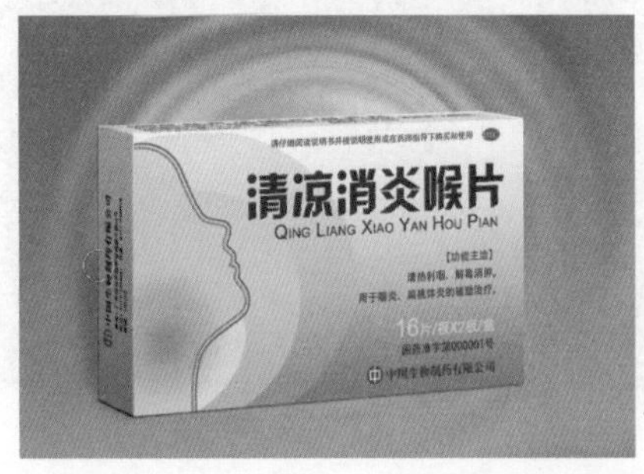

图3-370　绘制的左侧面投影

STEP 17 在图层 7 的下方新建图层 9。使用椭圆选框工具在药品盒的下方创建一个椭圆形选区，然后使用变换选区功能，将选区旋转一定的角度，如图 3-371 所示。

STEP 18 将选区羽化 50 像素，然后为其填充“R190、G200、B30”的颜色，如图 3-372 所示，完成后取消选择。

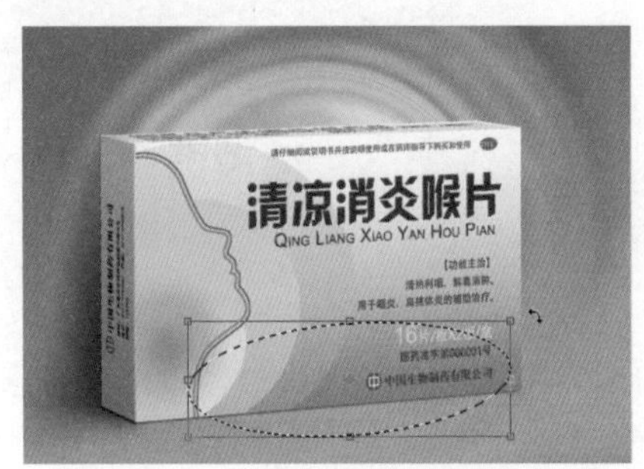

图3-371　将选区旋转

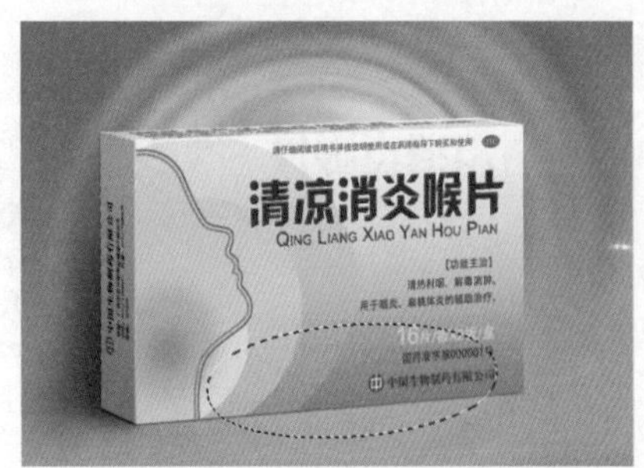

图3-372　将选区羽化并填充后的效果

STEP 19 打开本书配套光盘中的“Chapter 3\Media\3.4\ 植物 .psd”文件，将其移动到药品盒立体文件中，生成图层 10，然后将该图像调整到如图 3-373 所示的大小和位置。

STEP 20 将植物图像作为选区载入，如图 3-374 所示，并将选区羽化 5 像素。

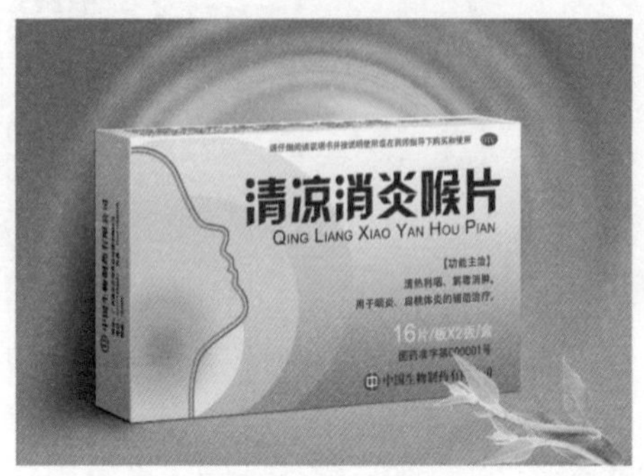

图3-373 添加的植物图像

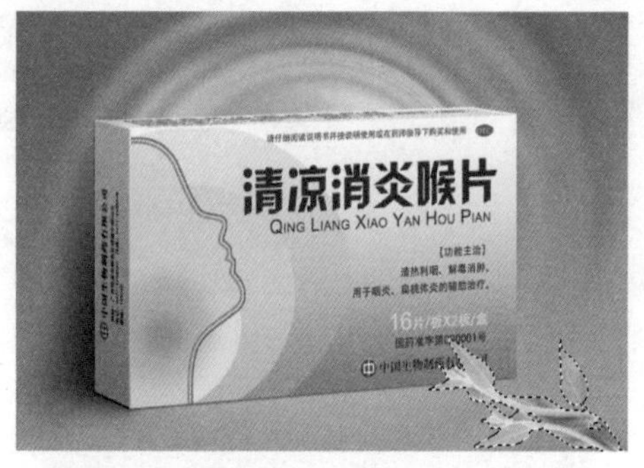

图3-374 载入的选区

STEP 21 在图层 10 的下方新建图层 11，然后将选区填充为黑色，以制作植物的投影，如图 3-375 所示。

STEP 22 使用自由变换功能，将投影图像向下斜切一定的角度，如图 3-376 所示。完成后在控制框内双击鼠标左键，完成变换操作。

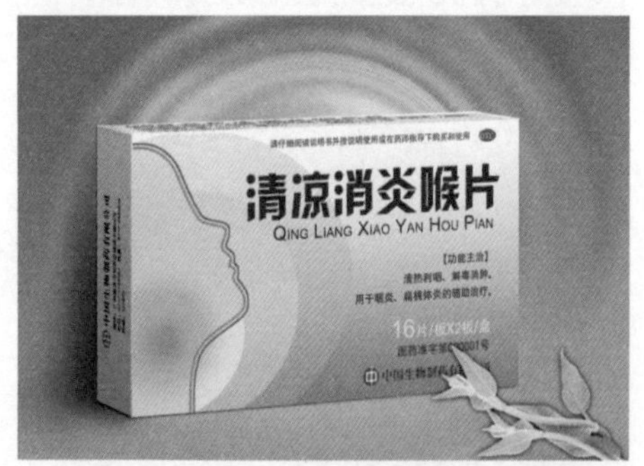

图3-375 将选区羽化并填充后的效果

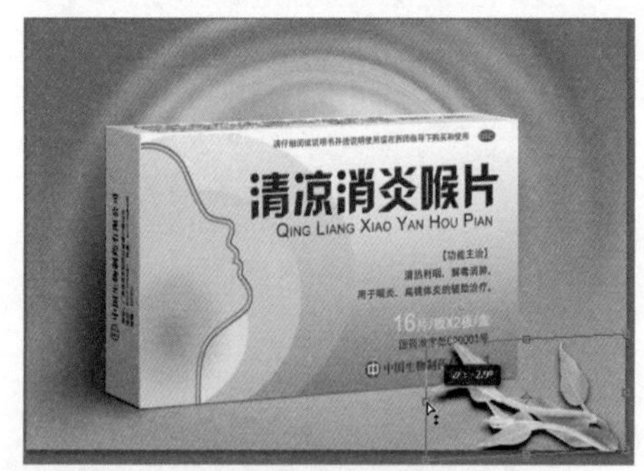

图3-376 斜切图像

STEP 23 将图层 11 的不透明度设置为 40%，如图 3-377 所示。

STEP 24 在药品盒立体文件中添加该药品的生产厂家名称，完成本实例的制作，效果如图 3-378 所示。

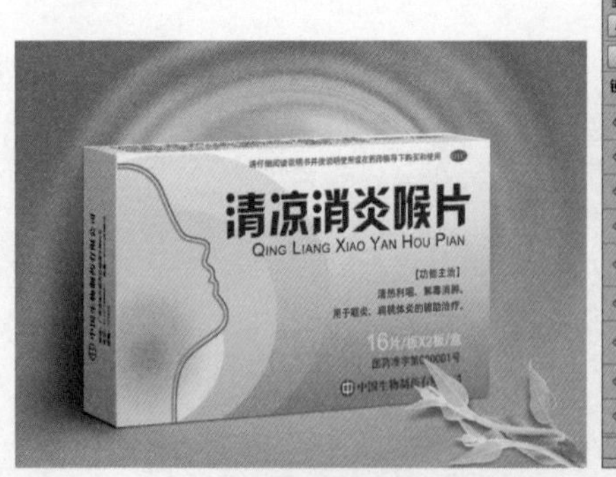

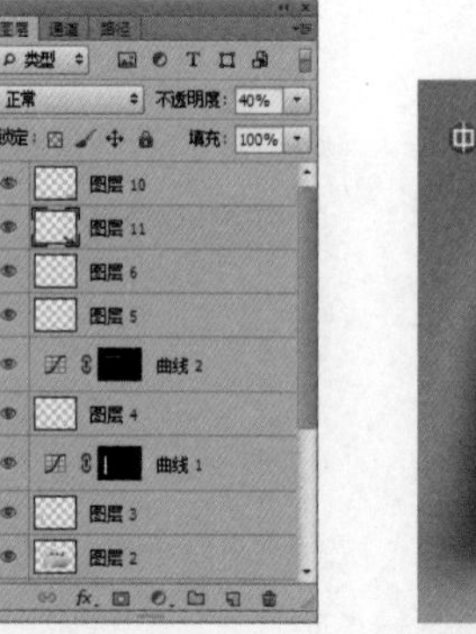

图3-377 植物的投影效果

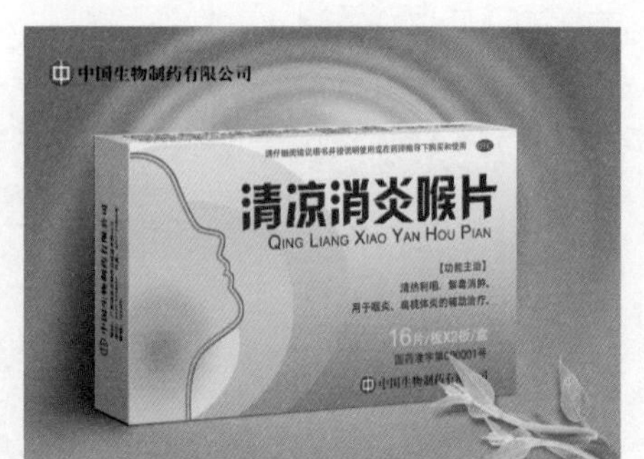

图3-378 完成后的药品盒效果

3.5 科技产品类纸包装设计

由于纸质具有可回收、环保和成本较低的优点，同时科技类产品相比食品和日用品来讲，在包装材料上没有较为严格的要求，因此纸质材料通常也应用于科技类产品的包装设计中。

科技类产品代表一定的先进生产力，因此在设计此类产品的包装设计时，应用以注重体现产品的科技性能为主。

3.5.1 关于科技产品类包装

随着科学技术的不断进步，科技产品成为人们生活和工作中必不可少的使用工具。手机智能化和网络的应用，更加方便了人们的生活、学习和工作。

如今，包装产品的需求呈现多元化走势。不论是哪一种类型的产品包装设计，都不仅仅是设计师凭空发挥想象力的设计过程，它还是设计师与使用者不断沟通表达消费需求的过程。设计师要充分考虑消费者的心理需求和审美因素，并将自身的艺术修养和风格融入设计创作中。如图3-379 所示为两款漂亮的科技产品类包装。

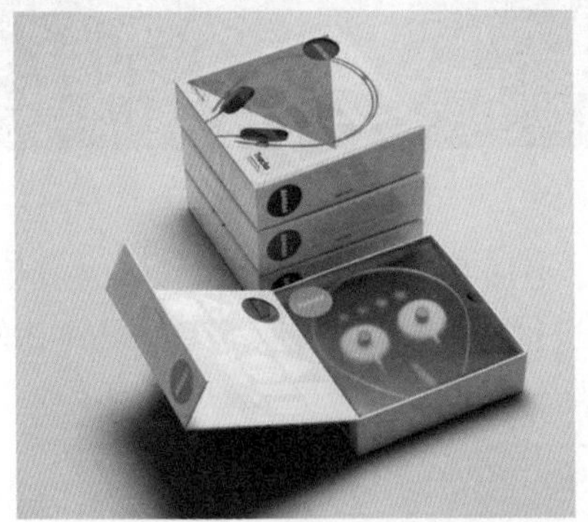

图3-379 科技产品类包装设计

当前，IT 产业是科技类产品的代表，这类产品从产品设计到包装设计都进入了一个新的探索和追求阶段。在探求更快、更新科技的同时，人文精神也逐渐受到重视，而科技产品也正向着更符合人性化生活机能的方向发展。因此，在进行科技产品包装设计的过程中，包装也不仅仅是局限于产品特点的介绍，而更多的是通过图文创意和色彩的综合表现，来体现产品的先进性以及由此带来的人性化设计。通过在包装中突出产品优势，以达到吸引消费者的目的，如图 3-380 所示。

图3-380 数码产品创意包装设计

包装在设计风格上要追求个性化，但同时应符合产品自身的风格特质，同时这种个性化的表现方式又应该让消费者普遍接受，这就给现代个性化包装设计提出了更高的要求。除了将应用到包装上的图文和色彩与体现产品功能的视觉元素完美结合外，还要体现人们内心的理想与追求，从而为不同的生活方式提供各具特色的消费导向，展示不同的意境，将情感、技术、社会信息、审美意愿等诸多因素综合在一起，力求设计出既有独特的艺术风格又能表现艺术个性的产品包装。

3.5.2 范例——“MEILING”智能手机包装盒

打开本书配套光盘中的“Chapter 3\Complete\3.5\手机盒立体.psd”文件，查看该手机包装盒的最终设计效果，如图3-381所示。

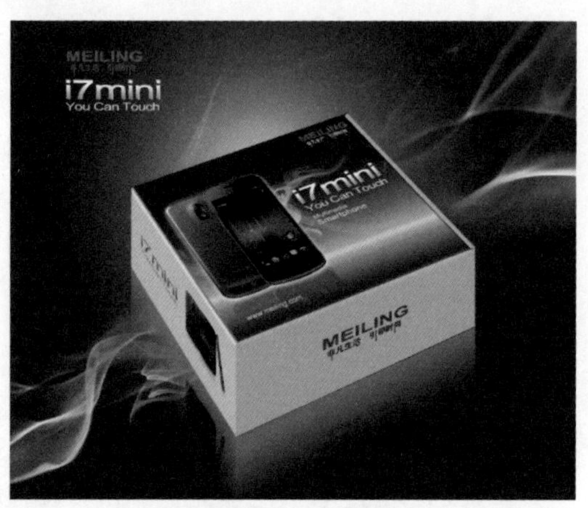

图3-381 包装盒立体效果

1. 设计定位

这是一款新型的智能手机，它功能超前，人性化的设计使其成为目前市场上最热门和最抢手的手机，因此该手机的定价也是较高的。

2. 设计说明

“MEILING”手机机身一贯秉承经典的黑色，给人稳重、神秘和永恒之感，同时也彰显了它在手机领域的霸主地位。包装盒秉承黑色这一经典，在顶面采用黑色到银白这一渐变色调，与手机颜色相呼应，更加突显该手机的尊贵和不凡气质。

在包装盒顶面中，通过动感的蓝绿色烟雾图像对背景进行烘托，使整个以黑色调为主体的画面活跃了起来，同时也丰富了整个画面的视觉效果，使画面不再单调。

3. 材料工艺

包装材料采用300g的白卡纸印刷，印刷工艺为平版四色印刷。包装盒正面中的主体文字采用烫银和击凸工艺，后期工艺为压痕和模切。为了符合环保理念，该包装盒不采用覆膜。

4. 设计重点

在制作“MEILING”手机包装盒时，主要用到Photoshop中的矩形工具、文本工具、图层蒙版和图层样式功能等。在绘制此包装的过程中，需要注意以下几个方面的内容。

（1）通过矩形工具选项栏，为矩形设置相应的线性渐变色作为包装盒顶面的底色。

（2）设置烟雾图像所在图层的图层混合模式，以隐藏烟雾图像的底色，从而与包装盒的背景色相融合。

（3）为主体文字添加图层样式功能，使其产生渐变的浮雕效果。

（4）通过复制包装盒正侧面和左侧面图像，并将图像垂直翻转，然后对图像应用图层蒙版，并降低图层不透明度的方法来制作包装的投影。

5. 设计制作

（1）绘制包装盒平面展开图

打开本书配套光盘中的“Chapter 3\Complete\3.5\手机盒展开图.psd”文件，查看该手机包装盒的平面展开效果，如图3-382所示。

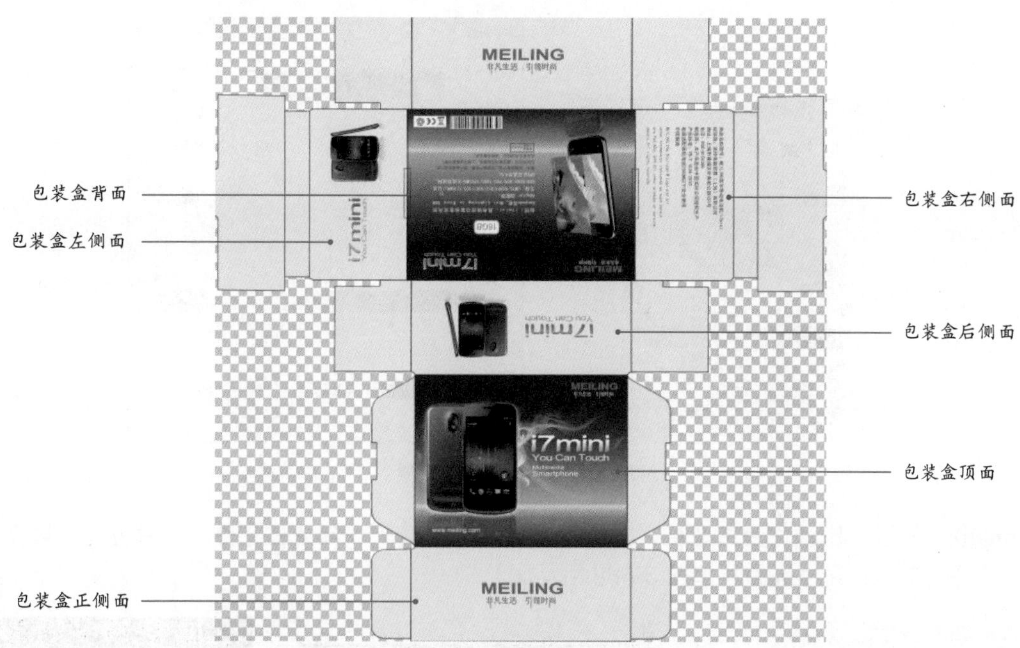

图3-382　包装盒平面展开图

STEP 01 打开本书配套光盘中的“Chapter 3\Media\3.5\手机盒展开图.psd”文件，如图3-383所示。执行“文件→存储为”命令，将该文件以相同的名称保存到电脑中其他的目录。

STEP 02 选择“框架外形层”，将该图层填充为“R232、G236、B235”的颜色，作为手机盒的底色，如图3-384所示。

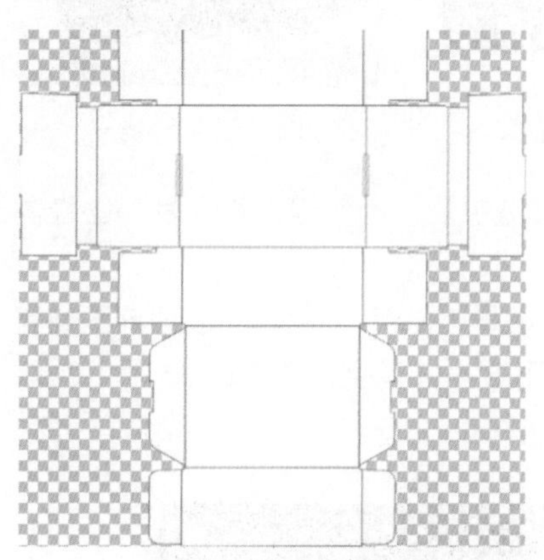

图3-383　手机盒展开图

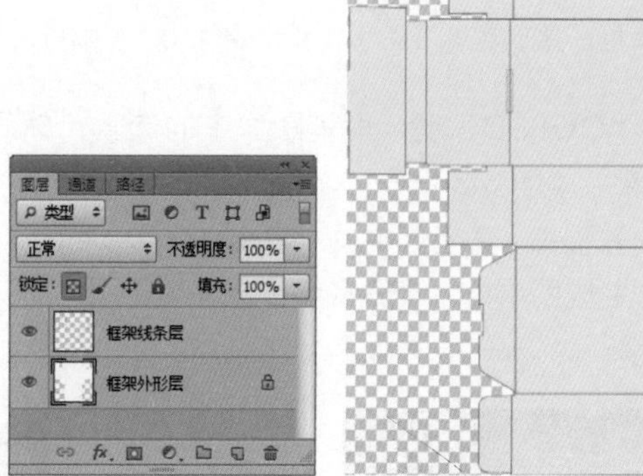

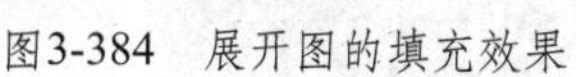

图3-384　展开图的填充效果

STEP 03 按照手机盒顶面区域的大小，使用矩形工具绘制一个矩形，然后在工具选项栏中如图3-385所示设置线性渐变色，其中渐变色设置为0%“R32、G33、B33”，30%“R48、G48、B49”，74%“R181、G180、B180”，76%“R181、G180、B180”，79%“R182、G181、B181”，82%“R138、G142、B140”，100%“R41、G42、B42”。如图3-386所示为矩形的填充效果。

STEP 04 打开本书配套光盘中的“Chapter 3\ Media\3.5\手机.psd”文件，将该手机图像移动到展开图中，生成图层2，然后调整该图像的大小和位置，如图3-387所示。

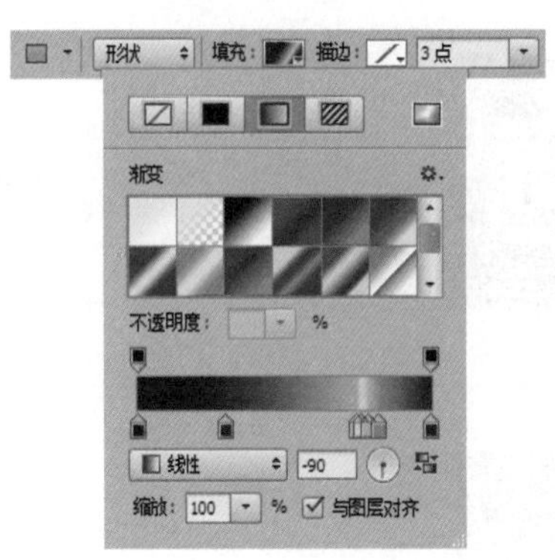
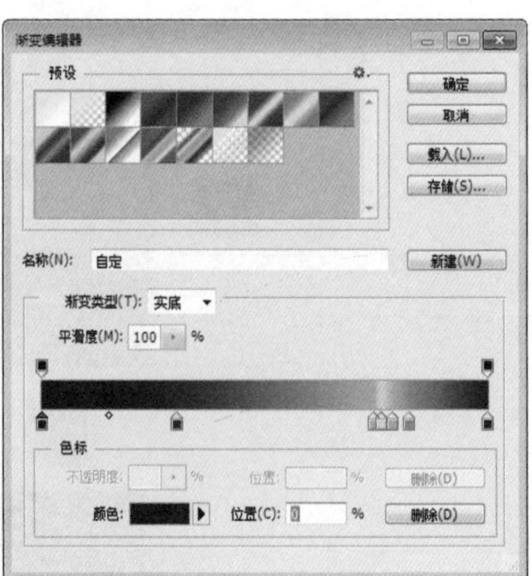

图3-385　线性渐变色设置

STEP 05 将手机图像作为选区载入，并将选区羽化 8 像素。新建图层 3，然后将选区填充为白色，为手机制作的外发光效果如图 3-388 所示。

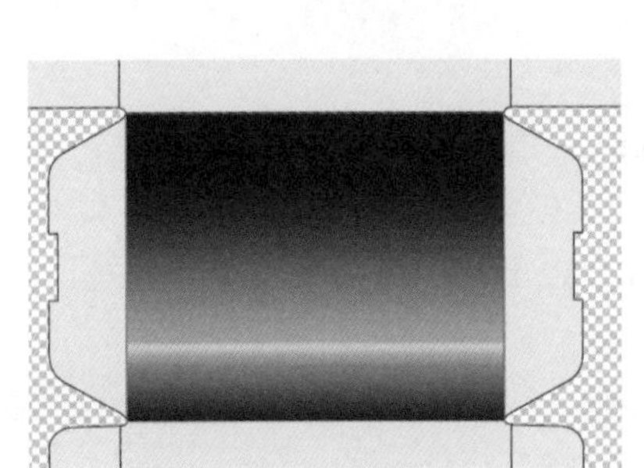

图3-386　矩形的填充效果

图3-387　添加的手机图像

图3-388　选区的填充效果

STEP 06 按“Ctrl+D”键，取消图像中的选区，然后按键盘中的“↓”键，将外发光图像向下移动 10 个像素，如图 3-389 所示。

STEP 07 打开本书配套光盘中的“Chapter 3\Media\3.5\烟雾 1.jpg”文件，将该烟雾图像移动到展开图中，生成图层 3，然后将该图层移动到手机图像的下方，并调整该图像的大小和位置，如图 3-390 所示。

图3-389　移动后的外发光效果

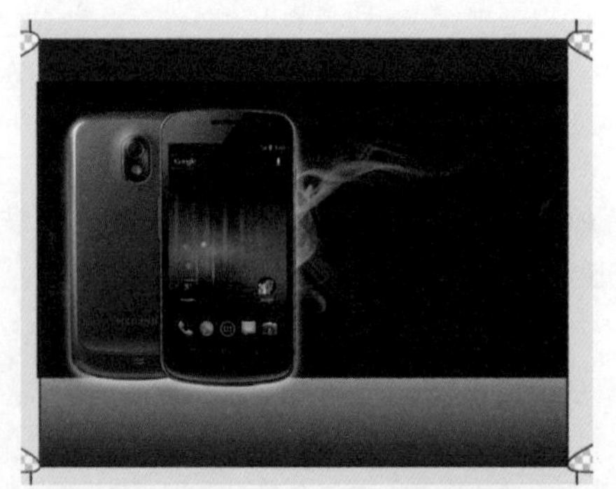

图3-390　添加的烟雾图像

STEP 08 将图层 3 的图层混合模式设置为“线性减淡（添加）”，效果如图 3-391 所示。

STEP 09 将图层3中的烟雾图像作为选区载入，如图3-392所示，然后为其添加一个色相/饱和度调整图层，色相/饱和度参数设置及调整后的颜色分别如图3-393和图3-394所示。

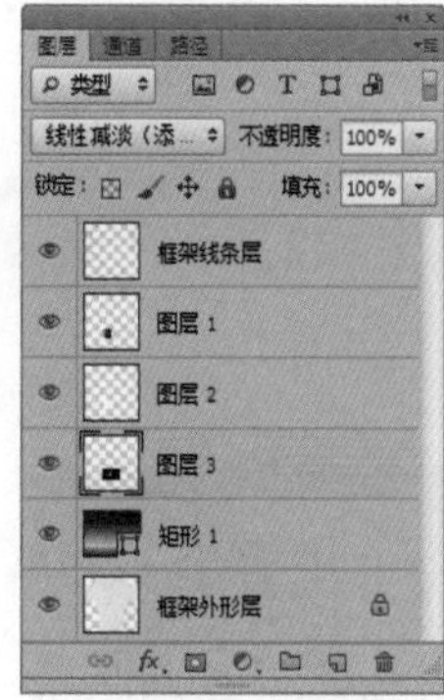

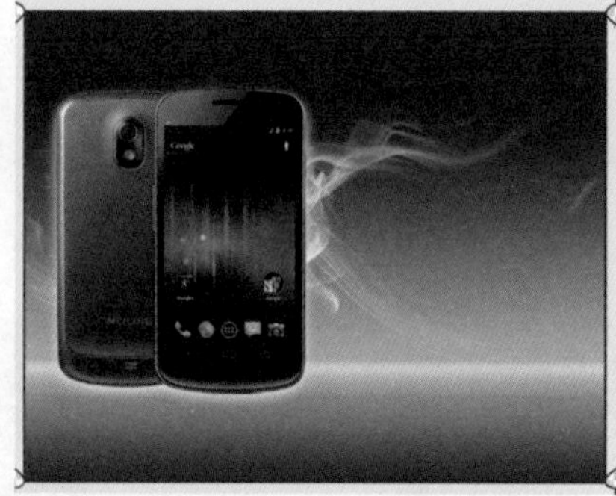

图3-391 设置图层混合模式后的效果

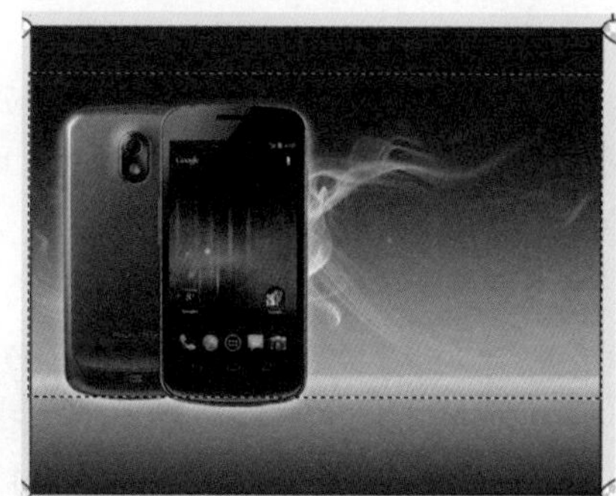

图3-392 载入的选区

STEP 10 重新载入烟雾图像的选区，再为其添加一个色相/饱和度调整图层，色相/饱和度参数设置及调整后的颜色如图3-395和图3-396所示。

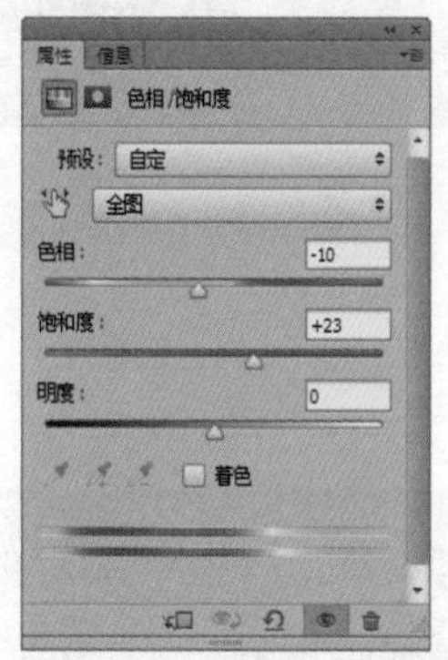

图3-393 色相/饱和度参数设置

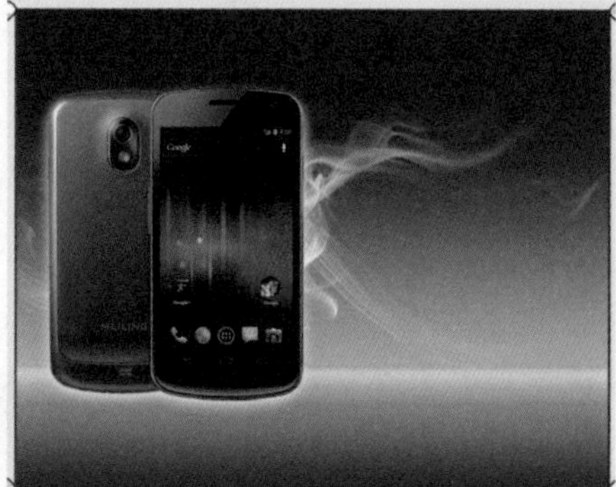

图3-394 调整后的烟雾颜色

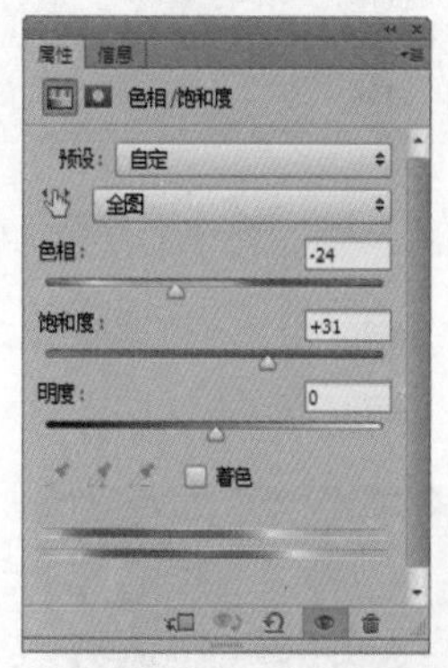

图3-395 色相/饱和度参数设置

STEP 11 将手机图像所在的图层1复制，得到图层1副本，然后将该副本图层调整到图层2的下方，如图3-397所示。

STEP 12 执行“编辑→变换→垂直翻转”命令，将复制的图像垂直翻转，然后移动到原手机图像的下方，如图3-398所示。

图3-396 调整后的烟雾颜色

图3-397 调整图层顺序

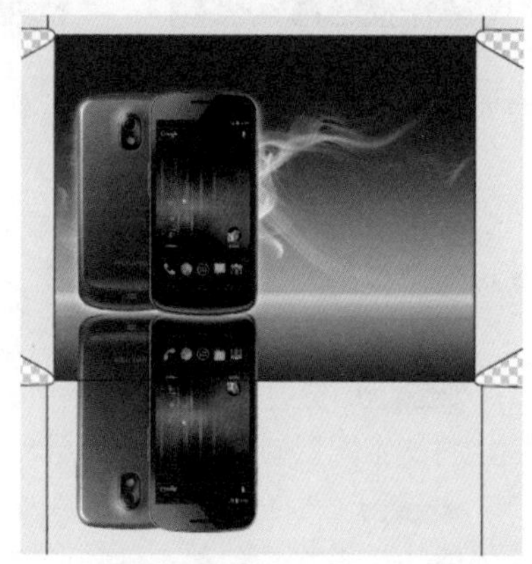

图3-398 调整后的手机副本图像

STEP 13 使用矩形选框工具框选位于手机盒顶面以外的手机图像，然后按“Delete”键将其删除并取消选择，如图 3-399 所示。

STEP 14 单击“图层”面板下方的“添加图层蒙版”按钮，为图层 1 副本添加一个全白的图层蒙版，如图 3-400 所示。

STEP 15 选择渐变工具，为其设置黑色到白色的线性渐变色，然后按住“Shift”键在副本手机图像上从下到上拖动鼠标，如图 3-401 所示。释放鼠标后，得到如图 3-402 所示的图像效果。

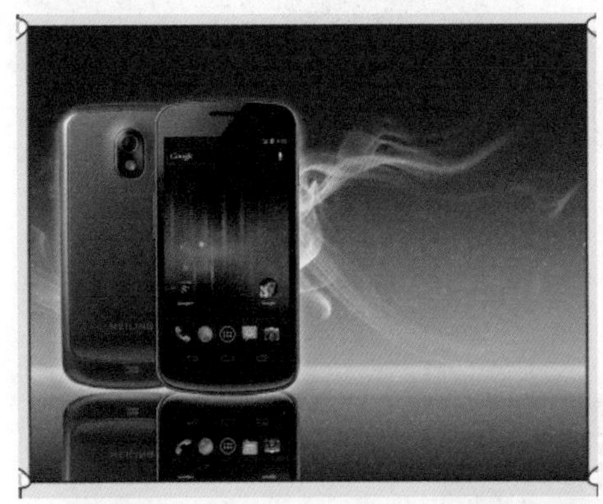
图3-399 删除多余部分后的手机图像

图3-400 添加的图层蒙版

图3-401 渐变填充操作

STEP 16 将图层 1 副本的不透明度设置为 75%，如图 3-403 所示。

STEP 17 添加如图 3-404 所示的文字，设置字体为“Arial”，并设置适当的字体大小。

图3-402 编辑图层蒙版后的效果

图3-403 调整不透明度后的效果

图3-404 添加的文字

STEP 18 为“i7mini”文字图层添加“斜面和浮雕”、“描边”和“渐变叠加”图层样式，各选项设置及应用后的文字效果如图 3-405 所示。

STEP 19 添加手机盒顶面中的文字，完成效果如图 3-406 所示。

STEP 20 选择“非凡生活 引领时尚”文字所在的图层，然后执行“文字→转换为形状”命令，将文字图层转换为形状图层，如图 3-407 所示。

STEP 21 选择直接选择工具，框选“非”形状下方的两个锚点，如图 3-408 所示，然后按住“Shift”键将它们移动到如图 3-409 所示的位置。

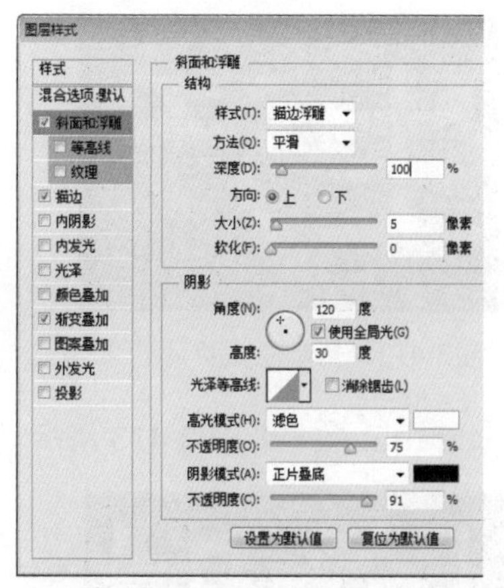

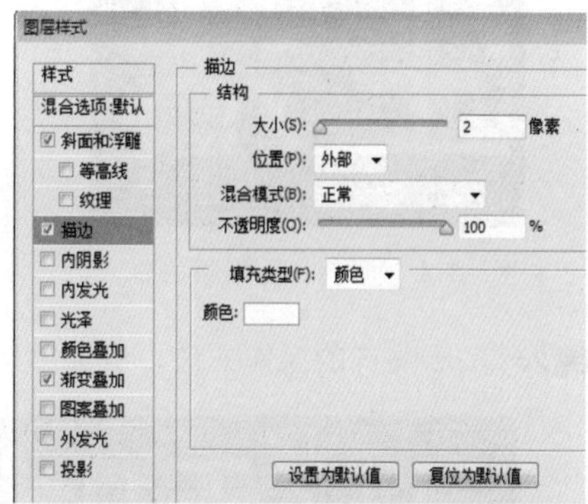

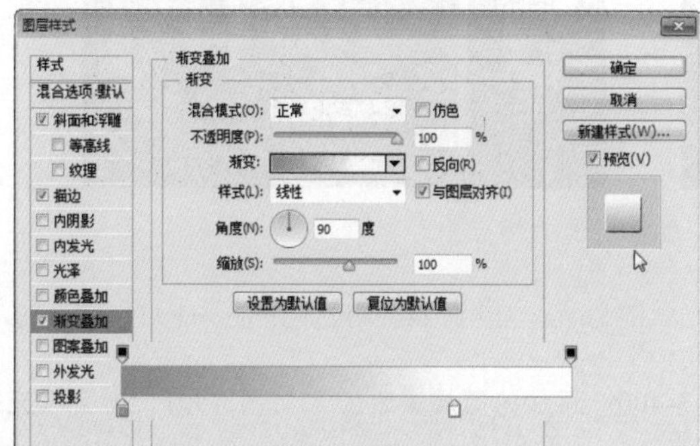

图3-405　各选项设置及应用后的文字效果

图3-406　添加的文字

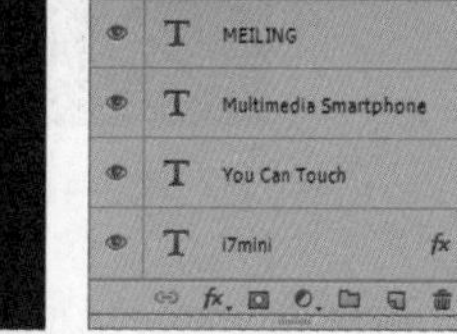

图3-407　文字转换为形状后的效果

STEP 22 按照同样的操作方法，对“引”和“尚”形状进行调整，效果如图 3-410 所示。

图3-408　选择需要调整的锚点　　图3-409　调整后的形状　　图3-410　调整后的文字形状

STEP 23 使用直接选择工具框选“活”形状中的部分锚点，如图 3-411 所示，然后按“Delete”键删除所选锚点，效果如图 3-412 所示。

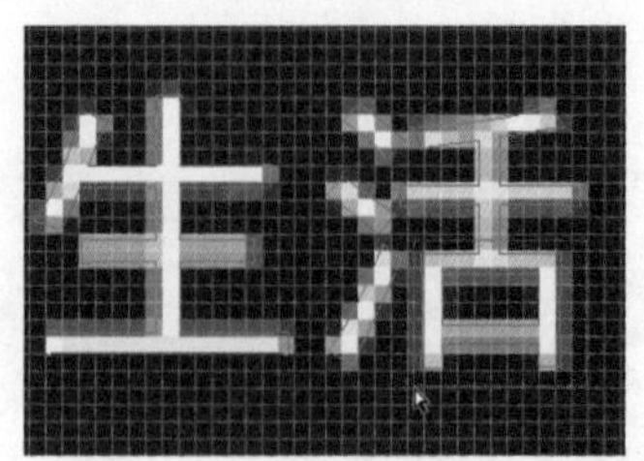

图3-411 框选需要删除的锚点

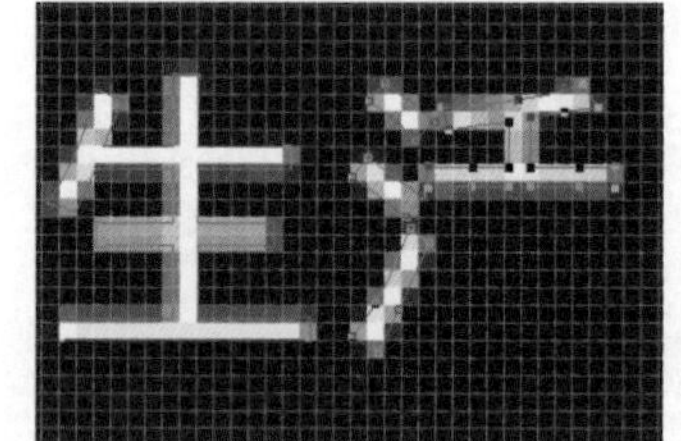

图3-412 删除锚点后的效果

STEP 24 按照同样的操作方法，删除“领”形状中的部分锚点，效果如图 3-413 所示。

图3-413 删除所选的锚点

STEP 25 使用椭圆工具绘制如图 3-414 所示的圆形，设置圆形的填充色为白色，此时将生成椭圆 1 图层。

STEP 26 使用路径选择工具选择上一步绘制的圆形，然后分别按“Ctrl+C”键和“Ctrl+V”键，对该圆形进行复制粘贴，如图 3-415 所示。

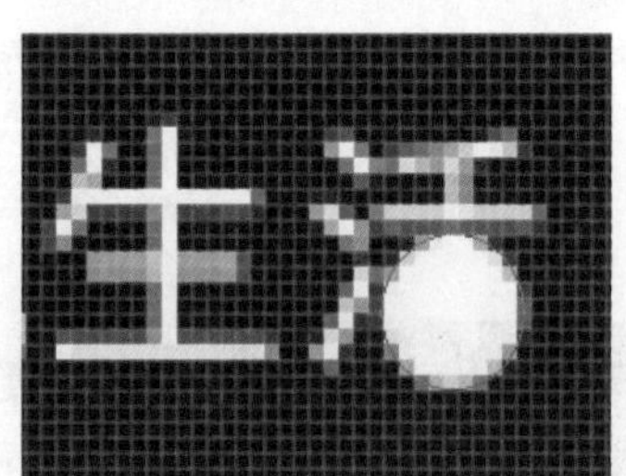

图3-414 绘制的圆形

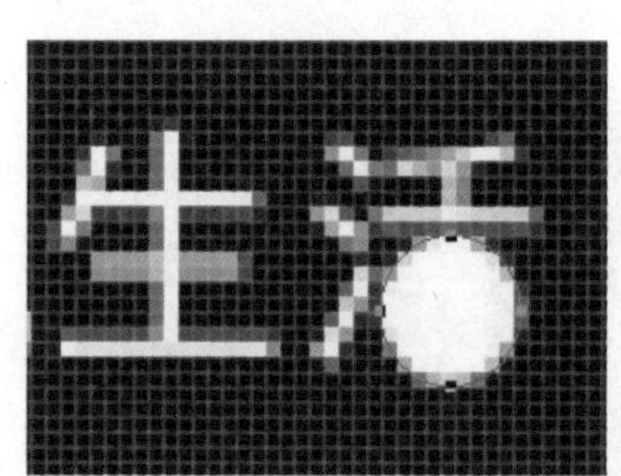

图3-415 复制的圆形

STEP 27 单击路径选择工具选项栏中的“路径操作”按钮，从弹出式列表中选择“排除重叠形状”选项，此时圆形如图 3-416 所示，然后使用自由变换功能，将复制的圆形缩小到如图 3-417 所示的大小。

STEP 28 同时选择这两个圆形，单击路径选择工具选项栏中的“路径操作”按钮，从弹出式列表中选择“合并形状组件”选项，将这两个圆形合并，如图 3-418 所示。

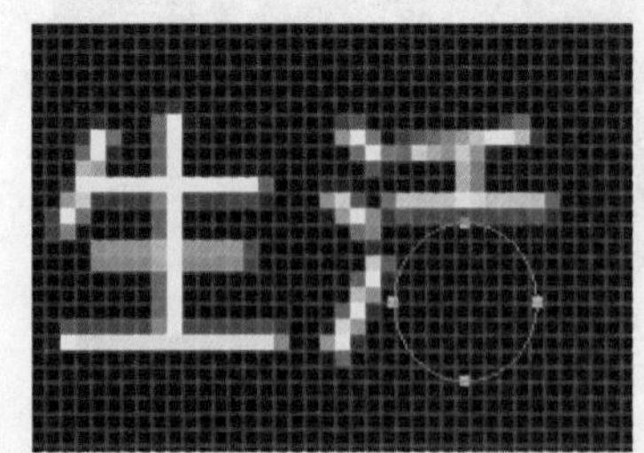

图3-416 排除重叠形状的效果

图3-417 缩小圆形后的效果

图3-418 合并形状组件后的效果

STEP 29 将椭圆 1 图层复制，然后将复制的圆环形状移动到“领”形状处，并调整到如图 3-419 所示的大小和位置。

图3-419 文字中的圆环效果

STEP 30 同时选择文字所在的形状图层和两个椭圆图层，然后单击“图层”面板中的“链接图层”按钮，将它们链接，如图 3-420 所示。

STEP 31 将手机盒顶面中的所有图像和文字所在的图层编组，并修改组名称，如图 3-421 所示。

图3-420 链接所选图层

图3-421 将图层编组并修改组名称

STEP 32 将“盒顶面”组复制，将复制的组名称修改为“盒底面”，如图 3-422 所示。将复制的图像移动到手机盒底面中，以便在此基础上制作盒底图像和文字，如图 3-423 所示。

图3-422 复制组并修改组名称

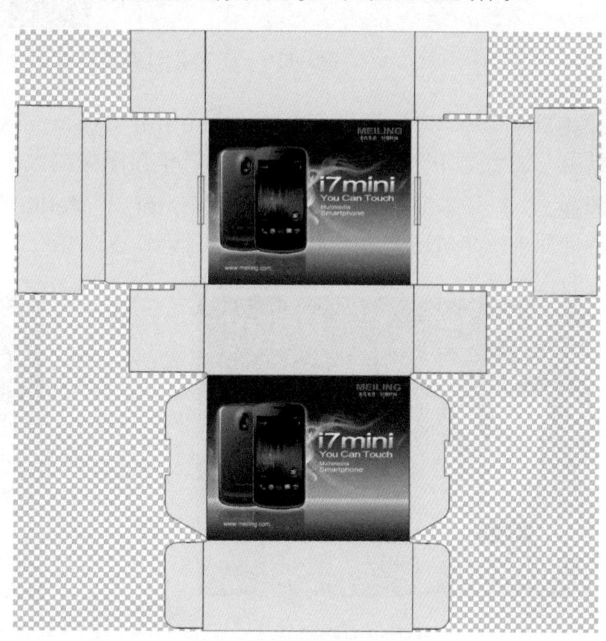

图3-423 移动图像的位置

STEP 33 在“盒底面”组中删除不需要的图层，然后将背景矩形调整到与手机盒相同的大小，如图 3-424 所示。

STEP 34 分别调整盒底面中文字的大小和位置，如图 3-425 所示。

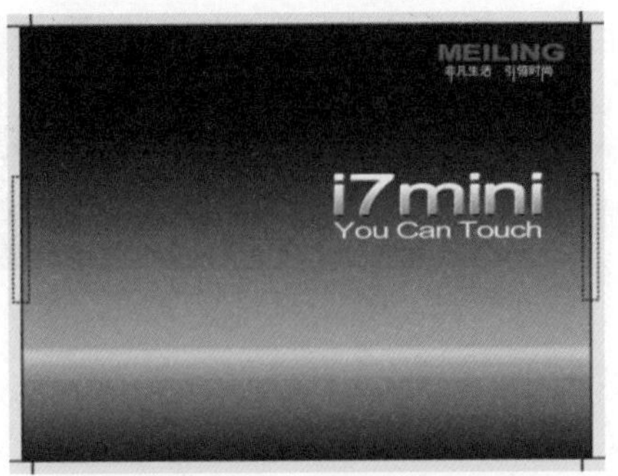

图3-424　调整组图像后的效果

图3-425　调整后的文字

STEP 35 将文字“You Can Touch”的颜色修改为“R157、G157、B157”，并修改应用到文字“i7mini”中的“渐变叠加”图层样式，将渐变叠加色修改为0%“R120、G120、B120”，74%“R196、G196、B196”，如图3-426所示。

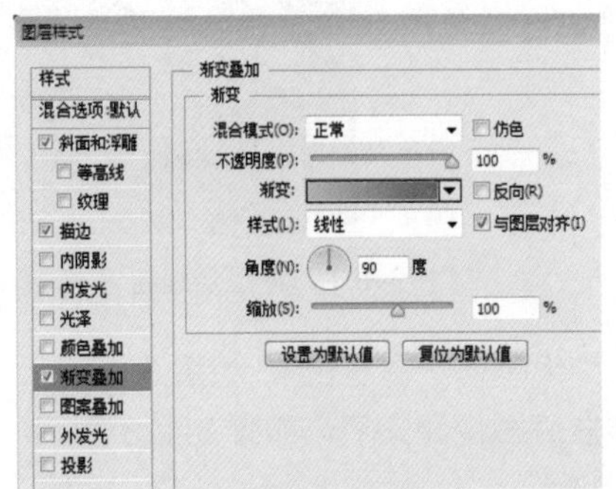

图3-426　渐变叠加设置及修改后的文字颜色

STEP 36 打开本书配套光盘中的“Chapter 3\Media\3.5\手机2.psd”文件，将该手机图像移动到展开图底面中，生成图层4，然后调整该图像的大小和位置后如图3-427所示。

STEP 37 打开本书配套光盘中的“Chapter 3\Media\3.5\女孩.jpg”文件，将该图像移动到展开图底面中，生成图层5，如图3-428所示。

图3-427　底面中的手机图像

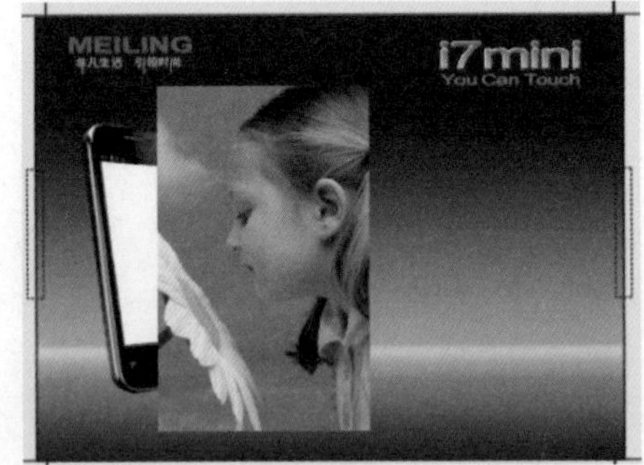

图3-428　添加的女孩图像

STEP 38 使用自由变换功能，将女孩图像扭曲到如图3-429所示的效果，以作为手机的屏幕。

STEP 39 将图层5的不透明度设置为65%，如图3-430所示。

STEP 40 将图层5复制一层，得到“图层5副本”图层，然后将复制的图像变换到如图3-431所示的大小和位置，并将该图层的不透明度设置为100%。

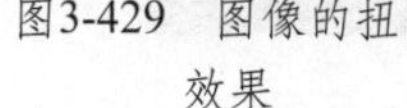

图3-429　图像的扭曲效果

图3-430　修改图层不透明度

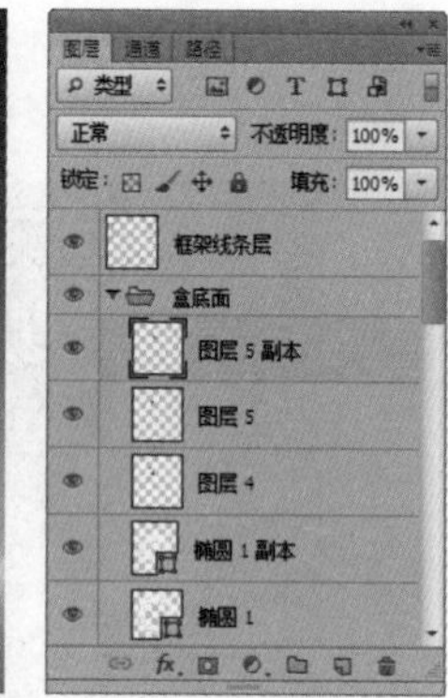

图3-431　复制并调整后的女孩图像

STEP 41 将图层 4 和图层 5 复制，并将复制的图层合并，得到“图层 5 副本 2”图层，然后将合并后的图像垂直翻转，移动到下方相应的位置，如图 3-432 所示。

STEP 42 使用自由变换功能将翻转后的图像斜切一定的角度，如图 3-433 所示。

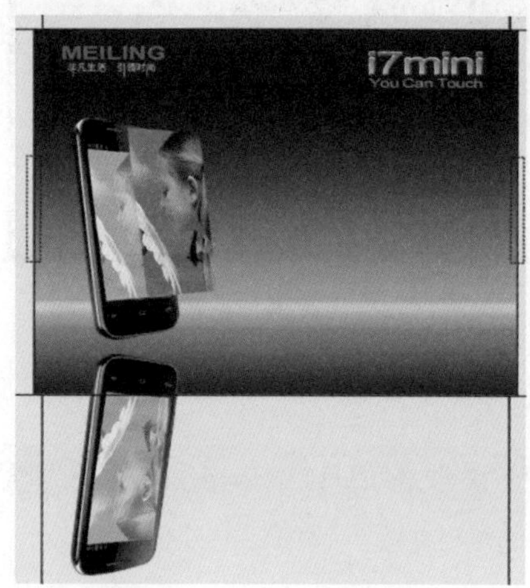

图3-432　翻转后的图像

图3-433　斜切图像

STEP 43 删除位于手机盒底面以外的手机图像，如图 3-434 所示，然后为该图层添加一个图层蒙版，如图 3-435 所示。

图3-434　删除后的手机图像

图3-435　添加的图层蒙版

STEP 44 选择渐变工具，为其设置黑色到白色的线性渐变色，然后在翻转后的手机图像上从下到上按一定角度拖动鼠标，如图 3-436 所示。释放鼠标后，得到如图 3-437 所示的图像效果。

图3-436 渐变填充操作

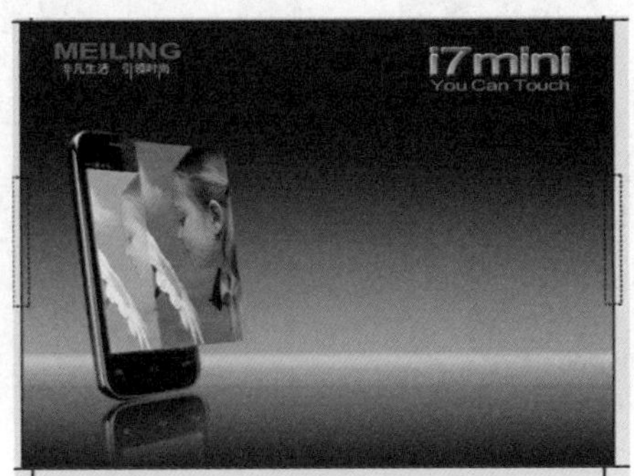

图3-437 编辑图层蒙版后的效果

STEP 45 将“图层 5 副本 2”的图层不透明度设置为 60%，如图 3-438 所示。

STEP 46 选择圆角矩形工具，在工具选项栏中将形状的填充色设置为白色，描边色设置为浅灰色，其他设置如图 3-439 所示，然后绘制如图 3-440 所示的圆角矩形。

STEP 47 添加手机盒底面中所需的文字，完成效果如图 3-441 所示。

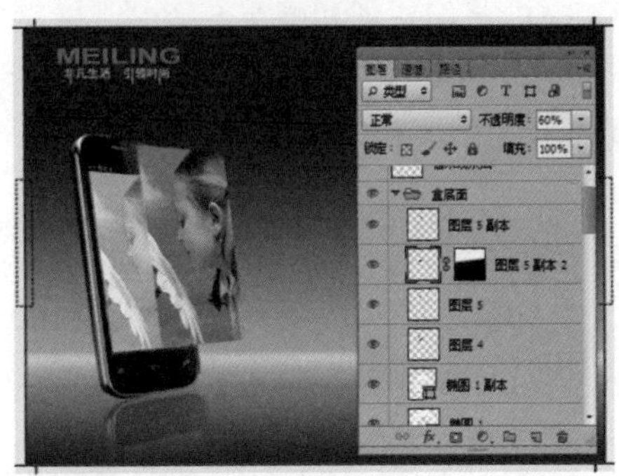

图3-438 修改不透明度后的效果

STEP 48 打开本书配套光盘中的“Chapter 3\Media\3.5\条形码和标识.psd”文件，然后分别将其中的条形码和标识移动到展开图底面中，生成图层 6 和图层 7，效果如图 3-442 所示。

图3-439 圆角矩形工具选项栏设置

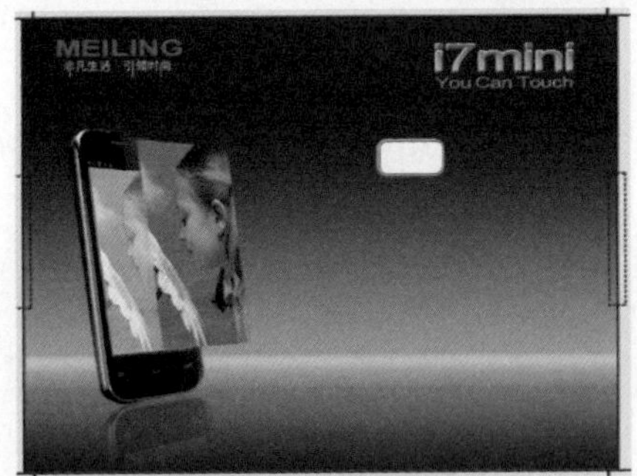

图3-440 绘制的圆角矩形

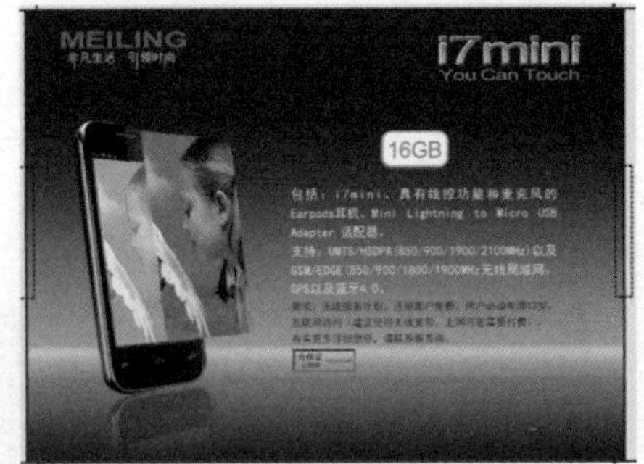

图3-441 添加的文字

STEP 49 选择“盒底面”组，执行“编辑→变换→旋转 180°”命令，将该组图像旋转 180°，如图 3-443 所示。

STEP 50 选择“盒底面”组中的矩形 1，然后选择矩形工具，单击工具选项栏中“填充”下拉按钮，在弹出的列表框中，将渐变角度修改为 90°，如图 3-444 所示，修改后的矩形填充色如图 3-445 所示。

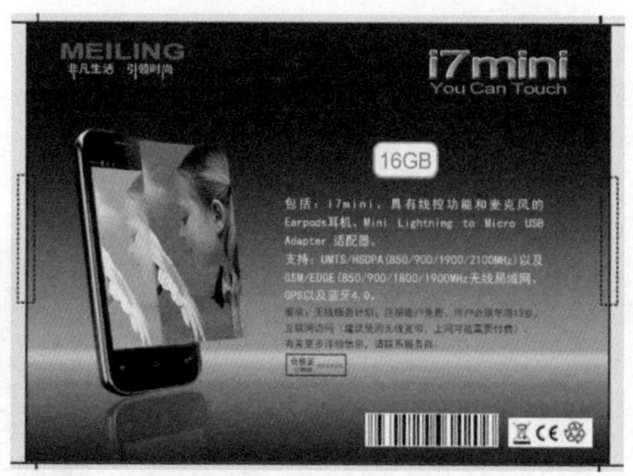

图3-442 添加的条形码和标识

图3-443 旋转后的组图像

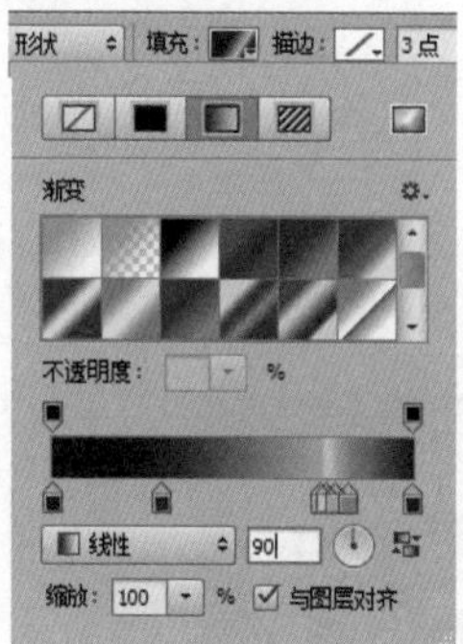

图3-444 修改渐变角度

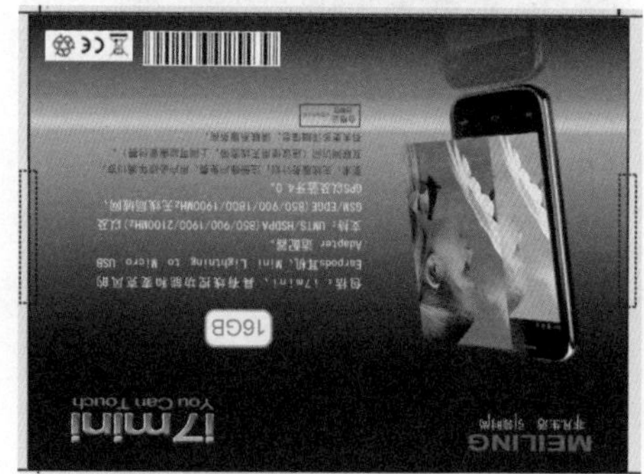

图3-445 修改后的矩形填充色

STEP 51 打开本书配套光盘中的“Chapter 3\Media\3.5\手机 3.jpg”文件，将该手机图像移动到展开图后侧面中，生成图层 8。将图层 8 调整到“盒底面”组的上一层，然后将该图像旋转 180°，效果如图 3-446 所示。

STEP 52 将图层 8 的图层不透明度设置为“正片叠底”，如图 3-447 所示。

图3-446 添加手机盒后侧面中的手机图像

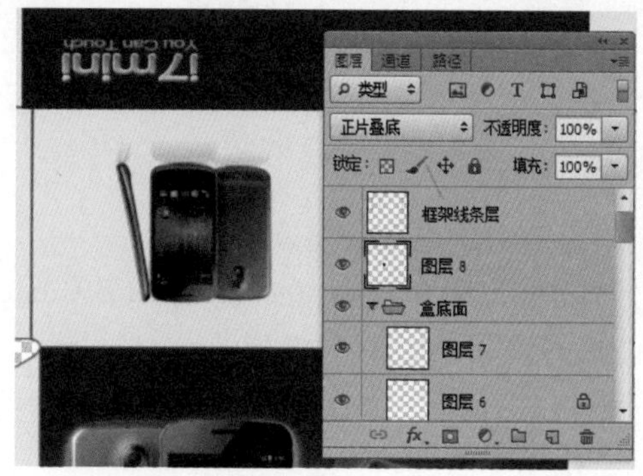

图3-447 设置图层混合模式后的效果

STEP 53 将“盒底面”组中的“i7mini”和“You Can Touch”图层复制，并将复制的图层调整到图层 8 的上方，然后将文字移动到后侧面中，调整到如图 3-448 所示的大小。

STEP 54 将图层 8 和后侧面中的文字图层复制，然后将合并后的图像移动到手机盒的左侧面中，执行“编辑→变换→旋转 90 度（顺时针）”命令，将文字顺时针旋转 90°，如图 3-449 所示。

STEP 55 调整手机盒左侧面中的文字和图像的大小，效果如图 3-450 所示。

STEP 56 添加手机盒其他面中的文字，完成手机盒展开图的绘制，如图 3-451 所示。

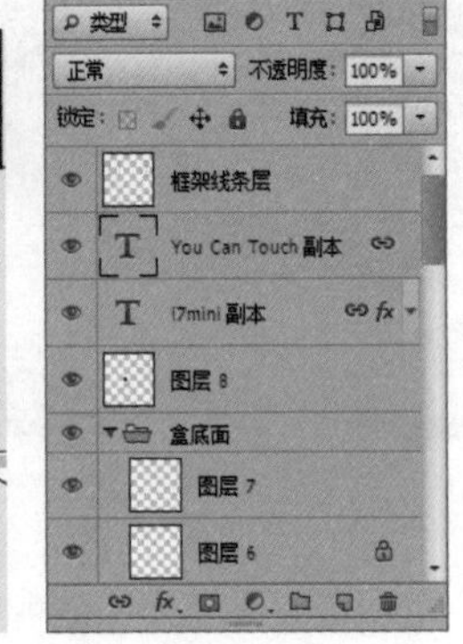

图3-448　后侧面中的文字效果

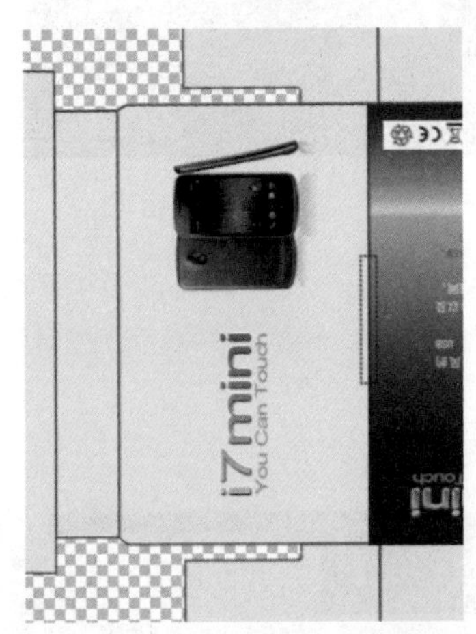

图3-449　文字和图像旋转后的效果

图3-450　调整后的文字和图像大小

图3-451　完成后的手机盒展开图

(2) 绘制包装盒成型效果

打开本书配套光盘中的“Chapter 3\Complete\3.5\手机盒立体.psd”文件，查看此手机包装盒成型后的效果，如图 3-452 所示。

> **提示**
> 绘制该手机包装盒成型效果的方法与上一节中所讲的药品包装盒的绘制方法基本相同，所不同的是根据包装盒的构造或折叠方式的不同，在效果的处理上会有所不同。

STEP 01 新建一个大小为 22.8cm×18.8cm、分辨率为 200、模式为 RGB 的文件，如图 3-453 所示。

STEP 02 选择渐变工具，单击工具选项栏中的“径向渐变”按钮，然后打开“渐变编辑器”对话框，在其中设置渐变色为 0% 和 5% 白色，43%“R88、G99、B105”，76% 和 100%“R27、G30、B30”，如图 3-454 所示。

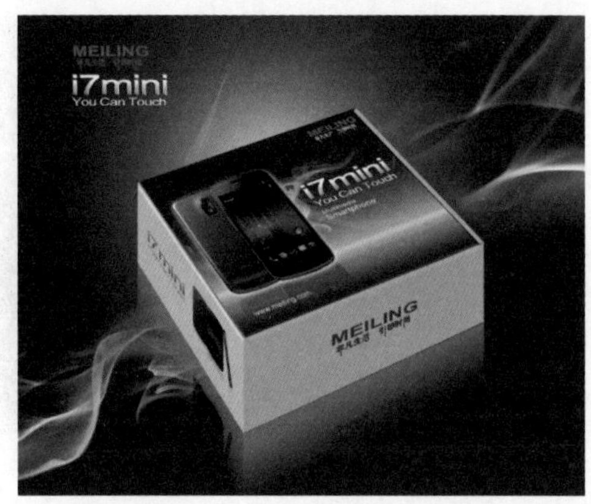

图3-452　手机包装盒立体效果

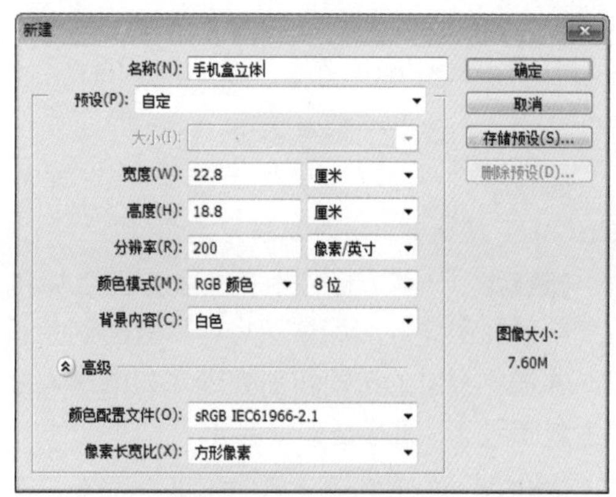

图3-453　新建文件

STEP 03 使用渐变工具在图像窗口中如图 3-455 所示拖动鼠标，释放鼠标后得到如图 3-456 所示的填充效果。

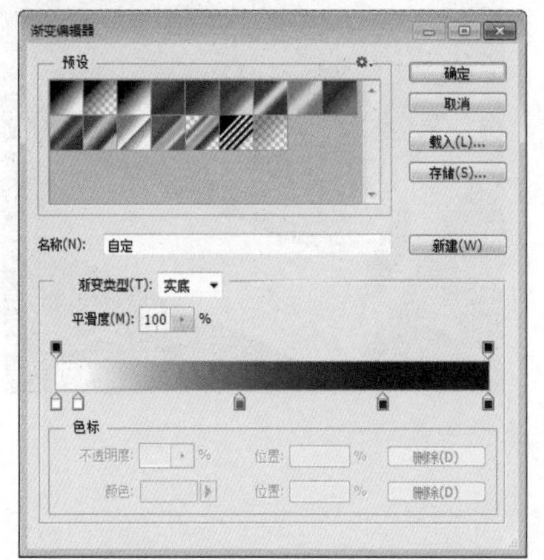

图3-454　渐变色设置

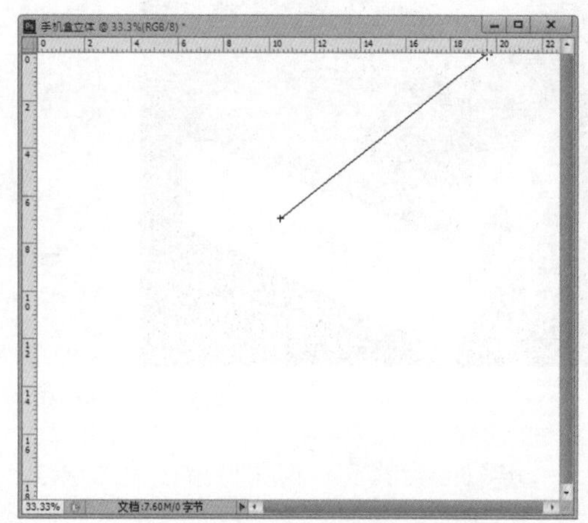

图3-455　渐变填充操作

STEP 04 打开本书配套光盘中的“Chapter 3\Media\3.5\烟雾 2.jpg”文件，将该烟雾图像移动到手机盒立体文件中，生成图层 1，然后将该图层的图层混合模式设置为滤色，如图 3-457 所示。

图3-456　背景图层的填充效果

图3-457　立体文件中的烟雾效果

STEP 05 打开前面制作好的“手机盒展开图”文件，执行“图像→复制”命令，在弹出的对话框中单击“确定”按钮，创建一个副本文档。

STEP 06 选择“图层”面板中的所有图层，然后按“Ctrl+E”快捷键，将所选图层合并。

STEP 07 分别选择“手机盒展开图”中的顶面、左侧面和前侧面图像，然后依次将它们复制到手机盒立体文件中，并进行相应的透视扭曲处理，如图 3-458 所示，这时将生成图层 2、图层 3 和图层 4。

图3-458 拼合的包装盒效果

STEP 08 选择顶面图像所在的图层 2，并将该图像作为选区载入，然后为其添加一个“色阶”调整图层，色阶参数设置及调整后的图像色调如图 3-459 所示。

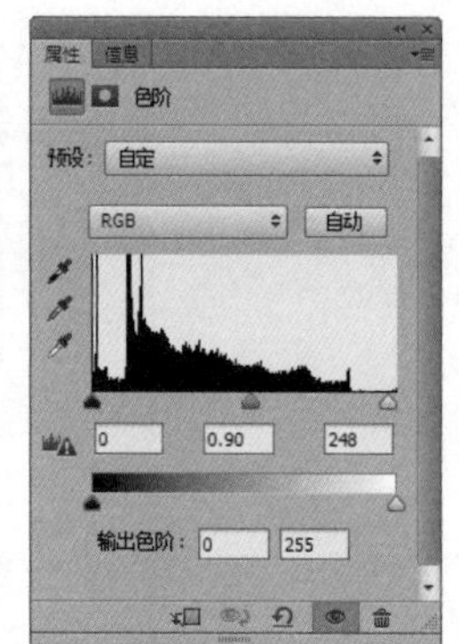

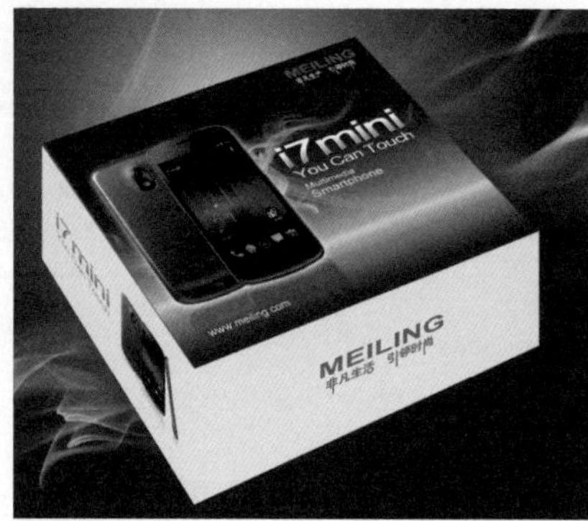

图3-459 色阶参数设置及调整后的图像色调

STEP 09 选择左侧面图像所在的图层 3，并将该图像作为选区载入，然后为其添加一个“曲线”调整图层，曲线参数设置及调整后的图像色调如图 3-460 所示。

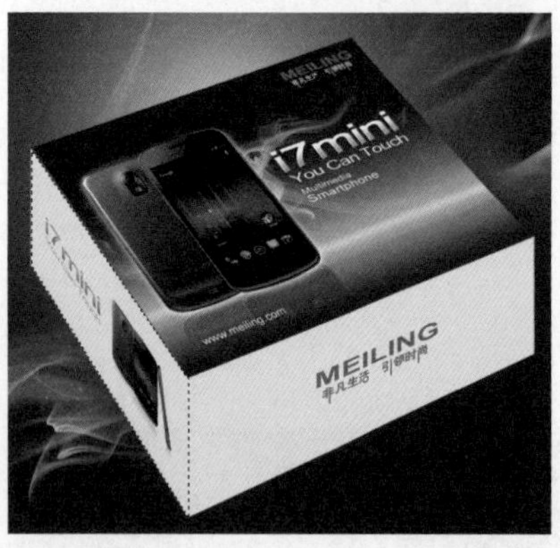

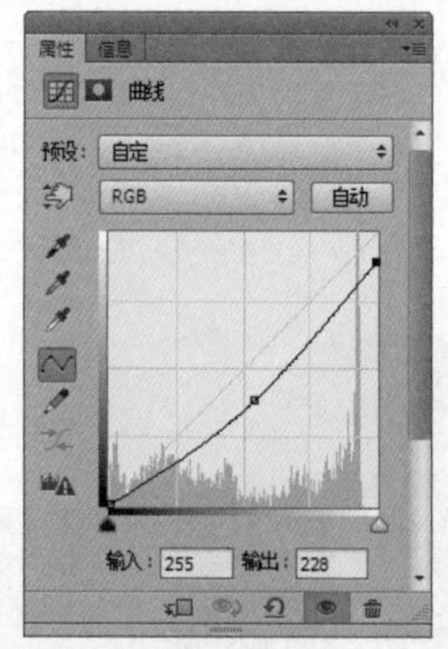

图3-460 曲线参数设置及调整后的图像色调

STEP 10 选择前侧面图像所在的图层 4，并将该图像作为选区载入，然后为其添加一个“曲线”调整图层，曲线参数设置及调整后的图像色调如图 3-461 所示。

STEP 11 新建图层 5，使用“钢笔工具”绘制如图 3-462 所示的路径，并将其转换为选区。使用吸管工具吸取左侧面中的背景底色，然后使用该颜色填充选区，如图 3-463 所示。

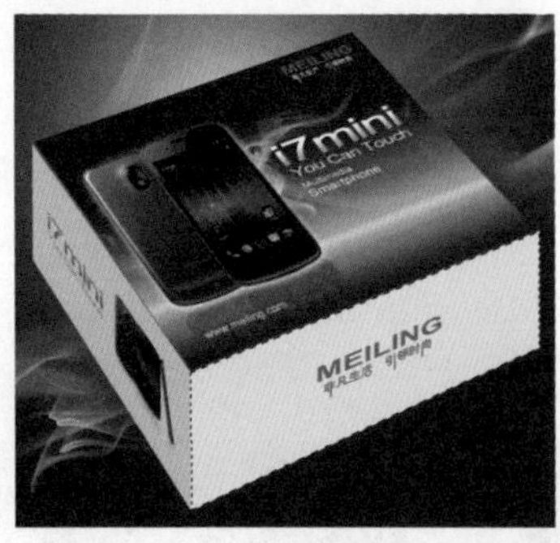

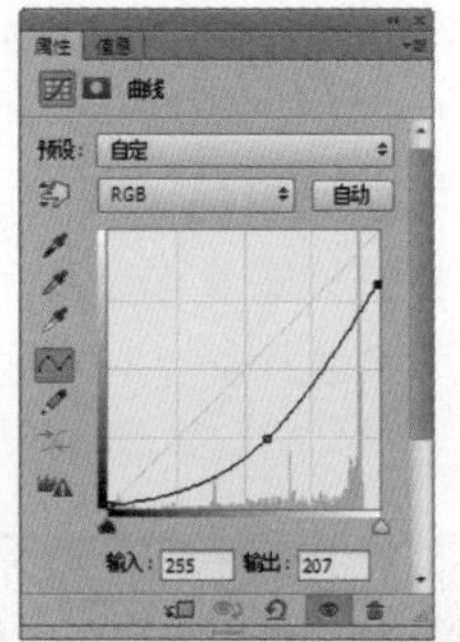

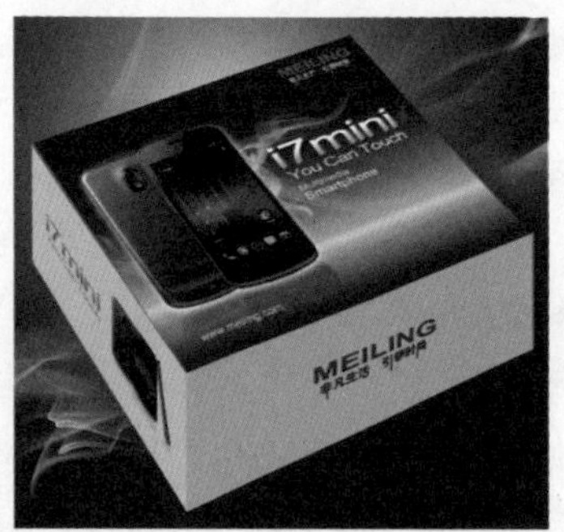

图3-461　曲线参数设置及调整后的图像色调

图3-462　绘制的路径　　　　图3-463　为边缘填色后的效果

STEP 12 使用多边形套索工具创建如图 3-464 所示的选区，并将选区羽化 3 像素。新建图层 6，然后将选区填充为白色，取消选择后如图 3-465 所示，以表现手机盒折痕处的反光效果。

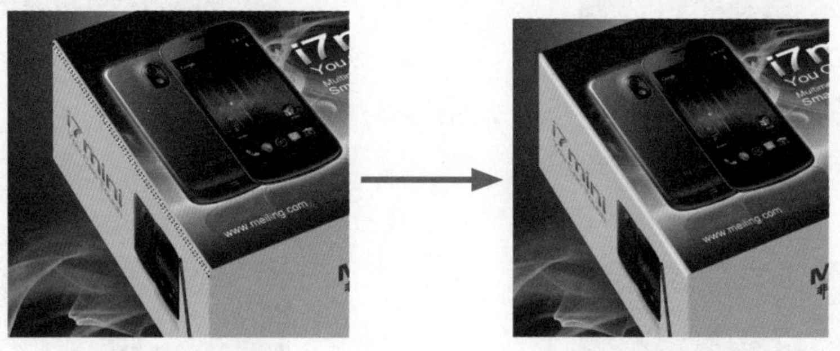

图3-464　创建的选区　　　　图3-465　折痕处的反光效果

STEP 13 复制图层 6，将复制的图像填充为黑色，然后移动到如图 3-467 所示的位置，再将该图层的不透明度设置为 60%，以表现折痕处的投影，如图 3-468 所示。

图3-467　调整图像的位置　　　　图3-468　折痕处的投影效果

STEP 14 新建图层 7，创建如图 3-469 所示的选区，并将选区填充为“R190、G188、B188”的颜色，取消选择后如图 3-470 所示。

STEP 15 新建图层 8，在手机盒的右边边缘处创建如图 3-471 所示的选区，并将选区羽化 1 像素，然后将其填充为黑色，并取消选择，如图 3-472 所示。

STEP 16 新建图层 9，然后按照前面的操作方法，绘制手机盒前侧面折痕处的反光效果，如图 3-473 所示。

图3-469 创建的选区

图3-470 选区的填充效果

图3-471 创建选区

图3-472 手机盒右边折痕处的投影效果

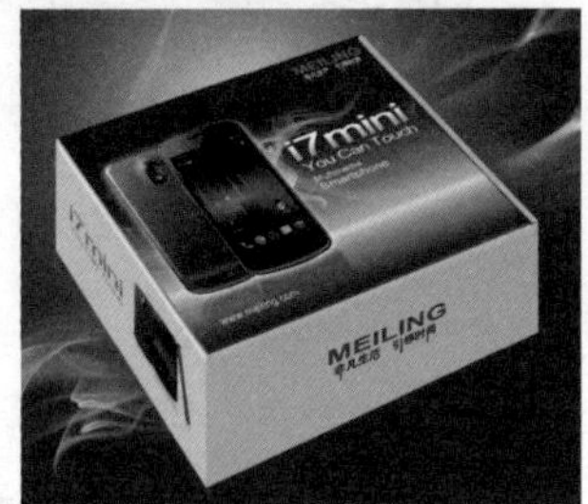

图3-473 手机盒前侧面折痕处的反光效果

STEP 17 绘制出包装盒前侧面和左侧面处的投影效果，如图 3-474 所示。

STEP 18 在手机盒立体文件中添加该手机的品牌、型号等文字信息，完成本实例的制作，如图 3-475 所示。

图3-474 手机盒的投影效果

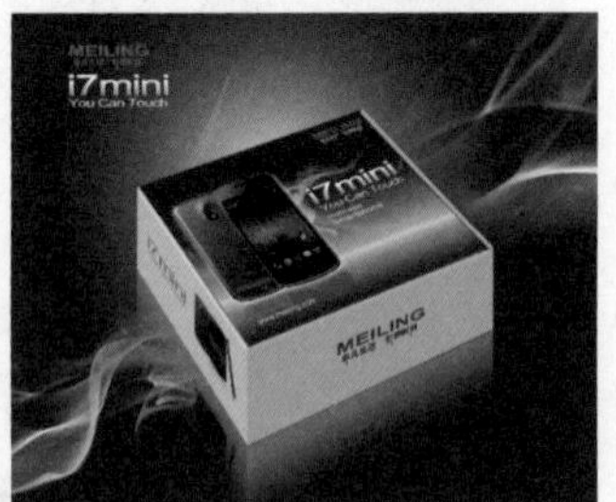

图3-475 完成后的包装效果

3.6 纸质包装作品赏析

纸品设计的表现形式是多元化的，它可以从平面形态过渡到立体形态，从二维空间过渡到三维空间。而纸质包装还会根据要展示的产品特性，采用不同的结构设计。在实际生活中，常见的纸盒结构有以下几种类型。

（1）摇盖式——最普通最常用的纸盒结构，即盖的一边被固定，可摇动另一边来打开包装，如图 3-476 和图 3-477 所示。

图3-476 摇盖式包装

解析：纯净的白底，简洁的图形，不加任何修饰的文字，恰似一杯透亮的茶水，让人回味无穷。

图3-477 摇盖式包装

解析：黑白搭配是永恒的经典，创意的图形设计与摇盖式结构的完美结合，诠释出越是平凡的事物越能产生意想不到的创意效果。

（2）开窗式——对盒面或盒边加以开洞或割折。开洞部分往往罩以透明 PV（塑料或玻璃纸直接显示内容物），开窗可以有形状、大小、数量、部位的不同变化，如图 3-478 所示。

（3）封闭式——其特点是沿开启线撕拉开启或用吸管插入小孔吸。封闭式包装多用于饮料、药品等，如图 3-479 所示。

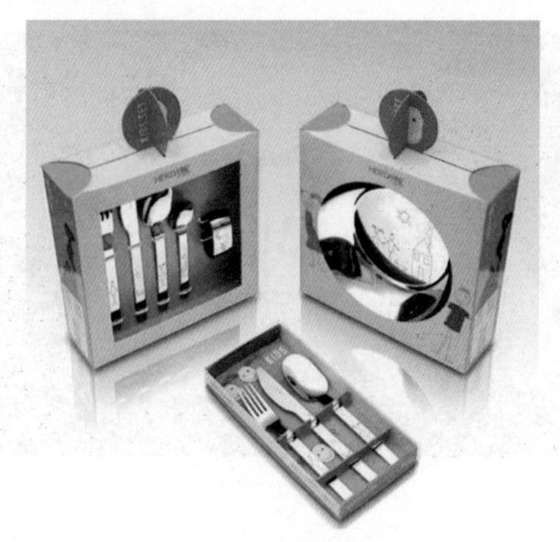

图3-478 开窗式包装

解析：让人眼前一亮的包装设计。绿色为底，明亮的黄色修边，衬托出不锈钢餐具优质的材质。顶部红色插扣的设计，起到点缀包装色彩的作用。

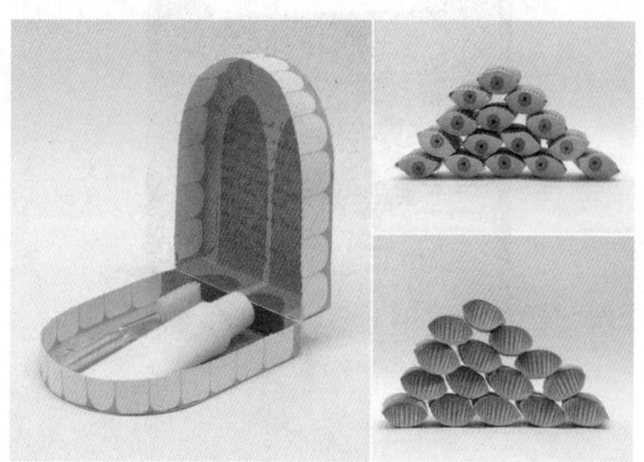

图3-479 封闭式包装

解析：使用前的包装是一张闭合的嘴，当沿开启线开启包装后，看到的是牙刷和牙膏产品。形象的图形与结构设计，让消费者对该产品刮目相看。

（4）抽拉式——其套盖可以分为一边开口和两边开口两种形式，火柴盒是典型的抽拉式，如图 3-480 所示。

（5）手提式——体积较大的包装常以提携结构处理，提携部位可以附加，也可以盒盖与侧面的延长相互锁扣而成，又可以利用内容物本身的提手伸出盒外，如图 3-481 所示。

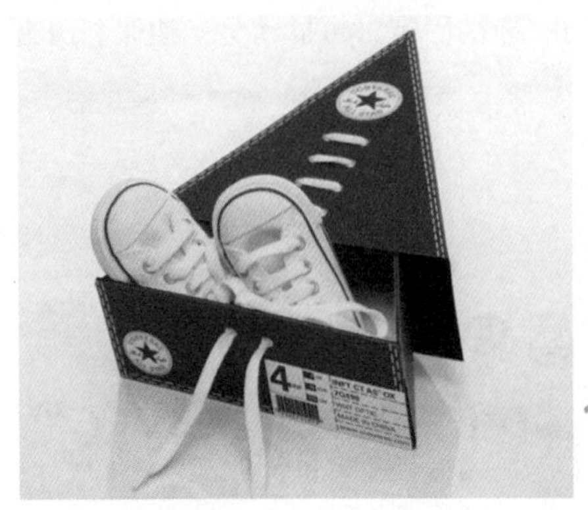

图3-480　抽拉式包装

解析：创新的三角形鞋盒形状设计，体现该品牌独特的个性。在合上鞋盒后，盒面上的鞋带图形刚好与前侧面中的鞋带形成一个整体，就好似将鞋带拉紧一般。

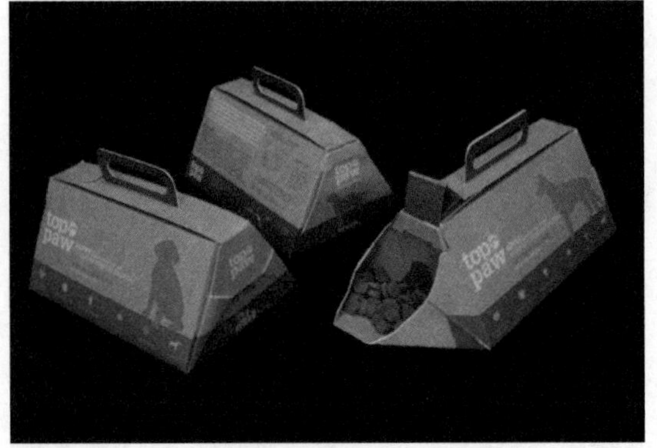

图3-481　手提式包装

解析：根据食品自身的颜色特点，采用古朴的牛皮纸作为包装材料，使商品别有一番风味。手提式的结构设计，便利的开口设计，无不体现人性化的设计风格。

（6）模拟式——通过纸立体造型模拟某种形象，设计要注意高度简练与单纯，如图 3-482 所示。模拟形态往往与盒面装潢图形配合，以取得生动活泼的趣味性，一般用于儿童用品、娱乐用品或节日礼品包装。

（7）异形盒——异形盒是变化幅度较大的造型，富有独特性、装饰性的视觉效果，其变化主要是对面、边、角处以形态、数量、方向等多层次的处理，如图 3-483 所示。

图3-482　模拟式包装

解析：形象化的立体造型和图形设计，体现大胆的创意和独特的设计构想，让人过目不忘。

图3-483　异形盒包装

解析：多层次、曲线形的侧面造型处理，红酒的高品味色调，与银白的对比搭配，体现了高贵、典雅的贵族气质。

下面介绍几款比较有代表性的手提式纸盒、开窗式纸盒、展示式纸盒、组合式纸盒和异形式纸盒的展开图及立体成型图，加深对纸盒结构的了解，如图 3-484 ～图 3-488 所示。

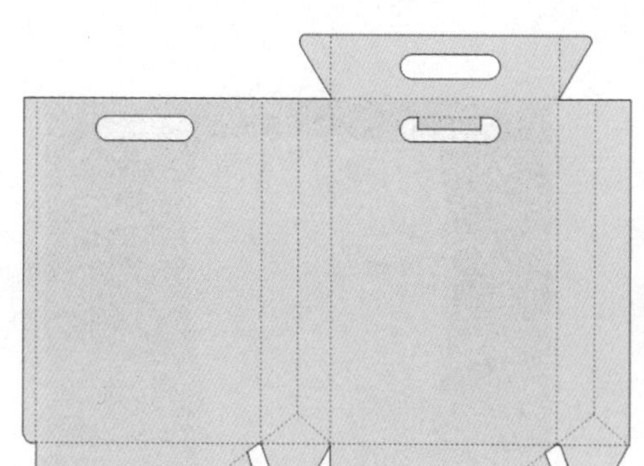

图3-484　手提式纸盒

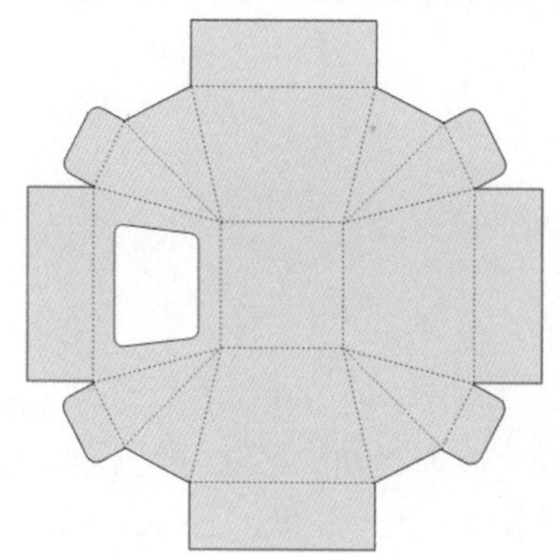

图3-485　开窗式纸盒

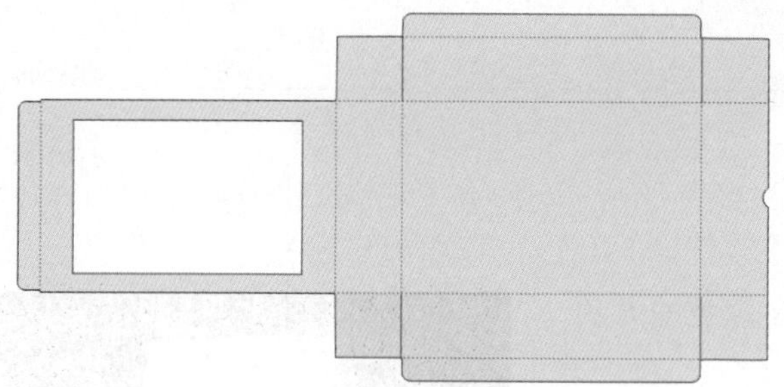
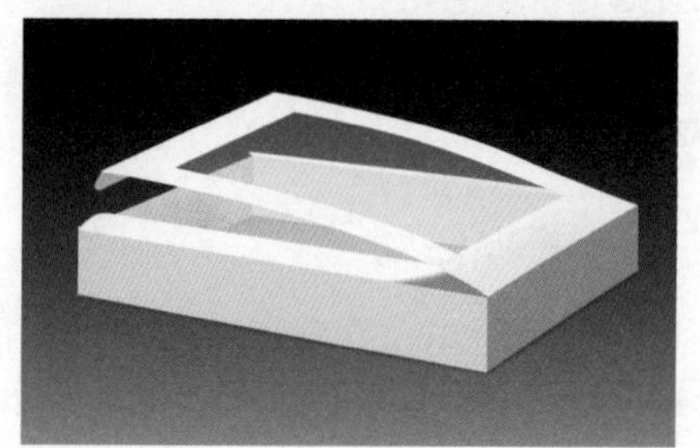

图3-486　展示式纸盒

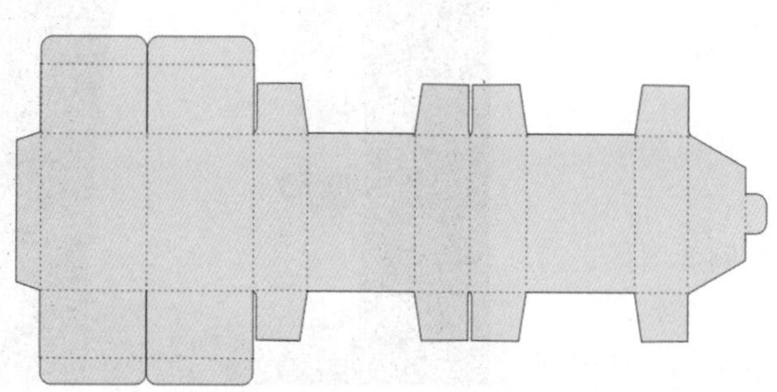

图3-487　组合式纸盒

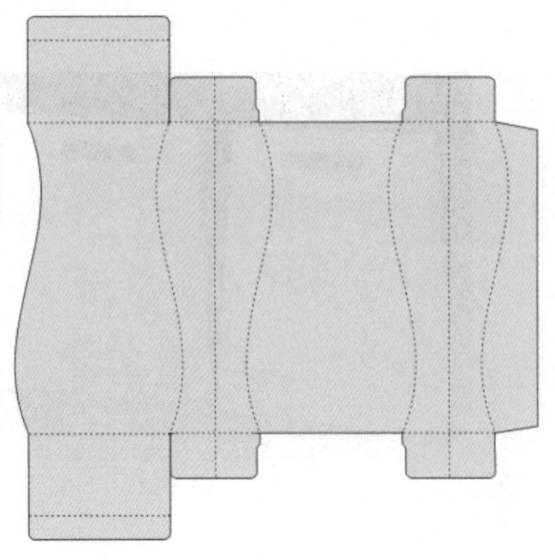
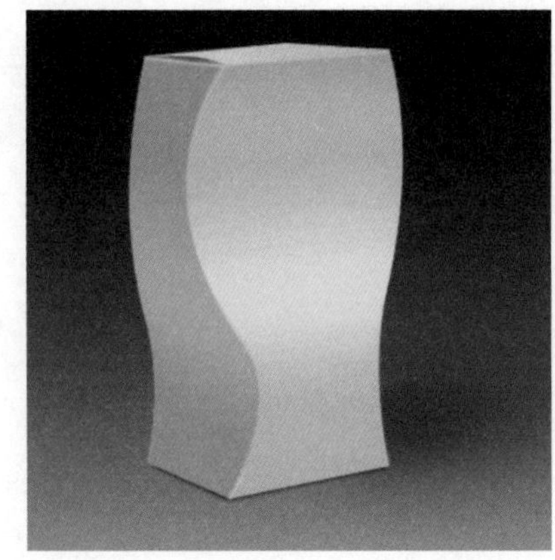

图3-488 异形式纸盒

3.7 课后习题

一、填空题

1. ________材料是最常用的包装形式，这是因为它具有经济、环保，便于制作、印刷、陈列、运输和库存等特点。纸的种类繁多，常用于包装的有________纸、________纸、________纸、________纸和特殊纸等。

2. 纸品设计中________、________、图形以及________的综合运用，是满足消费者审美情趣需要的基本形式。

3. 常见的纸盒结构包括摇盖式、________、________、________、________、________和异形盒类型。

二、上机操作题

参考本章中设计制作“xy!”儿童服饰手提袋的方法，完成如下“Delight”食品的包装效果制作。

图3-489 “Delight”食品包装效果

操作提示

(1) 在绘制纸盒展开平面图时，结合使用钢笔工具、画笔工具、直线工具绘制包装中的图案，并为其填充相应的颜色。

(2) 为包装中的品名设置相应的字体，此包装中的品名采用的是“Giddyup Std”字体。

(3) 使用变形功能，对包装中的正面和侧面图像进行变形处理，以制作包装成型后的效果。

(4) 通过添加调整图层调整纸盒的明暗层次，并使用画笔工具对纸盒中的局部色调进行调整。

第 4 章　塑料类产品包装设计

学习要点

- 学习塑料类包装的基础知识，包括塑料包装材料的分类和塑料容器的结构设计。
- 了解食品类塑料包装的原料，掌握“明溪”小溪鱼干包装的制作方法。
- 了解化妆品类塑料包装，掌握“Pleasant Smell”护手霜包装容器的制作方法。

4.1 塑料类包装的基础知识

塑料包装是以塑料为材质设计的产品容器，由于塑料的发展及其优越性，塑料包装正逐渐取代其他传统的包装材料。

4.1.1 塑料包装材料的分类

随着科学技术的不断发展，人们对生活质量的要求越来越高，具有高性能、多功能性的塑料软包装，正成为目前热点开发的包装材料。

1. 高阻隔性塑料包装材料

高阻隔性塑料包装材料是随着食品工业的迅速发展而发展起来的，它具有保质、保鲜、保风味以及延长货架寿命的作用，因此常用于食品包装。

如今，保存食品的技术多种多样，如真空包装、气体置换包装、封入脱氧剂包装、食品干燥包装等。这些包装技术中大多会用到塑料包装材料，虽然要求其具备多种性能，但最重要的一点是必须具有良好的阻隔性，如图 4-1 所示。

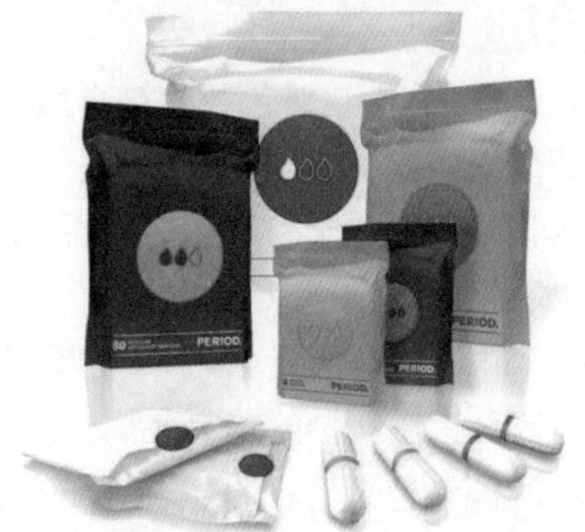

图4-1　高阻隔性塑料包装

2. 无菌和抗菌塑料包装材料

无菌包装可以在常温和不用添加防腐剂的情况下，通过无菌环境最大限度地保留食品原有的营养成分和风味，从而延长货架寿命，方便食品的运输和贮存。

无菌包装主要应用于食品、高调味品、医药以及化妆品等领域，如图 4-2 所示，它们所使用的软包装材料为纸、塑、铝塑复合膜、含高阻隔性塑料的多层共挤无菌包装片材等。

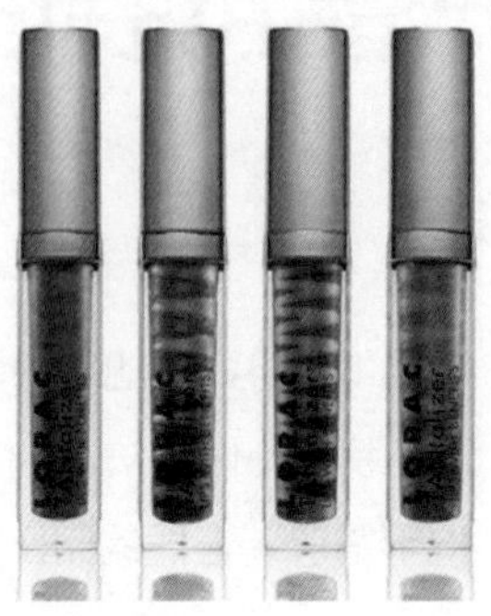

图4-2　无菌塑料包装

抗菌塑料包装材料是对塑料包装材料赋予一定的抗菌性能，现在已经开发了以含银离子为无机抗菌剂的全新型母料。银离子具有显著的抗菌作用，其特点为抗菌效果持续时间长，不会污染环境，广泛用于熟食肉类、水产品和液体食品包装，如图 4-3 所示。

图4-3　抗菌塑料包装

3. 高耐热性塑料包装材料

在以往，高耐热性塑料包装材料多用于蒸煮杀菌用，在蒸煮杀菌或加热的情况下，其外观形状、品质均无明显的变化。

用高耐热性塑料包装材料包装食品，在贮存过程中不产生容器破损、内容物泄漏、微生物二次污染以及光和热使产品变质等情况。它基本是以具有遮光性的铝箔为中间层，高阻隔性塑料 PA、PET 为外层，具有热封性的 PE、PP 为内层的多层复合蒸煮膜制成的蒸煮袋，使用较为广泛。

随着电磁灶、微波炉的普及使用，对适用于电磁灶、微波炉使用的包装容器的需求越来越大。电磁灶、微波炉对包装材料的要求是在高温下使用不易变形、破损、内容物如添加剂等不被挥发。尤其是微波炉的加热特性，不允许包装材料中含有金属材料，因此，耐更高温度的新型耐热包装材料也得到开发，能够满足电磁灶、微波炉对包装材料的要求。

4. 特殊功能性材料

具有特殊功能性的软包装材料包括有吸湿、脱臭、除味、抗静电、防锈、阻隔紫外线，释放或吸附挥发性气体，以及易开封、易更封和可食性等特点。此种材料适用于包装具有特殊气味的农副产品、水产品、生鲜食品等，不会串味，另也适用于垃圾袋等。

目前，国内外新开发的塑料包装薄膜将朝着高性能、无毒无害、绿色环保、物美价廉、方便使用的方向发展，其中的软包装材料已由过去的以食品包装为主进一步向工业包装、医药包装、建材包装、化妆品包装等非食品包装领域发展，其使用范围和用量将越来越大。

4.1.2 塑料容器的结构设计

塑料包装容器按包装容器结构划分，可以分为箱、瓶、罐、管、袋以及大型容器等。按成型方法划分，又可分为注射、压制、压铸、中空和真空成型容器等。

塑料容器主要根据包装要求进行设计，由于塑料有其特殊的物理机械性能，因此设计时必须充分发挥其性能上的优点，避免或补偿其缺点。在满足使用要求的前提下，容器形状应尽可能地做到简化模具结构，符合成型工艺的特点。

塑料容器在结构设计上需要考虑 5 个方面的基本要素，包括塑料的特性、塑料容器的成型性、模具结构及加工、容器使用条件和经济性。

在设计时应根据包装产品的不同特性，设计出适合该产品的容器结构。另外，还需要考虑包装的成本、价值、促销能力以及消费者的接受程度等。

塑料包装容器常见的类型有箱式包装、盘式包装、销售用塑料包装容器、中空塑料包装容器、大型塑料包装桶和塑料包装软管。

（1）塑料包装箱广泛用于食品、饮料、啤酒等玻璃容器包装商品的周转或小型产品毛坯、半成品、配套产品以及零件的运输和贮存等，其形状可以是矩形或其他形状，并且可以设置箱盖或隔档。常见塑料包装箱形如图 4-4 所示。

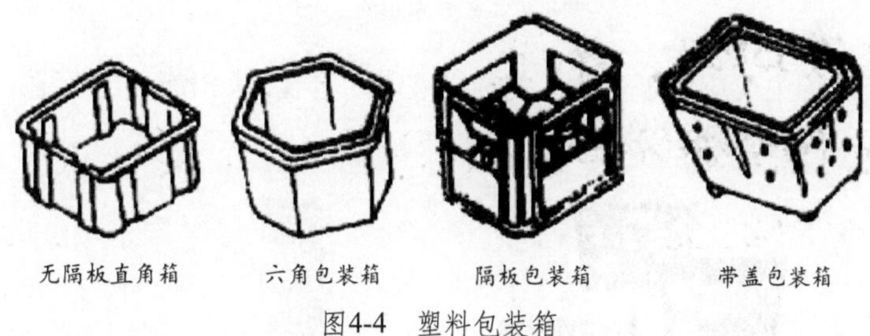

图4-4 塑料包装箱

（2）盘式包装容器主要用于贮存和运输一些小型、易变形、怕挤压的商品，如糕点、水果、鸡蛋以及小件物品的输送，如图 4-5 和图 4-6 所示。

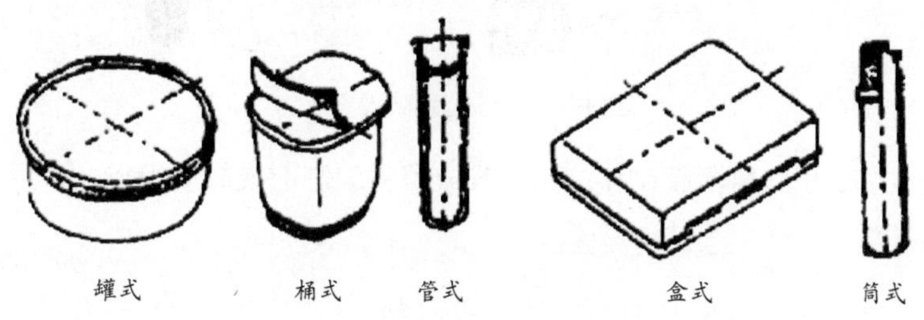

图4-5 销售用塑料包装容器

（3）销售用塑料包装容器可直接用于销售商品，其常见形状有罐式、桶式和盒式等，如图 4-7 所示。

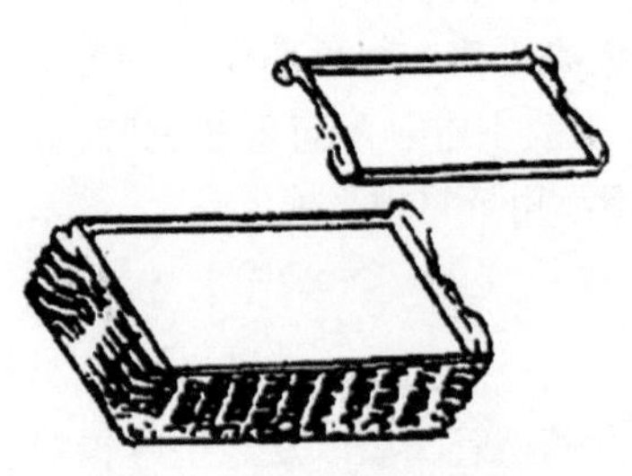

图4-6 盘式塑料包装容器

图4-7 销售用塑料包装容器

(4) 中空塑料包装容器主要应用于饮料、中低档化妆品以及液体化工产品的包装。一般采用中空吹塑成型，其容器样式常见的有瓶式、小口桶式。

(5) 大型塑料包装桶的容积从 5L ～ 250L 不等，其结构有小盖密封桶、大盖密封桶和敞口盖桶，如图 4-8 所示。

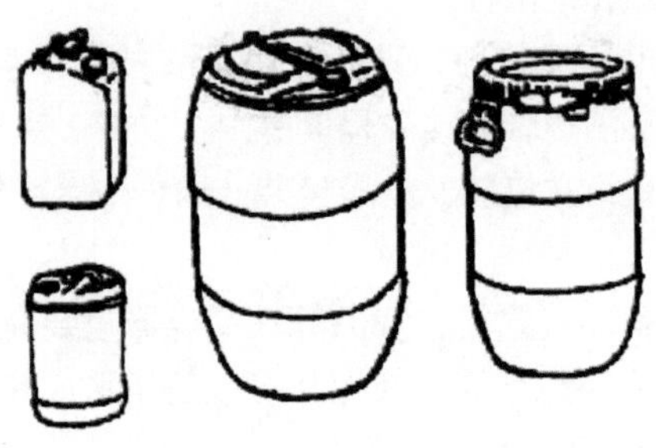

图4-8 大型塑料包装桶

(6) 塑料包装软管主要应用于膏体、乳剂或液体的包装，如化妆品、医药、食品、水彩、油墨以及家用化工产品等，如图 4-9 所示。

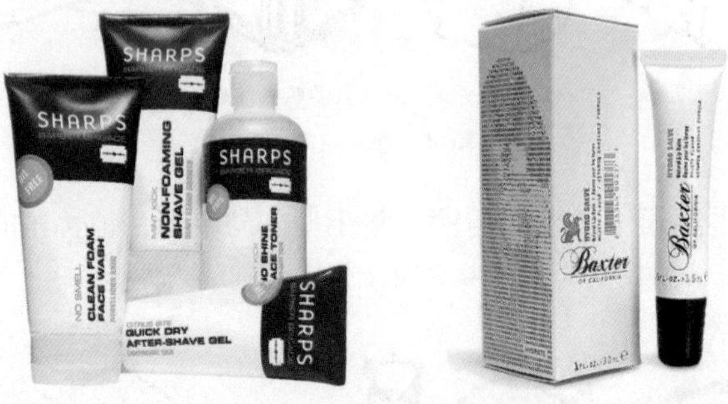

图4-9 塑料包装软管设计

(7) 塑料袋包装是用塑料薄膜制作的包装袋或塑料编制而成的编织袋，常用于食品、粮食和化工产品的包装。

4.2 食品类塑料包装设计

由于塑料包装材料具有保质、保鲜、保风味以及延长货架寿命的作用，因此在选择食品包装材料时，多以塑料包装材料为主，如图 4-10 所示。

图4-10　食品类塑料包装

4.2.1 关于食品类塑料包装

用于食品包装的材料可分为塑料、纸质、金属、陶瓷、玻璃、橡胶、复合材料、化学纤维以及涂料等，这里主要对食品类塑料包装所使用的各种材质原料进行介绍。

塑料以合成树脂为主要原料，在加工过程中加入一些如增塑剂、稳定器、润滑剂、色素等添加剂，并在一定的温度和压力下即可塑制成一定形状的食具、用具和包装材料。

热塑性塑料包括聚乙烯、聚丙烯、聚氯乙烯、聚苯乙烯等，热固性塑料包括酚醛塑料、尿醛塑料等。

(1) 高压聚乙烯（低密度）质地柔软，可制成薄膜或食具，但不能长期盛装食用油或含油脂高的食品。低压聚乙烯（高密度）质地较硬，可制成奶瓶、水桶等，该制品可耐高温。

提示

汽水、果汁等冷饮不宜将聚乙烯作为软包装材料。凡是再生聚乙烯制品，不能用于食具和食品包装材料。

(2) 聚丙烯可用于制作啤酒桶或各种食品瓶的螺纹盖，它是目前广泛使用的最理想的食品塑料包装材料和食具材料。

(3) 聚苯乙烯自身无毒，但可能含有苯乙烯单体或者挥发性物质，一般只用于制作糖果盒之类的容器，如图 4-11 所示。

(4) 聚氯乙烯具有一定的毒性，氯乙烯单体具有致癌和致畸作用，此种材料常适合于包装碳酸饮料、矿泉水或食用油，也常用于制作快餐盒或糕点盒，如图 4-12 所示。此原料制成的薄膜可用于包装鲜肉和果蔬。

图4-11　饮料塑料包装

图4-12　糕点盒塑料包装

（5）三聚氰胺可制成各种食具和容器，例如市场上出售的象骨筷子和类似陶瓷的塑料食具。

提示

塑料包装材料中的一些游离单体容易转移到食品中，通过食用这些食品后进入人体，从而对人体健康造成危害，严重的可以使人致癌。高压圈、橡皮垫片、食品生产和加工运输用的橡胶管、输送带等，这些橡胶制品在制作时所加入的添加剂具有毒性，因此在接触食品时，要事先了解其使用范围，以免造成食品污染，危害人体的健康。另外，罐头内壁的环氧树脂有时脱落也会造成食品的污染。

4.2.2 范例——“明溪”小溪鱼干

打开本书配套光盘中的“Chapter 4\Complete\4.2\包装整体效果.psd”文件，查看该产品包装的最终设计效果，如图4-13所示。

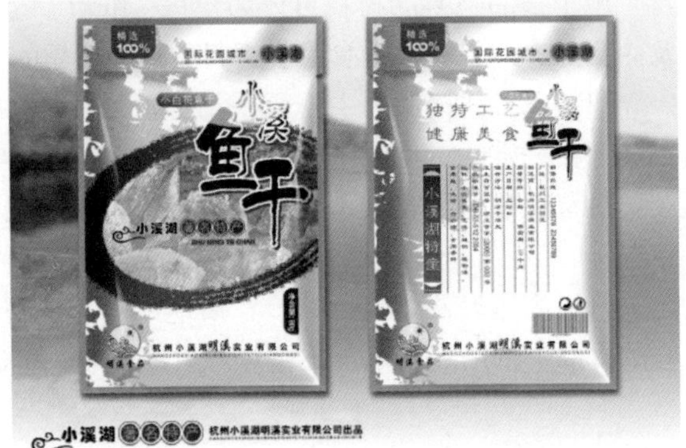

图4-13 小溪鱼干包装的整体效果

1. 设计定位

本范例中的小溪鱼干是具有地方特色的大众休闲食品，它消费群体广，老少皆宜，适合不同层次的消费群体。超市、商店和各类食品批发市场均有销售。

2. 设计说明

小溪鱼干包装中采用小溪水波纹作为背景底纹，突出了此包装的主题内容“小溪”。包装中的中心部位采用镂空的形式，使消费者可以透过透明塑料袋查看此食材，以便使消费者在购买时能够更好地进行选择。

包装中的鱼干字样采用书法字体，同时镂空处采用书法笔触，背景采用暗红色和白色相搭配，而主体文字则使用黑色。这种通过书法效果的应用、红色和黑色的搭配，使其在文字、图像和色彩方面均突出了该食品的传统型和历史悠久性，从而增强消费者对该食品的好感和信任感。

3. 材料工艺

此包装中的塑料袋采用聚脂薄膜并采用四色凹版印刷，所用油墨为耐水墨。

4. 设计重点

在绘制小溪鱼干包装时，会用到Photoshop中的套索工具、渐变填充工具、形状工具和图层样式功能等。在制作该包装时，需要注意以下几个环节。

（1）在使用套索工具绘制包装中的小溪波纹图像时，可以凭感觉自由绘制波纹的形状，并为其填充相应的渐变色。

（2）在绘制包装中的100%文字时，先使用椭圆选框工具和复制功能绘制两个圆环形，再通过删除部分图像来制作包装中的100%文字效果。

（3）在制作包装整体效果时，需要将包装正面镂空部位保留为透明状态，然后通过在下层添加鱼干图像，并为其绘制反光来体现较为真实的塑料包装袋效果。

5. 设计制作

制作本范例中的小溪鱼干塑料包装，需要通过3个部分来完成，首先需要绘制出塑料袋的正反面包装效果，然后再将绘制好的正反面图像制作为较为真实的塑料袋包装效果。

（1）绘制塑料袋正面展开图

打开本书配套光盘中的“Chapter 4\Complete\4.2\正面展开图 .psd”文件，查看该产品包装的正面展开图，如图 4-14 所示。

图4-14　塑料袋正面展开图

STEP 01 新建一个名称为“正面展开图”、大小为 19.4cm×28.7cm、颜色模式为 RGB 的文件，如图 4-15 所示。

STEP 02 分别创建四条离边缘距离为 0.5 厘米的辅助线，再创建一条垂直标尺为 4 厘米的水平辅助线，如图 4-16 所示。

STEP 03 新建图层 1，使用矩形选框工具分别框选边缘辅助线以外的区域，将它们填充为“R158、G160、B157”的颜色，并取消选择，如图 4-17 所示。

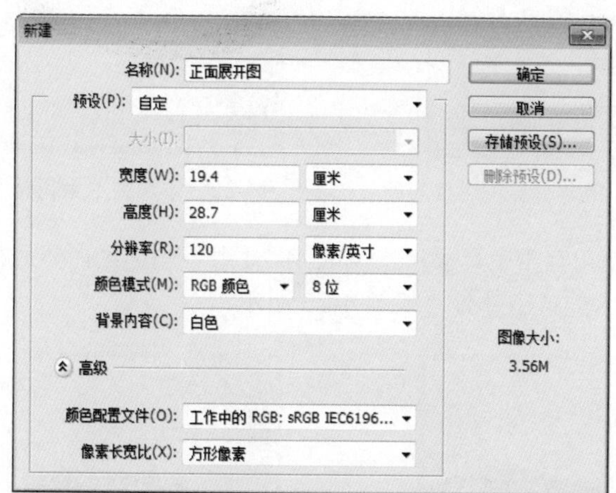

图4-15　新建文件设置

图4-16　添加的辅助线

STEP 04 在图层 1 的下方新建图层 2，使用套索工具绘制自由形状的选区，以创建包装中的背景底纹，如图 4-18 所示。

STEP 05 选择渐变工具，然后为选区填充从“R190、G114、B84”到“R236、G206、B195”的线性渐变色，并取消选择，如图 4-19 所示。

图4-17　创建辅助线

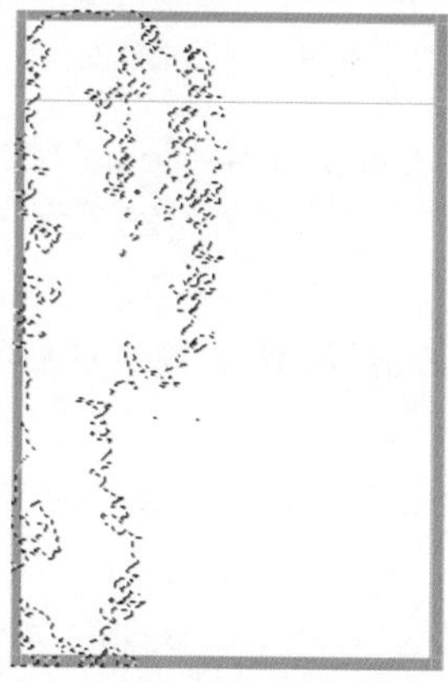
图4-18　绘制的选区

图4-19　选区的填充效果

STEP 06 打开本书配套光盘中的“Chapter 4\Media\4.2\笔触 .psd”文件，将该图像移动到展开图中，生成图层 3，然后调整该图像到如图 4-20 所示的大小和位置。

STEP 07 单击“图层”面板上方的“锁定透明像素”按钮，锁定图层 3 的透明像素，如图 4-21 所示。

STEP 08 使用渐变工具为该图像填充线性渐变色，如图 4-22 所示，其中渐变色设置为 0%“R74、G2、B2”，47%“R168、G27、B33”，100%“R74、G2、B2”，填充效果如图 4-23 所示。

图4-20 添加的笔触图像

图4-21 锁定图层透明像素

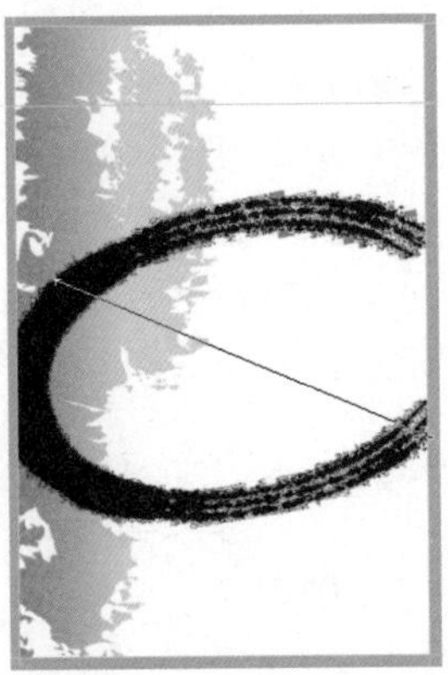

图4-22 添加的笔触图像

STEP 09 在图层 3 的下方新建图层 4。使用套索工具绘制如图 4-24 所示的选区，然后将选区填充为白色，并取消选择，以表现塑料袋中的镂空部分，如图 4-25 所示。

图4-23 图像的渐变填充效果

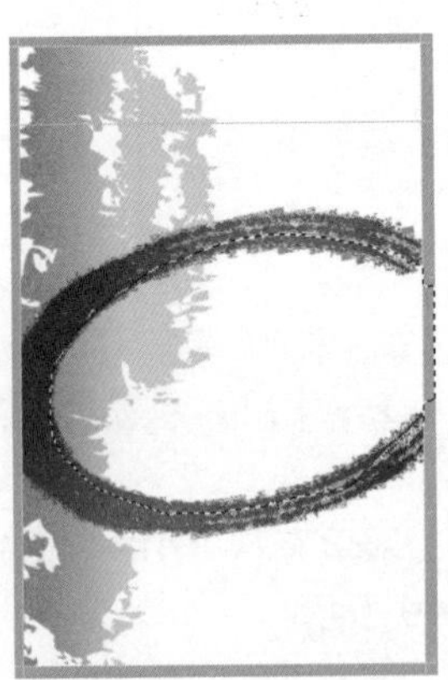

图4-24 创建的选区

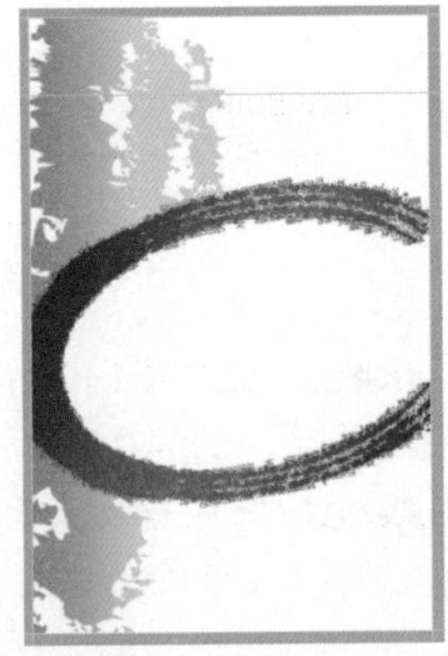

图4-25 选区的填充效果

STEP 10 打开本书配套光盘中的“Chapter 4\Media\4.2\鱼干 .psd”文件，将该标准字移动到展开图中，生成图层 5，然后调整该文字到如图 4-26 所示的大小和位置。

STEP 11 将鱼干文字作为选区载入，如图 4-27 所示。在图层 5 的下方新建图层 6，执行“选择→修改→扩展”命令，将选区扩展 8 像素，然后将扩展后的选区填充为白色，并取消选择，如图 4-28 所示。

STEP 12 将图层 6 复制，得到图层 6 副本，然后将图层 6 副本移动到图层 6 的下一层，如图 4-29 所示。

STEP 13 锁定图层 6 副本的透明像素，然后将该图层填充为“R74、G2、B2”的颜色，再将该图像移动到如图 4-30 所示的位置，作为文字的投影。

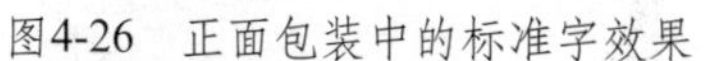

图4-26　正面包装中的标准字效果

图4-27　载入的选区

图4-28　扩展并填充选区后的效果

STEP 14 分别输入文字“小”和“溪”，将字体设置为“经典繁角隶”，并如图 4-31 所示调整文字的大小和位置。

图4-29　图层排列顺序

图4-30　为文字制作的投影效果

图4-31　添加的文字

STEP 15 按照步骤 11～ 步骤 13 的操作方法，为文字“小溪”制作如图 4-32 所示的投影效果。

STEP 16 选择圆角矩形工具，在工具选项栏中设置形状的填充色，如图 4-33 所示。并将“半径”值设置为 30 像素，然后绘制如图 4-34 所示的圆角矩形。

图4-32　绘制的文字投影效果

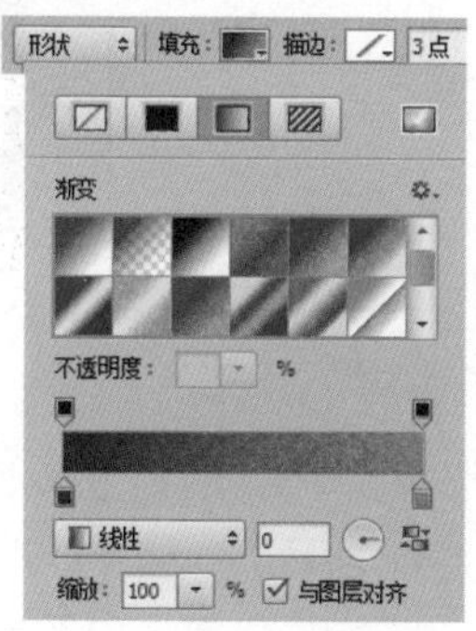

图4-33　形状的填充色设置

图4-34　绘制的圆角矩形

STEP 17 在圆角矩形上添加如图 4-35 所示的文字，并为其设置相应的字体和颜色。

STEP 18 新建图层 9，使用椭圆选框工具创建如图 4-36 所示的圆形选区，并将选区填充为“R80、G13、B14”的颜色。

STEP 19 选择移动工具，然后按住“Alt+Shift”键向右拖动选区图像，将该图像复制到右边适当的位置，如图 4-37 所示。

图4-35 添加的文字

图4-36 绘制的圆形图像

图4-37 复制的图像

STEP 20 按照同样的操作方法，再复制两个圆形图像，完成效果如图 4-38 所示。

STEP 21 将圆形图像作为选区载入，并将选区扩展 5 像素，如图 4-39 所示。

图4-38 复制所得的圆形图像

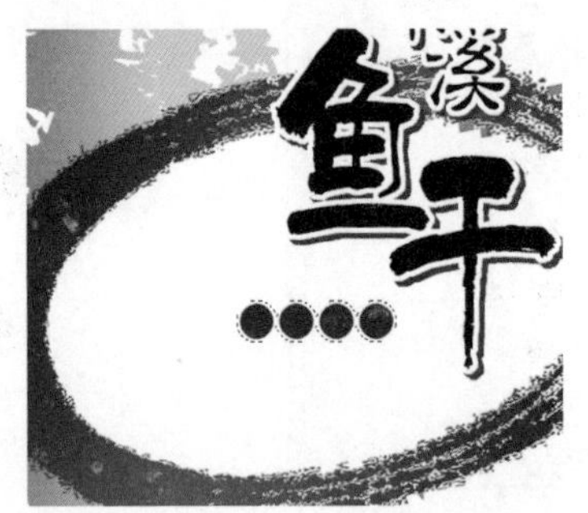
图4-39 扩展选区后的效果

STEP 22 执行“编辑→描边”命令，在弹出的“描边”对话框中，设置宽度为 2 像素、位置为“居中”、颜色为“R80、G13、B14”，然后单击“确定”按钮，得到如图 4-40 所示的描边效果。

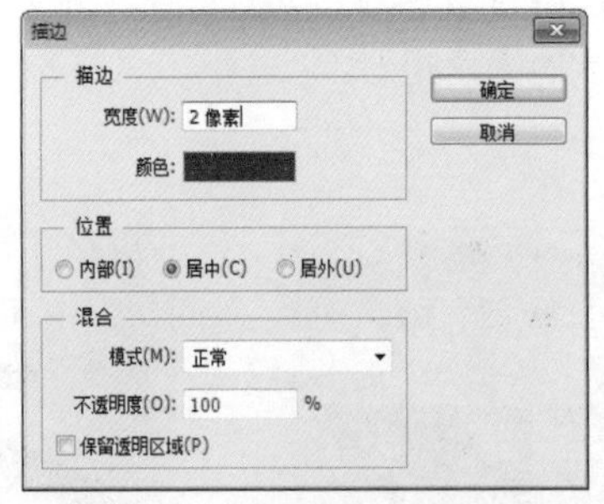

图4-40 “描边”对话框设置及描边效果

STEP 23 按照同样的操作方法，制作右上角处的圆形图像及描边效果，该图像的颜色为“R170、G115、B52”，如图 4-41 所示。

STEP 24 添加包装袋正面中所需的文字，如图 4-42 所示。

STEP 25 选择“ZHU MING TE CHAN”文字图层，然后为其添加“描边”图层样式，各选项设置及描边效果如图 4-43 所示。

图4-41　右上角处的圆形图像

图4-42　添加相应的文字

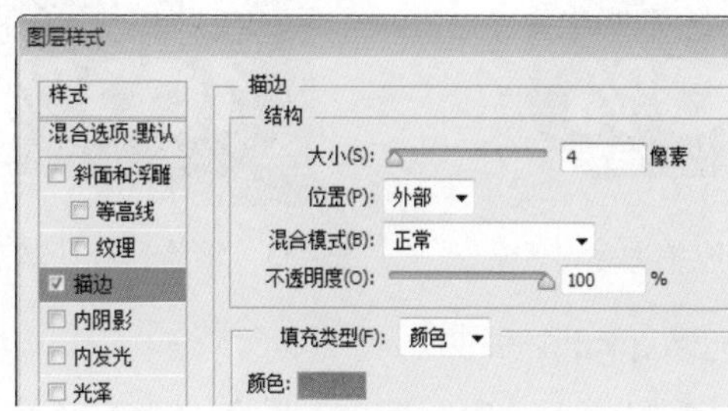

图4-43 “描边”选项设置及描边效果

STEP 26 打开本书配套光盘中的“Chapter 4\Media\4.2\ 花纹 .psd”文件，将该图案移动到展开图中，生成图层 11，然后调整该图案到如图 4-44 所示的大小和位置。

STEP 27 选择圆角矩形工具，在工具选项栏中设置形状的填充色，如图 4-45 所示，并将“半径”值设置为 40 像素，然后在展开图的左上角绘制如图 4-46 所示的圆角矩形。

图4-44　添加的花纹图案

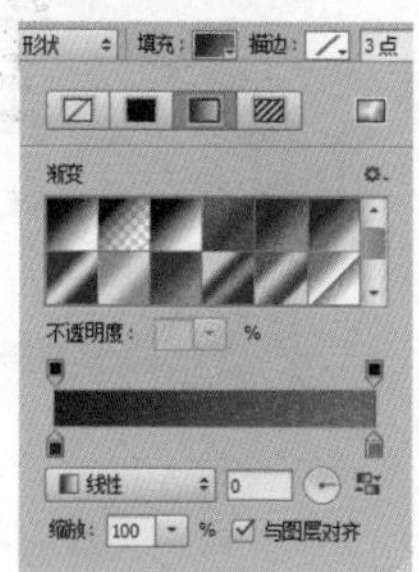

图4-45　形状的渐变色设置

图4-46　绘制的圆角矩形

STEP 28 在上一步绘制的圆角矩形上分别添加如图 4-47 所示的文字，并为它们设置相应的字体。

STEP 29 新建图层 12，绘制如图 4-48 所示的圆环形，并将其填充为白色。

STEP 30 复制图层 12，然后将复制的圆环形水平移动到右边相应的位置，如图 4-49 所示。

图4-47　添加的文字

图4-48　绘制的圆环形

图4-49　复制的圆环形

图4-50　扩展后的选区

STEP 31 将图层12中的圆环图像作为选区载入，然后将选区扩展2像素，如图4-50所示。

STEP 32 选择图层12副本，然后选择橡皮擦工具，在工具选项栏中将该工具的不透明度设置为100%，再使用该工具擦除该图层中的部分圆环图像，如图4-51所示。

STEP 33 将图层12副本中的圆环图像作为选区载入，并将选区扩展2像素，如图4-52所示。选择图层12，然后使用橡皮擦工具擦除该图层中的部分圆环图像，如图4-53所示。

图4-51　擦除部分区域后的图像

图4-52　扩展后的选区

图4-53　擦除部分区域后的图像

STEP 34 将图层12和图层12副本合并，如图4-54所示。

STEP 35 打开本书配套光盘中的“Chapter 4\Media\4.2\标志.psd”文件，将该产品标志移动到展开图中，并调整到如图4-55所示的大小和位置。

STEP 36 添加正面展开图中剩下的其他文字，完成效果如图4-56所示。

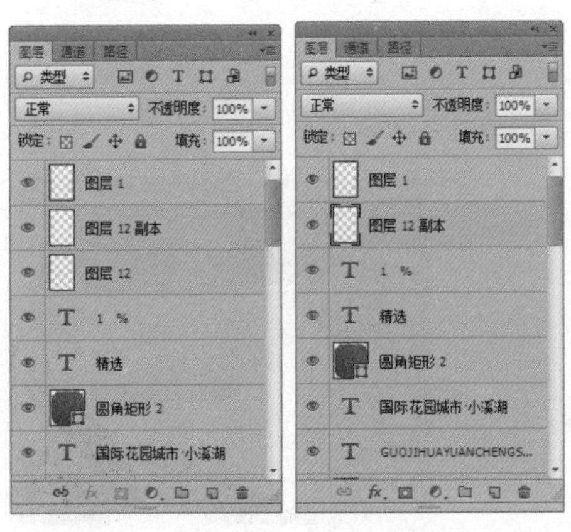
图4-54　合并图层

图4-55　添加的产品标志

图4-56　完成后的正面展开图

(2) 绘制塑料袋背面展开图

打开本书配套光盘中的“Chapter 4\Complete\4.2\背面展开图.psd”文件，查看该产品包装的背面展开图，如图4-57所示。

STEP 01 打开前面制作好的正面展开图，执行“图像→复制”命令，在弹出的对话框中单击“确定”按钮，对该文档进行复制，如图4-58所示。

STEP 02 删除副本文档中不需要的图层，如图4-59所，然后执行“文件→存储为”命令，将该文档以“背面展开图”名称存储于相应的目录。

STEP 03 将文字“小溪鱼干”及其投影所在的图层合并，如图4-60所示，然后调整该文档中部分文字和对应的圆角矩形的大小和位置，如图4-61所示。

图4-57　塑料袋的背面展开图

图4-58　复制的副本文档

图4-59　删除不需要的图层

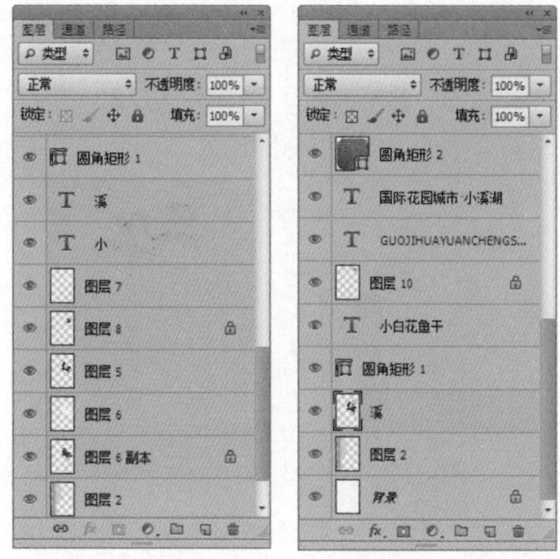

图4-60　合并所选图层

图4-61　调整后的文字效果

STEP 04 选择“小白花鱼干”文字下方的圆角矩形，然后为其添加一个“投影”图层样式，投影选项设置及应用效果如图 4-62 所示。

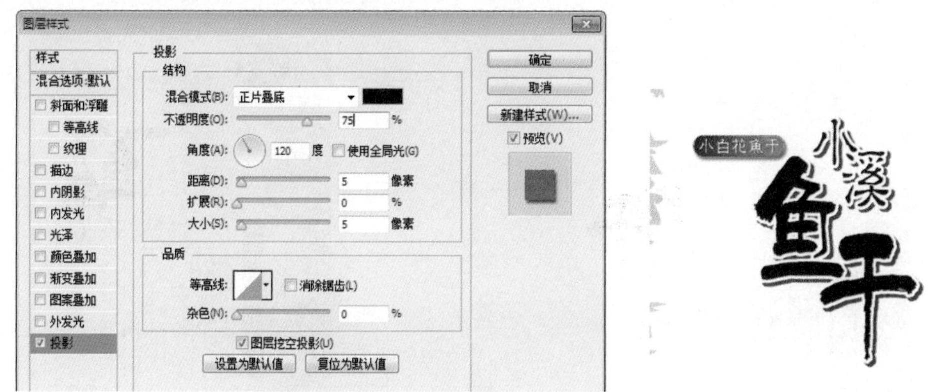

图4-62　投影选项设置及应用效果

STEP 05 在图层 2 的上方新建图层 11，使用矩形选框工具绘制如图 4-63 所示的矩形选区，并将其填充为白色，然后取消选择。

STEP 06 执行“滤镜→模糊→动感模糊”命令，在弹出的“动感模糊”对话框中设置选项参数，如图 4-64 所示。然后单击“确定”按钮，效果如图 4-65 所示。

图4-63 绘制选区并填色

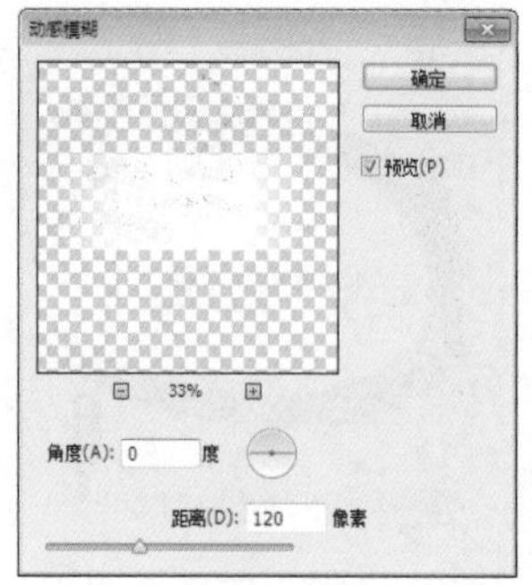

图4-64 动感模糊选项设置

图4-65 图像的模糊效果

STEP 07 在上一步绘制的图像上添加如图 4-66 所示的文字，并为其设置相应的字体、大小和颜色。

STEP 08 使用矩形选框工具、钢笔工具绘制如图 4-67 所示的图像，将线条图像填充为“R172、G120、B60”的颜色，另一个图像填充为“R84、G3、B5”到“R192、G25、B32”的线性渐变色。

图4-66 添加的文字

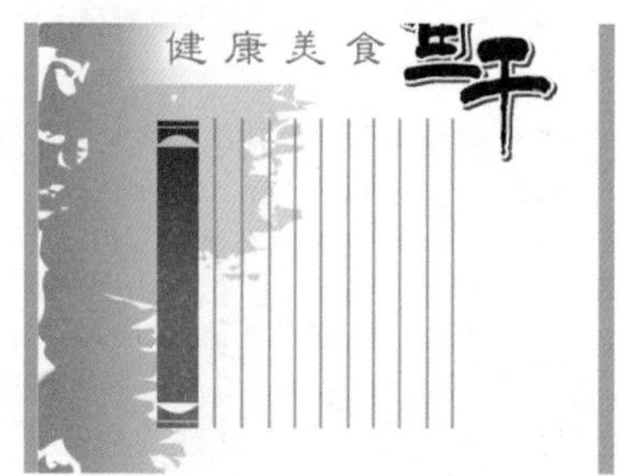

图4-67 绘制的图像效果

STEP 09 添加背面展开图中所需的其他文字，如图 4-68 所示。

STEP 10 打开本书配套光盘中的“Chapter 4\Media\4.2\标识和条形码 .psd”文件，将它们移动到展开图中，然后调整到如图 4-69 所示的大小和位置，完成背面展开图的绘制。

图4-68 添加背面包装中的文字

图4-69 完成后的背面展开图效果

(3) 绘制包装整体效果

在绘制好包装的正反面图像后，就可以通过在图像上绘制明暗层次和发光效果来表现真实的塑料袋包装效果。

STEP 01 打开前面绘制好的塑料袋正面展开图，对该文档进行复制，得到一个副本文档。

STEP 02 在该副本文档中，双击“图层”面板中的背景图层，然后在弹出的“新建图层”对话框中单击“确定”按钮，将背景图层转换为普通图层，如图 4-70 所示。

STEP 03 将图层 4 中用于镂空的图像作为选区载入，然后删除图层 4，再分别选择背景底纹所在的图层 2 和转换为普通图层后的图层 0，按“Delete”键删除这两个图层中位于选区内的图像，如图 4-71 所示。

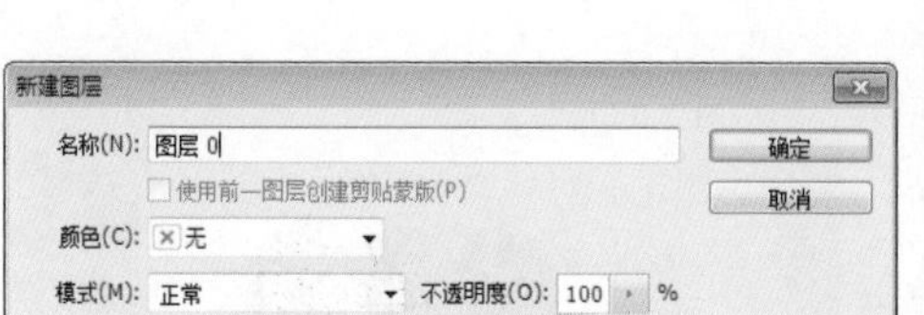

图4-70 将背景图层转换为普通图层

图4-71 删除部分区域后的图像

STEP 04 取消图像中的选区，然后按“Shift+Ctrl+E”键，将副本文档中的可见图层合并，并将合并后的图层名称修改为“正面图像”，如图 4-72 所示。

STEP 05 执行“文件→存储为”命令，将该文档以“正面立体”名称存储于相应的目录。

STEP 06 打开本书配套光盘中的“Chapter 4\Media\4.2\鱼干图像.jpg”文件，将该图像移动到正面立体文件中，生成图层 1。将图层 1 调整到最下层，然后调整鱼干图像的大小和位置，如图 4-73 所示。

STEP 07 新建图层 2。使用矩形选框工具绘制如图 4-74 所示的矩形选区，将选区填充为白色，然后取消选择，并为该图层添加一个图层蒙版，如图 4-75 所示。

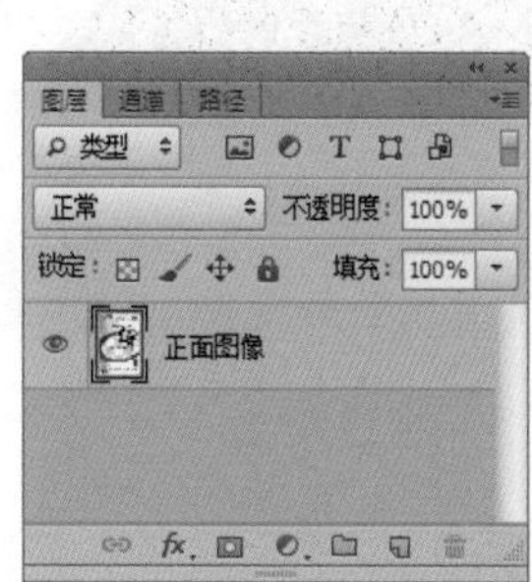

图4-72 合并图层并修改图层名称

图4-73 添加的鱼干图像

图4-74 绘制的矩形图像

STEP 08 选择渐变工具，为其设置黑色到白色的线性渐变色，然后为图层蒙版填充该渐变色，如图 4-76 所示，得到如图 4-77 所示的蒙版效果。

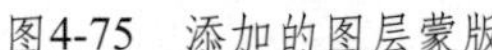
图4-75　添加的图层蒙版

图4-76　填充图层蒙版的操作

图4-77　编辑蒙版后的效果

STEP 09 将图层 2 的不透明度设置为 50%，如图 4-78 所示。

STEP 10 使用椭圆选框工具在展开图的右上角位置绘制如图 4-79 所示的椭圆形选区，然后选择正面图像所在的图层 0，按“Delete”键删除选区内的图像并取消选择，以制作塑料袋上的撕口，如图 4-80 所示。

图4-78　降低不透明度后的效果

图4-79　绘制的选区

图4-80　删除的图像

STEP 11 新建图层 3。使用“钢笔工具”绘制如图 4-81 所示的路径并将其转化为选区，然后将其填充为黑色并取消选择，如图 4-82 所示。

图4-81　绘制的路径

图4-82　填充选区后的效果

STEP 12 使用橡皮擦工具在上一步绘制的图像边缘处进行涂抹，以擦除部分图像，使阴影部分更加自然，如图 4-83 所示。

STEP 13 设置图层 3 的不透明度为 25%，如图 4-84 所示

STEP 14 使用同样的操作方法，绘制塑料袋其他部位上的阴影，如图 4-85 所示，其中顶部和左边边缘处的阴影所在图层的图层混合模式为“叠加”，如图 4-86 所示。

图4-83　柔和后的图像边缘

图4-84　设置图层不透明度后的效果

STEP 15 新建图层 7，将前景色设置为黑色。使用画笔工具并设置适当的画笔大小和不透明度，然后在塑料袋的顶部进行涂抹，以制作顶部的阴影，效果如图 4-87 所示。

图4-85　其他部位处的阴影

图4-86　图层分布与设置

图4-87　绘制顶部阴影

STEP 16 新建图层 8，使用画笔工具在塑料袋的四周边缘进行涂抹，以绘制边缘处的阴影，如图 4-88 所示。

STEP 17 新建图层 9。使用钢笔工具绘制如图 4-89 所示的路径，将路径转换为选区，并将其羽化 3 像素，然后填充为白色并取消选择，如图 4-90 所示。

图4-88　绘制塑料袋边缘处的阴影

图4-89　绘制的路径

图4-90　填充选区后的效果

STEP 18 使用橡皮擦工具在上一步绘制图像上的相应位置进行涂抹，以擦除部分图像，使反光效果更加自然，如图 4-91 所示。

STEP 19 将图层 9 的不透明度设置为 65%，如图 4-92 所示。

图4-91　擦除部分图像后的效果

图4-92　降低不透明度后的效果

STEP 20 按照同样的操作方法，绘制塑料袋中其他部位上的反光效果，完成塑料袋正面立体效果的绘制，如图 4-93 所示。

STEP 21 将绘制好的正面立体效果文件保存，然后为该文件复制一个副本文件，并删除该副本文件中的包装正面图像和鱼干图像，将该副本文件以“背面立体”名称保存到相应的目录，如图 4-94 所示。

STEP 22 打开前面绘制好的“背面展开图”文件，将该文件复制，并将副本文件中的所有可见图层合并，如图 4-95 所示。

图4-93　其他部位上的发光效果

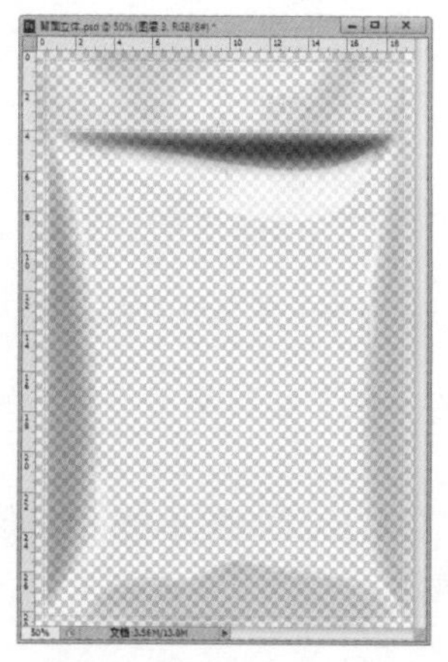

图4-94　删除图像后的效果

图4-95　合并所有图层

STEP 23 将合并后的背面展开图复制到背面立体文件中，并将该图层调整到最下层，效果如图 4-96 所示。

STEP 24 在背面图像的左上角位置制作一个撕口，如图 4-97 所示。

STEP 25 新建一个名称为“包装整体效果”、大小为 36cm×26cm、颜色模式为 RGB 的文件，如图 4-98 所示。

STEP 26 打开本书配套光盘中的“Chapter 4\Media\4.2\湖.jpg”文件，将该图像移动到包装整体效果文件中，生成图层 1，然后调整该图像的大小和位置，如图 4-99 所示。

STEP 27 执行“滤镜→滤镜库”命令，在弹出的对话框中单击“艺术效果”滤镜组中的“底纹效果”，然后单击“确定”按钮，为该图像应用该滤镜，如图 4-100 所示。

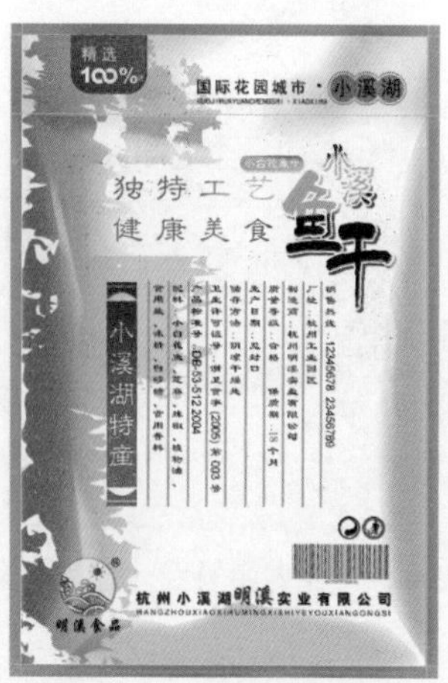

图4-96　背面立体效果

图4-97 背面立体效果中的撕口

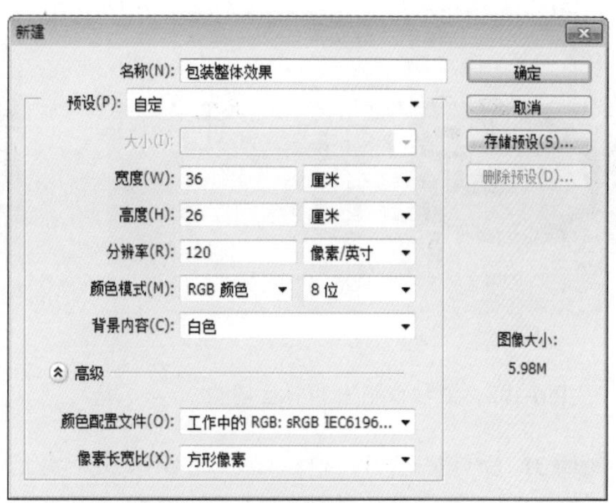

图4-98 新建文件设置

图4-99 添加的背景图像

图4-100 应用底纹效果滤镜

STEP 28 为图层 1 添加一个图层蒙版。选择渐变工具，为其设置黑色到白色再到黑色的线性渐变色，然后使用该渐变色编辑蒙版，如图 4-101 所示。

图4-101 编辑蒙版的操作及蒙版效果

STEP 29 分别将“正面立体”和“背面立体”文件中的所有可见图层合并，然后将合并后的图像移动到包装整体效果文件中，如图 4-102 所示进行排列。

STEP 30 按住“Ctrl+Shift”键，将正面和背面图像同时作为选区载入，如图 4-103 所示。

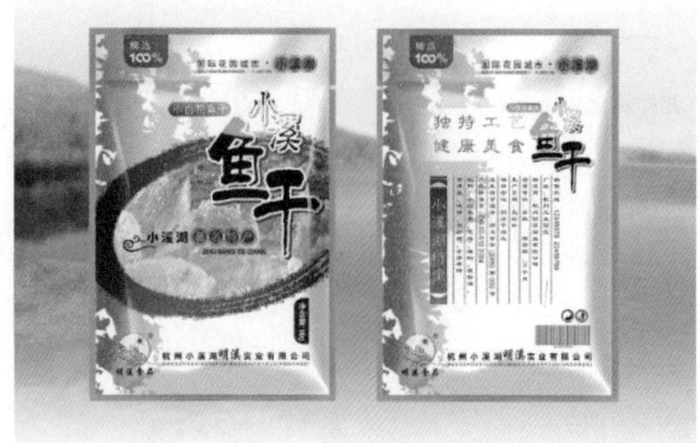

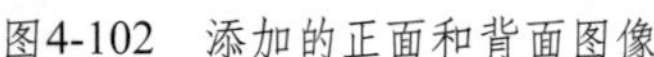
图4-102 添加的正面和背面图像

图4-103 载入的选区

STEP 31 新建图层 4。将选区羽化 6 像素并填充为黑色，然后取消选择，再将该图像移动到如图 4-104 所示的位置，作为塑料袋的投影。

STEP 32 将图层 4 的不透明度设置为 75%，如图 4-105 所示。

图4-104 绘制的投影效果

图4-105 降低不透明度后的投影

STEP 33 添加包装整体效果中的文件，完成本实例的制作，如图 4-106 所示。

提示

在使用 Photoshop 中的工具或命令时，可以使用 Photoshop 提供的各项操作快捷键，这样可节省在界面中选择工具或命令的时间。如果要查看各种工具的快捷键，可以将光标移动到工具箱中的任意一个工具按钮上，停留几秒钟后即可显示该工具的名称以及快捷键。如果要查看菜单命令的快捷键，可以展开各个菜单，然后在菜单命令右边即可显示对应的操作快捷键。

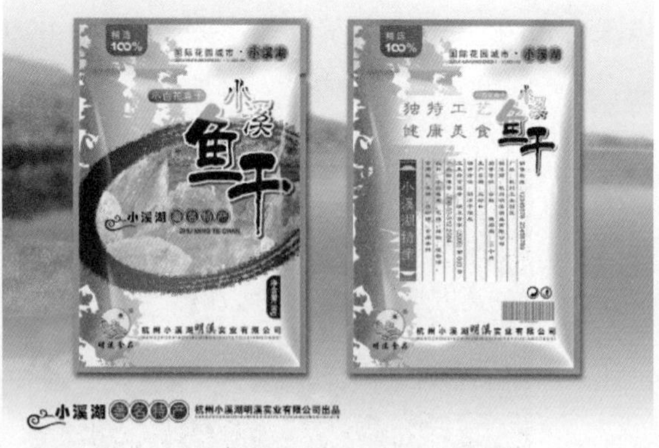
图4-106 包装整体效果

4.3 化妆品类塑料包装设计

化妆品也属于日常生活用品，这类包装与人们的生活息息相关。日用品类包装通常色彩明快、干净和简洁，在设计此类包装时，为了体现环保，在卫生用品、环保用品的外包装设计中通常会出现环保标志。如图 4-107 所示为两款不同的生活用品包装设计。

图4-107　日化包装设计

4.3.1　关于化妆品类塑料包装

化妆品作为一种时尚消费品，在包装材料的选择上大多以提升商品价值为主，因此大多选择优质的包装材料，如图 4-108 所示。

当前，虽然各种材质都有用于化妆品包装材料，但化妆品包装容器材料还是以玻璃、塑料和金属为主，而纸盒通常用于化妆品的外包装。下面就通过一个护手霜实例介绍制作化妆品类塑料包装的方法。

图4-108　化妆品塑料包装设计

提示

化妆品是由脂肪性原料、甘油、碱类、香料、色料、营养物质、药物、水等多种成分按不同配方经过化学加工制成的具有化妆美容、治疗、保健等作用的日用品。市场上的化妆品种类繁多，成分复杂，按用途可分为清洁类、保护类、修饰类和发用类；按膏体结构分为油基性、水基性和纯油类。

化妆品在运输过程中要注意轻装轻卸，以防止包装容器破碎。在贮存保管中要分类或单独存放，以防止化妆品串味，且需要将温度控制在 0 ～ 35℃之间，温度过高会引起水分、香气挥发，过低会破坏化妆品的膏体结构。另外，湿度应控制在 60% ～ 85% 之间，以防粉质的化妆品受潮结块或霉变。在储存过程中，还要加强化妆品的在库检查，发现漏气包装，要立即密封。化妆品的保质期通常为一年，最长不超过两年，因此，化妆品要注意及时出库销售，采用先进先出原则。

4.3.2 范例——“Pleasant Smell”护手霜

打开本书配套光盘中的“Chapter 4\Complete\4.3\包装整体效果.psd”文件，查看该护手霜包装的最终设计效果，如图4-109所示。

图4-109 “Pleasant Smell”护手霜效果

1. 设计定位

“Pleasant Smell”专门针对女性的手部肌肤，精心研制出采用草本植物提取，具有滋润保湿功效的护手霜系列。“Pleasant Smell”草本护手霜天然无刺激，适合所有肤质的女性使用，其定价为中等偏上，主要在各大型超市销售。

2. 设计说明

“Pleasant Smell”护手霜在包装设计上以体现草本的天然配方为主，因此采用浅绿色为包装的主色调。在图形设计上采用草本植物图形，造型优美，清爽简洁，将该护手霜的特性表现得淋漓尽致。包装中的蝴蝶图案造型优雅，能充分体现女性的特质。

整体效果中的蝴蝶带着星光飞舞的场景设计，使整个包装充满了一种浪漫主义色彩，这也是打动女性的一种很好的表现手法。

3. 材料工艺

“Pleasant Smell”护手霜在包装上采用热印技术，将图文直接印刷到塑料容器的表面。因此，与使用瓶贴相比，此种印刷方式具有防水、防脱落的优点，另外还可避免因瓶贴脱落而增加环境的污染。

在操作时，首先需要采用胶印的方法，将容器上的图文印刷在塑料薄膜型的模类标签上，然后将印刷好的标签放入模具中，模具上的真空小孔将标签牢牢吸附在模具内，当塑料瓶原料加热并成软管状下垂时，带有标签的模具迅速合拢，当空气吹入软管，使其紧贴模具壁，紧贴着瓶体雏形的标签固装黏胶剂开始融化并和塑料瓶体在模具内结合在一起，这时打开模具，塑料瓶体成型，标签和瓶体融合在一体，使标签和瓶体在同一表面上，我们将看到完成后的塑料包装效果。

4. 设计重点

在绘制护手霜塑料包装时，需要使用钢笔工具、画笔工具、图层蒙版和调整图层功能等。在绘制过程中，应注意以下几个环节。

（1）使用钢笔工具绘制护手霜的包装外形，然后使用画笔工具绘制塑料管体上的明暗层次。

（2）使用钢笔工具绘制容器盖中各个面的外形，然后通过填充渐变色或使用画笔工具绘制不同的色调，来表现容器盖中的明暗层次。在绘制容器盖中的明暗层次时，还将使用复制功能和曲线调整图层等功能。

（3）在绘制完包装正面造型后，通过复制并修改局部造型来制作包装的背面造型。

（4）包装整体效果中的星点图像是通过为画笔工具设置相应的属性后，再通过画笔工具绘制而成。

5. 设计制作

绘制“Pleasant Smell”护手霜包装的操作步骤分为4个部分，首先绘制包装容器的正面和背面造型，然后添加容器上的图文信息，最后增强包装的整体效果。

（1）绘制正面容器造型

在绘制正面容器造型时，将主要使用钢笔工具和画笔工具来完成。

STEP 01 新建一个大小为 78.6mm×164mm、分辨率为 300 像素／英寸、色彩模式为 RGB 的文件，如图 4-110 所示。

STEP 02 新建图层 1，使用钢笔工具绘制路径并转换为选区的方法，绘制如图 4-111 所示的外形，并为其填充 0% 和 34%“R193、G203、B88”，100%“R184、G196、B81”的线性渐变色。

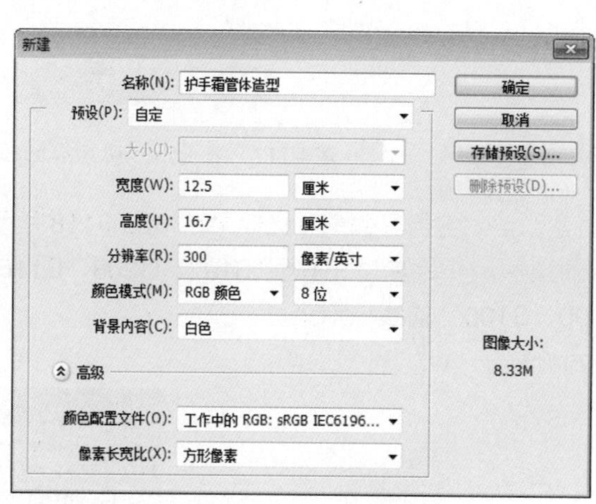

图4-110 新建文档设置

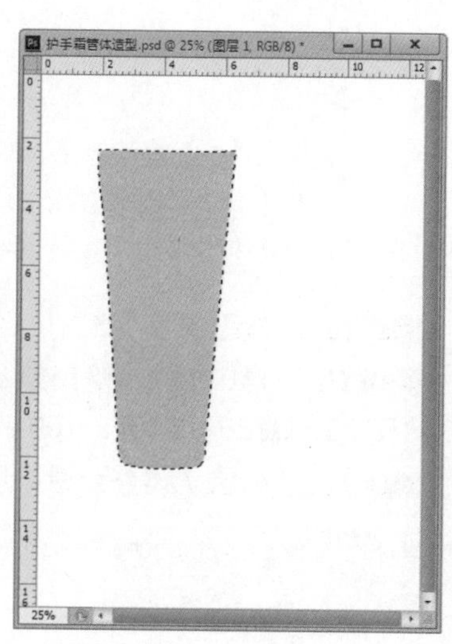

图4-111 绘制的容器外形

STEP 03 新建图层 2，并将前景色设置为“R233、G248、B148”。

STEP 04 选择画笔工具，为其选择“柔边圆”画笔，并设置相应的画笔大小和不透明度，然后在容器的左侧部分进行涂抹，绘制此处的明暗层次，完成效果如图 4-112 所示。

STEP 05 新建图层 3，将前景色设置为“R230、G241、B164”，然后使用画笔工具在容器的右侧部分进行涂抹，绘制此处的明暗层次，完成效果如图 4-113 所示。

STEP 06 新建图层 4，将前景色设置为“R170、G177、B68”，然后使用画笔工具在容器的顶部进行涂抹，绘制此处的明暗层次，完成效果如图 4-114 所示。绘制完成后取消图像中的选区。

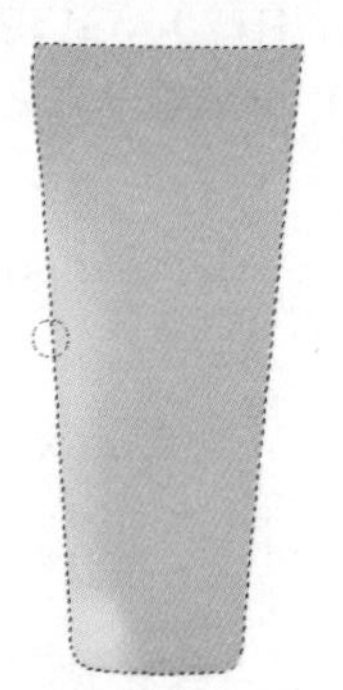

图4-112 左侧部分的明暗层次

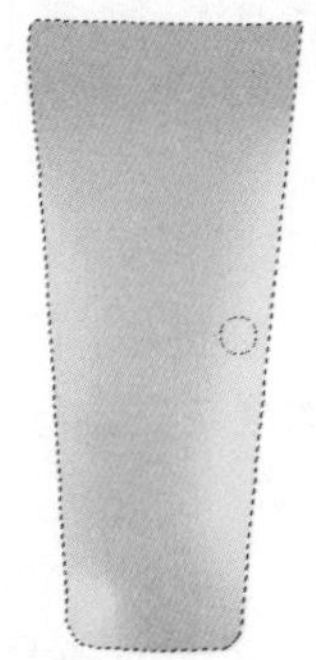

图4-113 右侧部分的明暗层次

图4-114 顶部的明暗层次

STEP 07 新建图层 5，绘制如图 4-115 所示的反光图像，并为其填充“R247、G255、B200”的颜色，然后为该图层添加一个图层蒙版。

STEP 08 将前景色设置为黑色，然后选择画笔工具，并设置适当的画笔大小和不透明度，然后在上一步绘制图像的适当位置进行涂抹，以屏蔽部分图像，使反光效果更加自然，如图 4-116 所示。

STEP 09 将图层 5 的不透明度设置为 65%，如图 4-117 所示。

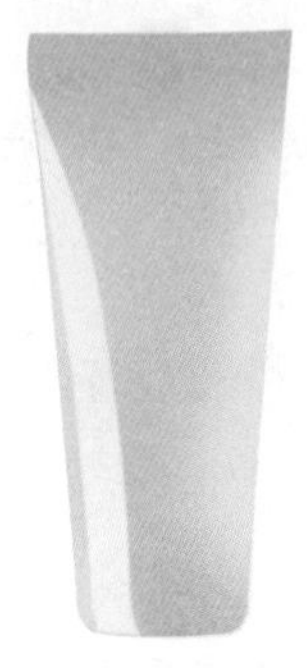
图4-115 绘制的反光图像

图4-116 处理后的反光图像

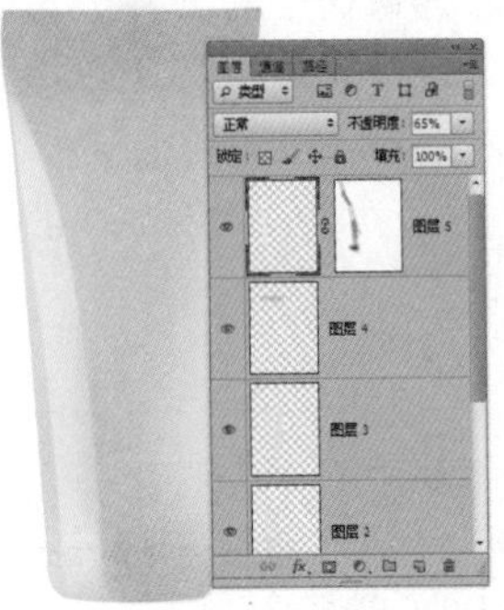
图4-117 降低不透明度后的效果

STEP 10 新建图层 6，然后按照同样的操作方法，绘制容器右侧的反光效果，如图 4-118 所示。

STEP 11 新建图层 7，绘制如图 4-119 所示的外形，并为其填充 0%“R192、G208、B116”，53%“R125、G136、B58”，100%“R175、G190、B100”的线性渐变色。

STEP 12 将图层 7 调整到最下层，如图 4-120 所示。

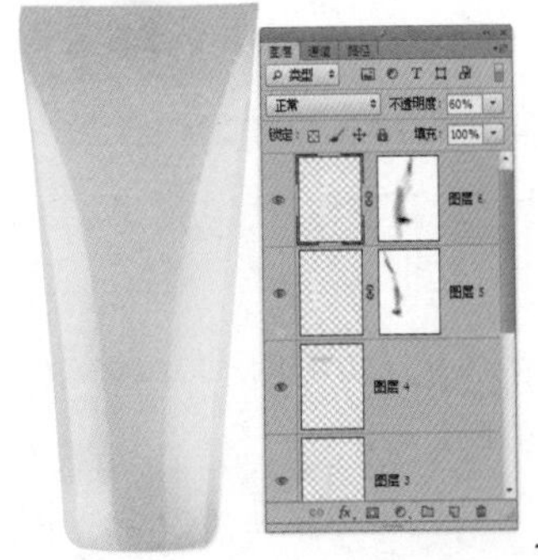
图4-118 容器右边的反光效果

图4-119 绘制容器盖中的部分外形

图4-120 调整图层排列顺序

STEP 13 复制图层 7，得到图层 7 副本，然后为该图像填充 0%“R170、G179、B97”，56%“R110、G120、B51”，100%“R103、G114、B50”的线性渐变色，并向下移动到如图 4-121 所示的位置。

STEP 14 将图层 7 副本中的图像作为选区载入，然后将前景色设置为“R73、G81、B26”。使用画笔工具在当前图像的下方进行涂抹，绘制此处的投影，如图 4-122 所示。

STEP 15 取消图像中的选区，然后将图层 7 副本移动到图层 7 的下方，如图 4-123 所示。

图4-121 修改图像填充色后的效果

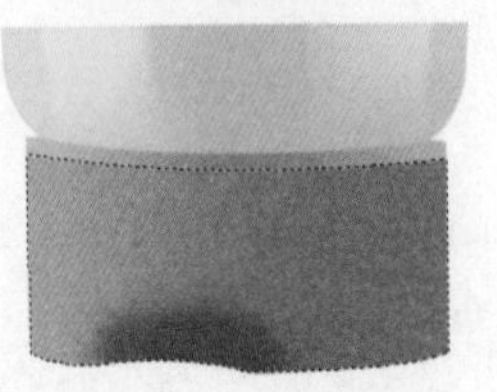
图4-122 绘制的阴影

图4-123 调整图层顺序后的效果

STEP 16 新建图层 8，绘制如图 4-124 所示的部分容器盖外形，并为其填充 0%“R190、G204、B113”，52%“R125、G136、B57”，100%“R175、G190、B100”的线性渐变色。

STEP 17 复制图层 7，得到图层 7 副本 2。绘制如图 4-125 所示的路径并将其转换为选区，将选区羽化 1 像素，然后删除图层 7 副本 2 中位于选区内的图像，如图 4-126 所示。完成后取消选择。

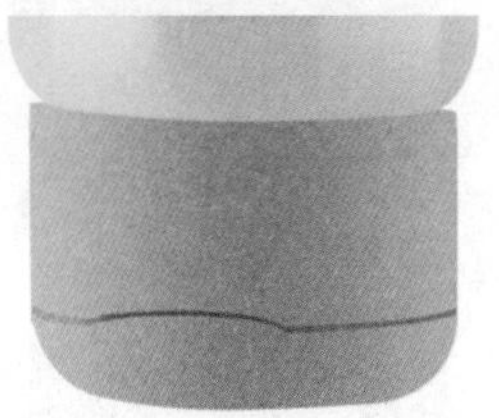

图4-124　绘制的部分容器盖外形

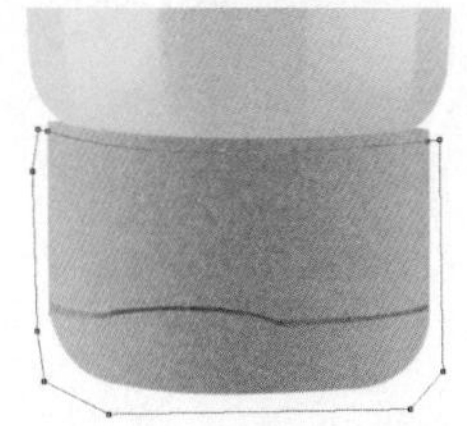

图4-125　绘制的路径

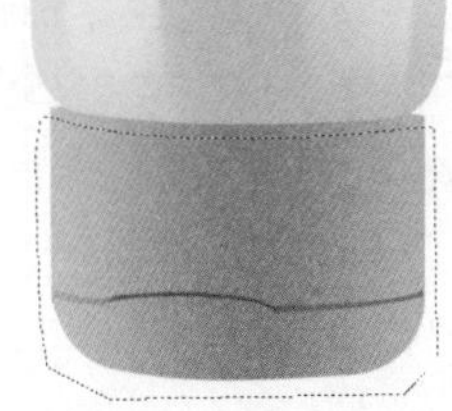

图4-126　删除部分图像

STEP 18 按“Ctrl+M”键，在弹出的“曲线”对话框中设置调整参数，如图 4-127 所示。然后单击“确定”按钮，调整当前图像的色调，以制作此处的发光效果，如图 4-128 所示。

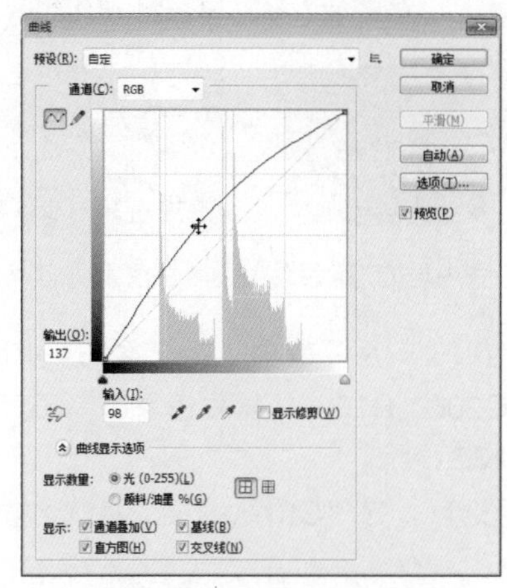

图4-127　曲线调整参数设置

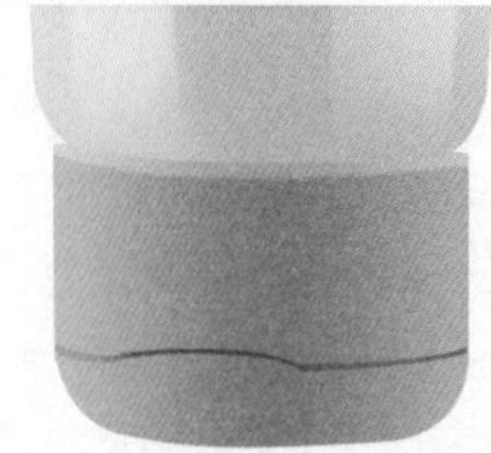

图4-128　调整后的图像色调

STEP 19 复制图层 7 副本 2，得到图层 7 副本 3，然后使用“曲线”命令加深该图像的色调，如图 4-129 所示。

STEP 20 将图层 7 副本 2 中的图像作为选区载入，然后将该选区向上移动一定的距离，如图 4-130 所示。

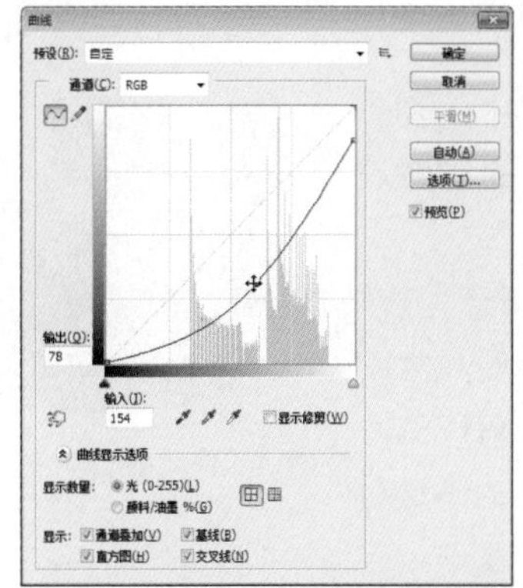

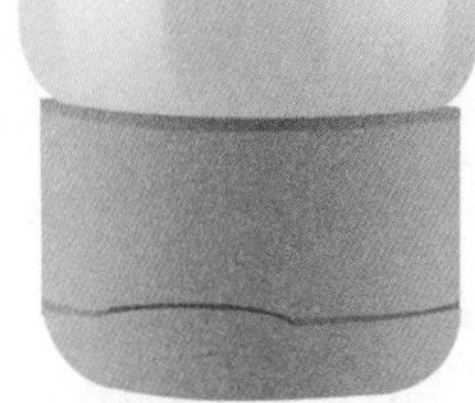

图4-129　曲线调整设置及调整后的色调

图4-130　移动后的选区

STEP 21 执行“选择→反向”命令，将选区反选，然后删除图层 7 副本 3 中位于选区内的图像，并取消选择，如图 4-131 所示。

STEP 22 选择图层 7 副本 2，为该图层添加一个图层蒙版。将前景色设置为黑色，然后使用画笔工具适当屏蔽该图层中中间部分的图像，完成效果如图 4-132 所示。

STEP 23 将图层 7 副本 2 的不透明度设置为 70%，如图 4-133 所示。

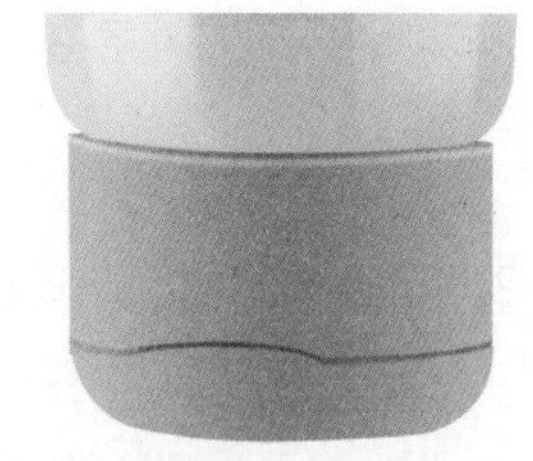

图4-131 删除部分区域后的图像

图4-132 添加并编辑图层蒙版后的效果

图4-133 降低图层不透明度后的效果

STEP 24 按照同样的操作方法，制作容器盖上其他部位的反光效果，如图 4-134 所示。

STEP 25 新建图层 9，将前景色设置为“R190、G206、B106”，然后使用画笔工具在容器盖的左侧部位进行涂抹，对明暗色调进行调整，如图 4-135 所示。

STEP 26 选择图层 7，绘制如图 4-136 所示的矩形选区，按“Ctrl+J”键，将选区内的图像拷贝到新的图层，生成图层 10。

图4-134 容器盖上其他部位的反光效果

图4-135 涂抹后的明暗色调

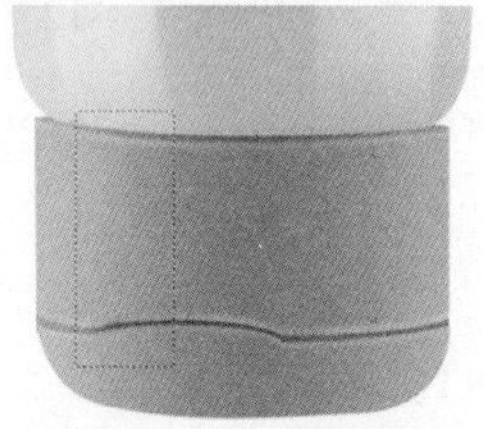

图4-136 绘制的选区

STEP 27 将图层 10 调整到图层 9 的上方，然后为该图层中的图像填充从“R214、G223、B144”到“R166、G180、B91”的线性渐变色，如图 4-137 所示。

STEP 28 将图层 10 的不透明度设置为 55%，如图 4-138 所示。

STEP 29 按照同样的操作方法，绘制容器盖上另一处的反光效果，如图 4-139 所示，其中该图像的填充色为“R166、G173、B126”到“R175、G190、B126”的线性渐变色，该图层 11 的不透明度为 52%。

图4-137 修改后的填充色

STEP 30 新建图层 12，绘制如图 4-140 所示的外形，为其填充从“R147、G161、B72”到

“R120、G132、B55”的线性渐变色。

图4-138 降低不透明度后的效果

图4-139 容器盖上的反光效果

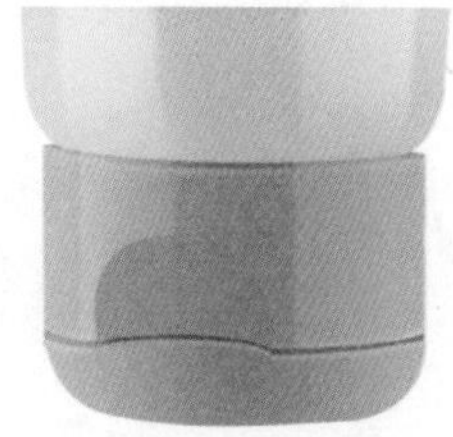

图4-140 绘制的外形

STEP 31 将图层 12 中的图像作为选区载入，新建图层 13。

STEP 32 将前景色设置为“R101、G112、B43”，选择画笔工具，并设置适当的画笔大小和不透明度，然后在上一步绘制图像的边缘进行涂抹，以绘制此处的阴影，如图 4-141 所示。

STEP 33 新建图层 14，将该图层调整到图层 12 的下方。保持当前的选区，然后将该选区扩展 3 像素，并为其填充“R218、G226、B165”的颜色，如图 4-142 所示。

STEP 34 将图层 7 中的图像作为选区载入并将选区反选，然后删除图层 14 中位于选区内的图像，如图 4-143 所示。

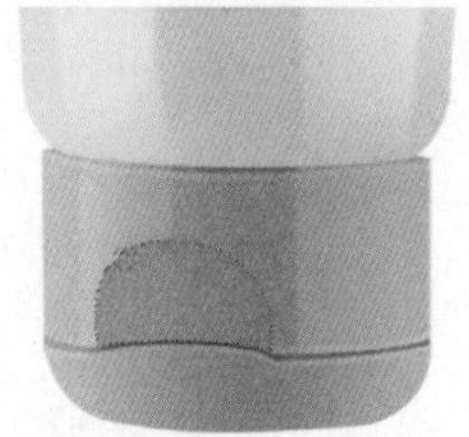

图4-141 绘制的阴影效果

图4-142 选区的填充效果

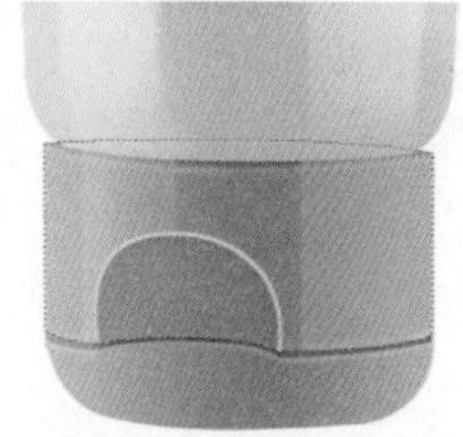

图4-143 删除后的图像

STEP 35 锁定图层 14 中的透明像素，并将前景色设置为“R151、G162、B77”，然后使用画笔工具在图像上的适当位置进行涂抹，以表现反光的色调效果，如图 4-144 所示。

STEP 36 将图层 14 的不透明度设置为 43%，如图 4-145 所示。

图4-144 涂抹后的反光色调

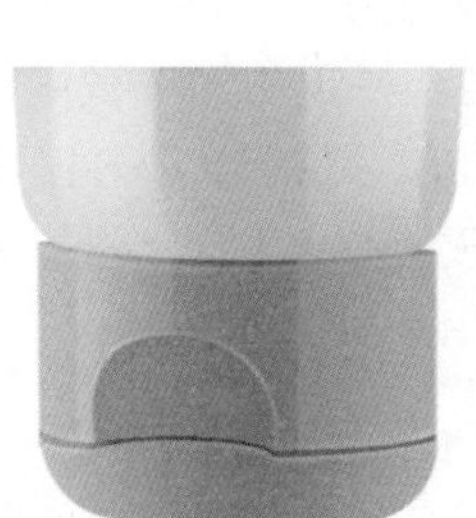

图4-145 降低不透明度后的发光效果

STEP 37 按照同样的操作方法，绘制容器盖上位于下部分的凹面和反光效果，如图 4-146 所示。在制作过程中将生成图层 15 和图层 16，如图 4-147 所示。

STEP 38 将图层 8 中的图像作为选区载入，然后新建图层 17，并将该图层调整到图层 8 的上方，如图 4-148 所示。

图4-146 容器盖上的凹面和反光效果

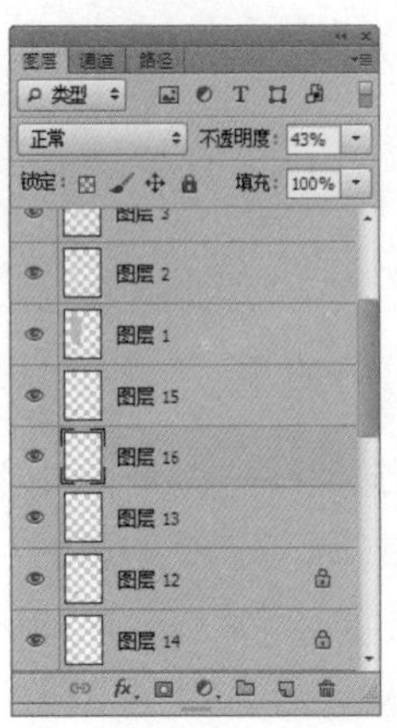

图4-147 图层排列状态

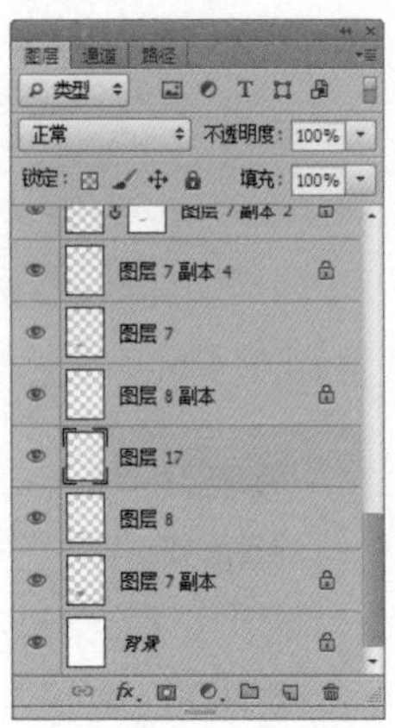

图4-148 新建的图层

STEP 39 将前景色设置为“R101、G112、B43”，然后使用画笔工具在盖底上的适当位置进行涂抹，绘制此处的阴影，如图 4-149 所示。完成后取消选择。

STEP 40 选择图层 1，创建如图 4-150 所示的选区，然后按“Ctrl+J”快捷键，将选区内的图像拷贝到新的图层，生成图层 18，如图 4-151 所示。

图4-149 绘制盖底处的阴影

图4-150 创建的选区

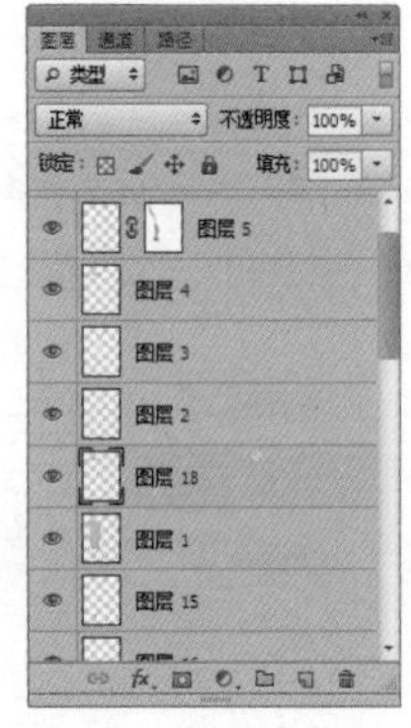

图4-151 生成的图层

STEP 41 为图层 18 中的图像填充 0%“R157、G172、B50”，50%“R145、G160、B40”，100%“R156、G171、B40”的线性渐变色，如图 4-152 所示。

STEP 42 新建图层 19，结合使用矩形选框工具和复制功能，绘制如图 4-153 所示的多条线条，并将线条图像填充为“R235、G239、B184”的颜色。

STEP 43 将图层 1 中的容器外形图像作为选区载入并将选区反选，然后删除图层 19 中的多余图像，完成后取消选择，如图 4-154 所示。

图4-152 图像的填充效果

图4-153 绘制的线条图像

图4-154 删除多余的图像

STEP 44 复制图层 18，得到图层 18 副本，然后将该图层调整到图层 18 的下方。

STEP 45 将上一步复制的图像填充为“R203、G214、B106”的颜色，然后向下移动一定的距离，以表现此处的明暗层次，如图 4-155 所示。

STEP 46 将背景图层上的所有图层编组，并修改组名称为“正面容器造型”，如图 4-156 所示，完成后的容器造型如图 4-157 所示。

图4-155　容器顶部的明暗层次

图4-156　正面造型所在的图层编组

图4-157　绘制完成的容器造型

（2）绘制背面容器造型

通过将绘制好的正面容器造型复制，然后修改容器盖上的局部造型，即可完成背面容器造型的绘制。

STEP 01 将“正面容器造型”组复制，并修改副本组的名称，如图 4-158 所示，然后将复制的容器图像移动到新的位置，如图 4-159 所示。

STEP 02 在“背面容器造型”组中，删除不需要的图像所在的图层，删除后的效果如图 4-160 所示。

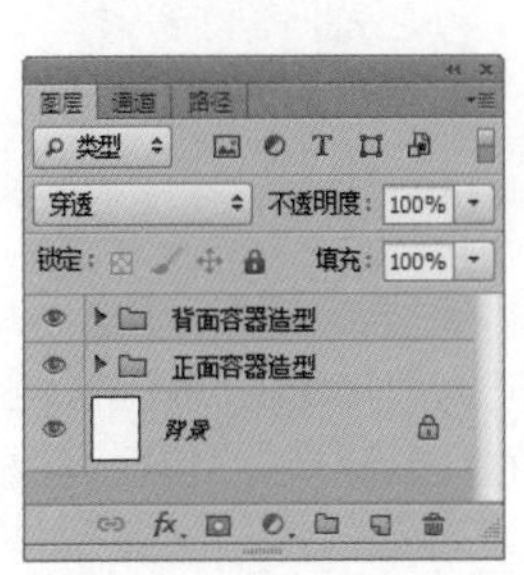

图4-158　修改副本组的名称

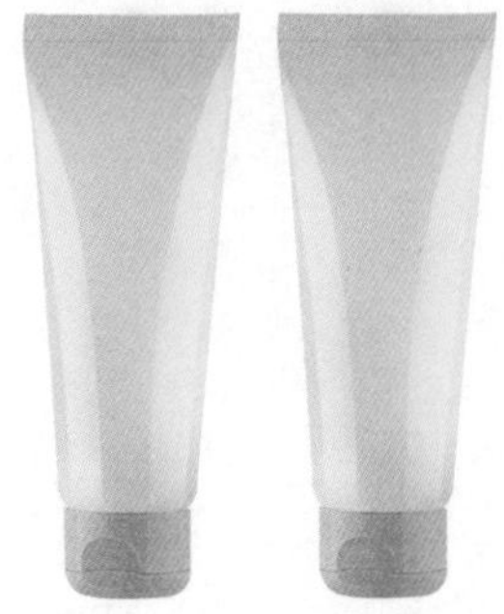

图4-159　复制的造型图像

图4-160　删除后的容器盖图像

STEP 03 按照前面绘制容器盖上对应图像的方法，将容器盖修改为如图 4-161 所示的效果。

STEP 04 新建图层 20，绘制如图 4-162 所示的外形，并为其填充“R88、G97、B33”的颜色。

STEP 05 新建图层 21，绘制如图 4-163 所示的外形，并为其填充填充“R178、G193、B97”的颜色。

图4-161　修改后的背面容器盖部分外形

图4-162　绘制的外形

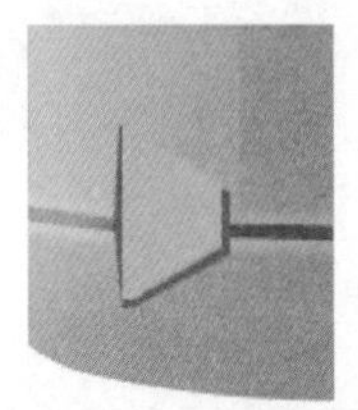

图4-163　绘制的外形

STEP 06 锁定图层 21 的透明像素，将前景色设置为“R88、G97、B33”，然后使用画笔工具在上一步绘制图像的左侧进行涂抹，绘制此处的阴影，如图 4-164 所示。

STEP 07 将图层 21 复制，生成图层 21 副本，然后将复制的图像填充为“R196、G205、B120”的颜色，如图 4-165 所示。

STEP 08 使用多边形套索工具绘制如图 4-166 所示的选区，并将选区羽化 2 像素，然后按“Delete”键删除选区内的图像，以制作此处的反光效果，如图 4-167 所示。

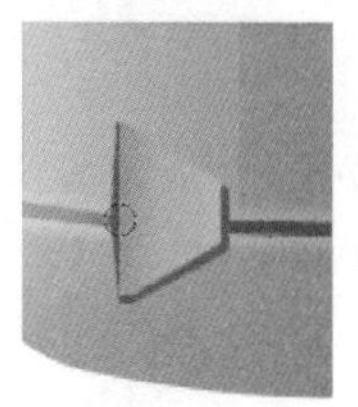
图4-164　绘制外形上的阴影

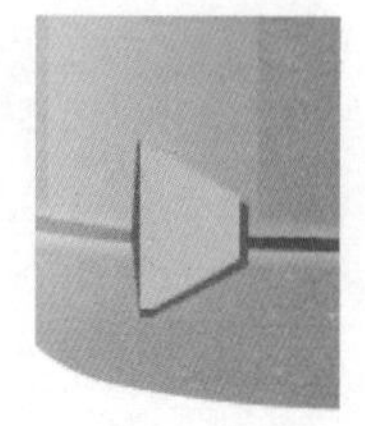
图4-165　修改后的图像颜色

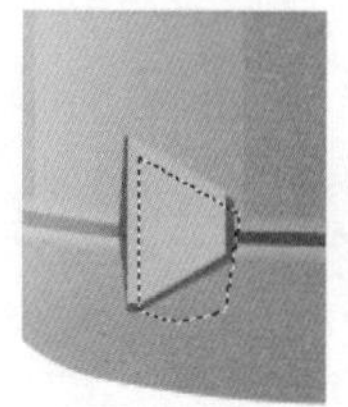
图4-166　绘制的选区

STEP 09 选择图层 20，锁定该图层的透明像素。将前景色设置为“R196、G205、B120”，选择画笔工具，并设置适当的画笔不透明度，然后在该图像的左侧进行涂抹，以淡化此处的投影，效果如图 4-168 所示。

STEP 10 同时选择图层 20、图层 21 和图层 21 副本，将它们复制，并将复制的图像水平翻转，然后移动到右边相应的位置，并适当修改图像中的阴影和反光色调，完成效果如图 4-169 所示。

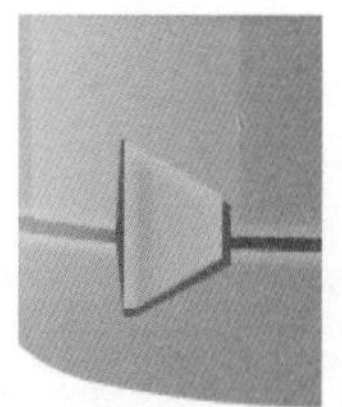
图4-167　删除选区内图像后的效果

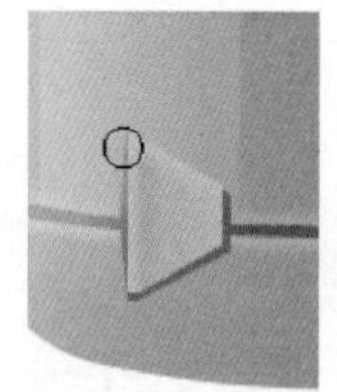
图4-168　淡化后的投影效果

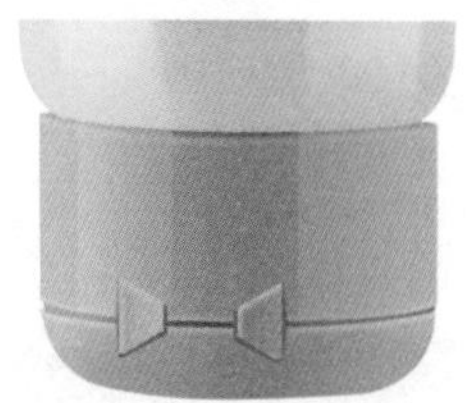
图4-169　复制并修改色调后的图像效果

STEP 11 新建图层 22，绘制如图 4-170 所示的选区，并将选区填充为“R180、G193、B97”的颜色，然后框选下部分选区，并将选区填充为“R196、G205、B120”的颜色，如图 4-171 所示。完成后取消选择。

STEP 12 锁定图层 22 的透明像素，将前景色设置为“R88、G97、B33”，然后使用画笔工具在该图像的上部分区域内进行涂抹，绘制此处的阴影，如图 4-172 所示。

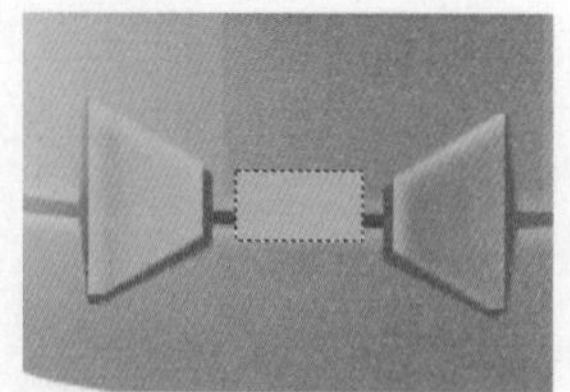
图4-170　填充选区的效果

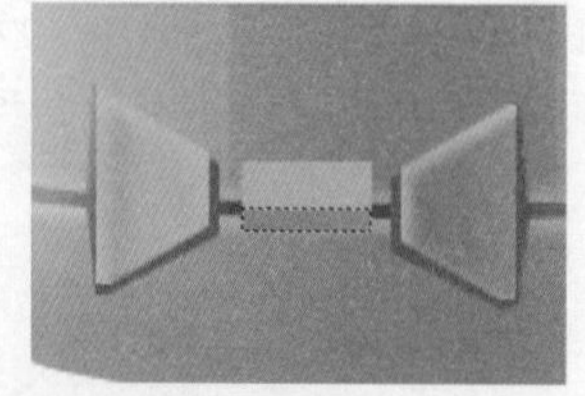
图4-171　修改下部分图像的颜色

图4-172　绘制后的阴影效果

STEP 13 将图层 22 复制，并将复制的图层移动到图层 22 的下方。将该图像填充为“R88、G97、B33”的颜色，然后向下移动到如图 4-173 所示的位置。

STEP 14 将图层 22 复制，得到图层 22 副本 2。按“Ctrl+M”键，在弹出的“曲线”对话框中设置选项参数，如图 4-174 所示，然后按“确定”按钮，加亮图像的色调，以制作此处的反光效果，如图 4-175 所示。

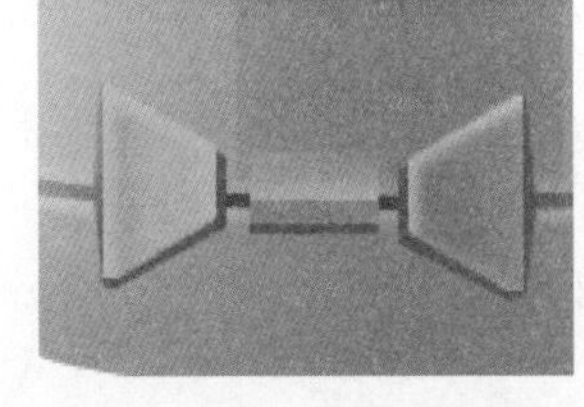
图4-173　图像下方的投影效果

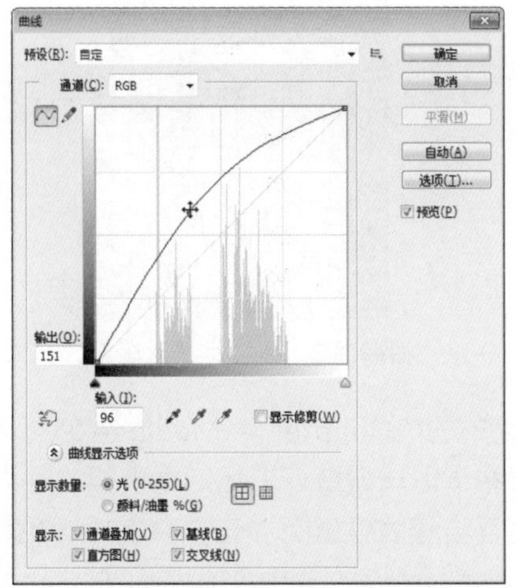

图4-174　曲线参数设置

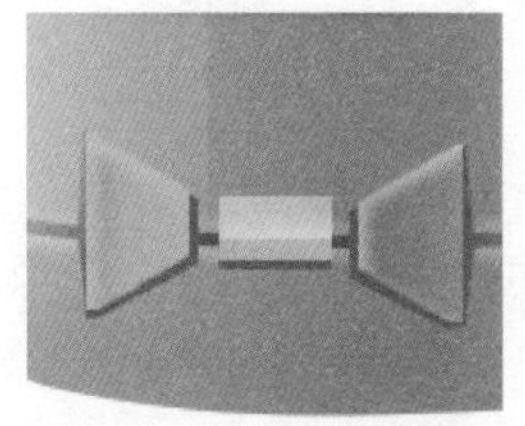
图4-175　调整后的图像色调

STEP 15 使用矩形选框工具绘制如图 4-176 所示的选区，并将选区羽化 2 像素，然后按“Delete”键删除选区内的图像，以制作此处的反光效果，如图 4-177 所示。

STEP 16 完成背面包装容器的绘制后，将该文件保存，包装容器的整体效果如图 4-178 所示。

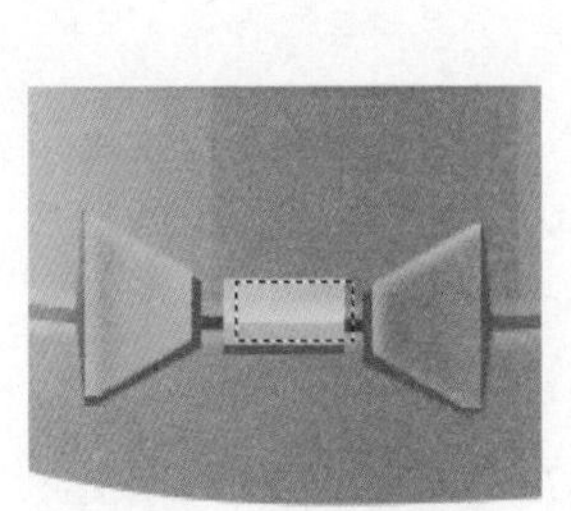
图4-176　绘制的选区

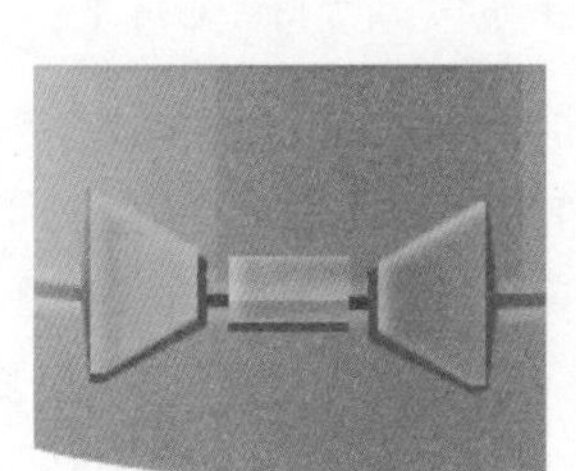
图4-177　删除选区内图像后的效果

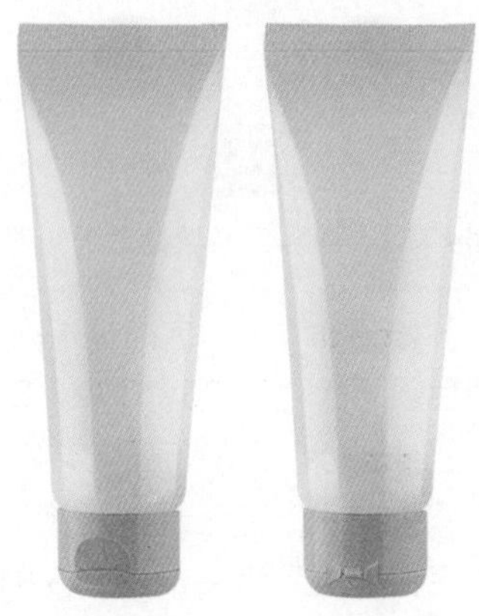
图4-178　包装容器整体效果

（3）添加容器上的图文信息

在护手霜包装容器上，需要体现该品牌标志、名称、产品配方、使用说明、生产厂家、产品批号、保质期和条码等图文信息。

STEP 01 打开本书配套光盘中的“Chapter 4\Media\4.3\枝叶.psd”文件，将该图像移动到容器造型文件中，生成图层 23，然后调整该图像的大小和位置，如图 4-179 所示。

STEP 02 将图层 23 移动到“容器正面造型”组中的图层 5 的下方，如图 4-180 所示。

STEP 03 将容器外形所在的图层 1 中的图像作为选区载入，如图 4-181 所示。

STEP 04 保持图层 23 的选择，然后单击“图层”面板中的“添加图层蒙版”按钮，根据当前选区为该图层添加图层蒙版，如图 4-182 所示。

图4-179　添加的枝叶图像

图4-180　图层的排列顺序

图4-181　载入的选区

STEP 05 打开本书配套光盘中的“Chapter 4\Media\4.3\标志 .jpg”文件，将标志图像移动到容器造型文件中，生成图层 24，然后调整该图像的大小和位置，如图 4-183 所示。

STEP 06 将图层 24 的图层混合模式设置为“正片叠底”，如图 4-184 所示。

图4-182　添加图层蒙版后的效果

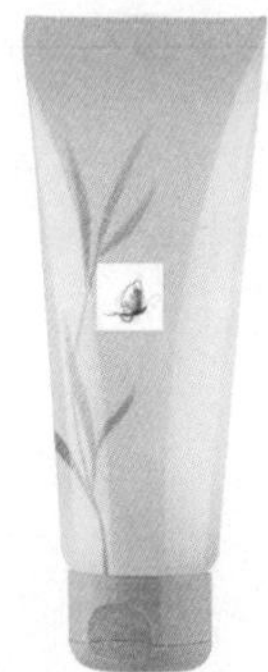

图4-183　添加的标志图像

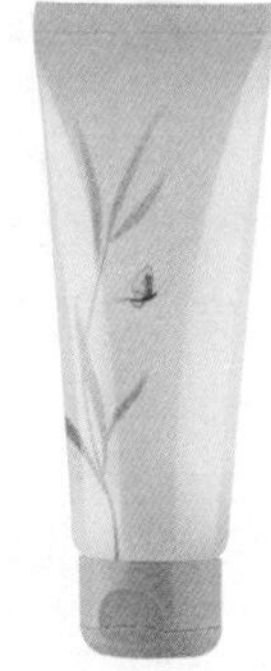

图4-184　设置图层混合模式后的效果

STEP 07 在标志图像下方添加文字“Pleasant Smell”，将字体设置为“AdineKirnberg”、文字颜色设置为“R106、G79、B14”，并调整文字到适当的大小，如图 4-185 所示。

STEP 08 添加正面包装容器上所需的文字，完成效果如图 4-186 所示。

STEP 09 将正面容器上的标志及对应的文字所在的图层复制，然后将复制的图层移动到“背面容器造型”组中的图层 5 的下方，再将复制的图像调整到如图 4-187 所示的大小和位置。

图4-185　标志下方的英文效果

图4-186　正面容器上的文字

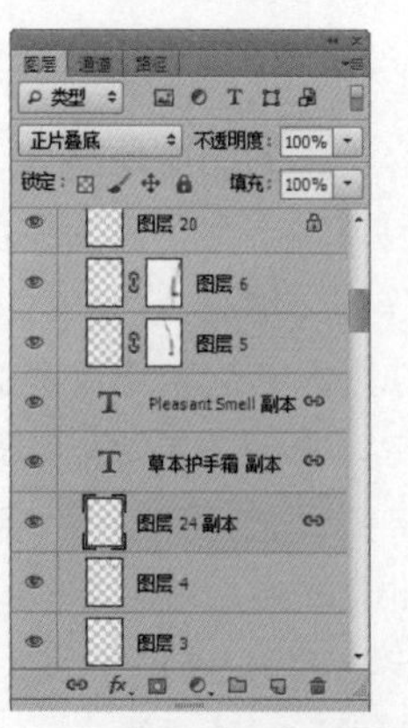

图4-187　背面容器造型中的标志

STEP 10 将正面容器造型中的枝叶图像所在的图层 23 复制，并删除图层 23 副本中的图层蒙版，然后将复制的图像水平移动到背面容器造型右侧如图 4-188 所示的位置。

STEP 11 将图层 23 副本移动到“背面容器造型”组中，并调整到图层 5 的下方，如图 4-189 所示。

STEP 12 将图层 1 中的容器外形图像作为选区载入，然后单击“添加图层蒙版”按钮，根据当前选区为图层 23 副本添加一个图层蒙版，如图 4-190 所示。

图4-188 背面容器造型处的枝叶图像

图4-189 图层排列顺序

图4-190 为枝叶图像添加图层蒙版后的效果

STEP 13 添加背面容器造型中的文字信息，完成效果如图 4-191 所示。

> **提示**
>
> 包装的背面内容主要包括产品的主要成分、使用说明、注意事项以及产品批号等方面的说明。在设计上，主要表现为对文字的编排处理，使文字清晰明了、富有条理，以方便购买者和使用者的阅读。

STEP 14 打开本书配套光盘中的“Chapter 4\Media\4.3\条码和标识.psd”文件，将它们分别移动到容器造型文件中，并调整到适当的大小和位置，然后将条码所在图层的图层混合模式设置为“正片叠底”，如图 4-192 所示。

图4-191 背面容器造型中的文字

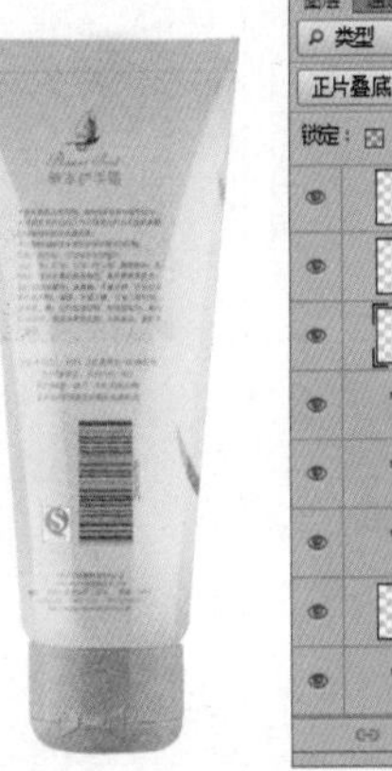

图4-192 条码和标识效果

(4) 增强包装整体效果

白色背景上的包装造型太显单调，通过适合的图像对包装进行修饰，不仅能增强画面效果，更能提升产品形象。

STEP 01 打开本书配套光盘中的“Chapter 4\Media\4.3\背景图像.psd”文件，如图4-193所示。

STEP 02 执行“图层→智能对象→转换为智能对象”命令，将该图像转换为智能对象，如图4-194所示。

图4-193 打开的素材图像

图4-194 转换后的智能对象

提示

将图像转换为智能对象后，应用到该图像中的滤镜将成为智能滤镜，可以任意对智能滤镜效果进行修改和编辑。

STEP 03 执行“滤镜→模糊→径向模糊”命令，在弹出的“径向模糊”对话框中设置选项参数，如图4-195所示，然后单击“确定”按钮，效果如图4-196所示。

STEP 04 在“图层”面板中，单击“滤镜效果蒙版缩览图”，以便对该滤镜的应用范围进行编辑，如图4-197所示。

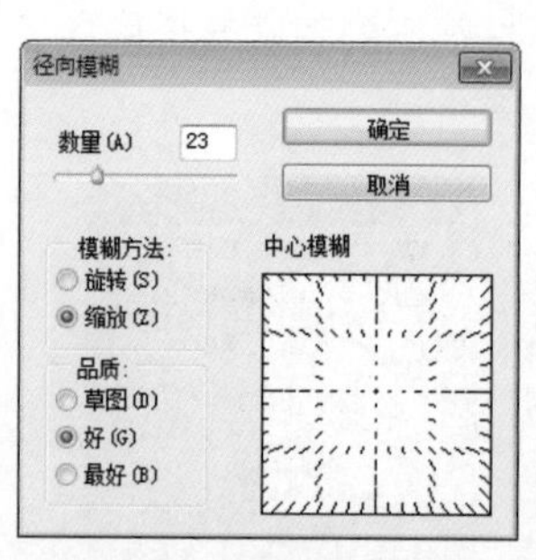

图4-195 径向模糊参数设置

图4-196 应用后的图像效果

图4-197 滤镜效果蒙版缩览图

STEP 05 将前景色设置为黑色，选择画笔工具，在工具选项栏中选择“柔边圆”画笔，并设置适当的画笔大小，然后将不透明度设置为100%，如图4-198所示。

图4-198 画笔工具选项栏设置

STEP 06 使用画笔工具在背景图像的四周进行涂抹，以完全屏蔽此处的滤镜效果，如图 4-199 所示。

图4-199　屏蔽部分滤镜效果后的图像

STEP 07 降低画笔工具的不透明度，然后在未屏蔽的滤镜效果处进行涂抹，完成效果如图 4-200 所示。

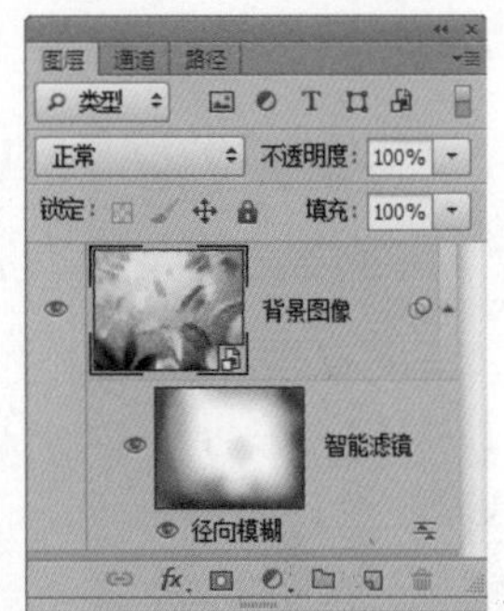

图4-200　完成编辑后的智能滤镜效果

STEP 08 切换到护手霜容器造型文件，为该文件复制一个副本文件，然后分别选择“正面容器造型”组和“背面容器造型”组，再按“Ctrl+E”键对它们分别进行合并，如图 4-201 所示。

STEP 09 将合并后的正面容器造型和背面容器造型分别移动到背景图像上，调整到如图 4-202 所示的大小和位置。

图4-201　合并组

图4-202　背景图像上的容器造型

STEP 10 为“正面容器造型”图层和“背面容器造型”图层添加相同设置的“外发光”图层

样式，外发光选项设置及应用效果如图 4-203 所示。

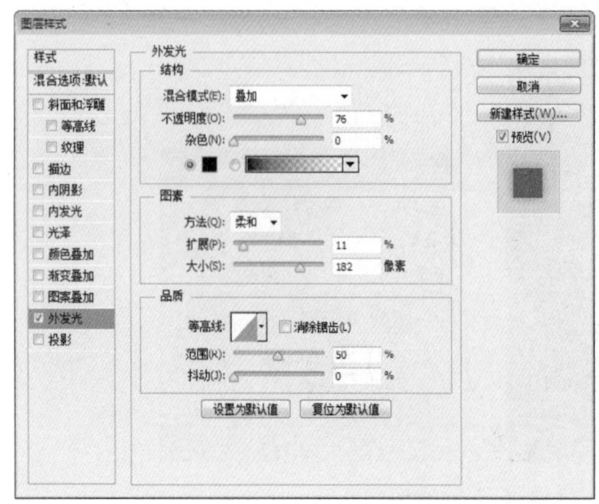

图4-203　外发光选项设置及应用效果

STEP 11 按住“Ctrl+Shift”键，同时将正面和背面容器造型图像作为选区载入，如图 4-204 所示，然后根据当前选区创建一个色阶调整图层，色阶调整参数设置及调整后的包装色调分别如图 4-205 和图 4-206 所示。

图4-204　载入的选区

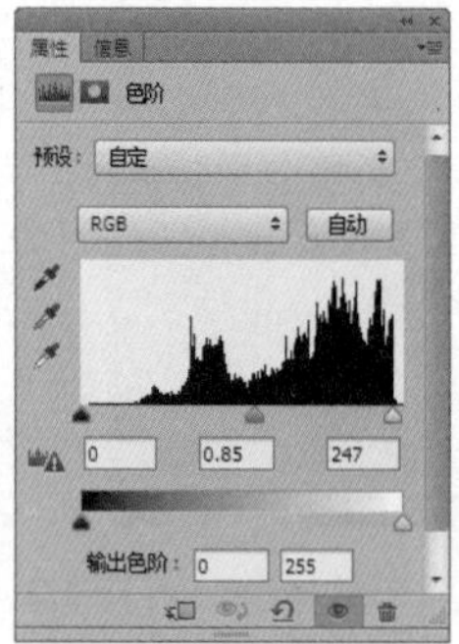

图4-205　色阶参数设置

图4-206　调整后的包装色调

STEP 12 选择“正面容器造型”图层，将其复制并删除副本图层中的图层样式效果，如图 4-207 所示。

STEP 13 将复制的正面容器造型图像垂直翻转，移动到下方如图 4-208 所示的位置。

图4-207　图层排列顺序

图4-208　副本图像效果

STEP 14 为“正面容器造型副本”图层添加一个图层蒙版，然后选择渐变工具，使用黑色到白色的线性渐变色对蒙版进行填充，以制作正面容器造型的投影，如图 4-209 所示。

STEP 15 将“正面容器造型副本”图层的不透明度设置为 55%，如图 4-210 所示。

图4-209 编辑图层蒙版后的效果

图4-210 降低不透明度后的投影效果

STEP 16 按照同样的操作方法，制作背面容器造型的投影，完成效果如图 4-211 所示。

图4-211 背面容器造型的投影效果

STEP 17 将当前文件以“包装整体效果”名称重新存储到新的位置，然后重新打开“背景图像”素材，使用钢笔工具选取其中的两片叶子，将它们移动到“包装整体效果”文件中，并调整到适当的大小和位置，如图 4-212 所示。

STEP 18 新建图层 3，将该图层调整到“背景图像”层的上一层。

STEP 19 将前景色设置为“R223、G223、B32”，然后使用画笔工具在背景图像右侧居中的位置进行涂抹，完成效果如图 4-213 所示。

图4-212 添加的叶子图像

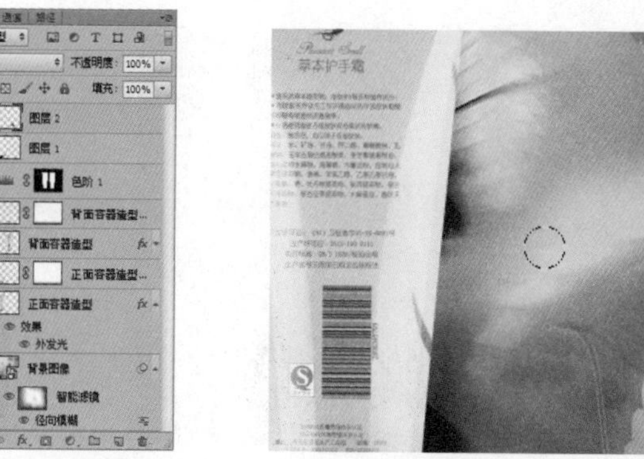

图4-213 画笔工具的涂抹效果

STEP 20 将图层3的图层混合模式设置为“叠加”，如图4-214所示。

STEP 21 将“护手霜容器造型”文件中的标志图像复制到当前文件中，生成图层4，然后调整其大小和位置，如图4-215所示。

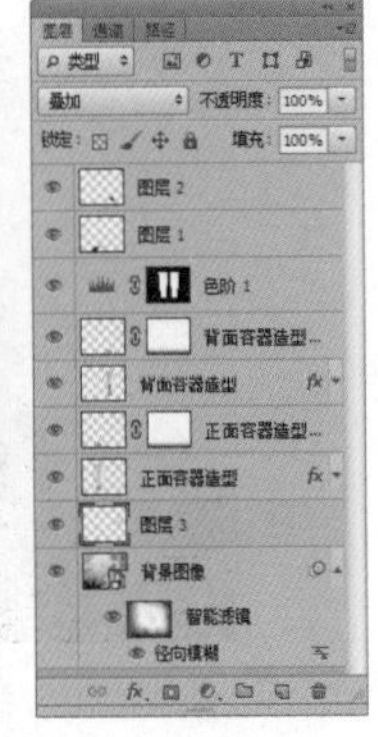

图4-214　设置图层混合模式后的效果

图4-215　添加的蝴蝶图像

STEP 22 新建图层5，将该图层调整到最上层。将前景色设置为白色，选择画笔工具，按“F5”键打开“画笔”面板，然后设置画笔参数，如图4-216所示。

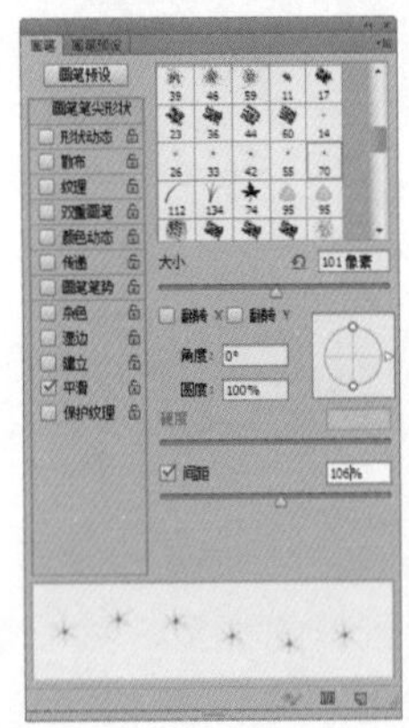
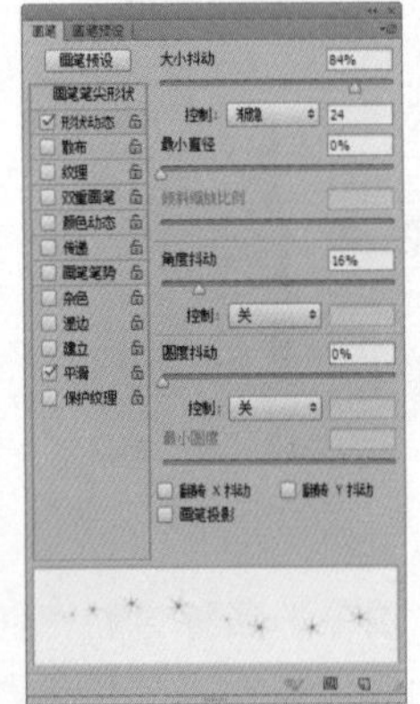
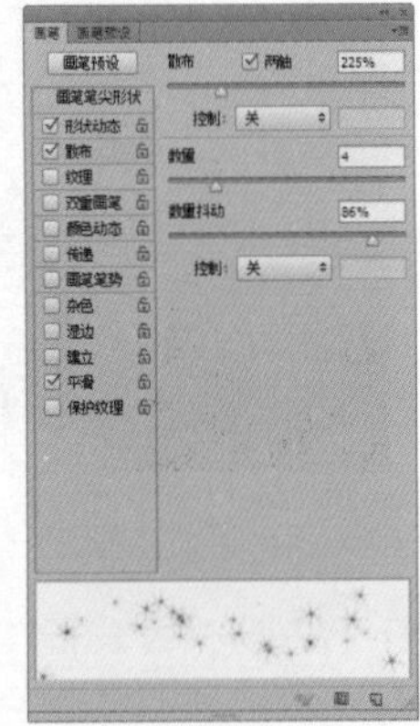

图4-216　画笔参数设置

STEP 23 使用画笔工具在标志图像处按下鼠标左键，然后向正面容器造型处的适当位置拖动鼠标，绘制如图4-217所示的星光效果。

STEP 24 添加效果中的文字信息，完成本实例的制作，如图4-218所示。

图4-217　绘制的星光效果

图4-218　效果中的文字信息

4.4 塑料类包装作品解析

对于包装设计来说，视觉传达技巧是一项非常重要的课题，它除了要求简洁、新奇和实用外，还必须考虑到其他要素，如市场动态、市场竞争、货架陈列方式、包装容器大小和最现实的成本核算问题等，这些都是左右包装视觉设计的重要因素。设计者必须深入全面的进行考虑，才能设计出成功的产品包装。

（1）袋装塑料包装

包装装潢设计不是仅仅需求容器外表漂亮美观，最重要的是透过视觉图像来体现产品的特点，建立和稳定产品在市场的定位，最终达到提升销量的目的。袋装塑料包装在造型上各式各样、丰富多彩，设计者可根据产品的特点，结合实际，为产品量身定制出适合的包装，如图 4-219 所示。

（2）筒装塑料包装

在包装设计中，创新意识是设计理念中的一个重要环节，商品包装设计的创新应该包括清晰地传达信息、突出品质、表现市场定位和刺激感官等因素，还需要蕴涵丰富的设计文化等。如图 4-220 所示为筒装塑料包装。

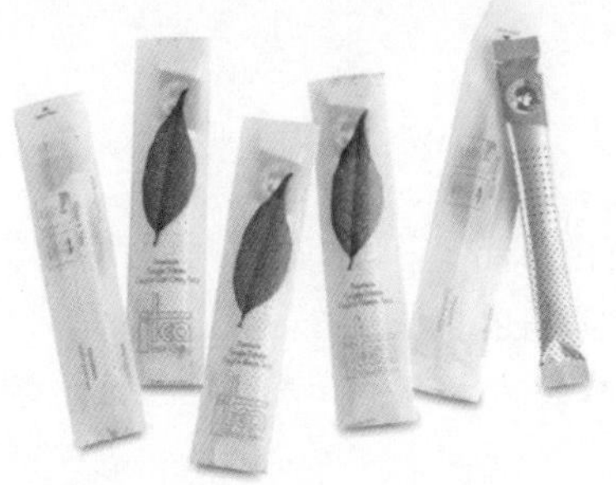

图4-219　袋装食品类塑料包装

解析：白底上简洁、醒目的树叶图形成为包装的主体，也是此包装的亮点，给人明快、轻盈、休闲之感，体现了此类休闲食品的包装特色。

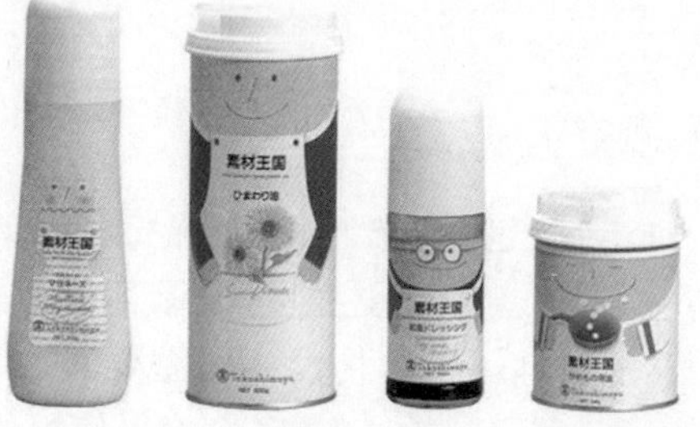

图4-220　筒装食品类塑料包装

解析：系列产品中不同高度、宽度和结构的容器造型设计，可爱图形和形象化的创意设计风格，使整个包装让人耳目一新、心情愉悦。

（3）瓶装塑料包装

瓶装塑料包装主要应用于饮料和日用产品。在进行包装设计时，包装画面的构成形式和构成原则、包装的色调和色彩搭配、比例、包装的材质、包装的封闭和开启方式，甚至包装形体的大小等等，都会对包装的风格产生影响。如图 4-221 所示为瓶装化妆品塑料包装。

图4-221　瓶装化妆品类塑料包装

解析：整个包装给人一种如沐春风的感觉。简洁、清新、淡雅的花卉图形，清爽的色彩设计，体现了化妆品自身的产品特性。

(4) 盒装塑料包装

盒装塑料包装通常分为圆盒容器包装和方盒容器包装，这种包装以方便面产品、冰激凌和熟食食品居多，如图 4-222 所示。

图4-222　盒装熟食制品包装

解析：食品类包装首先要从图形和色彩上达到增强消费者食欲的目的。此款熟食制品包装很好地做到了这点，它采用新鲜的蔬菜，并通过红色和绿色的应用，给人一种健康、新鲜、绿色和卫生的食品印象，从而增强了消费者对该食品的信任度，这是决定消费者是否购买该商品的重要因素。

4.5 课后习题

一、填空题

1. ______包装主要应用于食品、高调味品、医药以及化妆品等领域，它们所使用的软包装材料为______、______、______、含高阻隔性塑料的多层共挤无菌包装片材等。

2. 塑料容器在结构设计上需要考虑五个方面的基本要素，包括塑料的______、塑料容器的______、模具______及加工、容器使用条件和经济性。

3. 塑料以______为主要原料，在加工过程中加入一些如增塑剂、______、润滑剂、______等添加剂，并在一定的温度和压力下即可塑制成一定形状的食具、用具和包装材料。

二、上机操作题

参考本章中设计制作“明溪”小溪鱼干包装的方法，完成如下“新食味”好吃锅巴包装效果的制作。

图4-223　好吃锅巴包装效果

操作提示

(1) 包装中的主体文字采用的是文鼎中特广告体，并为其添加了描边和投影图层样式。包装右上角处的广告语采用了透视变换处理，使其产生透视的角度变化。

(2) 在绘制包装立体效果时，需要使用图层蒙版将包装正面展开图的部分边缘图像进行屏蔽，然后通过绘制包装上的明暗层次，使其产生鼓胀的效果。

(3) 在制作包装上下边缘处的锯齿效果时，可以通过绘制三角形并将三角形填充为黑色的方法，来对图层蒙版进行编辑，以产品锯齿状的边缘效果。

(4) 在绘制包装的底部投影时，需要对垂直翻转后的包装图像应用动感模糊滤镜，再为其添加渐隐效果的图层蒙版，使投影产生一定的反光效果。

第 5 章　复合类产品包装设计

学习要点

- 学习复合类包装的基础知识，包括复合类包装的特点和复合类包装的设计要点。
- 了解食品类复合包装的特点，掌握“特依苏”牛奶包装盒的制作方法。

5.1　复合类包装的基础知识

包装设计不可能局限在以往的常规性设计方法和过于陈旧的意识之中，现代包装设计更应注重对材质的开发和创新。如图 5-1 所示为两款饮料类复合材料包装设计。

图5-1　饮料类复合包装设计

5.1.1　复合类包装的特点

复合材料包装是指产品的包装材料不只单纯的一种，而是由多种不同的材料组合而形成的一种新型材料。复合包装具有质轻、柔软、耐化学腐蚀和热性能好等特点，被广泛应用于食品、化工产品、精密机械、电子器件、仪器仪表以及军工产品等领域。

目前，高阻隔性、多功能性软塑包装材料已成为国内近几年来发展的热点，涌现出一批先进的产品和新技术，原有的复合薄膜正向更深层次发展。如图 5-2 所示为两款不同的复合材料包装设计。

图5-2　复合材料包装

5.1.2 复合类包装的设计要点

在进行复合材料的包装设计时，制作合理、正确的正稿是在复合材料包装设计制造流程中的第一步。如果正稿设计不合理，就会增加印刷难度，降低印刷成品率，还可能会造成分切、制袋等工序困难，甚至造成整批产品报废。

设计师在进行复合材料包装的正稿设计时，应注意如下几点。

（1）凹版印刷的套印精度只能达到 0.2mm，因而笔画小于 0.4mm 的文字和图形（特别是文字）不能采用多色叠加进行印刷，而只能用单一油墨进行印刷，否则很容易造成重影现象。

（2）在印刷细小的文字和图案镂空时宜采用单色镂空，不宜采用多色叠加镂空印刷，更不能用照片的底色直接镂空印刷或镂空套印文字图案。

（3）太小的文字及太细的笔画可能会印不出来，容易出现断笔甚至缺笔的问题。如果文字太小，或者笔画太多太密而线条较粗以及印版太深，都容易出现“糊字”的现象。

（4）凹版印刷的转移性能不及平版印刷，存在一个堵版方面问题，一般应尽量避免用 10%以下的网点。特别是大面积的底色更应避免太浅网点，否则其网点再现不好，容易造成色彩不均，易变色。即使开始的时候印得出来，但由于太浅容易在印刷过程中因为版辊磨损，而影响色相，印版的耐印数偏低。对于大面积浅色，建议采用专色印刷。

（5）对于纯度很高、很亮的颜色，以及一些荧光色、透明色、金色、银色等特殊色，必须用专色才能印出，此时必须制作专色版辊来印刷。

（6）尽量不要在纵向位置上出现过于密集的图案和线条，否则印刷收卷时该位置会产生暴筋或因压力较大而引起油墨倒粘。

5.2 食品类复合包装设计

下面通过实例讲解的方式，使用户掌握食品类复合包装设计的流程和方法。

5.2.1 关于食品类复合包装

复合材料包装一般应用于食品的内包装。为确保包装食品的安全，包装材料必须要有高阻隔性。例如，油脂食品要求具有高阻氧性和阻油性，干燥食品要求具有高阻湿性，芳香食品要求具有高保香性。果品蔬菜类生鲜食品要求包装具有高的氧气、二氧化碳和水蒸气的透气性。

此外，食品包装材料还要有高的抗拉伸强度、耐撕裂、耐冲击强度和优良的化学稳定性，使包装不与内装食品发生任何化学反应，以确保食品安全。另外，复合包装还要有较高的耐温性，以满足食品的高温消毒和低温储藏等要求。如图 5-3 所示分别为两款不同的食品类复合材料包装。

图5-3　食品类复合材料包装

1. 新型高阻隔包装材料

常用的高阻隔包装材料有铝箔、尼龙、聚酯、聚偏二氯乙烯等。随着食品对保护性要求的提高，新型高阻隔塑料包装材料在国外已广泛应用。使用高强度、高阻隔性材料不仅可以提高对食品的保护，而且在包装相同量食品时可以减少材料的用量。

对于要求高阻隔性保护的加工食品以及真空包装、充气包装，一般都要用优质复合包装材料，而在多层复合材料中必须有一层以上的高阻隔性材料。例如，纳米改性的新型高阻隔包装材料纳米复合聚酰胺、乙烯—乙烯醇共聚物、聚乙烯醇等。

2. 活性包装材料

活性包装材料与活性包装技术的应用已经成为食品安全包装的一种发展趋势。所谓活性包装技术就是使用活性包装材料，使之与包装内部的多余气体相互作用，以防止包装内的氧气加速食品的氧化。

20 世纪 70 年代，除氧活性包装体系应运而生，不久脱氧剂开始用于食品包装。事实证明，活性包装能够有效保持食品的营养和风味。

由于材料科学、生物科学和包装技术的进步，近年来活性包装技术发展很快，其中铁系脱氧剂是发展较快的一种，先后出现了亚硝酸盐系、酶催化系、有机脱氧剂、光敏脱氧剂等，使包装食品的安全性日益完善。

3. 食品安全包装新材料

用于食品安全包装的智能包装材料主要有显示材料、杀菌材料、测菌材料等。

加拿大推出的可测病菌包装材料别具特色，该包装材料可检测出沙门氏菌、弯曲杆菌、大肠杆菌、李斯特菌 4 种病原菌。此外，该包装材料还可以用于检测害虫或基因工程食品的蛋白含量，指出是否是转基因工程食品。

日本的一家食品公司新近推出一种抗菌塑料包装容器，是用纤维塑料和聚丙烯等合成，再与一种用于食品薄膜的抗菌剂混合制成，能防止微生物和细菌的繁殖。

4. 食品包装用多功能保鲜剂

食品包装用长效、多功能保鲜剂，能有效抑制好氧性、嫌氧性、兼氧性（即好氧兼嫌氧）等多种微生物生长，且使用简便安全，不影响食品风味，可大大延长包装食品的货架寿命。

新发明的脱氧保鲜剂效果好，其中的乙醇有抗微生物作用、防腐作用和消毒作用，在包装密闭封存的食品内充满酒精气，保存食品效果比在食品中直接添加酒精要好，不会使食品有强烈酒味失去原有风味而降低商品价值。

5. 无菌高阻隔食品包装材料

鉴于铝箔和一些材料复合制成的包装具有不透明、不易回收且不能用于微波加热的缺点，近年来，研究人员成功开发无菌型镀 SiOx 包装材料，即在真空环境中在 PET、PA、PP 等塑料薄膜基材上镀一层极薄的硅氧化物，之后赋予灭菌功能而制成。它不仅有极好的阻隔性，而且有极好的大气环境适应性，它的阻隔性不受环境温度变化影响。

SiOx 镀膜成本较高，大规模生产技术还不完善，目前我国已开始进行一定规模的研究，不过发达国家已在食品包装中应用。

5.2.2 范例——“特依苏”牛奶

打开本书配套光盘中的“Chapter 5\Complete\包装效果.psd”文件，查看该产品包装的最终效果，如图5-4所示。

图5-4 “特依苏”牛奶包装效果

1. 设计定位

在人们生活水平日益提高的同时，食品安全问题也受到越来越多的人重视。牛奶因其具有很高的营养价值，渐渐成为人们餐桌上不可缺少的营养食品，但由于近年来不断曝出的牛奶质量问题，使很多人在食用它的同时，都难免会有些许的担心。

本实例中的“特依苏”有机纯牛奶采用优质奶源，经严格的生产工艺精心研制而成，它为追求高品质生活的人们和对食品安全失去信心的人们提供了一个不错的选择。

“特依苏”牛奶作为安心乳业集团中的高端产品，它主要针对的是一些追求生活质量的人群，因此它的价格定位也普遍高于同类型的其他牛奶。

2. 设计说明

“特依苏”有机纯牛奶的奶源来自优质的内蒙古天然牧场，因此，生产厂家要求这款牛奶包装重点以体现天然、健康和绿色为主题。从这一主题展开设计构思，将健康奶牛身上特有的斑块作为包装中的主体图案，并采用斑块固有的黑色，并配上乳白色作为底色，这样使包装看上去简洁、大气，同时又可以很好地体现天然、健康的主题。而标志中采用的天然纯净牧场，以绿色为基调，搭配包装中的绿色主体文字，则能很好地体现绿色食品这一主题。

整个包装图案简洁，色彩清新，剔除了哗众取宠的修饰，而多了份纯净与自然。这款包装好像在静静地诉说，要使产品赢得市场，并不需要华丽的包装，而更应注重产品自身的质量和安全。

3. 材料工艺

由于“特依苏”牛奶需要在常温环境下长期保存，因此需要使用无菌灌装奶包装盒，这种包装盒采用PE（聚乙烯）、纸板、黏合层、铝箔、黏合层和PE这几种材料复合而成。

对于“特依苏”这种保质期长的牛奶包装盒，由于需要高温处理，因此需要先使用柔印机在纸板上进行四色印刷，再采用挤出复合法将PE复合到纸板上。最后对复合材料进行压痕和模切，再通过糊盒机加工成型。

4. 设计重点

在制作本例时，应注意以下几方面的内容。

(1) 在绘制Logo中的形状时，需要正确设置形状的轮廓属性和形状绘制工具的路径操作模式。

(2) 在输入绕圆形路径排列的文字时，需要调整文字在路径上的位置，这时需要使用一定的操作技巧。

(3) 在制作包装左侧面中的异形段落文本时，需要先绘制一个异形的曲线路径，然后在其中进行文字的输入和编排。

5. 设计制作

本实例的操作过程分为两个部分，即绘制包装盒展开图和包装盒立体效果。

(1) 绘制包装盒展开图

打开本书配套光盘中的“Chapter 5\Complete\包装盒展开图 .psd”文件，查看该产品包装盒的平面展开图，如图 5-5 所示。

图5-5　包装盒平面展开图

提示

在进行包装设计时，必须考虑包装盒中各个面的主次，这样才能有主有次地合理安排包装盒上的图文内容。在绘制复合包装盒平面图时，也必须预留出血位置，通常为 3mm。

STEP 01 打开本书配套光盘中的“Chapter 5\Media\盒展开图 .psd”文件，如图 5-6 所示，下面在该展开图的基础上进行包装盒展开图的制作。

STEP 02 将盒展开图图像作为选区载入，然后新建图层 1，并将选区填充为“R218、G214、B204”的颜色，取消选择后如图 5-7 所示。

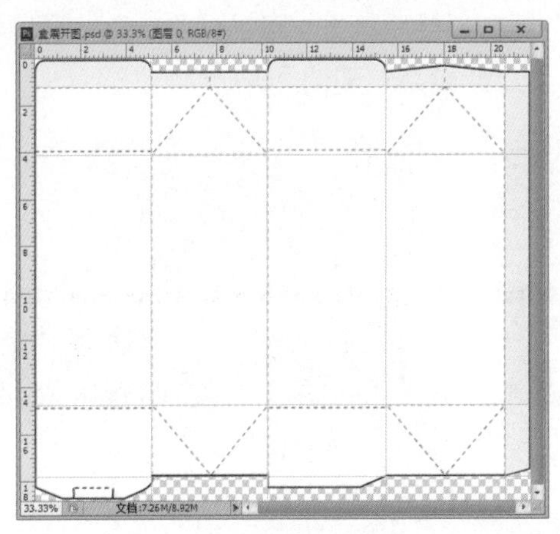

图5-6　盒展开图效果

图5-7　填充选区后的效果

STEP 03 新建图层 2，根据奶牛身上的斑块外形，使用钢笔工具绘制如图 5-8 所示的图案，并将它们填充为黑色。

STEP 04 打开本书配套光盘中的“Chapter 5\Media\牧场 .jpg”文件，将该图像移动到包装盒展开图文件中，生成图层 3，然后调整该图像的大小和位置，如图 5-9 所示。

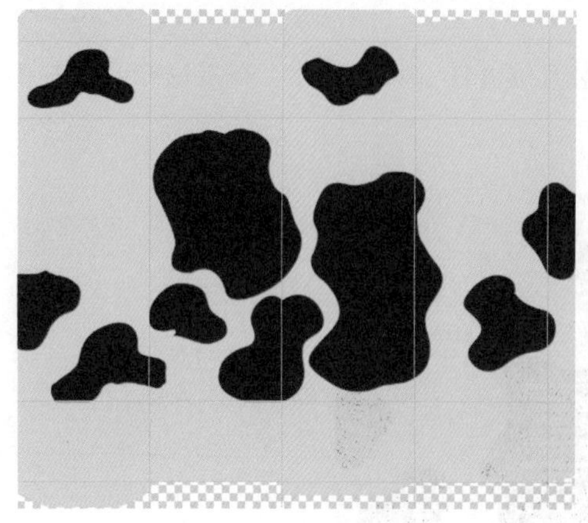
图5-8　绘制的斑块图案

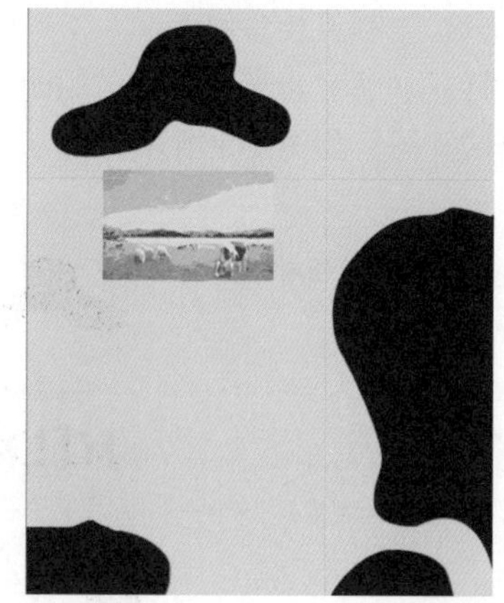
图5-9　添加的牧场图像

STEP 05 选择圆角矩形工具，并设置工具选项栏，如图 5-10 所示，然后在包装盒正面绘制如图 5-11 所示的圆角矩形，生成“圆角矩形 1”图层。

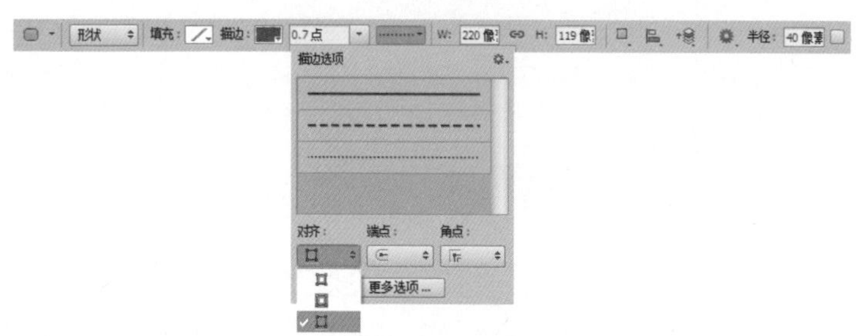

图5-10　圆角矩形工具选项栏设置

图5-11　绘制的圆角矩形

STEP 06 选择椭圆工具，单击工具选项栏中的“路径操作”按钮，从弹出式列表中选择“合并形状”选项，如图 5-12 所示，然后绘制如图 5-13 所示的圆形。

STEP 07 使用路径选择工具同时选择圆形和圆角矩形，然后单击“路径操作”按钮，从弹出式列表中选择“合并形状组件”选项，将它们合并为一个形状，如图 5-14 所示。

图5-12　路径操作设置

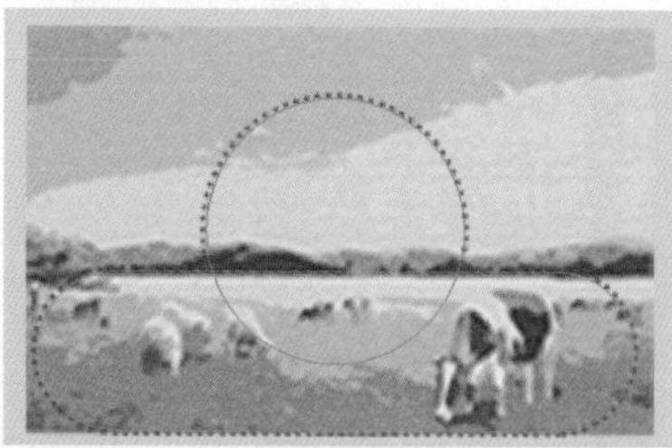
图5-13　合并后的圆形和圆角矩形

图5-14　合并后的形状

STEP 08 按住“Ctrl”键单击“圆角矩形 1”图层的图层缩览图，将合并后的形状作为选区载入，如图 5-15 所示。

STEP 09 选择牧场图像所在的图层 3，然后单击“图层”面板中的“添加图层蒙版”按钮，根据当前选区为该图层添加一个蒙版，如图 5-16 所示。

STEP 10 输入文字“特依苏”，并为该文字添加“投影”图层样式，投影选项设置及应用效果如图 5-17 所示。

图5-15　载入的选区

图5-16　添加图层蒙版后的效果

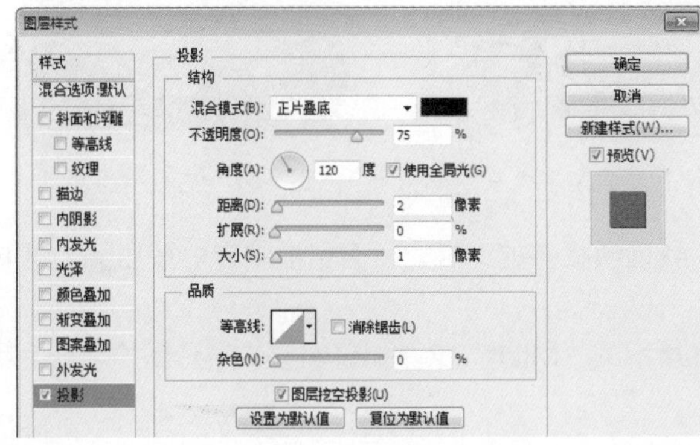

图5-17　投影选项设置及应用效果

STEP 11 打开本书配套光盘中的“Chapter 5\Media\花纹 .psd”文件，将该图案移动到包装盒展开图文件中，生成图层 4，然后调整该图案的大小和位置，如图 5-18 所示。

STEP 12 将“特依苏”文字图层中的图层样式拷贝到图层 4 中，如图 5-19 所示。

STEP 13 将图层 4 中的图案复制，并将复制的图案水平镜像，然后调整到如图 5-20 所示的大小和位置。

图5-18　添加的花纹图案

图5-19　拷贝投影后的效果

图5-20　标志中的图案效果

STEP 14 使用椭圆工具绘制如图 5-21 所示的路径。

STEP 15 选择横排文字工具，将光标移动到圆形路径上，如图 5-22 所示，然后单击鼠标，在出现文字输入光标后输入所需的文字，如图 5-23 所示。

图5-21　绘制的圆形路径

图5-22　光标在路径上的状态

图5-23　输入的文字

STEP 16 单击文字工具选项栏中的按钮，打开“字符”面板，然后设置文字属性，如图 5-24 所示，设置后的文字效果如图 5-25 所示。

STEP 17 按住“Ctrl”键拖动字符前的小圆圈标记，调整文字的有效排列范围，如图 5-26 所示，然后按住“Ctrl”键在文字的开始处拖动，调整文字在路径上的位置，如图 5-27 所示。

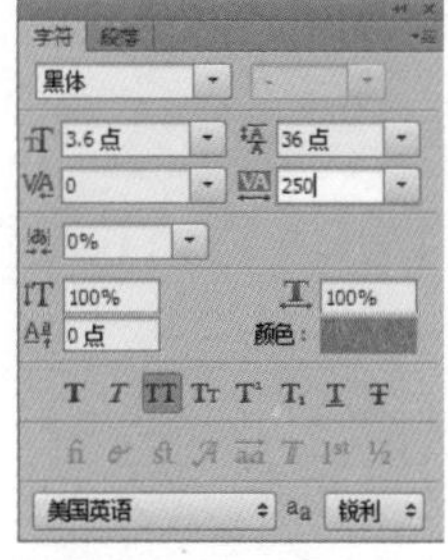
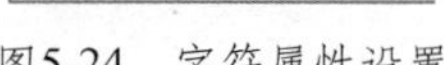

图5-24 字符属性设置

图5-25 设置后的文字效果

图5-26 拖动小圆圈标记

STEP 18 调整好文字后，单击文字工具选项栏中的“提交所有当前编辑”按钮，完成文字的输入和编辑，文字效果如图 5-28 所示。

STEP 19 新建图层 5，绘制如图 5-29 所示的“MILK”文字，并将该文字形图像填充为黑色。

图5-27 调整文字在路径上的位置

图5-28 文字编辑后的文字效果

图5-29 绘制的文字效果

STEP 20 输入“Organic”文字，为其设置“Segoe Script”字体，然后为其添加“描边”图层样式，描边选项设置及应用后的文字效果如图 5-30 所示。

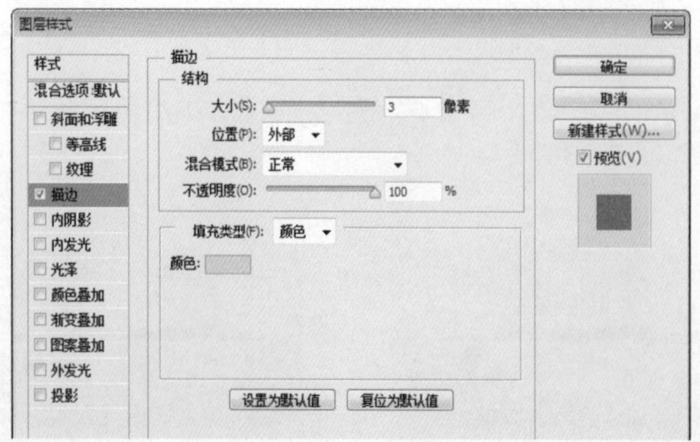

图5-30 描边选项设置及应用效果

STEP 21 输入包装盒正面中的文字并进行相应的编排，如图 5-31 所示。

STEP 22 将包装盒正面中所有的文字和图像所在的图层编组，修改组名称为“盒正面”，如图 5-32 所示。

STEP 23 输入包装盒右侧面中的文字并进行相应的编排，如图 5-33 所示。

图5-31 包装盒正面中的文字

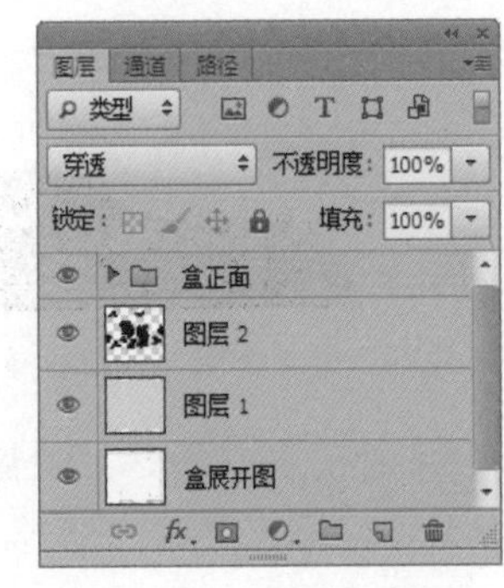

图5-32 图层的编组

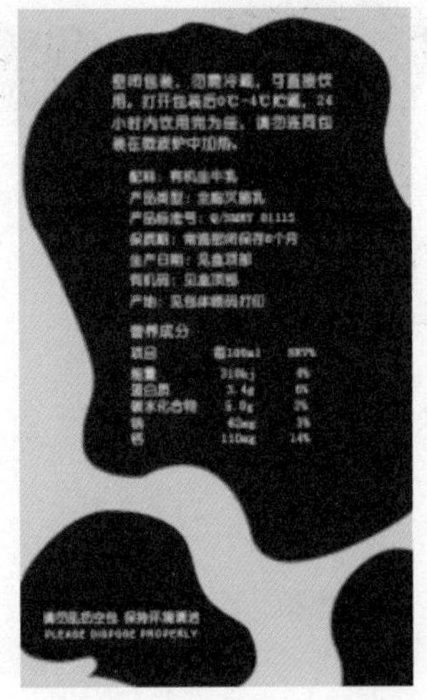

图5-33 包装盒右侧面中的文字

STEP 24 打开本书配套光盘中的“Chapter 5\Media\标识 .psd”文件，将其中的标识分别移动到包装盒展开图文件中，生成图层 6 和图层 7，然后分别调整标识的大小和位置，如图 5-34 所示。

STEP 25 同时选择包装盒正面中的牛奶标志所在的图层，将它们复制，并将复制的图层合并，然后将该图层调整到最上层。将复制的标志图像移动到包装盒右侧面中，调整到如图 5-35 所示的大小和位置。

STEP 26 在标志图像的下方添加网址，如图 5-36 所示。将包装盒右侧面中的文字和图像所在的图层编组，修改组名称为“盒右侧面”，如图 5-37 所示。

图5-34 添加的标识

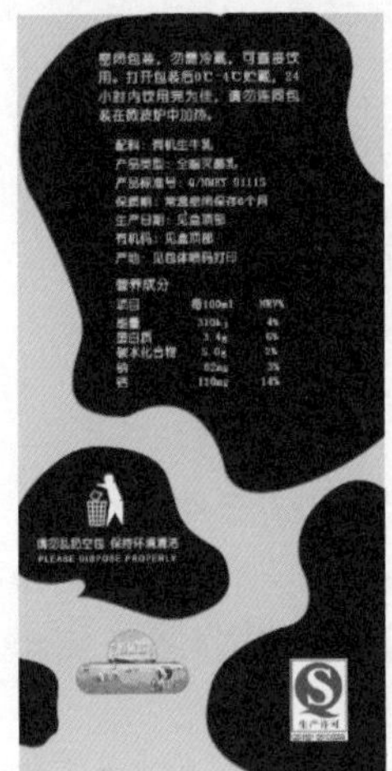

图5-35 包装盒右侧面中的标志

图5-36 添加的网址

STEP 27 将包装盒正面中的“特依苏”文字和两边的图案，以及“有机纯牛奶”文字复制，将复制的图层调整到最上层，然后将它们移动到包装盒背面中，进行相应的编排，如图 5-38 所示。

STEP 28 清除花纹图案和“特依苏”文字中应用的图层样式，然后将该花纹图案和文字填充为“R0、G11、B32”的颜色，如图 5-39 所示。

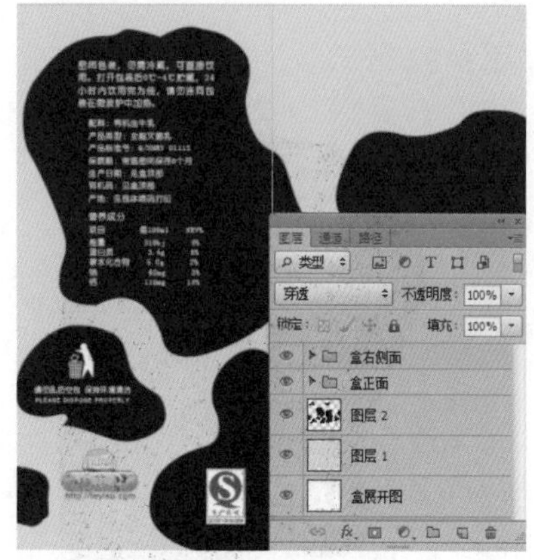

图5-37 图层的编组

图5-38 文字和图案的编排效果

图5-39 修改颜色后的文字和图案

STEP 29 在包装盒背面中绘制如图 5-40 所示的路径。选择横排文字工具，在“字符”面板中设置文字基本属性，如图 5-41 所示，然后在路径内单击，在出现文字光标后输入所需的文字，如图 5-42 所示。

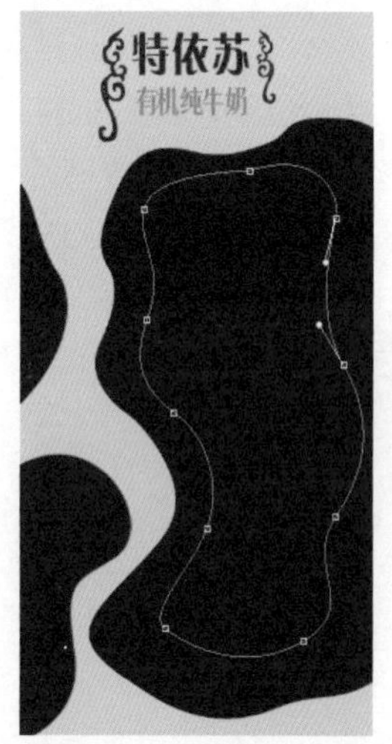

图5-40 绘制的路径

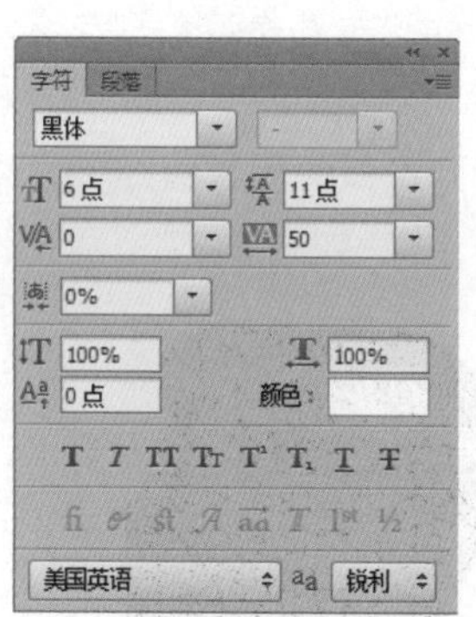

图5-41 文字属性设置

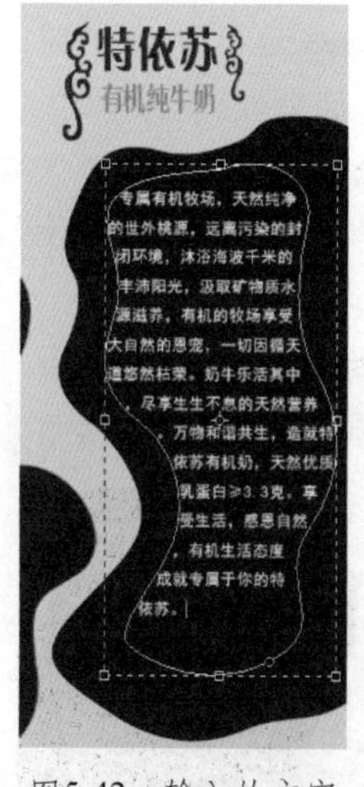

图5-42 输入的文字

STEP 30 保持文字的输入状态，按“Ctrl+A”键全选文字。切换到“段落”面板，单击“最后一行左对齐”按钮，将文字强制左对齐，如图 5-43 所示。

STEP 31 按小键盘中的“Enter”键，完成异形段落文本的输入，如图 5-44 所示。

STEP 32 将包装盒背面中的文字和图案所在的图层编组，修改组名称为“盒背面”，如图 5-45 所示。

STEP 33 将包装盒正面中的圆角矩形进行复制，将复制的图层调整到最上层，然后将该形状移动到包装盒的左侧面中，调整到如图 5-46 所示的大小。

STEP 34 选择圆角矩形工具，在工具选项栏中，将形状的填充色设置为白色，如图 5-47 所示，设置填充色后的形状如图 5-48 所示。

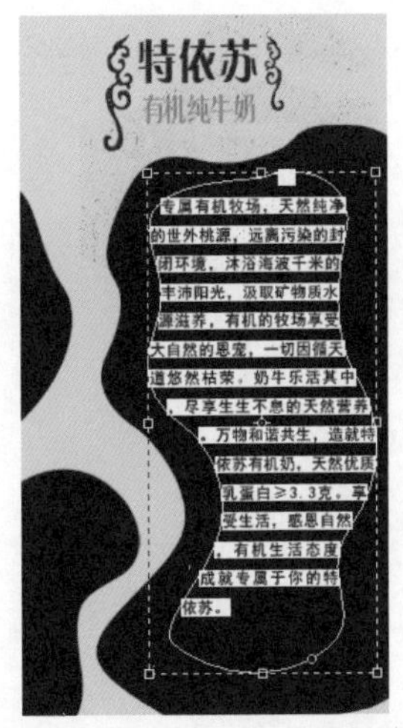
图5-43 文字的对齐效果

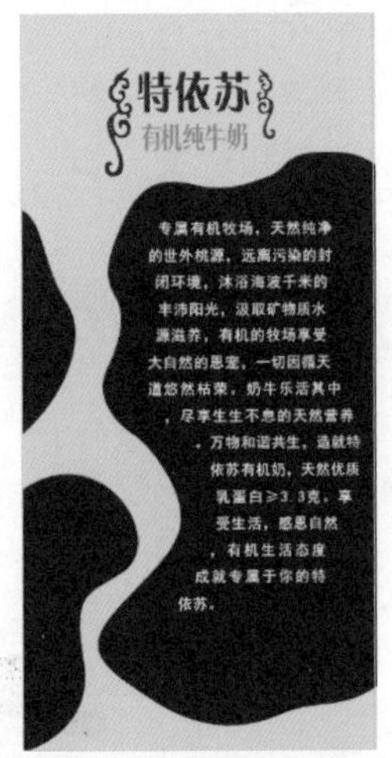
图5-44 异形轮廓段落文本效果

图5-45 图层的编组

图5-46 复制的形状

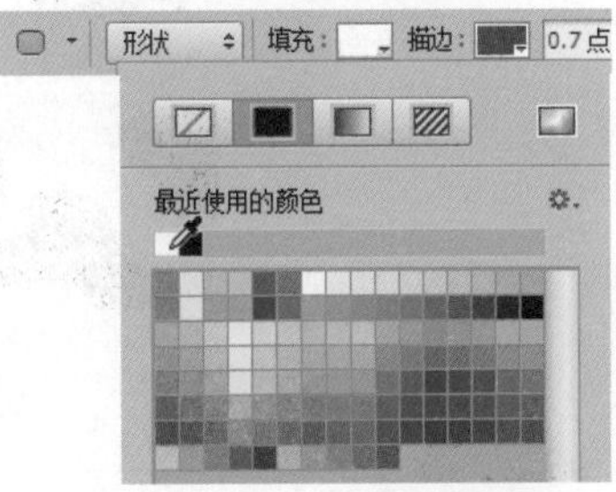
图5-47 形状的填充色设置

图5-48 填充形状后的效果

STEP 35 添加包装盒左侧面中的文字并进行相应的编排，如图 5-49 所示。

STEP 36 将包装盒正面中的“Organic”文字复制，将复制的图层调整到最上层，然后将该文字移动到包装盒左侧面中，将其变换到如图 5-50 所示的大小和角度。

STEP 37 将“Organic”文字填充为绿色，如图 5-51 所示。

图5-49 包装盒左侧面中的文字

图5-50 变换后的Organic文字

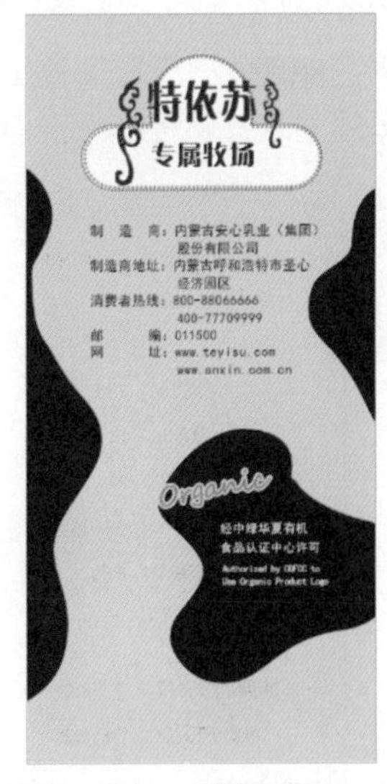
图5-51 修改颜色后的文字

STEP 38 打开本书配套光盘中的“Chapter 5\Media\条码.jpg”文件，将该条码移动到包装盒展开图文件中，生成图层8，然后调整条码的大小和位置，如图5-52所示。

STEP 39 将包装盒左侧面中的文字和图案所在的图层编组，修改组名称为“盒左侧面”，如图5-53所示。

STEP 40 在包装盒正面的顶部，添加如图5-54所示的文字和三角形，完成包装盒展开图的制作，完成效果如图5-55所示。

图5-52 添加的条码

图5-53 图层的编组

图5-54 添加的文字和三角形

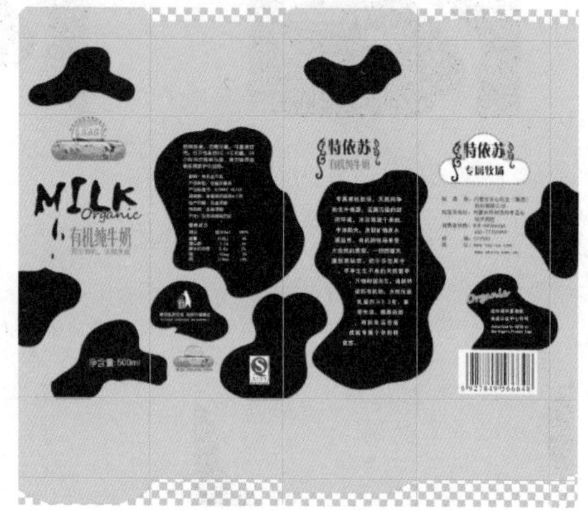

图5-55 包装盒展开图的最终效果

(2) 绘制包装盒立体效果

在绘制包装盒立体效果时，需要在包装盒右侧面的上方绘制出此处的黏合处，这时需要绘制出三个不同的黏合面，再通过画笔工具绘制这三个面中不同的明暗层次，来得到逼真自然的效果。

STEP 01 新建一个大小为22.6cm×16cm、分辨率为200像素/英寸、模式为GRB的文件，如图5-56所示。

STEP 02 选择渐变工具，在“渐变编辑器”对话框中设置渐变色，如图5-57所示，然后为背景图层填充该径向渐变色，如图5-58所示，得到如图5-59所示的填充效果。

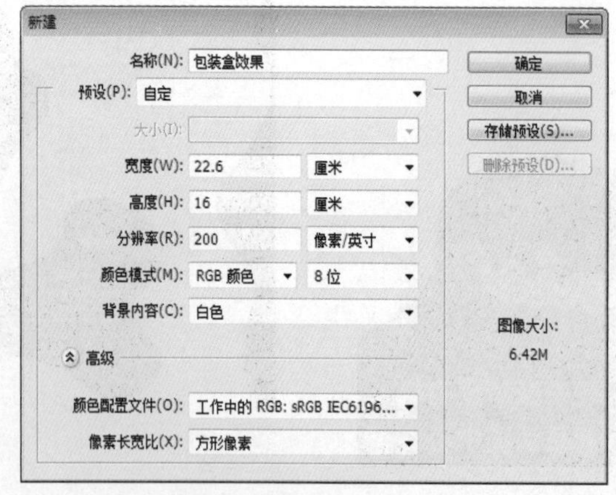

图5-56 新建文件设置

图5-57 渐变色设置

STEP 03 将包装盒展开图文件中的所有可见图层合并，然后将包装盒正面和右侧面图像分别复制到包装盒效果文件中，生成图层 1 和图层 2。使用自由变换功能将这两个图像分别如图 5-60 所示进行扭曲处理。

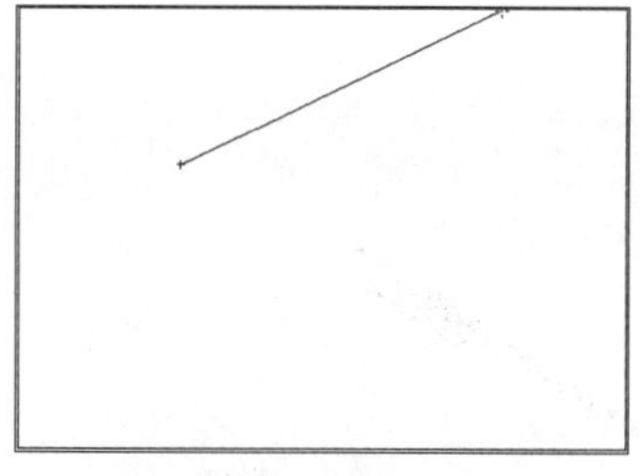
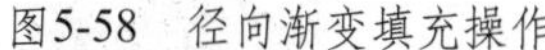
图5-58 径向渐变填充操作

图5-59 填充效果

图5-60 扭曲后的包装盒正面和背面图像

STEP 04 将包装盒右侧面图像作为选区载入，如图 5-61 所示，然后为该图像添加一个“曲线 1”调整图层，曲线参数设置及调整后的图像色调分别如图 5-62 和图 5-63 所示。

STEP 05 分别框选包装盒顶面和顶面上方区域内的图像，将它们复制到包装盒效果文件中，生成图层 3 和图层 4，然后如图 5-64 所示对它们进行扭曲处理。

图5-61 载入的选区

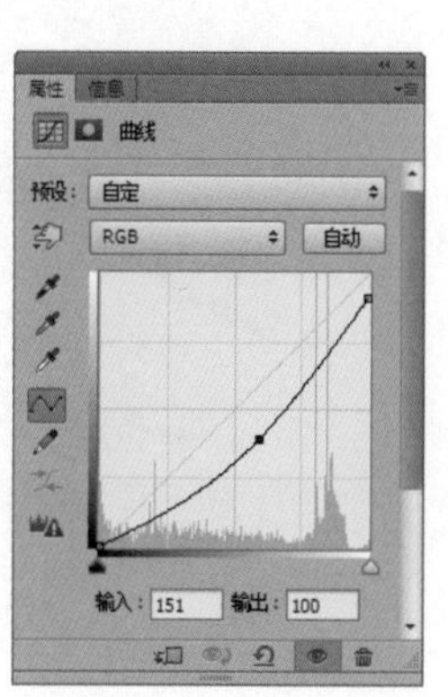

图5-62 曲线调整设置

图5-63 调整后的图像色调

图5-64 图像的扭曲效果

STEP 06 将包装盒顶面图像作为选区载入，如图 5-65 所示，然后为该图像添加一个“曲线 2”调整图层，曲线参数设置及调整后的图像色调分别如图 5-66 和图 5-67 所示。

图5-65 载入的选区

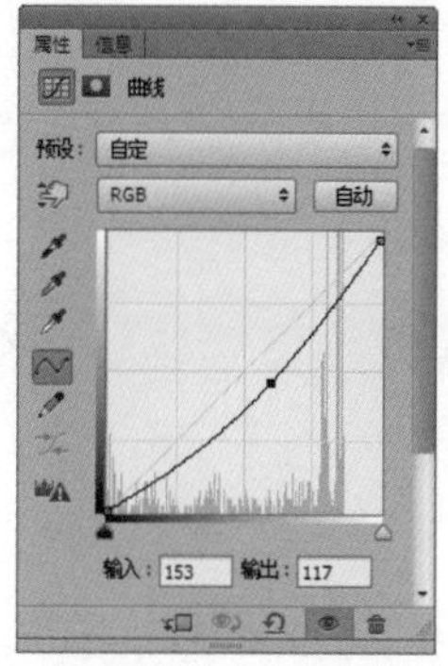

图5-66 曲线参数设置

图5-67 调整后的色调

STEP 07 将包装盒顶面上方区域内的图像作为选区载入，如图 5-68 所示，然后为该图像添加一个“曲线 3”调整图层，曲线参数设置及调整后的图像色调分别如图 5-69 和图 5-70 所示。

图5-68　载入的选区

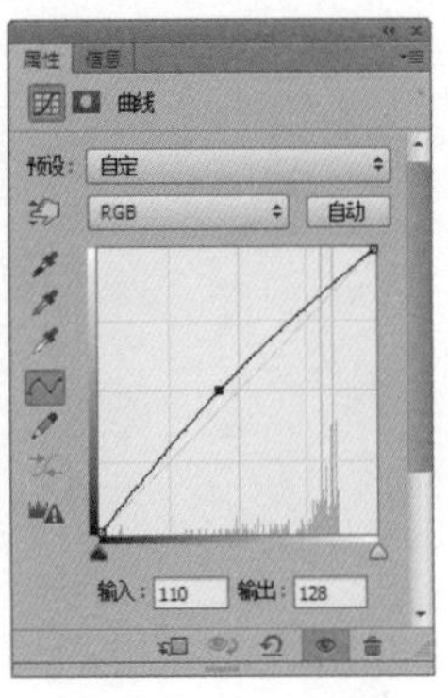

图5-69　曲线参数设置

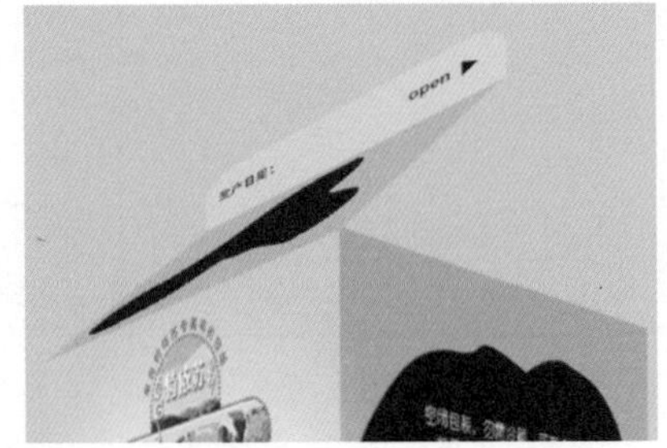

图5-70　调整后的色调

STEP 08 新建图层 5，绘制如图 5-71 所示的三角形图像，为其填充“R231、G228、B215”的颜色，然后锁定该图层的不透明度。

STEP 09 新建图层 6，绘制如图 5-72 所示的四边形图像，为其填充“R190、G185、B164”的颜色，然后锁定该图层的不透明度。

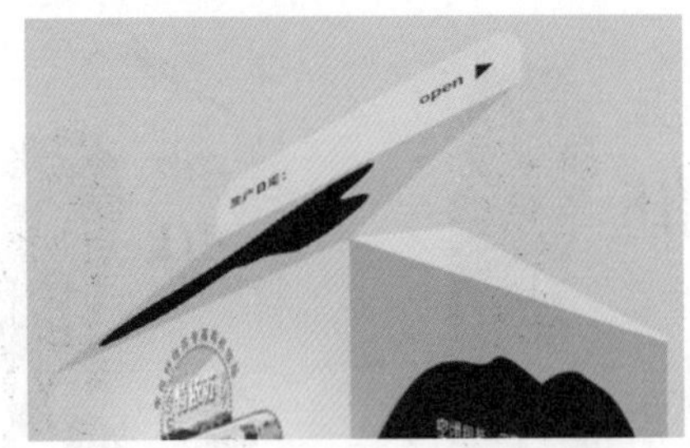

图5-71　绘制的三角形图像

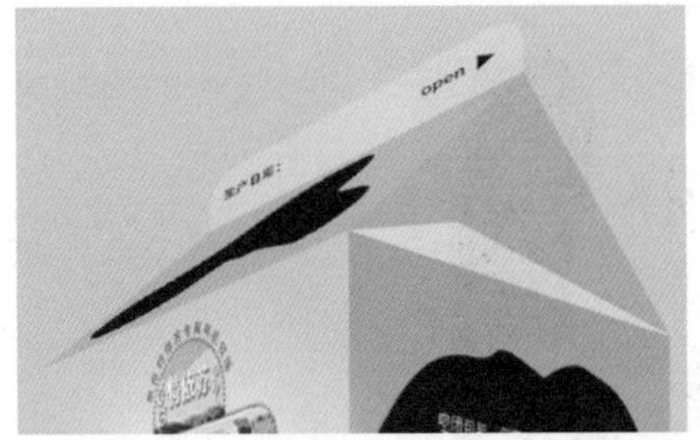

图5-72　绘制的四边形图像

STEP 10 新建图层 7，绘制如图 5-73 所示的三角形图像，为其填充“R213、G208、B197”的颜色，然后锁定该图层的不透明度。

STEP 11 将前景色设置为“R137、G132、B111”。选择画笔工具，为其选择“柔边圆”画笔，并设置不同的画笔大小和不透明度，然后分别为图层 5、图层 6 和图层 7 中的图像绘制阴影，完成效果如图 5-74 所示。

图5-73　绘制的三角形图像

图5-74　绘制的阴影效果

STEP 12 单击“曲线 2”调整图层中的图层蒙版缩览图，如图 5-75 所示。将前景色设置为黑色，并为画笔工具设置适当的画笔大小和不透明度，然后在顶面图像的右侧进行涂抹，以隐藏部分调整效果，如图 5-76 所示。

STEP 13 在背景图层的上方新建图层 8，然后在包装盒底部绘制如图 5-77 所示的选区，将选区羽化 3 像素，并填充为黑色，如图 5-78 所示。

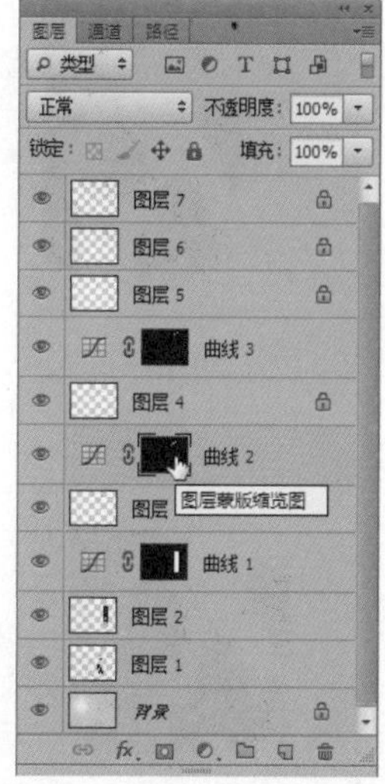

图5-75　单击图层蒙版缩览图

图5-76　调整后的图像色调

图5-77　绘制的选区

STEP 14 取消图像中的选区，然后将图层 8 的不透明度设置为 70%，以制作包装盒底部的阴影，如图 5-79 所示。

图5-78　选区的填充效果

图5-79　包装盒底部的阴影

图5-80　图层的编组

STEP 15 将背景图层上方的所有图层编组并修改组名称，如图 5-80 所示。

STEP 16 新建图层 9，绘制如图 5-81 所示的图像，将其填充为“R248、G248、B248”的颜色。

STEP 17 为图层 9 添加“斜面和浮雕”、“描边”图层样式，各选项参数设置及应用效果如图 5-82 所示。

STEP 18 新建图层 10，绘制如图 5-83 所示的多组路径，将路径转换为选区后为其填充白色，然后取消选择，如图 5-84 所示。

STEP 19 新建图层 11，将该图层调整到图层 9 的下一层。将图层 9 中的图像作为选区载入，将选区羽化 20 像素，然后为其填充两次“R248、G248、B248”的颜色，如图 5-85 所示。

图5-81　绘制的图像

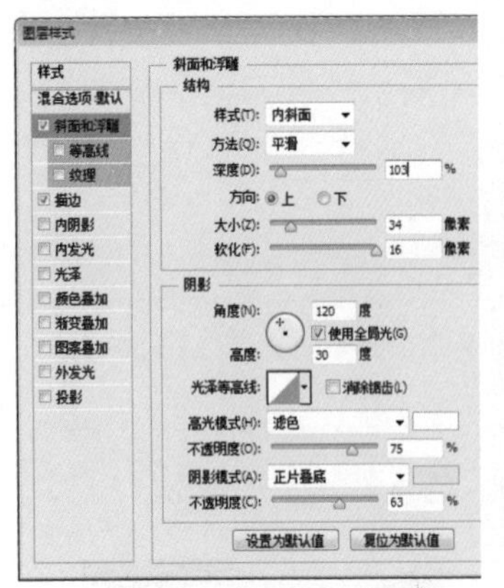

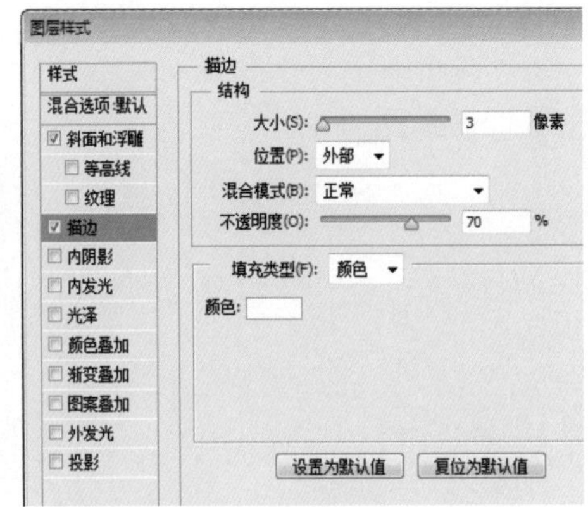

图5-82　图层样式参数设置及应用效果

图5-83　绘制的路径

图5-84　绘制的反光效果

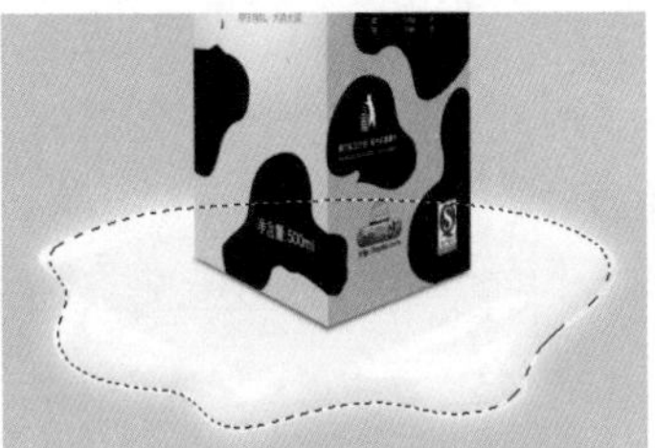

图5-85　填充选区后的效果

STEP 20 取消图像中的选区。选择橡皮擦工具，设置适当的画笔大小，将不透明度设置为100%，然后在上一步绘制图像的下半部分区域内进行涂抹，擦除下方的部分图像，完成效果如图5-86 所示。

STEP 21 添加包装效果中的标志和相应的文字，完成本实例的制作，效果如图 5-87 所示。

图5-86　擦除部分图像后的效果

图5-87　本实例最终效果

5.3 复合类包装作品赏析

如图 5-88 和图 5-91 所示分别为复合类材料包装作品的欣赏及分析。

图5-88　薯片包装

解析：诱人的薯片通过新鲜食材的衬托，加上互补、明亮的颜色对比，让人食欲大增，使嘴馋的人不忍错过。

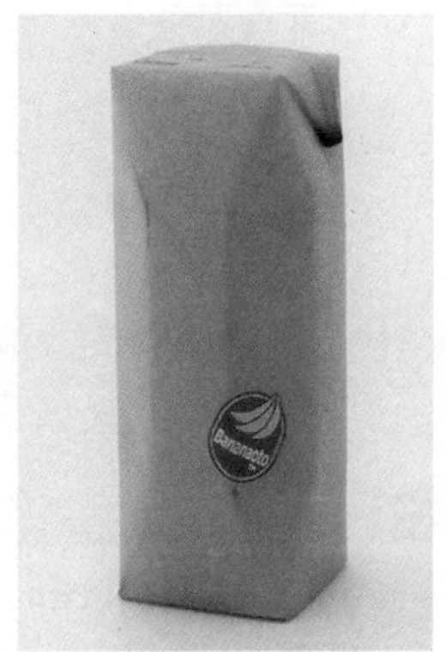

图5-89　饮品包装

解析：高简洁度的香蕉饮料包装设计。采用香蕉自身的黄色作为整个包装的底色，仅靠包装右下角处简单的香蕉图形和文字说明，足以浓缩一切相关的产品说明。

图5-90　果汁包装

解析：诱人的色调是食品包装中最具说服力的视觉表现因素。此款果汁包装直接应用果汁原料的颜色，并在包装中展示相应的新鲜果实图片，给人原汁原味的视觉感受。

图5-91　坚果类包装

解析：包装外层直接采用牛皮纸本身的暗黄色，搭配包装中另类的人物形象，给人粗犷、原始、个性的产品形象，这正好体现了此类消费人群的个性特点。

5.4 课后习题

一、填空题

1. ______材料包装是指产品的包装材料不只单纯的一种，而是由多种不同的材料组合而形成的一种新型材料。______包装具有质轻、柔软、耐化学腐蚀和热性能好等特点，被广泛应用于食品、化工产品、精密机械、电子器件、仪器仪表以及军工产品等领域。

2. 复合材料包装一般应用于食品的内包装，因此，为确保包装食品的安全，包装材料必须要有______。

3. 所谓活性包装技术就是使用______包装材料，使之与包装内部的多余______相互作用，以防止包装内的氧气加速食品的氧化。

二、上机操作题

参考本章中设计制作“特依苏”牛奶包装的方法，完成“Beverage”鸭梨酷饮包装效果的制作。

图5-92　Beverage饮品包装

操作提示

（1）在绘制包装平面展开图时，需要掌握包装盒的构成和各个面中所要安排的图文信息，然后再进行合理的编排。

（2）在绘制包装中的梨子图形时，可以结合使用画笔工具和画笔面板进行绘制。

（3）绘制包装立体效果图时，将对应的各个面进行变换并组合，然后通过调整不同面的明暗色调，使包装呈现立体空间感。

第 6 章　金属类产品包装设计

学习要点

- 学习金属包装的基础知识，包括金属包装的特点和金属包装的设计与印刷要点。
- 了解饮料类金属包装的特点，掌握“非达”汽水包装的制作方法。
- 了解日用品类包装设计的特点，掌握“佳宝丽”空气清新剂包装的制作方法。

6.1 金属类包装的基础知识

金属包装是我国包装工业的重要组成部分，其产值约占中国包装工业总产值的 10%，此种包装材料主要应用于食品、罐头、饮料、油脂、化工、药品以及化妆品等行业。

6.1.1 金属类包装的特点

金属包装具有资本密集、技术密集、内需为主、出口为辅、产品替代性高、市场季节性变化大、市场集中度高等产业特点。金属包装如图 6-1 所示。

图6-1　金属包装设计

金属包装产品可细分为印铁制品（听和盒）、易拉罐（包括铝制二片罐、钢制二片罐和马口铁三片罐）、气雾罐（马口铁制成精美的药用罐、杀虫剂罐、化妆品罐等）、食品罐（罐头 、液体或固体食品罐等）和各类瓶盖（马口皇冠盖、旋开盖、铝质防盗盖）。另有 1 ～ 18 升马口铁制成的化工桶及冷轧板、锌板制成的 20 ～ 200 升的钢桶。

80 年代后期到 90 年代中期是金属容器兴旺发展时期，近年来，随着技术发展和行业管理的加强，市场秩序得到进一步改善，并将逐步进入稳定有序的良性发展时期。金属包装具有生成能力强和市场潜力大的特点。

1. 生产能力强

中国金属容器制造业的装备已具备强大的实力，随着国产马口铁生产能力的提高，马口铁进口将逐步减少，不久便可自给自足，但部分高档产品尚需少量进口。

2. 市场潜力大

在我国，金属包装最大的用户是食品行业，然后依次有化工产品、化妆品及药品等。金属包装物以其外形美观、内涂防腐蚀、保质期长、携带方便等优点，为食品、罐头、饮料、油脂、化工、药品以及文教用品等领域广泛使用。如图 6-2 所示为食品类金属包装设计。

图6-2 食品类金属包装

6.1.2 金属包装的设计与印刷要点

金属包装的组合构成方式一直以传统的二片罐、三片罐、圆柱桶式为主，如图 6-3 所示。

图6-3 圆柱桶式金属包装

在进行金属包装设计时，金属包装容器造型的线形和比例是决定形体美的重要因素，而容器造型的变化则是强化容器造型设计个性所必需的。

在进行金属容器造型设计时，应注意以下几个方面的内容。

1. 线形

在立体造型中不存在线的说法，只有高度、长度和宽度之分。当在进行包装造型的形体特征表现时，设计者就需要借助线条来表现容器造型的线形设计。

2. 比例

比例是指容器各部分的尺寸关系，包括上下、左右、主体和附件、整体与局部之间的尺寸关系。容器各个组成部分在比例上是否安排恰当，直接影响容器造型的形体美，如图 6-4 所示。

图6-4　金属包装中的比例关系

3. 变化

金属包装的造型有筒体、方体、锥体和球体 4 种基本形状，造型的变化是相对以上的基本形体而言，使用不同的变化手法加以充实和丰富，使容器的造型具有独特的个性和创意，可以增强包装的表现力，如图 6-5 所示。

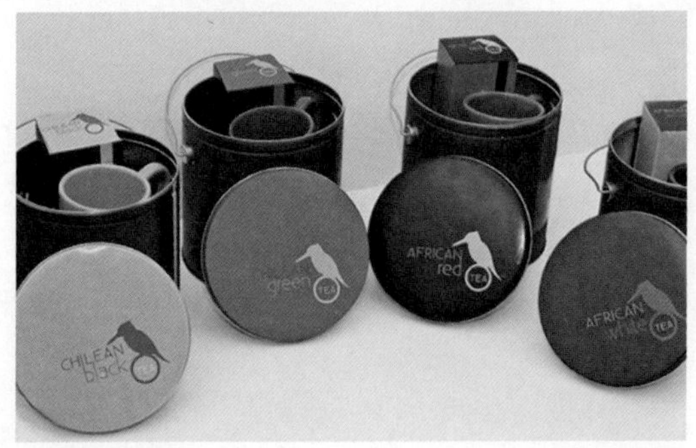

图6-5　筒体和方体造型的金属包装

4. 材料与设计

在进行包装设计时，通常会采用两种不同的设计方法，一种就是根据材料设计包装，另一种就是先设计包装造型，然后根据造型寻找材料。

无论使用哪种方法，其目的都是相同的，即将材料转变成包装。不同的设计师有不同的设计风格，但材料始终都是一个重要的设计元素。只有选择相应的表现方法，巧妙地把材料特性注入设计中去，才能充分发挥材料的独特魅力，从而更好地为产品服务，使产品的内容得到充分的表达。

如图 6-6 所示为两款不同产品的包装设计，在表现形式上分别体现了不同的主题。

图6-6　不同表现形式的金属包装

5. 印刷工艺

在金属包装上普遍应用的是丝网印刷工艺，尤其是金属包装桶产品。丝网印刷已成为行业产品提高档次的重要途径，在国内已被广泛采用。

目前使用丝网印刷工艺制作金属包装的图文和色彩已成为重要的手段，这是因为丝网印刷有独特的表现效果和多种类型的油墨，以及千变万化的色彩。因此，设计师必须提高设计和工艺水平，创造出更新颖、更实用的金属包装造型，最大限度地利用丝网印刷在效果表现上的优势。

可以通过完善以下两方面来提高金属包装设计和工艺水平。

（1）造型比例。金属包装产品的图文造型比例，与内容产品的结构、总体造型、布局等有密切的关系，随着时代的发展及审美观的变化，包装造型比例也在不断的变化。

（2）布局设计。金属包装中的图文内容安排要合理，以提供给消费者最大的方便。图案设计寓意深刻，既代表产品性质又能代表生产单位。在设计图案时，要注意以下几点，一是应具有长久的使用性，不宜频繁变更，二是应简明醒目，能给人留下深刻的印象；三是要具有独特、新颖的风格；四是要能反映产品的特点与性质。

以丝网印刷为主要工艺的设计，除了遵循经济实用的原则外，还应注重科学性和工艺性的结合。在保证图文内容准确、布局合理的情况下，适当地加入装饰图案，把丝网印刷的特点与美学和材料光学色彩有机地联系起来，成为用丝网印刷工艺制作包装外表的重要设计构想。

在金属包装上应用丝网印刷属于比较特殊的印刷工艺，所以在进行包装设计时要注意以下内容。

（1）由于丝网印刷不易表达细微的线条效果，因此在两色相邻处或相接处，要留有空余或者留有重叠部位。线条的宽度、字迹的大小也要超出制版的最高分辨率 0.1mm 以上。

（2）在确保内框尺寸和形状准确的情况下，外边墨框尺寸要尽量大些，以避免封网时的误差导致碰到图案内框。

（3）当相邻色区中间不要求有空隙时，要分开设计并两次排照。

（4）在两色块相交处常常不能印刷出理想的效果，这种情况可以通过在色框外边加套外框，采用重叠设计的办法来弥补。

（5）对于内容简单、空间面积较大的印刷表面，恰当地配上不同形状的色块，加上线条的装饰点缀，可以使单调枯燥的画面活泼明朗起来。

（6）中文、英文、数字都是包装图案中常用的语言，文字设计不仅要能体现产品功能，而且必须具备良好的工艺性和美观性。字型表现要符合丝网印刷的工艺特点，使印后的效果稳健、匀称、易读、易辨。

（7）产品的标称常用英语字母或各类符号表示，如 Kg、mm、L、Ω、ϕ 等，为了准确起见，应尽量利用标准符号直接贴图。

（8）认真对待每个设计方案，尊重客户意愿，主动与客户商讨设计方案。依据客户提供的设计草图，进行正确绘图、刻图或贴图，再进行制版。

总之，从设计到底片制作，从丝网准备到丝网版制作，从油墨选择到印刷，每一个环节都要尽可能选择最佳的工艺条件。

6.2 饮料类金属包装设计

在饮料领域内虽然塑料瓶、玻璃瓶、利乐包等包装占有一定份额，但金属包装仍占相当大的优势。从目前来看，饮料包装市场是金属包装的最大市场之一。

6.2.1 关于饮料类金属包装

在饮料类包装中，包装容器一般采用铝饮料罐，如图 6-7 所示。目前，铝饮料罐的开发具有三大特征，即易拉盖、特型罐、自加热/自冷却饮料罐。

图6-7 风格各异的啤酒和饮料包装

长期以来，铝饮料罐等金属包装物以其重量轻、可回收再利用的优势，一直作为饮料包装的主选材料。因此，铝饮料罐不仅得到了稳定发展，而且也在不断地开发创新。

在饮料包装中，为改进品牌效应，除了利用铝的银白色特质外，铝罐的外形也越来越重要，因此金属成型设备的制造厂家也在研究铝罐成形和压花技术。

由于铝更易于成形和达到要求的形状，研究人员正在探讨铝罐卷轴扩展成形、旋压成形和流变成形技术，在不久的将来会首先在啤酒罐方面得到使用。

6.2.2 范例——“非达”易拉罐饮料

打开本书配套光盘中的“Chapter 6\Complete\6.2\易拉罐整体效果.psd”文件，查看该饮料包装的最终设计效果，如图 6-8 所示。

图6-8 “非达”饮料包装设计

1. 设计定位

“非达”汽水是属于鲜橙味的碳酸饮料，主要针对年轻的消费群体。它与同类型商品在售价上相差不大，主要在超市、饮品店和食品零售店销售。

2. 设计说明

碳酸饮料一直受到年轻人的喜爱，它是年轻、活力、潮流、个性的象征，本实例中的“非达”碳酸饮料包装在图片和色彩应用上，即是以突出年轻人特质而展开的设计。

由于“非达”碳酸汽水针对的主要消费对象为年轻人群，所以在色彩应用上，采用鲜亮、活泼的橘红色为主体色彩，代表年轻人的阳光和充满活力。而背景中的黑夜古堡图片，正好与橘红色调形成鲜明的对比，使整个画面产生既阳光又诡异的气氛。魔幻造型的卡通男女图片的应用，正好体现了年轻人的充满幻想、前卫和不拘一格的冒险主义特质。

此包装在主体文字的设计上，采用蓝色描边的粗体字，字形活泼、颜色突出，很好地突出了包装的主题。主体文字中的橘子图片，突出了该汽水的口味特征，使人一目了然。整个包装色彩鲜明、主题突出、风格新颖，相信此饮料一定会受到年轻人群的喜爱。

3. 材料工艺

听罐的印刷方式有两种，一种是先制罐后印刷，另一种是先印刷后制罐。本实例中的“非达”易拉罐包装将采用前一种印刷方式。

先制罐后印刷的方式称为曲面印刷，也叫干式胶版印刷，它是用四色版（黄、红、青、黑）及普通金属加工油墨进行印刷。听罐印刷利用网点版进行彩色套印，将要印刷的颜色依次置于橡胶布上，然后通过转轮，将各种颜色依次转印到听罐上。这种方式在设计和制作菲林版时的工序，跟纸品印刷是相同的。

4. 设计重点

本实例中的“非达”易拉罐包装将分为两个部分来完成，即绘制易拉罐包装展开图和易拉罐包装的成型效果。在绘制过程中，应注意以下几个环节。

（1）使用“钢笔工具”绘制包装中的卡通人物形象。

（2）结合使用椭圆选框工具、渐变填充工具、钢笔工具、描边图层样式和画笔描边路径功能，绘制 Logo 中的橘子图形。

（3）使用钢笔工具和文本工具制作主体文字处的沿路径编排的文字效果。

5. 设计制作

在绘制本实例中的“非达”易拉罐包装时，将用到 Photoshop 中的钢笔工具、渐变填充工具、椭圆选框工具、横排文字工具、“路径”面板、图层样式和自由变换功能以及动感模糊滤镜等。

（1）绘制易拉罐包装展开图

打开本书配套光盘中的“Chapter 6\Complete\6.2\包装展开图 .psd”文件，查看该饮料包装的展开设计图，如图 6-9 所示。

图6-9　易拉罐包装展开图

> **提示**
>
> 标准易拉罐的高度为 120mm，直径为 67mm，根据圆周长的计算公式“直径 × π”，可得圆周长为 210mm。在圆周长的基础上两边各留 3mm 的出血位，这样，易拉罐包装展开图的尺寸应为 21.6cm × 12.6cm。

STEP 01 新建一个大小为 21.6cm×12.6cm、分辨率为 300 像素/英尺、模式为 RGB 的文件，如图 6-10 所示。

STEP 02 将背景图层填充为“R236、G99、B0”的颜色，如图 6-11 所示。

STEP 03 打开本书配套光盘中的“Chapter 6\Media\6.2\城堡 .psd”文件，将其中两个城堡分别移动到包装展开图文件中，生成图层 1 和图层 2，然后调整城堡的大小和位置，如图 6-12 所示。

STEP 04 打开本书配套光盘中的“Chapter 6\Media\6.2\草坪.psd”文件，将该图像移动到包装展开图文件中，生成图层 3，然后调整图像的大小和位置，如图 6-13 所示。

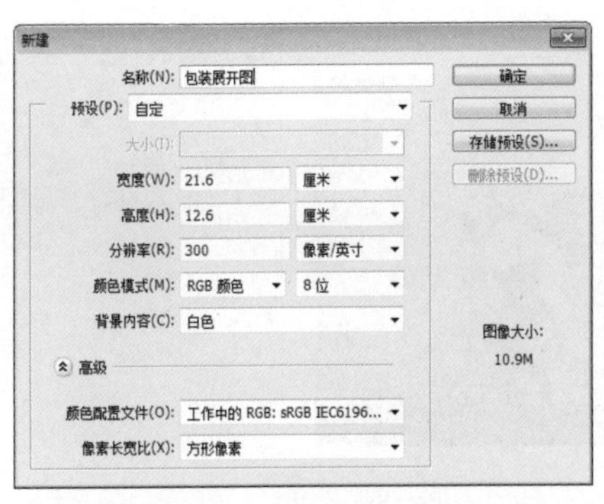

图6-10　新建文件设置

图6-11　背景的填充效果

图6-12　添加的城堡图像

图6-13　添加的草坪图像

STEP 05 新建图层 4，接下来绘制卡通人物的外形。使用钢笔工具绘制如图 6-14 所示的选区，并将选区填充为黑色。

STEP 06 取消图像中的选区，新建图层 5，然后绘制卡通人物中的轮廓细节，如图 6-15 所示。

STEP 07 新建图层 6。结合使用钢笔工具、渐变工具和复制功能，绘制衣服上的条纹，效果如图 6-16 所示。

STEP 08 新建图层 7，将该图层调整到图层 4 的下方。使用钢笔工具绘制卡通人物中的披风外形，并将其填充为黑色，如图 6-17 所示。

图6-14　绘制的卡通外形

图6-15　绘制的轮廓细节

图6-16　衣服上的条纹效果

图6-17　绘制披风外形

STEP 09 将卡通人物所在的图层合并，将合并后的图层名称修改为卡通人物男，如图 6-18 所示。

STEP 10 按照同样的绘制方法，绘制另一个女性卡通人物，将卡通人物所在的图层名称修改为“卡通人物女”，如图 6-19 所示。

STEP 11 新建图层 4，绘制如图 6-20 所示的圆形选区，并为选区填充径向渐变色，渐变色设置为 0% 和 8%“R253、G187、B46”，100%“R255、G102、B22”，选区的填充操作及填充效果分别如图 6-21 和图 6-22 所示。

图6-18　修改后的图层名称

图6-19　女性卡通人物造型

图6-20　绘制的选区

图6-21　选区的填充操作

图6-22　选区的填充效果

STEP 12 取消图像中的选区，然后为图层 4 添加描边图层样式，描边选项设置及应用效果如图 6-23 所示。

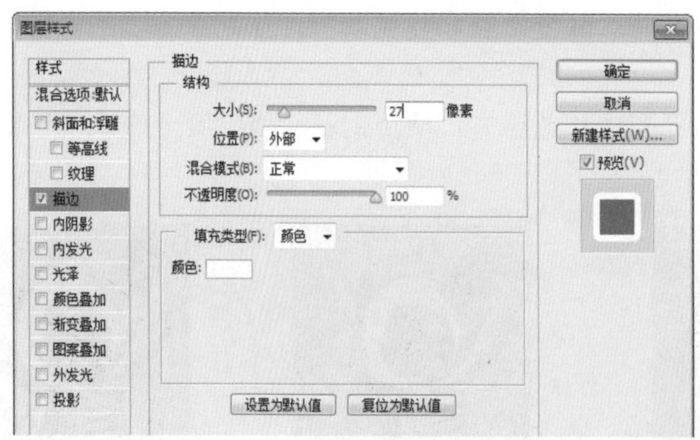

图6-23　描边选项设置及应用效果

STEP 13 新建图层 5，使用钢笔工具绘制如图 6-24 所示的路径，将其转换为选区，并为其填充线性渐变色，设置渐变色为 0%“R0、G185、B0”，48%“R0、G156、B0”，100%“R0、G103、B0”，选区的填充操作及填充效果分别如图 6-25 和图 6-26 所示。

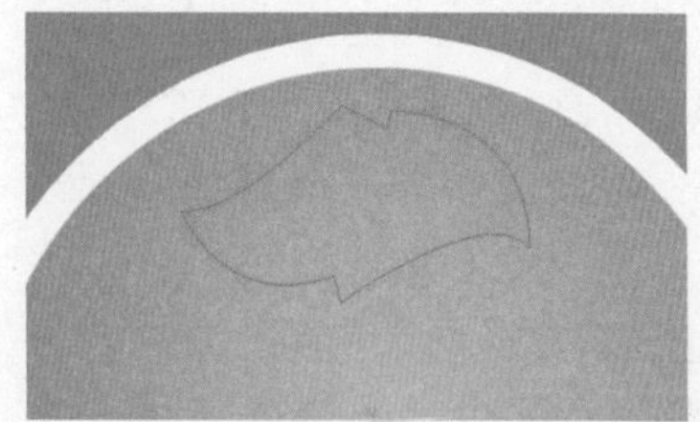

图6-24　绘制的路径

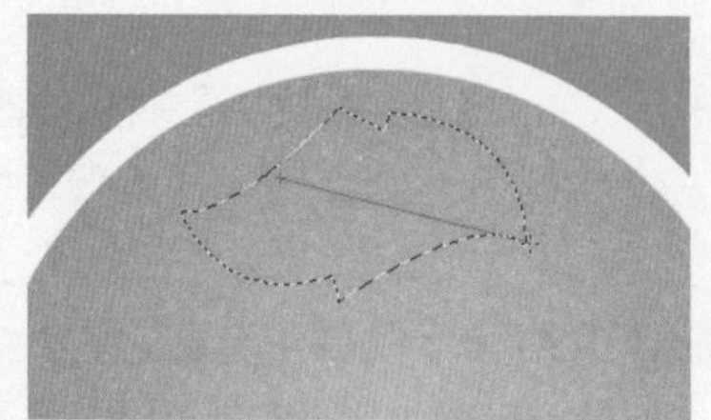

图6-25　选区的填充操作

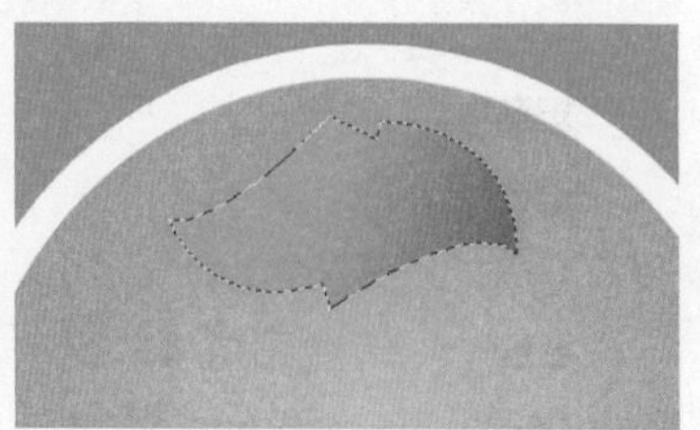

图6-26　选区的填充效果

STEP 14 在“路径”面板中选择上一步绘制的路径，然后使用直接选择工具将该路径调整到如图 6-27 所示的形状。

STEP 15 在图层 5 的下方新建图层 6，将该路径转换为选区，然后填充为白色并取消选择，如图 6-28 所示。

STEP 16 新建图层 7，将该图层调整到最上层，然后使用钢笔工具绘制如图 6-29 所示的开放路径，并在“路径”面板中将其存储，如图 6-30 所示。

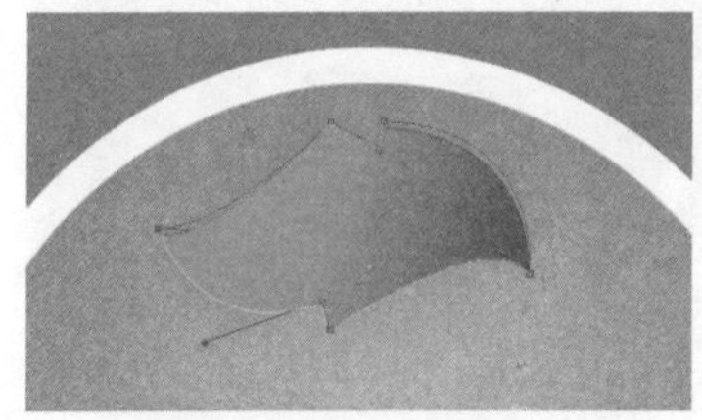

图6-27 修改后的路径

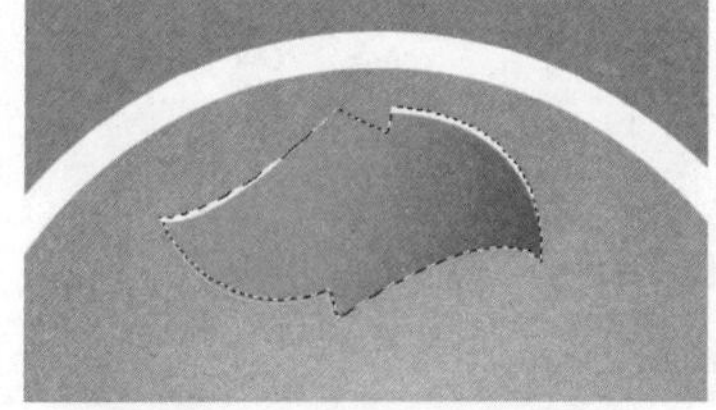

图6-28 选区的填充效果

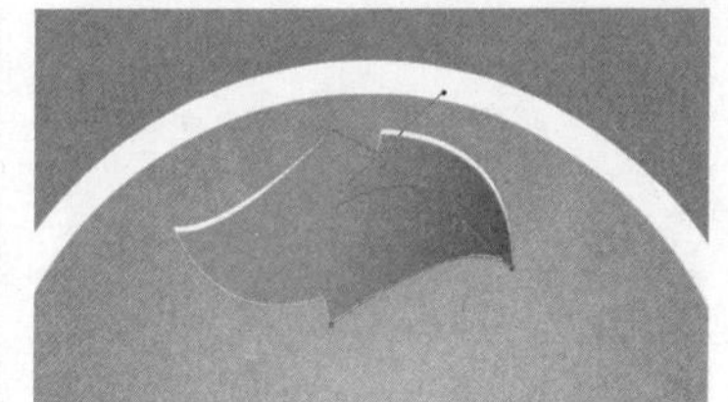

图6-29 绘制的路径

STEP 17 将前景色设置为“R14、G58、B14”。选择画笔工具，为其选择“硬边圆”画笔，并将画笔大小设置为 4 像素，然后在“路径”面板中单击“用画笔描边路径”按钮，效果如图 6-31 所示。

STEP 18 选择橡皮擦工具，为其选择“柔边圆”画笔并设置适当的画笔大小，然后在描边图像的左端进行涂抹，擦除左端边缘处的图像，效果如图 6-32 所示。

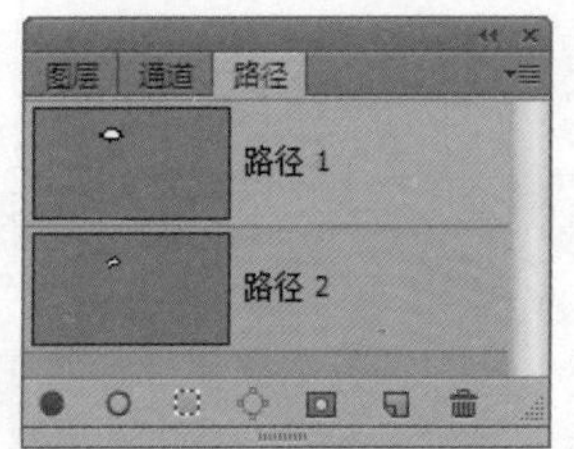

图6-30 存储的路径

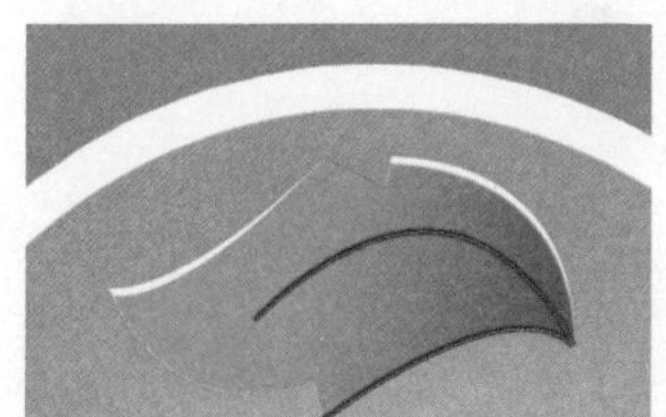

图6-31 路径的描边效果

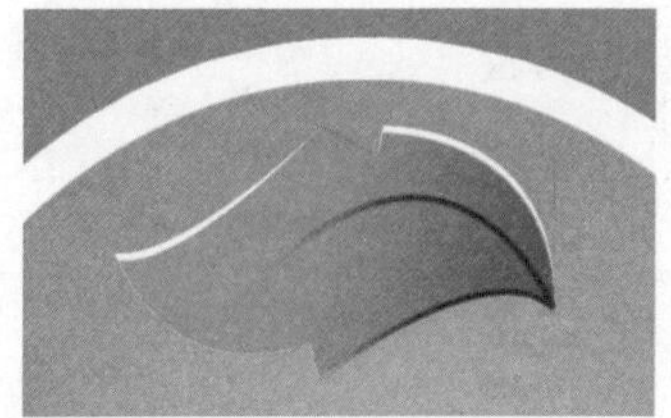

图6-32 擦除后的图像效果

STEP 19 同时选择叶片图像所在的图层，然后单击“图层”面板下方的“链接图层”按钮，将它们链接，如图 6-33 所示。

STEP 20 新建图层 8，使用钢笔工具绘制如图 6-34 所示的主体文字，并为其填充“R0、G62、B151”的颜色。

STEP 21 为主体文字所在的图层 8 添加“描边”图层样式，描边选项设置及应用效果分别如图 6-35 和图 6-36 所示。

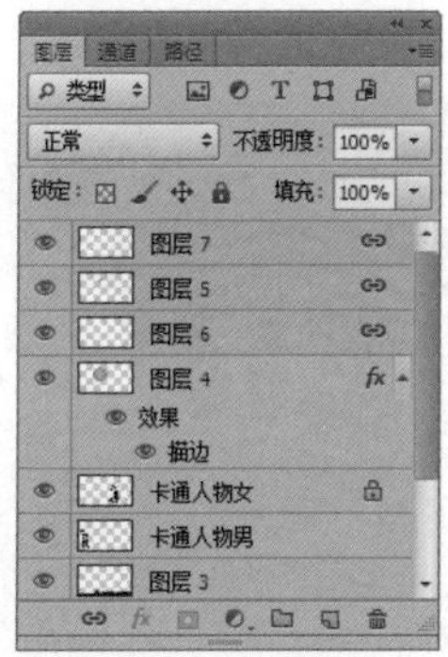

图6-33 链接图层

图6-34 绘制的主体文字

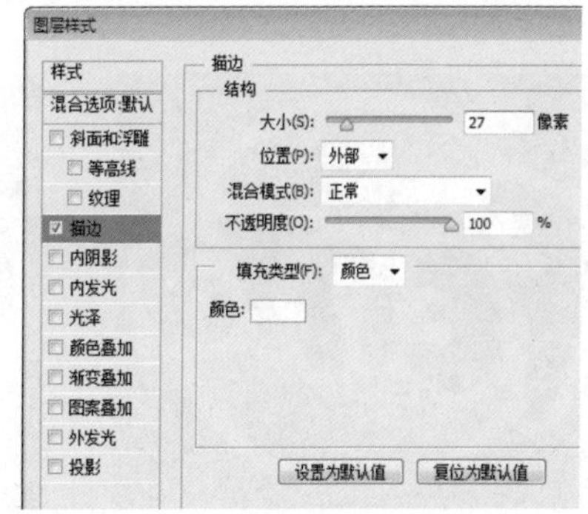

图6-35 描边选项设置

STEP 22 输入文字“非达”，将字体设置为“文鼎中特广告体”、颜色为“R0、G62、B151”，调整到适当的大小，如图 6-37 所示。

STEP 23 执行“文字→栅格化文字图层”命令，将当前文字图层转换为普通图层，然后将文字扭曲为如图 6-38 所示的效果。

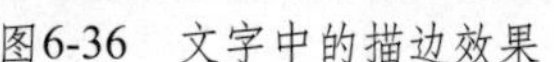

图6-36 文字中的描边效果

图6-37 输入的文字

图6-38 文字的扭曲效果

STEP 24 为“非达”文字所在的图层添加“描边”图层样式，描边选项设置及应用效果分别如图 6-39 和图 6-40 所示。

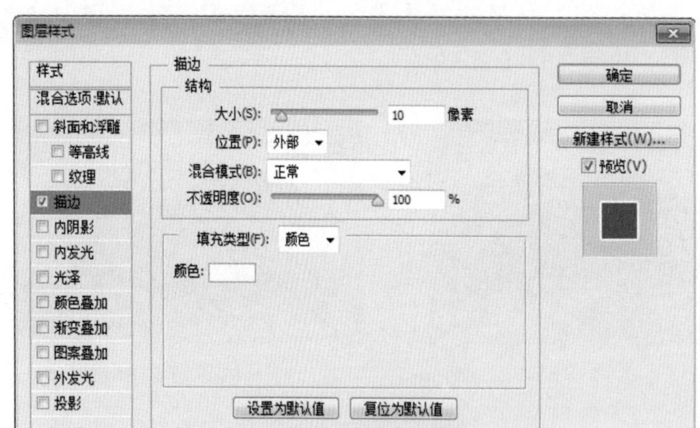

图6-39 描边选项设置

图6-40 文字中的描边效果

STEP 25 在图层 8 的下方新建图层 9，使用多边形套索工具框选如图 6-41 所示的区域，将其填充为白色，然后取消选择，如图 6-42 所示。

STEP 26 打开本书配套光盘中的“Chapter 6\Media\6.2\ 橘子 .psd”文件，将该图像移动到包装展开图文件中，生成图层 10，将该图层调整到最上层，然后如图 6-43 所示调整该图像的大小和位置。

图6-41 创建的选区

图6-42 填充选区后的效果

图6-43 添加的橘子图像

STEP 27 复制图层 10，得到图层 10 副本，将复制的图层调整到图层 10 的下方。

STEP 28 选择图层 10 副本，执行“滤镜→模糊→动感模糊”命令，在弹出的“动感模糊”对话框中设置选项参数，如图 6-44 所示，然后单击“确定”按钮，效果如图 6-45 所示。

STEP 29 使用钢笔工具绘制如图 6-46 所示的开放路径，然后使用横排文字工具在该路径上输入文字“鲜橙味碳酸饮料”，并在“字符”面板中调整文字的基本属性，如图 6-47 所示，调整后的文字如图 6-48 所示。

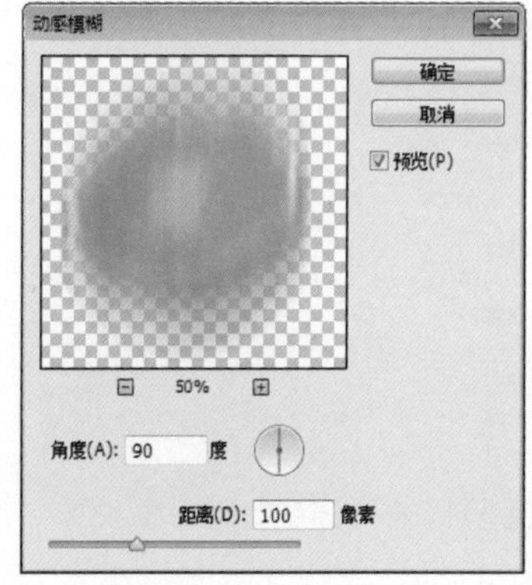

图6-44　动感模糊设置

图6-45　模糊后的图像效果

图6-46　绘制的路径

STEP 30 保持文字图层的选取状态，选择直接选择工具，然后在文字的起点处拖动，移动文字在路径上的位置，使文字完全显示，如图 6-49 所示。

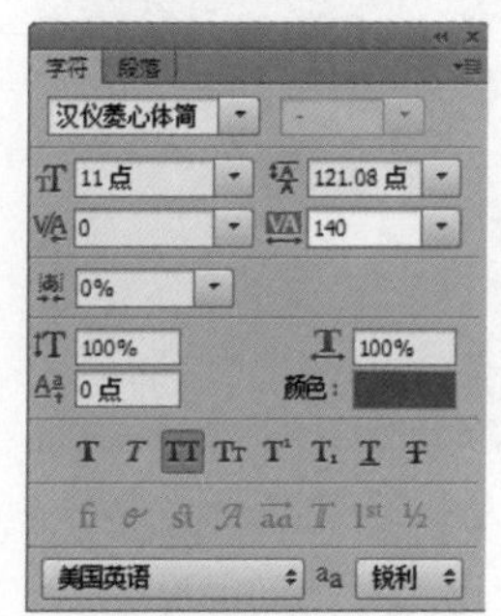

图6-47　字符属性设置

图6-48　调整后的文字

图6-49　调整文字在路径上的位置

STEP 31 为当前文字图层添加“描边”图层样式，描边选项设置及应用效果如图 6-50 所示。

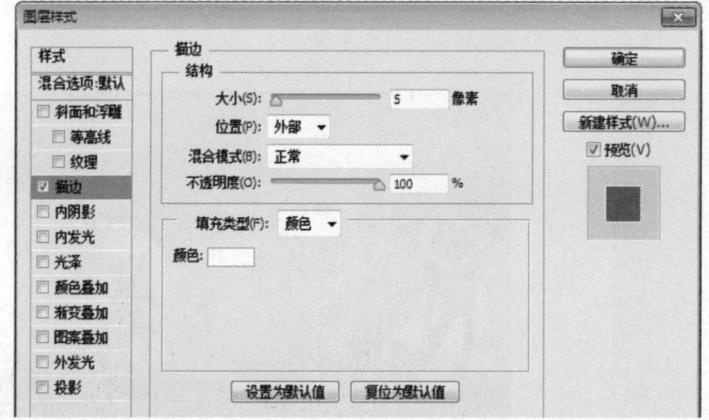

图6-50　描边选项设置及应用后的文字效果

STEP 32 新建图层 11，将该图层调整到最上层。绘制如图 6-51 所示的修饰图像，将修饰图像中的底色填充为“R255、G241、B0”的颜色，眼睛填充为黑色。

STEP 33 输入文字“Grape drinks”，将字体设置为“汉仪粗圆简”、文字颜色为白色，并设置相应的字体大小，如图 6-52 所示。

STEP 34 保持当前文字图层的选取状态，然后单击文字工具选项栏中的“创建文字变形”按钮，在弹出的“变形文字”对话框中设置选项参数，如图 6-53 所示，然后单击“确定”按钮，效果如图 6-54 所示。

图6-51　绘制的修饰图像

图6-52　输入的文字

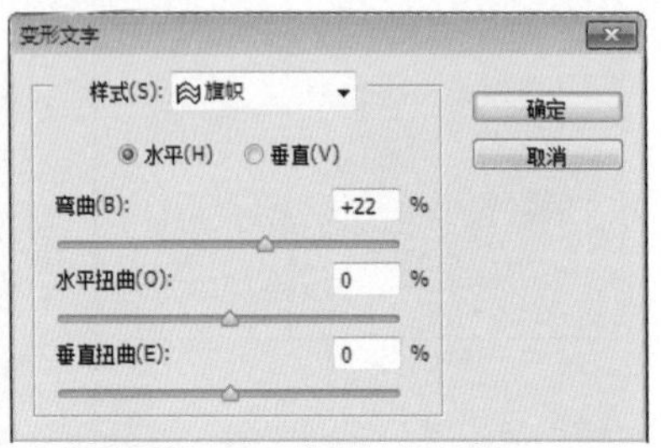

图6-53　“变形文字”对话框设置

STEP 35 使用椭圆工具绘制如图 6-55 所示的椭圆形状，将椭圆的填充色设置为“R0、G168、B0”。

STEP 36 在椭圆形上输入如图 6-56 所示的文字，为文字设置相应的字体和大小并进行相应的编排。

图6-54　变形文字效果

图6-55　绘制的椭圆形

图6-56　添加的文字

STEP 37 将主体图像中的所有图层编为一组，修改组名称为“Logo”，如图 6-57 所示。

STEP 38 将“Logo”组复制，删除副本组中不需要的图层，然后将副本组中的所有图层合并，如图 6-58 所示。

STEP 39 将合并后的 Logo 副本图像移动到文件的左上角，调整到适当的大小，然后将该图层复制，并将复制的 Logo 副本 2 图像移动到右边如图 6-59 所示的位置。

图6-57　图层编组

图6-58　合并“Logo副本”组

图6-59　调整后的Logo图像效果

STEP 40 新建图层 12，在文件的右上角绘制如图 6-60 所示的月亮和蝙蝠图像，将它们填充为黑色。

STEP 41 在展开图的右侧添加如图 6-61 所示的文字，并进行相应的编排。

STEP 42 打开本书配套光盘中的“Chapter 6\Media\6.2\标识和条码 .psd”文件，将其中的标识和条码移动到包装展开图文件中，然后如图 6-62 所示调整它们的大小和位置。

图6-60　绘制的月亮和蝙蝠图像

图6-61　添加的文字

图6-62　添加的标识

STEP 43 添加“净含量”文字内容，完成包装展开图的制作，如图 6-63 所示。

图6-63　完成后的包装展开图

（2）制作易拉罐包装成型效果

在绘制易拉罐包装成型效果时，需要用到变形和操控变形功能、调整图层和图层蒙版功能等。

STEP 01 打开本书配套光盘中的“Chapter 6\Media\6.2\背景图像 .jpg”文件，如图 6-64 所示，然后将该文件以“易拉罐整体效果”为名称存储到相应的目录。下面将在该背景图像的基础上制作包装整体效果。

STEP 02 打开本书配套光盘中的“Chapter 6\Media\6.2\易拉罐 .psd”文件，将该易拉罐图像移动到包装展开图文件中，生成图层 1，然后调整其大小和位置，如图 6-65 所示。

图6-64　绘制易拉罐半边剖面图

图6-65　添加的易拉罐图像

STEP 03 切换到“包装展开图”文件，为其创建一个副本文档，然后拼合该文档中的所有图层，再使用矩形选框工具框选如图 6-66 所示的图像，以便用于包装整体效果的制作。

STEP 04 将框选的图像移动到整体效果文件中，生成图层 2，然后调整该图像到如图 6-67 所示的大小和位置。

图6-66　框选的图像

图6-67　添加的包装图像

STEP 05 按“Ctrl+T”键出现自由变换控件，在控制框内单击鼠标右键，从弹出的右键菜单中选择“变形”命令，将出现如图 6-68 所示的变形控件。

STEP 06 移动四角处的控制点并拖动变形控制手柄，将图像变形为如图 6-69 所示的效果。

STEP 07 完成变形操作后，单击工具选项栏中的“提交变换”按钮✓，对图像应用变形效果，如图 6-70 所示。

图6-68　变形控件

图6-69　图像的变形操作

图6-70　图像的变形效果

STEP 08 执行“编辑→操控变形”命令，然后在工具选项栏中将“扩展”参数设置为 20，如图 6-71 所示。

STEP 09 使用鼠标在图像边缘不同的位置单击，添加 10 个图钉，如图 6-72 所示。分别拖动两端中对应的图钉，使图像产生变形，如图 6-73 所示。

STEP 10 在图像上添加图钉，并拖动图钉，使图像按易拉罐外形产生变形，如图 6-74 所示。

STEP 11 完成变形后，单击工具选项栏中的“提交变换”按钮✓，对图像应用变形效果，如图 6-75 所示。

STEP 12 将图层 2 中的包装图像作为选区载入，如图 6-76 所示，然后为包装图像添加一个曲线调整图层，曲线参数设置及调整后的效果分别如图 6-77 和图 6-78 所示。

图6-71　设置扩展参数

图6-72　添加图钉

图6-73　拖动图钉后的变形效果

图6-74　添加新的图钉并变形图像

图6-75　变形后的图像

图6-76　载入的选区

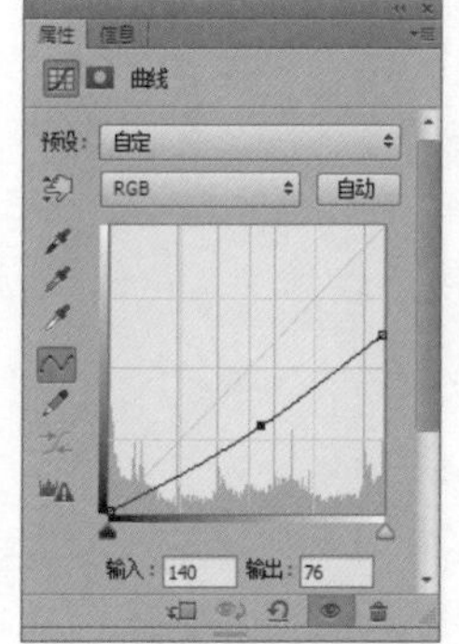

图6-77　曲线调整参数设置

STEP 13 单击曲线调整图层中的图层蒙版缩览图，以便对图层蒙版进行编辑，然后绘制如图 6-79 所示的矩形选区。

STEP 14 将选区羽化 30 像素，并将前景色设置为黑色，然后按 3 次“Alt+Delete”键，使用前景色填充选区，再取消选择。编辑图层蒙版后的图像色调如图 6-80 所示。

图6-78　调整后的图像

图6-79　绘制的 矩形选区

图6-80　编辑图层蒙版后的图像色调

STEP 15 创建如图 6-81 所示的矩形选区，将选区羽化 45 像素，然后根据当前选区创建一个曲线调整图层，曲线参数设置和调整后的图像效果分别如图 6-82 和图 6-83 所示。

STEP 16 按住“Ctrl”键单击曲线 2 调整图层中的图层蒙版缩览图，载入如图 6-84 所示的选区，然后添加一个“亮度/对比度”调整图层，亮度/对比度参数设置和调整后的图像效果分别如图 6-85 和图 6-86 所示。

图6-81　创建的选区

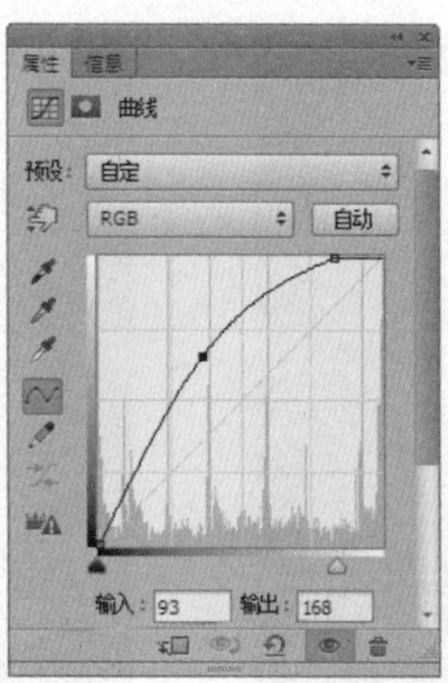

图6-82　曲线参数设置

图6-83　调整后的图像效果

图6-84　载入的选区

图6-85　亮度/对比度参数设置

图6-86　调整后的图像色调

STEP 17 使用套索工具绘制如图 6-87 所示的选区，将选区羽化 15 像素，然后根据当前选区创建一个亮度/对比度调整图层，亮度/对比度参数设置和调整后的图像效果分别如图 6-88 和图 6-89 所示。

图6-87　创建的选区

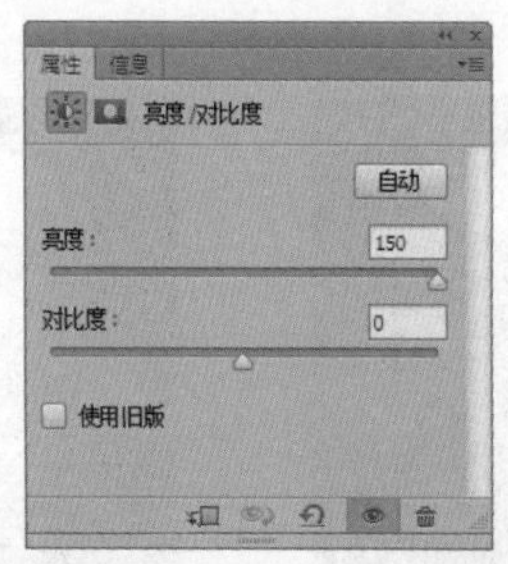

图6-88　亮度/对比度参数设置

图6-89　调整后的图像色调

STEP 18 绘制如图 6-90 所示的选区，将选区羽化 3 像素，然后创建一个“曲线”调整图层，曲线参数设置和调整后的图像色调分别如图 6-91 和图 6-92 所示。

STEP 19 新建图层 3。将包装图像作为选区载入，然后将选区填充为白色，并取消选区，如图 6-93 所示。

STEP 20 单击“图层”调板中的“添加图层蒙版”按钮，为图层 3 添加一个图层蒙版。

STEP 21 选择渐变工具，然后使用黑色到白色的线性渐变色编辑图层蒙版，如图 6-94 所示。编辑图层蒙版后的效果如图 6-95 所示。

图6-90　创建的选区

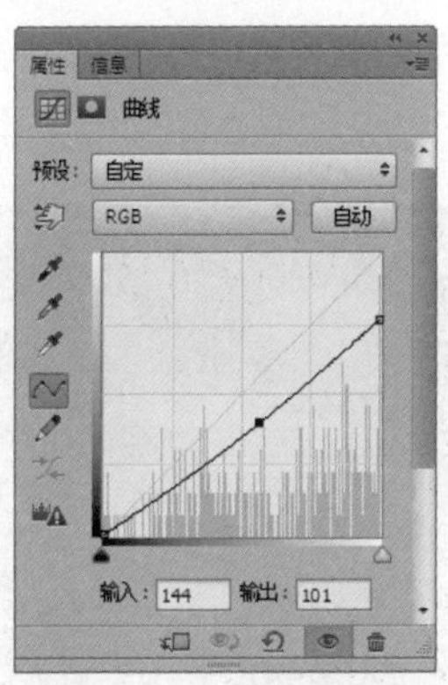

图6-91　曲线参数设置

图6-92　调整后的图像效果

图6-93　填充选区后的效果

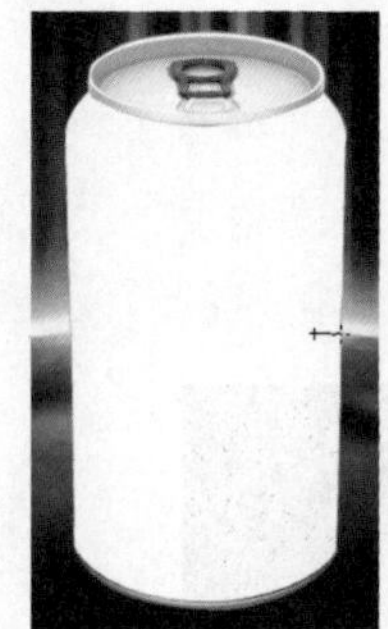

图6-94　渐变填充操作

图6-95　编辑图层蒙版后的效果

STEP 22 选择画笔工具，如图 6-96 所示设置画笔工具属性。

图6-96　画笔工具选项栏设置

STEP 23 将前景色设置为白色，然后在包装图像的右上角处进行涂抹，编辑图层蒙版后的反光效果如图 6-97 所示。

STEP 24 新建图层 4，然后按照同样的操作方法，制作拉罐另一边的反光效果，如图 6-98 所示。

图6-97　调整后的反光效果

图6-98　另一边的反光效果

STEP 25 将背景图层上方的所有图层编组，修改组名称为“易拉罐效果 1”，如图 6-99 所示。

STEP 26 将“易拉罐效果 1”组复制两份，将复制的图像如图 6-100 所示进行排列。

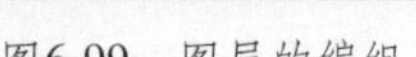

图6-99 图层的编组

图6-100 复制并调整位置后的包装图像

STEP 27 删除副本组中对应的包装图像，然后在“包装展开图”文件中，重新选取其他部位的包装图像，对其进行变形处理，以制作不同角度的易拉罐整体效果，如图 6-101 所示。

STEP 28 在“图层”面板中，修改副本组的名称，如图 6-102 所示。

图6-101 不同角度的易拉罐整体效果

图6-102 修改后的组名称

STEP 29 选择“易拉罐效果 1”组，将其复制，按“Ctrl+E”键将复制的组合并，然后将该图层移动到“易拉罐效果 1”组的下方，如图 6-103 所示。

STEP 30 将合并后的拉罐图像垂直翻转并移动到原拉罐图像的下方，以制作拉罐的投影，如图 6-104 所示。

图6-103 调整后的图层状态

图6-104 制作的投影图像

STEP 31 执行“滤镜→模糊→动感模糊”命令，在弹出的“动感模糊”对话框中设置选项参数，如图 6-105 所示，然后单击“确定”按钮，效果如图 6-106 所示。

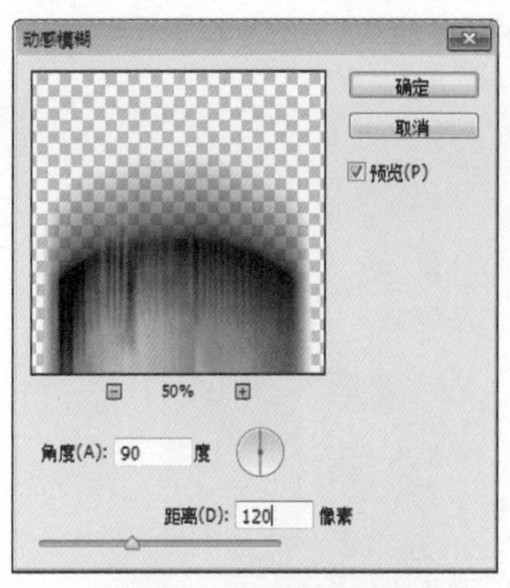

图6-105 动感模糊设置

图6-106 图像的模糊效果

STEP 32 为投影图像所在的图层添加一个图层蒙版，使用黑色到白色的线性渐变色对其进行编辑，如图 6-107 所示。

图6-107 图层蒙版的编辑操作及编辑后的效果

STEP 33 按照同样的操作方法，为其他两个拉罐制作投影，完成效果如图 6-108 所示。

STEP 34 在背景图像上添加该饮料的 Logo、生产厂家和网址，完成本实例的制作，完成效果如图 6-109 所示。

图6-108 拉罐中的投影效果

图6-109 本实例最终效果

6.3 日用品类金属包装设计

图 6-110 为两款日用品类金属包装设计产品，它充分利用了金属包装低成本和包装外观上的设计优势。

图6-110　日用品金属包装设计

6.3.1 关于日用品类包装设计

日用品包括洗涤用品、清洁用品、纸巾、日化产品、工业品等。

简易、实用、方便、耐用是该类产品包装的外在特点，在设计表现形式上趋于简约，同时应该考虑产品线的形象延伸问题。在商品包装的造型、体积、重量、色彩、图案等方面，应力求与产品形象相适应。

6.3.2 范例——“佳宝丽”空气清新剂

打开本书配套光盘中的“Chapter 6\Complete\6.3\包装整体效果 .psd”文件，查看该空气清新剂包装的最终设计效果，如图 6-111 所示。

图6-111 “佳宝丽”空气清新剂包装效果

1. 设计定位

“佳宝丽”空气清新剂常用于家居环境和一些通风效果不明显或封闭的公共场所，作为清新空气之用。该产品属于大众消费品，因此在设计包装时只需要醒目、能体现出产品特性即可。

2. 设计说明

“佳宝丽”空气清新剂是栀子花香型，它能有效去除空气中的异味，使人犹如亲临大自然之感。因此，根据该产品的这些特性，在包装设计上采用绿色为主色调，并采用绿叶作为修饰，以体现产品环保、自然和清新的特性。

在文字处理上，采用倾斜式的文字编排方式，使整个画面灵动起来，突破了横式编排方式的呆板。具象的栀子花图片，以体现该产品的香型，并体现该产品的绿色环保性。

3. 材料工艺

本实例中的空气清新剂包装在印刷工艺上采用先印刷后制瓶的方式，先采用彩色套印的丝网印刷工艺对瓶身上的图文进行印刷，然后将印刷好的包装材料进行制瓶处理。

4. 设计重点

绘制“佳宝丽”空气清新剂包装需要通过两个部分来完成，即绘制该产品瓶身上的图文效果和绘制易拉罐包装的成型效果。在绘制过程中，需要注意以下几个环节。

(1) 使用钢笔工具和修改选区并删除选区图像的方法，绘制包装中的水珠图像。

(2) 使用自由变换命令中的斜切功能，倾斜包装中的主体文字。

(3) 使用动感模糊命令对文字下方的矩形图像应用动感模糊滤镜。

(4) 使用自由变换命令中的变形功能，对包装图像进行变形处理，使其与容器瓶身贴合在一起。

(5) 通过图层蒙版和调整图层等功能绘制包装成型效果中的明暗层次，以体现金属包装材料的质感。

5. 设计制作

在绘制“佳宝丽”空气清新剂包装时，将用到图层蒙版、钢笔工具、横排文字工具、椭圆工具、图层样式和动感模糊滤镜等。

(1) 绘制瓶身上的图文效果

打开本书配套光盘中的“Chapter 6\Complete\6.3\包装图像 .psd”文件，查看该空气清新剂包装的图文设计效果，如图 6-112 所示。

> **提示**
>
> 空气清新剂的瓶身高为 18mm，直径为 51mm，根据圆周长的计算公式“直径 × π”，可得该包装容器的圆周长为 16mm。在圆周长的基础上两边各留 3mm 的出血位，这样，该包装中的图文设计范围为 16.6mm × 18.6mm。

STEP 01 新建一个大小为 16.6cm×18.6cm、分辨率为 300 像素/英尺、模式为 RGB 的文件，如图 6-113 所示。

图6-112　包装图像设计图

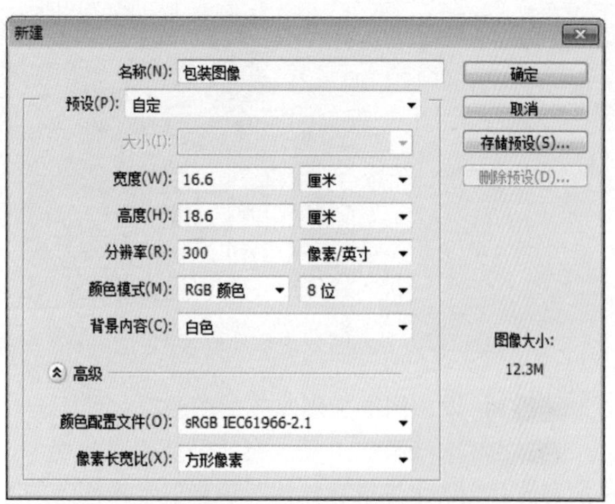

图6-113　新建文件设置

STEP 02 在水平标尺为 12.6cm 的位置添加一条垂直辅助线，然后将背景图层填充为“R236、G244、B241”的颜色，如图 6-114 所示。

STEP 03 新建图层 1，创建如图 6-115 所示的矩形选区，并将选区填充为“R208、G232、B233”的颜色，然后取消选择。

STEP 04 打开本书配套光盘中的“Chapter 6\Media\6.3\背景图像 . jpg”文件，将该图像移动到包装图像文件中，生成图层 2。将该图层调整到图层 1 的下方，然后如图 6-116 所示调整该图像的大小和位置。

图6-114 创建的辅助线和填充后的背景

图6-115 创建选区并填色

图6-116 添加的背景图像

STEP 05 单击“图层”面板下方的“添加图层蒙版”按钮，为图层 2 添加一个图层蒙版，然后将前景色设置为黑色。

STEP 06 选择画笔工具，为其选择“柔边圆”画笔，设置适当的画笔大小和不透明度，然后在背景图像的边缘进行涂抹，屏蔽部分图像，如图 6-117 所示。

STEP 07 复制图层 2，得到图层 2 副本。将复制的图像水平翻转，调整到如图 6-118 所示的大小和位置。

图6-117 屏蔽部分图像后的效果

图6-118 复制并变换后的背景图像

STEP 08 单击图层 2 副本中的图层蒙版缩览图，以便对图层蒙版进行编辑。

STEP 09 选择画笔工具，将前景色设置为白色，设置适当的画笔大小和不透明度，然后在左边的背景图像边缘进行涂抹，以适当显示涂抹处的图像，如图 6-119 所示。

STEP 10 将图层 2 副本的图层混合模式设置为“正片叠底”，如图 6-120 所示。

图6-119　编辑图层蒙版后的效果

图6-120　设置图层混合模式

STEP 11 打开本书配套光盘中的“Chapter 6\Media\6.3\叶子.jpg”文件，将该图像移动到包装图像文件中，生成图层 3，然后如图 6-121 所示调整该图像的大小和位置。

STEP 12 为图层 3 添加一个图层蒙版，然后将前景色设置为黑色。使用画笔工具在叶子图像的周围进行涂抹，屏蔽部分图像，效果如图 6-122 所示。

图6-121　添加的叶子图像

图6-122　屏蔽部分图像后的叶子图像

STEP 13 新建图层 4，使用“钢笔工具”绘制如图 6-123 所示的路径，并将其转化为选区，然后为其填充“R236、G244、B241”到“R64、G190、B80”的线性渐变色，如图 6-124 所示。

STEP 14 将选区收缩 13 像素，将选区羽化 12 像素，然后按“Delete”键删除选区内的图像，如图 6-125 所示。

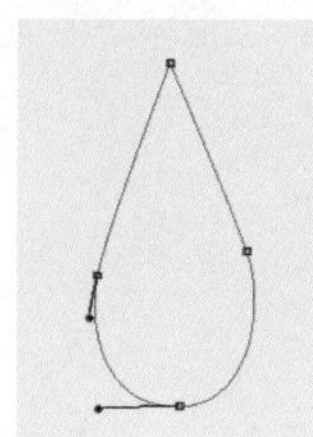

图6-123　绘制的路径

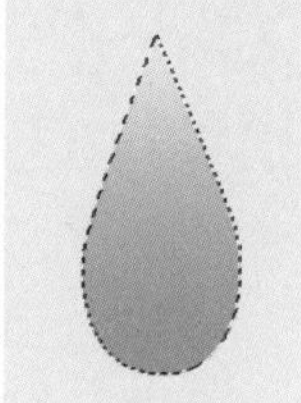

图6-124　渐变填充效果

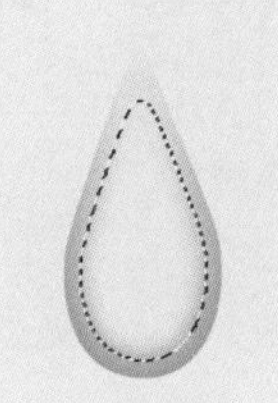

图6-125　删除选区内的图像

STEP 15 取消图像中的选区，然后框选整个水珠图像。按住“Alt”键，使用移动工具将水珠图像复制到其他的位置，使用自由变换功能调整水珠的大小，完成效果如图 6-126 所示。

STEP 16 将图层 4 的图层混合模式设置为“正片叠底”，如图 6-127 所示。

STEP 17 添加包装中的主体文字，分别为它们设置相应的字体、字体大小和颜色，然后如图 6-128 所示进行编排。

图6-126　绘制的水珠图像

图6-127　修改图层混合模式后的效果

STEP 18 为文字“AIR FRESHENER”和“空气清新剂”所在的图层添加“描边”图层样式，描边选项设置及应用效果分别如图 6-129 和图 6-130 所示。

图6-128　添加的文字

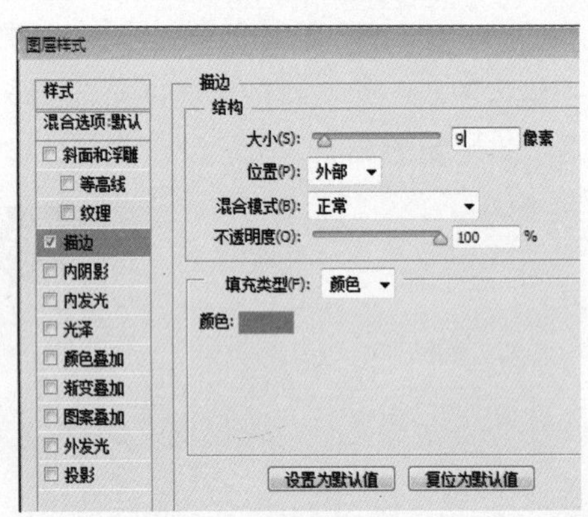

图6-129　描边选项设置

图6-130　文字中的描边效果

STEP 19 同时选择上一步添加的所有文字所在的图层，按“Ctrl+T”键，出现自由变换控件，然后按住“Ctrl+Shift”键向上拖动右边居中的控制点，将文字斜切，如图 6-131 所示。

STEP 20 新建图层 5，绘制如图 6-132 所示的标志图形，将其填充为“R12、G132、B80”的颜色。

STEP 21 将前景色设置为“R197、G216、B82”，然后使用椭圆工具绘制如图 6-133 所示的圆形，生成椭圆 1 图层。

图6-131　文字的斜切效果

图6-132　绘制的标志图形

图6-133　绘制的圆形

STEP 22 为椭圆 1 图层添加内发光图层样式，内发光选项设置及应用效果分别如图 6-134 和图 6-135 所示。

STEP 23 将椭圆 1 图层复制，然后清除椭圆 1 副本图层中的图层样式。将复制的圆形调整到如图 6-136 所示的大小，并将其填充为“R134、G193、B58”的颜色。

STEP 24 将椭圆 1 副本图层复制两份，分别修改圆形的大小，然后将调整后的圆形填充为白色和“R18、G143、B59”的颜色，如图 6-137 所示。

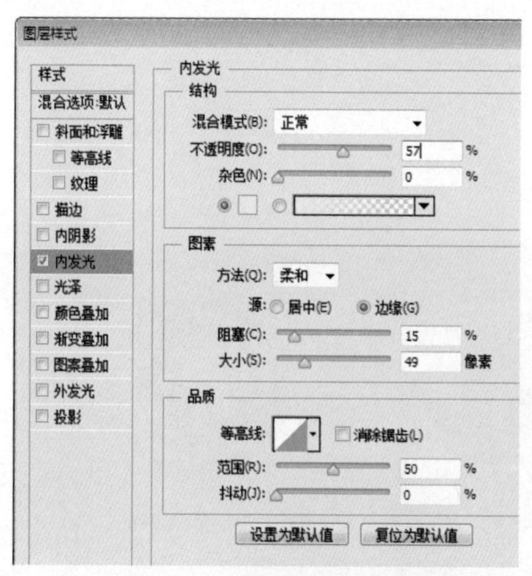
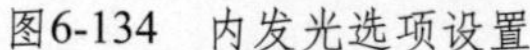
图6-134　内发光选项设置

图6-135　圆形上的内发光效果

图6-136　调整后的圆形

STEP 25 打开本书配套光盘中的"Chapter 6\Media\6.3\栀子花.psd"文件，将该图像移动到包装图像文件中，生成图层6，然后如图6-138所示调整该图像的大小和位置。

STEP 26 将同心圆中最小的一个圆形作为选区载入，然后选择套索工具，按住"Shift"键框选栀子花顶部位于圆形外的区域，增加选区范围，如图6-139所示。

图6-137　绘制的同心圆效果

图6-138　添加的栀子花图像

图6-139　绘制的选区

STEP 27 单击"图层"面板中的"添加图层蒙版"按钮，根据当前选区为图层6添加一个图层蒙版，如图6-140所示。

STEP 28 使用钢笔工具绘制如图6-141所示的叶片形状，生成形状1图层。将该形状的填充色设置为"R247、G181、B0"到"R237、G113、B25"的线性渐变色，并且将渐变角度为30，如图6-142所示。

图6-140　添加图层蒙版后的效果

图6-141　绘制的形状

图6-142　形状的填充色设置

STEP 29 为形状1图层添加投影图层样式，投影选项设置及应用效果如图6-143所示。

STEP 30 添加包装正面中其他的文字，完成效果如图 6-144 所示。

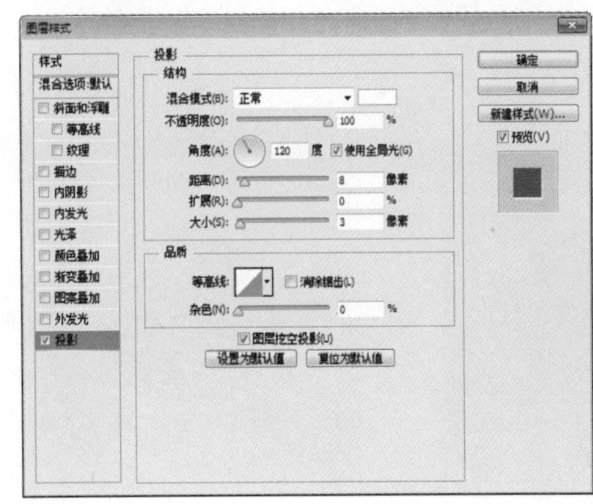

图6-143 投影选项设置及应用效果

图6-144 添加的文字

STEP 31 打开本书配套光盘中的“Chapter 6\Media\6.3\条码 .psd”文件，将条码移动到包装图像文件中，生成图层 7，然后如图 6-145 所示调整条码的大小和位置。

STEP 32 新建图层 8，绘制如图 6-146 所示的矩形，将其填充为“R110、G185、B46”的颜色。

STEP 33 执行“滤镜→模糊→动感模糊”滤镜，在弹出的“动感模糊”对话框中如图 6-147 所示设置选项参数，然后单击“确定”按钮将图像模糊，如图 6-148 所示。

图8-145 添加的条码

图6-146 绘制的矩形

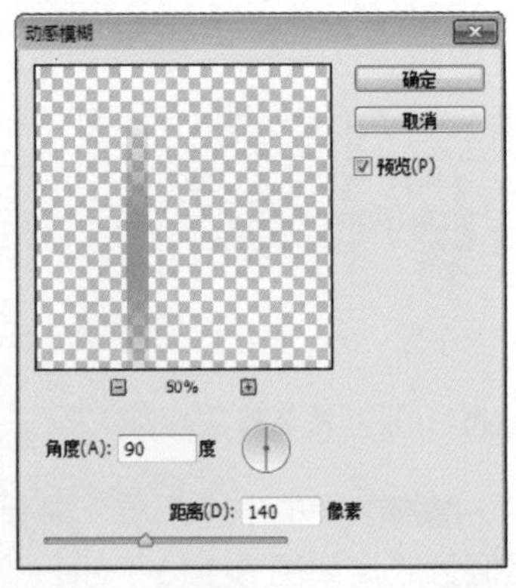

图6-147 “动感模糊”对话框设置

STEP 34 使用矩形选框工具框选底部的矩形图像，然后按“Delete”键删除，如图 6-149 所示。将剩下的矩形图像复制，并如图 6-150 所示进行排列。

图6-148 矩形的模糊效果

图6-149 删除部分图像

图6-150 矩形图像的排列效果

STEP 35 添加包装侧面中的各种文字说明，完成包装图像的制作，如图 6-151 所示。

(2) 绘制易拉罐包装的成型效果

在绘制空气清新剂包装的成型效果时，需要用到变形功能、调整图层和图层蒙版功能等。

STEP 01 新建一个大小为 34cm×47cm，分辨率为 120 像素/英尺，模式为 RGB 的文件，如图 6-152 所示。

STEP 02 将包装图像文件中的标志图像及文字复制到包装整体效果文件中，将所在图层合并为图层 1，然后调整到如图 6-153 所示的大小和位置。

STEP 03 使用矩形选框工具框选标志，如图 6-154 所示。执行“编辑→定义图案”命令，在弹出的“图案名称”对话框中为图案命名，如图 6-155 所示，然后单击“确定”按钮，将标志定义为图案。

图6-151 完成后的包装图像

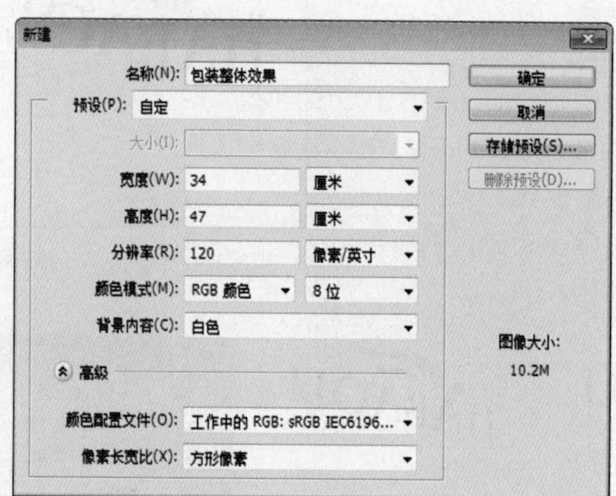

图6-152 新建文件设置

图6-153 添加的标志效果

图6-154 框选的标志

图6-155 图案名称设置

STEP 04 删除矩形选区内的标志并取消选择。执行“编辑→填充”命令，在弹出的“填充”对话框中设置各选项，如图 6-156 所示，然后单击“确定”按钮，得到如图 6-157 所示的填充效果。

STEP 05 将图层 1 的不透明度设置为 15%，如图 6-158 所示。

STEP 06 为图层 1 添加一个图层蒙版，使用黑色到白色的线性渐变色对图层蒙版进行编辑，效果如图 6-159 所示。

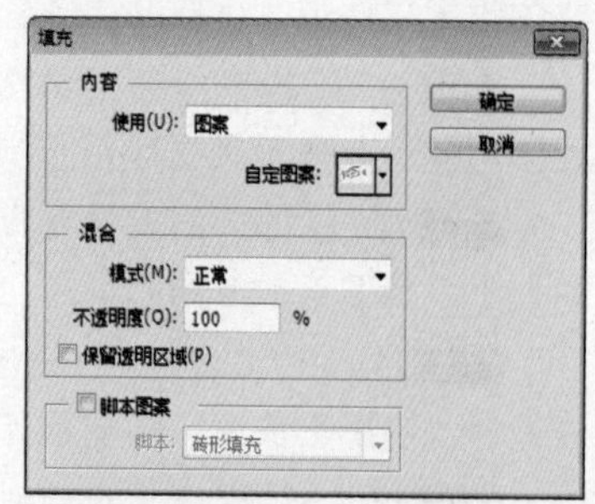

图6-156 “填充”对话框设置

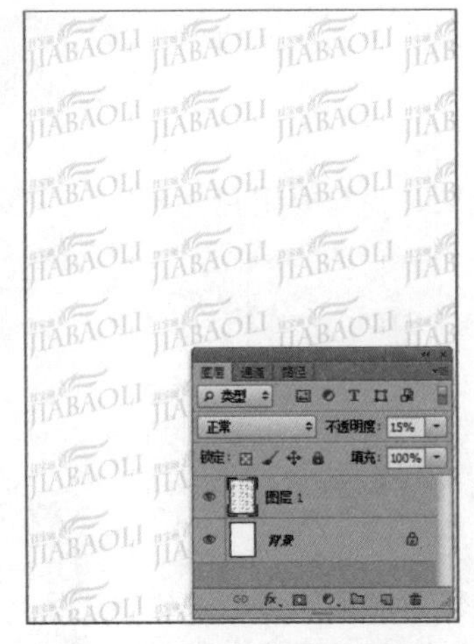

图6-157　图案的填充效果

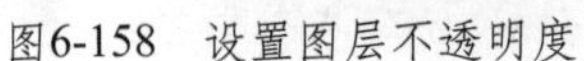

图6-158　设置图层不透明度

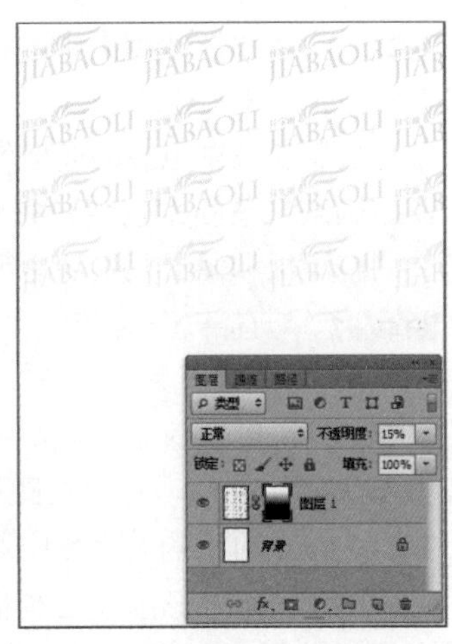

图6-159　添加并编辑图层蒙版后的效果

STEP 07 重新将包装图像文件中的标志添加到包装整体效果文件中，然后将标志所在的图层合并为图层 2，修改填充色为“R0、G60、B30”，如图 6-160 所示。

图6-160　重新添加的标志

STEP 08 打开本书配套光盘中的“Chapter 6\Media\6.3\背景图像 . jpg”文件，将该图像移动到包装整体效果文件中，生成图层 3，然后调整该图像的大小和位置，如图 6-161 所示。

STEP 09 为图层 3 添加一个图层蒙版，然后使用黑色到白色的线性渐变色对蒙版进行编辑，如图 6-162 所示。

图6-161　添加的背景图像

图6-162　图层蒙版的编辑操作及效果

STEP 10 打开本书配套光盘中的“Chapter 6\Media\6.3\瓶子 .psd”文件，将其移动到包装整体效果文件中，生成图层 4，然后如图 6-163 所示调整瓶子的大小和位置。

STEP 11 切换到包装图像文件，为其创建一个副本文件，将副本文件中的所有图层合并，然后使用矩形选框工具框选用于制作包装整体效果的图像，如图 6-164 所示。

STEP 12 将框选的图像移动到包装整体效果文件中，生成图层 5，然后调整该图像在瓶子上的大小，如图 6-165 所示。

STEP 13 按“Ctrl+T”键出现自由变换控件，在控制框内单击鼠标右键，从弹出的右键菜单中选择“变形”命令，将出现如图 6-166 所示的变形控件。

STEP 14 移动四角处的控制点并拖动变形控制手柄，将图像变形为如图 6-167 所示的效果。

图6-163　添加的瓶子图像

图6-164　框选的图像

图6-165　调整包装图像在瓶子上的大小

STEP 15 完成变形操作后，单击工具选项栏中的“提交变换”按钮✓，对图像应用变形效果，如图 6-168 所示。

图6-166　变形控件

图6-167　图像的变形效果

图6-168　包装图像的变形效果

STEP 16 将瓶子图像作为选区载入并将选区反选，然后删除图层 5 中位于瓶子外的包装图像，如图 6-169 所示。

STEP 17 将包装图像作为选区载入，如图 6-170 所示，然后为该图像添加一个曲线调整图层，曲线参数设置及调整后的图像色调分别如图 6-171 和图 6-172 所示。

图6-169　删除多余的图像

图6-170　载入的选区

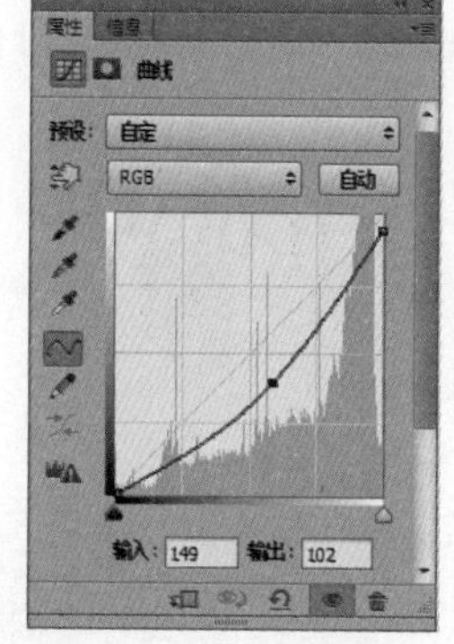

图6-171　曲线参数设置

STEP 18 保持曲线调整图层的选取不变，重新将包装图像作为选区载入，如图 6-173 所示。

STEP 19 选择渐变工具，然后使用黑色到白色的线性渐变色对曲线调整图层中的图层蒙版进行编辑，完成后取消选择。填充操作及调整后的图像色调如图 6-174 所示。

图6-172　调整后的图像色调

图6-173　渐变填充操作

图6-174　调整后的图像色调

STEP 20 新建图层 6，将包装图像作为选区载入，然后将选区填充为黑色，如图 6-175 所示。根据当前选区为图层 6 添加一个图层蒙版，然后重新将包装图像作为选区载入。

STEP 21 选择渐变工具，然后使用黑色到白色的线性渐变色对图层蒙版进行编辑，如图 6-176 所示，完成后取消选择。填充操作及编辑图层蒙版后的图像如图 6-177 所示。

图6-175　填充选区后的效果

图6-176　渐变填充操作

图6-177　编辑图层蒙版后的效果

STEP 22 将图层 6 的图层混合模式设置为“叠加”，将该图层的不透明度设置为 69%，如图 6-178 所示。

STEP 23 创建如图 6-179 所示的矩形选区，然后按住“Ctrl+Shift+Alt”键单击图层 5 的图层缩览图，减去包装图像外的选取区域，如图 6-180 所示。

图6-178　设置图层属性后的效果

图6-179　创建的选区

图6-180　减去后的选区

STEP 24 根据当前选区创建一个曲线调整图层，曲线参数设置及调整后的图像色调如图 6-181 所示。

STEP 25 新建图层 7，将包装图像作为选区载入，然后将选区填充为白色，如图 6-182 所示。

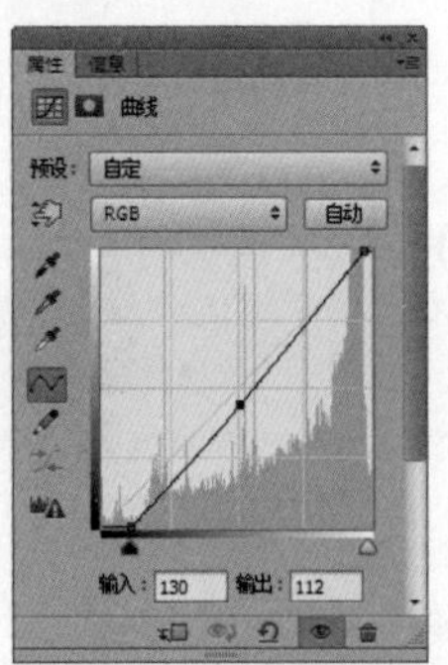

图6-181 曲线参数设置及调整后的图像色调

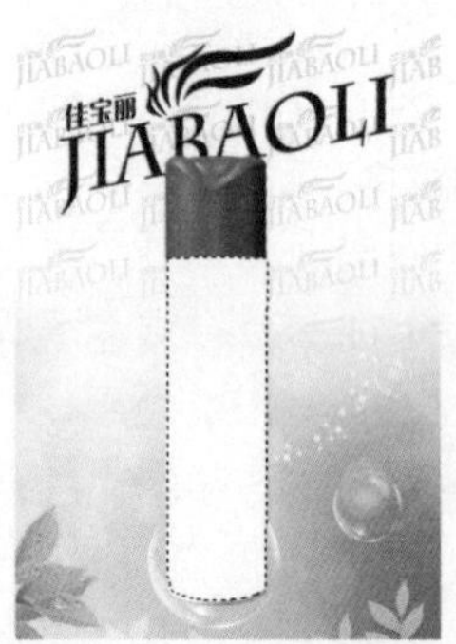

图6-182 选区的填充效果

STEP 26 为图层 7 添加一个图层蒙版，然后将图层 7 中的图像作为选区载入。

STEP 27 选择渐变工具，使用黑色到白色再到黑色的线性渐变色对图层蒙版进行填充，如图 6-183 所示，填充后的效果如图 6-184 所示。

STEP 28 取消图像中的选区，然后将图层 7 的图层混合模式设置为“叠加”，不透明度设置为 65%，如图 6-185 所示。

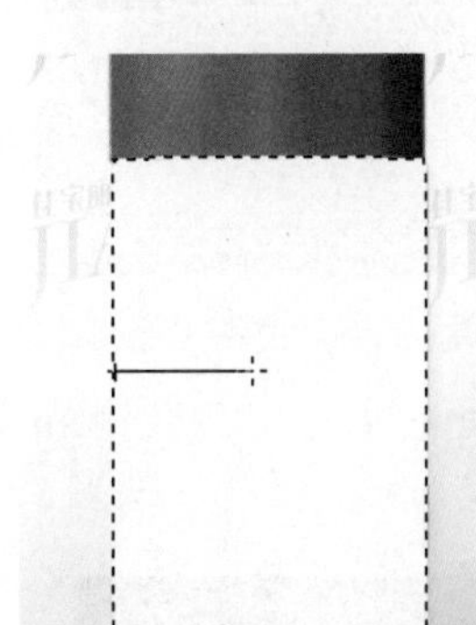

图6-183 渐变填充操作

图6-184 编辑图层蒙版后的效果

图6-185 设置图层属性后的效果

STEP 29 新建图层 8，绘制如图 6-186 所示的矩形选区，并将选区填充为白色。

STEP 30 为图层 8 添加一个图层蒙版，然后使用黑色到白色的线性渐变色对蒙版进行填充，如图 6-187 所示，得到如图 6-188 所示的图像效果。

图6-186 填充选区的效果

图6-187 渐变填充操作

图6-188 编辑图层蒙版后的效果

STEP 31 取消图像中的选区，然后将图层 8 的图层混合模式设置为“叠加”，不透明度设置为 60%，如图 6-189 所示。

STEP 32 在包装图像的顶部边缘处创建如图 6-190 所示的选区，然后根据当前选区创建一个曲线调整图层，曲线选项设置及调整后的色调效果分别如图 6-191 和图 6-192 所示。

STEP 33 在包装图像的上方创建如图 6-193 所示的选区，然后根据当前选区创建一个曲线调整图层，曲线选项设置及调整后的色调效果分别如图 6-194 和图 6-195 所示。

STEP 34 新建图层 9，绘制如图 6-196 所示的矩形选区，并将选区填充为白色。

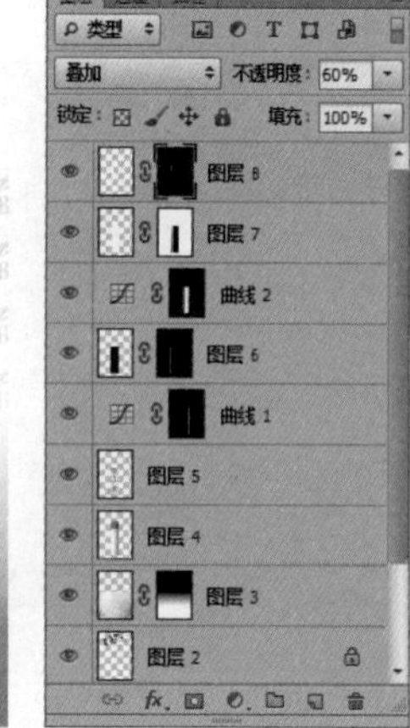
图6-189 设置图层属性后的效果

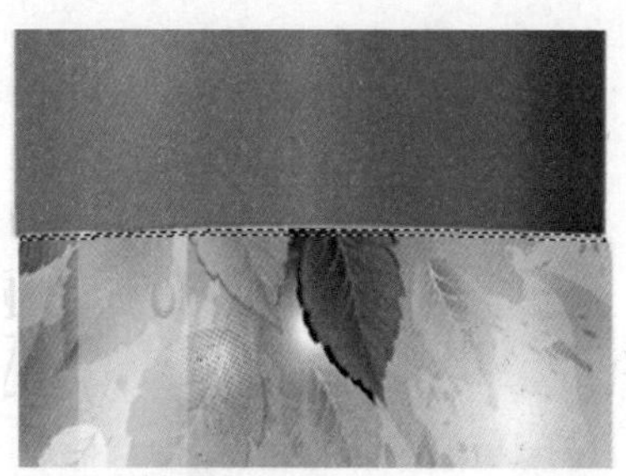
图6-190 创建的选区

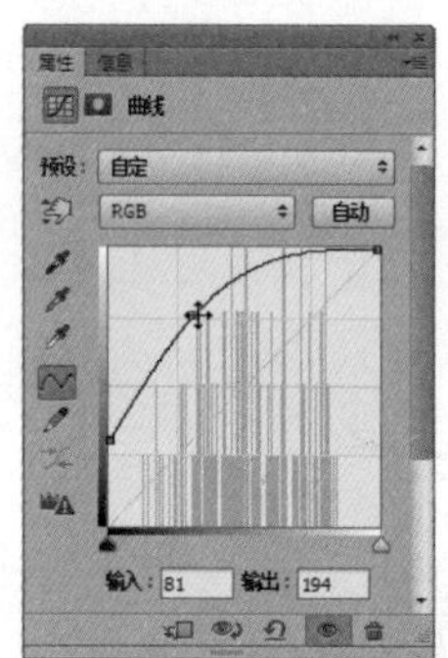
图6-191 曲线参数设置

图6-192 调整后的图像色调

图6-193 创建的选区

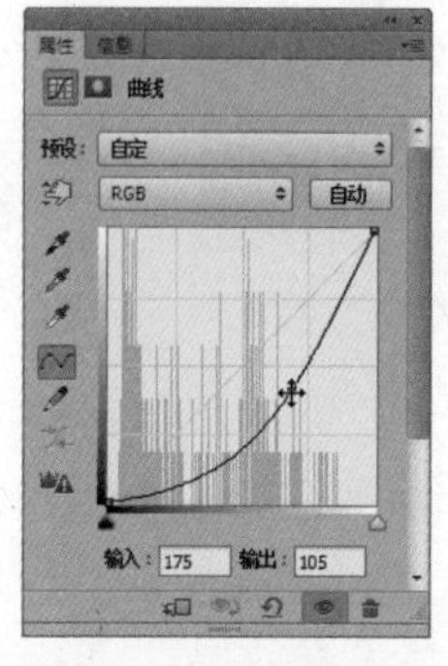
图6-194 曲线参数设置

图6-195 调整后的图像色调

STEP 35 为图层 9 添加一个图层蒙版，然后使用黑色到白色的线性渐变色对蒙版进行填充，如图 6-197 所示，得到如图 6-198 所示的图像效果。

STEP 36 取消图像中的选区，然后将图层 9 的图层混合模式设置为“叠加”，不透明度设置为 81%，如图 6-199 所示。

STEP 37 在瓶底处创建如图 6-200 所示的选区，然后根据当前选区创建一个曲线调整图层，曲线参数设置及调整后的图像色调分别如图 6-201 和图 6-202 所示。

图6-196 填充选区的效果

图6-197　渐变填充操作

图6-198　编辑图层蒙版后的效果

图6-199　设置图层属性后的效果

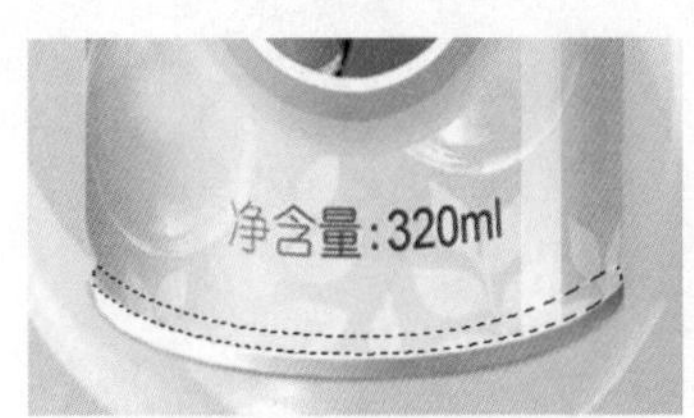

图6-200　创建的选区

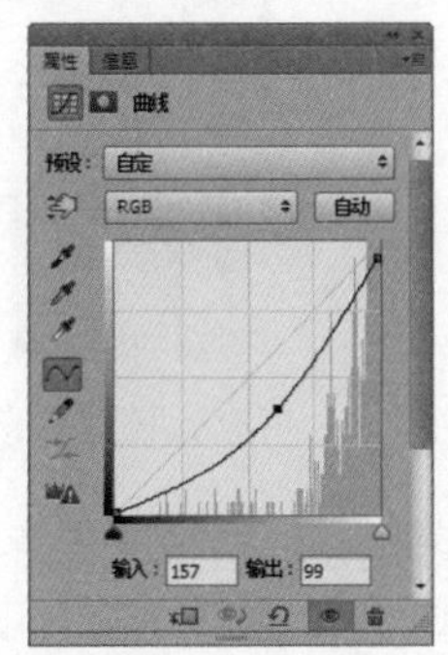

图6-201　曲线参数设置

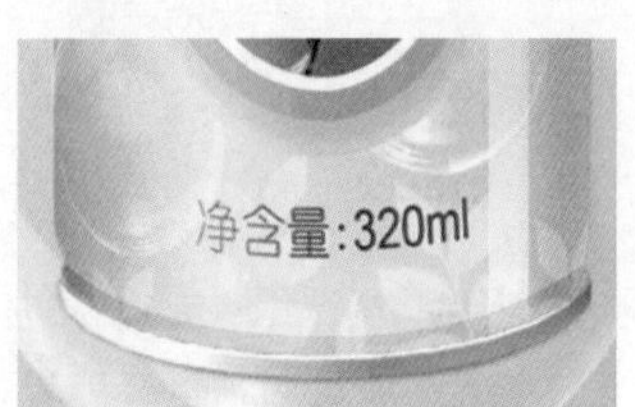

图6-202　调整后的图像色调

STEP 38 新建图层 10，在瓶底处绘制如图 6-203 所示的选区，并将其填充为“R134、G142、B51”的颜色。

STEP 39 将选区向上移动一定的距离，适当放大选区的宽度，如图 6-204 所示。

STEP 40 将选区羽化 3 像素，然后删除选区内的图像并取消选择。绘制的瓶底处阴影如图 6-205 所示。

图6-203　选区的填充效果

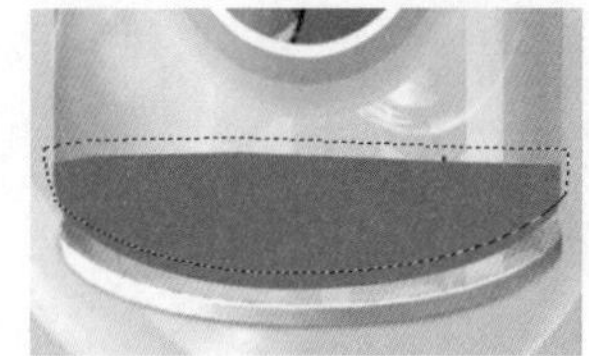
图6-204　调整位置和宽度后的选区

图6-205　瓶底处的阴影效果

STEP 41 为图层 10 添加一个图层蒙版，将前景色设置为黑色。选择画笔工具，然后适当屏蔽阴影中的部分图像，以表现不同程度的阴影效果，如图 6-206 所示。

STEP 42 将包装所在的所有图层编组，修改组名称为“包装效果”，如图 6-207 所示。

STEP 43 将“包装效果”组复制，将复制的副本组合并，然后将合并后的图层调整到“包装效果”组的下方，再为包装图像制作如图 6-208 所示的底部投影效果。

STEP 44 下面绘制包装的另一处投影。新建图层 11，使用多边形套索工具绘制如图 6-209 所示的选区，将选区羽化 70 像素，然后填充为“R2、G56、B2”的颜色，并取消选择，如图 6-210 所示。

图6-206　调整后的阴影效果

图6-207　图层的编组

图6-208　制作的包装投影效果

图6-209　创建的选区

图6-210　填充选区后的效果

图6-211　处理后的投影效果

STEP 45 为图层11添加一个图层蒙版，然后将前景色设置为黑色。

STEP 46 选择画笔工具，为其选择“柔边圆”画笔，设置适当的画笔大小和不透明度，然后在该投影图像上进行涂抹，使投影表现得更加自然，如图6-211所示。

STEP 47 将图层11的不透明度设置为70%，如图6-212所示。

STEP 48 将“包装图像”文件中的叶片形状复制到包装整体效果文件中，并调整到适当的大小和位置，然后修改其渐变填充色为11%“R107、G178、B31”，100%“R14、G96、B14”，如图6-213所示。

STEP 49 在叶片形状上添加所需的文字，完成本实例的制作，效果如图6-214所示。

图6-212　调整图层不透明度

图6-213　修改填充色后的叶片形状

图6-214　本实例最终效果

6.4 金属类包装作品赏析

金属包装是众多包装材质中的一种，此类包装容器光滑精巧，具有良好的储存功能，又有着丰富的材质美感，因此加工处理后极富现代感。如图 6-215 ～图 6-220 为几款金属类包装作品赏析。

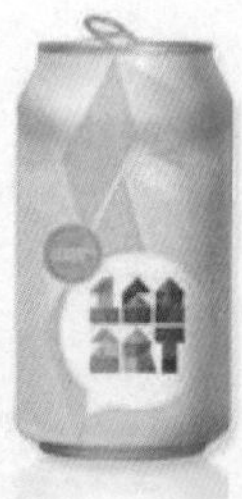

图6-215　饮料易拉罐包装

解析：简洁的几何图形，随意中潜藏规则，不同类型的色调搭配和简明扼要的文字处理，使整个包装独具现代感。

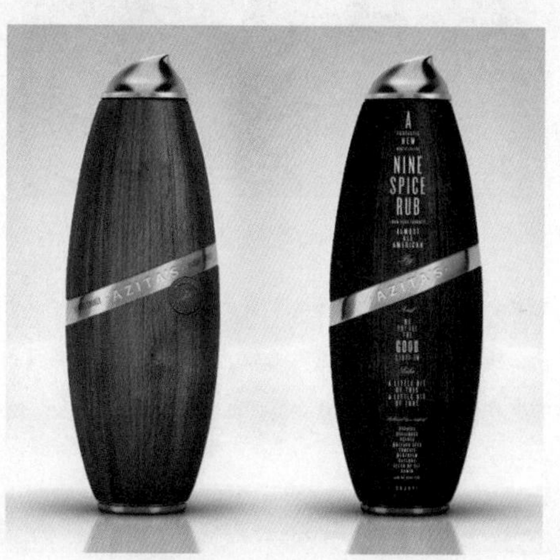

图6-216　AZITA'S金属包装

解析：通过金属特有的色泽与自然的木纹相结合，使包装呈现一种独特的高贵品质。椭圆形容器造型设计，斜式金属腰身的修饰，增强了包装的美感。

图6-217　日用品金属包装

解析：通过蓝、黄、绿、橙四种色调在包装中的应用，以体现不同的产品类型。整个包装清新、淡雅，简洁而不失时尚。

图6-218　食品金属包装

解析：此包装中将文字作为底纹的方式进行编排，既突出了主题，也起到一定的装饰作用。线描式的图案设计，增强了包装的艺术效果。

图6-219　茶叶金属包装

解析：将茶山图像作为包装中的外观背景，并将其处理成灰度，以突出该背景上的茶叶品牌。灰度上草绿色的简约茶叶图形和文字，给人清新淡雅之感。

图6-220　杀虫剂金属包装

解析：此款包装颜色鲜明、主题明确，很好地传达了产品功能。包装中主次分明，醒目的产品名称为整个包装的视觉焦点，大气又不失细节上的处理。

6.5 课后习题

一、填空题

1. 金属包装产品可细分为印铁制品（______和______）、______(包括铝制二片罐、钢制二片罐和马口铁三片罐)、气雾罐（马口铁制成精美的药用罐、杀虫剂罐、化妆品罐等）、______(罐头、液体或固体食品罐等）和各类瓶盖（马口皇冠盖、旋开盖、铝质防盗盖）。

2. 金属包装的组合构成方式一直以传统的______、______、______为主，随着整个包装设计领域的发展变化，金属包装也需要随之创新。

3. 在进行金属包装设计时，金属包装容器造型的______和______是决定形体美的重要因素，而______的变化则是强化容器造型设计个性所必需的。

二、上机操作题

参考本章中设计制作“非达”易拉罐饮料的方法，完成“A&W”啤酒包装效果的制作。

操作提示

(1) 根据前面章节中介绍的易拉罐包装的制作方法，绘制出此啤酒包装的易拉罐平面展开图。在制作包装中的主体文字时，需要为文字添加“描边”图层样式，使文字产生一定的厚度感。

(2) 在制作易拉罐立体效果时，需要使用“变形”和“操控变形”功能使包装图像按易拉罐外形进行相应的变形，这样才能制作出较逼真的易拉罐包装图像效果。

(3) 要在效果中体现出易拉罐的金属质感，需要结合使用调整图层、图层蒙版、图层混合模式、图层不透明度等图层功能进行制作。要掌握其中的制作技巧，可以参考易拉罐包装实例中关于包装成型效果的操作步骤讲解。

图6-221　“A&W”啤酒包装

第 7 章　玻璃类产品包装设计

学习要点

- 学习玻璃类包装的基础知识，包括玻璃类包装的特点和玻璃制品的印刷工艺。
- 了解香水包装的特点，并掌握“SR”香水瓶造型的制作方法。
- 了解酒类包装的特点，并掌握“丰收”酒瓶造型和外包装盒的制作方法。

7.1 玻璃类包装的基础知识

玻璃包装主要以各种酒类、食品类、饮料类和化装品类产品应用居多，无论是在造型还是包装质感上，都有着其他包装材料不能比拟的优点，如图 7-1 所示。

图7-1　饮料和香水类玻璃包装

7.1.1　关于玻璃类包装

玻璃属于无机物的一种，它的基本材料是石英、烧碱和石灰石。玻璃在高温下熔化后迅速冷却，形成透明固体。

由于玻璃材质具有以下一些优点：

（1）原材料丰富、价格便宜。

（2）生产连续和供应稳定。

（3）化学稳定性好，适宜包装液体。

（4）可回收利用。

（5）透明度好，造型变化快，有利于宣传和美化商品。

（6）无气味，无污染，密封性好，可使产品长期保存不变质。

（7）坚硬而不变形。

基于以上优点，玻璃被广泛地应用于包装工业中，如用于包装液体、固体药物及液态饮料等商品。成为继纸质和塑料以外的第三大包装材料。不过，玻璃材质也存在着耗能高、易破碎和质地重等方面的不足。

玻璃容器按形状分，有圆瓶、方瓶、高瓶、长颈瓶、矮瓶、曲线型玻璃瓶等，如图 7-2 所示。玻璃瓶的包装应用范围包括片状产品、半固体产品、黏性液态产品、自由流动的液态产品、易挥发的液态产品、含气体的液态产品、颗粒状产品、粉末状产品等。

图7-2　方瓶与高瓶的包装容器

7.1.2　玻璃制品的印刷工艺

在高档化妆品和香水的包装材料中，玻璃瓶的多色彩包装和色彩效果独具一格，可以使产品的包装更加时尚新颖和个性化，如图 7-3 所示。

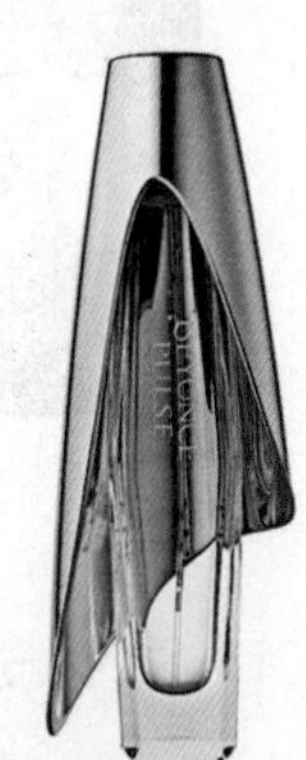

图7-3　香水包装容器设计

玻璃中的颜色可以通过染色获得，如图 7-4 所示。此款 Bond NO.9 香水的前调为葡萄风信子，使人犹如置身在广阔的草原之中。中调为红叶玫瑰，后调为郁金香，使人如沉浸在盛开的花海之中。

由于玻璃制品造型各异，因此玻璃瓶上的图案可采用曲面网印机和水转印工艺进行印刷。曲面玻璃制品主要包括三种，分别是圆柱形、圆锥形、圆锥球面形。前两种适宜用曲面印刷机印刷，后一种则必须采用水转印工艺。

图7-4 “Bond NO.9”香水容器设计

1. 曲面网印机

曲面网印机的工作原理如图 7-5 所示。

在曲面网印机上，圆柱形承印物被放置在曲面印刷机工作平台的轴承架上，尖状刮刀向下施压，此时网版做匀速水平运动，带动承印物转动，网版镂空处的油墨就被转移到承印物上，从而完成整个印刷过程。在印刷过程中，刮板只做行程很小的上下垂直运动，网版则进行较大行程的水平运动，而印压线始终与承印物的回转中心线相切。

刮板
网板
承印物
轴承

图7-5　曲面网印机的工作原理

2. 水转印工艺

对于不规则的曲面玻璃瓶，一般采用水转印方式进行印制，其印刷工艺流程为：水转印纸（提前晾晒）→印低温胶水（干燥）→印文字图案（干燥）→印光油（干燥）→印封面油（1~2 遍）→转贴到承印物上。

曲面玻璃制品印刷工艺比较复杂，针对不同形状的器物采用相对应的印刷方法，同时还需制作许多夹具和模具。

包装印刷在整个包装设计制作过程中属于后期工艺，一个完美的包装作品，离不开优秀的前期设计和完善的后期工艺。只有将两者有机地结合，才能创造出真正意义上的成功作品。如图 7-6 所示为酒和香水的容器包装造型。

图7-6　酒和香水的容器包装造型

7.2 香水类玻璃包装设计

在品种繁多的化妆品中，最令人心动和最具魅力的商品当属香水，它除了有怡人的香味之外，还有精致典雅、造型独特的香水瓶造型，使很多消费者，特别是女性消费者流连忘返。

7.2.1 关于香水包装

虽然塑料材质的包装容器也被广泛使用，但玻璃材质仍然是化妆品包装中的主选材料，因为它能给人一种高贵的外观质感。

对于香水包装来说，玻璃以其璀璨夺目的特点，受到设计师们的青睐，这也是大多数香水产品的包装都采用玻璃材质的原因。如图 7-7 所示为一款女士和一款男士用香水瓶造型设计。

图7-7　两款香水的包装容器造型

要使玻璃包装的产品与众不同，需要同时在包装的整体设计、瓶盖及瓶身的形状、色彩及透明效果上进行设计。

7.2.2　范例——“SR”女士香水

打开本书配套光盘中的“Chapter 7\Complete\7.2\SR香水包装.psd”文件，查看该香水的包装效果，如图 7-8 所示。

图7-8 “SR”香水包装效果

1. 设计定位

每一类商品因针对的消费层次不同，都有高中低档次之分。“SR”香水针对高档次化妆品市场，主要在各大型商场的专柜销售，针对的是有一定经济实力、追求时尚的不同年龄段的女性消费者。

2. 设计说明

“SR”香水瓶采用通透的玻璃材质，温馨的粉色使其产生一种清新典雅之感。此款香水香味淡雅，比较适合气质淡定、性格内敛且行事低调的气质型女性使用。因此根据香水本身的特质以及针对的消费对象，此款香水采用简洁的椭圆形造型，而不加任何的修饰，给人一种简洁中透着时尚、低调中透着优雅的美感。

3. 材料工艺

“SR”香水瓶采用量身定制的模具造型，并通过喷涂工艺使香水瓶呈现特定的粉色，而瓶体中的 Logo 和文字则采用双色丝网印刷。

4. 设计重点

在绘制过程中，读者应注意以下几方面的内容。

(1) 通过使用“钢笔工具”绘制曲线路径，对玻璃瓶体进行造型。

(2) 通过多色标、多层次的黑白渐变填充来表现金属瓶盖的质感。

(3)通过应用渐变色并使用画笔工具绘制玻璃瓶身上不同部位的不同明暗层次,以体现玻璃的质感。

5. 设计制作

本实例的制作包括绘制香水瓶和渲染包装效果两个步骤。

(1) 绘制香水瓶

在绘制此款香水瓶时，将主要使用钢笔工具、渐变填充工具、画笔工具和调整图层功能等。

STEP 01 新建一个名称为“SR 香水包装”、大小为 21cm×28cm、分辨率为 300 像素 / 英寸、色彩模式为 RGB 的文件，如图 7-9 所示。

STEP 02 在“SR 香水包装”文件中，将背景图层填充为黑色，如图 7-10 所示。

STEP 03 新建图层 1，按照香水瓶的瓶身外形绘制如图 7-11 所示的封闭路径，并将该路径转换为选区。

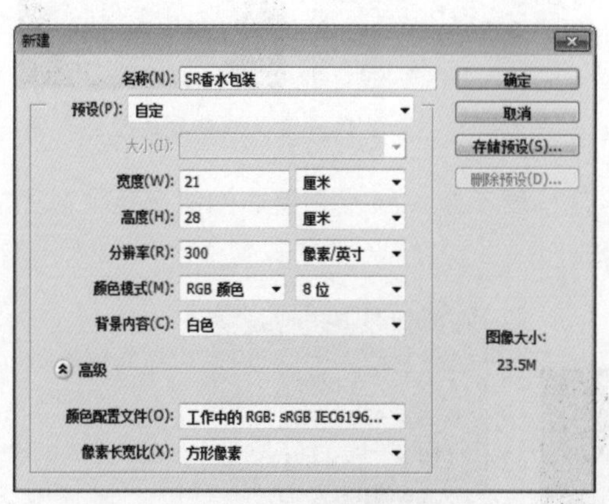

图7-9 新建文件设置

图7-10 填充后的背景

图7-11 绘制的路径

STEP 04 为选区填充径向渐变色，设置渐变色为 0%“R235、G207、B210”，30%“R218、G169、B168”、65%“R190、G136、B131”、83%“R173、G116、B106”，0%“R152、G101、B92”，如图 7-12 所示。填充操作及填充效果分别如图 7-13 和图 7-14 所示。

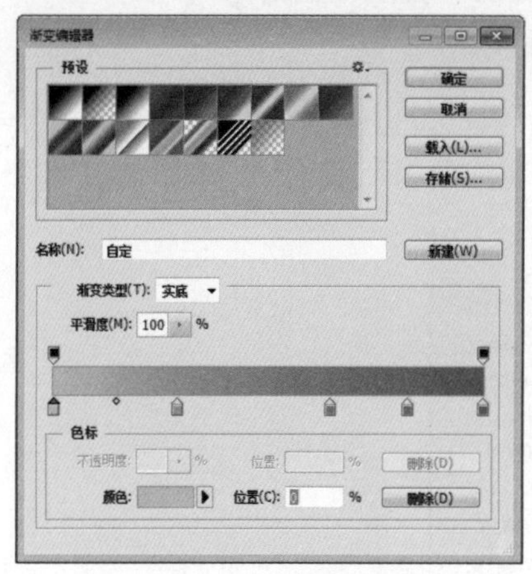

图7-12 渐变色设置

图7-13 渐变填充操作

图7-14 填充效果

STEP 05 新建图层 2，将前景色设置为“R157、G97、B92”。

STEP 06 选择画笔工具，为其选择柔边圆画笔，并设置适当的画笔大小和不透明度，然后在瓶身的左边缘处进行涂抹，加深此处的色调，如图 7-15 所示。

STEP 07 新建图层 3，将前景色设置为“R124、G82、B73”，然后使用画笔工具在瓶身底部进行涂抹，加深此部分色调，如图 7-16 所示。

STEP 08 根据当前选区创建一个色阶调整图层，色阶参数设置及调整后的瓶身色调如图 7-17 所示。

图7-15 加深后的左边缘色调

图7-16 加深后的瓶底色调

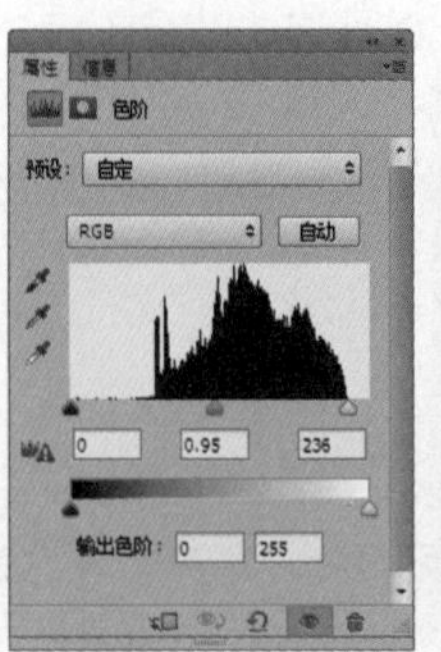

图7-17 色阶参数设置及调整后的瓶身色调

STEP 09 创建一个色相/饱和度调整图层，色相/饱和度参数设置及调整后的瓶身色调如图 7-18 所示。

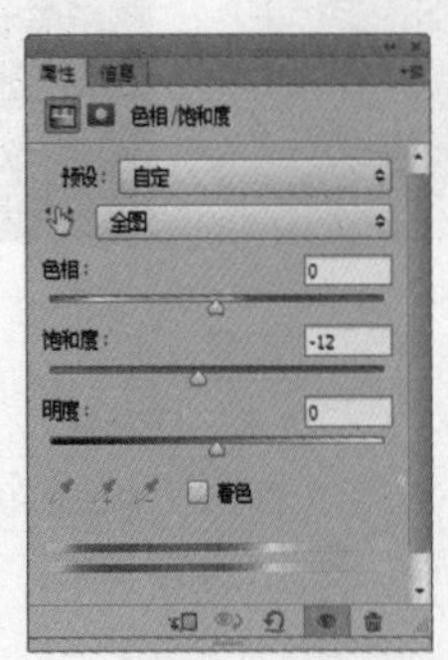

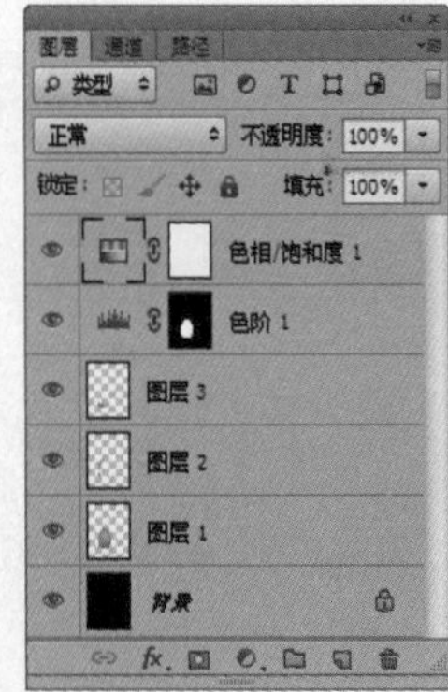

图7-18 色相/饱和度参数设置及调整后的瓶身色调

STEP 10 新建图层 4，创建如图 7-19 所示的选区，然后为选区填充黑白相间的线性渐变色，以表现金属瓶盖的质感。渐变色设置如图 7-20 所示，填充操作及填充效果分别如图 7-21 和图 7-22 所示。

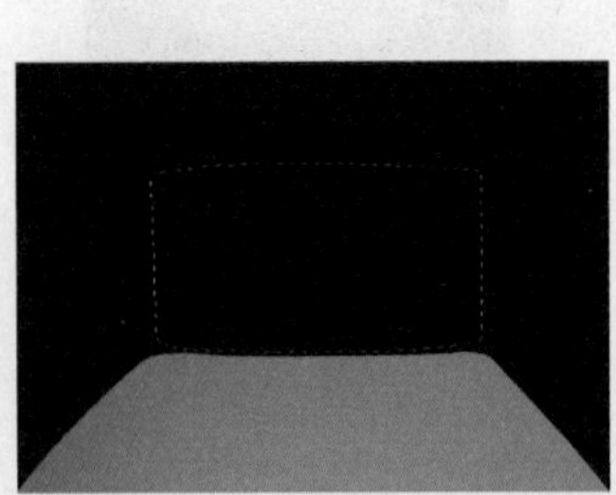

图7-19 创建的选区

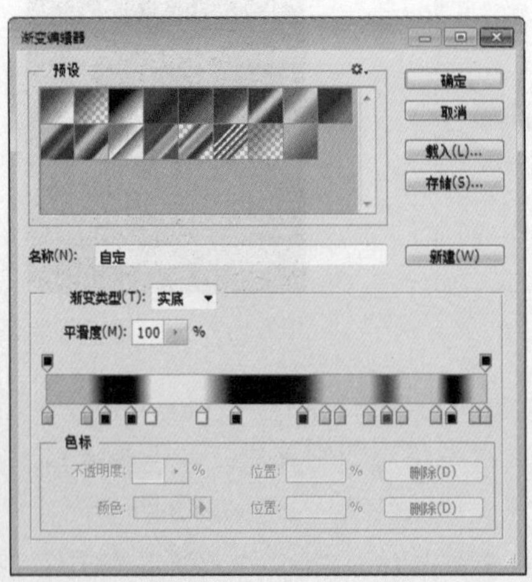

图7-20 渐变色设置

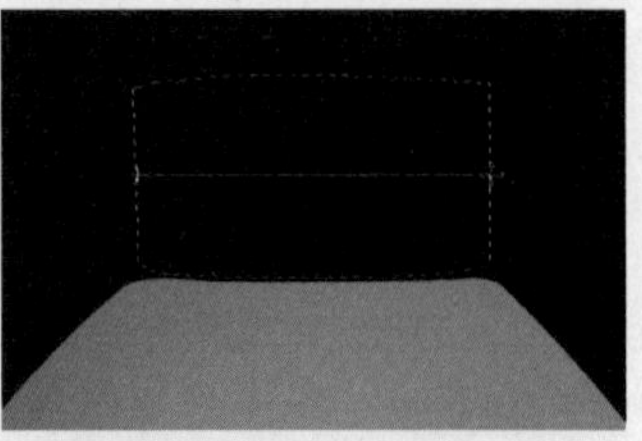

图7-21 渐变填充操作

STEP 11 将图层 4 复制，并将复制的图层 4 副本调整到图层 4 的下方，然后将其向下移动一定的距离，如图 7-23 所示。使用自有变换命令中的变形功能，将该图像变形为如图 7-24 所示的效果。

图7-22　选区的填充效果

图7-23　副本图像的位置

图7-24　图像的变形操作

STEP 12 单击工具选项栏中的提交变换按钮☑，完成图像的变形操作，如图 7-25 所示。框选多出瓶盖外的图像，然后按“Delete”键将其删除，如图 7-26 所示。

STEP 13 将变形图像作为选区载入，如图 7-27 所示，然后添加一个曲线调整图层，曲线参数设置及调整后的图像色调分别如图 7-28 和图 7-29 所示。

图7-25　图像的变形效果

图7-26　删除多余图像后的效果

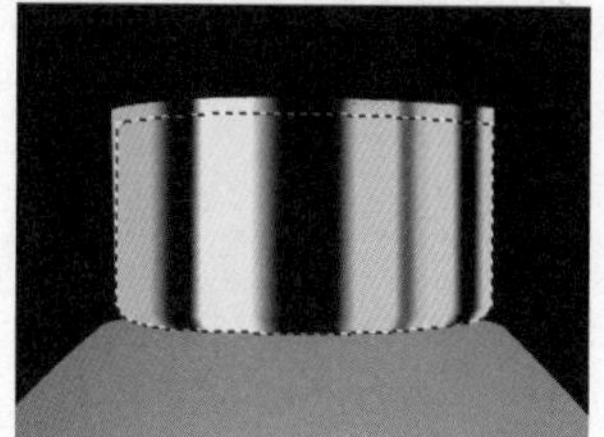
图7-27　载入的选区

STEP 14 重新将变形图像作为选区载入，将选区向上移动一定的距离，如图 7-30 所示，然后添加一个曲线调整图层，曲线参数设置及调整后的图像色调分别如图 7-31 和图 7-32 所示。

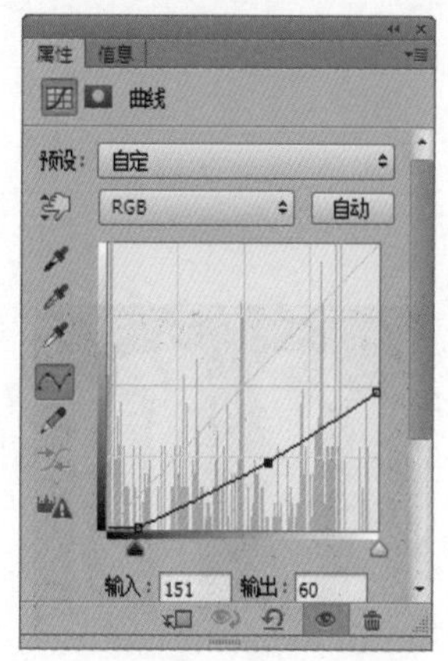

图7-28　曲线调整参数设置

图7-29　调整后的色调效果

图7-30　移动后的选区

STEP 15 将变形图像作为选区载入，如图 7-33 所示，然后为其添加一个色相/饱和度调整图层，色相/饱和度参数设置及调整后的图像色调分别如图 7-34 和图 7-35 所示。

STEP 16 新建图层 5，绘制如图 7-36 所示的选区，为选区填充线性渐变色。渐变色设置如图 7-37 所示，选区的填充效果如图 7-38 所示。

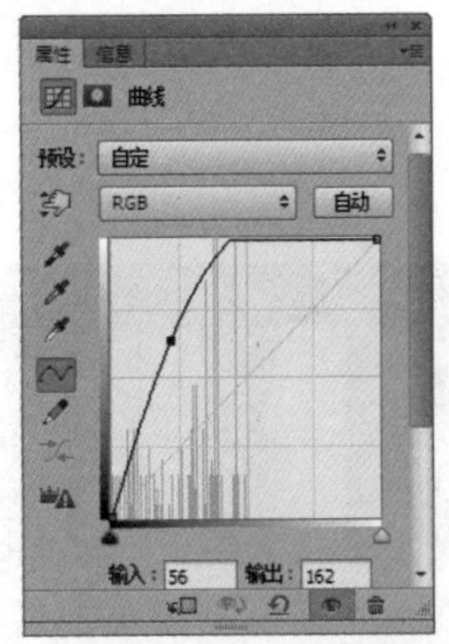

图7-31　曲线调整参数设置

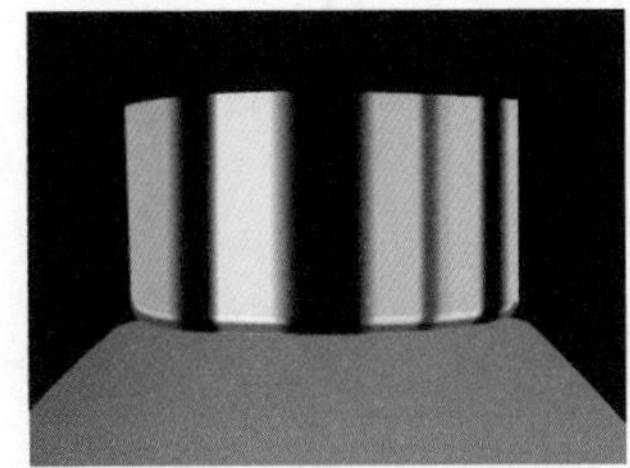
图7-32　调整后的色调效果

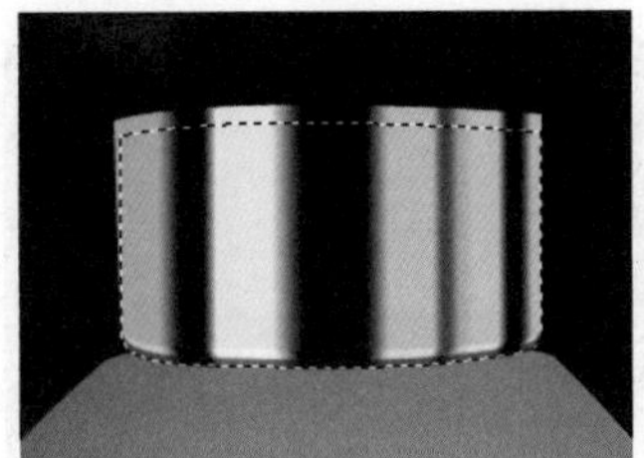
图7-33　载入的选区

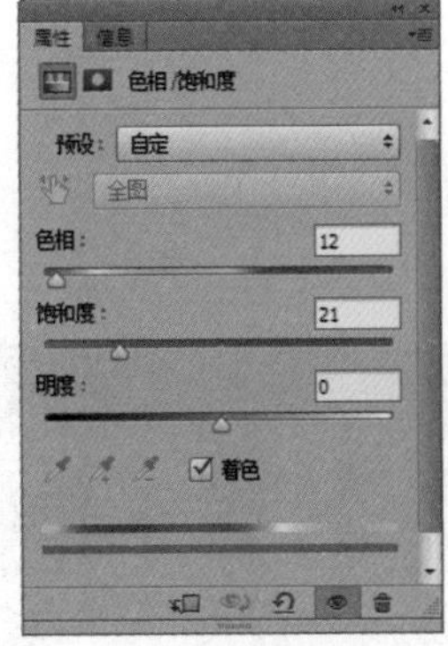

图7-34　色相/饱和度调整参数设置

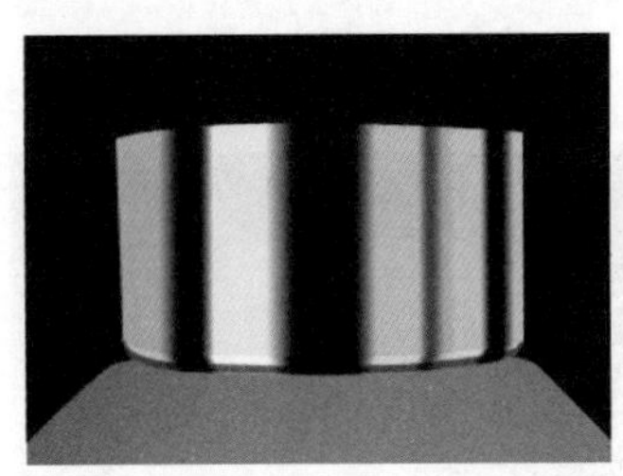
图7-35　调整后的色调效果

图7-36　绘制的选区

STEP 17 取消图像中的选区，将图层 4 复制，将图层 4 副本 2 调整到图层 4 的下方，然后将复制的图像向上移动一定的距离，如图 7-39 所示。

图7-37　渐变色设置

图7-38　选区的填充效果

图7-39　移动图像的位置

STEP 18 将该图像变形为如图 7-40 所示的效果，然后删除多出瓶盖的部分图像，如图 7-41 所示。

STEP 19 将图层 4 副本 2 图像作为选区载入，为其添加一个曲线调整图层，曲线参数设置及调整后的图像色调分别如图 7-42 和图 7-43 所示。

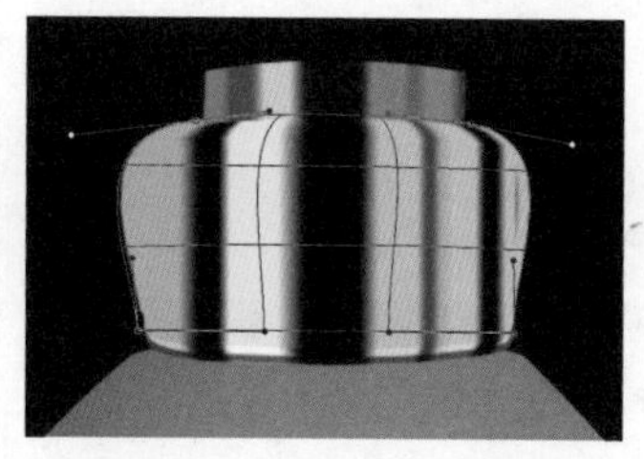
图7-40　图像的变形效果

图7-41　删除多余图像后的效果

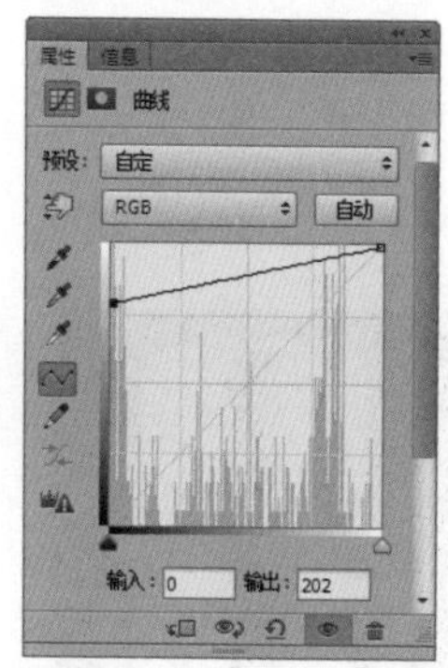

图7-42　曲线参数设置

STEP 20 新建图层 6，创建如图 7-44 所示的选区，为其填充线性渐变色。渐变色设置如图 7-45 所示，选区的填充效果如图 7-46 所示。

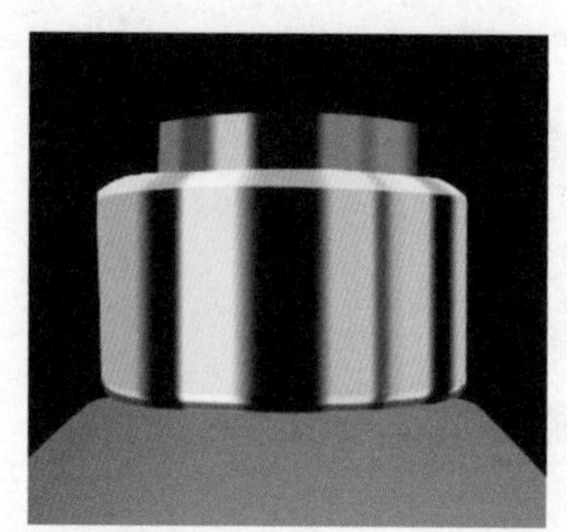
图7-43　调整后的图像色调

图7-44　绘制的选区

图7-45　渐变色设置

STEP 21 将图层 6 复制，将复制的图层 6 副本调整到图层 6 的下方，然后将其向上移动一定的距离，如图 7-47 所示。

STEP 22 将图层 6 副本图像作为选区载入，为其添加一个曲线调整图层，曲线参数设置及调整后的图像色调分别如图 7-48 和图 7-49 所示。

图7-46　选区的填充效果

图7-47　移动后的图像

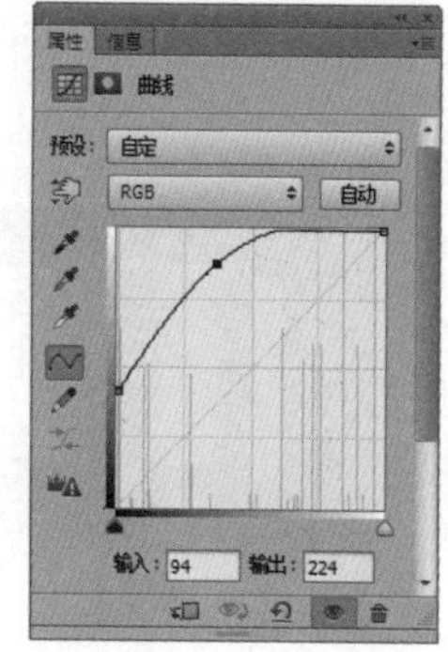

图7-48　曲线参数设置

STEP 23 新建图层 7，将该图层调整到图层 5 的下方。绘制如图 7-50 所示的选区，为其填充线性渐变色，渐变色设置如图 7-51 所示，选区的填充效果如图 7-52 所示。填充好后取消选择。

图7-49　调整后的图像色调

图7-50　绘制的选区

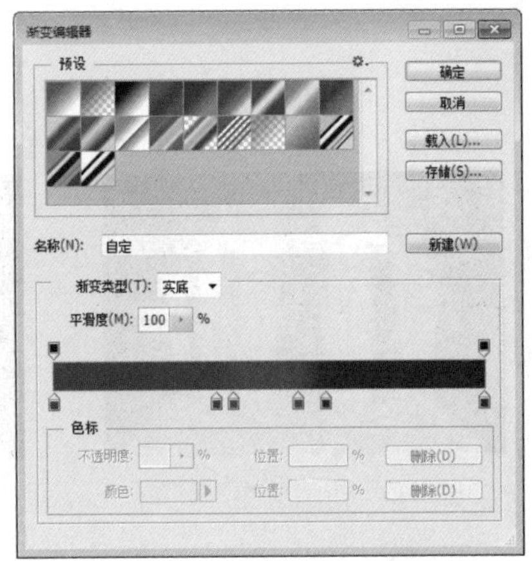

图7-51　渐变色设置

STEP 24 新建图层 8，将该图层调整到最上层。绘制如图 7-53 所示的圆形选区，为选区填充线性渐变色，渐变色设置如图 7-54 所示，选区的填充效果如图 7-55 所示。填充好后取消选择。

图7-52　选区的填充效果

图7-53　绘制的选区

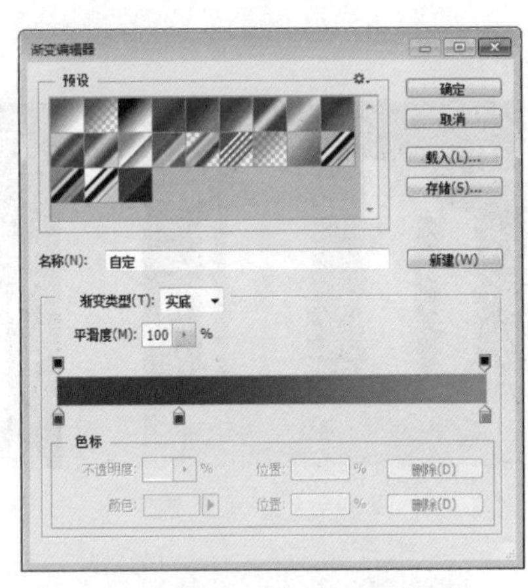

图7-54　渐变色设置

STEP 25 新建图层 9，绘制如图 7-56 所示的圆形选区，将其填充为黑色，以表现瓶盖上的喷口效果。

图7-55　选区的填充效果

图7-56　绘制的圆形图像

STEP 26 新建图层 10，绘制如图 7-57 所示的选区，为选区填充线性渐变色，渐变色设置如图 7-58 所示，选区的填充效果如图 7-59 所示。填充好后取消选择。

图7-57　绘制的选区

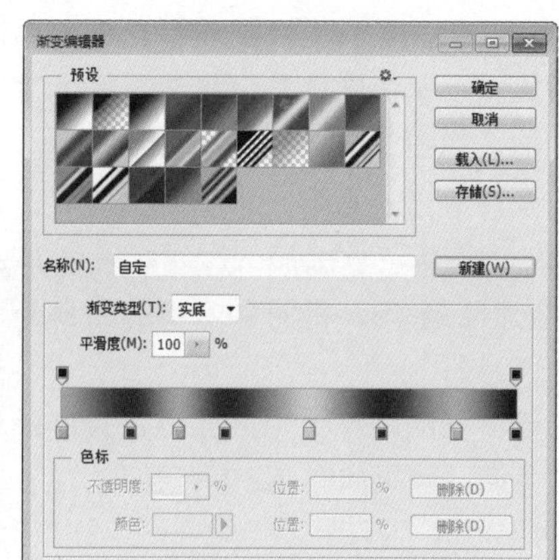

图7-58　渐变色设置

图7-59　选区的填充效果

STEP 27 新建图层 11，将该图层调整到图层 10 的下方。绘制如图 7-60 所示的选区，为选区填充“R199、G195、B196”的颜色。

STEP 28 将前景色设置为黑色，选择画笔工具，设置适当的画笔大小，将画笔不透明度设置为 100%，然后在选区的右边缘处进行涂抹，绘制此处的阴影，如图 7-61 所示。

STEP 29 新建图层 12，将该图层调整到图层 11 的下方。绘制如图 7-62 所示的选区，将选区填充为“R250、G245、B246”的颜色。

图7-60　选区的填充效果

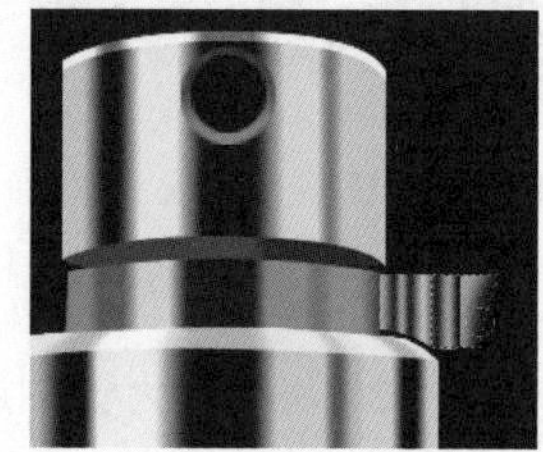

图7-61　涂抹后的阴影效果

图7-62　选区的填充效果

STEP 30 锁定图层 12 的透明像素。将选区收缩 3 像素，羽化 2 像素，如图 7-63 所示。将选区反选，然后为选区填充“R124、G124、B124”的颜色，取消选择后如图 7-64 所示。

STEP 31 打开本书配套光盘中的“Chapter 7\Media\7.2\绸带.psd”文件，将该图像移动到香水瓶文件中，生成图层 13，然后调整该图像的大小和位置，如图 7-65 所示。

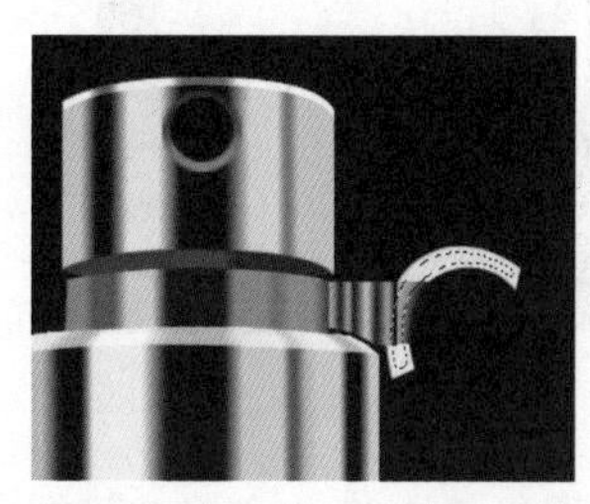

图7-63　收缩并羽化后的选区

图7-64　金属环效果

图7-65　添加的绸带图像

STEP 32 在图层 4 副本的下方新建图层 14，将前景色设置为白色。

STEP 33 选择画笔工具，为其选择柔边圆画笔，设置适当的画笔大小，并将画笔不透明度设置为 65%，然后在瓶颈处进行涂抹，如图 7-66 所示。

STEP 34 选择橡皮擦工具，设置适当的画笔大小和不透明度，然后在上一步绘制的图像边缘进行涂抹，按不同程度擦除边缘处的图像，使绘制的反光效果更加自然，效果如图 7-67 所示。

STEP 35 在图层 14 的下方新建图层 15，将图层 1 中的瓶身外形图像作为选区载入，然后将前景色设置为“R159、G108、B104”。

STEP 36 选择画笔工具，设置适当的画笔大小，并设置较低的画笔不透明度，然后在瓶身的两端进行涂抹，适当加深两端的色调，效果如图 7-68 所示。

图7-66　画笔的绘制效果

图7-67　瓶颈处的反光效果

图7-68　加深后的瓶身两端色调

STEP 37 新建图层 16，在瓶身左端绘制如图 7-69 所示的高光图像，将其填充为白色。

STEP 38 将图层 16 的不透明度设置为 80%，然后为该图层添加一个图层蒙版，并将前景色设置为黑色。

STEP 39 选择画笔工具，设置适当的画笔大小，然后屏蔽部分高光图像，如图 7-70 所示。

STEP 40 新建图层 17，按照同样的操作方法，绘制瓶身右端的高光图像，如图 7-71 所示。

图7-69　绘制的高光图像

图7-70　瓶身左端的高光图像

图7-71　瓶身右端的高光图像

STEP 41 新建图层 18，将前景色设置为白色。选择画笔工具，设置适当的画笔大小和较高的不透明度，然后在瓶身的左下角处进行涂抹，绘制此处的亮部色调，如图 7-72 所示。

STEP 42 新建图层 19，将前景色设置为“R219、G145、B188”。选择画笔工具，然后在瓶身底部的适当位置进行涂抹，增强此处的色调，如图 7-73 所示。

STEP 43 新建图层 20，将前景色设置为白色，然后使用画笔工具在瓶子的右下角处进行涂抹，绘制此处的亮部色调，如图 7-74 所示。

图7-72　绘制左下角处的亮部色调

图7-73　增强瓶身底部的色调

图7-74　绘制右下角处的亮部色调

STEP 44 新建图层 21，在瓶底绘制如图 7-75 所示的选区，将选区羽化 3 像素，然后为其填充“R125、G71、B62”的颜色。

STEP 45 取消图像中的选区，然后将图层 21 调整到图层 16 的下方，如图 7-76 所示。

STEP 46 新建图层 22，将该图层调整到图层 20 的上一层。绘制如图 7-77 所示的选区，将其羽化 1 像素，然后填充为“R76、G29、B28”的颜色，取消选择，如图 7-78 所示。

图7-75　绘制的阴影图像

图7-76　调整图层的顺序

图7-77　绘制的选区

STEP 47 将图层 22 的不透明度设置为 37%，为图层 22 添加一个图层蒙版。

STEP 48 将前景色设置为黑色，选择画笔工具，设置适当的画笔大小和不透明度，然后在适当的位置进行涂抹，屏蔽部分投影，增强色调的层次感，效果如图 7-79 所示。

STEP 49 新建图层 23，绘制如图 7-80 所示的选区，将选区填充为“R252、G241、B246”的颜色，然后将该图层的不透明度设置为 28%，取消选择，如图 7-81 所示。

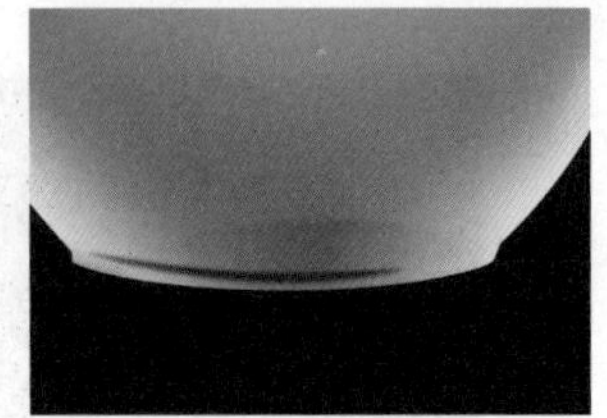

图7-78　绘制的阴影色调

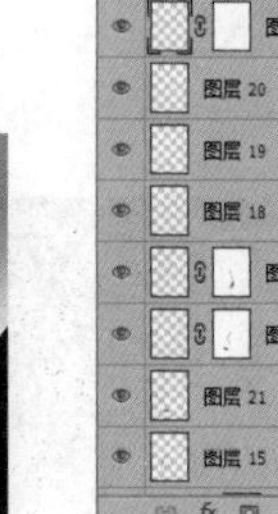

图7-79　调整后的阴影色调

STEP 50 为图层 23 添加一个图层蒙版，使用画笔工具屏蔽部分图像，效果如图 7-82 所示。

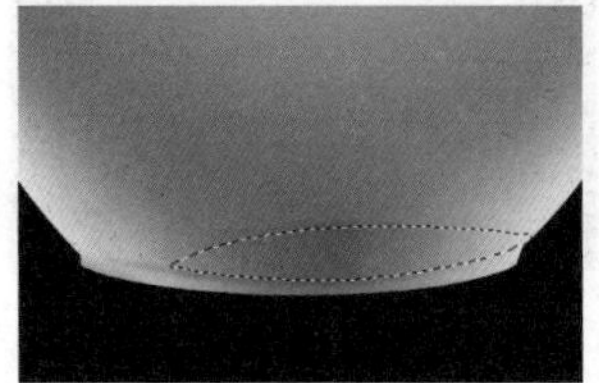

图7-80　绘制的选区

图7-81　降低图层不透明度后的效果

图7-82　绘制的瓶底色调

STEP 51 新建图层 24，在瓶底绘制如图 7-83 所示的图像，将其填充为“R252、G241、B246”的颜色，然后将该图层的不透明度设置为 45%，取消选择，如图 7-84 所示。

STEP 52 为图层 24 添加一个图层蒙版，使用画笔工具屏蔽部分图像，效果如图 7-85 所示。

图7-83　绘制的图像

图7-84　降低图层不透明度后的效果

图7-85　瓶底的瓶底色调

STEP 53 新建图层 25。绘制如图 7-86 所示的选区，将选区填充为“R252、G241、B246”的颜色，然后取消选择。将该图层的不透明度设置为 28%，如图 7-87 所示。

图7-86　绘制的选区

图7-87　降低图层不透明度后的效果

STEP 54 新建图层 26。绘制如图 7-88 所示的选区，将选区填充为“R253、G233、B241”的颜色，然后取消选择。

STEP 55 为图层 26 添加一个图层蒙版，使用画笔工具屏蔽左端的部分图像，效果如图 7-89 所示。

STEP 56 添加香水瓶上的 Logo 和文字，完成效果如图 7-90 所示。

图7-88 绘制并填充的选区

图7-89 调整后的瓶底色调效果

图7-90 香水瓶上的Logo和文字效果

STEP 57 分别选择 Logo 以外的两个文字图层，然后单击文字工具选项栏中的“创建文字变形”按钮，在弹出的“变形文字”对话框中分别如图 7-91 和图 7-92 所示进行设置，完成后的文字变形效果如图 7-93 所示。

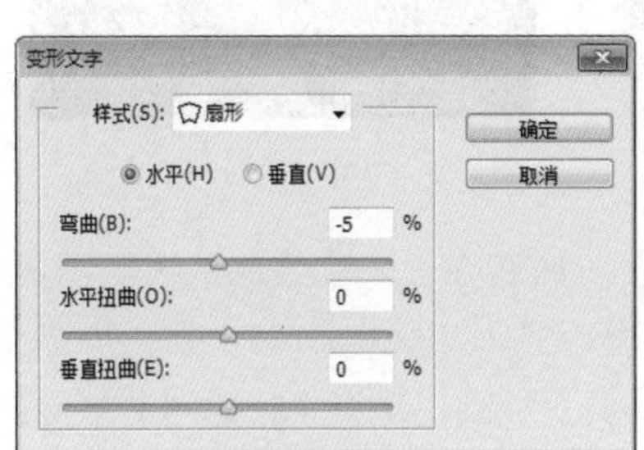

图7-91 中间文字的变形设置

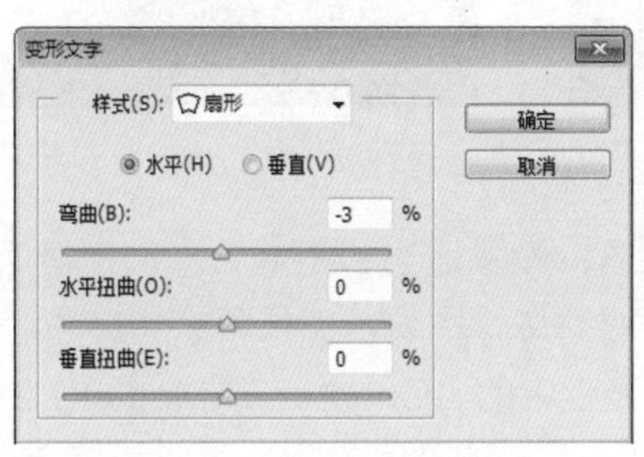

图7-92 下方文字的变形设置

图7-93 文字的变形效果

STEP 58 将背景图层上的所有图层编为一组，修改组名称为“香水瓶”，如图 7-94 所示。

图7-94 图层的编组

(2) 渲染包装效果

纯色的背景上搭配单一的香水瓶，效果会显得太过单调，下面就为香水瓶背景添加一些修饰元素，以渲染整个画面，增强香水瓶的视觉效果。

STEP 01 将“香水瓶”组复制，生成“香水瓶副本”组，将该组中的所有图层合并，然后将其移动到“香水瓶”组的下方，如图 7-95 所示。

STEP 02 将合并后的香水瓶图像垂直翻转，移动到原香水瓶图像的下方，如图 7-96 所示。

STEP 03 为“香水瓶副本”图层添加一个图层蒙版，使用黑色到白色的线性渐变色对该蒙版进行编辑，编辑后的香水瓶投影如图 7-97 所示。

图7-95 调整图层顺序

图7-96 副本香水瓶的位置

图7-97 制作的投影效果

STEP 04 新建图层 28，在香水瓶底部绘制如图 7-98 所示的选区，将选区羽化 3 像素，然后填充为“ R104、G65、B66”的颜色，取消选择，如图 7-99 所示。

STEP 05 在背景图层的上方新建图层 29。分别将前景色设置为“R210、G206、B195”，“R136、G101、B90”和“R107、G,88、B50”，然后使用画笔工具分别在香水瓶的右下角处进行涂抹，绘制此处的投影，效果如图 7-100 所示。

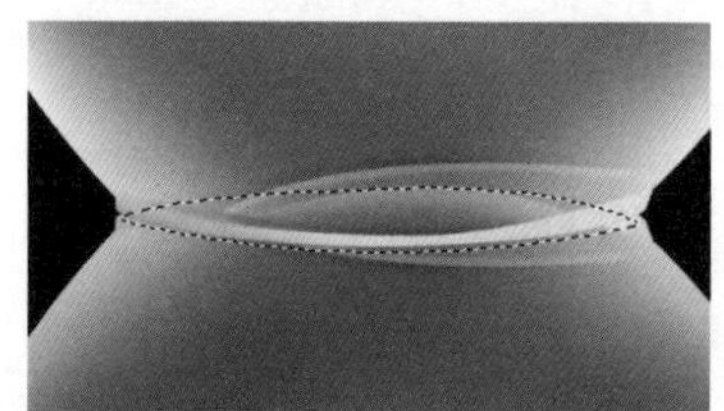

图7-98 绘制的选区

图7-99 瓶底处的阴影效果

图7-100 绘制的投影

STEP 06 选择橡皮擦工具，设置适当的画笔大小和不透明度，然后在上一步绘制的投影图像边缘进行涂抹，不同程度地擦除边缘图像，使投影更加自然，如图 7-101 所示。

STEP 07 打开本书配套光盘中的“Chapter 7\Media\7.2 目录”下的“烟雾 1.jpg”和“烟雾 2.jpg”文件，将它们分别移动到香水瓶文件中，生成图层 30 和图层 31。将这两个图层调整到最上层，并将它们的图层混合模式设置为“滤色”，然后调整各个烟雾图像的大小和位置后如图 7-102 所示。

图7-101 处理后的投影效果

图7-102 添加的烟雾图像

STEP 08 为右边的烟雾图像所在的图层 31 添加一个图层蒙版，屏蔽部分烟雾图像，如图 7-103 所示。

STEP 09 在背景上添加该香水的 Logo 和文字，完成本实例的制作，效果如图 7-104 所示。

图7-103　屏蔽部分区域后的烟雾图像

图7-104　本实例最终效果

7.3 酒类玻璃包装设计

根据内容物的特性来选择适合的包装材料，这点在包装设计中非常重要。由于酒精具有挥发性的特点，所以不管是白酒、葡萄酒还是各种外国进口洋酒，绝大部分都是采用玻璃容器进行包装，利用其良好的密封性来保持酒的品质。同时，还可以利用玻璃包装的透明特性，展现酒浆的诱人色泽，吸引消费者的注意力。

7.3.1 关于白酒类玻璃包装

在品种繁多的白酒市场上，从酒的销售情况可以得出，内外包装造型的独特风格和不凡的气韵，对白酒的销售起着重要的宣传和促销作用。

随着时代的发展，白酒在作为传统饮食消费的同时，还逐渐形成了品质、时尚的消费特色，因此在酒瓶容器造型设计上也在不断地追求更高的品位，如图 7-105 所示为两款白酒包装设计。

图7-105 “茅仙酒”和“百年亲情”酒包装

在设计商品包装的容器形状时，整体构思应基于不同的立方体和圆柱体等基本形体之上，而且，容器的主体造型都是由一个或多个几何形体结合而构成的。

在整体构思上，还要应注重该品牌的文化形态，根据设计主题，找到最适合、最到位的设计元素，才能通过独到的整体包装效果，突出该产品品牌的档次和品位。如图 7-106 所示为两款不同的白酒瓶设计。

图7-106 “大吟酿”酒包装

7.3.2 范例——“丰收”白酒

打开本书配套光盘中的“Chapter 7\Complete\7.3\丰收酒整体包装 .psd”文件，查看该白酒的容器造型及纸盒包装设计效果，如图 7-107 所示。

图7-107 “丰收”酒包装效果

1. 设计定位

“丰收”酒在过去的市场策略中，一直保持着中低档消费层次，而此次包装的更新换代，最重要的目的是为了提升产品形象和提高商品档次。因此在包装设计上，采用了更丰富的造型和更多的印刷工艺，以体现商品的价值。

2. 设计说明

酒瓶瓶身和瓶盖均采用透明的玻璃材质，而瓶盖更显出水晶般的晶莹剔透，加上瓶身腰部凸出式的造型和磨砂玻璃材质进行装饰和点缀，使酒瓶体现一种沉稳的贵气。瓶身中将隐约的文字作为背景，体现了一种特有的文化氛围，更体现了此酒的历史悠久性和它独有的酒文化。

外包装盒采用凸起式的组合方式，使酒盒更具层次感，搭配上烫金的文字和名贵的织锦图案，使整个外包装盒上了一个更高的档次。整个外包装构图精美，整体效果大气而不失精细。

3. 材料工艺

“丰收”酒瓶除腰部采用磨砂玻璃材质外，其他部位均采用透明玻璃作为包装材料，“丰收”字样采用金色镶边的黑色字，瓶体中的其他文字则采用双色丝网印刷。瓶贴采用四色印刷贴不干胶。包装盒外层采用 3mm 的硬纸板成型，印刷工艺采用纸板装裱上平版四色印刷的刚古纸，并覆亚膜。包装盒上的“丰收”字样采用起凸工艺，使其呈现立体感。正面包装盒上的一品标记采用烫金加起凸工艺，Logo和右侧面中的一品标记则单独采用烫金工艺。

4. 设计重点

“丰收”酒包装的制作重点是对玻璃酒瓶的材质表现和瓶体造型，在绘制过程中，应注意以下几个方面的内容。

（1）使用“钢笔工具”对瓶体进行造型。

（2）分层次地、由暗到亮地使用画笔工具绘制瓶盖中的明暗色调以及高光色调。

（3）应用添加杂色和高斯模糊滤镜制作酒瓶腰部的磨砂玻璃效果。

（4）在制作酒盒立体效果时，通过将包装盒中的上半部分和下半部分分别制作，并通过为下半部分添加阴影和亮部色调，来体现酒盒下半部分的凸起效果。

5. 设计制作

本实例的制作过程分为三个部分，包括酒瓶造型、绘制纸盒展开图和包装的整体效果。

（1）绘制酒瓶效果

在绘制酒瓶时，主要用到钢笔工具、画笔工具、橡皮擦工具和图层蒙版功能。在制作腰部的磨砂玻璃效果时，还会用到添加杂色和高斯模糊滤镜。

STEP 01 新建一个大小为15cm×25cm、分辨率为230像素/英寸、模式为RGB的文件，如图7-108所示。

STEP 02 为背景图层填充从“R139、G139、B139”到“R237、G237、B237”的线性渐变色，如图7-109所示。

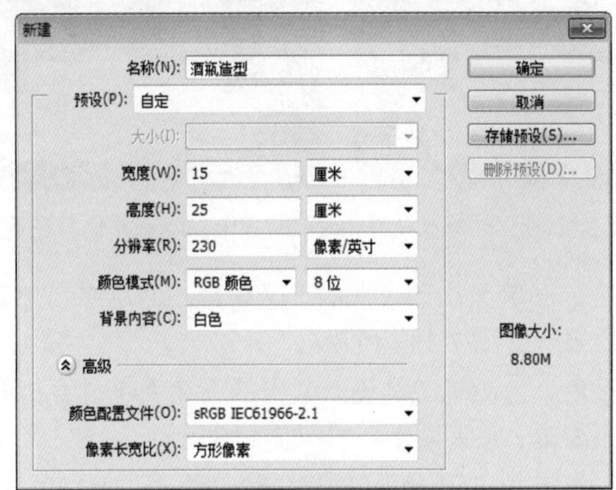

图7-108 新建文件设置

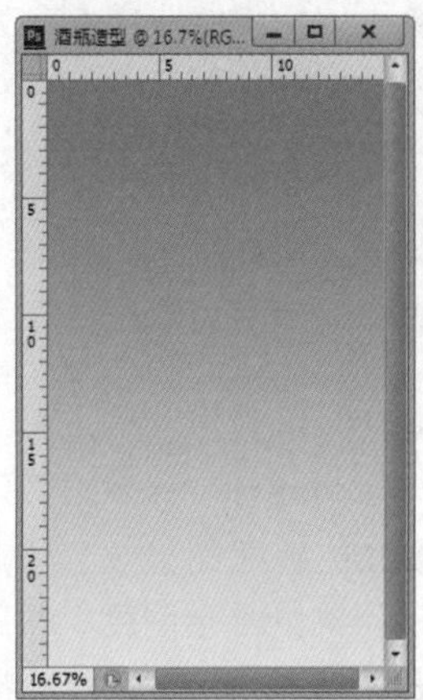

图7-109 背景的填充效果

STEP 03 新建图层1。在图像窗口的顶部按照瓶盖外形绘制选区，并将选区填充为“R136、G136、B136”的颜色，如图7-110所示。

STEP 04 取消图像中的选区，然后锁定图层1的透明像素，并将前景色设置为浅灰色。

STEP 05 选择画笔工具，设置适当的画笔大小，为画笔设置不同的不透明度，然后在瓶盖外形图像上的不同位置进行涂抹，绘制最下层的明暗层次，如图7-111所示。

STEP 06 新建图层2。结合使用钢笔工具、画笔工具和橡

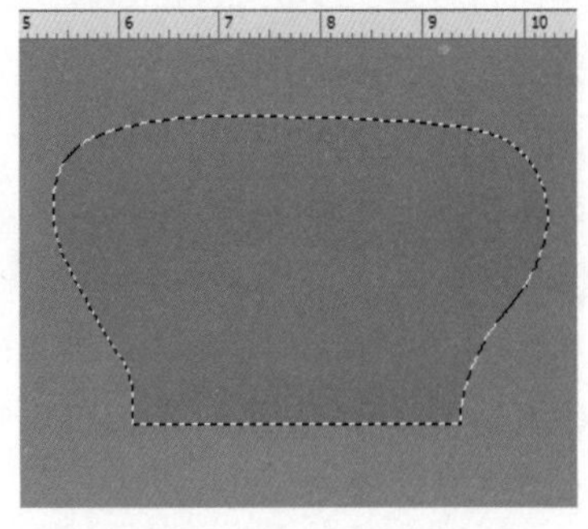

图7-110 选区的填充效果

皮擦工具，绘制玻璃瓶盖上位于最下层的阴影，如图 7-112 所示。

STEP 07 新建图层 3，将前景色设置为黑色。为画笔工具设置适当的画笔大小，并为画笔设置不同的不透明度，然后绘制第二层的阴影，如图 7-113 所示。

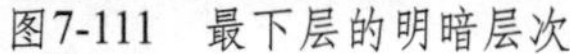

图7-111 最下层的明暗层次

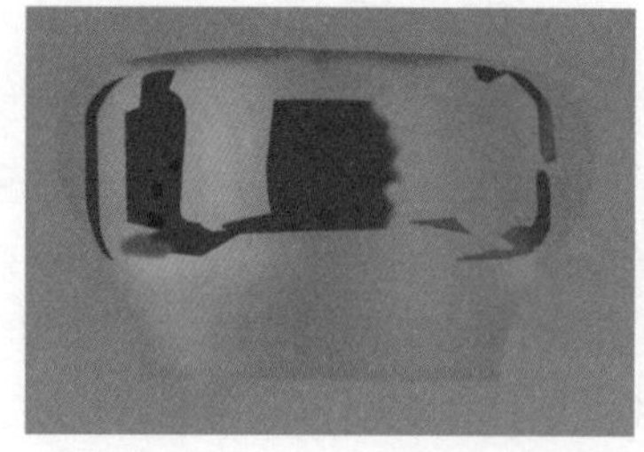

图7-112 瓶盖上的阴影

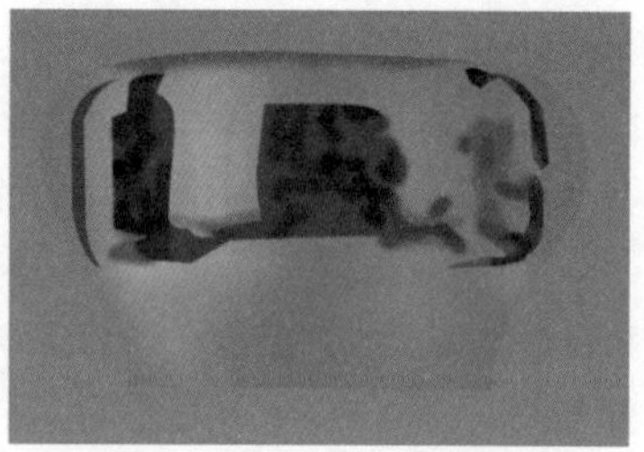

图7-113 绘制第二层的阴影

STEP 08 新建图层 4。为画笔设置较低的不透明度，并设置不同的画笔硬度，然后在瓶盖图像上绘制第三层的投影，以表现玻璃材质复杂的发光效果，如图 7-114 所示。

STEP 09 新建图层 5。绘制如图 7-115 所示的选区，将选区羽化 1 像素，并填充为白色，以表现玻璃瓶盖上的主要高光效果。

STEP 10 将前景色分别设置为“R170、G167、B178”和“R238、G233、B251”，并为画笔工具设置相应的画笔大小和较高的画笔硬度，然后在高光图像的底部绘制如图 7-116 所示的色调。

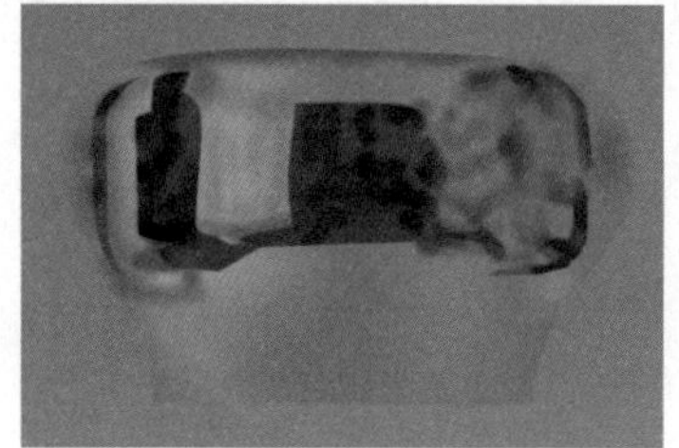

图7-114 绘制第三层的投影

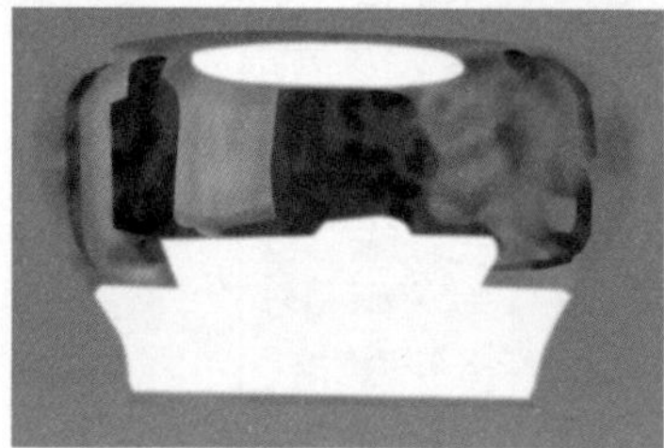

图7-115 瓶盖上的主要高光效果

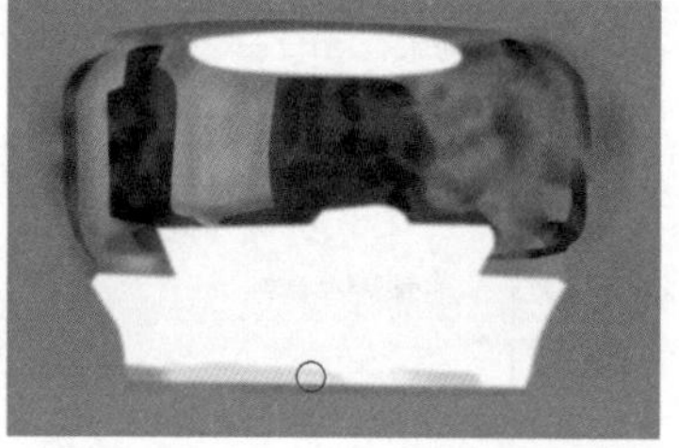

图7-116 绘制其他颜色的色调

STEP 11 选择橡皮擦工具，为其设置相应的画笔大小和较低的不透明度，然后在顶部高光图像的边缘进行涂抹，擦除边缘处的部分高光效果，如图 7-117 所示。

STEP 12 新建图层 6，将前景色设置为黑色。为画笔工具设置适当的画笔大小，并为画笔设置较低的不同的不透明度，然后在下方的高光图像上绘制阴影，如图 7-118 所示。

STEP 13 新建图层 7。将前景色分别设置为“R170、G167、B178”和“R180、G161、B162”，并为画笔工具设置相应的画笔大小、画笔硬度和不透明度，然后在高光图像的底部绘制如图 7-119 所示的色调。

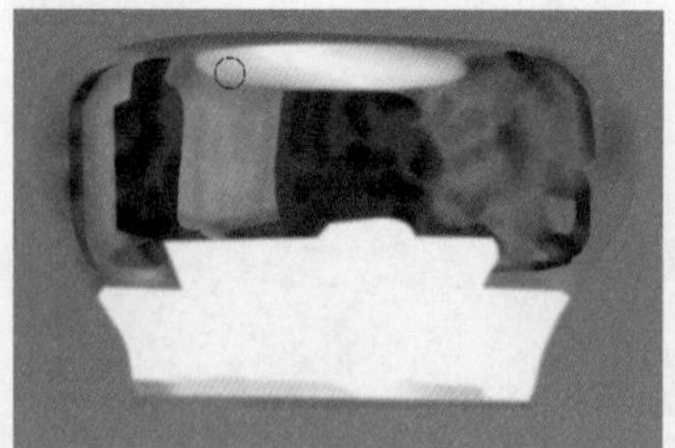

图7-117 擦除后的高光效果

图7-118 绘制高光上的阴影

图7-119 绘制高光中的其他色调

STEP 14 新建图层 8。将前景色设置为深灰色，为画笔工具设置小号的画笔，并为其设置较高的画笔硬度和适当的不透明度，然后在高光图像上绘制如图 7-120 所示的阴影线条。

STEP 15 选择橡皮擦工具，为其设置相应的画笔大小和适当的不透明度，然后在阴影线条的边缘进行涂抹，柔化线条边缘，使阴影更加自然，如图 7-121 所示。

STEP 16 新建图层 9。使用钢笔工具在瓶盖右边缘处绘制如图 7-122 所示的高光图像，并为其填充“R208、G208、B208”的浅灰色。

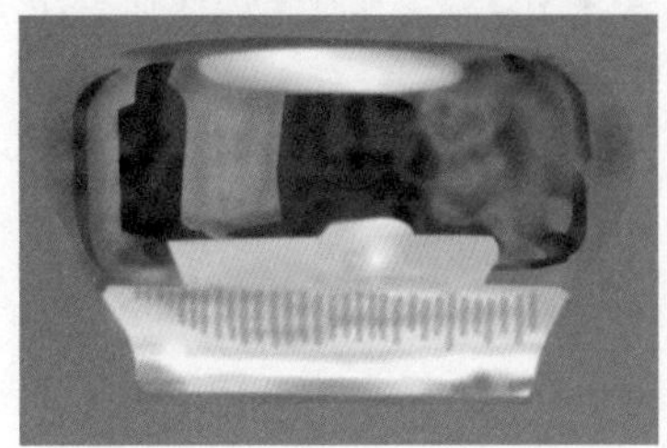
图7-120 绘制的阴影线条

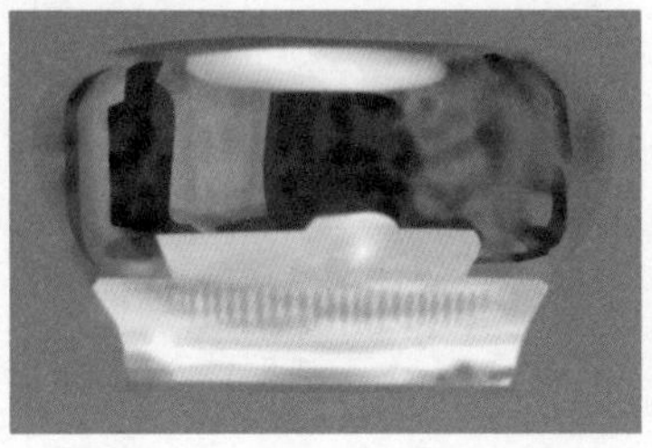
图7-121 处理后的阴影线条效果

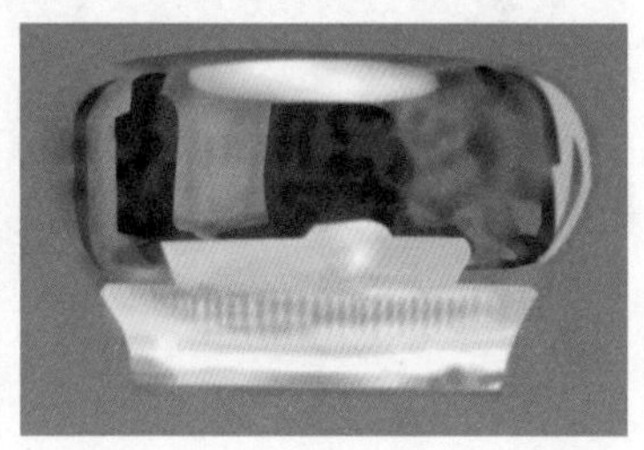
图7-122 绘制瓶盖右边缘处的高光效果

STEP 17 将前景色设置为“R160、G160、B160”，并设置适当的画笔大小、不透明度和较低的硬度，然后在上一步绘制的高光上绘制阴影色调，如图 7-123 所示。

STEP 18 新建图层 10。将前景色设置为白色，为画笔工具设置适当的画笔大小、硬度和不透明度，然后如图 7-124 所示绘制瓶盖上的多处反光点。

STEP 19 新建图层 11。使用钢笔工具在瓶盖左边缘处绘制如图 7-125 所示的高光图像，为其填充“R202、G199、B199”的浅灰色。

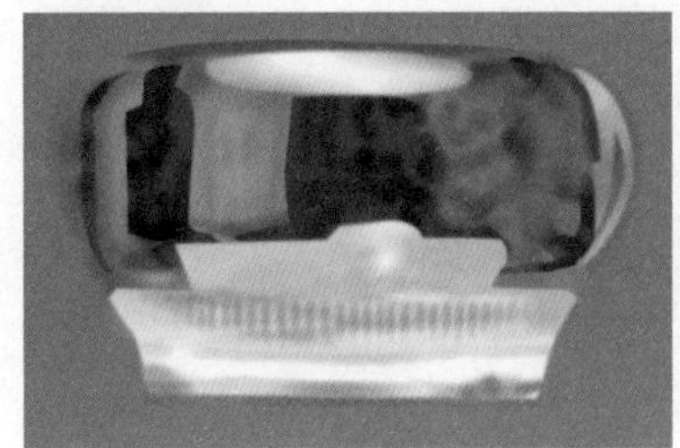
图7-123 绘制高光上的阴影

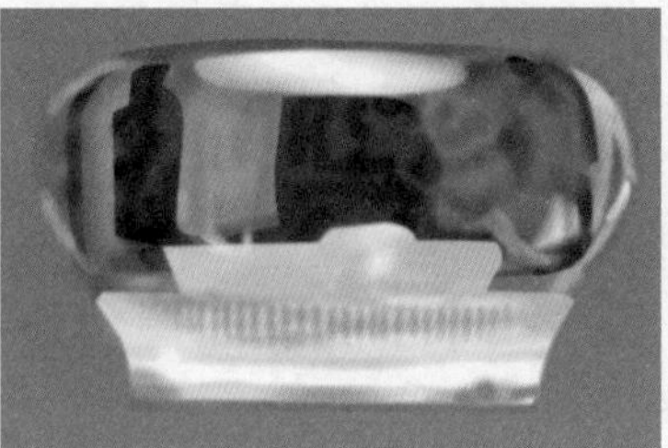
图7-124 绘制的多处反光点

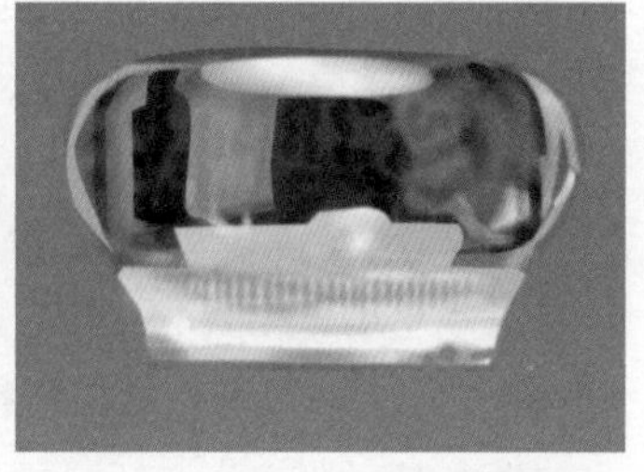
图7-125 绘制左端的高光图像

STEP 20 为橡皮擦工具设置相应的画笔大小和不透明度，然后按一定程度擦除上一步绘制的高光图像上的部分区域，效果如图 7-126 所示。

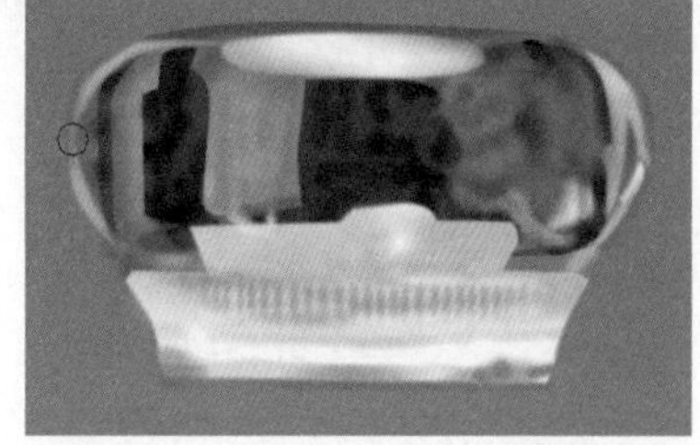
图7-126 处理后的左边高光效果

STEP 21 新建图层 12。将前景色设置为“R144、G144、B144”，设置适当的画笔大小和硬度，并将不透明度设置为 100%，然后在瓶盖上绘制如图 7-127 所示的色调，

STEP 22 执行“滤镜→模糊→高斯模糊”命令，在弹出的“高斯模糊”对话框中设置选项参数，如图 7-128 所示，然后单击“确定”按钮，将色调图像模糊，使其效果更加自然，如图 7-129 所示。

STEP 23 将图层 12 的不透明度设置为 56%，如图 7-130 所示。

STEP 24 新建图层 13，将前景色设置为白色。为画笔工具设置适当的画笔大小和硬度，并将不透明度设置为 100%，然后在瓶盖上绘制如图 7-131 所示的高光点，完成玻璃瓶盖的绘制。

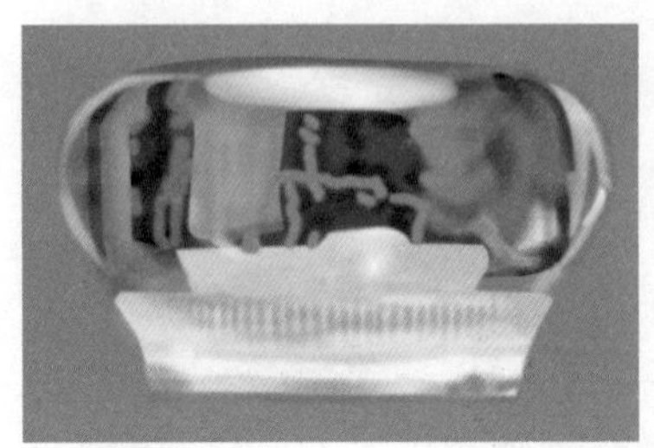

图7-127　绘制的色调效果

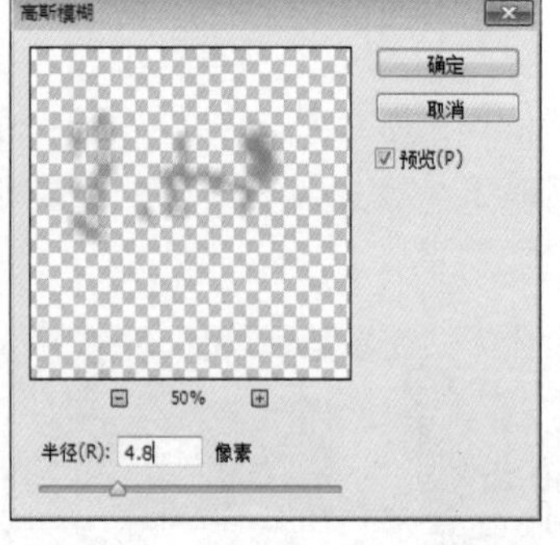

图7-128　“高斯模糊”对话框设置

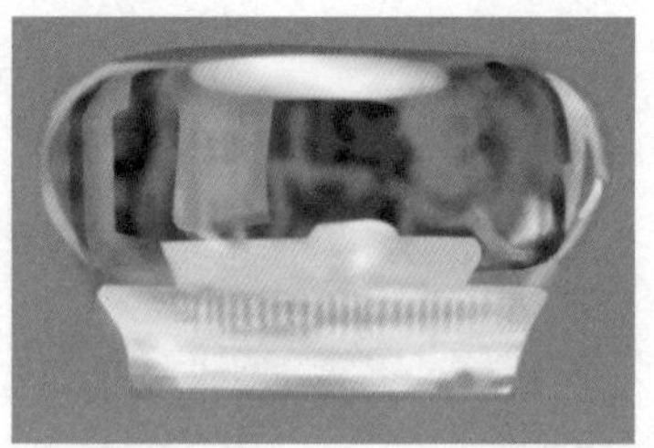

图7-129　色调图像的模糊效果

STEP 25 将瓶盖图像中的所有图层编为一组，修改组名称为“瓶盖”，如图 7-132 所示。

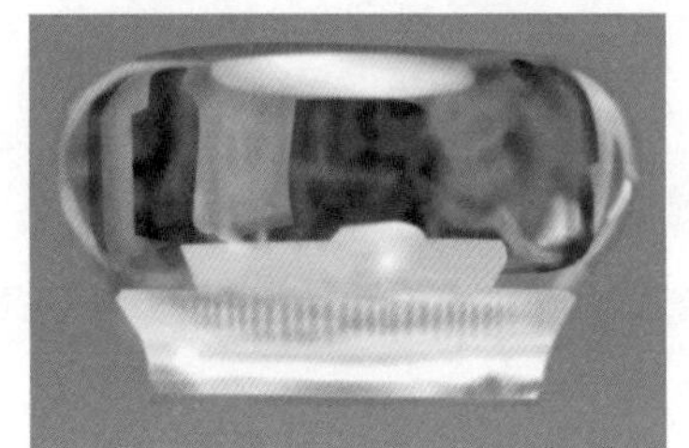

图7-130　降低不透明度后的色调效果

图7-131　绘制瓶盖上的高光点

图7-132　图层的编组

STEP 26 新建图层 14，将该图层调整到“瓶盖”组的下方。绘制如图 7-133 所示的酒瓶外层选区，为其填充从“R139、G139、B139”到“R237、G237、B237”的线性渐变色，填充好后取消选择。

STEP 27 新建图层 15，将该图层调整到最上层。在瓶颈处绘制如图 7-134 所示的矩形选区，为选区填充 0%“R144、G78、B1”，43%“R235、G193、B60”，100%“R144、G78、B1”的线性渐变色，填充好后取消选择。

STEP 28 新建图层 16，结合使用矩形选框工具和复制功能，绘制颈部瓶贴上的线条，为线条填充“R213、G160、B43”的颜色，如图 7-135 所示。

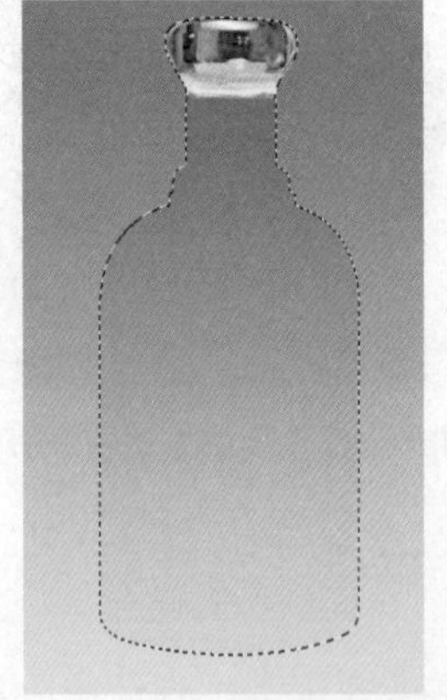

图7-133　绘制的酒瓶外形

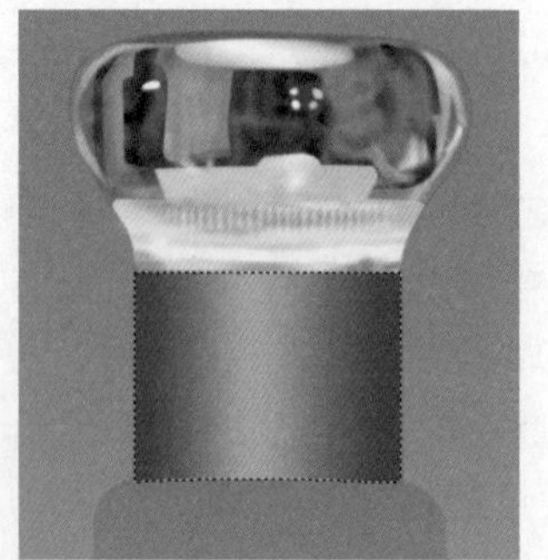

图7-134　选区的填充效果

图7-135　绘制瓶贴上的线条

STEP 29 将图层 16 的图层混合模式设置为“柔光”，如图 7-136 所示。

STEP 30 打开本书配套光盘中的“Chapter 7\Media\Logo.psd”文件，将该 Logo 移动到酒瓶文件中，生成图层 17。将该图层的混合模式设置为“叠加”，然后调整 Logo 的大小和位置，如图 7-137 所示。

STEP 31 将图层 15 复制，并将复制的图层调整到图层 15 的下方。执行“滤镜→模糊→动感模糊”命令，在弹出的“动感模糊”对话框中如图 7-138 所示设置选项参数，然后单击“确定”按钮，将图像模糊，如图 7-139 所示。

图7-136 设置图层混合模式后的效果

图7-137 添加Logo图像

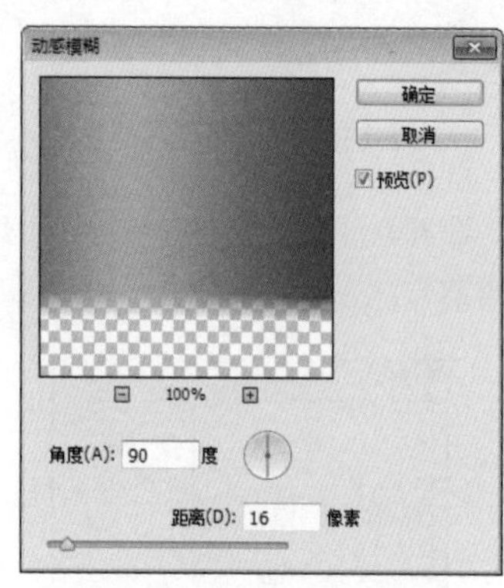

图7-138 动感模糊设置

图7-139 图像的模糊效果

STEP 32 使用矩形选框工具框选上部分的模糊图像，将其删除，如图 7-140 所示。

STEP 33 选择图层 14，如图 7-141 所示框选瓶身外形图像，然后按“Ctrl+J”键，将框选的图像拷贝到新的图层，生成图层 18，然后将该图层中的图像填充为“R237、G237、B237”的颜色，如图 7-142 所示。

图7-140 删除上部分模糊图像

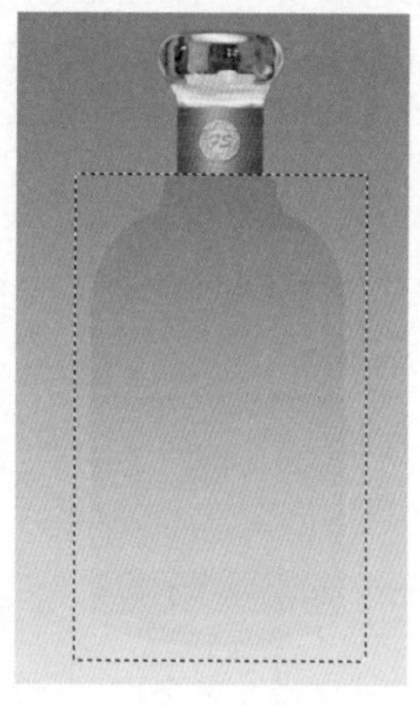
图7-141 框选的图像

图7-142 修改填充色后的图像

STEP 34 新建图层 19，使用钢笔工具在瓶底绘制如图 7-143 所示的色调图像，将其填充为“R95、G95、B95”的颜色，以表现瓶底处的阴影。

STEP 35 新建图层 20，在瓶底绘制如图 7-144 所示的色调图像，将其填充为“R155、G155、B155”的颜色。

STEP 36 执行“滤镜→杂色→添加杂色”命令，在弹出的“添加杂色”对话框中设置选项参数，如图 7-145 所示，然后单击“确定”按钮，为图像添加杂色，如图 7-146 所示。

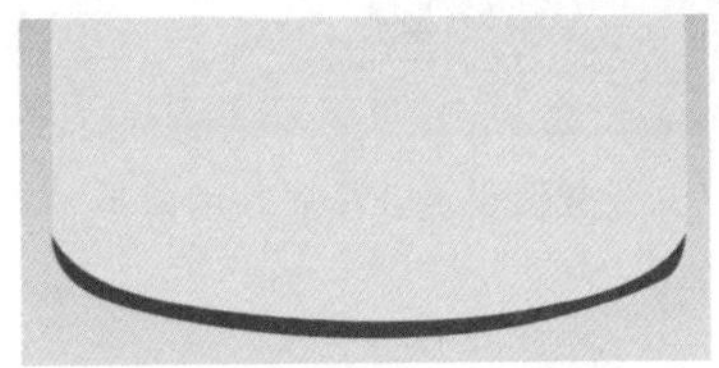
图7-143 绘制瓶底的阴影

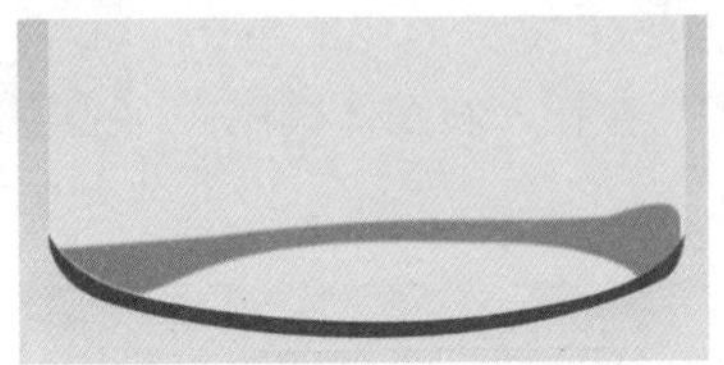
图7-144 绘制的色调图像

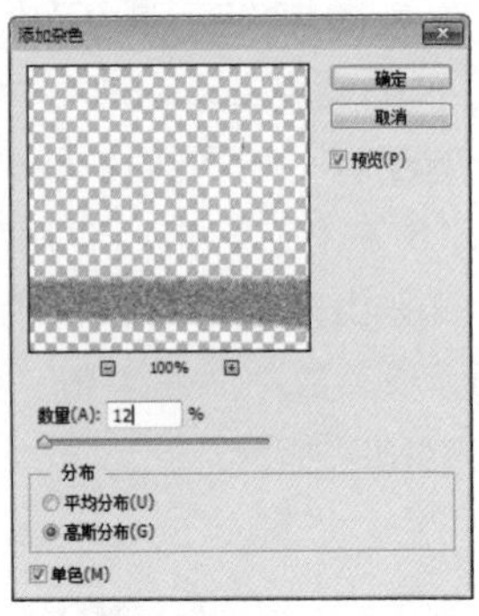

图7-145 “添加杂色”对话框设置

STEP 37 执行“滤镜→模糊→高斯模糊”命令，在弹出的“高斯模糊”对话框中设置选项参数，如图 7-147 所示，然后单击“确定”按钮，将图像模糊，如图 7-148 所示。

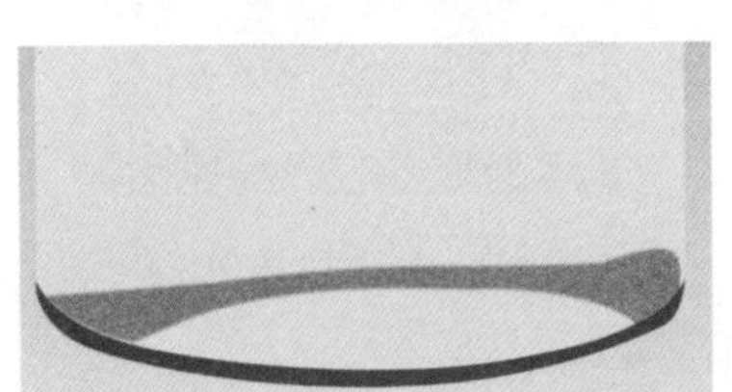
图7-146 添加杂色的效果

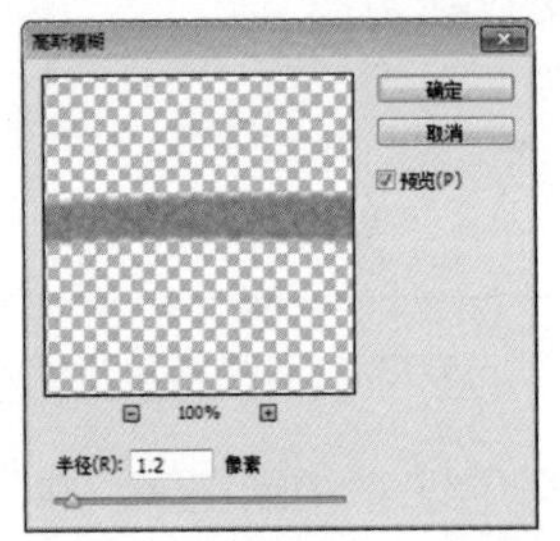

图7-147 “高斯模糊”对话框设置

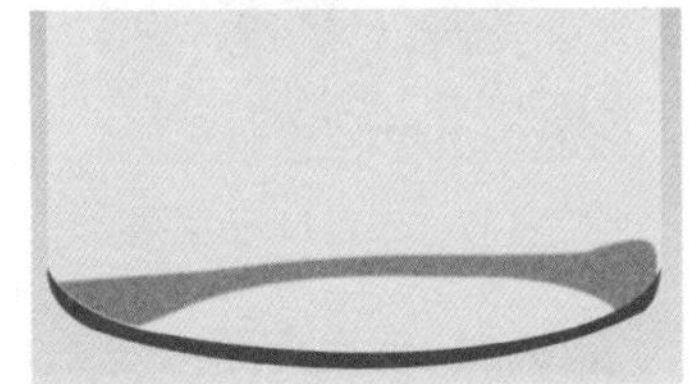
图7-148 图像的模糊效果

STEP 38 将前景色设置为黑色，为画笔工具设置相应的画笔大小和不透明度，然后在当前图像的右下角处进行涂抹，绘制此处的暗色调，如图 7-149 所示。

STEP 39 为图层 20 添加一个图层蒙版，使用画笔工具屏蔽部分色调图像，完成效果如图 7-150 所示。

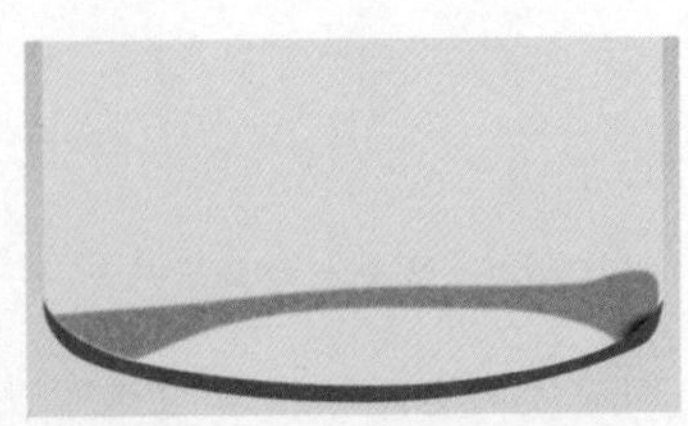
图7-149 绘制的暗色调

图7-150 添加图层蒙版后的效果

STEP 40 按照同样的操作方法，绘制酒瓶底部的阴影色调，效果如图 7-151 所示。

STEP 41 新建图层 24，在瓶底绘制如图 7-152 所示的色调图像，将其填充为“R96、G96、B96”的颜色。

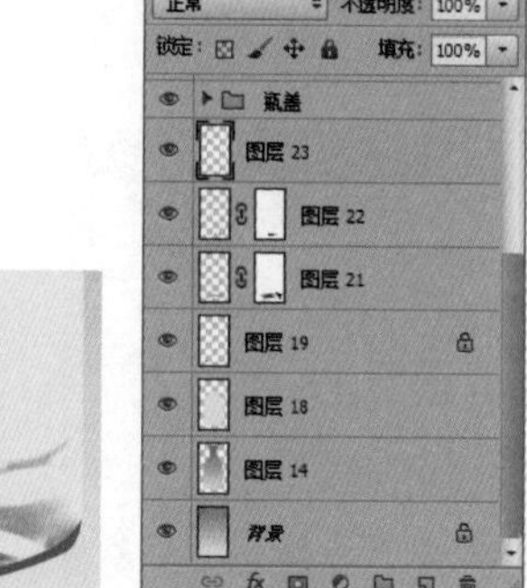

图7-151　酒瓶底部的阴影色调

图7-152　绘制的色调图像

STEP 42 将图层 24 的不透明度设置为 68%，然后为图层 20 添加一个图层蒙版，使用画笔工具屏蔽部分色调图像，完成效果如图 7-153 所示。

STEP 43 新建图层 25。绘制如图 7-154 所示的路径，将其转换为选区，羽化 5 像素，然后为其填充“R94、G94、B94”的颜色，取消选择，如图 7-155 所示。

图7-153　绘制的底部阴影

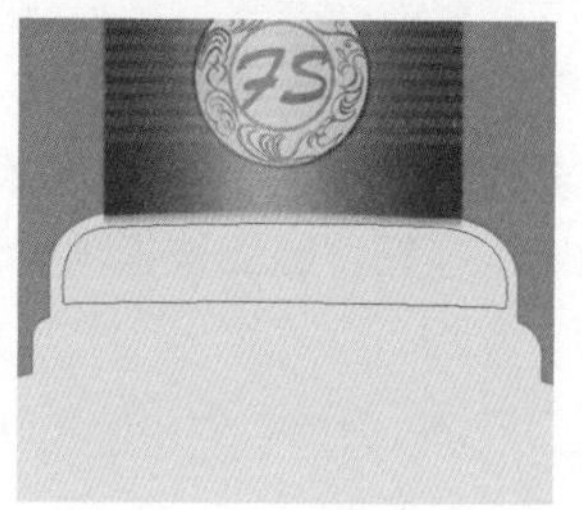

图7-154　绘制的路径

图7-155　羽化并填充选区后的效果

STEP 44 为图层 25 添加一个图层蒙版，使用画笔工具屏蔽部分色调图像，完成效果如图 7-156 所示。

STEP 45 新建图层 26。按照步骤 43 的方法绘制如图 7-157 所示的色调图像，为其填充“R98、G98、B98”的颜色。

STEP 46 为图层 26 添加一个图层蒙版，使用画笔工具屏蔽部分色调图像，完成效果如图 7-158 所示。

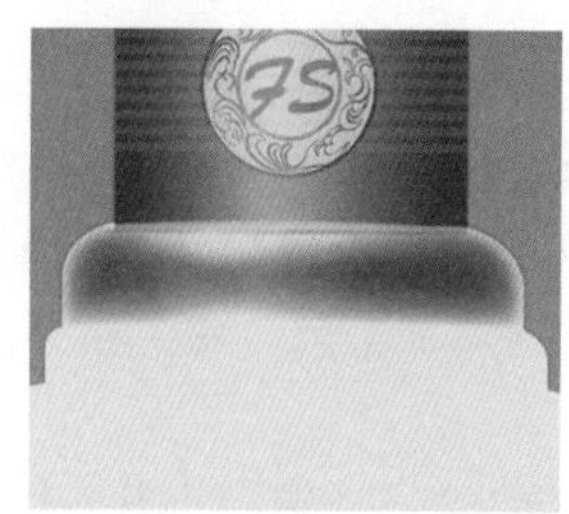

图7-156　编辑图层蒙版后的效果

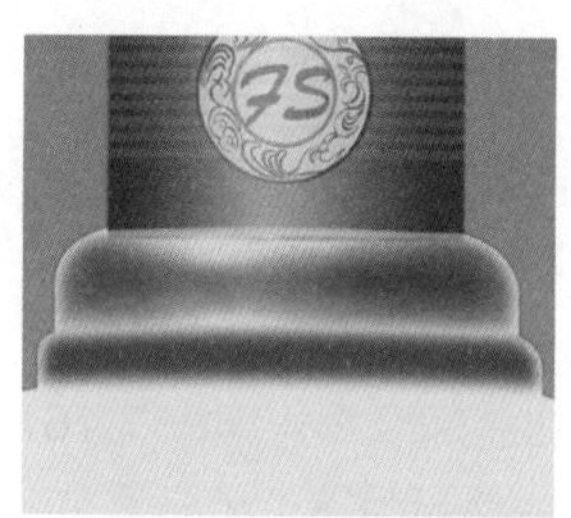

图7-157　绘制的色调图像

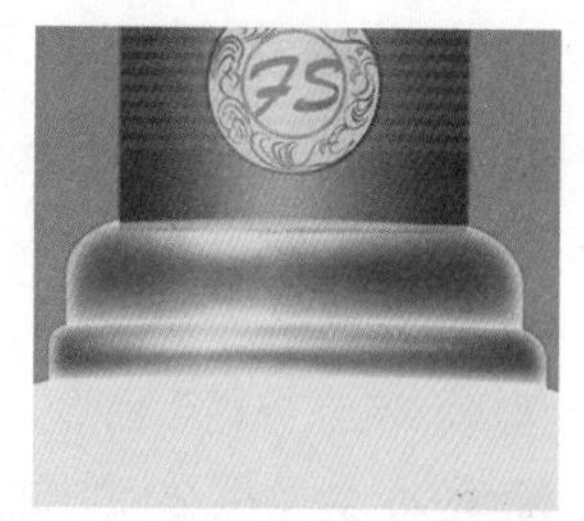

图7-158　编辑图层蒙版后的效果

STEP 47 新建图层 27，将前景色设置为白色。为画笔工具设置相应的画笔大小、硬度和不透明度，然后在前面绘制的色调图像上，绘制如图 7-159 所示的反光效果。

STEP 48 将图层 27 调整到图层 26 的下方，如图 7-160 所示。

STEP 49 在图层 26 的上方新建图层 28。绘制如图 7-161 所示的选区，为选区填充 0%“R210、G211、B210”，48%“R254、G254、B254”，100%“R187、G187、B187”的线性渐变色，填充好后取消选择。

图7-159 绘制的反光效果

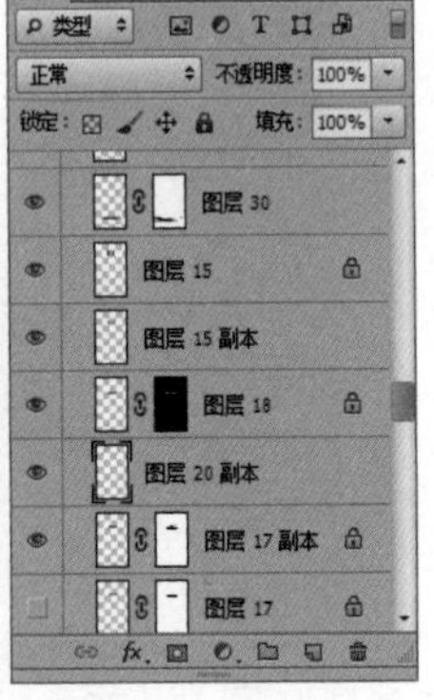

图7-160 调整图层顺序

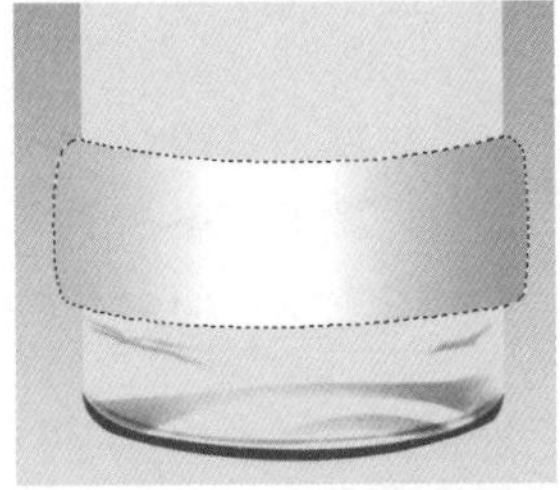

图7-161 选区的填充效果

STEP 50 复制图层 28，得到图层 28 副本。执行“滤镜→杂色→添加杂色”命令，在弹出的“添加杂色”对话框中如图 7-162 所示设置选项参数，然后单击“确定”按钮，为图像添加杂色，如图 7-163 所示。

STEP 51 执行“滤镜→模糊→高斯模糊”命令，在弹出的“高斯模糊”对话框中设置选项参数，如图 7-164 所示，然后单击“确定”按钮，将图像模糊，以制作磨砂玻璃的效果，如图 7-165 所示。

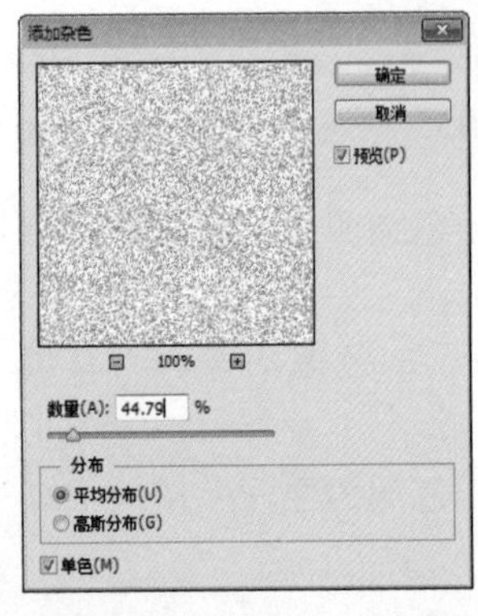

图7-162 “添加杂色”对话框设置

图7-163 添加杂色后的效果

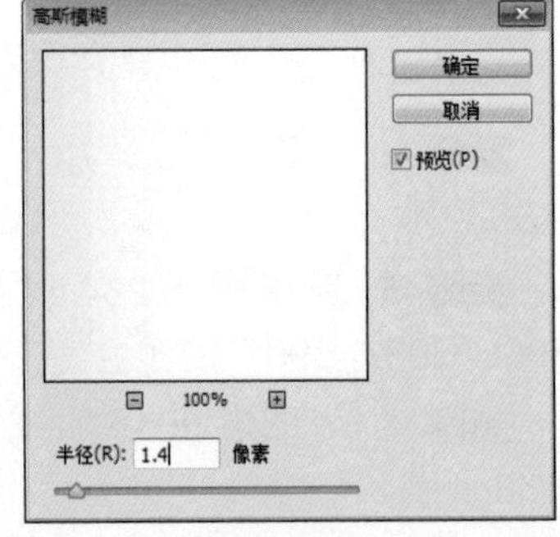

图7-164 “高斯模糊”对话框设置

STEP 52 新建图层 29。绘制如图 7-166 所示的选区，并为其填充 0%“R210、G211、B210”，48%“R254、G254、B254”，100%“R187、G187、B187”的线性渐变色，填充好后取消选择。

STEP 53 复制图层 29，得到图层 29 副本。分别执行“滤镜→杂色→添加杂色”命令和“滤镜→模糊→高斯模糊”命令，为该图像添加杂点，如图 7-167 所示。

STEP 54 为图层 29 添加图层蒙版，使用画笔工具屏蔽左下角和右下角以外的图像，如图 7-168 所示。

图7-165　图像的模糊效果

图7-166　选区的填充效果

图7-167　为图像添加杂点的效果

STEP 55 选择图层 28 副本，为其添加一个图层蒙版。将图层 28 副本图像作为选区载入，然后使用白色到黑色再到白色的线性渐变色对蒙版进行编辑，以屏蔽中间部分的图像，如图 7-169 和图 7-170 所示。

图7-168　编辑图层蒙版后的效果

图7-169　渐变填充操作

图7-170　编辑图层蒙版后的效果

STEP 56 按住“Ctrl”键单击图层 28 副本的图层蒙版缩览图，载入相应的选区，然后根据该选区添加一个曲线调整图层，曲线参数设置及调整后的色调效果分别如图 7-171 和图 7-172 所示。

STEP 57 在磨砂玻璃的左上角创建如图 7-173 所示的选区，然后根据该选区添加一个曲线调整图层，曲线参数设置及调整后的色调效果分别如图 7-174 和图 7-175 所示。

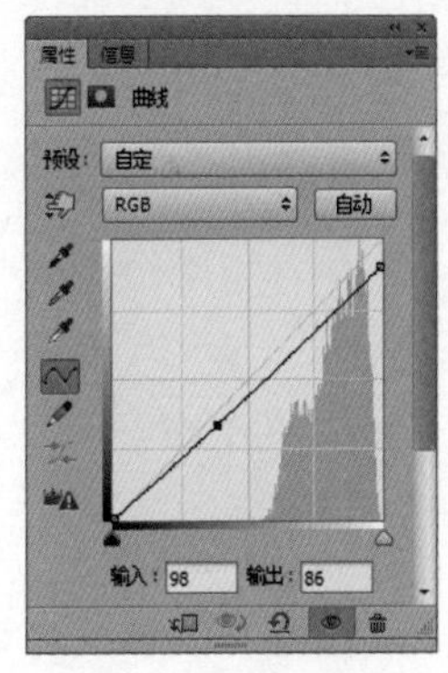

图7-171　曲线参数设置

图7-172　调整后的色调效果

图7-173　创建的选区

STEP 58 复制图层 29，得到图层 29 副本 2。将复制的图层调整到图层 29 的下一层，然后将该图层图像填充为黑色，将图层不透明度设置为 28%，然后向上移动到如图 7-176 所示的位置。

STEP 59 执行“滤镜→模糊→高斯模糊”命令，在弹出的“高斯模糊”对话框中设置选项参数，如图 7-177 所示，然后单击“确定”按钮，将图像模糊，如图 7-178 所示。

STEP 60 为图层 29 副本 2 添加一个图层蒙版，使用画笔工具屏蔽部分图像，以表现此处的阴影，如图 7-179 所示。

STEP 61 复制图层 28，得到图层 28 副本 2，将复制的图层调整到图层 28 的下一层，然后按照步骤 58~ 步骤 60 的方法，制作磨砂玻璃下方处的阴影，如图 7-180 所示。

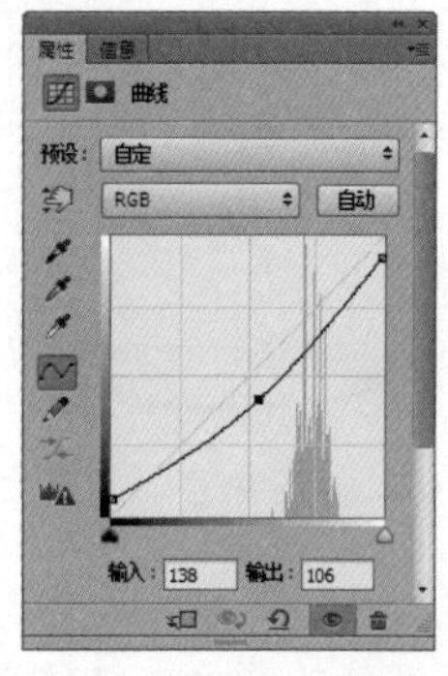

图7-174 曲线参数设置

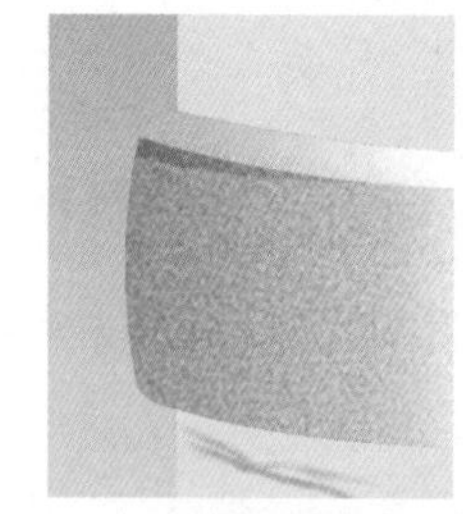

图7-175 调整后的色调效果

图7-176 复制并调整后的图像

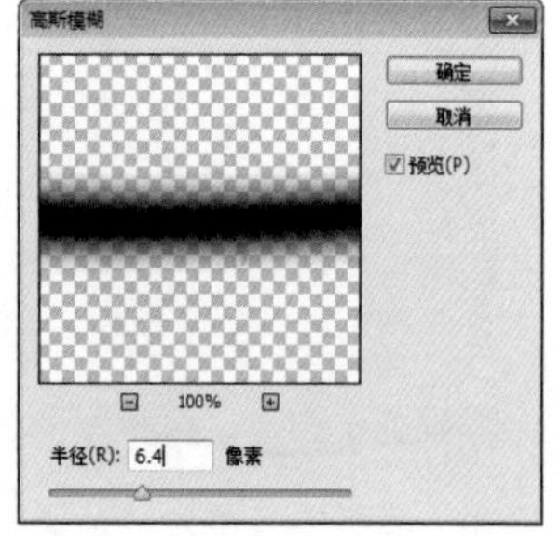

图7-177 “高斯模糊”对话框设置

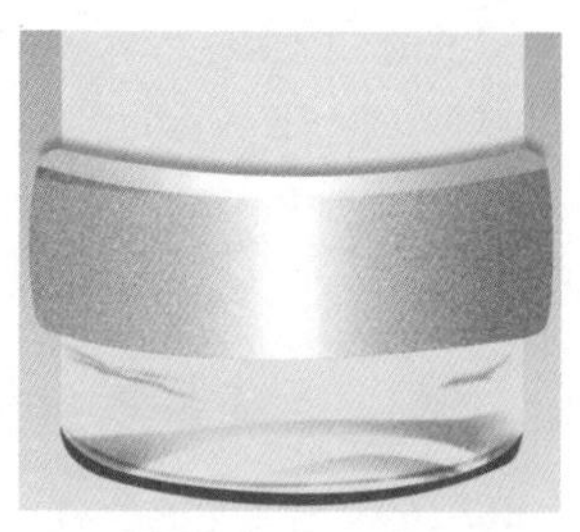

图7-178 图像的模糊效果

图7-179 绘制磨砂玻璃上方的阴影效果

STEP 62 新建图层 30，将前景色设置为黑色，为画笔工具设置适当的画笔大小、硬度和不透明度，然后在磨砂玻璃的右下角处进行涂抹，加深此处的阴影，如图 7-181 所示。

STEP 63 在图层 28 副本 2 的下方新建图层 31，按照酒瓶外形绘制一个略小于外形的选区，并将选区羽化 5 像素，然后为其填充“R90、G90、B90”的颜色，如图 7-182 所示。

图7-180 绘制磨砂玻璃下方的阴影效果

图7-181 加深后的阴影效果

图7-182 选区的填充效果

STEP 64 为图层 31 添加一个图层蒙版，为画笔工具设置不同的画笔大小和不透明度，然后在上一步绘制的图像上耐心地进行涂抹，按不同程度屏蔽局部图像，以表现瓶身上的明暗层次，如图 7-183 所示。

STEP 65 新建图层 32，将前景色设置为白色，为画笔工具设置适当的画笔大小和不透明度，然后绘制瓶身上的亮部色调，如图 7-184 所示。

STEP 66 新建图层 33，绘制如图 7-185 所示的高光色调，将其填充为白色。

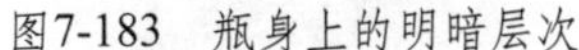

图7-183 瓶身上的明暗层次　　图7-184 瓶身上的亮部色调　　图7-185 绘制的高光色调

STEP 67 为图层 33 添加一个图层蒙版，为画笔工具设置适当的画笔大小和不透明度，然后在高光色调的两端进行涂抹，以屏蔽两端的图像，使高光效果更加自然，如图 7-186 所示。

STEP 68 新建图层 34，将前景色设置为白色，为画笔工具设置适当的画笔大小和不透明度，然后绘制高光处的亮部色调，如图 7-187 所示。

STEP 69 为图层 34 添加一个图层蒙版，使用画笔工具对蒙版进行编辑，使其表现得更加自然，如图 7-188 所示。

图7-186 处理后的高光效果

图7-187 绘制的亮部色调

图7-188 处理后的亮部色调

STEP 70 复制图层 34，得到图层 34 副本，以增强亮部色调，然后使用画笔工具对图层 34 副本中的图层蒙版进行适当的编辑，效果如图 7-189 所示。

STEP 71 将背景图层上的所有图层编为一组，并修改组名称为“酒瓶”，如图 7-190 所示。

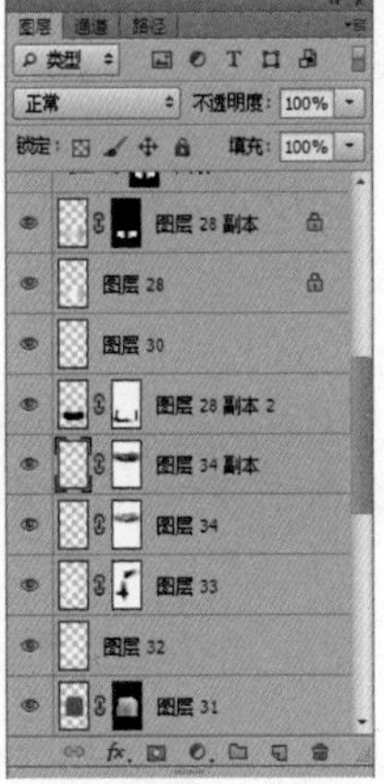

图7-189 增强后的亮部色调

图7-190 图层的编组

STEP 72 打开本书配套光盘中的“Chapter 7\Media\7.3\文字 .psd”文件，将其移动到酒瓶文件中，生成图层 35，然后调整文字的大小和位置，如图 7-191 所示。

STEP 73 将图层 35 的不透明度设置为 70%，然后为其添加一个图层蒙版，使用线性渐变色对蒙版进行编辑，将渐变色设置为 0%“R173、G173、B173”，48% 白色，100%“R127、G127、B127”，如图 7-192 所示。编辑图层蒙版后的文字效果如图 7-193 所示。

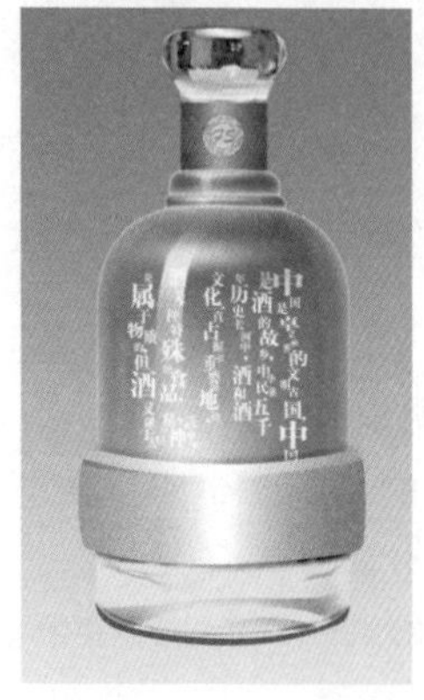

图7-191 添加的文字

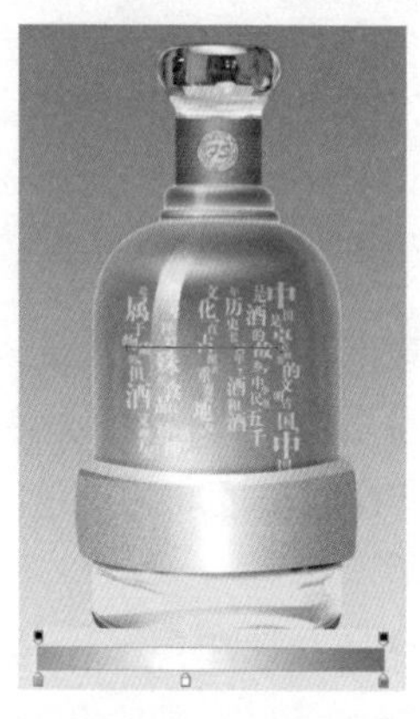

图7-192 使用渐变色编辑图层蒙版

图7-193 编辑图层蒙版后的文字

STEP 74 打开本书配套光盘中的“Chapter 7\Media\7.3\标准字 .psd”文件，将其移动到酒瓶文件中，生成图层 36，然后调整该标准字的大小和位置，如图 7-194 所示。

STEP 75 为图层 36 添加描边图层样式，描边选项设置及效果如图 7-195 和图 7-196 所示。

图7-194 添加的标准字效果

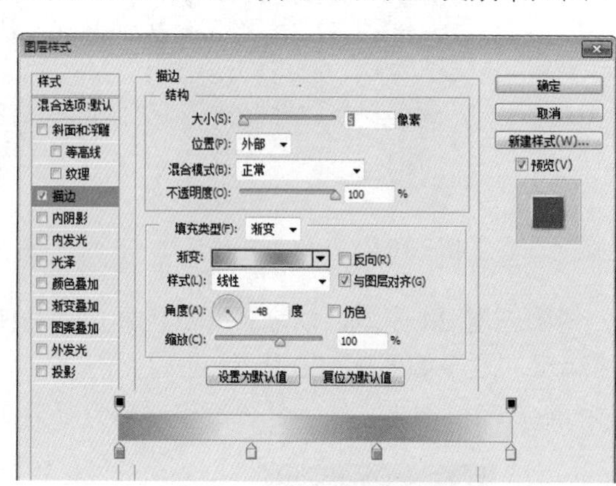

图7-195 描边选项设置

图7-196 文字的描边效果

STEP 76 将图层 36 复制，将复制的图层调整到图层 36 的下方。执行“图层→图层样式→创建图层”命令，将该图层中的图层样式创建为一个图层，如图 7-197 所示。

STEP 77 删除图层 36 副本，然后将图层 36 副本的外描边图像填充为黑色，向右下角移动一定的距离，以制作文字的投影，如图 7-198 所示。

STEP 78 新建图层 37，使用套索工具绘制如图 7-199 所示的图像，将其填充为红色。

STEP 79 输入文字“酒”，将字体设置为“经典繁印篆”，并调

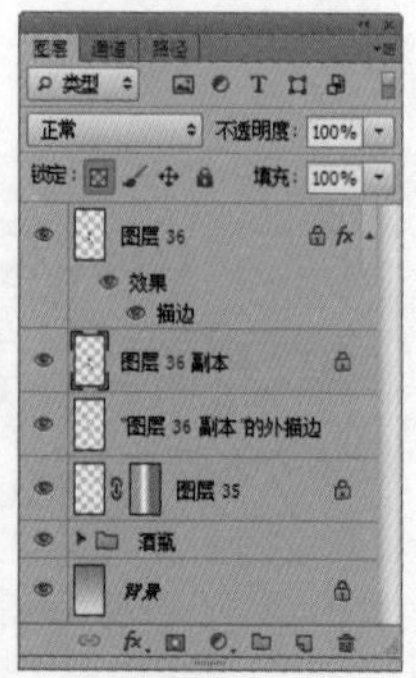

图7-197 将图层样式创建为图层

整好文字的大小，如图 7-200 所示。

图7-198　制作的文字投影　　图7-199　绘制的图像　　图7-200　输入的文字

STEP 80 按住“Ctrl”键单击文字图层中的T图标，将文字作为选区载入。隐藏文字图层，然后选择图层 37，删除选区内的图像，取消选择，如图 7-201 所示。

STEP 81 打开本书配套光盘中的“Chapter 7\Media\7.3\一品 .psd”文件，将该文件中的图层合并后移动到酒瓶文件中，生成图层 38，然后调整该标志的大小和位置，如图 7-202 所示。

STEP 82 在酒瓶底部添加相应的文字信息，对它们进行相应的变形处理，以贴合酒瓶上的弧度。完成后的酒瓶效果如图 7-203 所示。

图7-201　删除选区内图像后的效果　　图7-202　添加一品标志　　图7-203　完成后的酒瓶效果

（2）绘制纸盒展开图

打开本书配套光盘中的“Chapter 7\Complete\7.3\包装盒展开图 .psd”文件，查看该白酒纸盒包装的展开图效果，如图 7-204 所示。

图7-204　包装盒展开图效果

STEP 01 打开本书配套光盘中的“Chapter 7\Media\7.3\包装盒展开图 .psd”文件，如图 7-205 所示，下面在该展开图的基础上进行“丰收”白酒的外包装设计。

STEP 02 在“包装盒展开图”图层的上方新建图层 1，将展开图作为选区载入，然后将选区填充为“R90、G67、B43”的颜色，并取消选择，如图 7-206 所示。

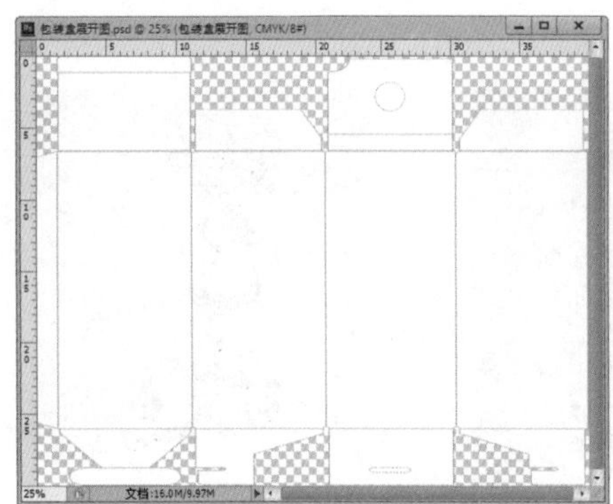

图7-205　包装盒展开图及对应的图层

图7-206　展开图中的底色

STEP 03 打开本书配套光盘中的“Chapter 7\Media\7.3\文字 .psd”文件，将其移动到包装盒展开图的正面上，生成图层 2，然后调整文字的大小和位置，将文字颜色修改为“R50、G23、B6”，如图 7-207 所示。

STEP 04 将图层 2 的不透明度设置为 70%，然后将其复制，得到图层 2 副本。将复制的文字向下移动到如图 7-208 所示的位置。

图7-207　添加到包装正面中的文字

图7-208　复制的文字

STEP 05 打开本书配套光盘中的“Chapter 7\Media\7.3\云朵 psd”文件，将其中的云朵图像分别移动到展开图文件中，生成图层 3 和图层 4，然后如图 7-209 所示调整云朵的大小和位置。

STEP 06 将酒瓶文件中的标准字、Logo 和“酒”图像移动到展开图文件中，生成对应图层，然后将标准字和“酒”图像填充为白色，并如图 7-210 所示进行编排。

图7-209　添加的云朵图像

图7-210　编排后的文字和图像

STEP 07 为“丰收”标准字所在的图层添加“斜面和浮雕”图层样式，图层样式选项设置及效果如图 7-211 和图 7-212 所示。

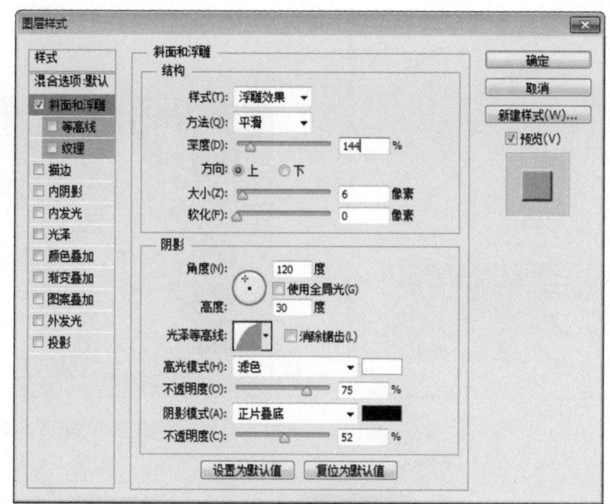

图7-211 图层样式选项设置

图7-212 添加图层样式后的文字效果

STEP 08 新建图层 8，绘制如图 7-213 所示的椭圆形选区，将前景色设置为白色，执行“编辑→描边”命令，在弹出的“描边”对话框中设置选项参数，如图 7-214 所示，然后单击“确定”按钮，得到如图 7-215 所示的描边效果。

图7-213 绘制的选区

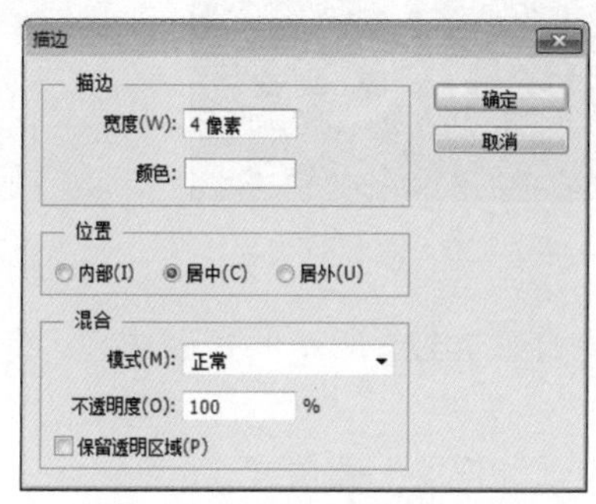

图7-214 描边选项设置

图7-215 选区的描边效果

STEP 09 将描边图像作为选区载入，切换到“通道”面板，单击“创建新通道”按钮，新建一个通道，然后将选区填充为白色，如图 7-216 所示。

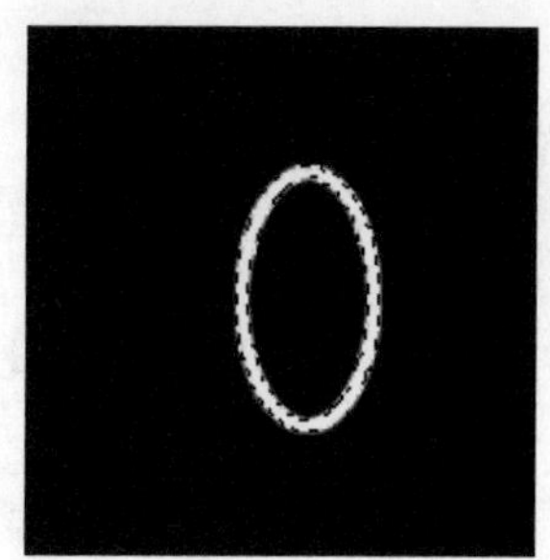

图7-216 填充选区的效果

STEP 10 取消图像中的选区，执行“滤镜→滤镜库”命令，在弹出的对话框中设置选项参数，如图 7-217 所示，然后单击“确定”按钮。

STEP 11 单击“通道”面板中的“将通道作为选区载入”按钮，如图 7-218 所示，载入通道中的选区。切换到“图层”面板，删除图层 8，重新新建图层 8，然后将选区填充为红色，如图 7-219 所示。

STEP 12 取消图像中的选区，添加相应的文字，效果如图 7-220 所示。

STEP 13 新建图层 9，创建如图 7-221 所示的选区，为其填充“R178、G162、B140”的颜色，并取消选择，以此作为包装盒下半部分的底色。

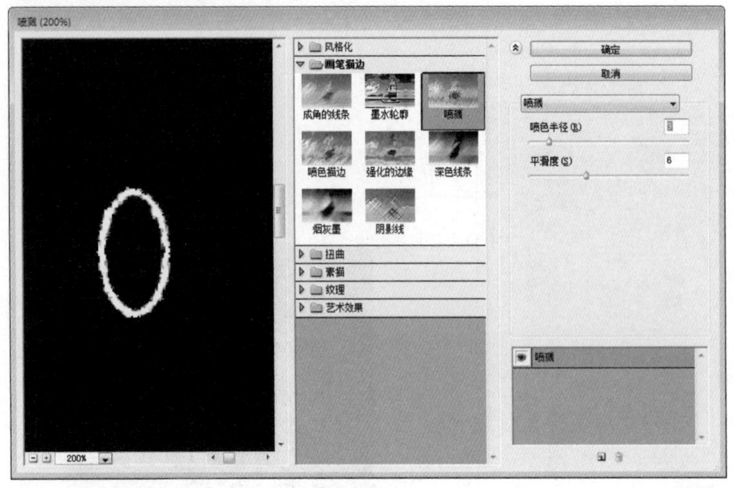

图7-217 滤镜选项设置

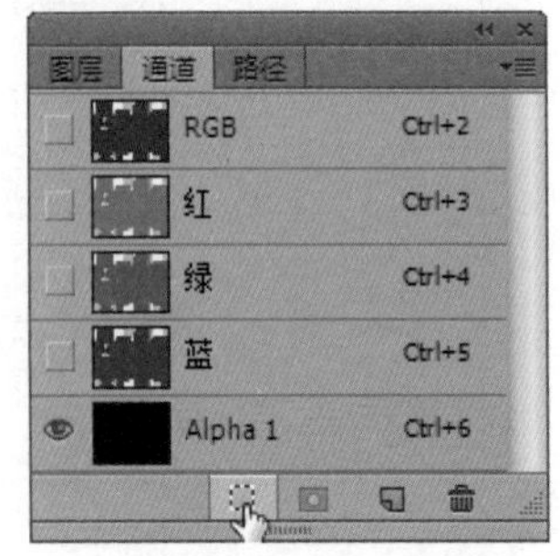

图7-218 将通道作为选区载入

图7-219 选区的填充效果

图7-220 添加的文字

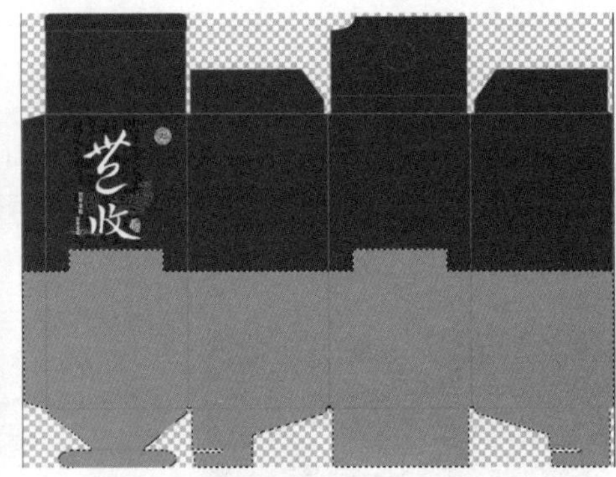

图7-221 绘制的另一部分底色

STEP 14 新建图层10，创建如图7-222所示的矩形选区，为其填充“R226、G190、B138”的颜色，并取消选择。

STEP 15 为图层10添加“斜面和浮雕”图层样式，“斜面和浮雕”选项设置及应用效果分别如图7-223和图7-224所示。

图7-222 选区的填充效果

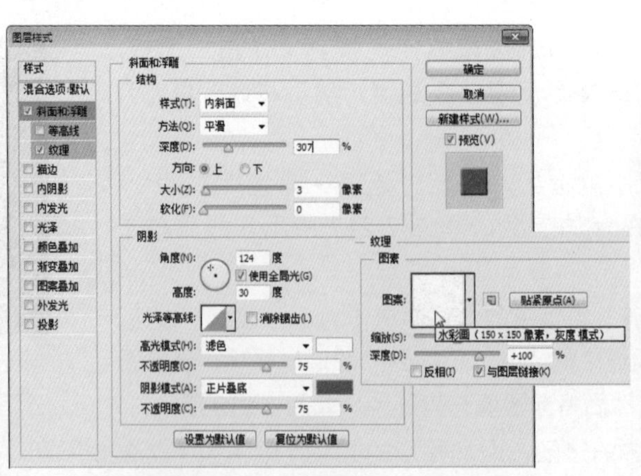

图7-223 “斜面和浮雕”选项设置

图7-224 应用图层样式后的效果

图7-225　添加的织锦图像

STEP 16 打开本书配套光盘中的“Chapter 7\Media\7.3\织锦psd”文件，将该图像移动到展开图文件中，生成图层11，然后调整图像的大小和位置，如图7-225所示。

STEP 17 打开本书配套光盘中的“Chapter 7\Media\7.3\一品psd”文件，选择该文件中的图层1，为其添加如图7-226所示设置的“斜面和浮雕”图层样式。选择图层2，将该层图像填充为“R190、G127、B41”的颜色，然后将图层1中的图层样式拷贝到该图层中。选择文字图层“一品”，将文字填充为白色，并如图7-227所示修改“斜面和浮雕”选项设置。选择“FENG SHOU”文字图层，将文字填充为“R100、G50、B0”的颜色，清除该图层中的图层样式。修改好后的图像效果如图7-228所示。

STEP 18 将修改后的“一品”标志移动到展开图文件中，生成相应的图层，然后将该标志变换到如图7-229所示的大小和角度。

STEP 19 添加包装盒正面中的其他文字，效果如图7-230所示。

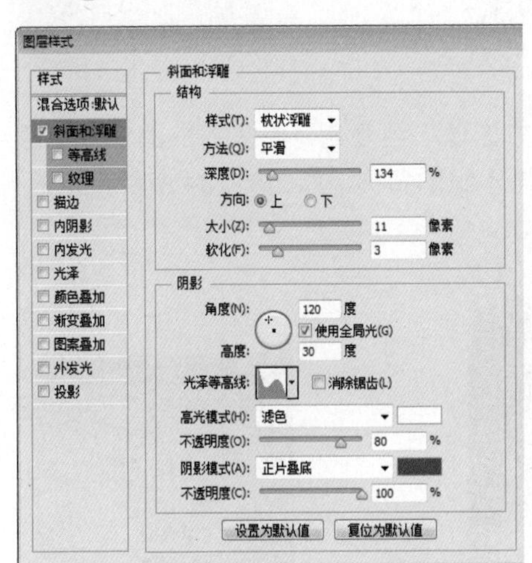

图7-226　图层1中的图层样式设置

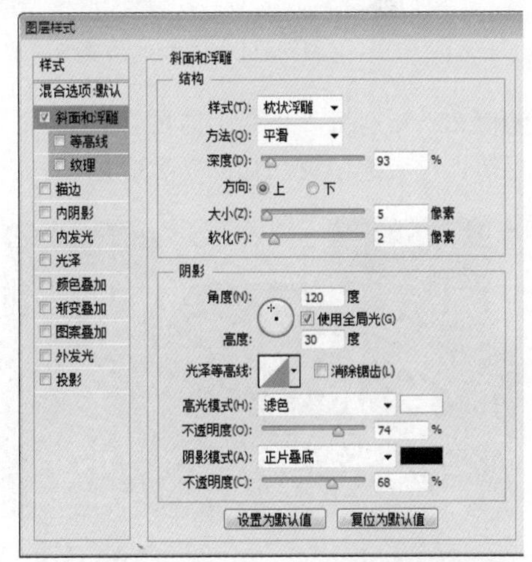

图7-227　“一品”文字中的图层样式设置

图7-228　修改后的图像效果

图7-229　添加的一品图像效果

图7-230　添加的文字效果

STEP 20 打开本书配套光盘中的“Chapter 7\Media\7.3\图案 psd”文件，将该图案移动到展开图文件中，生成图层 14，然后如图 7-231 所示调整图案的大小和位置。

STEP 21 将包装正面中位于上部分的图案和文字所在的图层编组，修改组名称为“正面上方图像”。将下上部分的图像和文字所在的图层编组，修改组名称为“正面下方图像”，如图 7-232 所示。

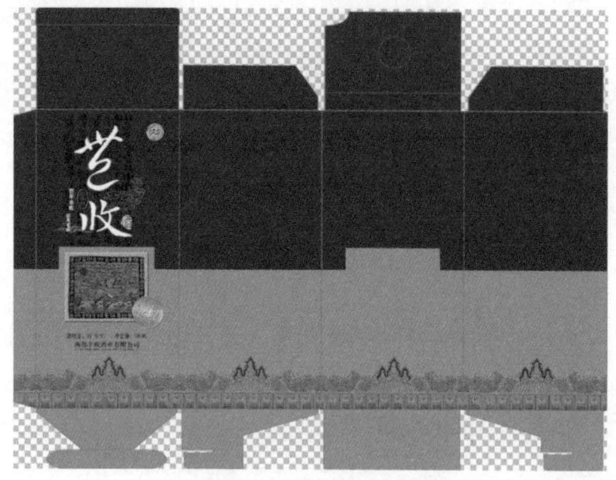

图7-231　添加的图案效果

图7-232　图层的编组

STEP 22 分别将“正面上方图像”组和“正面下方图像”组复制，将复制的图像水平移动到包装背面上对应的位置，如图 7-233 所示，然后修改副本组的名称，如图 7-234 所示。

图7-233　复制的图像

图7-234　修改后的组名称

STEP 23 打开本书配套光盘中的“Chapter 7\Media\7.3\一品 .psd”文件，清除所有应用在该文件中的图层样式。将该文件中的图层 1 图像作为选区载入，然后删除图层 1，并新建一个图层。

STEP 24 将前景色设置为“R234、G154、B59”，执行“编辑→描边”命令，在弹出的“描边”对话框中设置选项参数，然后单击“确定”按钮，得到如图 7-235 所示的描边效果。

STEP 25 取消图像中的选区，然后合并该文件中的所有图层，并将合并后的图案填充为“R234、G154、B59”的颜色，如图 7-236 所示。

STEP 26 将上一步制作好的一品标志移动到展开图文件中，生成“FENG SHOU”图层，将该图层调整到图层 14 的上方，然后调整该标志的大小和位置，如图 7-237 所示。

图7-235　选区的描边效果

图7-236　填充后的图案

图7-237　添加的一品标志

STEP 27 为一品标志所在的图层添加一个图层蒙版，使用线性渐变色对蒙版进行填充，设置渐变色为 0%“R66、G66、B66”，50%“白色”，100%“R66、G66、B66”，得到如图 7-238 所示的标志效果。

STEP 28 将右侧面中的一品标志复制到左侧面中对应的位置，添加右侧面和左侧面中所需的文字和条码，完成效果如图 7-239 所示。

图7-238　为标志添加蒙版后的效果

图7-239　包装的左右侧面效果

STEP 29 将丰收标准字和对应的图案文字复制，并如图 7-240 所示进行相应的排列，然后添加包装上的其他文字，完成纸盒展开图的制作，效果如图 7-241 所示。

图7-240　复制到其他部位的标准字效果

图7-241　完成后的纸盒展开图效果

(3) 绘制白酒包装的整体效果

在绘制纸盒立体效果时，需要在展开图中单独合并不同范围内的图像和背景底色，并单独对它们进行变换扭曲处理，这样便于制作包装盒下半部分的凸起效果。

STEP 01 新建一个大小为 20cm×16.2cm、分辨率为 200 像素/英寸、模式为 RGB 的文件，如图 7-242 所示。

STEP 02 为背景图层填充浅灰色到白色的线性渐变色，如图 7-243 所示。

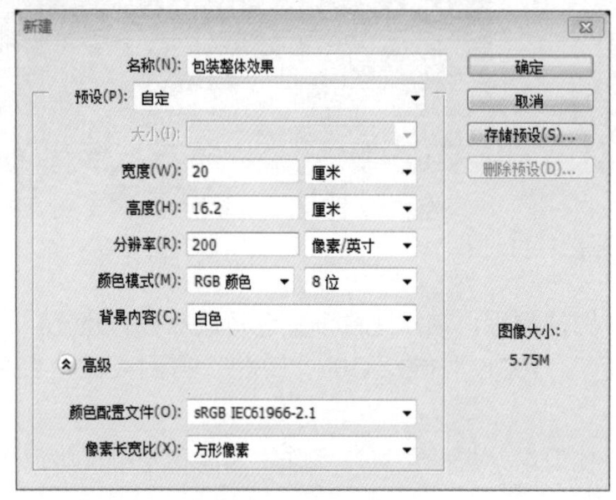

图7-242 新建文件设置

图7-243 填充后的背景

STEP 03 打开制作好的“酒瓶造型”文件，将酒瓶中的所有图层合并，然后将合并后的酒瓶造型移动到整体效果文件中，调整到适当的大小和位置，如图 7-244 所示。将酒瓶所在图层的名称修改为“酒瓶造型”。

STEP 04 将“酒瓶造型”图层复制，将复制的图层调整到原图像的下方，然后将该图像垂直翻转，再移动到原酒瓶造型的下方，如图 7-245 所示。

STEP 05 为“酒瓶造型副本”图层添加一个图层蒙版，使用黑色到白色的线性渐变色对蒙版进行编辑，以制作如图 7-246 所示的投影效果。

图7-244 添加的酒瓶造型图像

图7-245 复制并变换后的图像

图7-246 制作的酒瓶投影效果

STEP 06 切换到“包装盒展开图”文件，通过“图像→复制”命令为其制作一个副本文件。将副本文件中的“正面上方图像”组和图层 1 合并，然后框选包装盒的正面图像，如图 7-247 所示。

STEP 07 将正面图像移动到整体效果文件中，生成图层 1，然后将该图像变换为如图 7-248 所示的效果。

图7-247　框选的正面图像

图7-248　正面图像的变换效果

STEP 08 切换到“包装盒展开图副本”文件，在“历史记录”面板中将该文件恢复到原始状态。将图层 1 和包装右侧面中的一品标志所在的图层合并，然后框选包装盒右侧面图像，如图 7-249 所示。

STEP 09 将右侧面图像移动到整体效果文件中，生成图层 2，然后将该图像变换为如图 7-250 所示的效果。

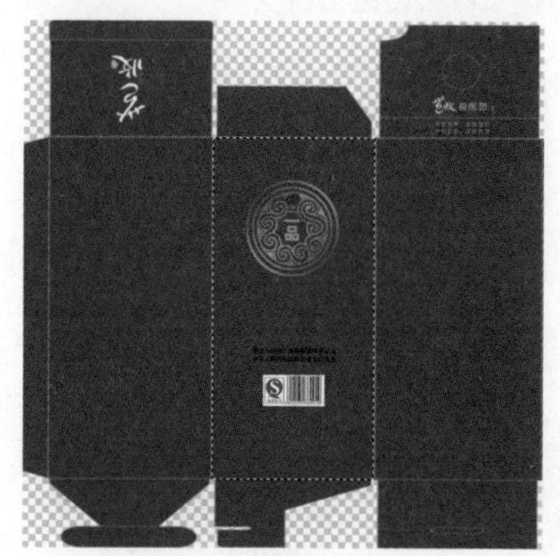

图7-249　框选的右侧面图像

图7-250　右侧面图像的变换效果

STEP 10 将右侧面图像作为选区载入，如图 7-251 所示，然后为其添加一个曲线调整图层，曲线调整设置及调整后的色调分别如图 7-252 和图 7-253 所示。

图7-251　载入的选区

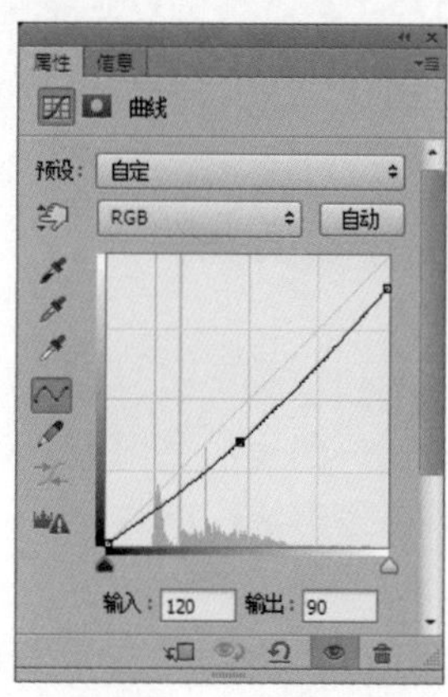

图7-252　曲线调整设置

图7-253　调整后的右侧面图像色调

STEP 11 切换到“包装盒展开图副本”文件，将该文件恢复到原始状态，然后将包装正面中的“正面下方图像”组、图层 9 和图层 14 合并。框选包装正面中的下部分图像，将其移动到整体效果文件中，生成图层 3，然后如图 7-254 所示进行变换处理。

STEP 12 在“包装盒展开图副本”文件，将该文件恢复到原始状态，然后将包装右侧面中的文字、条码和图层 9 合并。框选包装右侧面中的下部分图像，将其移动到整体效果文件中，生成图层 4，然后如图 7-255 所示进行变换处理。

图7-254　图像的变换效果

图7-255　图像的变换效果

STEP 13 将图层 4 调整到图层 3 的下方，将图层 4 中的图像作为选区载入，然后将选区扩展 3 像素，并羽化 1 像素，如图 7-256 所示。

STEP 14 在图层 4 的下方新建图层 5，然后为选区填充“R37、G25、B13”的颜色，取消选择，以制作右侧面下部分图像处的阴影，如图 7-257 所示。

STEP 15 使用橡皮擦工具擦除图层 5 中多出包装效果的图像，如图 7-258 所示。

图7-256　载入的选区

图7-257　选区的填充效果

图7-258　擦除后的图像

STEP 16 新建图层 6，在右侧面下部分图像的顶部绘制如图 7-259 所示的选区，并将选区填充为“R210、G196、B173”的颜色，取消选择，以制作此处的反光色调，如图 7-260 所示。

STEP 17 按住“Ctrl+Shift”键，将图层 4 和图层 6 中的图像作为选区载入，如图 7-261 所示，然后在图层 4 的上方新建一个曲线调整图层，曲线调整设置及调整后的色调分别如图 7-262 和图 7-263 所示。

图7-259　创建的选区

图7-260　绘制的反光效果

图7-261　载入的选区

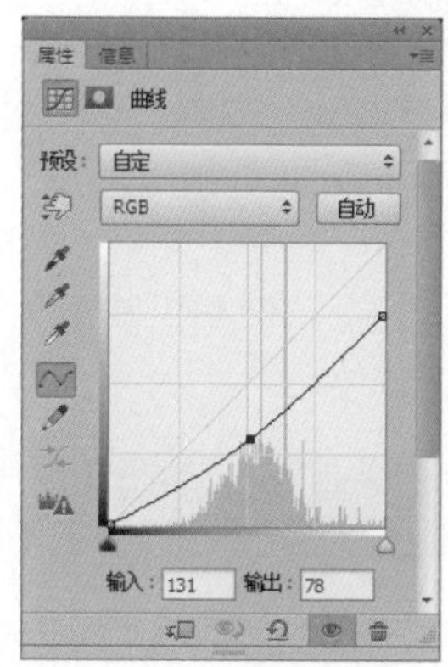

图7-262　曲线调整设置

图7-263　调整后的图像色调

STEP 18 在图层3的下方新建图层7。创建如图7-264所示的选区，将选区羽化1像素，然后为选区填充“R36、G27、B16”的颜色，取消选择，以制作此处的阴影，如图7-265所示。

STEP 19 使用橡皮擦工具擦除图层7中多出包装效果的图像，如图7-266所示。

图7-264　绘制的选区

图7-265　选区的填充效果

图7-266　处理后的阴影效果

STEP 20 新建图层8，创建如图7-267所示的选区，为选区填充“R83、G81、B62”的颜色，以体现此处的厚度。

STEP 21 新建图层9，创建如图7-268所示的选区，使其略大于正面中的下部分图像。将选区填充为“R216、G202、B179”的颜色，取消选择，以制作此处的反光色调，如图7-269所示。

STEP 22 在图层1的下方新建图层10，绘制如图7-270所示的选区，为其填充“R216、G202、B179”的颜色，取消选择，以制作包装盒的底座，如图7-271所示。

图7-267　绘制并填充的选区

图7-268 创建的选区

图7-269 绘制的发光效果

图7-270 绘制的图像

STEP 23 将底座图像的部分创建为选区，然后为其添加一个曲线调整图层，曲线调整设置及调整后的色调分别如图 7-272 和图 7-273 所示。

图7-271 创建的选区

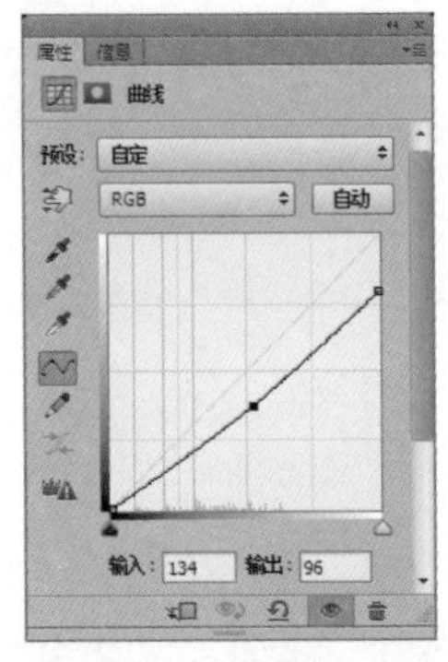

图7-272 曲线调整设置

图7-273 调整后的色调

STEP 24 将底座图像作为选区载入，如图 7-274 所示，然后为其添加一个曲线调整图层，曲线调整设置及调整后的色调分别如图 7-275 和图 7-276 所示。

图7-274 载入的图像

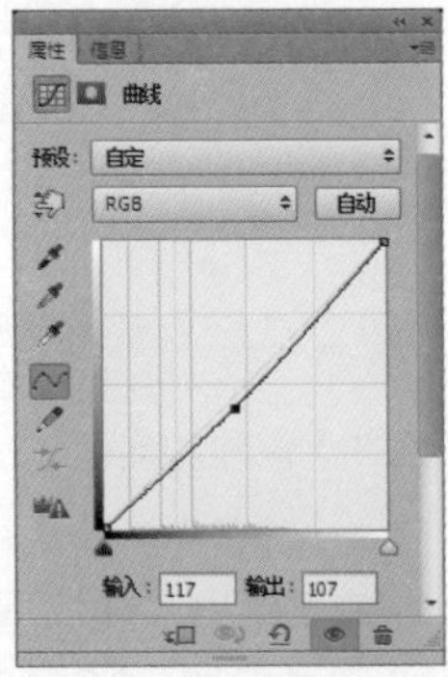

图7-275 曲线调整设置

图7-276 调整后的色调

STEP 25 在上一步创建的曲线调整图层的图层蒙版缩览图上单击，然后将底座图像作为选区载入。使用白色到黑色的线性渐变色对蒙版进行填充，逐渐屏蔽部分调整效果，如图 7-277 所示。

STEP 26 在图层 10 的上方新建图层 11，绘制如图 7-278 所示的选区，为其填充“R133、G103、B81”的颜色，取消选择，以表现底座上的层次。

图7-277 编辑图层蒙版的操作及效果

STEP 27 新建图层 12，绘制如图 7-279 所示的选区，为其填充“R42、G31、B22”的颜色，取消选择。

图7-278 绘制的层次图像

图7-279 绘制的层次图像

STEP 28 将包装盒所在的所有图层编组，修改组名称为“包装盒”，如图 7-280 所示。

STEP 29 将“包装盒”组复制，并将复制的组合并，然后框选包装盒正面图像，如图 7-281 所示。按“Ctrl+J”键，将框选的图像拷贝到新的图层，以制作包装盒正面的投影，如图 7-282 所示。

图7-280 图层的编组

图7-281 框选的图像

图7-282 拷贝的图层

STEP 30 选择“包装盒副本”图层，然后框选右侧面图像，将其拷贝到新的图层，然后删除“包装盒副本”图层，如图 7-283 所示。

STEP 31 按照前面介绍的制作包装投影的方法，为包装盒制作正面和右侧面处的投影，完成效果如图 7-284 所示。

图7-283 拷贝的图层

图7-284 制作的包装投影

STEP 32 在最下层新建图层 15。创建如图 7-285 所示的选区，将选区羽化 3 像素，为其填充“R109、G108、B106”的颜色，并取消选择。

STEP 33 为图层 15 添加一个图层蒙版，使用画笔工具屏蔽部分图像，以表现包装盒右下角处的投影效果，如图 7-286 所示。

STEP 34 新建图层 16，按照同样的操作方法，绘制酒瓶右下角处的投影，完成本实例的制作，效果如图 7-287 所示。

图7-285 绘制的图像

图7-286 包装盒的投影效果

图7-287 酒瓶的投影效果

7.4 玻璃类包装作品赏析

在玻璃材质的包装容器设计中，最具代表性的当然要数香水类和酒类容器设计。设计师们通过自己独到的创意、开阔的眼界和超乎寻常的设计构想，创造出各式各样、造型独特的优秀包装设计，如图 7-288 和图 7-289 所示。

包装容器造型是通过一定的物质材料和工艺技术来完成的，在设计过程中，需要因地制宜、灵活掌握，有机地将产品信息运用到包装容器造型中去，如图 7-290 和图 7-291 所示。

变化和统一是造型艺术的基本规律，它们既对立又相互依存。过多的变化显得杂乱无章，而多余的统一又容易死板单调。因此，只有将两者恰到好处地运用到造型设计中去，才能获得满意的效果，如图 7-292 和图 7-293 所示。

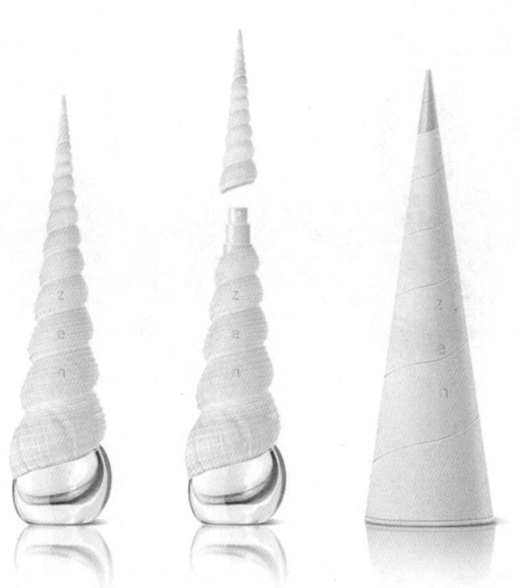

图7-288　造型新颖的香水瓶

解析：螺旋形和尖三角形的瓶盖和瓶身造型设计，纯白的色彩应用，使整个包装独具艺术性和现代感。

图7-289　独具现代感的酒瓶设计

解析：通常长颈瓶都给人一种优雅而高贵的气质，此款包装也不例外。它采用玻璃瓶自身的透亮特性，而无需染色，因为此香槟自身的橘红色即是最时尚的颜色。瓶身采用非常有现代感的图形和文字，大大增强了包装在外观上的个性。

图7-290　色彩艳丽的香水瓶

解析：糖果色调的香水瓶身被艳粉色的缎带围绕着，给人甜美的视觉享受。艳粉色盒子上印着一位摩登的金发女郎，看上去俏皮可爱。

图7-291　纯美的饮料包装

解析：简洁、唯美的图形设计，清爽的色调，给人清凉、纯美的视觉享受。

图7-292　灵动的饮料包装

解析：整个包装设计别具一格。图形变化而又能统一，简洁的图形增强了包装的装饰性。文字字形活泼、颜色丰富，斜向的编排方式使整个包装变得活跃起来。

图7-293　香甜的饮料包装

解析：这是一款多口味的饮料包装设计，包装主要以突出饮料的口味类型为主。整个包装图文简洁、主体突出，玻璃瓶包装中看似香甜的饮料更是让人垂涎欲滴。

7.5 课后习题

一、填空题

1. 玻璃属于无机物的一种，它的基本材料是______、______和______。玻璃在高温下熔化后迅速冷却，形成透明固体。

2. 由于玻璃制品造型各异，因此玻璃瓶上的图案可采用______和______进行印刷。曲面玻璃制品主要包括三种，分别是______、______和圆锥球面形。

3. 玻璃容器按形状分，有______、______、______、长颈瓶、矮瓶、曲线型玻璃瓶等。玻璃瓶的应用范围包括片状产品、半固体产品、______、自由流动的液态产品、______、含气体的液态产品、颗粒状产品、______等。

二、上机操作题

参考本章中设计制作“丰收”白酒包装的方法，完成如下苹果醋饮料包装效果的制作。

操作提示

（1）在绘制此容器瓶时，首先使用钢笔工具绘制出容器的整体外形，并为其填充相应的线性渐变色，作为容器瓶的底色。

（2）结合使用钢笔工具、渐变工具、画笔工具以及图层等功能，绘制酒瓶的瓶盖。

（3）结合使用画笔工具和图层功能，绘制瓶身中不同部位处的明暗色调。

（4）使用多边形工具绘制出瓶身中的反光形状，并使用画笔工具绘制其中的色调效果。

图7-294　苹果醋饮料包装

第 8 章　陶瓷类产品包装设计

学习要点

- 学习陶瓷类包装的基础知识，包括陶瓷包装介绍和陶瓷包装容器的分类知识。
- 了解酒类陶瓷包装的特点，掌握“御品玉液”白酒包装的制作方法。

8.1 陶瓷类包装的基础知识

我国作为传统的陶瓷生产大国，蕴藏着丰富的瓷土资源。随着工业设计水平的提高，陶瓷类包装制品以其坚固、耐用、美观和价廉的特点，越来越受到广大消费者的喜爱。如图 8-1 所示为陶瓷类酒包装设计。

图8-1　陶瓷类酒包装设计

8.1.1 关于陶瓷包装

陶瓷包装是以黏土为主要原料，经配料、制坯、干燥、熔烧而制得的包装容器。陶瓷容器具有耐用性、防腐性、防虫性和在造型上的可塑性等优点。

陶瓷制品除了具有商用价值外，同时还具有很强的艺术欣赏价值。从古到今，陶瓷都以其独有的材质魅力而受到人们的青睐。如图 8-2 所示为不同造型的陶瓷容器。

图8-2　不同造型的陶瓷容器

陶瓷是一种硬而易碎的商品，在外包装上都以软质的材料为主，随着文化的发展和技术的提高，陶瓷外包装经历了从稻草绳、木箱、粗纸盒到彩盒美术包装的过程。

在进行陶瓷容器设计时，应注重包装的装潢价值，这样不仅能提升产品形象，同时也增加了商品附加值。对于一些出口型陶瓷，在包装的色彩、构图、式样和结构上，都应注入本国的消费习惯和文化底蕴，以表现独特的本土风韵，从而提高产品在国际市场上的竞争力，促进陶瓷包装业的发展。

8.1.2 陶瓷包装容器的分类

陶瓷制品的使用范围很广，可分为日用陶瓷、陶瓷烹调器、建筑陶瓷和卫生陶瓷等。在日常生活中，陶瓷制品与人们的生活密不可分，如生活中的卫生洁具、餐具用品，装饰用的美术陶瓷等。如图 8-3 所示。

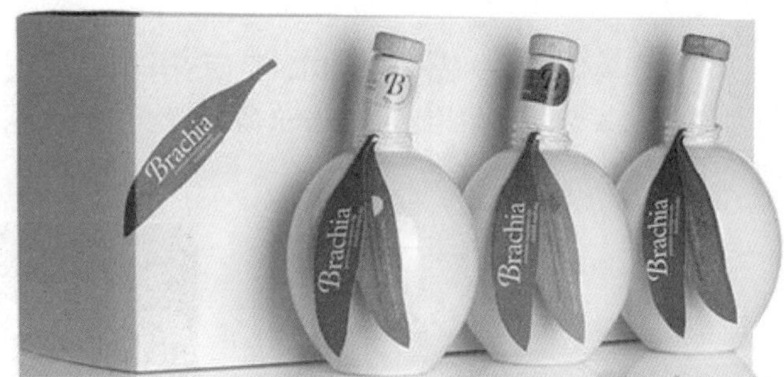

图8-3　不同产品的陶瓷容器设计

陶瓷制品按原料的不同分为粗陶器、精陶器、炻器、瓷器等。

(1) 粗陶器的原料主要是含杂质较多的砂质黏土，它坯质粗疏、多孔、表面粗糙、色泽较深、气孔率和吸水率较大。表面施釉后可作为包装容器，主要用作陶缸。

(2) 精陶器的原料主要是陶土，坯体呈白色，质地较粗陶器细腻，气孔率和吸水率也较小。常用作陶罐、陶坛和陶瓶，如图 8-4 所示。

图8-4　不同原料制成的陶瓷容器

(3) 炻器也称半瓷，其主要原料是陶土或瓷土，它坯体致密，已完全烧结，但还没完全玻璃化，基本上不吸水。按其质地又分为粗炻器和细炻器两种，常用作陶坛、陶缸等 .

(4) 瓷器的原料主要是颜色纯白的瓷土。它可以制作出质地最好的陶瓷容器，其特点是组织致密、色白、表面光滑，坯体完全烧结，可以完全玻璃化，吸水率极低，对液体和气体的阻隔性好，主要用于烧制瓷瓶。

陶瓷制品按造型区别，可分为缸器、坛类、罐类和瓶类。

(1) 缸器是属于大型容器，它上大下小，内外施釉。可用于储水，包装皮蛋、盐蛋等。

(2) 坛类陶瓷容器容量也较大，有的坛一侧或两侧有耳环，以便于搬运，其外围多套柳条筐、荆条筐等，起到缓冲作用。常用来包装硫酸、酱油、咸菜等。

(3) 罐类陶瓷容器的容量较坛类小，有平口与小口之分，内外施釉。常用于包装腐乳、咸菜等。

(4)瓶类是陶瓷容器中容量较小的包装容器。在造型设计上通常别具一格，普遍具有古朴典雅，图案精美，釉彩鲜明的特点，主要用于高级的名酒包装。

8.2 酒类陶瓷包装设计

如今，越来越多的白酒生产商采用陶瓷材质作为白酒的包装容器，如图 8-5 所示。

图8-5 白酒陶瓷容器设计

陶瓷材质的酒包装容器与玻璃材质相比，具有各自的特点。玻璃材质最大的优点在于具有水晶般的透明性，消费者可透过材质的透明度观赏到容器内的包装物。而采用陶瓷作为包装容器，主要是利用陶瓷材质本身所具有的古朴、典雅的风格，以表现具有历史文化特色的白酒品牌悠久的历史沉淀性。

8.2.1 关于酒类陶瓷包装

近年来，酒行业的竞争越来越激烈，从白酒、红酒、黄酒、啤酒、保健酒到洋酒，酒行业的竞争逐渐向深度洗牌转化，从而进行一场品质、品牌、包装的较量，这就要求酒企必须根据市场需求，设计出迎合消费者心理的酒包装。

酒包装的突破和发展很大程度上取决于包装材料的升级。在包装材料日新月异的今天，酒包装对新包装材料的选用是最快最多的，而当前被广泛使用的是有利于环保的包装材料，并且会有意识地降低材料成本，这主要源于企业逐渐认识到高档包装并不等于要用高档的材料，如图 8-6 所示。

陶瓷是陶器和瓷器的总称，陶瓷材料大多是氧化物、氮化物、硼化物和碳化物等。常见的陶瓷材料有黏土、氧化铝、高岭土等。黏土具有很强的韧性，在常温下遇水可塑、微干可雕、全干可磨。

图8-6　酒类陶瓷包装

瓷酒瓶是由1320度的高温烧制而成，物理化学稳定性高。瓷酒瓶略有透气而又不渗漏，在原酒陈酿过程中有很好的催陈效果。瓷酒瓶基本不透光，避免了光对酒的化学反应，很好地保持了酒质。

瓷酒瓶比玻璃酒瓶导热慢，可以保持很好的酒温，使酒不易变质。制造瓷酒瓶的原料取材于天然矿物，它含有钙、镁、钾、钠、铁等元素，有益人体健康。陶瓷制品工艺精湛、艺术表现形式多样、收藏价值极高，可以很好地提升酒的品质和内涵。此外，陶瓷容器的工艺逐步简单化，艺术观赏性增强，并且外包装和内衬材料的实用性、环保性也随之增强。

除瓷酒瓶外，当前新应用的一种仿陶玻璃酒瓶比传统陶瓷酒瓶有明显的优点。仿陶玻璃酒瓶的内胎为玻璃材料，外表为陶瓷材料，从而彻底克服了用陶瓷容器盛酒的渗漏问题，并且瓶盖与瓶体吻合严密，封口效果好，克服了陶瓷材料热膨胀出现瓶口尺寸与标准偏差的缺陷。

陶瓷酒容器设计要基于传统艺术，在悠久丰厚的历史文化中，才能沉淀出创新的设计理念，并产生具有时代风格的设计，这是陶瓷酒容器设计的核心要素。这就要求每一位设计者都要回顾历史，接受传统文化的熏陶，将那些有价值的文化元素应用到包装设计中去。

8.2.2　范例——“御品玉液”白酒包装

打开本书配套光盘中的“Chapter 8\Complete\包装整体效果.psd”文件，查看该白酒包装的酒瓶造型和外包装盒效果，如图8-7所示。

1. 设计定位

“御品玉液”属于贡酒类高档白酒，此酒主要在各大型商场、超市以及高档烟酒类专卖店销售。由于此酒定价高，因此普遍作为宴请、送礼和珍藏之用。

图8-7 “御品玉液”白酒包装

2. 设计说明

根据“御品玉液”酒的市场定位，在酒瓶设计上，酒瓶采用中黄色，瓶身采用传统的龙纹图案，瓶盖则采用凤舞的造型，以体现该酒的高品质和作为贡酒的风范。酒名文字下方采用传统的边框图案对文字进行修饰，使整个包装呈现一种精致感。酒名文字边缘处理为虚边的效果，以体现此酒的历史厚重感。

在外包装盒的设计中，采用金黄色和褐色作为主色调，更能体现此酒的高贵品质。整个包装设计大气磅礴、粗中有细、色调鲜明、定位准确、造型考究，值得包装初学者借鉴。

3. 材料工艺

“御品玉液”酒瓶采用中黄色的瓷土烧制而成，瓶体图案和文字采用曲面丝网印刷工艺进行印制。外包装盒采用400g的白板纸作为印刷材料，采用四色平版印刷，酒名和周围的金黄色边框将采用烫金和击凸工艺，最后采用压痕和复亚膜的印刷工艺。

4. 设计重点

绘制“御品玉液”酒包装可分为4个部分完成，即绘制酒瓶造型、绘制酒瓶图案、绘制外包装盒的正面和侧面、绘制整个包装效果。在绘制过程中，需要注意以下几个环节。

（1）使用钢笔工具绘制瓶身的外形，为其填充相应的径向渐变色来体现瓶身的质感。

（2）在绘制瓶盖时，通过为瓶盖添加浮雕效果的图案，使用画笔工具绘制瓶盖中的明暗层次来表现瓶盖上的雕花和质感。

（3）通过渐变填充和调整图层的应用，绘制瓶底的效果。

（4）对瓶身图像进行变形，使其贴合酒瓶，以产生逼真的酒瓶图案效果。

5. 设计制作

在绘制“御品玉液”酒包装时，需要用到钢笔工具、渐变填充工具、画笔工具、横排文字工具、图层样式、调整图层、图层蒙版、自由变换功能、喷溅滤镜、“通道”面板等。

（1）绘制酒瓶造型

STEP 01 在Photoshop中新建一个大小为30cm×50cm、分辨率为85像素/英寸、模式为RGB的图像文件，如图8-8所示。

STEP 02 新建图层1，在图像窗口的顶部绘制如图8-9所示的瓶盖外形图像，为其填充“R210、G188、B45”的颜色。

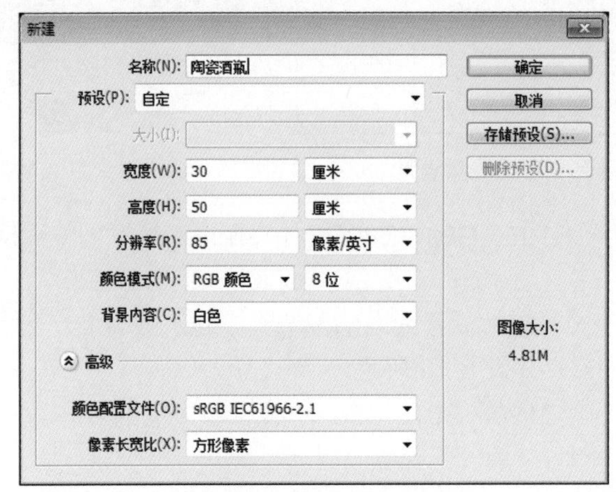

图8-8 新建文件设置

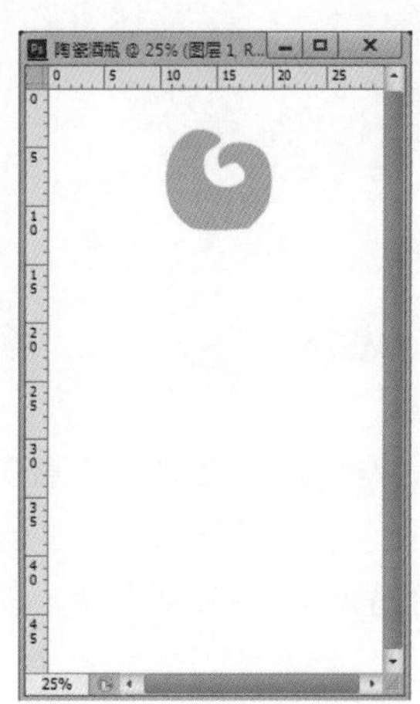

图8-9 绘制瓶盖图像

STEP 03 在图层1的下方新建图层2，绘制如图8-10所示的瓶颈图像，为其填充0%“R230、G213、B77”、56%“R221、G198、B60”，81%“R134、G95、B31”，96%“R 104、G82、B34”的线性渐变色。

STEP 04 在图层2的下方新建图层3。按照瓶身外形绘制选区，为其填充0%“R253、G235、

B119”、18%“R233、G209、B55”，33%“R218、G193、B49”，69%“R184、G154、B20”，86%“R166、G132、B37”，100%“R165、G132、B37”的径向渐变色，渐变色填充操作及效果分别如图 8-11 和图 8-12 所示。

图8-10 绘制的瓶颈图像

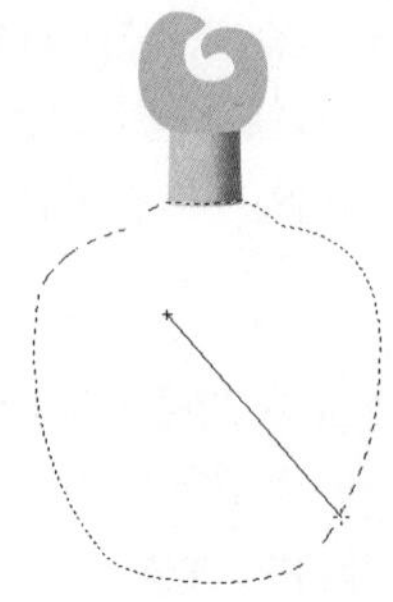
图8-11 选区的渐变填充操作

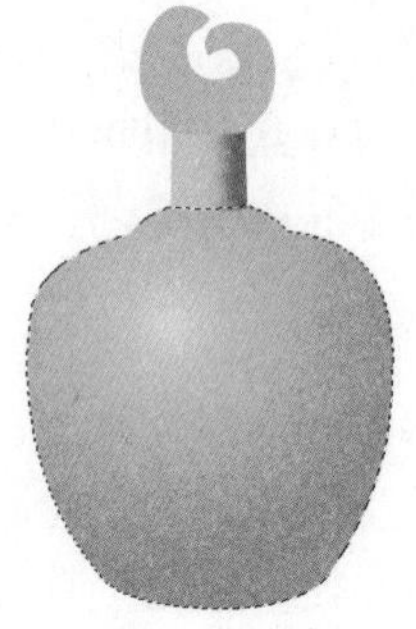
图8-12 绘制的瓶身图像

STEP 05 取消图像中的选区，然后在图层 1 的上方新建图层 4。在瓶盖上绘制如图 8-13 所示的图案，为其填充“ R219、G199、B64”的颜色。

STEP 06 为图层 4 添加“斜面和浮雕”图层样式，各选项设置及应用效果分别如图 8-14 和图 8-15 所示。

图8-13 绘制瓶盖上的图案

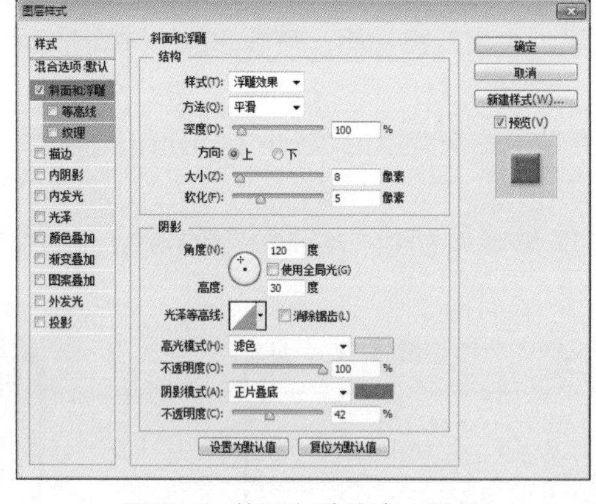

图8-14 斜面和浮雕选项设置

图8-15 应用图层样式后的效果

STEP 07 新建图层 5，将前景色设置为“R107、G86、B40”，并将瓶盖和瓶颈图像同时作为选区载入。

STEP 08 选择画笔工具，为其选择柔边圆画笔，设置适当的画笔大小和不透明度，然后在瓶盖上的背光部位进行涂抹，绘制瓶盖上的阴影，如图 8-16 所示。

STEP 09 新建图层 6，将前景色设置为“R120、G91、B36”，然后在瓶盖的右下方进行涂抹，继续绘制此处的阴影色调，如图 8-17 所示。

STEP 10 新建图层 7，将前景色设置为白色。结合使用画笔工具、橡皮擦工具和涂抹工具绘制瓶盖上的反光效果，如图 8-18 所示。

STEP 11 打开本书配套光盘中的“Chapter 8\Media\金属拉环 .psd”文件，将其移动到酒瓶图像中，生成图层 8，然后将其移动到瓶颈上，并调整到适当的大小，如图 8-19 所示。

STEP 12 在图层 8 的下方新建图层 9，将前景色设置为“R97、G75、B27”，并将瓶颈图像作为选区载入。

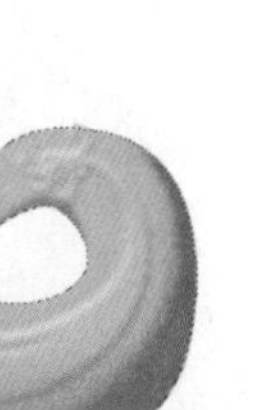

图8-16　绘制瓶盖上的阴影

图8-17　继续绘制的阴影色调

图8-18　瓶盖上的反光效果

STEP 13 选择画笔工具，设置适当的画笔大小和不透明度，然后在金属拉环的下方进行涂抹，绘制此处的阴影，如图 8-20 所示。

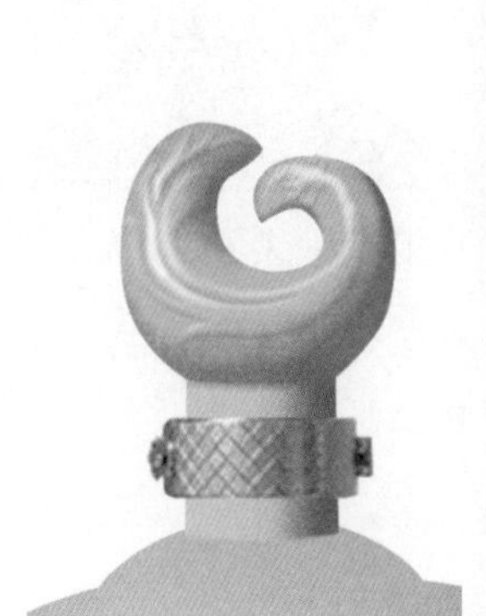

图8-19　添加的金属拉环

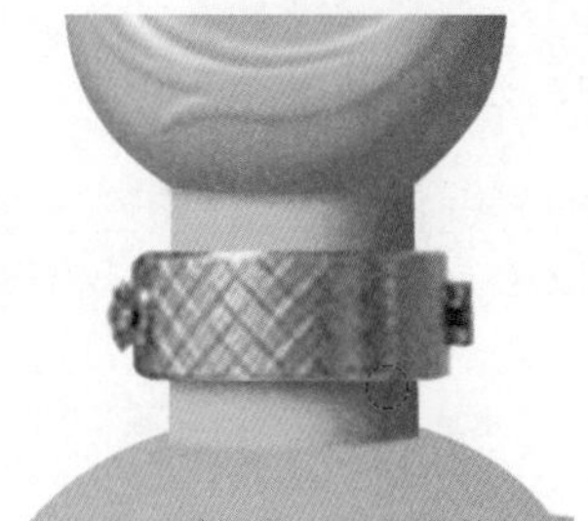

图8-20　绘制的投影效果

STEP 14 新建图层 10，在瓶颈下方绘制如图 8-21 所示的选区，为其填充“R216、G192、B56”的颜色，如图 8-22 所示。

STEP 15 新建图层 11，绘制如图 8-23 所示的选区，将其羽化 1 像素，然后填充为“R216、G192、B56”的颜色，并取消选择，如图 8-24 所示。

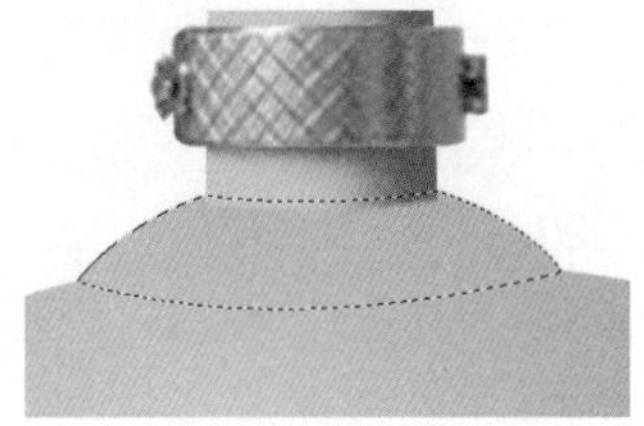

图8-21　绘制的选区

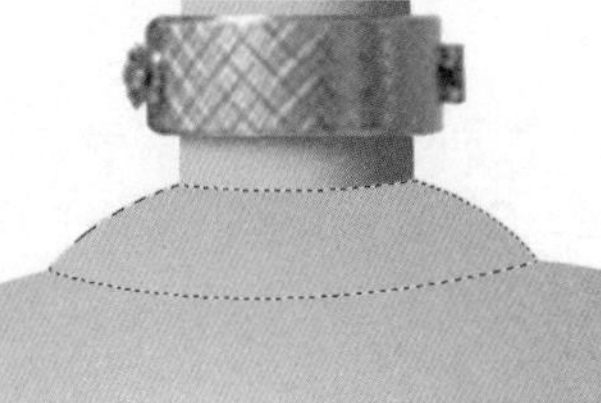

图8-22　选区的填充效果

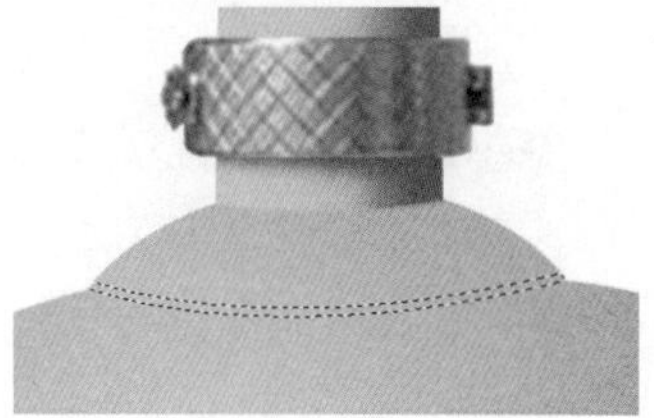

图8-23　绘制的选区

STEP 16 锁定图层 11 的透明像素。将前景色设置为“R196、G172、B41”，然后使用画笔工具在上一步绘制的图像右端进行涂抹，绘制该图像上的暗色调，如图 8-25 所示。将画笔工具的不透明度设置为 20%，在该图像的左端进行涂抹，绘制此处的色调，如图 8-26 所示。

STEP 17 新建图层 12，并将图层 10 中的图像作为选区载入，然后将前景色设置为“R107、G86、B40”。为画笔工具设置适当的画笔大小和不透明度，在选区内的两端边缘处进行涂抹，绘制此处的阴影，如图 8-27 所示。

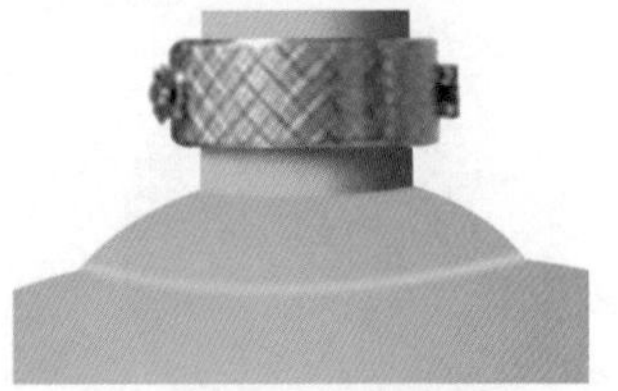

图8-24 选区的填充效果

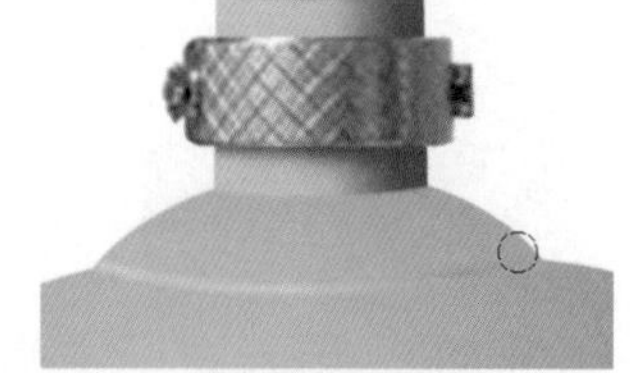

图8-25 绘制图像右端的色调效果

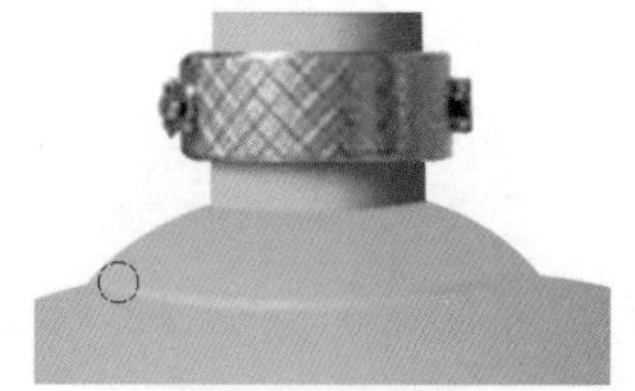

图8-26 绘制图像左端的色调效果

STEP 18 新建图层 13，绘制如图 8-28 所示的选区，将其羽化 1 像素，然后为其填充线性渐变色，设置渐变色为 0%“R220、G207、B58”、18%“R238、G224、B86”，37%“R244、G230、B115”，58%“R229、G212、B77”，82%“R162、G130、B36”，95%“R102、G84、B40”，并取消选择，如图 8-29 所示。

图8-27 绘制的阴影效果

图8-28 绘制的选区

图8-29 选区的填充效果

STEP 19 选择图层 3，将图层 3 中的瓶身图像作为选区载入，如图 8-30 所示，然后根据当前选区为该图像添加一个曲线调整图层，曲线调整设置及效果分别如图 8-31 和图 8-32 所示。

图8-30 载入的选区

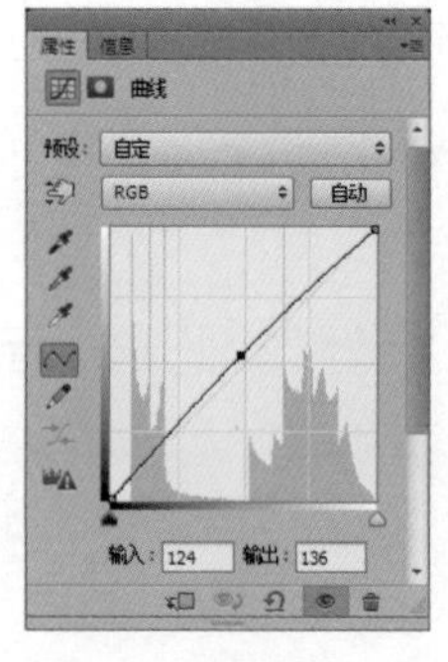

图8-31 曲线调整设置

图8-32 调整后的瓶身色调

STEP 20 在最下层新建图层 14，然后在瓶身底部绘制如图 8-33 所示的选区，为选区填充线性渐变色，设置渐变色为 0%“R172、G146、B54”、13%“R244、G208、B67”，28%“ R234、G195、B62”，49%“R210、G174、B53”，73%“R175、G146、B29”，100%“R120、G86、B33”，并取消选择，如图 8-34 所示。

STEP 21 复制图层 14，将复制的图层调整到图层 14 的下方，然后将该图像填充为“R112、G79、B32”的颜色，并向下移动到如图 8-35 所示的位置，以制作瓶底的投影。

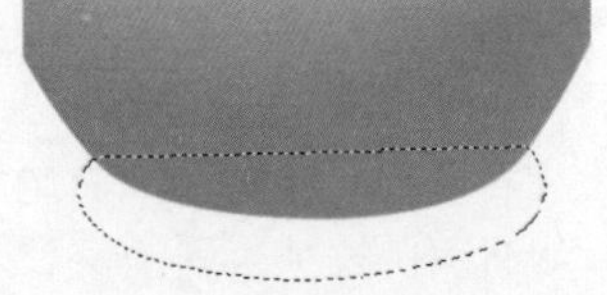

图8-33 绘制的选区

图8-34 绘制的瓶底

图8-35 制作的阴影图像

STEP 22 执行“滤镜→模糊→高斯模糊”命令，在弹出的“高斯模糊”对话框中设置选项参数，如图 8-36 所示，然后单击“确定”按钮，效果如图 8-37 所示。

STEP 23 选择图层 14，将瓶身图像作为选区载入，并将选区向下移动到如图 8-38 所示的位置。按“Ctrl+J”键，将选区内的图像拷贝到新的图层，生成图层 15。

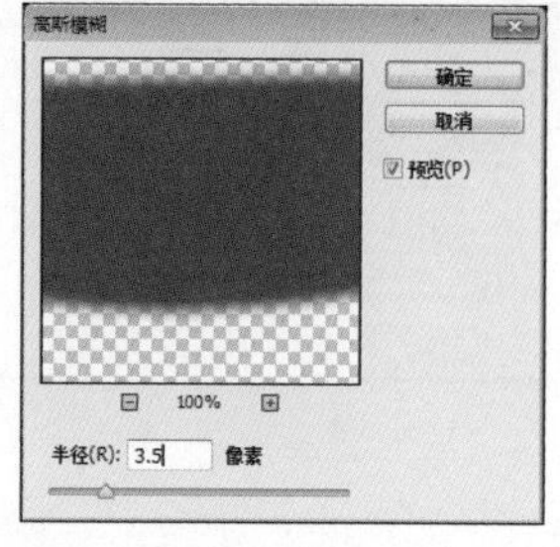

图8-36 “高斯模糊”对话框设置

图8-37 制作好的瓶底投影

图8-38 移动后的选区

STEP 24 将图层 15 作为选区载入，然后为该图像添加一个曲线调整图层，以制作瓶身底部的阴影。曲线选项设置及调整后的色调分别如图 8-39 和图 8-40 所示。

STEP 25 单击曲线调整图层中的图层蒙版缩览图，执行“滤镜→模糊→高斯模糊”命令，在弹出的高斯模糊对话框中设置选项参数，如图 8-41 所示，然后单击“确定”按钮，模糊调整效果的边缘，如图 8-42 所示。

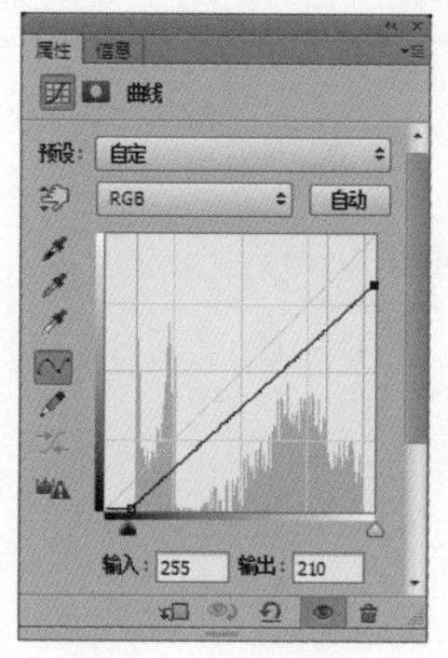

图8-39 曲线调整设置

图8-40 调整后的阴影色调

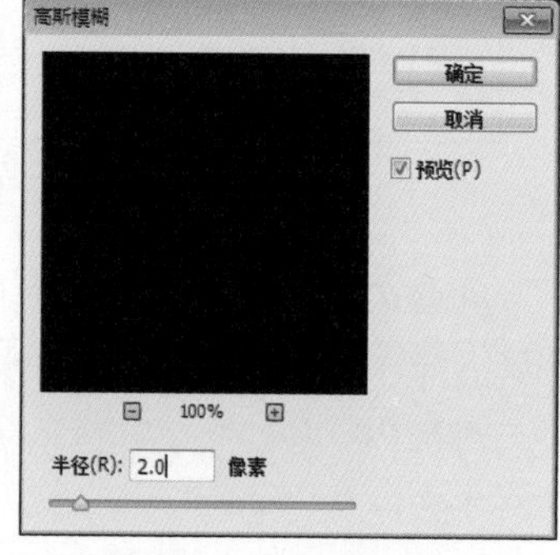

图8-41 高斯模糊设置

STEP 26 在最上层新建图层 16，将前景色设置为白色。选择画笔工具，设置适当的画笔大小和不透明度，然后在瓶身和瓶颈处的适当位置绘制如图 8-43 所示的高光效果。

图8-42 模糊后的色调效果

图8-43 绘制的高光效果

（2）绘制酒瓶图案

打开本书配套光盘中的“Chapter 8\Complete\酒瓶图案.psd”文件，可单独查看该酒瓶中的图案设计效果，如图8-44所示。

图8-44　酒瓶图案效果

STEP 01 新建一个大小为13.8cm×9cm、分辨率为250像素/英寸、模式为RGB的图像文件，如图8-45所示。

STEP 02 分别打开本书配套光盘中的“Chapter 8\Media”目录下的“龙纹1.psd”和“龙纹2.psd”文件，将它们分别移动到酒瓶图案文件中，生成图层1和图层2，然后调整它们的大小和位置，效果如图8-46所示。

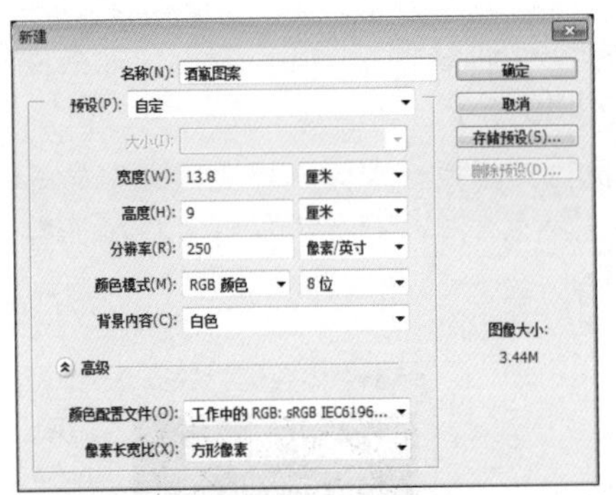

图8-45　新建文件设置

图8-46　添加的龙纹图案

STEP 03 选择左边龙纹所在的图层1，将该图案作为选区载入，然后为其添加一个色相/饱和度调整图层，调整设置及效果如图8-47所示。

STEP 04 重新将左边的龙纹图案作为选区载入，然后为其添加一个曲线调整图层，调整设置及效果如图8-48所示。

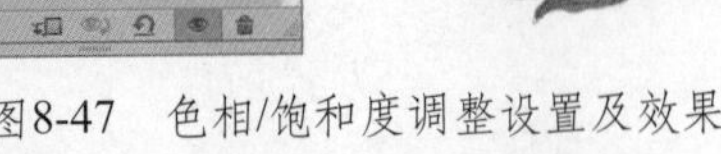

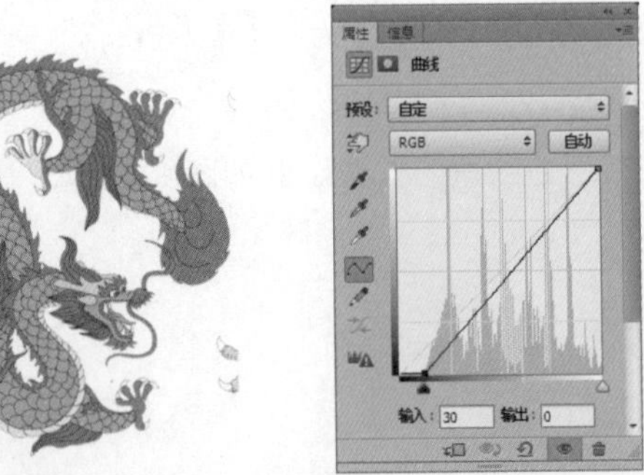

图8-47　色相/饱和度调整设置及效果

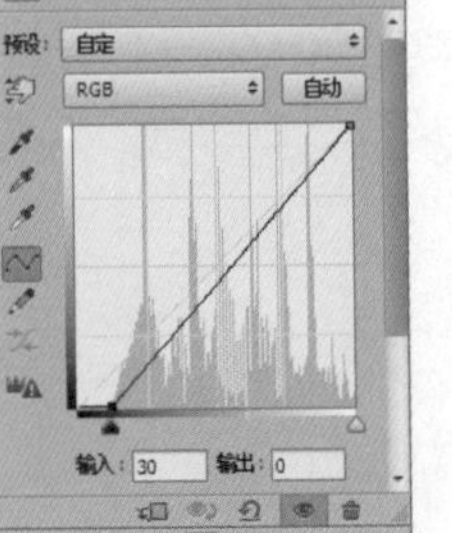

图8-48　曲线调整设置及效果

STEP 05 选择右边龙纹所在的图层2，将该图案作为选区载入，然后按照上面两个图中的调整设置，分别为该图像添加一个色相/饱和度调整图层和曲线调整图层，调整后的龙纹图像如图8-49所示。

STEP 06 新建图层3，绘制如图8-50所示的外形图像，为其填充“R71、G23、B0”的颜色。

图8-49　调整后的龙纹色调效果和图层状态

STEP 07 复制图层 3，得到图层 3 副本，将图层 3 副本图像填充为“R71、G23、B0”的颜色，并缩小到如图 8-51 所示的大小。

图8-50　绘制的外形图像

图8-51　修改颜色并缩小后的图像

STEP 08 按照同样的操作方法，制作如图 8-52 所示的图像。

STEP 09 打开本书配套光盘中的“Chapter 8\Media\花纹 1.psd”文件，将其移动到酒瓶图案文件中，生成图层 4，然后如图 8-53 所示对该花纹进行编排。

STEP 10 复制图层 3 副本 3，得到图层 3 副本 5。将该图层调整到图层 3 副本 4 的上方，然后将该图像缩小到如图 8-54 所示的大小。

图8-52　绘制的图像效果

图8-53　添加的花纹图案

图8-54　复制并缩小后的图像

STEP 11 根据图层 4 中的花纹边缘轮廓，删除图层 3 副本 5 中对应的部分图像，完成效果如图 8-55 所示。

STEP 12 打开本书配套光盘中的“Chapter 8\Media\波纹 .psd”文件，将其移动到酒瓶图案文件中，生成图层 5，然后调整该图案的大小、位置和角度，如图 8-56 所示。

STEP 13 将图层 5 复制，得到图层 5 副本，将复制的图像水平翻转，并移动到右边对应的位置，如图 8-57 所示。

图8-55　删除部分图像后的效果

图8-56　添加的波纹图案

图8-57　翻转后的波纹图像

STEP 14 将图层 5 和图层 5 副本合并，得到图层 5。将图层 3 副本 5 作为选区载入，然后单击图层面板下方的“添加图层蒙版”按钮，为图层 5 添加一个图层蒙版，以屏蔽选区外的图像，如图 8-58 所示。

STEP 15 打开本书配套光盘中的“Chapter 8\Media\花纹 2.psd”文件，将其移动到酒瓶图案文件中，生成图层 6，然后调整该图案的大小和位置，如图 8-59 所示。

图8-58　添加图层蒙版后的波纹图像

图8-59　添加的花纹图案

STEP 16 使用魔棒工具在花纹 2 图像中的红色花朵图案上单击，选择该花朵图案，然后按“Ctrl+J”键，将花朵图案拷贝到新的图层，生成图层 7。

STEP 17 为图层 7 添加斜面和浮雕图层样式，各选项设置及应用效果如图 8-60 所示。

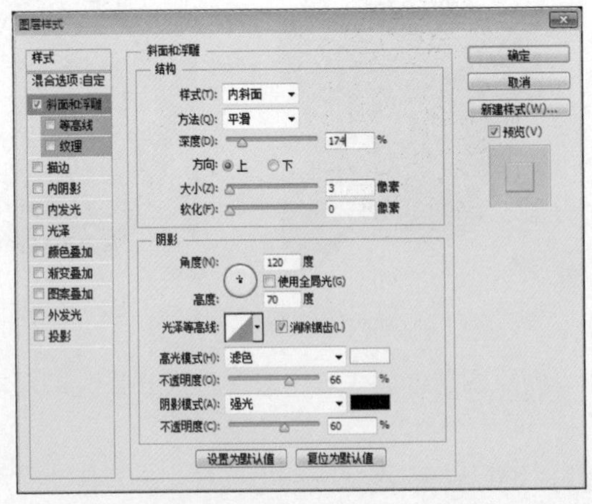

图8-60　斜面和浮雕图层样式设置及应用效果

STEP 18 输入酒瓶图案上的文字，效果如图 8-61 所示。

STEP 19 将“玉液”文字作为选区载入，切换到“通道”面板，单击“创建新通道”按钮，新建一个 Alpha 通道，然后将选区填充为白色并取消选择，如图 8-62 所示。

图8-61　添加的文字

图8-62　填充选区后的通道

STEP 20 执行“滤镜→滤镜库”命令，在弹出的对话框中设置选项参数，如图 8-63 所示，然后单击“确定”按钮，为通道应用滤镜效果。

STEP 21 单击“通道”面板中的“将通道作为选区载入”按钮，载入通道中的选区，如图 8-64 所示。

图8-63　喷溅参数设置

图8-64　载入通道中的选区

STEP 22 切换到“图层”面板，隐藏“玉液”文字图层，新建图层 8，然后将选区填充为“R71、G23、B0”的颜色，并取消选择，如图 8-65 所示。

STEP 23 新建图层 9，绘制如图 8-66 所示的矩形选区，执行“编辑→描边”命令，在弹出的“描边”对话框中设置选项参数，如图 8-67 所示，然后单击“确定”按钮，得到如图 8-68 所示的描边效果。

STEP 24 将图层 9 中的描边图像和御品玉液文字作为选区载入，然后按照步骤 19～步骤 23 的方法，制作如图 8-69 所示的印章效果，将制作好的印章图像填充为红色，完成后的酒瓶图案如图 8-70 所示。

图8-65　填充选区后的文字效果

图8-66　绘制的选区

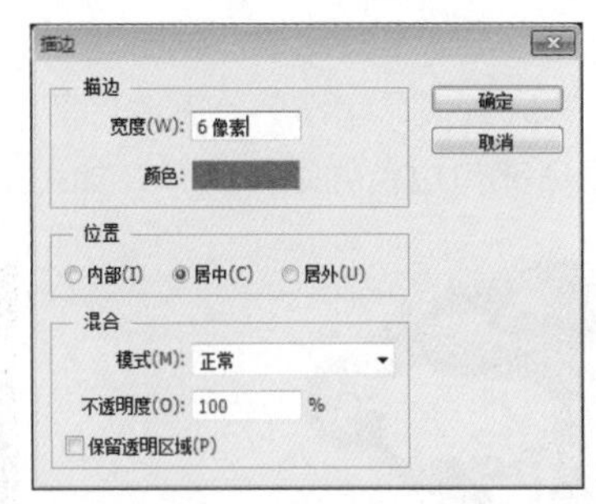

图8-67　描边参数设置

图8-68　选区的描边效果

STEP 25 将两个龙纹所在的图层及其调整图层合并，并将合并后的图像移动到陶瓷酒瓶文件中，然后将该图层的名称修改为“龙纹”，将其调整到图层16的下方，如图8-71所示。

图8-69　制作的印章效果图像

图8-70　绘制完成的酒瓶图案

图8-71　图层的排列状态

STEP 26 使用变形功能对图像进行变形处理，如图8-72所示。变形好后，按“Enter”键提交变形操作，如图8-73所示。

STEP 27 将图层3中的瓶身图像作为选区载入，选择“龙纹”图层，然后单击图层面板下方的“添加图层蒙版”按钮，为该图层添加一个图层蒙版，以屏蔽瓶身外的图像，如图8-74所示。

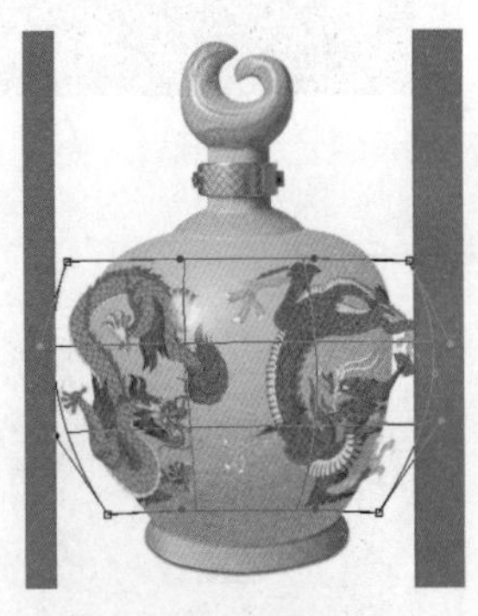

图8-72　图像的变形操作

图8-73　变形后的图像效果

图8-74　添加图层蒙版后的效果

STEP 28 将“龙纹”图层的图层混合模式设置为“正片叠底”，如图8-75所示。

STEP 29 将龙纹图像作为选区载入，然后为其添加一个曲线调整图层，曲线调整设置及效果如图8-76所示。

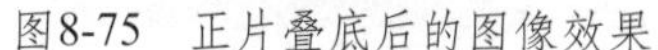

图8-75　正片叠底后的图像效果

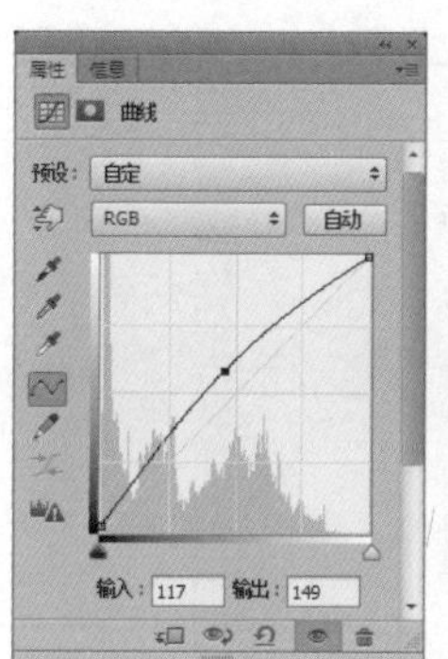
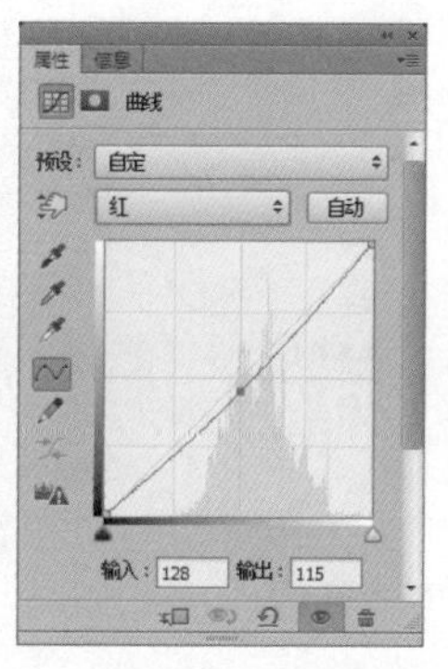

图8-76　曲线调整设置及调整后的图像效果

STEP 30　将酒瓶图案文件中除龙纹和背景图层以外的其他可见图层全部合并，然后将合并后的图像移动到陶瓷酒瓶文件中，并调整到适当的大小，如图 8-77 所示。

STEP 31　使用变形功能将该图像作变形处理，变形操作和变形效果分别如图 8-78 和图 8-79 所示。

图8-77　添加的酒瓶图像

图8-78　图像的变形操作

图8-79　图像的变形效果

(3) 绘制包装盒正面和侧面图

打开本书配套光盘中的"Chapter 8\Complete\包装盒正面和侧面 .psd"文件，查看用于制作酒盒立体效果的正面和侧面图像，如图 8-80 所示。

图8-80　包装盒正面和侧面图像

STEP 01　新建一个大小为 36cm×25cm、分辨率为 150 像素/英寸、模式为 RGB 的图像文件，如图 8-81 所示。

STEP 02　在水平标尺位置为 18cm 处添加一条垂直辅助线，如图 8-82 所示。

STEP 03　将背景图层填充为"R243、G187、B6"的颜色。新建图层 1，绘制如图 8-83 所示的外形图像，为其填充"R98、G33、B5"的颜色。

STEP 04　新建图层 2，绘制如图 8-84 所示的矩形图像，为其填充"R98、G33、B5"的颜色。

STEP 05　将矩形图像作为选区载入，将选区扩展 9 像素，然后为其添加大小为 6 像素、位置为居中的描边效果，如图 8-85 所示。

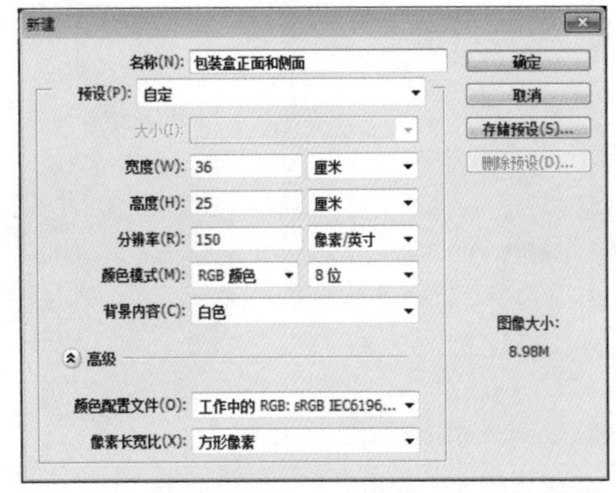

图8-81　新建文件设置

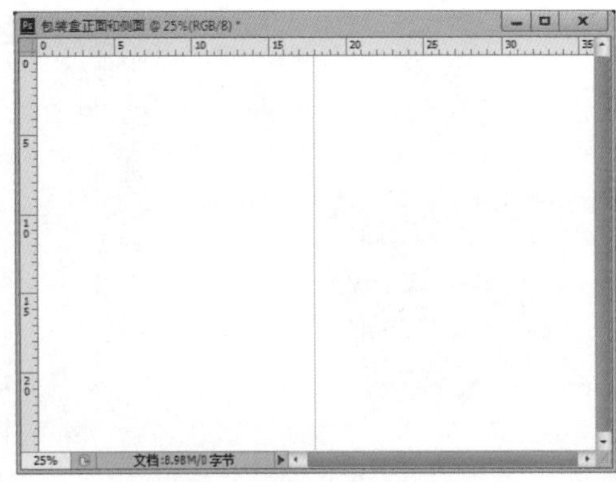

图8-82　添加的辅助线

图8-83　绘制的外形图像

图8-84　绘制的矩形图像

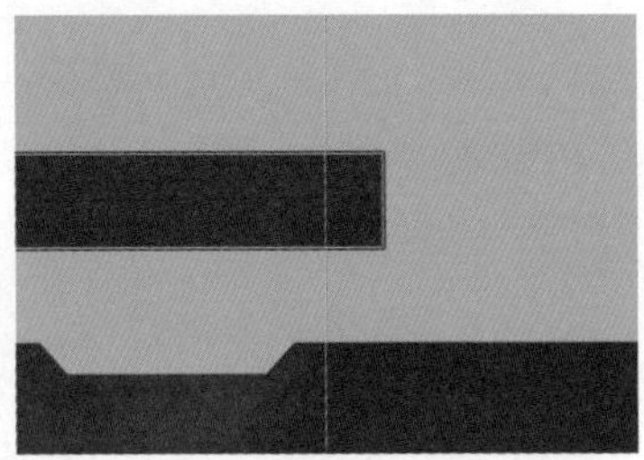

图8-85　添加的描边效果

STEP 06 将图层 2 复制，将复制的图像水平翻转，然后水平移动到如图 8-86 所示的位置。

STEP 07 分别将酒瓶图案文件中的龙纹图案及其对应的调整图层合并，然后依次移动到包装盒正面和侧面文件中，调整到如图 8-87 所示的大小和位置。将龙纹所在的图层名称修改为“龙纹 1”和“龙纹 2”。

STEP 08 将“龙纹 1”图层复制，将复制的图像水平移动到右边对应的位置，如图 8-88 所示。

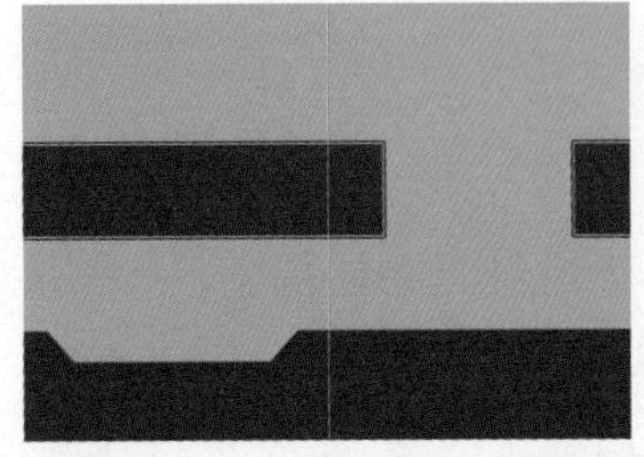

图8-86　复制并移动后的图像

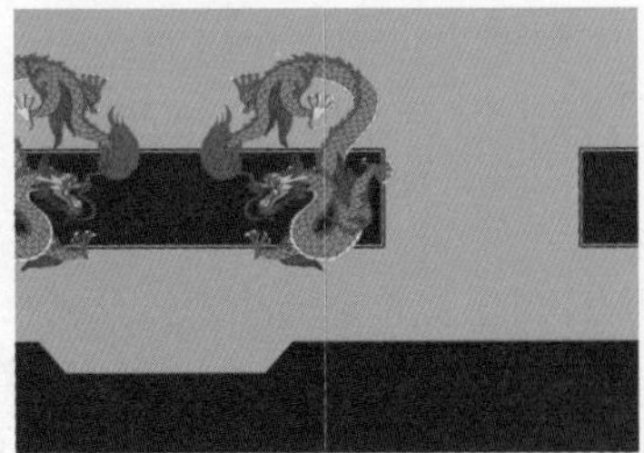

图8-87　添加的龙纹图像

图8-88　复制并移动后的图像

STEP 09 将龙纹所在的图层合并，然后创建如图 8-89 所示的选区。选择龙纹所在的图层，单击图层面板下方的“添加图层蒙版”按钮，为该图层添加一个图层蒙版，以屏蔽矩形外的图像，如图 8-90 所示。

STEP 10 将龙纹图层的不透明度设置为 58%，如图 8-91 所示。

STEP 11 将龙纹图像作为选区载入，然后按住“Ctrl+Shift+Alt”键单击龙纹图层的图层蒙版缩览图，得到如图 8-92 所示的选区。

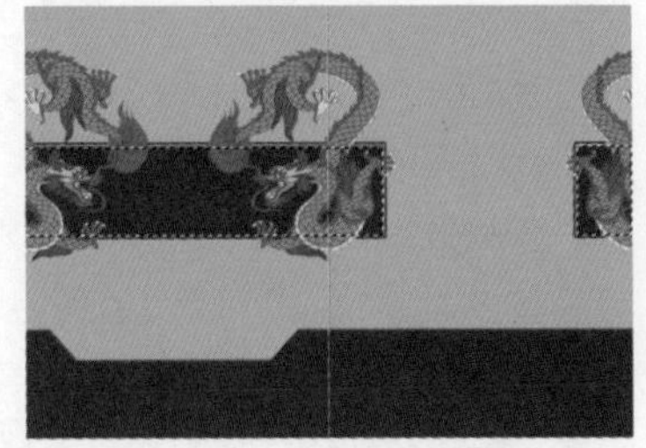

图8-89　创建的选区

图8-90　添加图层蒙版后的效果

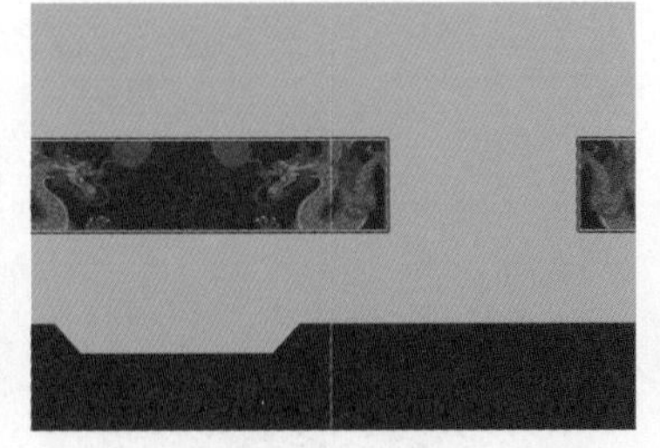
图8-91　降低不透明度后的效果

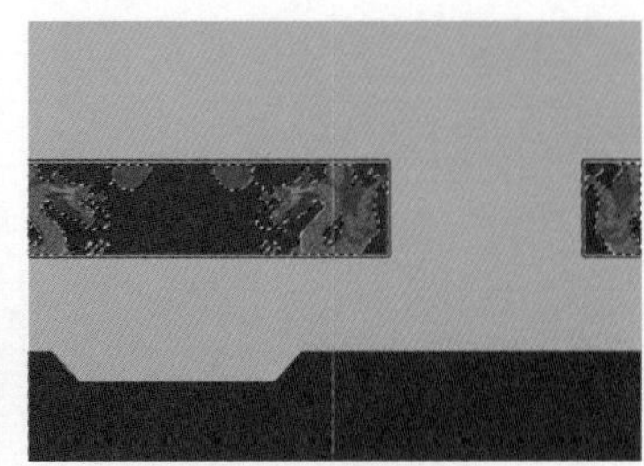
图8-92　创建的选区效果

STEP 12 在该选区的基础上新建一个曲线调整图层，曲线调整设置及效果如图 8-93 所示。

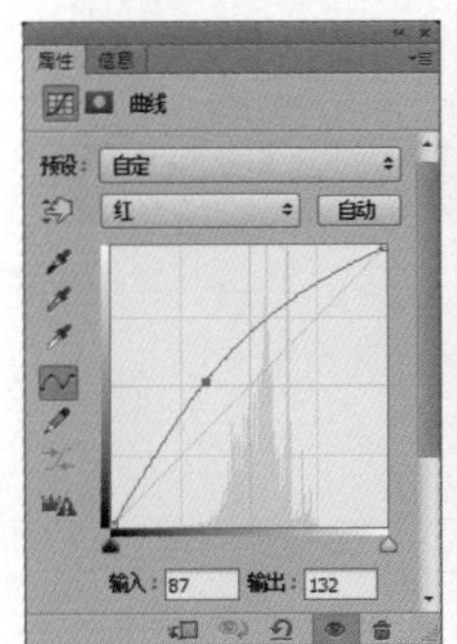

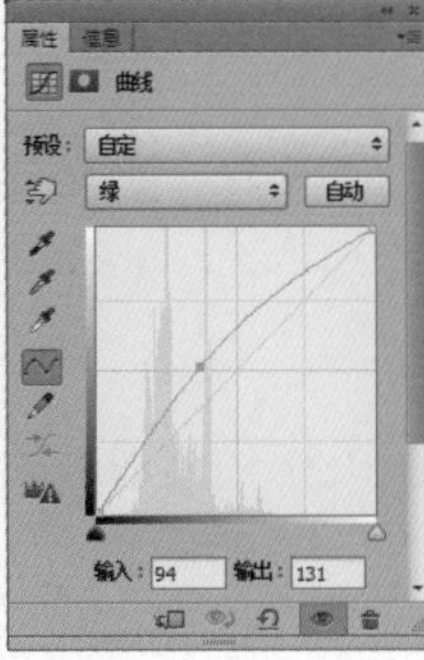

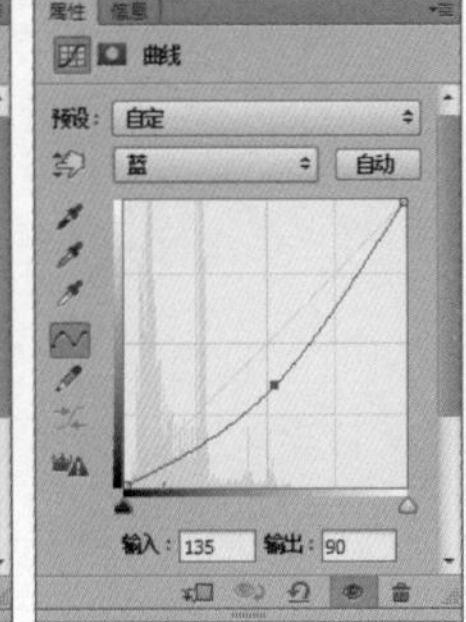

图8-93　曲线调整设置及效果

STEP 13 将酒瓶图案文件中的图层 3 和图层 3 副本 4 中的所有图层以及图层 4 合并，然后将合并后的图像移动到包装盒正面和侧面文件中，生成图层 3。将该图像调整到如图 8-94 所示的大小和位置。

STEP 14 为图层 3 添加斜面和浮雕图层样式，各选项设置及效果分别如图 8-95 和图 8-96 所示。

图8-94　添加的图像

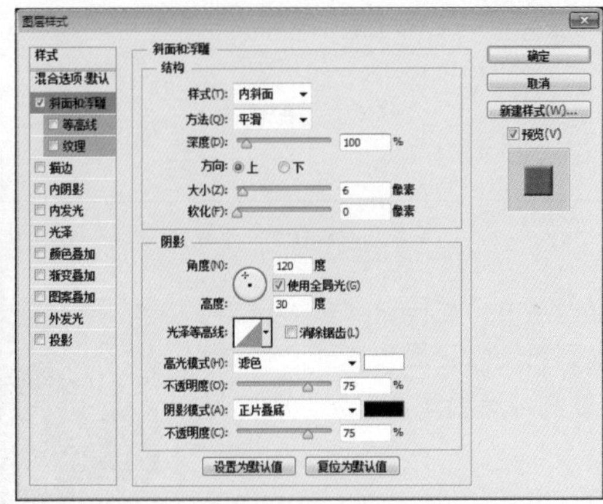

图8-95　斜面和浮雕选项设置

图8-96　应用图层样式的效果

STEP 15 将酒瓶图案文件中的图层 3 副本 5 移动到包装盒正面和侧面文件中，生成图层 4。调整该图像的大小和位置，并将其填充为“R121、G31、B4”的颜色，如图 8-97 所示。

STEP 16 锁定图层 4 的透明像素，然后将图层 4 作为选区载入。将选区收缩 30 像素，羽化 30 像素，反选选区，再将选区填充为“R121、G31、B4”的颜色，如图 8-98 所示。

STEP 17 将酒瓶图案文件中对应的图案和文字移动到包装盒正面和侧面文件中，并进行排列，如图 8-99 所示。

图8-97 修改颜色后的图像

图8-98 选区的填充效果

图8-99 添加的图案和文字

STEP 18 修改上一步添加的文字颜色，效果如图 8-100 所示。其中“御品”和“玉液”文字上的填充色为“R254、G223、B81”到“R249、G247、B146”线性渐变。

STEP 19 为“御品”和“玉液”文字所在的图层添加外发光图层样式，各选项设置及效果如图 8-101 所示。

图8-100 修改后的文字颜色

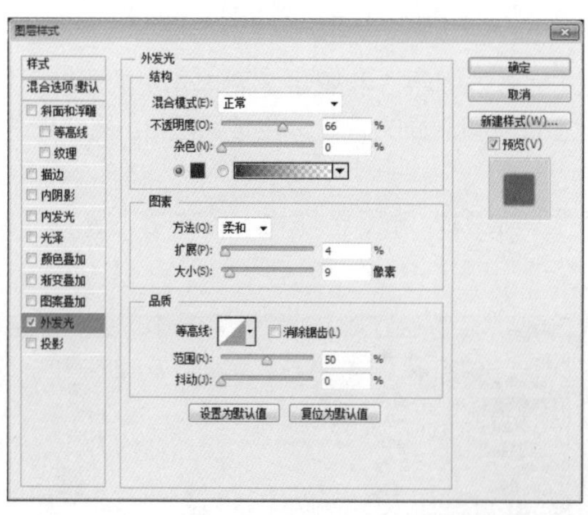

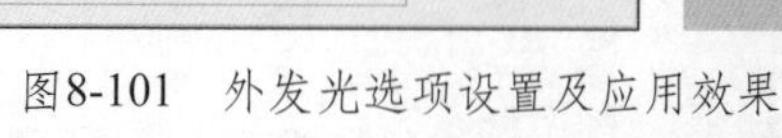

图8-101 外发光选项设置及应用效果

STEP 20 打开本书配套光盘中的“Chapter 8\Media\Logo.psd”文件，将其移动到包装盒正面和侧面文件中，生成图层 8。对该图层进行复制，然后调整 Logo 图像的大小和位置，如图 8-102 所示。

图8-102 添加的Logo图像

STEP 21 添加包装盒正面和侧面中的文字，绘制如图 8-103 所示的圆角矩形。

STEP 22 打开本书配套光盘中的“Chapter 8\Media\花纹 3.psd”文件，将其中的图案移动到包装盒正面和侧面文件中，并进行排列，如图 8-104 所示。

STEP 23 绘制如图 8-105 所示的圆形，将填充色设置为红色。

图8-103 添加的文字和圆角矩形

图8-104 添加的图案效果

图8-105 绘制的圆形

STEP 24 为圆形所在的图层添加斜面和浮雕、内阴影图层样式，各选项设置及效果如图 8-106 所示。

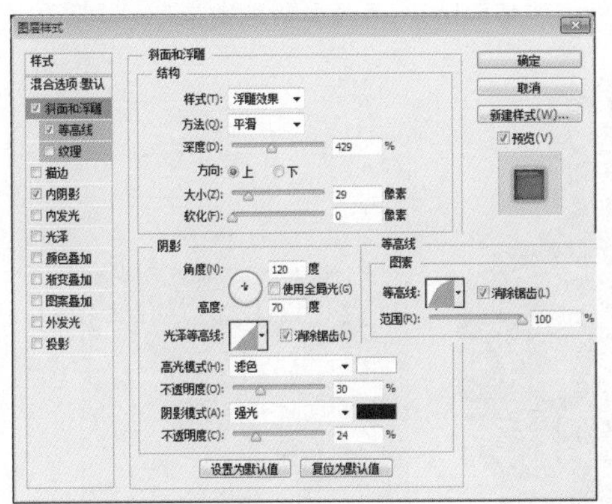

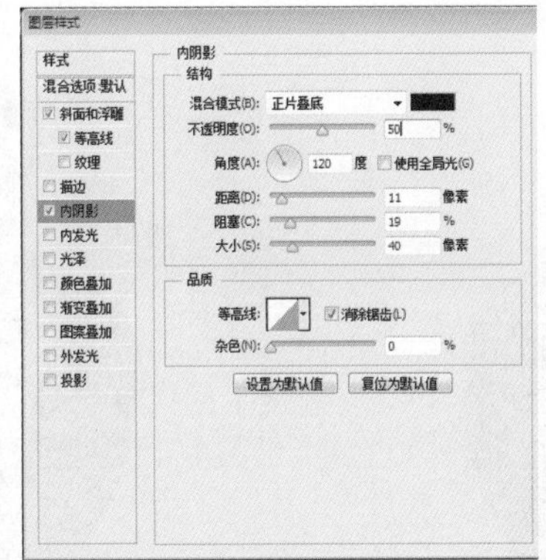

图8-106 图层样式选项设置及效果

STEP 25 完成包装盒正面和侧面图像的绘制后，将文件保存，效果如图 8-107 所示。

图8-107 包装盒正面和侧面图像效果

(4) 绘制包装整体效果

STEP 01 新建一个大小为 80cm×60cm、分辨率为 80 像素/英寸、模式为 RGB 的图像文件，如图 8-108 所示。

STEP 02 打开“陶瓷酒瓶”文件，将该文件中除背景图层以外的所有图层全部合并，然后将合并后的酒瓶图像移动到“包装整体效果”文件中，如图 8-109 所示。将酒瓶所在的图层名称修改为“酒瓶”。

STEP 03 将“酒瓶”图层复制，将复制的图层调整到下一层，然后将复制的图像垂直翻转，并移动到如图 8-110 所示的位置。

STEP 04 为“酒瓶”图层添加一个图层蒙版，使用黑色到白色的线性渐变色编辑图层蒙版，以制作酒瓶的投影，效果如图 8-111 所示。

STEP 05 切换到“包装盒正面和侧面”文件，合并该文件中的所有图层。分别框选正面和侧面图像，然后将它们依次移动到“包装整体效果”文件中，生成图层 1 和图层 2，如图 8-112 所示分别对正面和侧面图像进行变换处理。

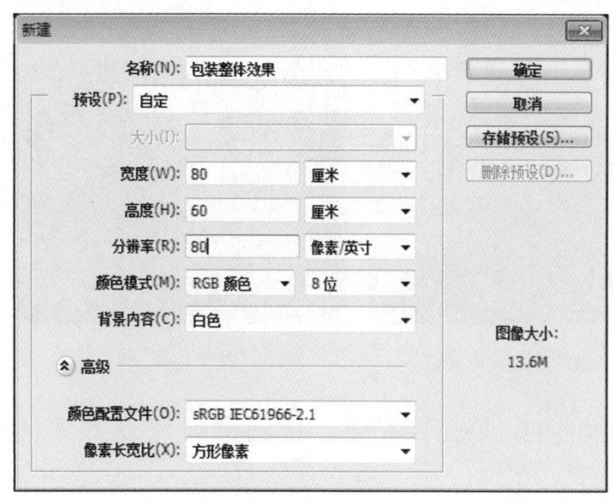

图8-108 新建文件设置

图8-109 添加的酒瓶图像

图8-110 副本图像的位置

图8-111 添加并编辑图层蒙版后的效果

STEP 06 选择侧面图像所在的图层 2，将侧面图像作为选区载入，然后添加一个曲线调整图层，曲线调整设置及效果分别如图 8-113 和图 8-114 所示。

图8-112 正面和侧面图的变换效果

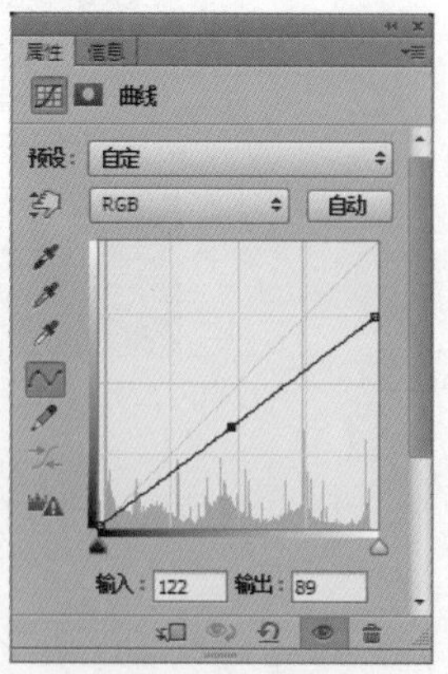

图8-113 曲线调整设置

图8-114 调整后的侧面图像色调

STEP 07 新建图层 3。使用矩形选框工具绘制如图 8-115 所示的矩形选区，将选区羽化 3 像素，并填充为“R239、G202、B0”的颜色，然后取消选择，如图 8-116 所示。

STEP 08 将图层 3 的图层混合模式设置为“叠加”，不透明度设置为 50%，以制作包装盒折痕处的反光效果，如图 8-117 所示。

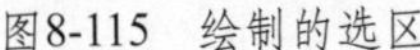
图8-115　绘制的选区

图8-116　选区的填充效果

图8-117　包装折痕处的反光效果

STEP 09 按照前面介绍的制作包装盒投影的方法，制作包装盒的投影，效果如图 8-118 所示。

STEP 10 在背景图层的上方新建图层 5 和图层 6，然后结合使用画笔工具和橡皮擦工具绘制酒瓶和包装盒的另一处投影，完成本实例的制作，效果如图 8-119 所示。

图8-118　包装盒的投影效果

图8-119　本实例最终效果

8.3 陶瓷类包装作品赏析

陶瓷包装与玻璃包装在设计上的相同点在于，造型是决定整个包装效果的重要因素。在包装容器的设计过程中，主要包括构思、构图、制图、制模和制作效果图 4 个重要环节。

构思是容器造型设计中最重要的一步，它决定整个设计方向和艺术风格。设计者可以从收集的相关资料和同类酒容器造型中获得设计灵感，并通过缜密的思考而获得。

制图是将构思通过草图的形式进行方案的设计。容器的图纸设计包括造型的主视图、俯视图和侧视图。如果是对称图形，只需要画出主视图。扁形造型需要画出主视图和侧视图。而对于不规则的造型，则需要将主视图、俯视图和侧视图都绘制出来。如图 8-120 ～图 8-123 所示为不同风格的陶瓷类包装作品赏析。

图8-120　古朴民风酒包装

解析：简洁、古朴的设计风格，中国红的应用更显传统韵味。酒瓶造型随意而不失细节感，整个包装彰显大师风范。

图8-121　古朴民风酒包装

解析：独特的造型设计，体现传统的古朴民风，彰显该酒的品味。

图8-122　推陈出新陶瓷包装

解析：瓶盖和瓶身处采用古代酒罐中封条和贴纸的设计风格，从而通过包装展现此酒悠久的历史性和珍藏价值。

图8-123　传统风格陶瓷包装

解析：酒瓶采用类似青花瓷的艺术风格，更具历史文化和民族特色。

8.4　课后习题

一、填空题

1. 陶瓷包装是以______为主要原料，经配料、制坯、干燥、熔烧而制得的包装容器，陶瓷容器具有______、______、______和在造型上的可塑性等优点。

2. 陶瓷制品按原料的不同，分为______、______、炻器、______等；按造型区别，可分为______、______、______和瓶类。

3. 制造瓷酒瓶的原料取材于天然矿物，它含有______、______、______、______、______等元素，有益人体健康。

二、上机操作题

参考本章中设计制作“御品玉液”白酒包装的方法，完成“醇”酒包装效果的制作。

图8-124　醇酒包装

操作提示

(1) 使用钢笔工具绘制出容器瓶的瓶盖、瓶颈和瓶身外形，并为其填充相应的底色。

(2) 使用画笔工具在不同的图层上，绘制出容器瓶上不同部位处的明暗色调，以便于对色调进行修改。

(3) 结合使用钢笔工具、画笔工具、橡皮擦工具、图层蒙版以及其他图层功能，绘制容器瓶上的高光效果。

(4) 对瓶颈处的传统图案应用斜面和浮雕、光泽图层样式，使其产生浮雕效果。

第 9 章　木制类产品包装设计

学习要点

- 学习木制包装的基础知识，包括木制包装介绍、木制包装的特点和设计要点。
- 了解酒类木制包装的特点，掌握“奥迪卡酒庄”红酒包装盒的制作方法。

9.1 木制包装的基础知识

木质包装是指用于支撑、保护或装载货物的木材或木材产品。木制的工艺包装，千姿百态、做工精细、考究、纯朴、自然，而且新颖独特。

木制包装材料可以同时起到保护和美化商品的作用，但并不是所有的商品都可以使用木制包装，需要根据商品本身的特性进行选择。如图 9-1 所示为不同商品的木制包装设计。

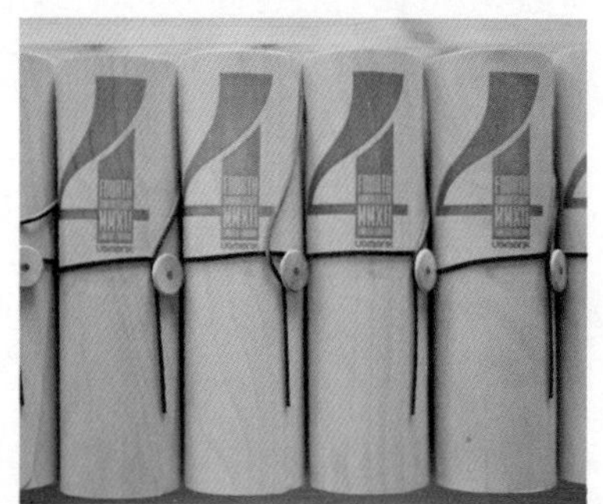

图9-1　不同商品的木制包装

9.1.1 关于木制包装

木质包装材料通常由原木制成，此种材料具有坚固、防潮、吸湿和容易加工等特点，广泛运用于各类产品的包装中。

木制包装时尚个性、环保，它既保留了传统工艺的古典美，还展示出时尚的创意和崭新的设计理念。木制包装可以很好地配合产品的品牌和文化，给人赏心悦目、耳目一新的感觉。如图 9-2 所示为造型各异的两款木制包装设计。

图9-2　不同风格的木制包装

9.1.2 木制包装的特点与设计要点

在木制包装材料中，有些木材可能含有未经充分加工或处理而存在的有害生物，如果处理不当，有害生物就可能通过产品的包装得到传播和扩散。另外，木制包装材料可以再加工和再利用，这就更加需要对木材进行充分的加工和有效的处理，以去除或消灭有害物质，防止其在流通过程中造成更多的污染。

在对食品使用木制包装时，更需要特别注意。首先，木材中可能存在有害生物或化学成分，需要有效的清除处理。其次，木制的包装盒常常采用的是密度纤维板，这种纤维板大多使用的胶粘剂是脲醛树脂胶，也可能是家具生产中使用的酚醛胶，这些材料中含有大量的游离甲醛，极易被食品吸收，从而导致眼、鼻、喉和上呼吸道疾病，影响消费者健康。不过，如果在木制包装与食品之间采用复合塑料膜将它们隔离，即可避免食品被污染。

由上可见，在进行产品包装时，除了要具有专业的设计水平外，还应该通晓各种包装材料与产品之间的联系，找到最适合的包装材料，才能创造出满意的包装设计。否则，一旦应用不恰当的产品包装材料，不仅会对生产厂家造成无法估计的损失，而且可能会对消费者造成很大的伤害，这是每个包装设计师在工作中都需要特别注意的问题。

木制包装不同于其他材料的包装，它基于木材类别的不同，会呈现不同的木纹效果，因此，木材自身就存在一定的装饰性。

在包装中使用木制材料，不仅可以借助此种材料上所具有的古朴、自然的风格来表现产品特有的韵味，同时还可以利用材料上的可塑性，创造出浮雕效果的立体文字和图案。

木材作为包装材料，在添加文字和图案效果时，不同于纸、塑料等材料上的印刷方式，因为木材本身具有一定的色彩，且具有很强的吸水性。因此，使用普通的印刷方式可能无法将图案和色彩准确地添加到木材上，即使添加上去后，也会很快被木材所吸收，无法完整、清晰地长时间保留。

针对木制材料的特性，目前常采用的制作工艺为雕刻，雕刻是将设计好的文字和图案通过雕刻机自动化地在木材上进行文字和图案的刻画。

雕刻方式分为刀刻和激光雕刻两种。刀刻是将刻刀安装在雕刻机上，通过电脑控制刻刀的压力，然后在木材上雕刻出不同深浅的图案，这种雕刻效果分为浅浮雕和深浮雕。浅浮雕纹饰清晰、线条感强。深浮雕具有多层次、多深度的凹凸效果，有很强的装饰性。

激光雕刻又叫火烧，它是将木材固定在特制的激光雕刻机上，使用激光烧制出精细的文字和图案效果。通过此种方式刻画出的图案，具有线条流畅、图案清晰的特点，而且线条会呈现深褐色，这是激光烧制后的自然效果，如图 9-3 所示。

图9-3 木制包装上的雕刻效果

9.2 酒类木制包装设计

木制包装因为具有一定的局限性，所以通常只能应用于产品的外包装，如图 9-4 所示。

使用木制包装，除了在流通过程中能够很好地保护产品外，更重要的是可以提升产品形象，提高产品的附加值。很多高档的酒类商品，在其产品系列中都常常会采用木制包装来美化商品的外观效果，以提升商品的档次，更好地满足不同层次消费者对产品包装的不同需求。

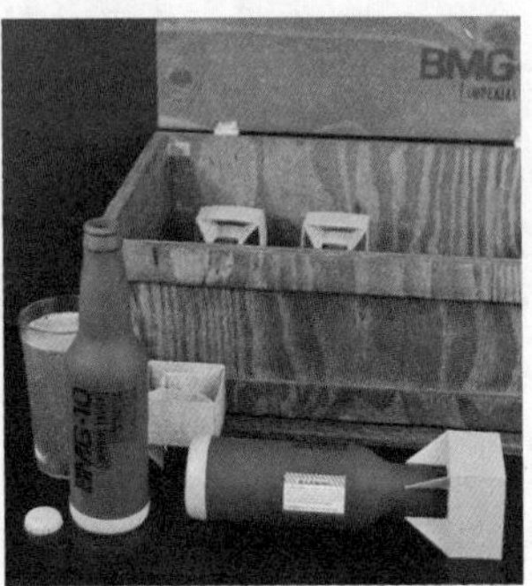

图9-4 盒式木包装

9.2.1 范例——“奥斯卡酒庄”红酒包装盒

打开本书配套光盘中的“Chapter 9\Complete\酒盒整体效果 .psd”文件，查看该红酒的木制包装盒效果，如图 9-5 所示。

图9-5 “奥斯卡酒庄”红酒包装

1. 设计定位

“奥斯卡酒庄”传承多年的红酒制造经验，其红酒酒香浓郁，适合不同层次的年轻和中老年人士品味。此红酒的木盒包装既方便携带，也利于储存，方便爱酒人士珍藏。

2. 设计说明

木制包装既环保又可以提升产品品质，是目前所提倡的环保包装材料之一。这款两瓶装的红酒木质包装盒，采用木质材料本身的颜色，以体现自然、环保的概念。包装盒上的图文设计与瓶贴设计保持一致，更容易提升产品形象，同时可加深消费者对该产品的印象。

3. 材料工艺

“奥斯卡酒庄”木质包装盒采用松木制成，盖面上的图文采用丝网印暗红色。

4. 设计重点

“奥斯卡酒庄”木质包装盒的制作过程分为三个部分，即绘制木制酒盒的正面图像、酒盒成型后的外观效果和酒盒的内部结构。在绘制此木盒包装的过程中，需要注意以下几个环节。

（1）对不同面的木质素材进行变换组合处理，以制作木盒成型后的效果以及木盒的内部结构。

（2）通过添加调整图层，表现木盒内部不同面的明暗层次。

（3）通过用画笔描边路径命令绘制曲线条，然后通过创建、收缩、羽化、反向和填充选区来绘制木盒顶部的提绳效果。

5. 设计制作

在绘制本实例中的木质包装盒时，主要用到矩形选框工具、画笔工具、自由变换功能、调整图层等图像处理工具和命令。

（1）绘制酒盒正面图

打开本书配套光盘中的“Chapter 9\Complete\ 酒盒正面 .psd”文件，查看该红酒木制包装盒的正面图像效果，如图 9-6 所示。

STEP 01 新建一个大小为 22×35 厘米、分辨率为 150 像素 / 英寸、模式为 RGB 的文件，如图 9-7 所示。

STEP 02 打开本书配套光盘中的“Chapter 9\Media\ 木纹 .jpg”文件，将其移动到酒盒正面文件中，生成图层 1，然后调整该图像的大小，如图 9-8 所示。

图9-6　酒盒正面效果

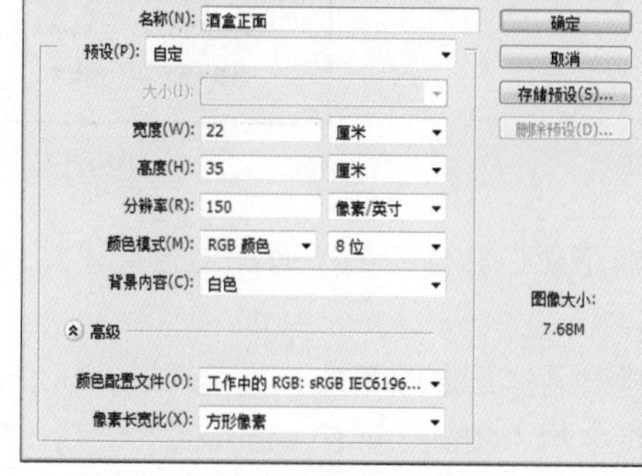

图9-7　新建文件设置

图9-8　添加的木纹图像

STEP 03 打开本书配套光盘中的“Chapter 9\Media\Logo.psd”文件，将其中的红酒 Logo 和公司 Logo 分别移动到酒盒正面文件中，生成相应的图层，然后分别调整 Logo 的大小和位置，如图 9-9 所示。

STEP 04 在包装正面中添加所需的文字，并为所有文字填充与 Logo 相同的颜色，如图 9-10 所示。

STEP 05 打开本书配套光盘中的“Chapter 9\Media\酒庄图像 .psd”文件，将其移动到酒盒正面文件中，生成图层 2，然后如图 9-11 所示调整该图像的大小，并为其填充“R132、G94、B91”的颜色，完成酒盒正面图像的绘制。

图9-9　酒盒正面中的Logo

图9-10　添加酒盒正面中的文字

图9-11　添加的酒庄图像

（2）绘制酒盒成型后的外观

打开本书配套光盘中的“Chapter 9\Complete\酒盒外观 .psd”文件，查看该红酒木制包装盒成型后的外观效果，如图 9-12 所示。

STEP 01 新建一个大小为 15×12 厘米、分辨率为 230 像素/英寸、模式为 RGB 的文件，如图 9-13 所示。

图9-12 酒盒外观效果

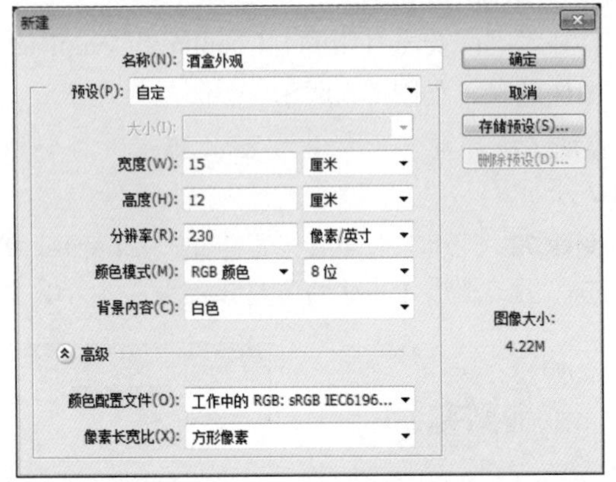

图9-13 新建文件设置

STEP 02 将绘制好的“酒盒正面”文件中的所有图层合并，然后将合并后的正面图像移动到酒盒外观文件中，生成图层 1。

STEP 03 使用自由变换功能对酒盒正面图像按一定角度进行扭曲处理，效果如图 9-14 所示。

STEP 04 打开本书配套光盘中的“Chapter 9\Media\木纹 .jpg”文件，将其移动到酒盒外观文件中，生成图层 2。复制该图层，得到图层 2 副本，然后分别对这两个木纹图像进行扭曲变换处理，以制作酒盒的两个侧面，如图 9-15 所示。

STEP 05 选择图层 1，在酒盒正面图像上创建如图 9- 所示的选区，然后按“Ctrl+Shift+J”键，将选区内的图像剪切到新的图层，生成图层 4，如图 9-16 所示。

图9-14 图像的扭曲效果

图9-15 酒盒的侧面效果

图9-16 通过剪切的图层

STEP 06 复制图层 4，得到图层 4 副本，将图层 4 副本调整到图层 4 的下方。

STEP 07 选择图层 4 副本，将该图层中的图像作为选区载入，并将选区扩展 1 像素，然后为其填充“R156、G123、B121”的颜色，以制作盒盖处的插合痕迹，如图 9-17 所示 .

STEP 08 使用“直线工具”在酒盒正面的边角处绘制如图 9-18 所示的直线路径，将路径转换为选区，然后为其填充“R156、G123、B121”的颜色，以表现木制材料在拼接时产生的接缝，如图 9-19 所示。

STEP 09 使用多边形套索工具选择图层 4 副本中位于酒盒外的图像，将其删除，如图 9-20 所示。

图9-17　盒盖处的插合痕迹

图9-18　绘制的直线路径

图9-19　边角处的接缝效果

图9-20　删除多余的接缝图像

STEP 10 选择图层 1，将该图像作为选区载入，如图 9-21 所示，然后为其添加一个曲线调整图层，生成“曲线 1”图层。曲线调整设置及效果分别如图 9-22 和图 9-23 所示。

图9-21　载入的选区

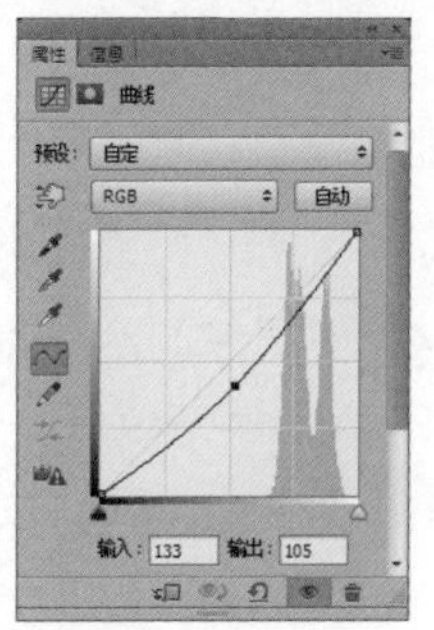

图9-22　曲线调整设置

图9-23　加深后的图像色调

STEP 11 选择图层 2，然后按照步骤 5~ 步骤 7 的方法，绘制该面中的拼合接缝，如图 9-24 所示。

STEP 12 重新选择图层 2，将该图像作为选区载入，如图 9-25 所示，然后为其添加一个曲线调整图层，生成“曲线 2”图层。曲线调整设置及效果分别如图 9-26 和图 9-27 所示。

图9-24　绘制的拼合接缝

图9-25　载入的选区

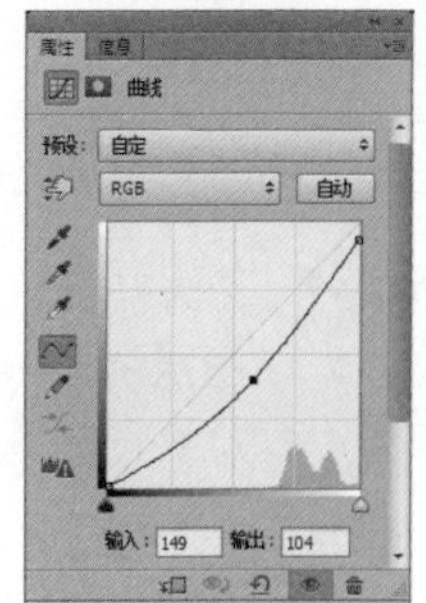

图9-26　曲线调整设置

STEP 13 选择图层 5，将该图像作为选区载入，如图 9-28 所示，然后为其添加一个曲线调整图层，生成“曲线 3”图层。曲线调整设置及效果分别如图 9-29 和图 9-30 所示。

图9-27 加深后的图像色调

图9-28 载入的选区

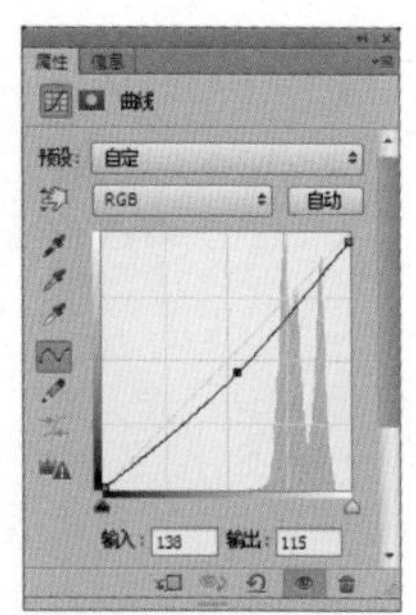

图9-29 曲线调整设置

STEP 14 选择图层 3，将该图像作为选区载入，如图 9-31 所示，然后为其添加一个曲线调整图层，生成“曲线 4”图层。曲线调整设置及效果分别如图 9-32 和图 9-33 所示。

图9-30 加深后的图像色调

图9-31 载入的选区

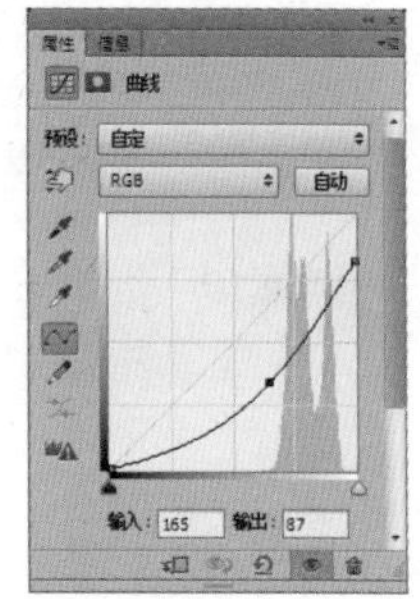

图9-32 曲线调整设置

STEP 15 将图层 3 和对应的“曲线 4”图层复制，并将复制的图层合并，得到“曲线 4 副本”图层。将该图像垂直翻转，移动到如图 9-34 所示的位置。

STEP 16 按“Ctrl+T”键出现自由变换控件，然后按住“Ctrl”键拖动右边居中的控制点，对图像进行扭曲处理，如图 9-35 所示。

图9-33 加深后的图像色调

图9-34 移动图像的位置

图9-35 图像的扭曲处理

STEP 17 变换好后，在控制框内双击鼠标左键，完成变换操作。为该图层添加一个图层蒙版，然后使用黑色到白色的线性渐变色对蒙版进行编辑，效果如图 9-36 所示。

STEP 18 将“曲线 4 副本”图层的不透明度设置为 45%，如图 9-37 所示。

STEP 19 按照同样的操作方法，绘制酒盒另一个侧面的投影效果，如图 9-38 所示。

图9-36 绘制的投影图像

图9-37　降低不透明度后的投影效果

图9-38　酒盒另一个面的投影效果

(3) 绘制酒盒的内部结构

在绘制木盒的内部结构时，主要通过将木纹图像按不同的角度进行透视变换处理，然后将这些变换后的图像组合成木盒内部结构的各个面，再通过调整这些面的色调来体现较为逼真的内部结构效果。

STEP 01 新建一个大小为 27×18 厘米、分辨率为 230 像素/英寸、模式为 RGB 的文件，如图 9-39 所示。

STEP 02 为背景图层填充“R231、G255、B128”到白色的线性渐变色，如图 9-40 所示。

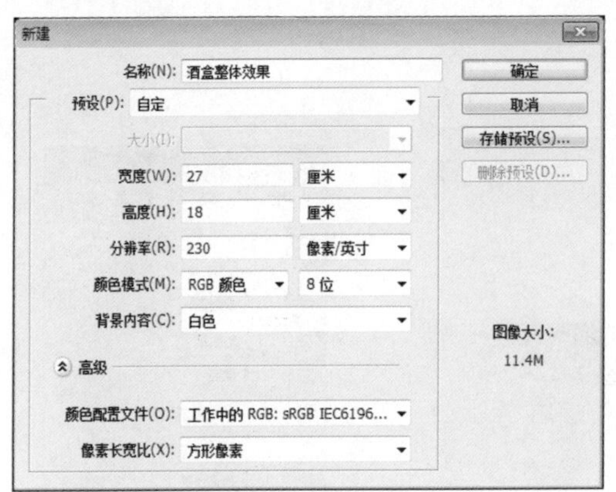

图9-39　新建文件设置

图9-40　背景图层的填充效果

STEP 03 打开本书配套光盘中的“Chapter 9\Media\葡萄 .jpg”文件，将其移动到酒盒整体效果文件中，生成图层 1，然后如图 9-41 所示调整该图像的大小和位置。

STEP 04 为图层 1 添加一个图层蒙版，将前景色设置为黑色，然后使用画笔工具屏蔽底部的葡萄图像，效果如图 9-42 所示。

STEP 05 新建图层 2，将前景色设置为“R209、G226、B138”，为画笔工具设置相应的画笔大小和不透明度，然后在图像下方的左右边缘处进行涂抹，为背景添加色调，如图 9-43 所示。

STEP 06 切换到“酒盒外观”文件，合并该文件中背景图层以外的所有图层。将合并后的酒盒图像移动到酒盒整体效果文件中，调整到如图 9-44 所示的大小和位置，然后将该图层的名称修改为“酒盒外观”，如图 9-45 所示。

图9-41　添加的葡萄图像

图9-42　添加并编辑图层蒙版后的效果

图9-43　绘制的背景色调

图9-44　添加的酒盒外观图像

图9-45　修改后的图层名称

STEP 07 打开本书配套光盘中的“Chapter 9\Media\木纹 .jpg”文件，在其中框选部分木纹图像，然后将框选的部分图像移动到酒盒整体效果文件中，生成图层 3。将该图像逆时针旋转 90 度，然后如图 9-46 所示对其进行扭曲变换处理。

STEP 08 按照同样的操作方法，对底面和另外三个侧面进行扭曲变换处理，效果如图 9-47 所示。

STEP 09 按照前后左右顺序，依次将酒盒中各个面所在图层的名称修改为前侧面、后侧面、右侧面、左侧面和底面，如图 9-48 所示。

图9-46　木纹图像的扭曲效果

图9-47　其他面的组合效果

图9-48　修改后的图层名称

STEP 10 选择前侧面图层，将该图像作为选区载入，如图 9-49 所示，然后为其添加一个曲线调整图层，生成“曲线 1”图层。曲线调整设置及效果分别如图 9-50 和图 9-51 所示。

STEP 11 选择后侧面图层，将该图像作为选区载入，如图 9-52 所示，然后为其添加一个曲线调整图层，生成“曲线 2”图层。曲线调整设置及效果分别如图 9-53 和图 9-54 所示。

STEP 12 选择左侧面图层，将该图像作为选区载入，如图 9-55 所示，然后为其添加一个曲线调整图层，生成“曲线 1”图层。曲线调整设置及效果分别如图 9-56 和图 9-57 所示。

图9-49　载入的选区

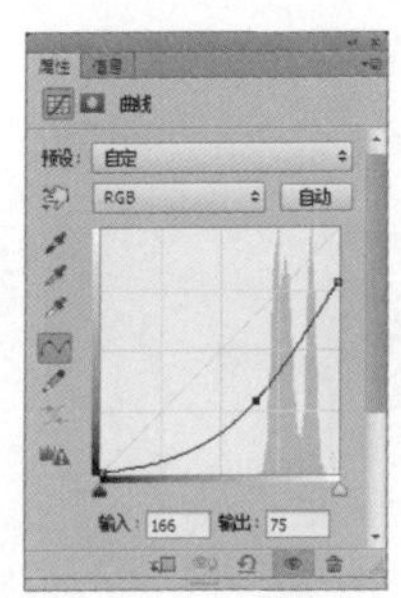
图9-50　曲线调整设置

图9-51　加深后的图像色调

图9-52　载入的选区

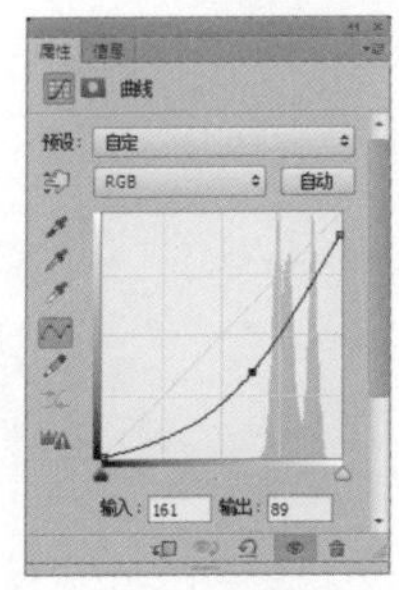
图9-53　曲线调整设置

图9-54　加深后的图像色调

图9-55　载入的选区

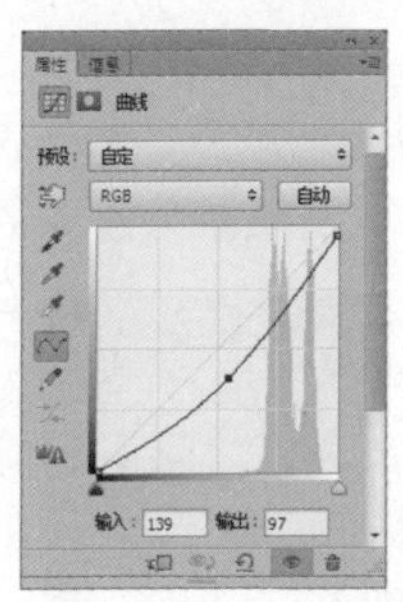
图9-56　曲线调整设置

图9-57　加深后的图像色调

STEP 13 选择右侧面图层，将该图像作为选区载入，如图 9-58 所示，然后为其添加一个曲线调整图层，生成“曲线 3”图层。曲线调整设置及效果分别如图 9-59 和图 9-60 所示。

图9-58　载入的选区

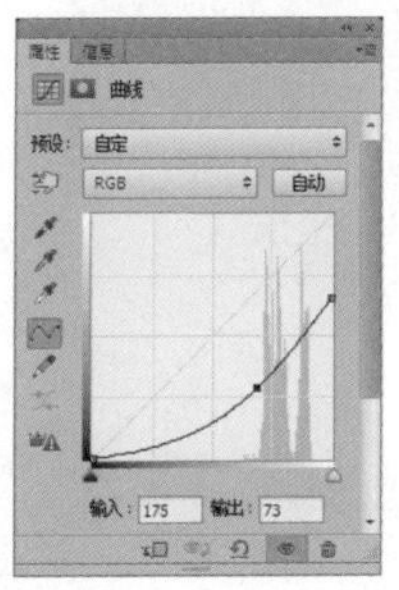
图9-59　曲线调整设置

图9-60　加深后的图像色调

STEP 14 选择底面图层，将该图像作为选区载入，如图 9-61 所示，然后为其添加一个曲线调整图层，生成“曲线 4”图层。曲线调整设置及效果分别如图 9-62 和图 9-63 所示。

STEP 15 在“木纹”素材文件中，将该图像逆时针旋转 90 度，然后将其移动到酒盒整体效果文件中，生成图层 3。对该图像进行扭曲变换处理，效果如图 9-64 所示。

图9-61 载入的选区

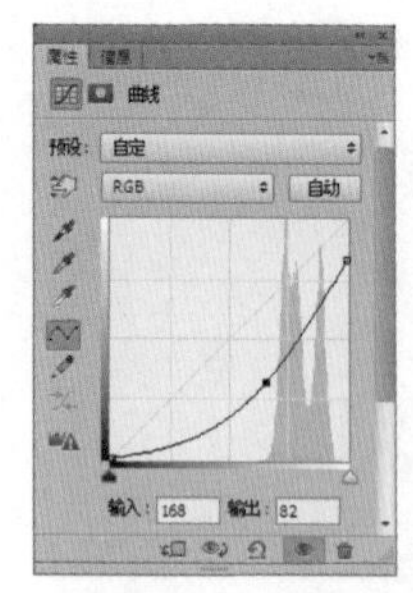
图9-62 曲线调整设置

图9-63 加深后的图像色调

STEP 16 结合使用多边形套索工具和删除命令，删除当前图像中不需要的部分并取消选择，完成效果如图 9-65 所示。

图9-64 木纹图像的扭曲效果

图9-65 绘制的木盒边框

STEP 17 将图层 3 中的边框图像作为选区载入，如图 9-66 所示，然后为其添加一个曲线调整图层，生成“曲线 5”图层。曲线调整设置及效果分别如图 9-67 和图 9-68 所示。

图9-66 载入的选区

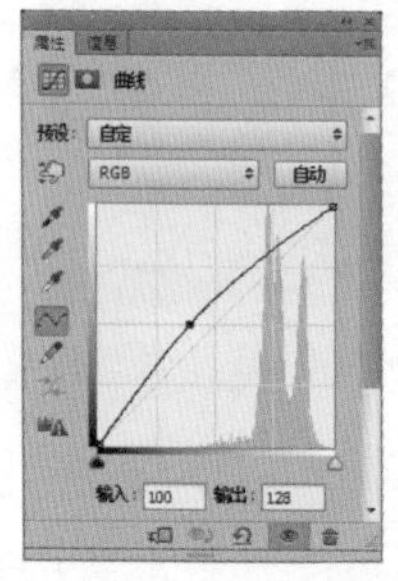
图9-67 曲线调整设置

图9-68 提亮后的边框色调

STEP 18 在“木纹”素材图像中，框选用于制作木盒右边边框的图像，将其移动到酒盒整体效果文件中，生成图层 4。将该图层调整到图层 3 的下方，然后如图 9-69 所示对其进行扭曲变换处理。

STEP 19 将图层 4 中的边框图像作为选区载入，如图 9-70 所示，然后为其添加一个曲线调整图层，生成“曲线 6”图层。曲线调整设置及效果分别如图 9-71 和图 9-72 所示。

STEP 20 按照前面绘制木盒各个面和边框图像的方法，绘制木盒的内部结构，并为不同的面添加曲线调整图层，以体现木盒内的明暗色调变化，效果如图 9-73 所示。

图9-69 酒盒右边边框效果

图9-70　载入的选区

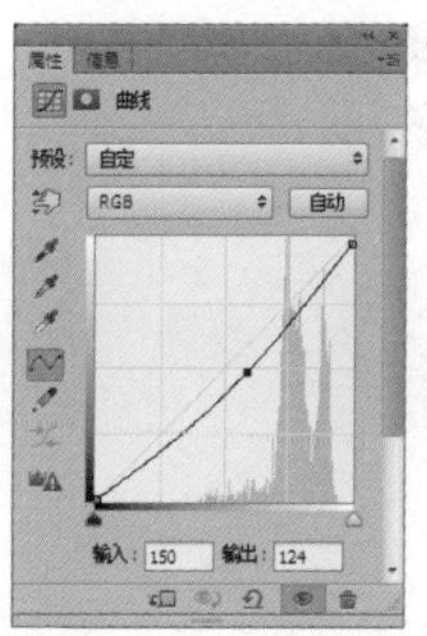

图9-71　曲线调整设置

图9-72　适当加深的边框色调

STEP 21 打开本书配套光盘中的“Chapter 9\Media\酒瓶 .psd”文件，将其移动到酒盒整体效果文件中，生成图层 11，然后将酒瓶变换为如图 9-74 所示的效果，并调整该图层的图层排列顺序。

STEP 22 复制酒瓶图像所在的图层 11，然后调整图像 11 副本的图层排列顺序，对该图像进行适当的变换处理，效果如图 9-75 所示。

图9-73　木盒的内部结构效果

图9-74　添加的酒瓶图像

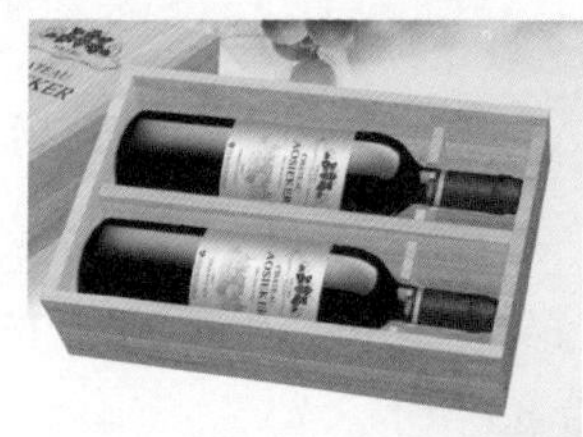

图9-75　酒盒中的酒瓶效果

STEP 23 在酒瓶图像的下方新建图层 12 和图层 13，将前景色设置为黑色，然后使用画笔工具分别绘制酒瓶在木盒中的投影，效果如图 9-76 所示。

STEP 24 在图层的最上层新建图层 14，绘制如图 9-77 所示的绳子外形，为其填充“R221、G164、B0”的颜色。

STEP 25 锁定图层 14 的透明像素。将绳子图像作为选区载入，将选区收缩 2 像素，羽化 4 像素，然后将选区反选，再为其填充“R221、G164、B0”的颜色，取消选择后如图 9-78 所示。

图9-76　绘制的酒瓶投影

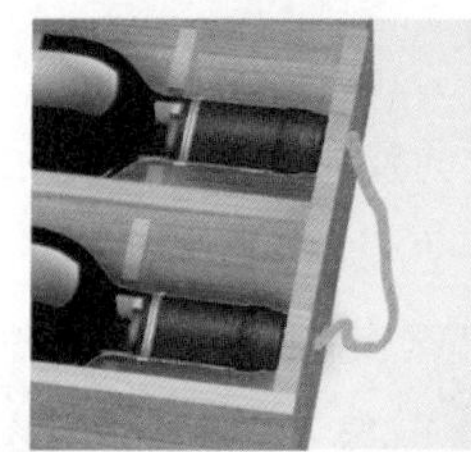

图9-77　绘制的绳子外形

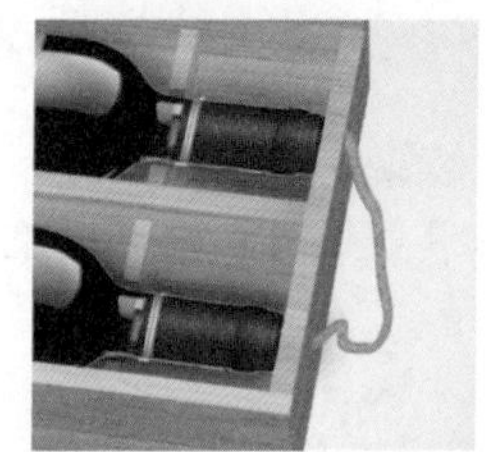

图9-78　绘制的绳子效果

STEP 26 为木盒结构图制作投影效果，如图 9-79 所示。将木盒结构图中的所有图层编为一组，修改组名称为“木盒结构”，如图 9-80 所示。

STEP 27 在“木盒结构”组的下方新建图层 15，将前景色设置“R48、G34、B25”，然后使用画笔工具在两个木盒效果之间绘制如图 9-81 所示的阴影。

STEP 28 将图层 15 的不透明度设置为 75%，效果如图 9-82 所示。

图9-79 木盒结构图的投影效果

图9-80 图层的编组

图9-81 木盒之间的投影效果

图9-82 降低不透明度后的投影效果

STEP 29 打开本书配套光盘中的“Chapter 9\Media\葡萄叶.psd”文件，将其移动到酒盒整体效果文件中，生成图层16，然后调整该图像的大小和位置，并为该图像添加一个投影，如图9-83所示。

STEP 30 添加该红酒的Logo和公司名称，效果如图9-84所示。

图9-83 添加的葡萄叶图像

图9-84 添加的Logo和公司名称

STEP 31 在最上层创建一个色阶调整图层和一个色相/饱和度调整图层，各调整设置及完成后的包装效果分别如图9-85和9-86所示。

图9-85 调整参数设置

图9-86 完成后的包装效果

9.3 木制包装作品赏析

在对产品进行包装设计的过程中，应采取具体问题具体分析的方法，依据企业对产品追求的目标、消费者的需求以及销售市场的竞争状态，发挥设计师的主观想象，创造性地进行构思和设计。如图 9-87 ~图 9-90 所示为不同本质包装作品赏析。

图9-87　香水包装设计

解析：这是一款男性用香水。包装中直边硬线条的应用，与刚性木质材料的搭配，完美表现男性阳刚、直性和稳重的气质。

图9-88　碟子包装设计

解析：这款木质包装在很好地保护陶瓷商品的同时，简约的设计、原木的自然纯朴气息，也能很好地提升产品的品质。

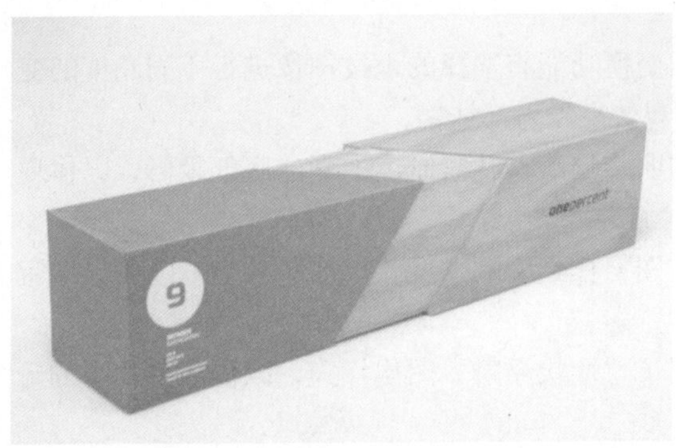

图9-89　包装中木质材料的应用

解析：木质与纸质材质在包装中的同时应用，既能体现两种材质的优点，又能体现新颖、个性的设计风格，值得设计者借鉴。

图9-90　果酒包装设计

解析：果酒容器包装中明快、鲜亮的色调与木质外包装粗犷、原始、自然的质朴风格形成鲜明的对比，让人耳目一新。

9.4 课后习题

一、填空题

1. 木质包装材料通常由______制成，此种材料具有坚固、______、______和容易加工等特点，广泛运用于各类产品的包装中。

2. 在木制包装与食品之间采用______将它们隔离，即可避免食品被污染。

3. 针对木制材料的特性，目前常采用的制作工艺为______，______是将设计好的文字和图案通过雕刻机自动化地在木材上进行文字和图案的刻画。

二、上机操作题

参考本章中设计制作“奥斯卡酒庄”红酒包装的方法，完成“AOFEIER”酒包装效果的制作。

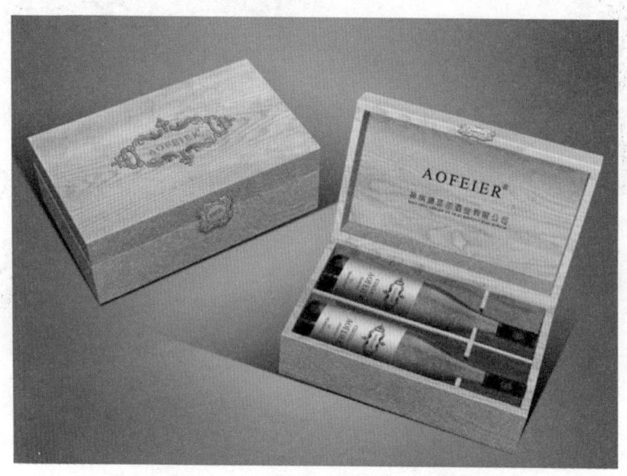

图9-91 “AOFEIER”酒包装

操作提示

（1）根据木盒中不同面的大小，分别使用自由变换功能将选择的木纹图像进行不同角度的变换处理，并对不同的面进行组合，以绘制木盒的外观效果和内部结构。

（2）根据光线变化原理，调整木盒中不同面的明暗层次，并绘制出木盒的底部投影，以体现较逼真的木盒效果。

（3）木盒盖面中的图案应用了“斜面和浮雕”图层样式中的“枕状浮雕”效果，以体现凹版雕刻的制作工艺。

（4）在绘制木盒中的银色搭扣时，同样也应用了“枕状浮雕”图层样式，以体现搭扣中的雕花效果。

第 10 章　书籍装帧设计

学习要点

- 学习书脊装帧的基础知识，包括封面设计、扉页设计和版式设计的相关内容。
- 掌握“视觉”杂志封面、“心路”散文封面和“那一段青春叫 80 后”小说封面的制作方法。

10.1 书籍装帧的基础知识

装帧设计是指对书籍整体效果的包装设计，它包括的内容很多，其中封面、扉页和插图设计是装帧设计的三大设计内容。

书籍装帧由许多平面组成，因此它是立体的，也是平面的。书籍外表由封面、封底和书脊三个面组成，也是书籍装帧设计中的重点。在进行装帧设计时，只有根据书籍的不同内容和体裁风格进行构思，才能设计出最理想的书籍装帧，如图 10-1 所示。

图10-1　不同风格的书籍装帧设计

10.1.1 封面设计

封面设计是书籍装帧设计中最重要的一个设计要素，它在整个装帧设计中起到门面装饰的作用。

封面设计是通过艺术表现的手法反映书籍的内容，它包括文字、色彩和图像三个要素。在设计过程中，设计者应根据图书的主题内容、风格特色和读者对象，准确把握封面设计的风格和侧重点，以表现书籍的丰富内涵，并在为读者传递书籍表达的某种信息的同时，带来一定程度的艺术享受，如图 10-2 所示。

在进行书籍装帧设计时，不能够随意地将文字堆砌在画面上，或者任意加上一些图像作为装饰，因为这是简单的堆砌而不是设计，这是任何一个会操作软件的人都能做到的。真正的装帧设计，要能很好地将文字、色彩和图像有机地结合，在表达内容信息的同时加上艺术的加工，它是信息与美感的统一，如图 10-3 所示。

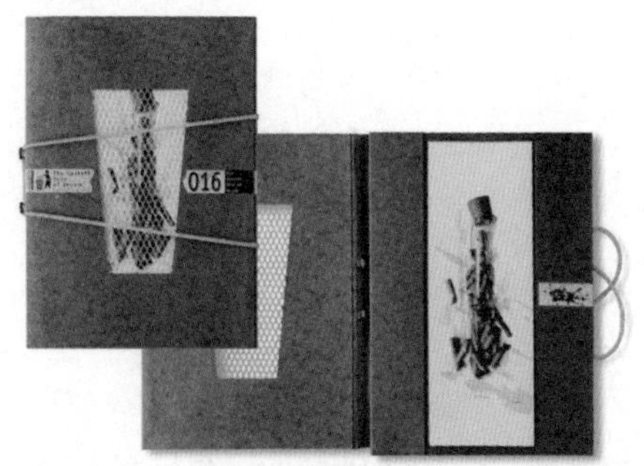

图10-2　风格各异的封面设计

图10-3　优秀的书籍装帧设计

封面设计中最重要的是元素是书名的设计。在文字的字体设计上，应考虑书籍内容和读者对象，比如，儿童读物通常选用比较活泼的字体，而表现哲理方面的读物则采用很稳重的字体等。同样，在色彩应用上也是如此。

书籍不像一般的商品，它是一种文化产品，因此好的装帧设计，不仅可以通过封面展现书籍内容，而且可以传达内容的主题思想，如图 10-4 所示。

图10-4　不同书籍的装帧设计

从书籍的销售情况看，好的封面设计在带给读者书籍信息的同时，也发挥着很好的推销作用。

人们在选择书籍时，首先接触的是书籍的封面，根据专门的调查结果显示，读者对图书封面的印象和感觉，在影响其购买行为的因素中占据着重要的地位。那么，怎样将自己的设计理念和文化氛围融入设计中，是每个设计师在进行设计构思时应该关注的问题。

10.1.2　扉页设计

扉页通常是被装订在封面之后或每个章节的前一页的页面，它在书籍中起到了“屏风”的修

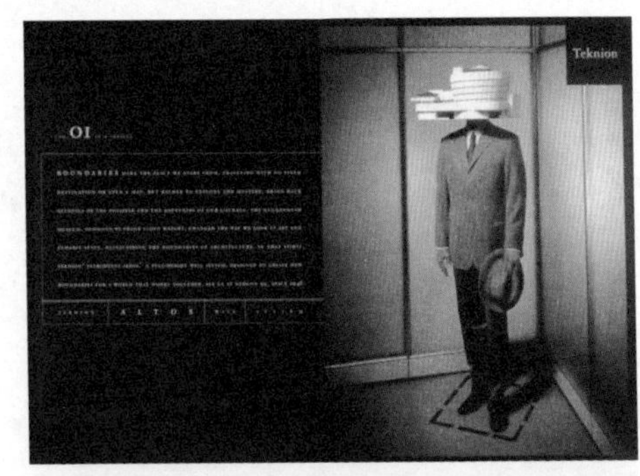

图10-6　图书不同风格的版式设计

10.1.4　图书的版面

在书籍印刷中，书籍的常用开本规格为16开和32开。下面介绍书籍版面的概念，以及计算版心宽度、高度和面积的方法。

1. 版面的概念

图书版面是指图书每一页的幅图，图书的版面面积与纸张的开本大小是一致的。如16开的图书版面面积为185mm×260mm，32开的图书版面为130mm×185mm。

2. 版面的构成

图书的版面是由版心和周空构成，版心是用于规则地承载图书内容的部分，是版面的主体，其面积大小都是有规定的。在图书印刷中，通常看到的版心都是双面印刷的。

周空是指版心四周所留的空白区域，是图书版面中不可缺少的组成部分。版面上的周空使整个版面整齐，富有条理性，有利于读者进行翻阅。周空在版心的四周有有其固定的名称，上白边称为天头，下白边称为地脚，左右白边分别称为订口和切口。

3. 版心的面积计算

在图书确定开本后，既可计算出版心的面积。版心的面积也叫规格，是用版心的宽度 × 高度来计算的。

4. 版面的宽度计算

版心宽度等于每行字的长度。在图书出版物中，常用字体有基本字体、宋体、仿宋、黑体、楷体等。常用的印刷字有铅字、手动照排字和激光照排字三种，目前常用的是激光照排字。

下面以使用激光照排字为例进行版心的计算。

计算行长的公式是字数 × 每字级数 × 每级毫米数（0.35mm/点）。例如，在图书中使用 5 号字，每行排 25 个字，则此本图书的版心宽度为 25 字 ×10.5 点 ×0.35mm/点 = 25 字 ×3.675mm = 91.875mm。

5. 版心的高度计算

版心高度 =（字高 × 行数）+（行距高 × 行距数）

字高 = 每字点级 × 每点级毫米数

行距高 = 每行距点级 × 每点级毫米数

行距数 = 总字行数 − 1

行距是指两行文字之间的行间距。在图书中，行距一般为正文字的 1/2、3/4 或 1。例如，图书中的行距为五号字的 1/2 时，即 5.25 点；为 3/4 时，即 7.875 点；为 1 时，即 10.5 点。

下面是级数与点数的换算关系。

1 级（k）= 0.25mm　　1 点（p）= 0.35mm

1 级（k）= 0.714 点（p）　　1 点（p）= 1.4 级（k）

10.2 杂志和书籍的封面设计

在杂志和书籍的销售过程中，优秀的封面可以起到很好的促销作用。在进行封面设计时，需要注意以下几个方面的因素。

（1）在杂志封面的字体设计上，应根据杂志所包含的内容，采用适当的字体，如图 10-7 所示。比如，哲理性读物，可采用比较方正和严肃的字体。而娱乐性期刊，则采用个性、时尚、具有艺术风格的字体。

（2）对于封面图片，可根据书籍内容的侧重点进行选择，如图 10-8 所示。

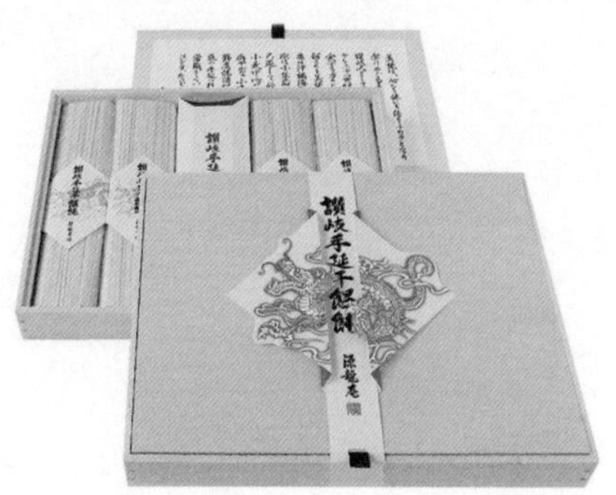

图10-7　书籍封面中的字体选择

图10-8　书籍封面中的图片选择

（3）提高书籍的印刷质量或在书籍中附加有关内容的光盘，以改进书籍的包装，从而提高书籍杂志的附加值，吸引更多的消费者。在杂志方面，对于形象策划比较老套的杂志，可尝试对杂志标识进行新的设计，使其在原来的基础上更具时代性，另外也可适当调整杂志的价格，给读者带来更大的实惠，从而提高销售量。

10.2.1 范例——“视觉”杂志封面设计

打开本书配套光盘中的“Chapter 10\Complete\10.2\杂志整体效果 .psd”文件，查看该杂志的封面设计整体效果，如图 10-9 所示。

STEP 06 按住“Ctrl”键单击图层 1 的图层蒙版缩览图，载入如图 10-16 所示的选区。

STEP 07 分别为云彩图像添加一个色相 / 饱和度调整图层和一个选取颜色调整图层，各调整设置如图 10-17 所示，如图 10-18 所示为调整后的图像颜色。

图10-16 载入图层蒙版中的选区

图10-17 调整参数设置

图10-18 调整后的图像颜色

STEP 08 打开本书配套光盘中的“Chapter 10\Media\10.2\山脉 .psd”文件，将该图像移动到封面文件中，效果如图 10-19 所示，此时将生成图层 2。

STEP 09 将山脉图像作为选区载入，然后分别为其添加一个色相/饱和度调整图层和曲线调整图层，各调整设置及调整后的图像颜色分别如图 10-20 和图 10-21 所示。

图10-19 添加的山脉图像

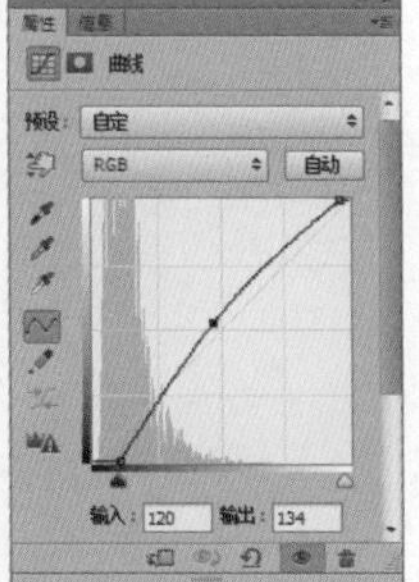

图10-20 调整参数设置

STEP 10 打开本书配套光盘中的“Chapter 10\Media\10.2\ 山脉 2.psd”文件，将该图像移动到封面文件中，效果如图 10-22 所示，此时将生成图层 3。

STEP 11 将图层 3 调整到图层 2 的下方，然后使用橡皮擦工具擦除该图中的天空图像，效果如图 10-23 所示。

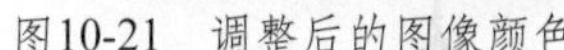
图10-21　调整后的图像颜色

图10-22　添加的另一个山脉图像

图10-23　屏蔽天空后的图像效果

STEP 12 将图层 3 中的山脉图像作为选区载入，如图 10-24 所示，然后为其添加一个色相 / 饱和度调整图层，色相 / 饱和度调整设置及调整后的图像颜色分别如图 10-25 和图 10-26 所示。

图10-24　载入的选区

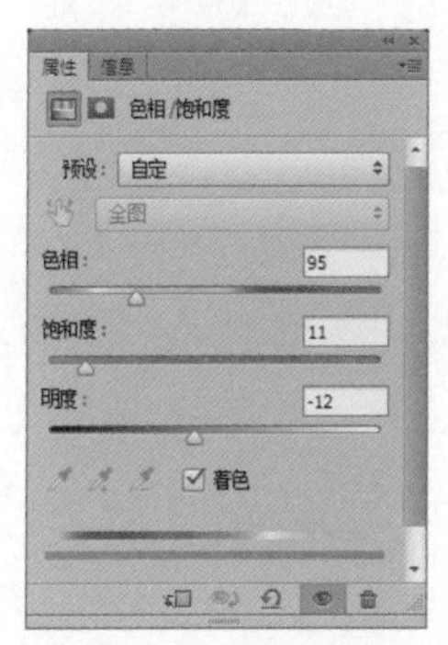

图10-25　色相/饱和度调整设置

图10-26　调整后的图像颜色

STEP 13 执行“视图→显示→参考线”命令，隐藏当前文件中的辅助线。

STEP 14 新建图层 4。将前景色设置为黑色，然后使用画笔工具在远处的山脉底部进行涂抹，绘制此处的黑色调，如图 10-27 所示。

STEP 15 打开本书配套光盘中的“Chapter 10\Media\10.2\ 渔船 .psd”文件，将该图像移动到封面文件中，效果如图 10-28 所示，此时将生成图层 5。

STEP 16 在图层 3 的下方新建图层 6，然后绘制如图 10-29 所示的曲线路径。在“路径”面板中，将该路径存储，如图 10-30 所示。

图10-27　绘制的黑色调

图10-28　添加的渔船图像

图10-29　绘制的曲线路径

STEP 17 将前景色设置为黑色。选择画笔工具，执行“窗口→画笔预设”命令，打开“画笔预设”面板，单击该面板右上角处的按钮，从弹出式菜单中选择“干介质画笔”命令，在弹出

STEP 29 打开本书配套光盘中的“Chapter 10\Media\10.2\气球 .psd”文件，将该图像移动到封面文件中，调整到如图 10-45 所示的大小和位置，这时将生成图层 14。

STEP 30 打开本书配套光盘中的“Chapter 10\Media\10.2\地球 .psd”文件，将该图像移动到封面文件中，调整到如图 10-46 所示的大小和位置，这时将生成图层 15。

STEP 31 为图层 15 添加一个图层蒙版，使用画笔工具屏蔽气球以外的地球图像，效果如图 10-47 所示。

图10-44 添加的剪影图像

图10-45 添加的气球图像

图10-46 添加的地球图像

图10-47 屏蔽部分地球图像后的效果

STEP 32 将图层 15 中的图层蒙版作为选区载入，然后为该图像添加一个色阶调整图层，色阶调整设置及调整后的图像色调如图 10-48 所示。

STEP 33 将图层 15 的图层混合模式设置为“浅色”，如图 10-49 所示。

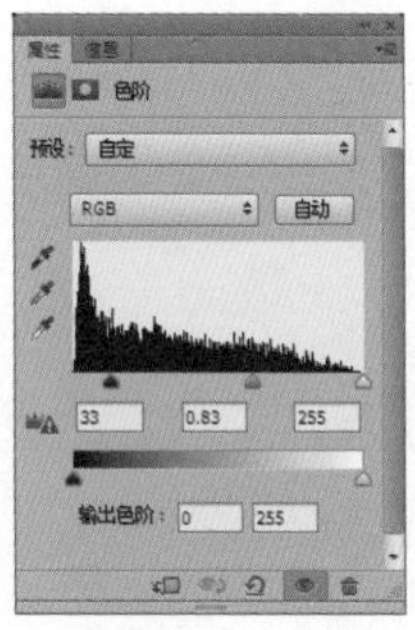

图10-48 色阶调整设置及调整后的图像色调

图10-49 设置图层混合模式后的效果

STEP 34 打开本书配套光盘中的“Chapter 10\Media\10.2\ 气球 2. psd”文件，将该图像移动到封面文件中，调整到如图 10-50 所示的大小和位置，这时将生成图层 16。

STEP 35 将图层 16 中的气球图像作为选区载入，然后为该图像添加一个色阶调整图层，色阶调整设置及调整后的图像色调如图 10-51 所示。

STEP 36 将图层 16 和上一步添加的色阶调整图层复制，并将复制的图层合并，得到“色阶 2 副本”图层，然后将该图层调整到图层 16 的下方，调整该图像的大小和位置，如图 10-52 所示。

STEP 37 为“色阶 2 副本”图层添加一个图层蒙版，使用画笔工具屏蔽部分图像，效果如图 10-53 所示。

STEP 38 将背景图层上的所有图层编为一组，修改组名称为“封面图像”，如图 10-54 所示。

STEP 39 将前景色设置为“R89、G112、B98”，然后使用钢笔工具绘制如图 10-55 所示的形状，生成形状 1 图层。

STEP 40 新建图层 17。结合使用椭圆选框工具、矩形选框工具、自由变换功能和“Delete”键，绘制如图 10-56 所示的靶心图像，将该图像填充为白色。

图10-50 添加的另一个气球图像

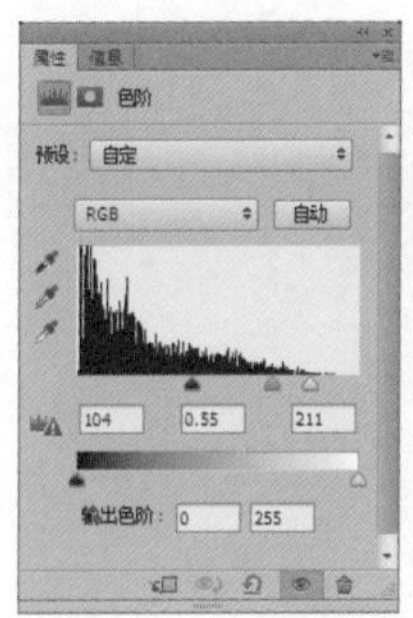

图10-51 色阶调整设置及调整后的图像色调

图10-52 副本图像的大小和位置

图10-53 添加和编辑图层蒙版后的效果

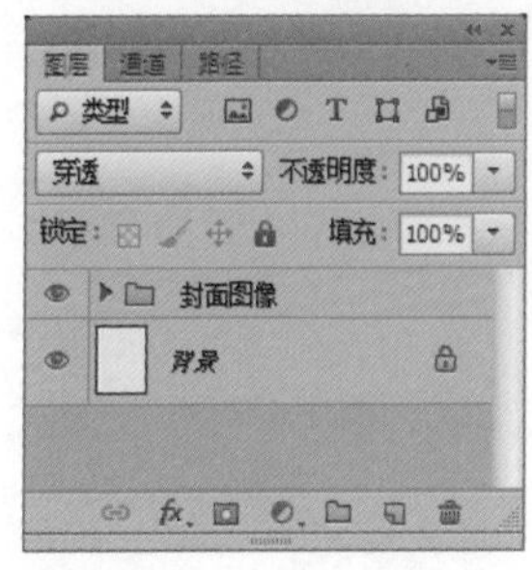

图10-54 图层的编组

图10-55 绘制的形状

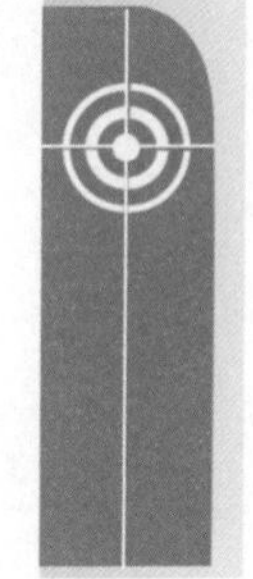

图10-56 绘制的靶心图像

STEP 41 新建图层 18。使用钢笔工具和复制命令绘制杂志名称的标准字，将其填充为黑色，如图 10-57 所示。

图10-57 绘制杂志名的标准字

图10-71 多本杂志的排列效果

STEP 08 将杂志效果图像所在的所有图层复制，并将复制的图层合并。框选合并后的封面图像，然后按“Ctrl+Shift”键，将封面图像剪切到新的图层，生成图层 5，如图 10-72 所示。

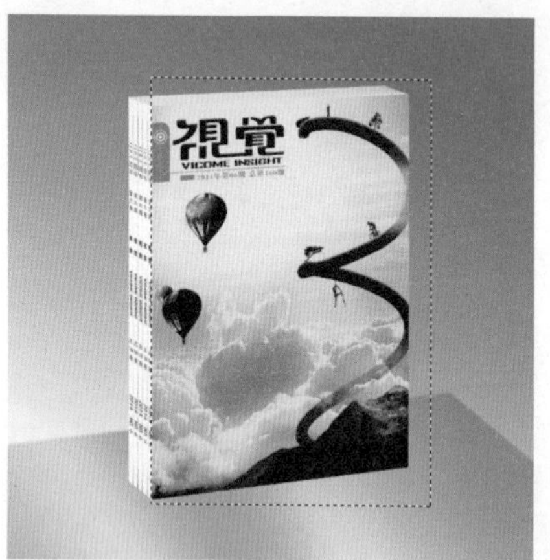

图10-72 框选的封面图像和剪切的图层

STEP 09 按照前面章节中介绍的制作包装投影的方法，使用图层 5 和组 1 副本 9 中的图像制作杂志的投影，效果如图 10-73 所示，完成本实例的制作。

图10-73 杂志的投影效果

10.2.2 范例——“心路”散文封面设计

打开本书配套光盘中的“Chapter 10\Complete\10.3\书籍整体效果.psd”文件，查看该书籍的最终成型效果，如图10-74所示。

图10-74 “散文诗集”装帧设计效果

1. 设计定位

“心路”通过散文的形式，收纳和记载了作者在成长道路上的诸多经历和人生感悟。阅读此书，可以对作者很多的经历感同身受，所以倍感亲切。此书将是读者成长道路上的探路石，烦躁时的定心丸，愁苦时的欢乐羹，因此此书多以青少年和感性化的女性读者居多。

2. 设计说明

图书“心路”在封面设计上采用三折页的形式，将封面图像中的大树单独折叠为一页，并根据大树的边缘轮廓进行模切，使封面具有立体的效果。

封面采用感性的插画图像，为图书营造一种美好的、如诗般的意境，旨在表现此书的益智性和图书内容的积极向上性。

封面中的书名是在圆体的基础上经艺术化处理而成，字形飘逸、优美，代表作者细腻的思想和曲折的人生经历，同时也代表作者美好的心灵境地。

图书在封面的色彩处理上，采用象征生命的绿色为主色调，意在提示人们要珍惜生活、珍惜生命。整个图书封面设计具有浓郁的感性化色彩，这正好与此书的内容相得益彰，使读者通过封面就能对此书的内容有一个大概的认定，从而提高读者阅读此书的兴趣。

3. 材料工艺

“心路”图书封面采用220g铜版纸经四色平版双面印刷，后期工艺为压痕和模切。

4. 设计重点

绘制本实例中的“心路”图书封面需要分为两个部分进行，首先绘制封面的正反面图像，然后绘制书籍的整体效果。在绘制过程中，应注意以下几个环节。

（1）分清楚封面正面和反面中各个面需要安排的图文内容，然后才能更好地进行编排。

（2）在切割封面1中的大树边缘时，需要预留3mm的出血位，以免后期模切时切割到大树的有效范围。

（3）在添加封面2和封面3中的段落文本时，首先需要绘制一个文字绕排路径，然后使用直排文字工具在该路径内输入所需的文字，并设置文字属性即可。

（4）要制作封面的反面图像，可以先为正面图像复制一个副本文件，然后通过“水平翻转画布”命令，将该副本图像水平翻转，再进行下一步的制作即可。

5. 设计制作

在制作本实例中的“心路”图书封面时，主要会用到Photoshop中的钢笔工具、直排文字工具、自定形状工具、画笔工具、图层蒙版、自由变换命令等。

（1）绘制封面的正反面图像

打开本书配套光盘中的“Chapter 10\Complete\10.3”目录下的“封面正面设计.psd”和“封面反面设计.psd”文件，查看该图书的正反面封面设计效果，如图10-75和图10-76所示。

STEP 03 打开本书配套光盘中的"Chapter 10\Media\10.3\封面图像.jpg"文件，将该图像移动到封面正面文件中，并调整到如图10-79所示的大小和位置，这时将生成图层2。

STEP 04 使用钢笔工具绘制如图10-80所示的两个封闭路径，将该路径转换为选区，并将选区反选，然后单击"图层"面板下方的"添加图层蒙版"按钮，为图层2添加一个图层蒙版，效果如图10-81所示。

图10-79　添加的封面图像

图10-80　创建的路径

STEP 05 打开本书配套光盘中的"Chapter 10\Media\10.3\草地.jpg"文件，将该图像移动到封面正面文件中，并移动到封面4的位置，效果如图10-82所示，这时将生成图层3。

图10-81　添加图层蒙版后的效果

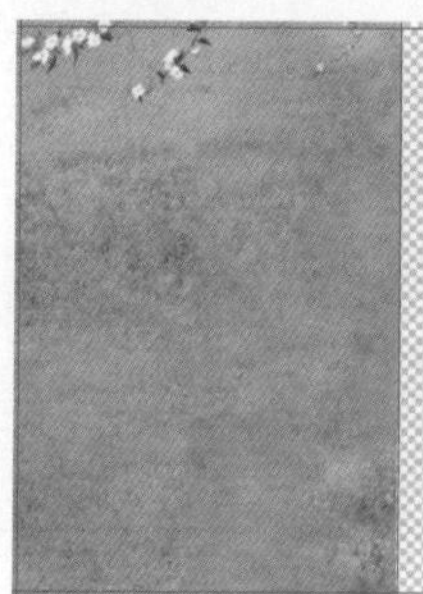

图10-82　添加的草地图像

STEP 06 选择图层1，将书脊范围创建为选区，然后将选区填充为白色并取消选择，如图10-83所示。

图10-83　为书脊填充底色

STEP 07 绘制如图10-84所示的封闭路径，使用直排文字工具在路径上单击，然后输入封面2和封面3中的文字，在"字符"面板中如图10-85所示设置字符属性，效果如图10-86所示。

图10-84 绘制的路径

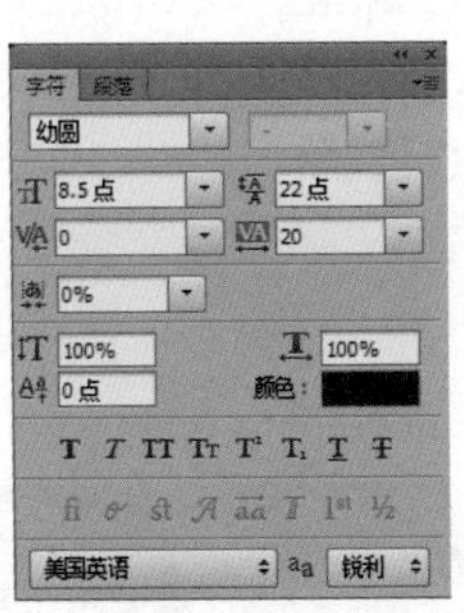
图10-85 字符属性设置

图10-86 设置属性后的文字编排效果

STEP 08 添加封面正面中的文字，效果如图 10-87 所示。

图10-87 添加的文字

STEP 09 选择自定形状工具，在工具选项栏中的“形状”下拉列表框中单击图标，从弹出式菜单中选择“全部”命令，在弹出的提示对话框中单击“追加”按钮，载入全部预设形状，如图 10-88 所示。

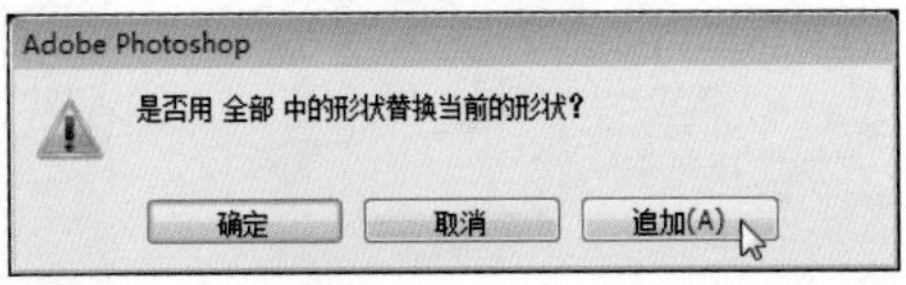

Adobe Photoshop

是否用 全部 中的形状替换当前的形状？

确定 取消 追加(A)

图10-88 提示对话框

STEP 10 在形状下拉列表框中选择“装饰 5”形状，将形状的填充色设置为“C65、M40、Y100、K0”，描边色设置为白色，描边宽度为 1 点，如图 10-89 所示，然后将该形状绘制在书脊上，生成形状 1 图层，如图 10-90 所示。

图10-89 形状工具选项栏设置

STEP 11 对该形状进行复制，并将复制的形状垂直翻转，然后将其垂直移动到书脊文字的下方，如图 10-91 所示。将形状所在的图层调整到图层 2 的下方，如图 10-92 所示。

STEP 12 在形状 2 图层的下方新建图层 5，然后在书脊形状的下方绘制如图 10-93 所示的外形图像，为其填充与书脊形状相同的颜色。

图10-90 绘制的形状

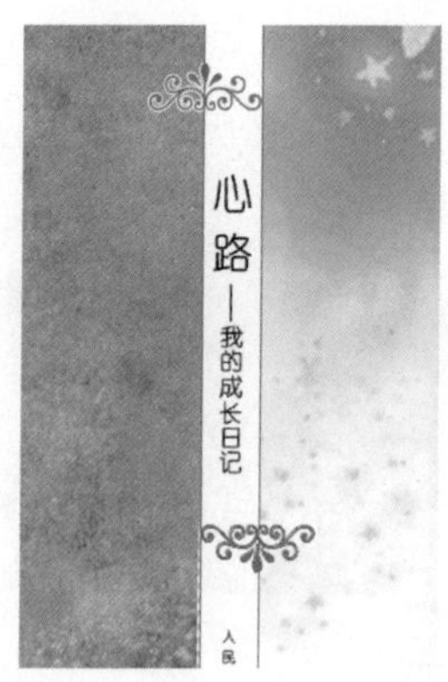

图10-91 复制并翻转后的形状

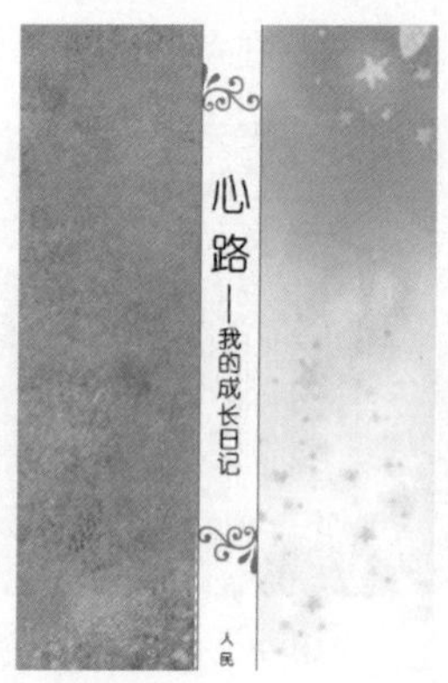

图10-92 书脊上的形状效果

STEP 13 将图层5复制，并将复制的图像水平和垂直翻转，然后移动到书脊的顶部，如图10-94所示。

STEP 14 打开本书配套光盘中的"Chapter 10\Media\10.3\标准字.psd"文件，将该文字移动到封面正面文件中，并调整到最上层，如图10-95所示，这时将生成图层6。

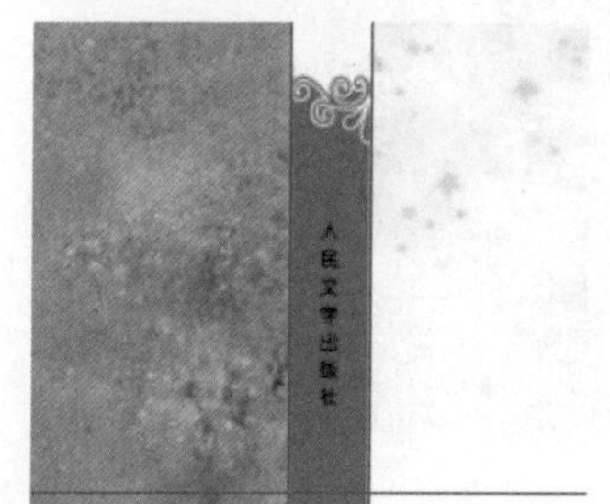

图10-93 绘制的图像

图10-94 复制到书脊顶部的图像

图10-95 添加的书籍名称标准字

STEP 15 使用钢笔工具绘制如图10-96所示的形状，将形状的填充色设置为白色，此时将生成形状2图层。

STEP 16 在该形状上添加如图10-97所示的文字，然后绘制如图10-98所示的线条和星形。

STEP 17 打开本书配套光盘中的"Chapter 10\Media\10.3\条码.psd"文件，将该条码移动到封面正面文件中，并调整到如图10-99所示的大小和位置。

图10-96 绘制的形状

图10-97 添加的文字效果

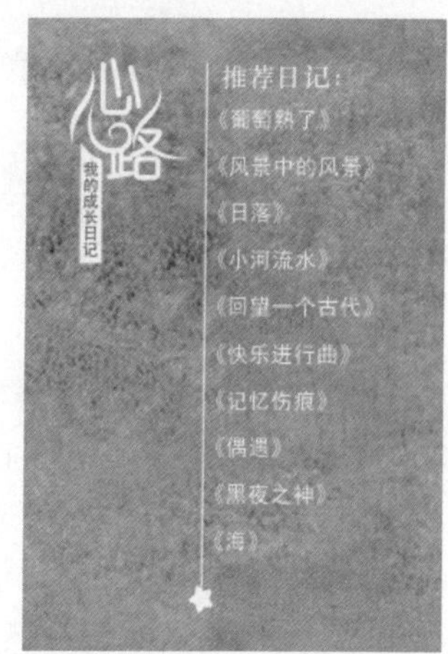

图10-98 绘制的线条和星形

STEP 18 在条码上方添加一排编号文字，完成封面正面图像的绘制，如图 10-100 所示。

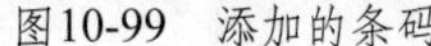
图10-99　添加的条码

图10-100　封面正面图像的绘制效果

STEP 19 将完成后的封面正面图像保存，然后为该图像制作一个副本文件，再执行“图像→图像旋转→水平翻转画布”命令，将该副本文件水平翻转，如图 10-101 所示。

图10-101　新建的封面背面图像文件

STEP 20 删除该副本文件中除图层 1 和图层 2 以外的其他图层，如图 10-102 所示，然后将该文件以“封面反面设计”为名称存储到相应的目录。

图10-102　添加的封面背景图像

STEP 21 复制背景图像所在的图层 2，得到图层 2 副本。将图层 2 填充为白色，然后将图层 2 副本中的图像移动到如图 10-103 所示的位置。

STEP 22 选择图层 2，框选封面 4 背面区域，将其填充为白色，如图 10-104 所示。

STEP 23 选择图层 2 副本，将前景色设置为黑色。选择画笔工具，为其选择柔边圆画笔，并设置相应的画笔大小和不透明度，然后在女孩图像周围进行涂抹，以渐隐周围的图像，如图 10-105 所示。

图10-103 移动封面图像后的效果

图10-104 填充的白色区域

图10-105 渐隐后的封面图像效果

STEP 24 添加封面背面中的标准字和其他文字，完成封面背面图像的绘制，如图 10-106 所示。

图10-106 封面反面图像效果

(2) 绘制图书的整体效果

绘制此书整体效果时关键的一步是要分清折叠后的封面图像的上下组合顺序，即封面1应该在最上方，接下来是封面2反面图像，然后是封面3。只要分清这些图像的上下组合顺序，就可以按照前面介绍的方法轻松完成此图书整体效果的绘制了。

STEP 01 新建一个大小为15cm×15cm、分辨率为300像素/英寸、模式为RGB的文件，如图10-107所示。将背景图层填充为“R132、G187、B155”的颜色，如图10-108所示。

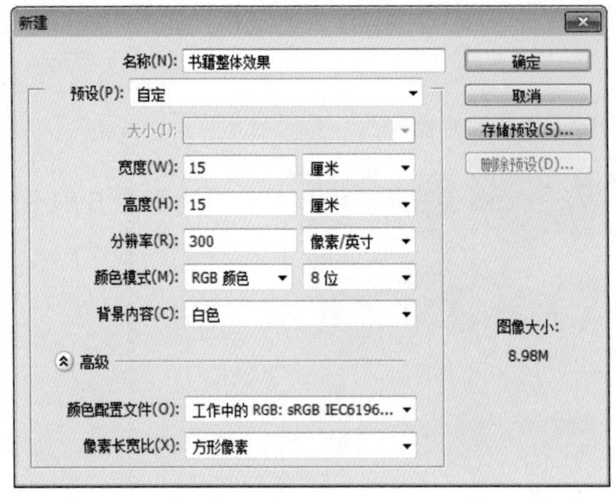

图10-107 新建文件设置

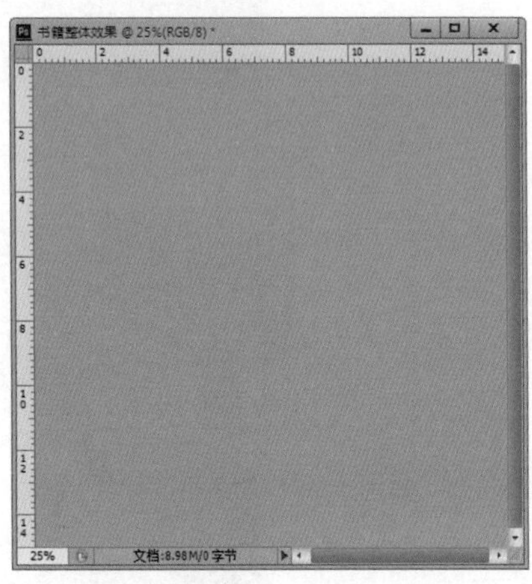

图10-108 背景的填充效果

STEP 02 在“封面正面设计”文件中，框选封面图像中的部分图像，然后将其复制到整体效果文件中，生成图层1，然后调整该图像的大小和位置，如图10-109所示。

STEP 03 为图层1添加一个图层蒙版，将前景色设置为黑色，然后使用画笔工具在图像的中间部分进行涂抹，逐渐屏蔽中间部分的图像，如图10-110所示。

图10-109 添加的封面图像

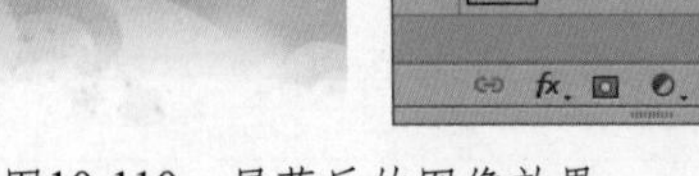

图10-110 屏蔽后的图像效果

STEP 04 将“封面正面设计”文件中的所有图层合并，然后将封面3和书脊图像分别移动到书籍整体效果文件中，如图10-111所示进行扭曲变换处理，此时将生成图层2和图层3。

STEP 05 将“封面背面设计”文件中的所有图层合并，然后将封面2背面图像移动到书籍整体效果文件中，并如图10-112所示进行扭曲变换处理，此时将生成图层4。

STEP 06 将“封面正面设计”文件中的封面1图像移动到书籍整体效果文件中，并如图10-113所示进行扭曲变换处理，此时将生成图层5。

STEP 07 在图层4的下方新建图层6，将前景色设置为黑色。为画笔工具设置适当的画笔大小和不透明度，然后在封面2背面图像和封面3图像之间绘制阴影，如图10-114所示。

图10-111 封面3和书脊的变换组合效果

图10-112 封面2背面的组合效果

STEP 08 如果绘制的阴影太深，可以降低阴影所在图层的不透明度，这里将图层 6 的不透明度设置为 50%，如图 10-115 所示。

图10-113 图像的变换组合效果

图10-114 绘制折叠处的阴影

图10-115 降低不透明度后的阴影

STEP 09 选择封面 1 图像所在的图层 5，然后为该图层添加投影图层样式，投影选项设置及应用效果如图 10-116 所示。

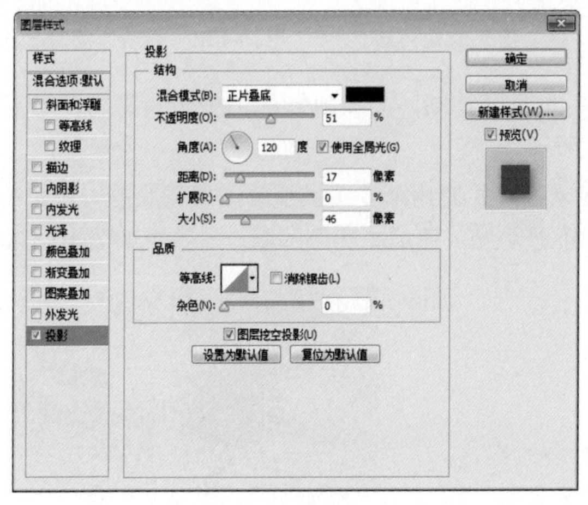

图10-116 投影选项设置及应用效果

STEP 10 在图层 2 的下方新建图层 7。使用多边形套索工具绘制如图 10-117 所示的选区，将选区羽化 5 像素，然后填充为黑色，并取消选择，如图 10-118 所示。

STEP 11 将图层 7 的不透明度设置为 70，以表现书籍底部的阴影，如图 10-119 所示。

图10-117 创建的选区

图10-118 选区的填充效果

图10-119 书籍底部的阴影

STEP 12 在图层7的下方新建图层8，将前景色设置为“R66、G125、B92”，然后使用画笔工具绘制书籍右边的投影，如图10-120所示。

STEP 13 在最上层新建图层9。在封面1图像的左边缘处创建如图10-121所示的矩形选区，将选区羽化1像素，然后填充为白色，并取消选择。

STEP 14 将图层9的不透明度设置为70%，以表现封面折叠处的发白效果，如图10-122所示。

图10-120 书籍右边的投影效果

图10-121 绘制的矩形选区

图10-122 封面折叠处的发白效果

STEP 15 将书籍效果中各个面图像所在的图层复制，并将复制的图像垂直翻转，然后移动到对应的各个封面图像的底部，如图10-123所示。

STEP 16 通过为各个副本图层添加图层蒙版，并使用渐变工具编辑图层蒙版的方法，制作书籍中各个面的投影，然后降低部分投影图像的不透明度，完成本实例的制作，效果如图10-124所示。

图10-123 制作的投影图像

图10-124 书籍的投影效果

10.2.3 范例——"那一段青春叫80后"小说封面设计

打开本书配套光盘中的"Chapter 10\Complete\10.4\书籍整体效果.psd"文件，查看该小说封面的最终设计效果，如图10-125所示。

图10-125 小说封面设计效果

1. 设计定位

"那一段青春叫80后"属于言情小说，它讲述的是发生在一个80后女大学生身上的关于爱情和事业发展的曲折故事。因此，这类小说以正在经历青春或即将逝去青春的读者居多。

青春是人生最美好的时光，也是最难忘的时光，一些已经逝去青春的读者通过此书，也会勾起她们对往昔的美好回忆。

2. 设计说明

图书"那一段青春叫80后"从书名上即可使读者在第一时间大概知晓此书所要讲述的内容。青春是一个多么美好的词汇，它浓缩了人生中这段最美好的经历，因此，此书从书名上就能很快地吸引读者。

封面在图片选择上以体现浪漫色彩为主，迷人的海滩、漂亮的贝壳、一辆可以载人的单车，单车上挂着男主人公脱下的白色上衣，这些图片充分在向读者讲述一段正在发生的浪漫爱情故事，紧扣主题，并使读者产生共鸣，使读者不禁联想这一故事是怎样发展下去的，故事的结局又是怎样，这就激发了读者的好奇心，使其产生阅读此书的强大兴趣。

对于即将逝去青春的读者来讲，通过这些图片会让她们回忆起过去的那些青春往事，还有往事中某个重要的人，以及一起经历的那些事，或许心酸，或许幸福。总之，青春是每个人都必须经历的，每个人都难以忘怀的，所以关于青春的故事也是每个人都非常感兴趣的，这就是作者在选材上的成功之处。

图书封面采用蓝色到白色的渐变色调，象征纯净，同时又有些许忧郁，通过这一色调，可体现故事内容曲折、忧伤的一面，同时也在默默的告诉读者，青春也会伴随眼泪。

整个封面设计营造了一种浪漫、美好、忧郁的气氛，从而烘托了图书内容，相信当你看到此书时，也会忍不住翻看一番。

3. 材料工艺

此图书封面采用220g铜版纸经平版单面印刷，封面中的"80"字样采用烫银工艺，后期采用压痕工艺，有利于封面、书脊和封底的折叠。

4. 设计重点

制作本实例中的小说封面效果分为两个部分完成，首先绘制出封面的展开图，然后通过封面和书脊图像制作小说的成型效果。在绘制过程中，应注意以下几个环节。

(1) 在制作封面图像时，将经过图层蒙版处理的沙滩、贝壳和单车图像，组合为一幅完整的画面。

(2) 通过使用椭圆工具并结合路径操作和自由变换路径等功能，制作封面中的"80"字样。

(3) 通过为封底中的自行车图片所在的图层设置图层混合模式，以隐藏该图片中的背景。

5. 设计制作

在绘制本实例中的小说封面时，主要用到渐变填充工具、画笔工具、文本工具、椭圆工具、直接选择工具、图层蒙版和图层样式等功能。

（1）绘制封面展开图

打开本书配套光盘中的“Chapter 10\Complete\10.4\封面展开图 .psd”文件，查看该小说的封面展开设计图，如图 10-126 所示。

图10-126　小说的封面展开图

提示

本书的开本尺寸为大32开，加上书脊厚度和出血尺寸，封面的总体尺寸为30.1cm×20.9cm。

STEP 01 新建一个大小为 30.1cm×20.9cm、分辨率为 200 像素/英寸、模式为 CMYK 的文件。如图 10-127 所示。

STEP 02 根据封面、书脊、封底和出血范围，在该文件中添加如图 10-128 所示的辅助线。

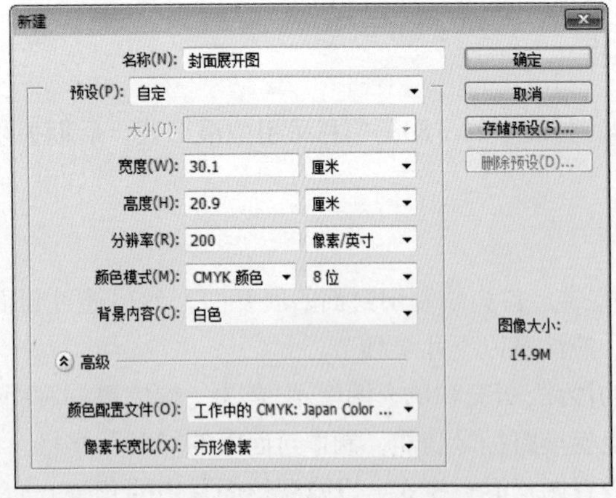

图10-127　新建文件设置

图10-128　添加的辅助线

STEP 03 为背景图层填充蓝色“C60、M30、Y17、K0”到白色的线性渐变色，如图 10-129 所示。

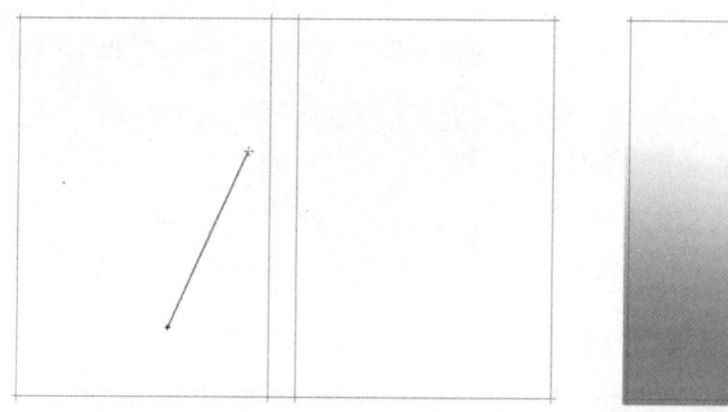

图10-129 背景图层的填充效果

STEP 04 新建图层 1，框选书脊范围，并将其填充为白色，如图 10-130 所示。

STEP 05 打开本书配套光盘中的“Chapter 10\Media\10.4\海滩.jpg”文件，将该图像移动到封面展开图文件中，并调整到如图 10-131 所示的大小和位置，这时将生成图层 2。

图10-130 为书脊填充的底色

图10-131 添加的海滩图像

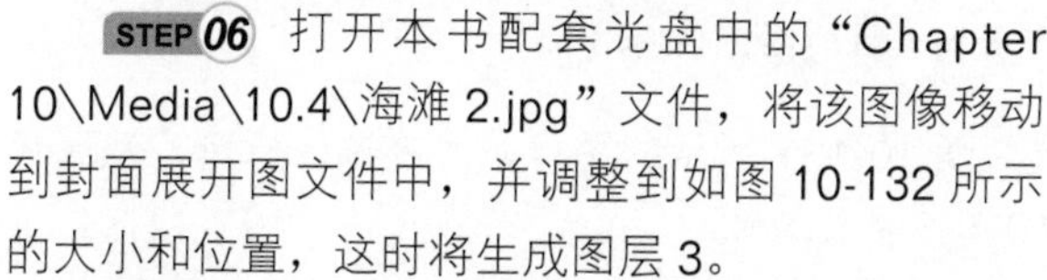

STEP 06 打开本书配套光盘中的“Chapter 10\Media\10.4\海滩 2.jpg”文件，将该图像移动到封面展开图文件中，并调整到如图 10-132 所示的大小和位置，这时将生成图层 3。

STEP 07 为图层 3 添加一个图层蒙版，并将该图像作为选区载入，然后使用黑色到白色的线性渐变色屏蔽上方的部分图像，效果如图 10-133 所示。

图10-132 添加的另一个海滩图像

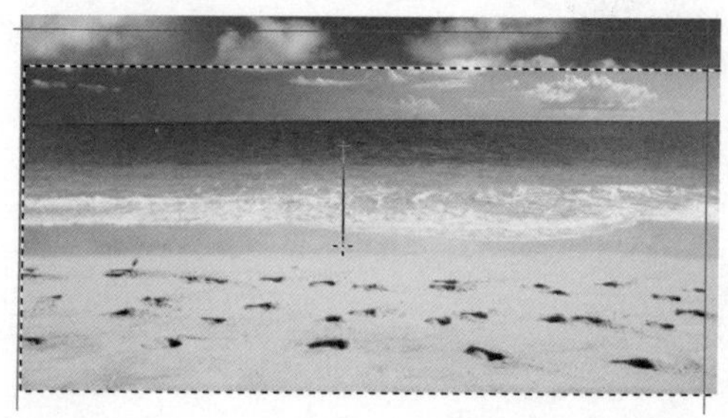

图10-133 渐变填充操作和屏蔽部分图像后的效果

图10-134　创建的选区

STEP 08 按住“Ctrl”键单击图层 3 中的图层蒙版缩览图，再按住“Ctrl+Shift+Alt”键单击该图层中的图层缩览图，使选区只选择未被屏蔽的图像，如图 10-134 所示。

STEP 09 根据当前选区添加一个曲线调整图层，调整设置及调整后的图像色调，如图 10-135 所示。

STEP 10 打开本书配套光盘中的“Chapter 10\Media\10.4\贝壳 .jpg”文件，将该图像移动到封面展开图文件中，并调整到如图 10-136 所示的大小和位置，这时将生成图层 4。

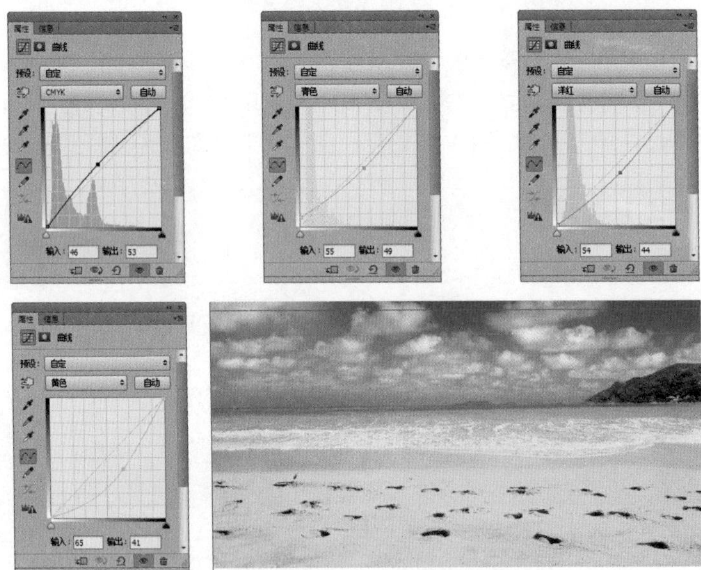

图10-135　调整设置及调整后的图像色调

STEP 11 为图层 4 添加一个图层蒙版，框选如图 10-137 所示的图像，并将选区反选，然后将选区填充为黑色，以屏蔽选区内的图像，如图 10-138 所示。

图10-136　添加的贝壳图像

图10-137　创建的选区

STEP 12 取消图像中的选区，将前景色设置为黑色，然后使用画笔工具逐渐屏蔽上方边缘处的图像，效果如图 10-139 所示。

STEP 13 将图层 4 中的图层蒙版作为选区载入，然后为该图层添加一个曲线调整图层，调整设置及调整后的图像色调如图 10-140 所示。

STEP 14 新建图层 5，绘制如图 10-141 所示的矩形选区，将其填充为白色，并取消选择。

图10-138　屏蔽选区内的图像

图10-139　屏蔽部分图像后的效果

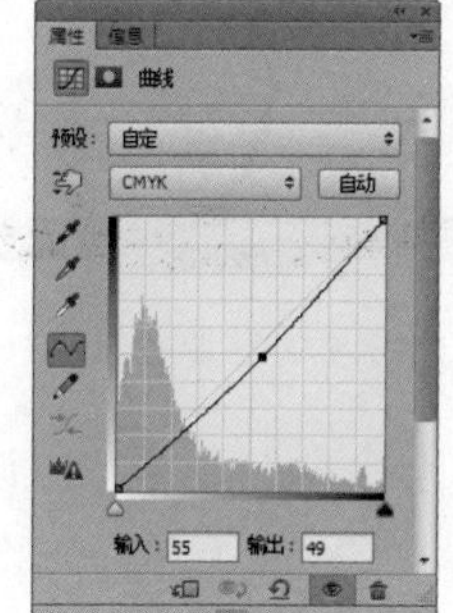

图10-140　曲线调整设置及调整后的图像色调

STEP 15 为图层 5 添加一个图层蒙版，然后使用黑色到白色的线性渐变色对蒙版进行编辑，效果如图 10-142 所示。

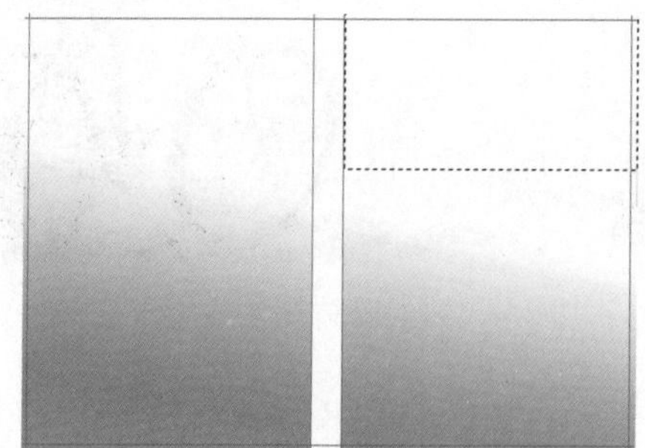
图10-141　选区的填充效果

图10-142　添加并编辑图层蒙版后的效果

STEP 16 打开本书配套光盘中的“Chapter 10\Media\10.4\自行车 .jpg”文件，将该图像移动到封面展开图文件中，并调整到如图 10-143 所示的大小和位置，这时将生成图层 6。

STEP 17 为图层 6 添加一个图层蒙版，将前景色设置为黑色，然后使用画笔工具屏蔽自行车以外的部分图像，效果如图 10-144 所示。

图10-143　添加的自行车图像

图10-144　添加并编辑图层蒙版后的效果

STEP 18 复制图层 6，得到图层 6 副本。在图层 6 副本中的图层蒙版缩览图上单击鼠标右键，从右键菜单中选择“应用图层蒙版”命令，将图层蒙版应用于图像，如图 10-145 所示。

STEP 19 将复制的自行车图像填充为黑色，然后使用自由变换功能将该图像扭曲为如图 10-146 所示的效果，以制作自行车的投影。

图10-145 应用图层蒙版后的图层

图10-146 图像的扭曲效果

STEP 20 执行“滤镜→模糊→高斯模糊”命令，在弹出的“高斯模糊”对话框中设置选项参数，如图 10-147 所示，然后单击“确定”按钮，将投影图像模糊。

STEP 21 将图层 6 副本的不透明度设置为 30%，效果如图 10-148 所示。

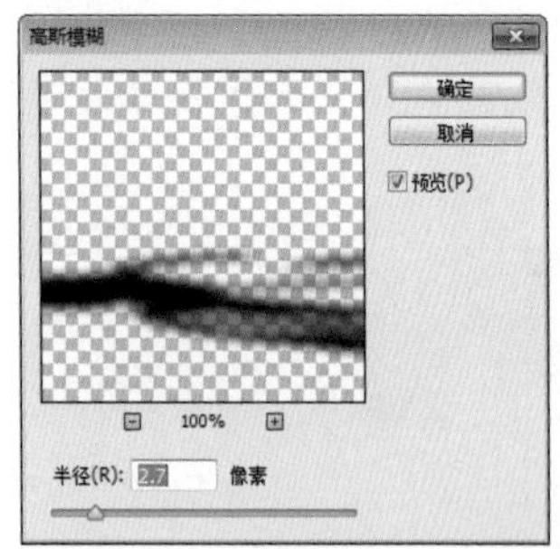

图10-147 “高斯模糊”对话框设置

图10-148 自行车的投影效果

STEP 22 打开本书配套光盘中的“Chapter 10\Media\10.4\花纹 .psd”文件，将其中的花纹图像移动到封面展开图文件中，如图 10-149 所示进行排列，这时将生成图层 7、图层 7 副本、图层 8 和图层 9。

STEP 23 选择书脊底部的花纹图像，然后框选书脊以外的部分花纹，按“Delete”键将其删除，如图 10-150 所示。

图10-149 添加的花纹图像

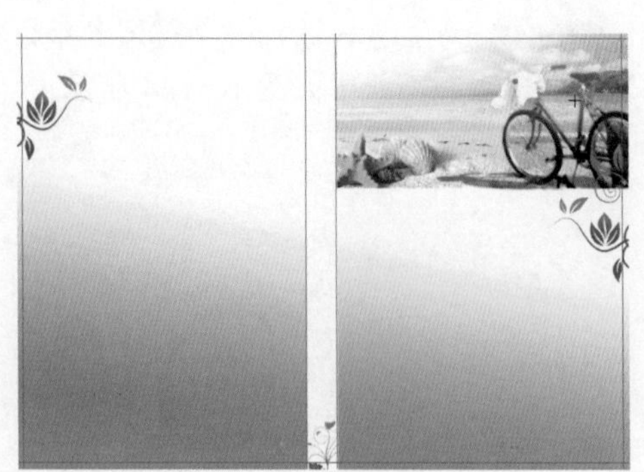

图10-150 删除书脊外的花纹图像

STEP 24 添加封面中的文字，在相应的文字下方绘制圆形和其他形状作为修饰，效果如图 10-151 所示。

图10-151　添加的文字和修饰形状

STEP 25 选择椭圆工具，在工具选项栏中将填充色设置为白色，描边色设置为无，然后绘制如图 10-152 所示的圆形，生成椭圆 1 图层。

STEP 26 单击“路径操作”按钮，从下拉列表中选择“合并形状”，然后在该形状图层上继续绘制 2 个圆形，如图 10-153 所示。

STEP 27 复制椭圆 1 图层并隐藏复制的图层。选择椭圆 1 图层，使用路径选择工具同时选择这三个圆形，然后单击工具选项栏中的“路径操作”按钮，从下拉列表中选择“合并形状组件”命令，如图 10-154 所示。

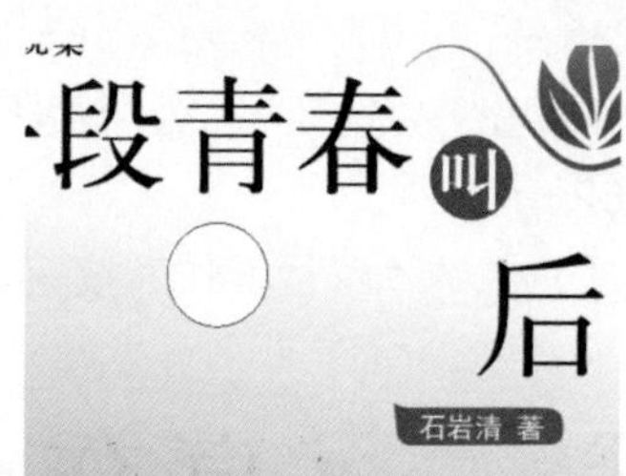

图10-152　绘制的圆形

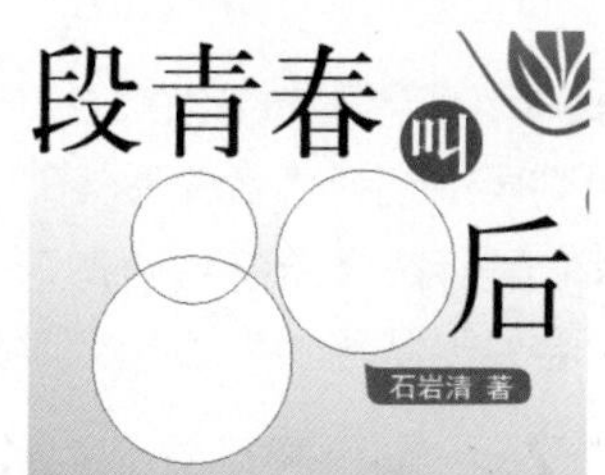

图10-153　绘制的其他两个圆形

STEP 28 选择椭圆工具，在工具选项栏中为当前形状设置线性渐变色，渐变色设置如图 10-155 所示，设置后的形状颜色如图 10-156 所示。

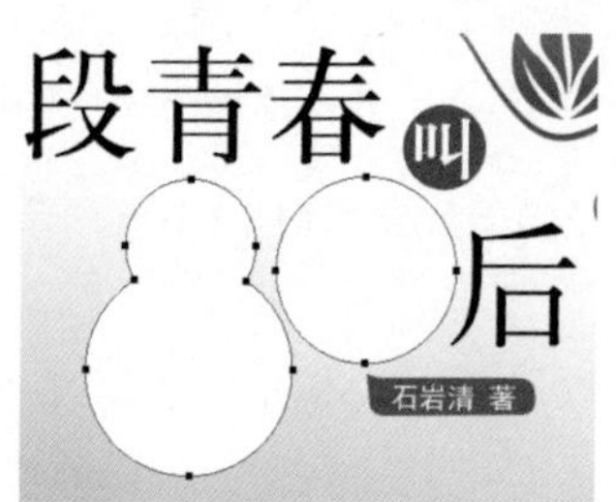

图10-154　合并形状组件后的效果

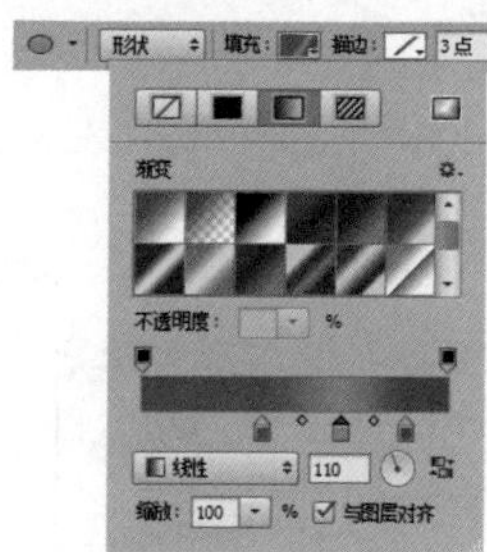

图10-155　形状的填充色设置

图10-156　形状的填充效果

STEP 29 显示并选择椭圆 1 副本图层，使用路径选择工具分别选择各个圆形，然后使用自由变换路径功能，将各个形状按中心缩小到如图 10-157 所示的大小。

STEP 30 使用路径选择工具同时选择这三个圆形，然后按“Ctrl+C”和“Ctrl+V”键，在同一个形状图层中对所选圆形进行复制粘贴，如图 10-158 所示。

STEP 31 使用路径选择工具分别选择各个形状，然后使用自由变换路径功能，将各个形状按中心缩小到如图 10-159 所示的大小。

STEP 32 使用路径选择工具同时选择同一个中心点的两个圆形，然后单击工具选项栏中的“路径操作”按钮，从下拉列表中选择“排除重叠形状”命令，效果如图 10-160 所示。

图10-157 缩小后的形状

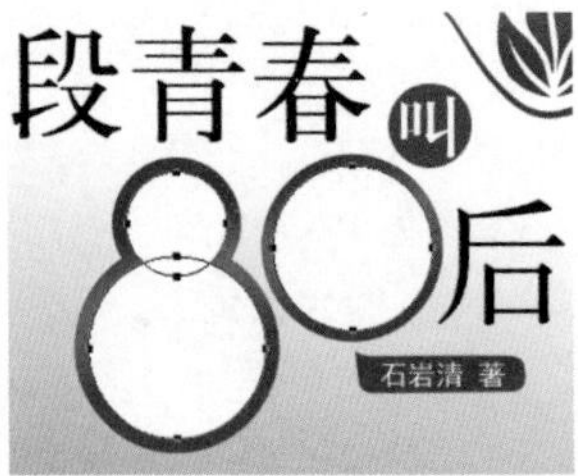

图10-158 复制的形状

图10-159 将复制的形状缩小后的效果

图10-160 排除重叠形状后的效果

STEP 33 同时选择如图 10-161 所示的两个圆形，然后单击工具选项栏中的“路径操作”按钮，从下拉列表中选择“合并形状”命令，效果如图 10-162 所示。

STEP 34 同时选择所有的圆形形状，然后单击工具选项栏中的“路径操作”按钮，从下拉列表中选择“合并形状组件”命令，效果如图 10-163 所示。

图10-161 同时选择的形状

图10-162 合并形状后的效果

图10-163 合并形状组件后的效果

STEP 35 为椭圆 1 副本图层添加斜面和浮雕图层样式，各选项设置及应用效果如图 10-164 所示。

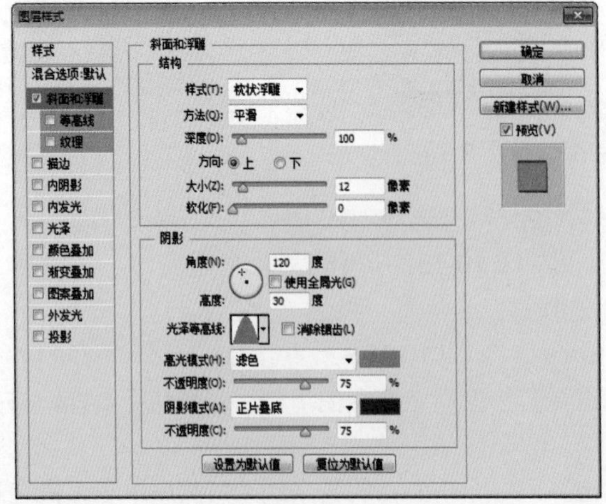

图10-164 斜面和浮雕选项设置及应用效果

STEP 36 将椭圆 1 和椭圆 1 副本图层复制，并新建一个图层来与复制的两个形状图层合并，如图 10-165 所示。

STEP 37 将合并后的“80”图像移动到书脊上，调整到如图 10-166 所示的大小和位置。

图10-165 合并的图层

图10-166 书脊上的“80”图像效果

STEP 38 将封面中的书名文字所在的图层复制，并将复制的图层合并，然后将合并后的书名移动到封底上，调整到如图 10-167 所示的大小和位置。

STEP 39 打开本书配套光盘中的“Chapter 10\Media\10.4\自行车 2.psd”文件，将该图像移动到封面展开图文件的封底上，并调整到适当的大小，然后将该图层的图层混合模式设置为“正片叠底”，如图 10-168 所示。

图10-167 封底上的书名效果

图10-168 封面展开图效果

STEP 40 打开本书配套光盘中的“Chapter 10\Media\10.4\条码 .psd”文件，将其移动到封面展开图文件的封底上，并调整到适当的大小，完成封面展开图的制作，效果如图 10-169 所示。

（2）绘制图书的整体效果

STEP 01 新建一个大小为 15cm×15cm、分辨率为 300 像素/英寸、模式为 CMYK 的文件，如图 10-170 所示。

STEP 02 为背景图层填充橘黄色“C10、

图10-169 添加的条码

M20、Y100、K0”到白色的线性渐变色，如图 10-171 所示。

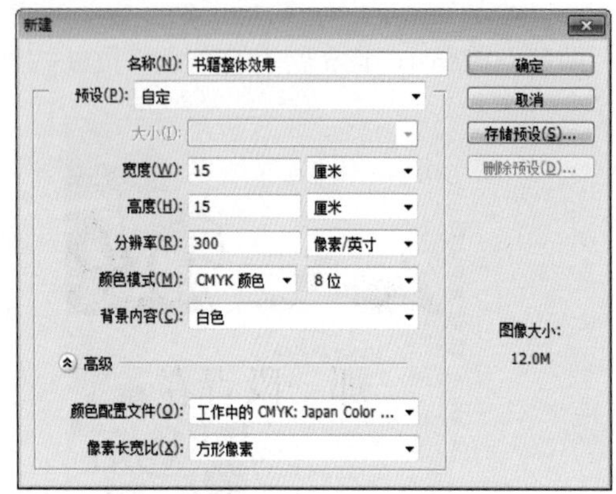

图10-170　新建文件设置

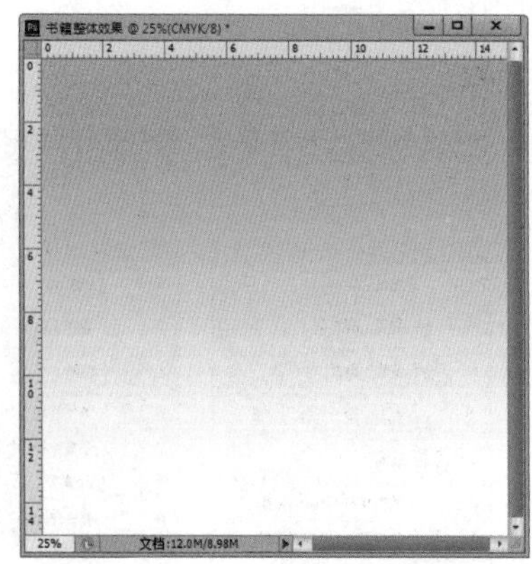

图10-171　背景的填充效果

STEP 03 打开本书配套光盘中的“Chapter 10\Media\10.4\枫叶.jpg”文件，将该图像移动到书籍整体效果文件中，生成图层 1。调整该图像到适当的大小和位置，效果如图 10-172 所示。

STEP 04 为图层添加一个图层蒙版，将前景色设置为黑色，然后使用画笔工具逐渐屏蔽下方的枫叶图像，效果如图 10-173 所示。

图10-172　添加的枫叶图像

图10-173　添加和编辑图层蒙版后的效果

STEP 05 切换到封面展开图文件中，合并该文件中的所有图层。

STEP 06 分别框选封面和书脊图像，将它们移动到书籍整体效果文件中，生成图层 2 和图层 3，然后对封面和书脊图像进行扭曲变换处理，效果如图 10-174 所示。

STEP 07 在图层 2 的下方新建图层 4，在书籍顶部绘制如图 10-175 所示的选区，为其填充“C2、M0、Y0、K10”的颜色，然后取消选择，以表现书籍的厚度。

STEP 08 锁定图层 4 的透明像素，将前景色设置为浅灰色。为画笔工具设置适当的画笔大小和不透明度，然后在当前图像上靠近封面的边缘进行涂抹，绘制此处的阴影，如图 10-176 所示。

图10-174　封面和书脊的变换组合效果

图10-175　书籍的厚度

图10-176　绘制书籍厚度上的阴影

STEP 09 选择图层 2，将该图层中的封面图像作为选区载入，然后为其添加一个曲线调整图层，调整设置及适当加深的封面色调如图 10-177 所示。

STEP 10 选择书脊图像所在的图层 3，将该图像作为选区载入，然后为其添加一个曲线调整图层，调整设置及加深后的书脊色调如图 10-178 所示。

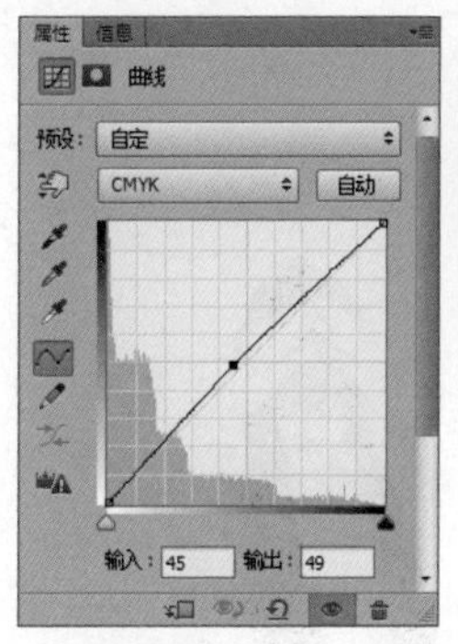

图10-177　曲线调整设置及调整后的封面色调

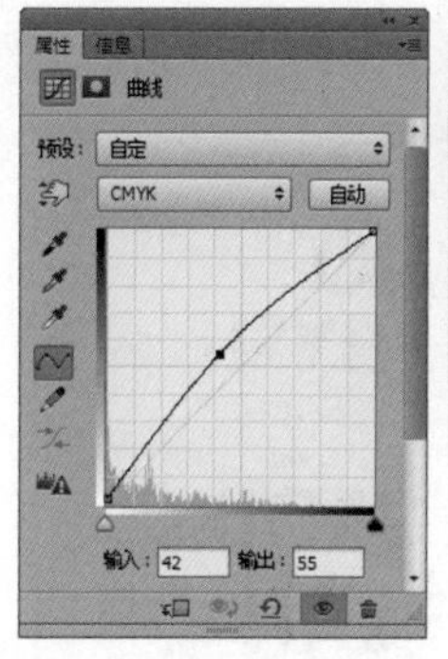

图10-178　曲线调整设置及调整后的书脊色调

STEP 11 将前景色设置为黑色，为画笔工具设置适当的画笔大小和不透明度，然后在书脊的中间部分进行涂抹，以逐渐屏蔽中间部分的调整效果，如图 10-179 所示。

STEP 12 使用封面和书脊图像来制作书籍的投影，效果如图 10-180 所示。

图10-179　调整后的书脊色调

图10-180　制作的书籍投影

STEP 13 选择书脊投影图像所在的图层，并将该图像作为选区载入，然后为其添加一个曲线调整图层，以加深书脊的投影。曲线调整设置及加深后的书脊投影色调如图 10-181 所示。

STEP 14 在背景上添加如图 10-182 所示的文字和图像，完成本实例的制作。

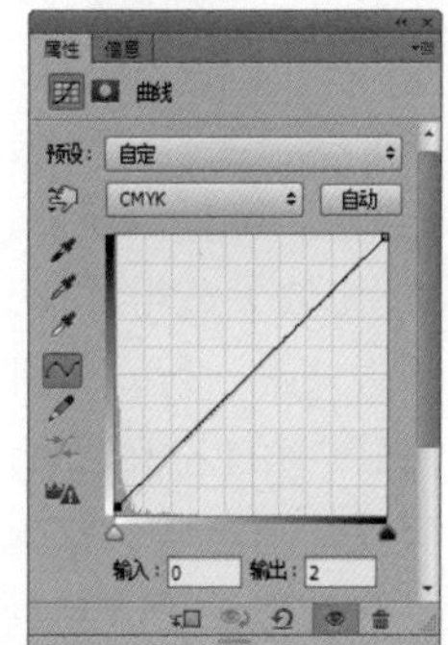

图10-181　曲线调整设置及加深后的书脊投影色调

图10-182　添加背景上的文字

10.3 书籍装帧类作品赏析

版式设计除了前面所讲的常规版式外，还有下面几种类型的编排方式。

(1) 以突出和强化主题形象作为版式设计的构思，在封面、封底和版面设计中，从变化中求得统一，进一步深化主题形象，如图 10-183 所示。

图10-183 不同风格的版式设计

(2) 将书本摊开后，将图书的左右两面即双码与单码当成一个整体，在此整体上进行版式的设计，这样可增强整个版面的整体感，如图 10-184 所示。

图10-184 突出整体感的版式设计

(3) 根据人的视线一般从左下方朝右上方移动的规律，将双码、书眉排在页脚，单码、书眉排在页眉，使不同版面上的页码、页眉、页脚左右交错，间隔倒错。上下左右间隔交错的这种书眉，打破常规的绝对均衡对称，使整个设计更具独特性。

(4) 在版面上大胆地留出大片空白，是现代书籍版式设计意识的一种体现，如图 10-185 所示。空白位置要应用得恰当、合理，才能体现独到的设计意识，从而打破呆板的常规惯例，使版面通透、简洁，为读者留下想象空间。如果留空运用得不合理，则会造成书籍版面的空洞，使效果适得其反。

(5) 书眉除具有方便检索查阅的功能外，还具有一定的修饰作用。一般书眉只占一行，并且只是由横线及文字构成。如果用图案做书眉，能使图书内容更加鲜明、突出，增强图书的艺术效果。

(6) 书眉页码突破常规的五号字，而使用大号字，可以与书眉组合成一个有机的整体。双码与单码书页，以订口为对称轴，两个数码分别在切口、订口和页眉处，使其左右对称，可以起到均衡全书版面的作用。

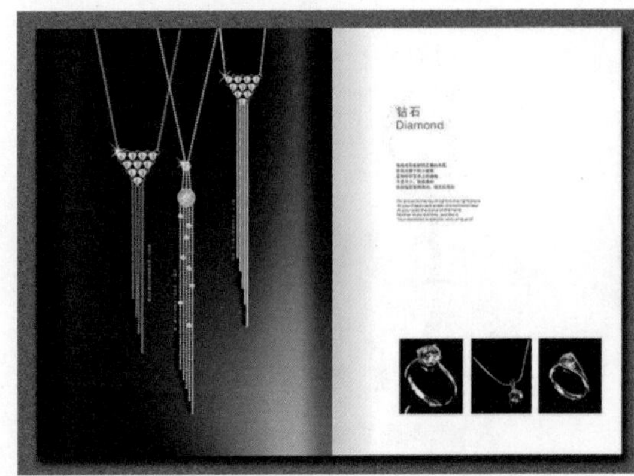

图10-185　留空的版式设计

（7）图书版面通过多种画幅大小有规律地变化，可以使版面活泼而不散乱，如图 10-186 所示。丰富的画面贯串全书，使整本书具有节奏感及韵律感。

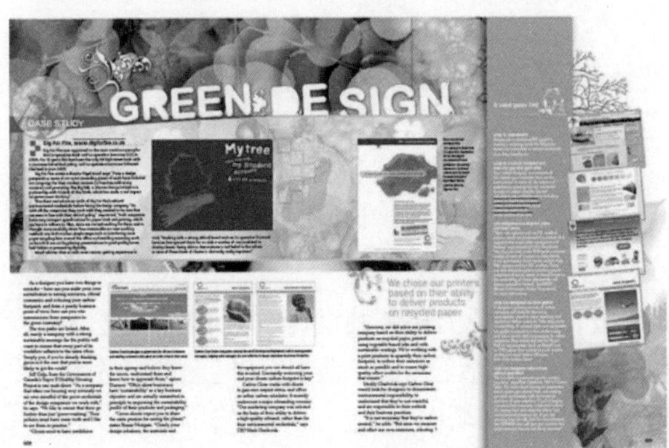

图10-186　活泼而不散乱的版式设计

设计师在进行书籍装帧设计时，应自觉运用形式美法则，以设计出更好的书籍装帧来，如图 10-187 ～图 10-190 为几款优秀的书籍装帧设计。

图10-187　古朴风格的装帧设计

解析：古朴的设计风格，正好体现唐诗句的古代文化魅力。

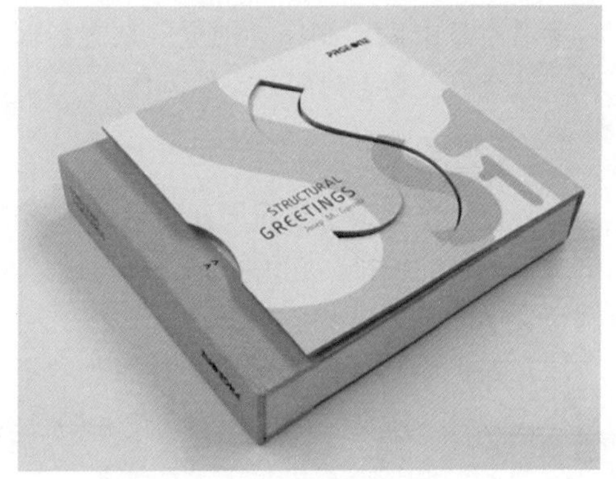

图10-188　具现代感的装帧设计

解析：封面上曲线型的模切镂空处理、黄色与银灰色的色彩应用，使整个装帧颇具现代感。

图10-189　儿童读物装帧设计

解析：鲜艳的色彩、活泼的图文编排，是这类儿童读者在封面设计上的代表性设计风格。

图10-190　典雅的装帧设计

解析：古朴的色调、封面上对称性花纹的镂空处理，使整个包装呈现出欧式风格的典雅美。

10.4 课后习题

一、填空题

1. 装帧设计是指对书籍整体效果的包装设计，它包括的内容很多，其中______、______和插图设计是装帧设计的三大设计内容。

2. 书籍外表由______、______和______三个面组成，它们是书籍装帧设计中的重点。

3. 封面设计是通过艺术表现的手法反映书籍的内容，它包括______、______和______三个要素。扉页通常是被装订在封面之后或每个章节的前一页的，它在书籍中起到______的修饰作用。

4. 图书的版面是由______和______构成，______是用于规则地承载图书内容的部分，是版面的主体。______是指版心四周所留的空白区域，是图书版面中不可缺少的组成部分。

二、上机操作题

参考本章中设计制作“视觉”杂志封面的方法，完成“社交界”杂志封面效果的制作。

操作提示

（1）在制作此杂志封面展开图时，主要把握对封面中文字内容的编排。在编排时，可通过“字符”面板调整文字的字体和大小。

（2）封面中的主体文字可通过添加“渐变叠加”图层样式，使主体文字产生相同角度和颜色的线性渐变色。

（3）在制作杂志成型效果时，可以先制作好其中一本杂志的成型效果，然后通过复制并移动位置，来制作多本杂志堆放在桌面上的效果。

图10-191 “社交界”杂志封面效果

课后习题答案

第 1 章

填空题

1. 透明　蒙版

2. 矢量造型　钢笔　填色　绘图　图像修饰

3. 图层

第 2 章

填空题

1. 盒　袋　罐　瓶　听　筒

2. 纸类　塑料　复合材料　金属　玻璃类　陶瓷

3. 传达产品信息　保护与运输产品　促进产品销售　方便使用与回收

4. 文字　色彩　图形

第 3 章

填空题

1. 纸质　铜板纸　模造纸　卡纸　艺术纸

2. 色彩　文字　立体形态

3. 开窗式　封闭式　抽拉式　手提式　模拟式

第 4 章

填空题

1. 无菌　纸　塑　铝塑复合膜

2. 特性　成型性　结构

3. 合成树脂　稳定器　色素

第 5 章

填空题

1. 复合　复合

2. 高阻隔性

3. 活性　气体

第 6 章

填空题

1. 听　盒　易拉罐　食品罐

2. 二片罐　三片罐　圆柱桶式

3. 线形　比例　容器造型

第 7 章

填空题

1. 石英　烧碱　石灰石

2. 曲面网印机　水转印工艺

3. 圆瓶　方瓶　高瓶　粘性液态产　易挥发的液态产品　粉末状产品

第 8 章

填空题

1. 粘土　耐用性　防腐性　防虫性

2. 粗陶器　精陶器　瓷器　缸器　坛类罐类

3. 钙　镁　钾　钠　铁

第 9 章

填空题

1. 原木　防潮　吸湿

2. 复合塑料膜

3. 雕刻　雕刻

第 10 章

填空题

1. 封面　扉页

2. 封面　封底　书脊

3. 文字　色彩　图像　屏风

4. 版心　周空　版心　周空